U0831540

“十二五”普通高等教育本科国家级规划教材
“十三五”江苏省高等学校重点教材

数字地形测量学

（第二版）

中国矿业大学测绘工程系　组编

高井祥　余学祥　何　荣
杨永明　郑南山　宋伟东
陈允芳　李大成　郭宝宇　编著
胡　洪　陈国良　李景文
李增科　敖建锋

中国矿业大学出版社
·徐州·

内 容 提 要

本书根据教育部高等学校测绘类专业教学指导委员会对测绘类专业教材建设提出的指导性意见编写，是测绘类专业重要的技术基础课通用教材。本书结合人工智能时代泛在测绘、智能测绘、实景三维中国等先进测绘科学理论和技术，以数字化地形图测绘过程为主线，力求适应测绘新技术的发展趋势，努力做到先进性、实用性、通用性和高质量的统一。全书内容共分十章，第一章至第六章为大比例尺数字测图的基本理论与技术方法部分，内容包括测量基本知识、测量基本观测与仪器、测量误差基本知识、控制测量、地形图测绘技术基础等；第七章和第八章为数字地形测图部分，内容包括大比例尺数字地形图测绘方法、无人机地形测图；第九章介绍了地形图在生产实际中的应用；第十章介绍了常用的专题地图测绘技术方法。书中包含大量的数字教学资源，扫描二维码可以在线看阅。

本书可作为高等学校测绘工程、遥感科学与技术、地理信息科学、土地资源管理等专业的教材，也可作为其他专业测绘类课程的教学用书，亦可供相关专业技术人员参考。

图书在版编目(CIP)数据

数字地形测量学 / 高井祥等编著. — 2 版. — 徐州：中国矿业大学出版社，2023.12

ISBN 978-7-5646-6068-0

Ⅰ. ①数… Ⅱ. ①高… Ⅲ. ①数字技术—应用—地形测量学—高等学校—教材 Ⅳ. ①P217-39

中国国家版本馆 CIP 数据核字(2023)第 248679 号

书　　名 数字地形测量学
编　　著 高井祥　余学祥　何　荣　杨永明
郑南山　宋伟东　陈允芳　李大成
郭宝宇　胡　洪　陈国良　李景文
李增科　敖建锋
责任编辑 潘俊成
出版发行 中国矿业大学出版社有限责任公司
(江苏省徐州市解放南路　邮编 221008)
营销热线 (0516)83885370　83884103
出版服务 (0516)83995789　83884920
网　　址 http://www.cumtp.com　**E-mail**: cumtpvip@cumtp.com
印　　刷 江苏淮阴新华印务有限公司
开　　本 787 mm×1092 mm　1/16　**印张** 25.5　**字数** 636 千字
版次印次 2023 年 12 月第 2 版　2023 年 12 月第 1 次印刷
定　　价 45.00 元
(图书出现印装质量问题，本社负责调换)

第二版前言

为贯彻党和国家关于加强和改进新形势下教材建设的意见，充分反映近些年来数字化测绘、信息化测绘、智能化测绘发展进程中涌现的新技术、新模式、新规范等，根据教育部高等学校测绘类专业教学指导委员会对测绘类专业教材建设的要求，教材编委会决定对《数字地形测量学》(第一版)进行修订再版。

根据2018年教育部发布的《普通高等学校本科专业类教学质量国家标准》对测绘类专业的课程设置要求，"数字测图原理与方法"课程名称更名为"数字地形测量学"，与之配套的教材也随之更名为《数字地形测量学》，所以《数字地形测量学》(第一版)是在原《数字测图原理与方法》(第三版)基础上修编而成，并被评为"十三五"江苏省高等学校重点教材。《数字测图原理与方法》初版于2001年4月出版，其后多次修订再版，先后获评普通高等教育"十一五"国家级规划教材、"十二五"普通高等教育本科国家级规划教材、江苏省高等学校精品教材和第六届全国高等学校优秀测绘教材。

本次修编结合人工智能时代泛在测绘、智能测绘、实景三维中国等先进测绘科学理论和技术，以新理念引领教育现代化，教材内容推陈出新，教材与课程同建，优化了测绘基础理论知识结构，更新了数字地形测绘的技术方法体系，全面适应了测绘地理行业领域发展要求。教材内容涵盖测绘学科的基本概念、基础理论与方法、数字地形测绘仪器及其作业方法、时空信息获取、地形图测绘与应用、专题地图测绘等。通过本教材的学习，学生将能全面地认识测绘学科，掌握大比例尺数字地形图测绘工作方法。为有效提升教材使用效果，本书尝试使用了新形态教材的建设路径，构建了在线教学资源，包括课程质量标准、教学设计、授课视频、课程思政案例、多媒体课件、仪器操作手册、实验指南及视频、虚拟仿真实验系统、专业习题、智能学习评价系统等。

本次教材修订有以下特点：(1) 坚持教材内容与时俱进，将测绘新工科研究成果融入教材，突出理论和实践相统一；(2) 坚持知识传授与课程思政相统一，弘扬精益求精、团队协作的专业精神，增强测绘法治意识；(3) 坚持数字化技术融入教材建设，探索纸质教材、网络资源、教学终端一体化，编制立体化"新形态"教材；(4) 坚持产教融合、科教融汇，聘请知名企业专家参与教材编写，提供真实案例和实践场景。

本次修订工作，经编委会充分讨论并多次征求意见，由编著者分章节编写完成。参加编写的单位和人员分工做了调整：第一、二章由中国矿业大学高井祥编写；第三章由太原理工大学李大成、桂林理工大学李景文编写；第四章由河南理工大学何荣编写；第五章由安徽理工大学余学祥编写；第六章由山东科技大学陈允芳、安徽大学胡洪编写；第七章由中国矿业大学郑南山、山东科技大学陈允芳编写；第八章由辽宁工程技术大学宋伟东编写；第九章由滇西应用技术大学杨永明、江西理工大学敖建锋编写；第十章由中国矿业大学郑南山、陈国良和山东科技大学陈允芳编写；另外，仪器装备电子插图及虚拟仿真测图系统由广州南方测绘科技股份有限公司郭宝宇编写；在线教学资源由编委会成员共同提供，中国矿业大学李增科整理、编辑；最后由高井祥对全书进行统稿。

编委会感谢教育部高等学校测绘类专业教学指导委员会的指导，感谢《数字测图原理与方法》前三版教材和《数字地形测量学》(第一版)的编著者和相关高校。本教材自初版以来，得到了兄弟院校和使用者的大力支持和帮助，并提出了很多宝贵意见和建议，这也是本次修订的重要动因。另外，在教材编写过程中参阅了大量文献，引用了同类书刊中的相关材料和测绘行业案例，广州南方测绘科技股份有限公司为本书读者提供了数字测图虚拟仿真软件、无人机航测虚拟仿真软件的免费使用许可，东北大学车得福教授提供智能题库系统，在此一并表示衷心感谢！

由于编著者水平所限，修订工作中仍难免存在疏漏和不妥之处，恳请广大读者不吝批评指正。

编著者

2023 年 10 月

第一版前言

为了适应高等学校测绘基础理论和技术方法教学发展需要，响应国家高等学校测绘类专业教学指导委员会规划要求，教材编委会对《数字测图原理与方法》(第三版)进行重新修订编写，并采用《数字地形测量学》作为新版教材名称予以出版。

作为"十二五"普通高等教育本科国家级规划教材和"十三五"江苏省高等学校重点教材，本次修编重点面向国家教育事业发展"十三五"规划，结合泛在测绘、智慧测绘、人工智能等先进测绘理念和技术，以新理念引领教育现代化，推陈出新，兼容并蓄，在优化更新测绘基础理论知识的同时，进一步加强了先进测绘地理信息技术方法发展的介绍。同时为适应相关行业发展要求，修编了专题测绘章节。

作为我国测绘工程及相关本科专业测绘基础课教学方面具有重要影响力的一部教材，涵盖了测绘科学的基本概念、基础理论与方法、地形测绘仪器及其操作方法、现代地形图测绘与专题地图测绘等内容。通过本课程的学习，学生将能较好地认识测绘学科，掌握大比例尺地形测绘的基本理论和工作方法。

编委会通过充分讨论并在广泛征求意见的基础上，充分融合并吸纳了一线授课教师的认识，由编著者分章节编写。第一、二章由中国矿业大学高井祥编写；第三、四章由太原理工大学付培义编写；第五章由河南理工大学何荣编写；第六章由安徽理工大学余学祥编写；第七章由西安科技大学刘长星编写、中国矿业大学郑南山修订；第八章由中国矿业大学郑南山修编；第九章、第十章第一节和第六节由山东科技大学陈允芳编写；第十章第二、三、四、五节由西安科技大学刘长星编写；第十一章由江西理工大学敖建锋改编；第十二章第一节由中国地质大学(北京)王广军编写，第二节由中国矿业大学郑南山编写，第三节由山东科技大学陈允芳编写。全书由高井祥教授统稿。

编委会感谢《数字测图原理与方法》前三版教材的编著者和相关高校。本教材经多次修订再版，得到了兄弟院校和使用单位的大力支持和帮助，并提出了宝贵意见，也是本次修订的重要动因。除此之外，在新教材编写过程中，我们还参阅了大量文献，引用了一些书刊、规程、规范和案例，在此一并表示衷心感谢。

由于编著者水平所限，对大数据等新理论和测绘前沿新知识认识不够充分，把握还不到位，修订工作中仍难免存在疏漏和不妥之处，恳请读者不吝批评指正。

编著者

2018 年 3 月

目 次

第一章　绪　　论

第一节　测绘工作的任务及其在国民经济建设中的作用

一、测绘学的研究内容

测绘科学是一门研究如何确定地球的形状和大小、地球重力场，以及地面、地下和空间各种物体的几何形态及其空间位置的科学，为人类了解自然、认识自然和能动地改造自然服务。其任务概括起来主要有三个方面：一是精确地测定地球的形状和大小以及地面点的位置；二是将地球表面的形态及其他相关信息测绘成图；三是进行经济建设和国防建设所需要的测绘工作。测绘学和其他科学一样，都是随着人们生产实践的需要而产生并随着社会生产和科学技术的发展而发展的。测绘学是测绘科学技术的总称。从测绘学的定义可知，测绘学的研究内容相当广泛，地形测量学是测绘学研究的重要内容之一。

地形测量学（又称普通测量学、测量学）是测绘科学的一个基础部分，是研究测绘地形图的基本理论、技术和方法的学科。由于地表形态的测绘工作是在面积不大的测区内进行的，又因地球曲率半径很大（平均为 6 371 km），可视小区域球面为平面而不必顾及地球曲率和地球重力场的微小影响，从而使理论和方法都得到简化。把地球表面的各种自然形态，如水系、地貌、土壤和植被的分布，以及人类社会活动所产生的各种人工形态，如境界线、居民地、交通干线和各种建筑物等的位置采用正射投影的理论，使用一定符号，按一定比例，相似地缩绘到平面图上，这种图叫作地形图。地形图的测绘和应用是地形测量学的核心内容，地形图在国民经济和国防建设中有着广泛的用途。而数字地形测量学则是利用当代先进的数字测量和数据处理技术，进行野外地形信息数据的采集、自动记录，并传输给计算机进行数据处理和编辑成图，以研究地形的空间分布、形态特征和地貌变化。

测绘学由于其涉及的研究内容、对象、手段等各有区别，因而在其自身的发展过程中产生了许多特色各异而又相对独立的分支学科。除了前面介绍的地形测量学外，下面简述测绘学其他各个分支学科研究的内容。

（一）大地测量学

大地测量学是以地球表面大区域为研究对象，研究和测定地球形状、大小和地球重力场，以及测定地面点空间位置的学科。大地测量学中测定地球的大小，是指测定地球椭球的大小；研究地球形状，是指研究大地水准面的形状；测定地面点的空间位置，是指测定以地球椭球面为基准面的地面点的位置，其方法是将地面点沿法线方向投影于地球椭球面上，用投影点在椭球面上的大地纬度和大地经度表示该点的平面位置，用地面点至投影点的法线距离表示该点的大地高程。地面点的几何位置也可以用一个以地球质心为原点的空间直角坐标系中的三维坐标来表示。这时必须考虑地球的曲率,因而在理论和方法上严密复杂。它为地球科学、空间科学、地震监测、陆地变迁、地形图测绘及工程施工提供控制依据。若只以国家三、四等控制为研究内容并为地形图测绘和施工测量提供控制基础,这种大地测量学称为控制测量学。现代大地测量学包括几何大地测量学、物理大地测量学和卫星大地测量学三个主要部分。

（二）摄影测量学

摄影测量学是指利用摄影或遥感的手段获取被测物体的信息(影像的或数字的),经过对图像的处理、量测、判释和研究,以确定被测物体的形状、大小和位置,并判断其性质的一门学科。根据获取像片方法的不同,分为地面立体摄影测量学和航空摄影测量学。摄影测量主要用于测制地形图,它的原理和基本技术也适用于非地形测量。自从出现了影像的数字化技术以后,被测对象可以是固体、液体,也可以是气体;可以是微小的,也可以是巨大的;可以是瞬时的,也可以是缓慢变化的。只要能够摄得影像,就可以使用摄影测量的方法进行量测。这些特性使摄影测量方法得到广泛的应用。用摄影测量的手段成图是当今大面积地形图测绘的主要方法。摄影测量发展很快,特别是与现代遥感技术相配合,使用的光源可以是可见光或近红外光,现已拓展至电磁波等其他手段获得的构像,其运载工具可以是飞机、卫星、宇宙飞船及其他飞行器。因此,摄影测量与遥感已成为非常活跃和富有生命力的一个独立学科。

（三）工程测量学

工程测量学是研究在工程建设的规划设计、施工放样和运营管理各阶段中进行测量工作的理论、技术和方法的科学,所以又称为实用测量学或应用测量学,它是测绘学在国民经济和国防建设中的直接应用。按工程建设进行的程序,工程测量在各阶段的主要任务有:在规划设计阶段主要是进行规划设计用大比例尺地形图测绘,以及将图上设计好的建筑物标定到实地,并确保其形状、大小、位置和相互关系正确;在施工阶段进行各种施工测量,在实地准确地标定出建筑物各部分的平面和高程位置,作为施工和安装的依据,以确保工程质量和安全生产;工程竣工后,要将建筑物群体测绘成竣工平面图,作为质量验收和日后维修的依据,称为竣工测量;对于大型工程,如高层建筑物、水坝等,工程竣工后,为监测工程的状况,保证安全,需进行周期性的重复观测,即变形监测。工程测量服务的领域非常广阔,有军事建筑、工业与民用建筑、道路修筑、水利枢纽建造等。

（四）矿山测量学

矿山测量学是综合运用测量、地质及采矿等多种学科知识,研究和处理矿山地质勘探、建设和采矿过程中从矿体到围岩、从井下到地面,在静态和动态条件下的各种矿山空间几何问题,以确保矿产资源合理开发、安全生产和矿区生态环境有效整治的一门学科。矿山测量学包括四项内容:一是矿山常规测量工程,研究矿区控制测量、地形测量、建井和开拓时期的施工和设备安装测量,矿山生产时期的井下控制测量、采区生产测量及各种生产设施的运行状况监测测量等,其作用被誉为“矿山的眼睛”;二是研究矿体几何和储量管理,确保矿产资源的合理开发和生产中准备煤量与开采煤量的合理接续;三是研究资源开采后所引起的岩层移动、地表沉陷规律以及露天矿边坡的稳定性和保护地面建筑物、造地复田和环境治理的理论和方法;四是矿山特殊工程测量——矿山巷道贯通测量,其目的是确保两个或多个巷道(地下通道)在预定的位置精确对接。

（五）海洋测绘学

海洋测绘学是研究以海洋水体和海底、江河湖泊及其毗邻陆地地理空间要素为对象所进行的测量和海图编制理论与方法的综合性学科。主要研究内容包括海道测量、海洋大地测量、水深测量、海底地形地貌测量、海岸地形测量、海洋工程测量、海洋重力测量、海洋磁力测量、海洋水文测量、海洋专题测量、海洋地理信息工程测量、海洋遥感测量、军事海洋测量以及航海图、海底地形图、各种海洋专题图、海洋图集、海洋资料的编制和出版等。

（六）地图制图学

地图制图学是以地图信息传输为中心，探讨地图及其制作的理论、工艺技术和使用方法的一门综合性学科，它主要研究用地图图形反映自然界和人类社会各种现象的空间分布、相互联系及其动态变化，具有区域性学科和技术性学科的两重性，所以亦称地图学。主要内容包括地图编制学、地图投影学、地图整饰和制印技术等。现代地图制图学还包括用空间遥感技术获取地球、月球等星球以及更遥远的深空星球的信息，编绘各种地图、天体图以及三维地图模型和制图自动化技术等。

二、测绘工作的作用

测绘工作是各项工程建设、资源开发、国防建设的基础性、超前性工作。测绘学的应用范围很广，在城乡建设规划、国土资源的合理利用、农林牧渔业的发展、环境保护以及不动产权籍管理等工作中，必须进行土地测量和测绘各种类型、各种比例尺的地形图，以供规划和管理使用。在地质勘探、矿产开发、水利、交通等国民经济建设中，必须进行控制测量、矿山测量和线路测量，并测绘大比例尺地形图，以供地质普查和各种建筑物设计施工使用。在国防建设中，除了为军事行动提供军用地图外，还要为保证火炮射击的迅速定位和导弹等武器发射的准确性提供精确的地心坐标和精确的地球重力场数据与数字高程模型。在研究地球运动状态方面，测绘学提供大地构造运动和地球动力学的几何信息，结合地球物理的研究成果，解决地球内部运动机制问题。具体而言，测绘学在国民经济建设和国防建设中的主要作用可归纳为以下几方面：

① 提供一系列点的大地坐标、高程和重力值，为科学研究、地形图测绘和工程建设服务。

② 提供各种比例尺地形图，作为规划设计、工程施工和编制各种专用地图的基础。

③ 准确测绘国家陆海边界和行政区划界线，以保证国家领土完整和邻邦友好相处。

④ 为地震监测预警、海底资源勘查、灾情监测调查、人造卫星发射、宇宙航行技术等提供测量保障。

⑤ 为现代国防建设和确保现代化战争的胜利提供测绘保障。

由此可见，在国民经济和国防建设中，测绘工作既是一项基础技术工作，又是各项基本建设的“先行”工作，所以测绘工作者又被誉为“建设尖兵”；在矿产资源开发中，由于测量工作在保证均衡生产、质量监督、安全导引等方面起着重要作用，所以矿山测量又被称为“矿山的眼睛”，这是测绘工作者的光荣。我国幅员辽阔，资源丰富，测绘任务十分繁重，所以在我国的现代化建设中，每一位测绘工作者都应兢兢业业，不避艰辛，努力当好国民经济建设的尖兵，为祖国的富强多做贡献。

第二节　测绘科学的发展概况

测绘科学是一门既古老又年轻的科学，测绘科学的发展与人类历史发展进程中的政治、经济、军事和科学文化的发展有着密切的联系。人类在同大自然的斗争中积累和总结了许多经验，发现了许多自然规律，发明了许多技术与方法，为人类的生存和文明提供了物质基础，同时也促进了测绘科学技术的发展。

我国是世界上的文明古国之一，对测绘科学的发展做出了卓越贡献。早在我国战国时期的著作《管子》一书中即收集了地图 27 幅并谈到了地图在军事中的重要作用。公元前 5 世纪至公元前 3 世纪，我国已有最早的仪器——司南的记载。公元前 2 世纪司马迁在《史记・夏本纪》中就对禹受命治理洪水的情况做了叙述："左准绳，右规矩，载四时，以开九州，通九道，陂九泽，度九山。"说明在几千年前中国人为了治水，已经会使用简单的测量工具。秦汉时代国家得到统一，社会经济、科学技术开始发展，在数学上有了分数四则运算和负数运算，四大发明之一的造纸术问世，极大地促进了制图技术水平的提高。公元前 130 年西汉初期的《地形图》和《驻军图》于 1973 年在长沙马王堆三号汉墓出土，这是我国迄今发现的最古老的地图实物。公元 2 世纪初东汉时期的张衡发明了浑天仪，为天文测量做出了贡献。西晋地图学家裴秀编制了《禹贡地域图》，他提出的小比例尺地图编制理论——制图六体是世界上最早的制图理论。公元 3 至 4 世纪的魏晋时期，刘徽在所著《海岛算经》中论述了测算海岛距离和高度的方法。公元 724 年，唐代僧人、天文学家一行(本名张遂)主持进行大规模天文测量，第一次用弧度测量的方法测定了地球的形状和大小。宋代石刻《禹迹图》采用"计里画方"制图法，开我国方格网制图法之先河。宋代沈括绘制《天下州县图》，他还用水平尺和罗盘测量地形并最早发现磁偏角。在明代永乐年间，郑和七次出使大西洋，首次绘制了航海图。到公元 18 世纪初，我国进行了大地测量并在此基础上开展全国测图工作，编制成《皇舆全览图》(含图 41 幅)，包括的地域之广、精度之高和历经时间之长，世界罕见。

世界各国测绘科学技术的发展主要始于 17 世纪初叶，当时世界正处在资产阶级革命时期，生产力得到解放，科学技术飞速发展。在这个时期，测绘科学在理论、技术和仪器等方面都有长足进步。17 世纪初望远镜的发明，是测绘科学发展史上一次较大的变革，奠定了现代测绘仪器的基础。1617 年，三角测量方法开始得到应用。约于 1730 年，英国的西森制成测角用的第一架经纬仪，大大促进了三角测量的发展，使其成为建立各种等级测量控制网的主要方法。在这一时期，由于欧洲又陆续出现小平板仪、大平板仪和水准仪，地形测量和以实测资料为基础的地图制图工作也相应得到发展。1859 年，法国洛斯达首创摄影测量方法。随后，相继出现立体坐标量测仪、地面立体测图仪等。由于航空技术的发展，1915 年出现自动连续航空摄影机，因而可以将航摄像片在立体测图仪器上加工成地形图。这个时期，测绘理论有了重大突破：在地图制图方面，有德国墨卡托提出的"正形圆柱投影"、法国雅克・卡西尼提出的"横圆柱投影"和法国兰勃特提出的"正形圆锥投影"等理论，奠定了现代地图制图理论基础；在测量计算方面，1806 年和 1809 年法国数学家勒让德和德国数学家高斯分别发表最小二乘准则，为测量平差计算奠定了科学基础。

自 20 世纪 50 年代以来，不少新的科学技术如电子学、信息论、激光技术、电子计算机、空间科学技术等飞速发展，极大地推动了测绘科技发展。1947 年开始研究利用光波进行测距，到20世纪60年代中期，红外光、激光测距仪相继问世。20世纪40年代自动安平水准仪问世，1968年又生产出电子经纬仪。此后，电子速测仪、激光水准仪、数字水准仪相继问世，实现了观测记录自动化，测角、测距和计算一体化。以照片、遥感图像为处理对象的数据处理系统，已完全实现摄影遥感成图自动化。

1957年人类成功发射第一颗人造地球卫星，开创了人类宇宙航行的新纪元。1966年开始进行卫星大地测量，随后全球导航卫星系统(Global Navigation Satellite System，GNSS)应运而生，其中最具代表性的是美国的GPS系统、俄罗斯的GLONASS系统、中国的BDS系统、欧洲的GALILEO系统。GNSS定位具有全天候、高精度、定位速度快、布点灵活和操作方便等特点。目前经典的平面控制测量已基本上被GNSS测量所取代。

中华人民共和国成立后，我国的测绘事业进入崭新的发展阶段。1950年解放军总参谋部设立测绘局，1956年国家测绘局成立并相继创办解放军测绘学院和武汉测绘学院。科学院系统成立了测量与地球物理研究所，煤炭、冶金、地质、石油、水利、铁道、海洋等部门的大专院校相继设立测量系或测量专业。几十年来，我国测绘事业发展很快，20世纪50年代和80年代，分别建立了国家大地坐标系统——1954年北京坐标系和1980西安坐标系，测制了各种比例尺的地形图，为国民经济和社会发展提供了基础测绘保障；同时在全国范围内建立了国家大地网、国家水准网、国家基本重力网和卫星多普勒网，并对国家大地网进行了整体平差。参加平差的点，包括一、二等三角点和导线点以及部分三等三角点共约5万个，有30万个观测值。1992年我国完成了GPS大地网的布测工作。随着社会的进步，国民经济建设、国防建设和社会发展、科学研究等对国家大地坐标系提出了新的要求，迫切需要采用原点位于地球质量中心的坐标系统(以下简称为地心坐标系)作为国家大地坐标系。采用地心坐标系，有利于采用现代空间技术对坐标系进行维护和快速更新、测定高精度大地控制点三维坐标，并提高测图工作效率。经国务院批准自2008年7月1日启用我国的地心坐标系——2000国家大地坐标系(CGCS 2000)。在测绘仪器生产方面，从无到有，现在不仅能生产各种常规测绘仪器，而且还能生产现代化精密测绘仪器，如电磁波测距仪、自动安平水准仪、电子经纬仪、全站仪、GNSS接收机等。

20世纪末，以遥感(RS)、地理信息系统(GIS)与全球导航卫星系统(GNSS)等空间信息技术(称为"3S"技术)为基础，伴随着电子全站仪、GNSS RTK、无人机地形测量、三维激光扫描技术等先进测量仪器和技术的广泛应用，地形测量逐渐向数字化方向发展，数字化测图技术应运而生。在计算机技术、通信技术、网络技术等支撑下建立起来的地球空间信息科学，更使测绘科学产生了质的飞跃。进入21世纪，以测绘科学为基础发展起来的地球空间信息科学已成为应用广泛的综合性学科，为国民经济相关领域的发展提供有力的技术支持。可以预期，在不久的将来我国的测绘事业必能取得更多更新的成就。

第三节 地形测量学的内涵及其发展

任何工作都有一定的内容，实施时必须遵循一定的原则，按照一定的程序，才能做到有条不紊，保证质量。地形测量的目的是确定地面各点的平面位置和高程，有自己特有的工作内容、原则和程序。

一、地形测量工作的内容

测量工作的服务领域虽然十分广泛，内容也很繁杂，但其本质内容不外乎两大类，即地形图测绘（测定）和施工放样（测设）。

地球表面复杂多样的形态可分为地物和地貌两大类。地面上的固定性物体，如房屋、道路、桥梁、湖泊、森林、草地等，称为地物；地球表面各种高低起伏的形态，如高山、深谷、陡坡、悬崖和雨裂冲沟等，称为地貌。地物和地貌总称为地形。

地形测量学就是研究如何将地球表面局部地区的地物、地貌测绘成地形图的基本理论、技术和方法的学科。

地形图测绘是指将地面所有地物和地貌，使用测量仪器，按一定的程序和方法，根据地形图图式所规定的符号和注记，并依一定的比例尺缩绘在图纸上的全部工作。地形图测绘工作包括控制测量和碎部测量两部分。控制测量是在国家大地控制网的基础上，在测图区域内建立测图控制网，测定平面和高程控制点坐标和高程，供测图使用；碎部测量是在测图控制点的基础上，测定地形、地貌特征点的平面坐标和高程，确定地形要素的特征，绘制地物、地貌，最终完成地形图。地形图既可用图纸作为载体，也可用计算机的存储介质（光盘或磁盘）作为载体。地形图测好后，经过编制、清绘、复制、印刷等工序，才能作为工作用图。

从地形图测绘的原理和测绘方法可知，地形图能够详细、真实地反映出地面上各种地物的分布特征和地形的起伏状态，在图上可以量测坐标、方位、距离、高程、坡度、面积、土方等，是各类工程建设和土地管理必需的资料。在规划设计、国土整治、资源勘查、环境保护、矿藏采掘、军事指挥等领域，均需从地形图上获取信息，作为决策和实施的依据。

施工放样则是根据图上设计好的厂房、道路、桥梁等的轴线位置、尺寸及高程等，算出各特征点与控制点之间的距离、角度、高差等数据，将其如实地标定到地面，并在施工中和竣工后提供有关测绘保障，以确保安全生产。

二、测量工作应遵循的原则

测量工作必须遵循两项原则，一是“由整体到局部，先控制后碎部，从高级到低级”，二是“步步要检核”。

地形图测绘工作内容包括控制测量和碎部测量，具体作业程序是先控制测量、后碎部测量。即在测绘地形图时，要先在地面上测定一定数量的平面和高程控制点，计算这些点的平面坐标和高程，这些点称为测站点；然后以这些点为依据进行碎部测量，测定地物和地貌。这样做，一方面是由于测量工作不可避免地存在误差，如果测量工作从一个已知测站点开始，逐点进行施测，最后虽可测得各未知点的位置，但由于前一点的误差会传递到下一点，这样误差迅速累积起来，最后达到不可容许的程度；另一方面，由于全国幅员辽阔，经济发展不平衡，测绘工作必须分期分批进行，为此，必须首先建立全国统一的坐标系统和高程系统，才能保证全国测绘资料的统一性。

测量工作的第一项原则是说，对任何测绘工作，均应先整体布置，而后分区分期实施，这就是“由整体到局部”；在施测步骤上，总是先布设首级平面和高程控制网，然后再逐级加密低级控制网，最后以此为基础进行测图或施工放样，这就是“先控制后碎部”；从测量精度来看,控制测量精度较高,测图精度相对于控制测量来说要低一些,这就是“从高级到低级”。总之,只有遵循这一原则,才能保证全国统一的坐标系统和高程系统,才能控制测量误差的累积,保证成果的精度,使测绘成果全国共享。

第二项原则是说,测绘工作的每项成果必须检核,保证无误后才能进行下一步工作,中间环节只要有一步是错的,以后的工作就徒劳无益。坚持这项原则,就是保证测绘成果合乎技术规范的要求。

三、控制测量和碎部测量概述

(一)控制测量

测量工作的原则是“从整体到局部,先控制后碎部”,也就是说要先在测区内选择一些有控制意义的点,用精确的方法测定它们的平面位置和高程,然后再根据它们测定其他地面点的位置。在测量工作中,将这些有控制意义的点称为控制点,由控制点所构成的几何图形称为控制网,而将精确测定控制点点位的工作称为控制测量。

控制测量包括平面控制测量和高程控制测量。为进行碎部测图进行的低等级控制测量称为图根控制测量,布设的控制点称为图根控制点。

平面控制测量常采用三角测量、三边测量、导线测量、GNSS 测量等四种方法,高程控制测量常采用水准测量、三角高程测量和 GNSS 高程测量等方法。

(二)碎部测量

图 1-1(a)所示为一幢房屋,其平面位置图由一些折线组成,如能确定 1~4 各点的平面位置,则这幢房屋的位置就确定了。图 1-1(b)所示为一个池塘,只要能确定 5~16 各点的平面位置,则这个池塘的位置和形状也就确定了。一般将表示地物形态变化的 1~16 点称为地物特征点,也叫碎部点。至于地貌,虽然其地势起伏变化较大,但仍然可以根据其方向和坡度的变化,确定它们的特征点,并据此把握地貌的形状和大小。因此,不论是地物还是地貌,它们的形状和大小都是由一系列特征点(或碎部点)的位置所决定的。测图工作主要就是测定这些碎部点的平面坐标和高程。

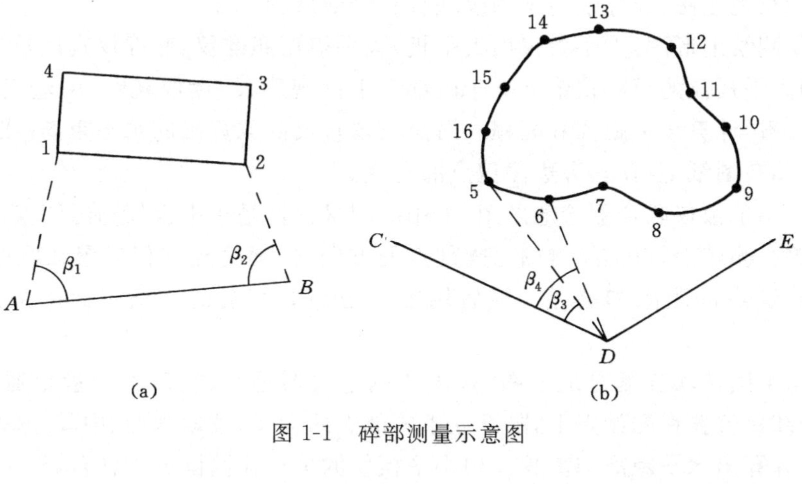

图 1-1 碎部测量示意图

如图 1-1 所示,设 A、B、C、D、E 点为控制点,其坐标已用控制测量方法得到,测图时,在 A 点架设仪器,测出 1 点与 AB 边的夹角 β_1 和 1 点到 A 点的水平距离,则根据 A、B 两点的坐标，就可求出1点的坐标。同理，可求出2、3、…、16等各点的坐标（根据需要也可测出这些点的高程）。有了这些坐标，就可以在图纸上绘制地形图了。测量工作中，将测定碎部点的工作称为碎部测量。因此，测定碎部点的位置通常分两步进行：先进行控制测量，再进行碎部测量。

地形测量常用的测量仪器有水准仪、经纬仪、测距仪、全站仪、GNSS接收机等。

综上所述，无论是控制测量还是碎部测量，其实质都是确定地面点的位置（平面坐标和高程），也就是先测定三个元素——水平角β、水平距离D和高差h。所以说，水平角测量、距离测量和高差测量是测量的基本工作，观测、计算和绘图是测量工作者的基本技能。

上面所叙述的测量工作，有些是在野外进行的，如测量点与点之间的距离、边与边之间的水平夹角等，称为外业。外业工作主要是获得必要的数据。有些工作是在室内进行的，如计算与绘图等，称为内业。无论哪种工作都必须认真地进行，绝不允许存在错误。

四、地形图测绘发展概况

大比例尺地形测图方法的变迁，主要经历了两个发展阶段，即传统的白纸测图阶段和目前的数字测图阶段。

（一）白纸测图阶段

白纸测图也称为手工测图。这一阶段地形测图的基本方法，是采用光学机械型测量仪器（大平板仪、小平板仪、经纬仪、半圆仪等）测定地物、地貌特征点与图根控制点所代表的起算数据间的相对位置关系——距离、转角及高差，再以起算数据为基础，根据所测得的相对位置关系数据，由人工按比例尺和规定符号绘制在专用图纸上。测图过程中，点位的精度由于读数、展点、绘图、图纸伸缩等因素的影响会大幅降低，同时，从数据采集到着墨成图全手工作业，作业工序多、人为因素影响大，测量误差来源多，劳动强度大、成图速度慢，所成图纸难以快速编辑、更新，测图过程必须遵循“先控制后碎部”的原则。白纸测图方法已难以适应信息时代经济建设对地形图的需要。

白纸测图方法的实质是图解法测图，主要测图方法有大平板仪测绘地形图、经纬仪与小平板仪联合测绘地形图、经纬仪与半圆仪联合测绘地形图。

大平板仪测绘地形图：大平板仪由大平板、大平板仪照准仪、照准仪直尺及脚架等组成。测图时，利用大平板仪的照准仪瞄准立于碎部点上的视距尺，读取视距、中丝读数和竖直角（半测回的）读数，计算水平距离和高程。沿照准仪直尺截取算出的水平距离（依比例尺缩小的）将碎部点刺在图纸上，在其旁边注记点的高程。

经纬仪与小平板仪联合测绘地形图：采用的测量仪器是小平板仪与经纬仪。测图时，将小平板仪安置在测站上，以描绘测站至碎部点的方向线，而将经纬仪安置在测站旁边，以测定经纬仪至碎部点的距离和高差。最后用方向与距离交会的方法定出碎部点在图上的位置。

经纬仪与半圆仪联合测绘地形图：采用的测量仪器是半圆仪（类似量角器）和经纬仪。测图时，将经纬仪安置在测站点上，瞄准立于碎部点的标尺，读取视距、中丝、水平度盘、垂直度盘读数，并计算出水平距离与高程。用小平板仪的平板作测图的工作台，沿半圆仪直尺截取算出的水平距离（依比例尺缩小的）在图纸上刺出碎部点，并注记其高程。

（二）数字测图阶段

随着精密机械、电子、通信和信息技术的飞速发展以及向各个领域的渗透，以“3S”（全球导航卫星系统 GNSS、遥感 RS、地理信息系统 GIS）新技术为代表的现代测绘技术的出现和发展，使测绘学科经历了理论、方法和技术体系的巨大变革，特别是电子全站仪以及 GNSS RTK 技术的广泛应用，使大比例尺数字地形测图技术在数据采集自动化和成图数字化方面有了飞跃性发展，并形成了较完整的体系。原来的“地形测量学”也发展为目前的“数字地形测量学”。

数字地形测图起步于利用数字化仪对白纸图的数字化，进而使地形测图的内、外业全面地发生了根本性的技术变革。外业数据采集逐步实现了从单人操作的全站仪采集到完全自动化的全站仪数据采集，成图则实现了完全数字化，地形测图过程减少了人为因素的影响，减少了作业工序，图的管理与编辑实现了信息化、自动化，测图过程可不按“先控制后碎部”的原则作业，测图结果以图形数据形式用计算机存储介质存储，并直接作为数字地面模型（DTM）及地理信息系统（GIS）的基础数据。

大比例尺全野外数据采集式测图起步于 20 世纪 70 年代，主要推动力源自测量仪器和计算机成图技术的进步。全站型测量仪器问世于 20 世纪 50 年代，普及应用及自动化、信息化水平迅速提高则开始于 70 年代初；与地形测图有关的计算机数字化成图技术发展于 20 世纪 80 年代初，目前其技术水平和应用已达到相当成熟的程度。

数字地形测图技术发展也经历了两个阶段：初期，主要用全站仪在人工操作下采集地物、地貌特征点地理位置数据，人工绘制草图，在室内将野外采集的地物、地貌特征点数据传输到计算机，根据草图采用人机交互方式用绘图软件生成数字地形图，经编辑修改后完成地形图，并在屏幕上显示或绘图仪输出。这一时期的主要技术进步表现在数据采集的精度和效率的提高。后期，数据采集可由被称为测量机器人的全站仪自动进行，全站仪采集的数据可实现实时传输，成图可用掌上电脑在外业完成，也可在全站仪上完成。目前这种高度自动化的全野外成图技术已完全成熟。在这一时期，还发展了 GNSS RTK 大比例尺全野外数据采集式地形测图技术。

数字地形测图方法的实质是全解析机助测图，目前常用的主要技术方法有四种。

① 全野外数据采集式测图技术：在地面上利用全站仪或其他测量仪器设备采集数据，再利用计算机或人工成图的一种测图方法。野外数据采集仪器有全站仪或 GNSS RTK 接收机。

全站仪全野外数据采集式测图法，数据采集由全站仪进行，分人工操作和自动采集两种，成图用计算机完成，这种方法是目前全野外数据采集式测图的主要方法。

GNSS RTK 全野外数据采集式测图法，数据采集由 GNSS RTK 接收机代替全站仪，成图方式则与用全站仪数据采集时相同。

② 数字摄影测量成图技术：将摄影所获得的数字化影像，利用计算机进行数字图像处理，从而获得数字地形图或其他数字化图形产品。根据摄影设备所处的位置不同，数字摄影测量成图技术可分为航空摄影测量（包括低空）和近景摄影测量。

航空摄影测量是利用空中载体获得航摄像片或影像，然后对像片或数字影像采用数字相关技术匹配同名点，建立数字立体模型，从而建立数字高程模型，得到数字化地形图、正射影像图等。目前航测成图技术已可用于测制 1∶5 000～1∶500 等大比例尺地形图。

近景摄影测量是对近距离目标摄影确定其外形、形态和几何位置的技术，是一种基于数字信息和数字影像技术的数据获取手段。近景摄影测量是非接触性量测手段，信息容量大，易存储和更新，并且精度高、速度快、使用灵活。

③ 遥感测图技术：遥感是一种远距离的、非接触的目标探测技术和方法。遥感测图主要是利用卫星或其他载体所载的遥感设备接收从地面反射和辐射来的电磁波，获得海量地形信息，并以图形数据形式或图像形式存储为数据文件，再利用计算机图形图像处理软件进行处理后得到数字地形图。

遥感获取的影像信息具有视野广阔、不受地形地物阻隔、快速准确、形象逼真、信息全面、特征突出、整体性好、可比性强等优点，适用于大面积成图。

遥感技术中的合成孔径雷达干涉(Synthetic Aperture Radar Interferometry，简称 InSAR)技术是新近发展起来的空间遥感技术，它是传统的 SAR 遥感技术与射电干涉技术相结合的产物。

④ 三维激光扫描技术：又称"实景复制技术"，采用高精度逆向三维建模及重构技术，大面积高分辨率地快速获取被测对象表面的三维坐标数据，并通过计算机重构三维模型，利用软件进行处理后得到数字地形图。该技术可直接实现各种大型、复杂、不规则的实体或实景三维数据的完整采集，具有高效率、高精度的独特优势。

根据承载激光扫描装置的平台不同，可分为固定式和车载式地面激光扫描、基于飞机飞艇等载体的机载激光扫描和星载激光扫描。三维激光扫描技术除了应用于地形测绘外，还应用于矿山测绘、道路测绘、建筑测绘、文物数字测绘等测绘行业的其他领域。

随着数字测绘技术与计算机技术的不断融合和发展，现代数字地图的表达形式越来越多样化，比较有代表性的是四种以 D 字开头的 4D 产品：DLG、DOM、DEM 和 DTM 。

DLG(Digital Line Graphic，数字线划地图)：与现有地形图上线划基本一致的各地理要素分层存储的矢量数据集，既包括空间信息也包括属性信息。

DOM(Digital Orthophoto Map，数字正射影像图)：利用航空相片、遥感影像，经像元纠正，按图幅范围裁切生成的影像数据。它的信息丰富直观，具有良好的可判读性和可量测性，从中可直接提取自然地理和社会经济信息。

DEM(Digital Elevation Models，数字高程模型)：用一组有序高程数值阵列形式表达地面起伏形态的实体地面模型，可用于与高程有关的地貌形态分析。

DRG(Digital Raster Graphic，数字栅格地图)：是各种比例尺的纸质地形图栅格数字化产品，它通过扫描纸质地形图，经过几何纠正和色彩校正后得到的栅格数据文件，可与 DOM、DEM 集成派生出新的可视信息。

复习思考题

1. 试述测绘学在国民经济建设和人类文明发展中的作用。
2. 测绘科学的研究对象和任务是什么？
3. 简述测绘学科的分支及其研究内容。
4. 目前常用的数字地形测图方法有哪几种？
5. 学习本课程应达到的目标和要求有哪些？

6. 测量工作应遵循什么样的原则？

7. 在测量工作中，可以采取哪些措施来保证测量成果的正确性？

8. 测量的基本工作内容是什么？

9. 大比例尺地形图测绘，主要经历了几个发展阶段？

10. 精益求精是测绘精神之一，大到国家基础工程建设、小到不动产面积测绘等领域，都离不开精密的测绘工作，试述“步步要检核”测绘工作原则的必要性。

第一章课件　　第一章复习思考题答案　　第一章插图

第二章　测量基本知识

第一节　地球的形状和大小

测量工作的主要研究对象是地球的自然表面，而地球表面又是高低起伏极不规则的，有高山、平原、丘陵、荒漠、河流、湖泊和海洋等。因此，为了合理处理测量数据和测绘地形图，正确认识地球的形状与大小是非常必要的。

地球的自然表面上有陆地和海洋。位于我国西藏与尼泊尔交界处的喜马拉雅山的主峰——珠穆朗玛峰，海拔高达 8 848.86 m，而位于西太平洋的马里亚纳海沟的斐查兹海渊则低于海平面 11 034 m，两者之间的高度差近 20 000 m。尽管有这样大的高低起伏，但从宏观上看这些高低差异与巨大的地球半径(平均 6 371 km)相比，仍可忽略不计。地球的表面形状十分复杂，不便用数学公式进行表达。通过测绘工作者的长期实践和科学调查，发现地球表面的总面积为 $5.11\times10^8\ km^2$，其中海洋占 70.8%，陆地仅占 29.2%。因此人们设想把地球总的形状看成是被海水面所包围的球体，即设想将静止的海水面向陆地延伸，形成一个封闭的曲面，这个曲面所包围的地球实体称为大地体，它代表地球的自然形状和大小。

地球上的任一质点因受地球的引力作用而不能脱离地球。同时，地球又在不停地自转，使质点受到离心力作用，因此一个质点 O 所受到的力实际上是地球引力 F 与离心力 P 的合力 G，这个合力就是大家所熟悉的重力(图 2-1)。重力作用的方向线 OG 又称铅垂线，铅垂线是外业测量工作的基准线。

大地体的表面以海水为主，每个水分子都受到重力的作用。在重力位相同时这些水分子便不再流动而呈静止状态，形成一个重力位等位面，这个面称为水准面。由物理学可知，水准面处处与重力方向垂直。实际上，海水并不是静止的，有波浪和潮汐，海水面忽高忽低，所以水准面有无穷多个。其中通过平均海水面并向陆地内部延伸而包围整个地球球体的封闭曲面，称为大地水准面，大地水准面是外业测量工作的基准面。所以，前面提到的大地体实际上是指大地水准面所包围的形体。

大地水准面虽然比地球的自然表面要规则得多，但由于地球内部物质分布的不均匀性，从而导致地球上各点的铅垂线方向产生不规则变化，这就使得大地水准面实际上是一个有微小起伏变化的不规则曲面。它的精确形态目前还无法用数学模型描述，如果将地面各点投影到这样复杂的曲面上，根本无法进行测量计算工作。为了使测量计算和制图工作能够进行，可以采用一个和大地水准面非常接近而又能以数学公式表达的规则曲面来代替大地水准面。

通过大量的测量实践和卫星大地测量研究证实，地球实际上是一个南北两极略扁、北极

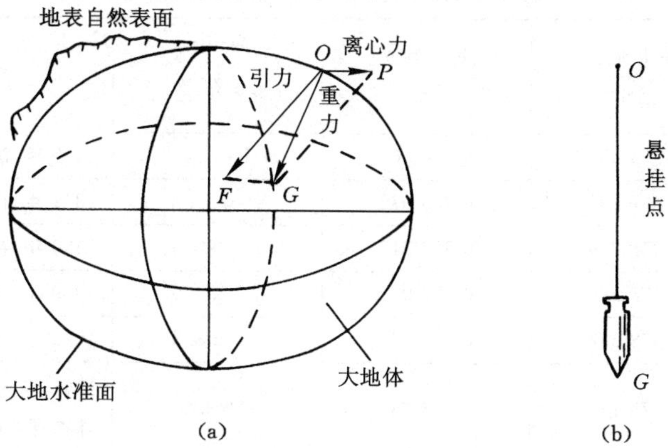

图 2-1　大地体、重力与铅垂线

稍凸、南极稍凹的类似于梨形的形体，其横切面接近一个圆，纵切面接近一个椭圆，与一个以椭圆的短轴为旋转轴的旋转椭球非常相似(图 2-2)。而旋转椭球是可以用数学公式严格表示的。因此，测量上就是用这个旋转椭球的表面来近似代替大地水准面并以此作为测量计算和制图的基准面(图 2-3)。地球椭球的基本元素如下：

① 地球的长半轴 a；

② 地球的短半轴 b；

地球椭球体的扁率 $f=\dfrac{a-b}{a}$。

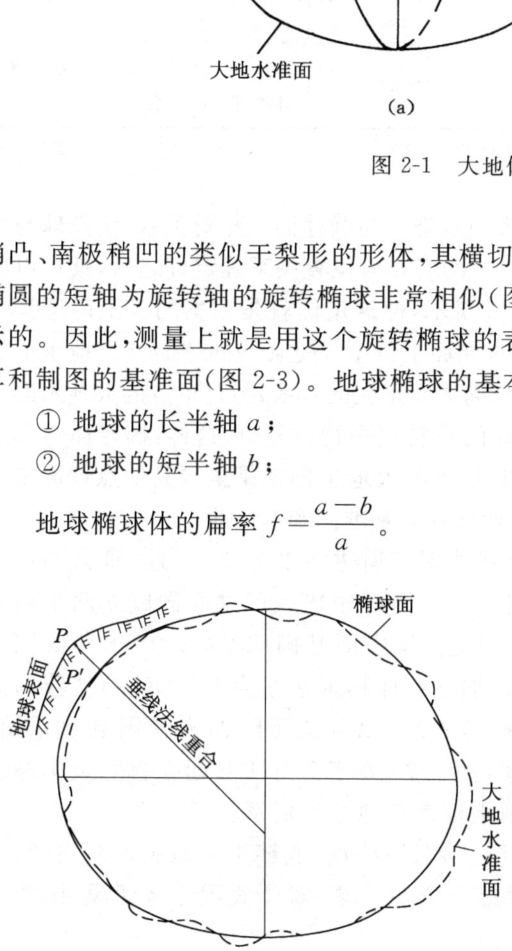

图 2-2　椭球定位

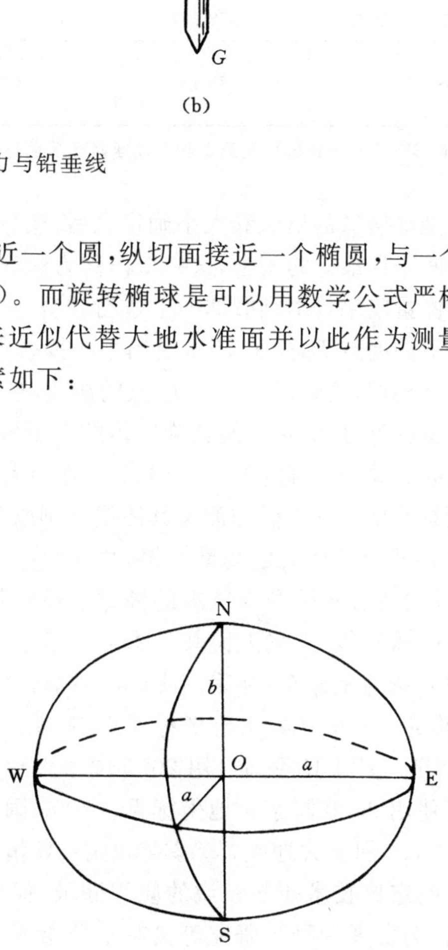

图 2-3　椭球体元素

几个世纪以来，各国学者都在致力于研究地球椭球的元素值，使之能最接近于大地体。由于他们都利用局部资料推算表达椭球体大小的有关参数 a、b 和 f，因此，这些地球椭球都有局限性，只能作为地球的形状和大小的参考，故称为参考椭球体，其外表面称为参考椭球面。表 2-1 列出的是几个有代表性的地球椭球参数。

表 2-1　世界各国学者推导的地球椭球元素一览表

地球椭球名称	长半轴 a /m	短半轴 b /m	扁率 α $f=\frac{a-b}{a}$	推算年代和国家
德兰布尔	6 375 653	6 356 564	1∶334	1800 年，法国
贝塞尔	6 377 397	6 356 079	1∶299.2	1841 年，德国
克拉克	6 378 249	6 356 515	1∶293.5	1880 年，英国
海福特	6 378 388	6 356 912	1∶297.0	1909 年，美国
克拉索夫斯基	6 378 245	6 356 863	1∶298.3	1940 年，苏联
IUGG	6 378 140	6 356 755	1∶298.257	1975 年，国际大地测量学与地球物理学联合会

注：IUGG——国际大地测量学与地球物理学联合会的英文缩写。

地球椭球的形状和大小确定之后，还应确定大地水准面与椭球面的相对关系，使椭球与大地体间达到最好的密合，这一工作称为椭球定位。当两者相对位置关系确定好之后，就可以将地面测量成果投影到椭球面上进行计算。如图 2-2 所示，椭球定位就是在本国范围内选择一个合适的地点 P，先将 P 点沿铅垂线投影到大地水准面上得 P'，使旋转椭球面与大地水准面在该点相切，这时椭球面上 P'点的法线（过 P'点与椭球面正交的直线）与过该点的大地水准面的铅垂线重合，而且使旋转椭球体的短半轴与地球的自转轴平行或重合，这样，椭球体与大地体之间的关系就确定好了。切点 P'称为大地原点，该点的大地坐标就是全国其他点球面坐标的起算数据。参考椭球面及其法线分别是测量内业计算的基准面和基准线。

各国为处理大地测量成果，往往根据本国及其他国家所进行的天文、大地、重力测量资料，采用适合本国领土范围的椭球参数并将其定位。我国在中华人民共和国成立前采用海福特椭球参数，中华人民共和国成立后曾一度采用克拉索夫斯基椭球参数。1978 年我国决定建立新的坐标系，并采用 1975 年国际大地测量学与地球物理学联合会（IUGG）推荐的椭球，称为“1980 国家大地坐标系”，是参心坐标系，其大地原点位于陕西省泾阳县永乐镇。2008 年 7 月 1 日我国启用 2000 国家大地坐标系，并于 2018 年 7 月 1 日起在自然资源系统全面使用 2000 国家大地坐标系。2000 国家大地坐标系是地心坐标系。

2000 国家大地坐标系具有地心、高精度、三维、动态等特点，能够更好地满足高精度、快速空间定位技术在各领域的应用需求，促进地理信息资源共享，对于我国经济建设、国防建设、社会发展和科学研究等具有十分重要的意义。

表 2-2 列出的是目前我国常用的几种坐标系的地球椭球参数值。

表 2-2　常用地球椭球几何参数

地球椭球参数	坐标系统			
	1954 年北京坐标系	1980 国家大地坐标系	WGS-84	2000 国家大地坐标系
椭球名称	克拉索夫斯基	1975 年 IUGG 推荐椭球	WGS-84	CGCS2000
建成年代	1950 年代	1982	1984	2008

表 2-2(续)

地球椭球参数	坐标系统			
	1954 年 北京坐标系	1980 国家大地坐标系	WGS-84	2000 国家 大地坐标系
椭球类型	参考椭球	参考椭球	总地球椭球	总地球椭球
a/m	6 378 245	6 378 140	6 378 137	6 378 137
f	1∶298.3	1∶298.257	1∶298.257 223 563	1∶298.257 222 101

由于地球椭球的扁率很小,所以在地形测量研究范围可以近似地将地球作为圆球看待,其半径(R)采用椭球曲率半径的平均值,即:

$$R=\frac{1}{3}(a+a+b)=6\ 371\ (\text{km}) \tag{2-1}$$

第二节　测量常用坐标系统

为了研究空间物体的位置,测量上常采用投影的方法加以处理。地面点的空间位置需要三个量来确定,其中两个量表示地面点沿基准线投影到基准面后在基准面上的位置,所以又将这两个量称为坐标;第三个量表示地面点沿基准线到基准面的距离,在测量上称为高程。在这里,基准线可以是点的铅垂线,也可以是法线;基准面可以是椭球面,也可以是大地水准面或平面。实际测绘工作中,一般采用大地水准面和铅垂线作为基准面和基准线。

测量常用坐标系统

表示地面点位置的平面坐标和高程,都是针对某一特定坐标系和高程系而言的。测量工作中常用的球面坐标系是大地坐标系,平面坐标系是高斯—克吕格平面直角坐标系,常用的高程系是正高系,下面分别予以介绍。

一、测量常用坐标系

(一) 大地坐标系

如图 2-4 所示,NS 表示椭球的旋转轴,N 表示北极,S 表示南极,包括椭球旋转轴 NS 的平面称为子午面,其中通过格林尼治的子午面称为起始子午面,又称本初子午面。子午面与椭球面的交线是一个椭圆,称为子午圈或子午线,子午圈也称经圈,它有无数多个,图中$NP'SN$为经过 P'点的子午圈。垂直于旋转轴 NS 的平面与椭球面的交线称为平行圈,平行圈也称纬圈,平行圈也有无数多个。其中通过椭球中心 O 且与旋转轴 NS 正交的平面称为赤道面,赤道面与椭球面的交线 EFWE 为赤道。

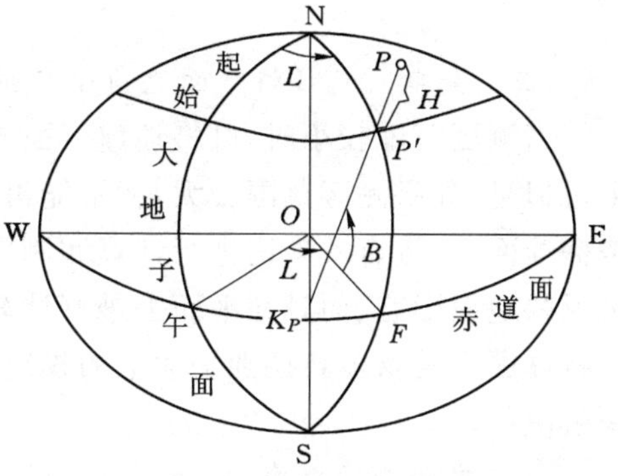

图 2-4　大地坐标系

大地坐标系是以大地经度 L、大地纬度 B 和大地高 H 三个量来表示地面点空间位置的，称为点的大地坐标。图 2-4 中，P 为地面上一点，将 P 沿法线 PK_P 方向投影到椭球面上，得 P'点。P 点的大地经度 L，是指过 P'点的子午面与起始子午面间的夹角，由起始子午面起算，向东为正，称为东经，向西为负，称为西经，其值域为 $0°\sim\pm180°$，实地上东经 180°与西经 180°是同一个子午面；P 点的大地纬度 B 是指过 P 点的法线 PK_P 与赤道面的夹角，由赤道面起算，向北为正，称为北纬，向南为负，称为南纬，其值域为 $0°\sim\pm90°$；P 点的大地高 H 是 P 点沿法线到椭球面的距离 PP'，由椭球面起算，向外大地高为正，向内为负。我国的疆域位于赤道以北的东半球，所以各地的大地经度 L 和大地纬度 B 都是正值。

大地坐标系是大地测量的基本坐标系，它对于大地测量计算、地球形状大小的研究和地图编制等都非常有用。

（二）平面直角坐标系

在小区域内进行测量工作，采用大地坐标来表示地面点的位置是不方便的，通常采用平面直角坐标。由于地球的半径很大，所以在较小区域内将椭球面看作平面而不失其应有的严密性。既然把投影面当作平面，就可以采用平面直角坐标来表示地面点在投影面上的位置(图 2-5)。测量工作中所采用的平面直角坐标系与数学中所介绍的相似，只是坐标轴互易。如图 2-5 所示，以 x 轴为纵轴，一般用它表示南北方向，以 y 轴为横轴，表示东西方向。纵横坐标轴的交点称为坐标原点。在象限的编号顺序上，测量坐标系按顺时针编号，而数学坐标系则按逆时针编号，如图 2-6 所示。这是因为测量上规定所有直线的方向都是从纵坐标轴北端起按顺时针方向量度的，而数学中的角度则是从横轴正方向起按逆时针方向量取的。把 x 轴与 y 轴互换后，全部三角公式都可在测量计算中直接应用。

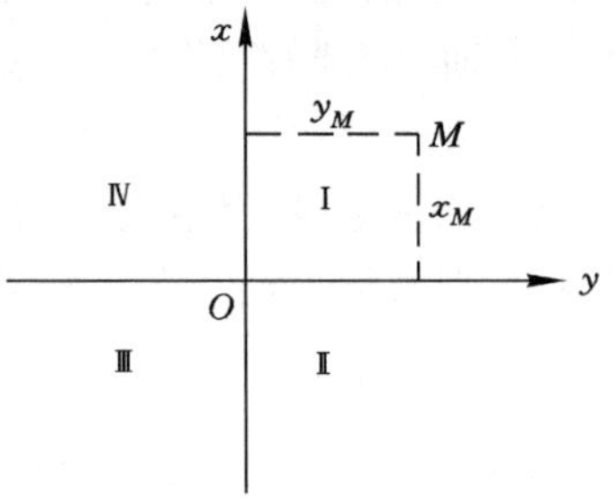

图 2-5　测量平面直角坐标系

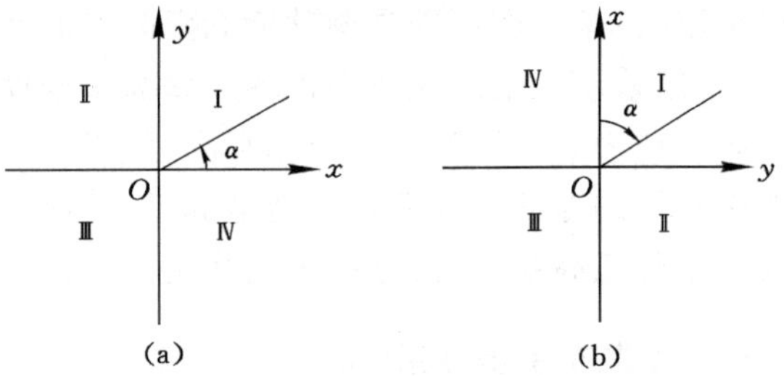

图 2-6　数学、测量坐标系的区别

（三）高斯—克吕格平面直角坐标系

当测区范围较小时，可将地球表面看成平面，这时测得的地面数据可直接缩绘到平面图上。但是，如果测区范围较大，就不能再将地球表面当作平面看待，而应将地面点投影到参考椭球面上，按有关理论进行计算和制图。但人们在规划、设计和施工中又习惯使用平面图来反映地面形态，而且在平面上进行计算和绘图要比在球面上方便得多。这样就产生了如何将球面上的物体转换到平面上的投影变换问题。在测量工作中，是采用高斯投影的方法来解决的。

1. 高斯投影的概念

椭球面是一个不可展曲面，将椭球面上的图形转换到平面上，就必然要产生一定的变形。此种变形一般分为角度变形、长度变形和面积变形。尽管投影变形不可避免，但是变形的大小却是可以控制的。根据变形的性质，地图投影可以分为等角投影、等距离投影和等面积投影三种。从地形测图和用图的角度出发，最适宜的投影是等角投影。

等角投影，又叫正形投影，它能保证椭球面的微小图形与其在平面上的投影保持相似，这样测图时可以直接缩绘，用图时可以直接量取。正形投影有两个基本条件，一是保角性，即角度投影后大小不变，这就保证了微分图形投影后的相似性；二是伸长的固定性，即长度投影后产生变形，但同一点上不同方向的微分线段，投影后长度比为一常数，如图2-7 所示。

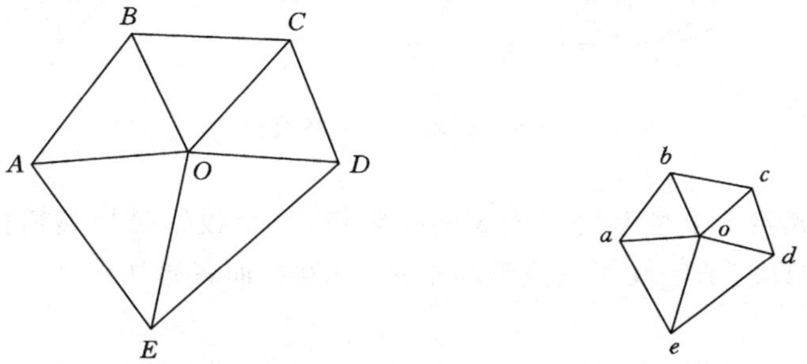

(a) 球面上的图形　　(b) 投影面上的图形

图 2-7　等角投影

球面上无穷小的多边形 $ABCDE$ 和它的正形投影 $abcde$，由于角度不变形，故其任意方向的长度比为：

$$m=\frac{bo}{BO}=\frac{do}{DO}=\frac{eo}{EO}=\frac{ao}{AO}=\text{常数}$$

即：

$$m=\frac{\text{投影面上的长度}}{\text{球面上的长度}}=\frac{\mathrm{d}s}{\mathrm{d}S}=k(\text{常数}) \tag{2-2}$$

高斯投影是正形投影的一种，最早由高斯提出，后由克吕格加以改进和完善，所以常称这种投影为“高斯—克吕格投影”，简称“高斯投影”。高斯投影是一种横椭圆柱投影。如图2-8所示，设想将椭球装进一个椭圆柱内，使横椭圆柱内面恰好与椭球面上某个子午线相切，这条切线称为中央子午线或轴子午线，这样，中央子午线就毫无改变地转移到椭圆柱面，即投影面上；然后将中央子午线附近的一定经差(通常为中央子午线左右各 3°或 1°30′)范围内椭球面上的点线按正形投影的条件向横椭圆柱上投影，并从两极将椭圆柱面剪开展为平面，此即高斯投影平面(图 2-8)。投影后，中央子午线为一直线，且长度不变，其他子午线投影后均为曲线，且对称地凹向中央子午线，赤道投影后为一直线，且与中央子午线正交，各平行圈投影为曲线，以赤道为对称轴凸向赤道，并与子午线正交。

需要指出的是，高斯投影不是几何透视投影，而是一种复杂的数学投影。

2. 高斯投影分带

高斯投影保持了投影前后图形的等角条件，但除中央子午线投影后为一直线，且长度不变外，其他长度都产生变形，投影面上的长度总比球面上大，且离中央子午线愈远，变形愈大。长度变形过大，会影响测图、施工的精度，因此，必须对这种变形加以限制，使其不超过某一限度，限制的方法就是采用分带投影，使每一投影带只包括位于中央子午线两侧的邻近部分。

投影带宽度是以相邻子午面间的经度差 l 来划分的，有 6°带和 3°带两种。这样，就将椭

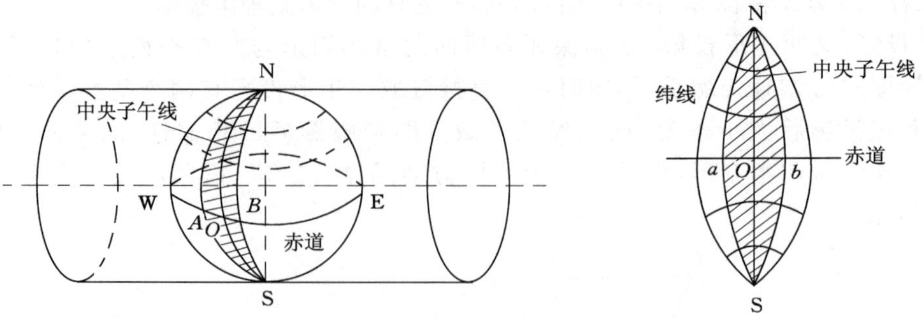

图 2-8　高斯—克吕格投影

球面沿子午线划分成若干个经差为 6°或 3°的投影带，每个投影带按高斯投影的规律分别进行投影，位于各带中央的子午线就是该带的中央子午线，而各带边缘的子午线则称为分带子午线或界子午线。

6°带是自起始子午面起，自西向东每隔经差 6°划分一带，全球共分 60 个带，编号为 1～60，各带的中央子午线的经度 L_0 依次为 3°、9°、15°、…、357°。3°带是自东经 1°30′开始每隔经差 3°划分的，全球分 120 个带，编号依次为 1～120，各带的中央子午线的经度 L_0 依次为 3°、6°、9°、…、360°，如图 2-9 所示。

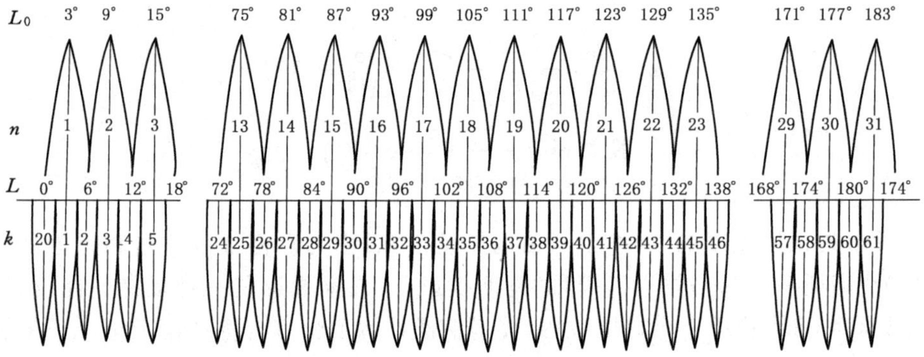

图 2-9　投影分带

我国境内有 11 个 6°分带，带号由 13 带到 23 带；有 21 个 3°分带，带号由 25 带到 45 带，两者之间无重叠带号。不难看出，3°带的中央子午线经度有一半与 6°带中央子午线经度相同，另一半是 6°分带子午线的经度。

带号与中央子午线经度 L_0 的关系式为：

$$\begin{cases} L_0^6 = 6n - 3 \\ L_0^3 = 3k \end{cases} \tag{2-3}$$

式中，L_0^6、L_0^3 分别为 6°带和 3°带的中央子午线经度；n、k 分别为 6°带和 3°带的带号。

例如，首都北京位于东经 116°23′，所在 6°带和 3°带的中央子午线经度 $L_0^6 = L_0^3 = 117°$，则由式(2-3)得：

$$n = (L_0^6 + 3)/6 = 20$$

$$k = L_0^3/3 = 39$$

可见，北京的6°带带号为20，3°带带号为39。

3. 高斯—克吕格平面直角坐标系

采用分带投影后，各带的中央子午线与赤道垂直相交于 O 点，称为坐标原点（图2-10）。以每一带的中央子午线为纵坐标轴，用 x 表示，赤道以北为正，赤道以南为负；以赤道为横坐标轴，用 y 表示，中央子午线以东为正，以西为负。这样，各带就构成了独立的平面直角坐标系，称为高斯—克吕格平面直角坐标系。对6°带而言，有60个这样的坐标系；对3°带而言，有120个这样的坐标系。

地面点在高斯平面直角坐标系中的坐标，用点到两个坐标轴的垂直距离量度。我国位于北半球，纵坐标均为正值，而横坐标则有正有负。为了避免横坐标出现负值，把纵轴自中央子午线向西移动500 km（图2-11），即在 y 坐标上统一加上500 km，由于赤道上经差为3°的平行圈长约为330 km，当纵轴西移后，凡位于中央子午线以东的点，它的横坐标值都大于500 km，而位于中央子午线以西的点，其横坐标值都小于500 km，但均为正值。此外，为了区分某点位于哪一带，还规定在横坐标值前冠以带号。通常把未加500 km和带号的横坐标值称为自然值，加上的则称为通用值。图2-11中，设 A、B 两点位于3°带的第38带内，横坐标的自然值分别为：

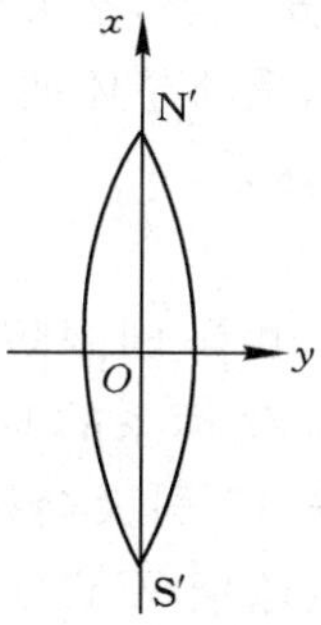

图2-10　高斯—克吕格平面直角坐标系

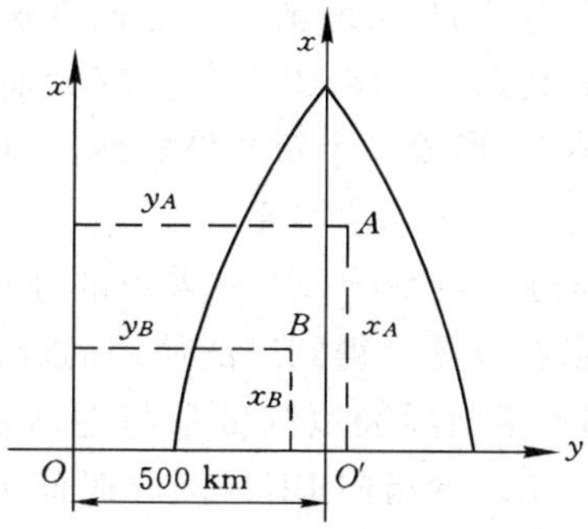

图2-11　国家统一坐标

$$y'_A = +36\ 210.140\ \text{m}$$

$$y'_B = -41\ 613.070\ \text{m}$$

将 A、B 两点横坐标的自然值加上500 km，并在前面冠以带号，则通用坐标值为：

$$y_A = 38\ 536\ 210.140\ \text{m}$$

$$y_B = 38\ 458\ 386.930\ \text{m}$$

测绘管理部门提供的坐标成果均为通用值。

二、我国常用的坐标系统

（一）1954年北京坐标系

实质上是苏联1942年坐标系的延伸，采用克拉索夫斯基椭球参数（见表2-2）。大地原点在苏联普尔科沃，将与苏联大地网联测后我国东北边境的三个点的坐标作为我国天文大地网起算数据，然后通过天文大地网坐标计算，推算出北京一点的坐标，因在 1954 年完成测定工作，故命名为 1954 年北京坐标系。该坐标系属参心坐标系，我国地形图上的平面坐标位置都是以这个数据为基准推算的。

（二）1980 国家大地坐标系

1954 年北京坐标系采用的是克拉索夫斯基椭球体，该系统的椭球面与大地水准面在中国范围内符合得不好，不能满足国家高精度定位以及经济建设和国防发展的需要。1978 年 4 月经全国天文大地网平差会议决定、并经有关部门批准建立新的坐标系，这个新建坐标系就是 1980 国家大地坐标系。该坐标系采用 1975 年国际大地测量学与地球物理学联合会（IUGG）推荐的地球椭球参数（见表 2-2），大地原点选在陕西省西安市附近的泾阳县永乐镇，简称西安原点。综合利用天文、大地与重力测量成果，以地球椭球体面在中国境内与大地水准面能达到最佳吻合为条件，利用多点定位方法而建立的国家大地坐标系统，亦称 1980 西安坐标系。

（三）新 1954 年北京坐标系（BJ54 新）

这是一个过渡性坐标系，是为了让 1954 年北京坐标系的数据能继续使用，在 1980 年国家大地坐标系的基础上建立的。新 1954 年北京坐标系（BJ54 新）是由 1980 年国家大地坐标系转换得来的，大地坐标原点选择陕西省泾阳县永乐镇的西安原点，参考椭球仍然采用克拉索夫斯基椭球。将 1980 年国家大地坐标系统一平差的成果，重新整体换算到克拉索夫斯基椭球体上，形成一个新的坐标系，习惯上称新 1954 年北京坐标系。

（四）WGS-84 坐标系

是全球定位系统（GPS）采用的地心坐标系，简称 WGS-84，由美国国防部研制确定，因 GPS 技术在世界上得到广泛使用而成为常用坐标系。WGS-84 坐标系的原点为地球质心，采用 1979 年国际大地测量学与地球物理学联合会（IUGG）第 17 届大会推荐的椭球参数（见表 2-2），Z 轴指向 BIH（国际时间局）1984.0 定义的协议地球极（CTP）方向，X 轴指向 BIH1984.0 的零子午面和 CTP 赤道的交点，Y 轴与 XZ 面构成右手垂直的直角坐标系。

（五）2000 国家大地坐标系

2000 国家大地坐标系是地心坐标系，英文缩写为 CGCS2000，是我国当前最新的国家大地坐标系。其原点为包括海洋和大气的整个地球的质量中心，Z 轴指向 BIH（国际时间局）1984.0 定义的协议地球极方向，X 轴指向 BIH1984.0 定义的零子午面与协议赤道的交点，Y 轴按右手坐标系确定。经国务院批准，自 2008 年 7 月 1 日起，我国启用 2000 国家大地坐标系。

第三节　高程系统

为了确定地面点的空间位置，除了要确定其在基准面上的投影位置外，还应确定其沿投影方向到基准面的距离，即确定地面点的高程。

高程测量

一、高程基准面

由于高程是地面点沿其投影方向到基准面的距离，所选择的基准面不同，高程意义亦不同。可见，建立高程系统的核心问题是如何建立高程起算面。为了推算国家高程控制网中所有水准点的高程，必须建立统一的高程起算基准面。通常理论上采用大地水准面作为高程基准面，实际上确定高程基准面则是通过验潮站长期观测计算出来的某段时间内的平均海水面。为了长期表示出平均海水面的位置，必须在地面建立稳固的高程基准点，即水准原点，作为传递高程的起算点。

在不同地点，通过验潮站长期观测所得的平均海水面差异较大。新中国成立前，我国采用的高程起算面十分混乱，曾先后使用过大沽高程基准、吴淞高程基准和珠江高程基准等。新中国成立后，我国的绝对高程以设在山东省青岛市的国家验潮站，于1950～1956年观测的验潮资料推算的黄海平均海水面作为全国高程的起算基准面，称为“1956年黄海高程系”。为了明显而稳固地表示高程起算面的位置，国家于1956年在青岛市观象山上建立一个与平均海水面相联系的水准点，称为水准原点，其高程为72.289 m，作为布设国家高程控制网的高程起算点。20世纪80年代初，国家又根据青岛验潮站1953～1979年的观测资料，重新计算水准原点的高程为72.260 4 m，称为“1985国家高程基准”，该基准已于1985年1月1日起执行。

二、高程与高差

地面点沿铅垂线到大地水准面的垂直距离，称为该点的绝对高程或海拔、标高，简称高程，用H表示。如图2-12所示，H_A、H_B表示地面点A和B的绝对高程。如果基准面不是大地水准面，而是任意假定水准面时，则点到假定水准面的距离称为相对高程或假定高程，用H'表示。图2-12中的H'_A和H'_B表示A、B两点的假定高程。

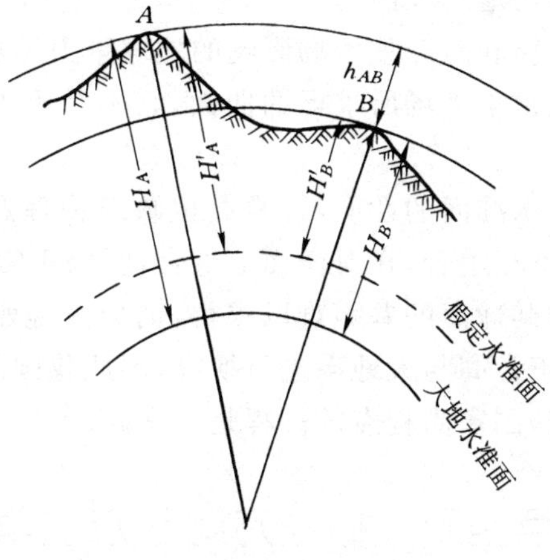

图2-12　高程、高差符号含义

全国各地的地面点的高程，都是以青岛国家水准原点的黄海高程为起算数据，因而高程系统是全国统一的。在局部地区，如果远离已知高程的国家水准点，也可建立假定高程系统，即假定某个固定点的高程作为起算点，测算出其他各点的假定高程（也称相对高程）。

高程值有正有负，在基准面以上的点，其高程值为正，反之为负。

相邻两点的高程之差称为高差，用h表示。图2-12中A点到B点的高差为：

$$h_{AB}=H_B-H_A=H'_B-H'_A \tag{2-4}$$

高差有正负之分，它反映相邻两点间的地面是上坡还是下坡，因此，高差值前应冠以正负号。如果 h_{AB} 为正，表示地面上 B 点高于 A 点，是上坡；h_{AB} 为负，表示 B 点低于 A 点，是下坡。

三、高程系统

高程系统是指相对于一定的高程基准面（如大地水准面、椭球面等）所定义的高程体系。基准面不同，表示地面点高程的方法也不同。高程基准面基本上有两种：一是大地水准面，二是椭球面。测绘工作中常用的高程系统有大地高系统、正高系统和正常高系统等。

大地高系统：以地球椭球体面为基准面的高程系统。大地高表示地面点沿椭球法线到椭球面的距离。大地高是几何量，没有物理意义。

正高系统：以大地水准面为高程基准面的高程系统。地面一点的正高，就是该点沿铅垂线至大地水准面的距离。

由于计算正高需要知道地面点沿铅垂线至大地水准面的重力加速度平均值，无法由实测求得；同时该值与地壳质量分布及密度密切相关，也无法将它精确计算出来。这样，正高就不可能精确求定。基于这些原因，促使人们寻求建立一种与正高系统非常接近，而实际中又能严格和精确求定的高程系统——正常高系统。

正常高系统：以似大地水准面为基准的高程系统。正常高表示地面点沿正常重力线到似大地水准面的距离。

由于计算正常高所需要的有关重力加速度值，可由实测和计算求得，所以地面点的正常高可以精确求得。

似大地水准面：按地面各点的正常高值沿铅垂线向下截取相应点，将许多这样的点连成的一个连续曲面，就称为“似大地水准面”。

大地水准面是受地球自转和地球重力场影响的地球重力等位面。似大地水准面则是由基于地球正常椭球的地球正常重力场所求得的曲面，它不是重力等位面，只有几何意义，没有确定的物理意义。

似大地水准面并不具备水准面的性质，正常高也缺乏物理意义。似大地水准面与大地水准面很接近，两者在陆地不相重合，在海洋面上重合，所以正常高的数值与正高很接近。

由于大地水准面与地球椭球面的差距难以求得，而似大地水准面与地球椭球体面的差距可以求得，能将地面点的正常高与大地高进行换算，因此我国的高程采用的是依据似大地水准面所建立的正常高系统，国家高程点的高程是正常高。

第四节　标准方向与方位角

在测量工作中，常常需要确定两点间平面位置的相对关系。要确定这种关系，仅仅测量两点间的距离是不够的，还需要知道由这两点所构成的直线的方向，才能把这两点间的相对位置确定下来。在测量工作中，一条直线的方向是根据某一标准方向来确定的，确定一条直线与标准方向间的关系叫直线定向。

一、标准方向

测量工作中常用的标准方向有三种。

1. 真子午线方向(真北方向)

地球表面某点的真子午线的切线方向,称为该点的真子午线方向。真子午线北端所指的方向为真北方向,它可以用天文观测的方法来确定。

2. 磁子午线方向(磁北方向)

地球表面某点上磁针所指的方向为该点的磁子午线方向。磁针北端所指的方向为磁北方向,可用罗盘仪测定。

3. 坐标纵线方向(坐标北方向)

测量工作中采用高斯平面直角坐标系,坐标系中坐标纵线北端所指的方向为坐标北方向。

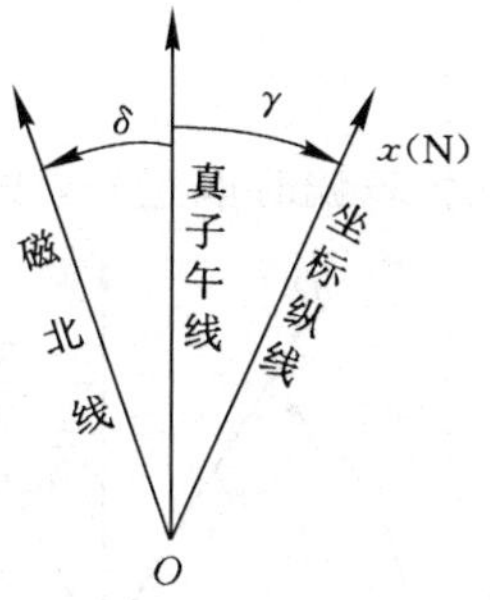

图 2-13　三种标准方向间的关系

上述三个北方向通常称为"三北"方向。在一般情况下,它们是不一致的,如图 2-13 所示。由于地球磁场的南、北极与地球的南、北极并不一致,因此某点的磁子午线方向和真子午线方向间有一夹角,这个夹角称为磁偏角,用 δ 表示。磁子午线偏向真子午线以东为东偏,δ 为正,以西为西偏,δ 为负,如图 2-14 所示。我国各地磁偏角的变化范围大约在 $-10°\sim6°$ 之间。

磁偏角的大小随地点的不同而变化,就是在同一地点因受外界条件的影响,也会有变化。所以,采用磁子午线方向作为标准方向,其精度是比较低的。

地球表面某点的真子午线方向与该点坐标纵线方向之间的夹角,称为子午线收敛角,用 γ 表示。坐标纵线偏向真子午线以东为东偏,以西为西偏,东偏为正,西偏为负,如图 2-15 所示。

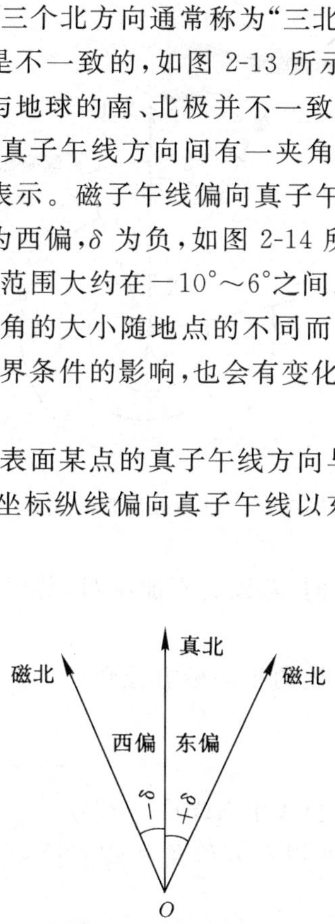

图 2-14　磁偏角

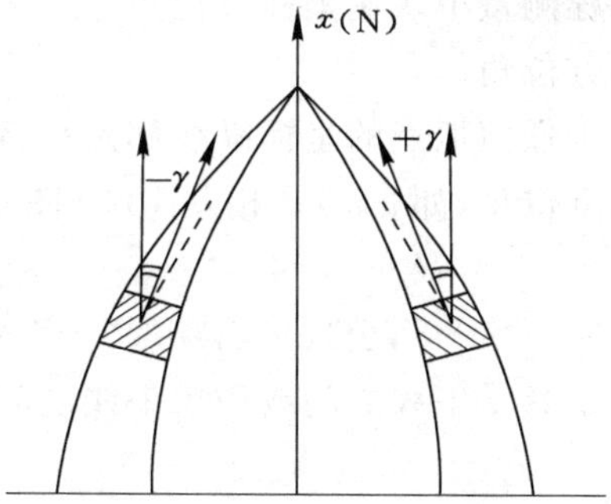

图 2-15　子午线收敛角

子午线的收敛角有严密的计算公式,在普通测量中可按如下近似公式计算:

$$\gamma = \Delta L \sin B \tag{2-5}$$

式中,ΔL 为某点与中央子午线的经度差;B 为该点纬度。

二、表示直线方向的方法

在测量工作中,常采用方位角或象限角表示直线的方向。

1. 方位角

从标准方向的北端起沿顺时针方向量到某直线的夹角，称为该直线的方位角。方位角的变化范围是 0°～360°。如图 2-16 所示，直线 OA、OB、OC、OD 的方位角分别为 30°、150°、210°、330°。

由于选择的标准方向不同，方位角有不同的定义。以真子午线方向为标准方向的，称为真方位角，用 A 表示；以磁子午线方向为标准方向的，称为磁方位角，用 A_m 表示；以坐标纵线为标准方向的，称为坐标方位角，简称方位角，用 α 表示。如图 2-17 所示，三种方位角之间的关系为：

$$\begin{cases} A = A_m + \delta \\ A = \alpha + \gamma \end{cases} \tag{2-6}$$

式中，δ、γ 东偏时取正号，西偏时取负号。

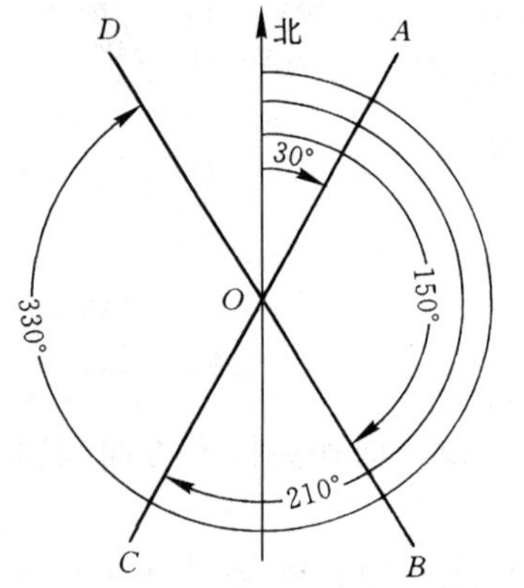

图 2-16　方位角表示

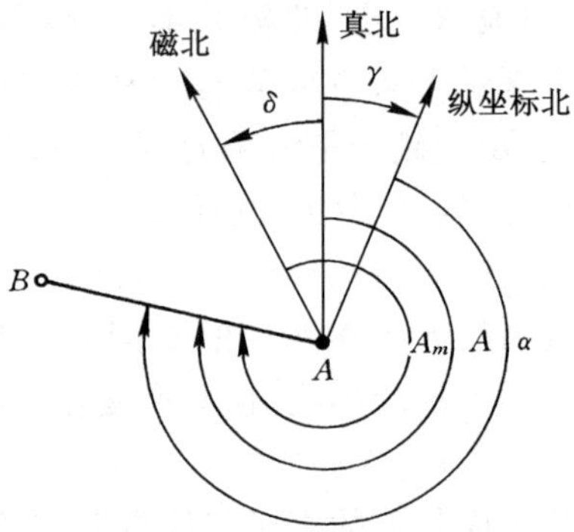

图 2-17　三种方位角的关系

工程测量中多用坐标方位角表示直线在平面中的方向，若以后不加说明，所用方位角均指坐标方位角。

由于任何地点的坐标纵线都是平行的，因此，任何直线的正坐标方位角（如 α_{AB}）和它的反坐标方位角（如 α_{BA}）均相差 180°（图 2-18），即：

$$\alpha_{AB} = \alpha_{BA} \pm 180° \tag{2-7}$$

若 $\alpha_{BA} > 180°$，公式中右端取"－"号；若 $\alpha_{BA} < 180°$，公式中右端取"＋"号。

由于真子午线之间或磁子午线之间相互并不平行，所以真方位角和磁方位角不存在上述关系。

2. 象限角

直线与标准方向线所夹的锐角称为象限角。象限角的取值范围为 0°～90°，用 R 表示。平面直角坐标系分为四个象限，以Ⅰ、Ⅱ、Ⅲ、Ⅳ表示。由于象限角可以自北端或南端量起，所以表示直线的方向时，不仅要注明其角度大小，而且要注明其所在象限。如图 2-19 所示，直线 OA、OB、OC、OD 分别位于四个象限中，其名称分别为北东（NE）、南东（SE）、南西（SW）、北西（NW）。

方位角和象限角可以互相换算，换算方法见表 2-3。

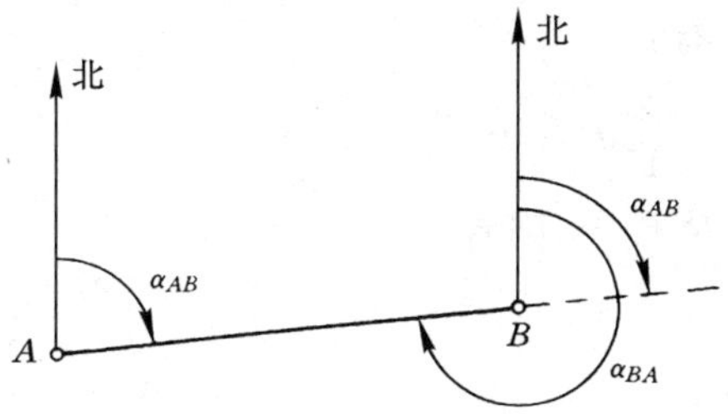

图 2-18　正反坐标方位角的关系

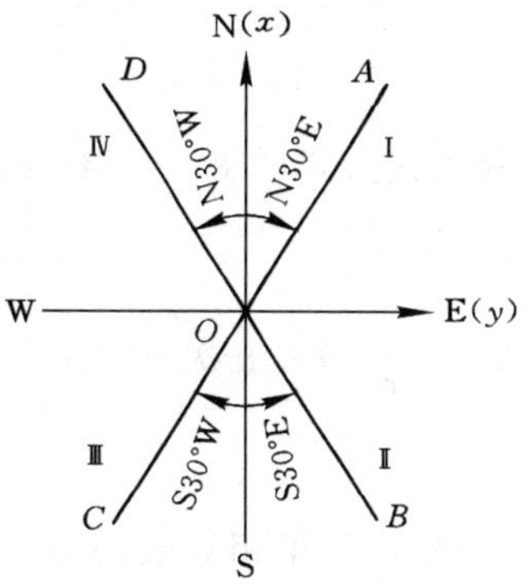

图 2-19　象限角

表 2-3　方位角与象限角的转换关系

象限		由方位角 α 求象限角 R	由象限角 R 求方位角 α
编　号	名　称		
Ⅰ	北东(NE)	$R=\alpha$	$\alpha=R$
Ⅱ	南东(SE)	$R=180°-\alpha$	$\alpha=180°-R$
Ⅲ	南西(SW)	$R=\alpha-180°$	$\alpha=180°+R$
Ⅳ	北西(NW)	$R=360°-\alpha$	$\alpha=360°-R$

第五节　用水平面代替水准面的限度

在普通测量中，虽然可将地球作为圆球看待，但如果将地面点先投影到圆球面上，然后再投影描绘到平面图纸上，将是很麻烦的。因此，在实际测量工作中，在满足一定的测量精度要求和测区面积不大的情况下，往往用水平面来直接代替水准面，即直接把地面点沿铅垂线投影到水平面上来决定其位置。这样既可简化一些复杂的计算，又不会影响工程质量。但在多大面积范围内允许以平面投影代替球面投影的问题，是本节将要讨论的内容。

用水平面代替水准面，通常会对距离、角度和高程产生影响，下面分别加以讨论。

一、地球曲率对水平距离的影响

如图 2-20 所示为地表的一个小区域，A、B、C 为地面点，它们在大地水准面上的投影为 a、b、c，如果用切于 b 点的水平面代替水准面，且地面点在其上的投影为 a'、b、c'。设 S 为 B、C 两点在大地水准面上的距离，t 为 B、C 两点在水平面上的距离，θ 为 S 所对的圆心角，R 为地球平均曲率半径。若以平面上的直线距离 t 代替圆弧长 $\overset{\frown}{bc}$，则在距离方面将产生误差 ΔS，即：

$$\Delta S=bc'-\overset{\frown}{bc}=t-S \tag{2-8}$$

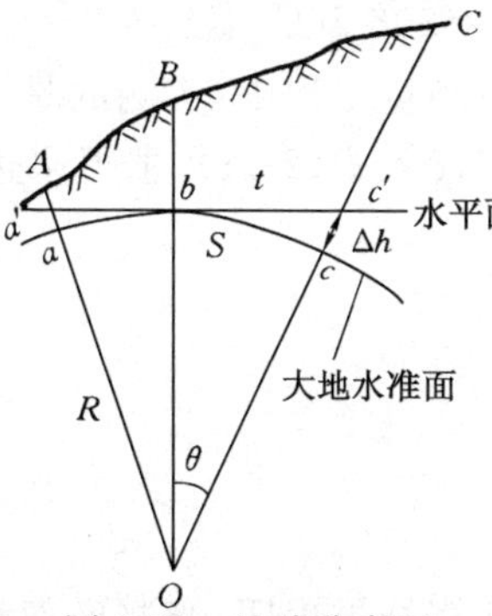

图 2-20　地球曲率对距离测量的影响

其中
$$bc'=t=R\tan\theta$$
$$\overset{\frown}{bc}=S=R\cdot\theta$$

将上两式代入式(2-8),并将 $\tan\theta$ 按级数展开,有:
$$\tan\theta=\theta+\frac{1}{3}\theta^3+\frac{2}{15}\theta^5+\cdots$$

因 θ 角很小,略去五次方以上各项,并以 $\theta=S/R$ 代入,则有:
$$\Delta S=\frac{1}{3}\frac{S^3}{R^2} \tag{2-9}$$

两端同除以 S,得相对误差为:
$$\frac{\Delta S}{S}=\frac{1}{3}(\frac{S}{R})^2 \tag{2-10}$$

取地球半径 $R=6\ 371$ km,S 为大地水准面上的距离,以不同值代入式(2-9)和式(2-10),得:

S(km)	ΔS(cm)	$\Delta S/S$
1	0.00	——
5	0.10	1/5 000 000
10	0.82	1/1 217 700
15	2.77	1/541 500
20	6.57	1/304 400

计算结果表明,当两点间的距离为 10 km 时,以水平面代替水准面所产生的距离误差为距离的 1/(121 万),而当代精密测距仪的测距精度也只有 1/(100 万)。可见,在半径为 10 km 的范围内进行测量时,可以用平面代替水准面,由此带来的距离误差可以忽略不计。

二、地球曲率对水平面的影响

由球面三角学知道,同一个空间多边形在球面上投影的各内角之和比在平面上投影的内角之和要大。这多出来的部分称为球面角超值 ε'',其值可用多边形的面积求得,即:
$$\varepsilon''=\rho''\frac{P}{R^2} \tag{2-11}$$

式中,P 为球面多边形面积;R 为地球曲率半径;ρ'' 为一弧度对应的秒值($\rho=57°17'45''=3\ 438'=206\ 265''$)。

在测量工程中,实测的是球面面积,绘制成地形图时则是平面图形的面积。以球面上不同面积代入式(2-11),求得多边形的球面角超值为:

P(km^2)	ε''
10	0.05
100	0.51
500	2.54
2 500	12.71

计算结果表明,当测区面积为 100 km^2 时,以平面代替水准面,地球曲率对水平角的影响很小,球面角超值才 0.51″,可以忽略不计。

三、地球曲率对高差的影响

由于高程的起算面为大地水准面，如果用水平面代替水准面进行高程测量，地球曲率必然要对高差产生影响。由图 2-20 可知，用水平面代替水准面时，产生的高差误差为 Δh，其值可由三角形 Obc'求得。

由三角形 Obc'知：

$$(R+\Delta h)^2=R^2+t^2$$

$$R^2+2R\cdot\Delta h+\Delta h^2=R^2+t^2$$

$$\Delta h=\frac{t^2}{2R+\Delta h} \tag{2-12}$$

前已证明，两点间投影的水平距离与在大地水准面上的弧长相差很小，故可用 S 代替 t，同时因 Δh 与地球半径 R 相比要小得多，故可略去，则上式可写成：

$$\Delta h=\frac{S^2}{2R} \tag{2-13}$$

仍设 R=6 371 km，则以不同距离代入上式，得计算结果如下：

S(m)	Δh(mm)
50	0.2
100	0.78
500	19.62

计算结果表明，地球曲率对高差的影响较大。在高程测量中，即使测区面积不大，也不能以平面代替水准面。

复习思考题

1. 解释水准面、大地水准面、地球椭球、CGCS2000 国家坐标系、高程、国家高程基准、坐标方位角和象限角的概念。

2. 如何表示地球的形状和大小？

3. 简述 2000 国家大地坐标系建立的重要意义。

4. 高斯投影为什么要进行分带？如何进行分带？

5. 有哪些坐标系可以确定地面点位？高斯一克吕格平面直角坐标系是如何建立的？

6. 我国常用坐标系统有哪些？有什么区别和联系？

7. 有哪几种方法可以表示两点间的平面位置关系？

8. 何谓“三北”方向？表示直线方向的方法有哪些？

9. 测量工作的基准面与基准线是什么？

10. 设某点的高斯平面直角坐标为：x=291 000 m，y=15 541 000 m，试问这一点在第几投影带(6°投影带)，并绘草图表示该点在投影带中的位置。

11. 我国于 1975 年、2005 年和 2020 年分别测定了珠穆朗玛峰高程，分别为 8 848.13 m、8 844.43 m 和 8 848.86 m，三个数据相差较大，是因为其增高或降低了吗？试解释其变化的原因？结合珠穆朗玛峰高程的测量史，简要介绍我国测绘技术的发展与进步。

第二章课件

第二章复习思考题答案

第二章插图

第三章　测量基本观测与仪器

测量的根本任务是确定点的空间位置。在工程测量和数字测图领域，点的空间位置是用点的两个平面坐标参数和一个高程参数表示的，用点的三个位置参数可唯一地表示点的空间位置，这三个位置参数也叫点的三维坐标。

水准测量可通过测量高差来确定点的高程，角度和距离测量可用于确定点的平面坐标，因而角度、距离和高差被称为基本测量要素。本章讲述水准、角度与距离测量的原理、方法及相关测量仪器的构造原理和使用方法，同时对水准测量、角度测量以及距离测量的误差进行分析。

第一节　水准测量原理与水准仪

一、水准测量原理

水准测量是高程测量的主要方法，水准测量的实质是以水平线为基准线测定两点间的高差，若其中一点高程已知，该点的高程就是起算高程，用起算高程加上高差就可推算出另一点的高程。

水准测量原理与仪器

水准测量使用的仪器叫水准仪，水准测量就是利用水准仪给出的一条水平视线在水准尺上读数测定高差的。由于水准测量是以水平视线为基准展开的，一般适用于平坦地区。

在图 3-1 中，A 点高程 H_A 已知，B 点高程 H_B 待定，在 A、B 两点上分别铅垂地竖立水准尺，在距 A、B 水准尺等距的位置上安置一台水准仪，若水准仪望远镜的水平视线在 A 点水准尺上的读数为 a，B 点水准尺上的读数为 b，则 A、B 两点的高差为：

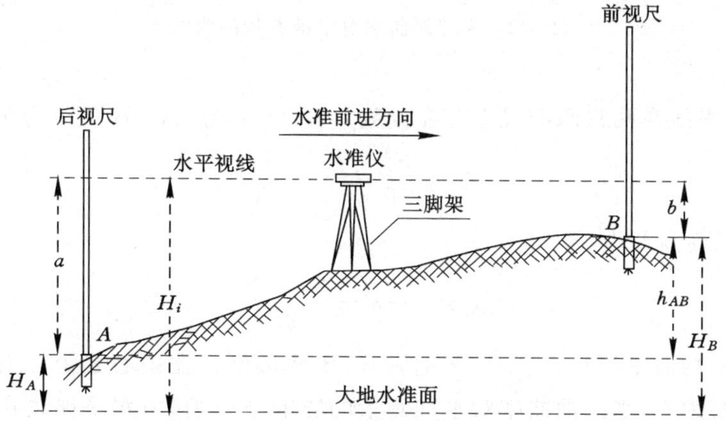

图 3-1　水准测量原理

$$h_{AB}=a-b \tag{3-1}$$

而 B 点的高程为：

$$H_B=H_A+h_{AB} \tag{3-2}$$

水准仪视线高程：

$$H_i=H_A+a \tag{3-3}$$

另一种求 B 点高程的方法为：

$$H_B=H_i-b \tag{3-4}$$

这里高差用 h_{AB} 表示，其涵义是由 A 点到 B 点的高差；若写成 h_{BA} 则指从 B 点到 A 点的高差，h_{AB} 和 h_{BA} 绝对值相等而符号相反。若水准测量的方向是从 A 点向 B 点，则称 A 点为后视点，A 点的水准尺为后视尺，读数叫后视尺读数；B 点为前视点，B 点的水准尺为前视尺，读数叫前视尺读数，两点间的高差则为：后视尺读数－前视尺读数。如果后视尺读数大于前视尺读数，则高差为正，表示 B 点比 A 点高；如果后视尺读数小于前视尺读数，高差为负，表示 B 点比 A 点低。

二、水准曲面对水准测量的影响

上述讨论中大地水准面被看成水平面，事实上大地水准面是不规则的，局部形态近似球面，如图 3-2 所示。高差实质上是过两点的水准面间的铅垂距离，由此决定了水准仪在水准尺上的读数应该是过水准仪仪器中心的水准面在 A、B 水准尺上的读数 A' 和 B'，而实际的读数 a、b 是水准仪水平视线在水准尺上的读数，A、B 两点间正确的高差应为：

$$h_{AB}=A'-B'=(a-aA')-(b-bB') \tag{3-5}$$

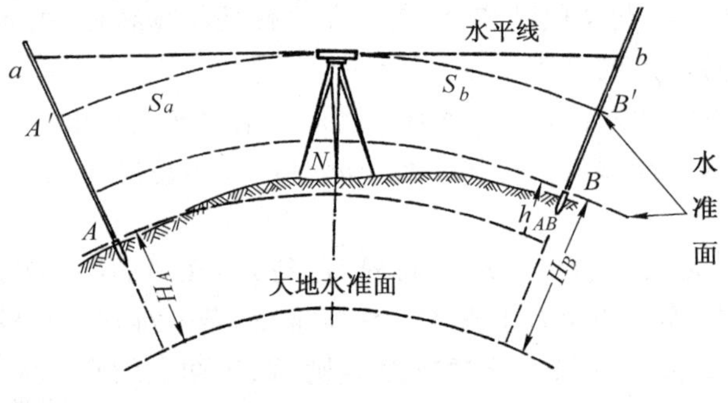

图 3-2　水准面曲率对水准测量的影响

水准面和水平线在两只水准尺上存在读数差，A 尺上为 aA'，B 尺上为 bB'：

$$aA'=\frac{S_a^2}{2R},bB'=\frac{S_b^2}{2R}$$

A、B 间的正确高差为：

$$h_{AB}=a-b-\frac{S_a^2-S_b^2}{2R} \tag{3-6}$$

其中，R 为地球平均曲率半径；S_a、S_b 分别为 A、B 两尺到仪器中心之距。当两者相等时式(3-6)中的末项将为零，水准面曲率对水准测量的影响被抵消，由水平视线在两水准尺上的读数 a、b 计算得两点间的高差正确。

三、水准测量的仪器与工具

水准测量主要用到的仪器和工具有水准仪、水准尺和尺垫等。

水准仪和水准尺的介绍和使用

DS_3 水准仪使用说明

DS_{05} 高精度自动安平水准仪使用说明

（一）水准仪

水准仪的代号为 DS_i，为“大地”“水准仪”的汉语拼音缩写，下标 i 代表每千米水准测量往返测高差中数的偶然中误差，单位为毫米，它是划分水准仪等级的精度指标。我国水准仪分 DS_{05}、DS_1、DS_3 三个等级，如表 3-1 所示。

表 3-1　水准仪系列的分级与用途

水准仪型号	DS_{05}	DS_1	DS_3
每千米往返测高差中数偶然中误差	≤0.5 mm	≤1 mm	≤3 mm
用　　途	国家一等水准测量	国家二等水准测量及精密水准测量	国家三、四等水准测量及工程测量

1. 微倾式水准仪的基本构造

水准仪有微倾式水准仪、自动安平水准仪和数字水准仪等类型，微倾式水准仪也叫气泡式水准，其基本构造如图 3-3 所示。

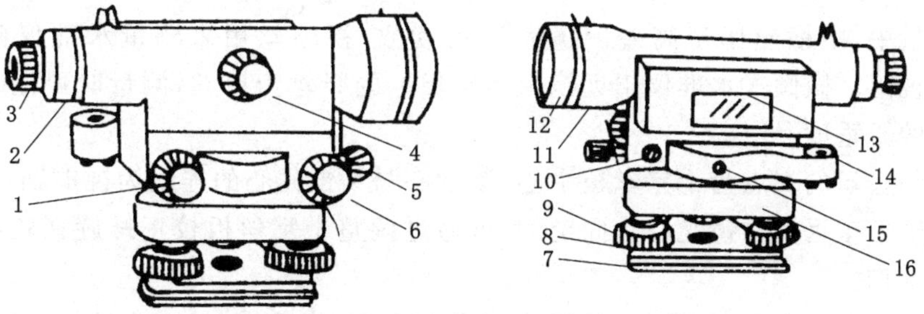

1—微倾螺旋；2—分划板护罩；3—目镜；4—物镜对光螺旋；5—制动螺旋；6—微动螺旋；7—底板；8—三角压板；9—脚螺旋；10—弹簧帽；11—望远镜；12—物镜；13—管水准器；14—圆水准器；15—连接螺丝；16—基座。

图 3-3　DS_3 型水准仪

（1）基座

图 3-3 中 16 为基座，基座上有三个脚螺旋，基座的作用是支撑和整平仪器。

（2）照准部

照准部由望远镜、水准器和控制螺旋等组成，能绕水准仪的竖轴在水平面内作全圆旋转。

① 望远镜

望远镜是测绘仪器的照准设备，目前测绘仪器配置的望远镜均为内对光式。望远镜由物镜、目镜、内调焦镜及十字丝板组成，其主要功能是放大照准的目标并精确瞄准，也可进行光学视距测量，如图 3-4 所示。

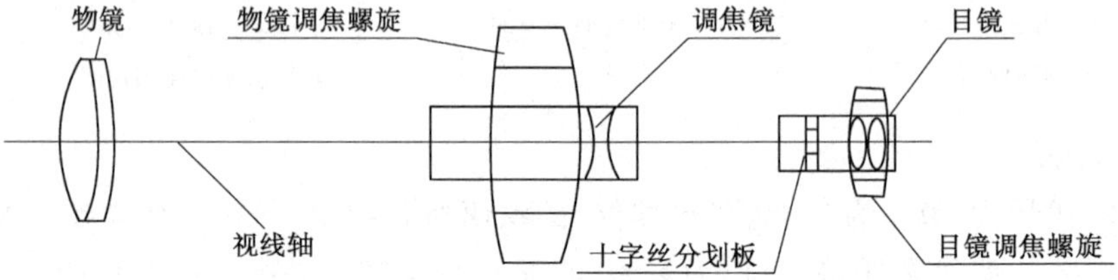

图 3-4　望远镜结构图

为了进行精确瞄准，在望远镜物镜的焦平面上装置有一块十字丝分划板，如图 3-5 所示。十字丝板上有中横丝、竖丝及上、下对称的两根短横丝等标志线，上、下两根短横丝也叫上丝、下丝，上丝、下丝总称视距丝。

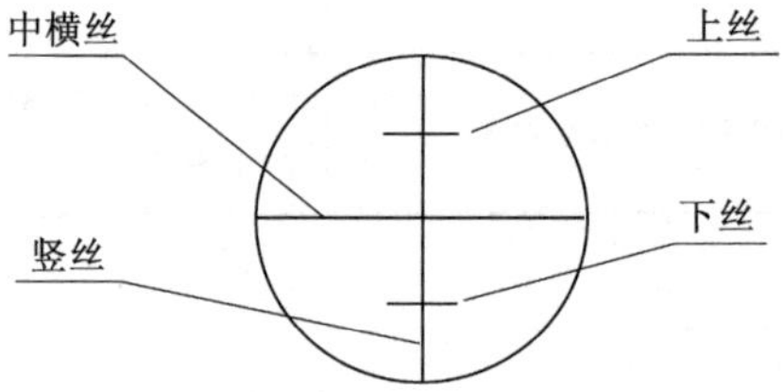

图 3-5　水准仪望远镜十字丝板

水准测量中，中横丝用于高差测量时标尺读数，视距丝用来测量水准仪到标尺的距离——光学视距。微倾式水准仪望远镜十字丝板上的竖丝为单丝，测量时可用于检查标尺在视线横向的铅垂度。

中横丝与竖丝的交点为十字丝板中心，该中心与物镜光心的连线为视准轴，视准轴是瞄准目标的基轴。望远镜物镜光心是固定的，可通过调整十字丝板校正螺旋在较小范围内调整望远镜视准轴。

望远镜的基本工作原理如图 3-6 所示，AB 为目标，视角为 α，ab 为目标经物镜、调焦镜折射后在十字丝板平面上成的倒立实像，$a'b'$ 为 ab 经目镜放大后所成的，并为人眼可见到的倒立虚像，视角为 β，显然 $\beta>\alpha$，望远镜的放大倍率为：

$$V=\frac{\beta}{\alpha} \tag{3-7}$$

由于视角的放大，使观测者感觉到目标移近了，进而使目标的瞄准精度和读数精度提高，测量仪器上的望远镜放大倍率都在 20 倍以上。

物镜与十字丝板间的距离是固定不变的，望远镜瞄准的目标则有远近之分。目标发出光线通过物镜所成的实像位置随目标远近而改变，成像一般不会正好位于十字丝板平面上，望远镜内置有物镜调焦镜，通过旋转调焦螺旋调节物镜调焦镜的位置，使目标成像与十字丝分划板平面重合，此时观测者眼睛在目镜端上、下移动，目标成像与十字丝板间应没有相对移动；若目标成像与十字丝分划板平面未严格重合，观测者眼睛在目镜端上、下移动，目标成像与十字丝板间会有相对移动，这种现象叫作视差。

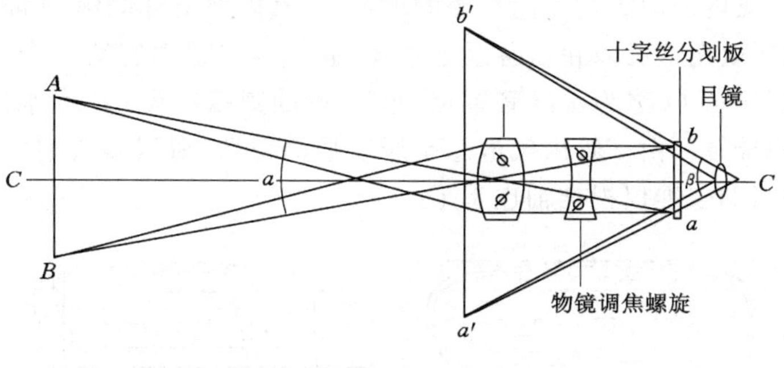

图 3-6　望远镜工作原理

视差会影响读数正确性，需在读数前消除。消除视差的方法是：用手或物镜盖遮住望远镜物镜，或将物镜对向空白处，旋转目镜调焦螺旋使十字丝最清楚；移动遮挡物镜的手，瞄准标尺，旋转物镜调焦螺旋使目标成像十分清楚，视差消除。

② 控制螺旋

控制螺旋是测绘仪器操作必不可少的机械部件，水准仪的控制螺旋有水平制动螺旋 5，用于照准部固定；水平微动螺旋 6，用于水平微动和精确瞄准；微倾螺旋 1，能使管水准器和望远镜作微量仰俯，用于视线的精确置平。

(3) 水准器

微倾式水准仪有两个水准器，分别是管水准器 13 和圆水准器 14，圆水准器用于仪器的粗略整平，管水准器也称水准管，用来精平视线。

① 圆水准器的用途及其结构

圆水准器的灵敏度较低，但可迅速整平仪器。如图 3-7 所示，圆水准器是一个上部为均匀圆球面的玻璃圆盒，圆盒被镶嵌在金属框内，盒内填充酒精或氯化锂液体并加热密封，内有一气泡，圆盒顶面中央刻有分划圆，分划圆的圆心 O 是圆水准器的零点，连接零点 O 与球面球心的直线 $L'L'$ 为圆水准器轴，当气泡居于零点时，圆水准器轴铅垂。由于仪器的竖轴与圆水准器轴平行，此时仪器竖轴也处于铅垂位置。

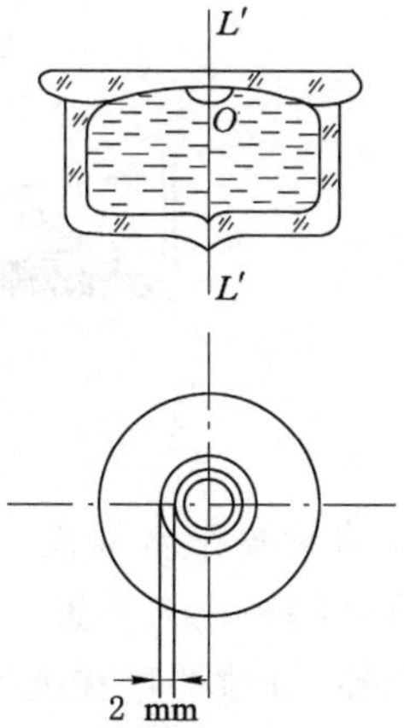

图 3-7　圆水准器

为了精确地指示气泡的位置，在圆水准器周围均匀地刻有分划线，分划线格宽为 2 mm，每格所对的圆心角叫作水准管的格值，用 τ 表示：

$$\tau=\frac{2}{R}\rho'' \tag{3-8}$$

式中，R 为圆球面的曲率半径，单位为毫米；格值 τ 也可以理解为气泡移动 2 mm 时水准轴所倾斜的角度，水准器格值愈小，水准器的灵敏度越高，整平的精度也越高。

测绘仪器上的圆水准器格值一般为 5′/2 mm～10′/2 mm，灵敏度较低，仅可用于仪器的粗略整平。

② 管水准器的用途及其结构

管水准器是一支内表面经过专门打磨的玻璃管，其内壁上部的纵剖面是一半径为 80～200 m 的曲线，内部填充了乙醇和乙醚混合液体，制成封口前内腔留一个气泡，如图 3-8 所示。水准管内表面中心 O 称为水准管零点，过 O 点的圆弧切线 LL 为水准管轴，水准管轴应平行于水准仪视准轴。由于管内气泡总是居于最高位置，所以当气泡居中时水准管轴水平，与水准管轴平行的水准仪视准轴也水平。

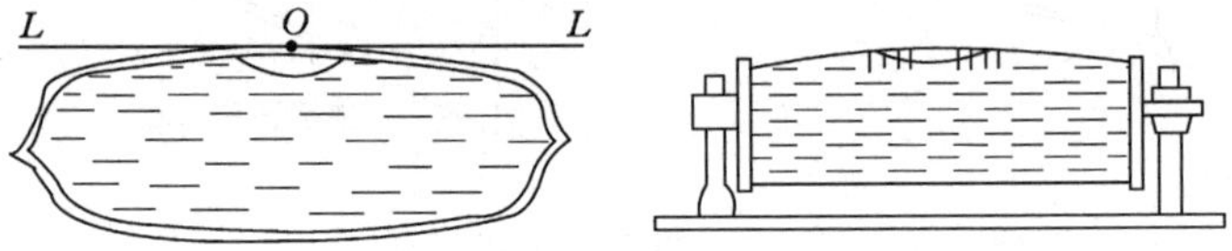

图 3-8　管水准器

管水准器的格值含义与圆水准器基本相同，管水准器的格值刻划线被均匀地刻在水准管零点的两侧，格宽为 2 mm，每格所对的圆心角称水准管格值，格值通常为 10″/2 mm，或 20″/2 mm，可用于视准轴精密置平。为了提高目估水准管气泡居中的精度，在水准管的上方装有符合棱镜，其作用是将气泡两端的影像转到望远镜旁的水准管气泡观察窗口内，当气泡两端的成像符合成一个圆弧时，表示气泡居中，这种配有棱镜系统的水准器称为符合水准器，如图 3-9 所示。

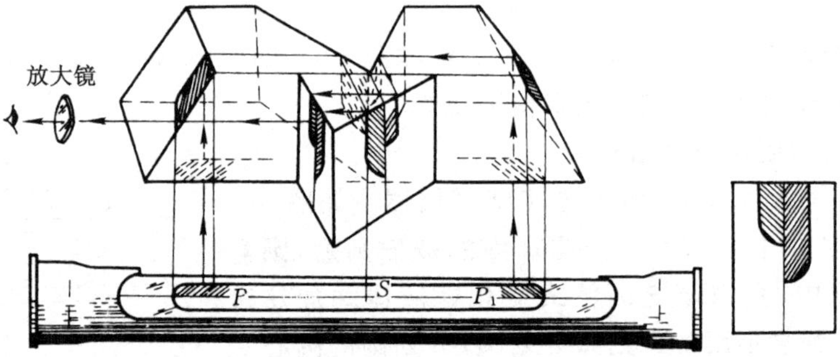

图 3-9　符合水准器

2. 自动安平水准仪

具有将视线自动置平功能的水准仪叫自动安平水准仪，自动安平视线的装置叫自动安平补偿器，补偿器可在视准轴有微小倾角情况下读出相当于视准轴水平时的尺上读数，仪器上没有水准管和微倾螺旋，读数时无须进行精平操作，作业效率高，已被广泛使用。图 3-10 所示为苏州光学仪器厂生产的 DSZ2 自动安平水准仪。

(1) 自动安平的原理

视准轴的自动安平是通过在水准仪中装置补偿器实现的，如图 3-11 所示。当望远镜视

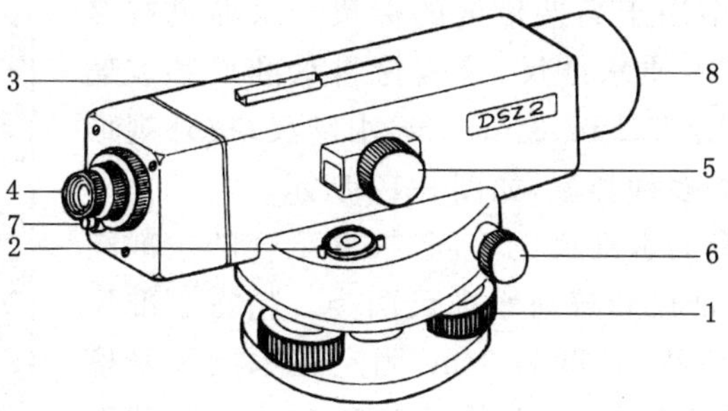

1—脚螺旋；2—圆水准器；3—外瞄准器；4—目镜调焦螺旋；
5—物镜调焦螺旋；6—微动螺旋；7—补偿器检查按钮；8—物镜。

图 3-10　DSZ2 自动安平水准仪

线水平时，视线经望远镜光路水平到达十字丝板中心，在水准尺上读数为 a；当视准轴倾斜了一个小角度 α 时，视线按倾角 α 方向到达十字丝中心，此时在水准尺上的读数为 a'，若在望远镜光路中加一个补偿器，使过读数 a 的水平视线经过补偿器后偏转一个 β 角，读数 a 处的标尺分划就能成像于十字丝板中心，实现视线自动安平。

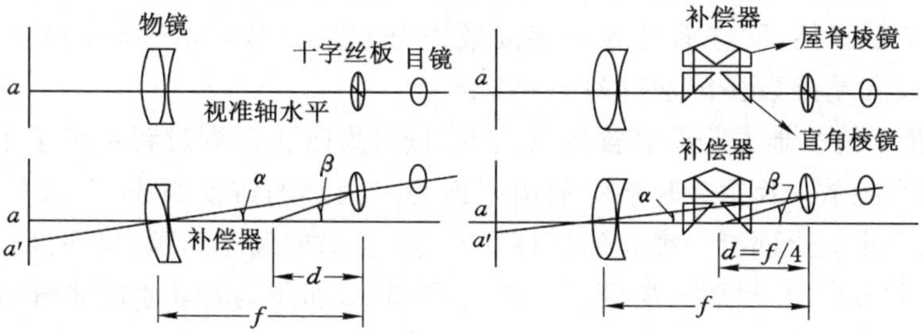

图 3-11　自动安平补偿工作原理

补偿器应安置于距十字丝板距离为 d 的地方，若物镜焦距为 f，则：

$$d=\frac{\alpha f}{\beta} \tag{3-9}$$

(2) 补偿器的结构

补偿器结构有多种，图 3-11 所示的屋脊棱镜系统为其中的一种。屋脊棱镜系统由细金属丝悬吊两块直角棱镜与屋脊式棱镜构成并固定在望远镜筒内壁。视线水平时，光线经补偿器后不改变方向，准确到达十字丝中心，视准轴在水准尺上的读数 a 为正确读数；视线倾斜 α 角时，直角棱镜在重力作用下向相反方向偏转 α 角，这时被反射的光线与原光线成 2α 夹角，通过第二块直角棱镜反射的光线又偏转 2α 角，水平线到达十字丝交点，实现补偿。苏光 DSZ2 等采用的就是这种补偿器。

在补偿过程中，补偿器因重力作用产生摆动，为使摆动能迅速停止，还需装置一个阻尼器，阻尼器有空气式、磁阻尼式两类，前者利用空气产生的阻力实现补偿器迅速静止，后者采用磁场产生阻力使补偿器静止。

(二) 水准尺和尺垫

水准尺是水准测量中用于高差量度的标尺。水准尺有多种类型，按制造材料分有木质水准尺、合金材料水准尺和玻璃钢材质的水准尺；按长度分有 2 m、3 m、5 m 水准尺；按外观形状分有整尺、折尺、塔尺等多种类型，如图 3-12 所示。

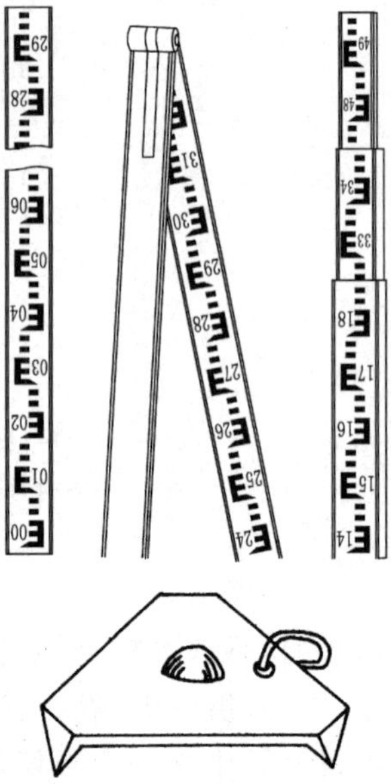

图 3-12　水准尺和尺垫

水准仪精度不同配套的水准尺也不同，根据配合的水准精度，水准尺可分为精密水准尺和普通水准尺两类。精密水准尺用镍铁合金（铟钢）做成带状，长度为 3 m，固定在木质尺身槽内，在尺带上有左右两排线状分划，分别称为基本分划和辅助分划，格值 1 cm，这种水准尺仅配合精密水准仪使用。普通水准尺用木材、铝材和玻璃钢制成，尺长多为 3 m 且为双面刻划的直尺，分划形态为格值 1 cm 的带色区格，又称区格式水准尺，尺面每隔 1 cm 印刷有黑白或红白相间的分划，每分米处注有数字，数字有正写的和倒写的两种，分别与水准仪的正像望远镜或倒像望远镜相配合。双面水准尺的一面为黑白分划，称为“黑面尺”，黑面为主尺；另一面为红白分划，称为“红面尺”，红面为辅助尺。水准尺是配对使用的，一对水准尺的黑面尺底端读数注记均从零开始，而红面尺的底端读数则分别从常数4 687 mm 和 4 787 mm 开始，两只尺的红面尺底端读数注记基数差为 0.1 m。

在水准测量中许多地方需要设置转点或中间点，为防止观测过程中尺子下沉影响读数的准确性，应在转点处放一尺垫。尺垫一般由平面为三角形的铸铁制成，下面有三个尖脚，便于踩入土中，使之稳定。上面有一突起的半球形小包，立水准尺于球顶，尺底部仅接触球顶最高点，当水准尺转动方向时，尺底的高程不会改变，图 3-12 所示为普通水准测量用的尺垫。

（三）数字水准仪

1. 数字水准仪系统

数字水准仪系统由数字水准仪及与其配套条码尺构成。

电子水准仪使用说明

自动安平水准仪使用说明

数字水准仪由望远镜、水准器、自动补偿系统、CCD 线阵传感器、数据处理与存储模块、电路系统、显示屏、电源及仪器控制螺旋等部件组成（图 3-13）。其光学部分的构成与光学水准仪相同，在测量中的作用是安平仪器、瞄准目标和成像；电子部分主要由图像识别与数据处理、存储器件组成，主要作用是识别条码尺图像、比对并生成正确的数据信息，进行相关计算与数据存储、传输；与光学水准仪相比，数字水准仪的特点是在望远镜中安装了电荷耦合器件/CCD 线阵传感器数字图像识别处理系统，以及计算与存储模块，使水准测量由人工读数转变为数字记录与存储。

配合数字水准仪测量的水准尺叫条码尺，与传统水准尺不同，条码尺上印制有特定条码图案，条码图案所代表的相关数码信息预置于数字水准仪的 CPU 中，数字水准仪的读数是通过对条码尺的识别与比对获得的，不同生产商生产的条码尺其图案不同。

与传统的光学水准仪相比，数字水准仪集光机电与信息技术于一体，具有作业自动化程度高、测量速度快、劳动强度低、读数客观、操作简便和内、外业一体化等优点；但也有对测量环境要求高，标尺必须是专用配套标尺，不能通用，也不能用自制标尺代替等不足。

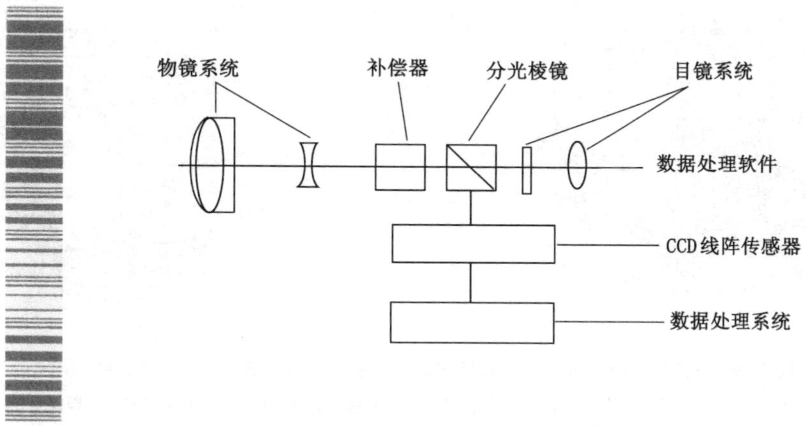

(a)　　　　(b)

图 3-13　数字水准仪测量系统示意图

2. 数字水准仪测量原理

当用数字水准仪精确照准目标并完成调焦后，条码尺上某一区间的一段条码图案便成像于望远镜的十字丝板上，并同时到达 CCD 线阵传感器的光敏面。数字水准仪主机通过对 CCD 线阵传感器上的条码图像识别，以及与预先内置于仪器中的条码数字信息进行比对，经信号转换得到数字水准仪视准轴在水准尺上的精确读数和水准仪竖轴至条码尺的水平距离，有关测量信息自动记录并存储，当数字水准仪按水准测量顺序完成一对条码水准尺的读数之后，数字水准仪会按预置的计算程序对测站数据进行计算、限差比对、取均、累计和存储，一站水准测量工作便完成了。

3. 数字水准仪的功能

(1) 数字水准仪的操作功能

目前市场上主要有国产及国外厂商徕卡、天宝、拓普康等测绘仪器制造商生产的数字水准仪(图 3-14)，由于数字水准仪一直在不断改进之中，本节以南方测绘公司生产的 DL—2003A 型数字水准仪为例简单介绍数字水准仪的基本结构。

数字水准仪说明书示例 1　数字水准仪说明书示例 2

DL—2003A 数字水准仪每千米往返测中误差为 ±0.3 mm，可适用于各等级水准测量。图 3-15 所示为 DL—2003A 数字水准仪的硬件构成情况。

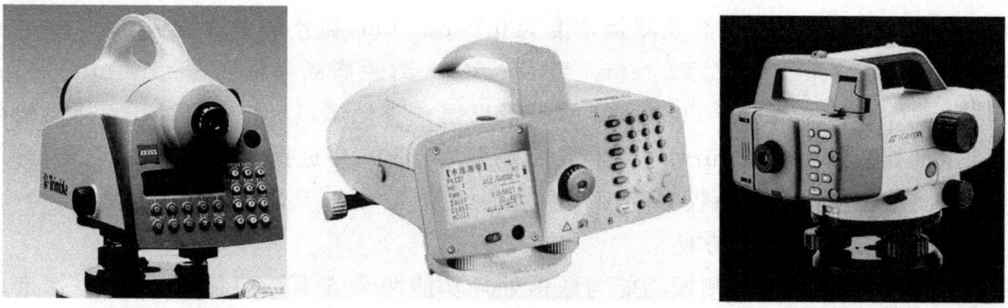

(a) 天宝　(b) 徕卡　(c) 拓普康

图 3-14　常见数字水准仪

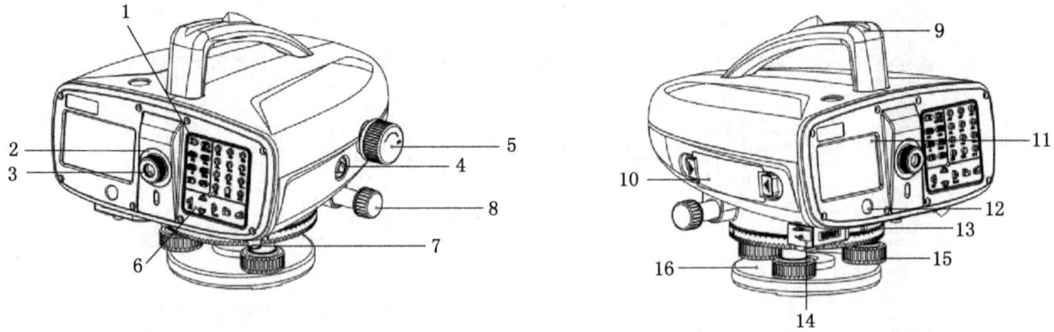

1—开关按钮;2—目镜护罩;3—目镜;4—测量键;5—调焦手轮;6—键盘;7—RS232 串口;8—水平螺旋;9—提把;10—电池;11—液晶显示屏;12—圆水准器;13—水平度盘;14—U 盘接口;15—脚螺旋;16—基座。

图 3-15　DL—2003A 数字水准仪

DL—2003A 数字水准仪的开关键、功能键、液晶显示屏均位于面板上,涵盖了数字水准仪的全部功能。图 3-16 为液晶显示屏显示的主菜单。

图 3-16　DL—2003A 数字水准仪主菜单

主菜单功能可通过以下三种方式启动:

① 触摸屏点击相应区域启动;

② 用【↑ ↓】键将光标移到所选功能按【ENT】启动;

③ 可直接按压数字键 1～6 快捷启动。

(2) 数字水准仪技术指标

影响数字水准仪测量性能的主要技术指标有高差测量精度、高差测量最小读数、距离测量精度、测程、补偿器工作范围、补偿精度、视场角、CCD 像素等。

DL—2003A 数字水准仪高差测量精度为 0.3 mm/km,高差最小读数为 0.01 mm;测程为2.0～110 m,距离最小读数为 1 mm。当 $D \leqslant 10$ m 时距离测量精度为±10 mm, 当 $D>10$ m 时距离测量精度为 $D \times 0.001$。使用磁阻尼摆式补偿器,工作范围>10′,补偿精度为 0.2″。圆水准器格值为 8′/2 mm;电子测量视场角为 1°30′;望远镜放大倍率为 32 倍,分辨率为 3″;仪器测量速度优于 3 s;仪器的工作温度为－20 ℃～50 ℃。

(3) 数字水准仪的测量功能

数字水准仪的功能包括测量功能与数据处理功能两个方面。测量功能包括:水准线路高差(高程)测量(可前视多点)、高差放样、高程放样、视距放样等;数据处理功能包括:自动读数(记录)、测站高差计算检核、线路高差累计检核、测站视距差计算、线路视距差累计计算、线路视距累计计算、线路高程计算、数据存储和数据通信等信息技术功能。

第二节　水准测量方法

一、概述

（一）水准测量中的基本概念

使用水准仪，按一定程序测定两立尺点间高差的过程叫作水准测量的一站，如图 3-1 所示，水准一站是水准测量的基本单位。两个水准点间的一段水准路线叫作水准的一个测段，一个测段的高差需通过若干站水准测量测定，测段高差就是测段内各站高差之代数和，如图 3-17 所示。

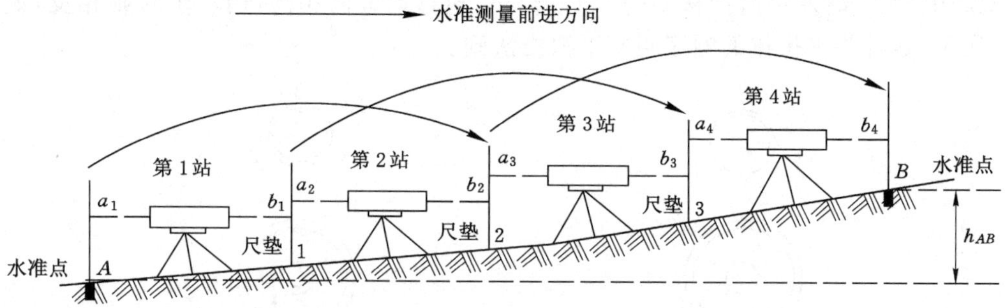

图 3-17　连续设站水准段水准测量原理

当一个地区有多个水准点时，连接这些水准点的若干个测段可构成闭合水准路线、附合水准路线、支水准路线和水准网，如图 3-18 所示。

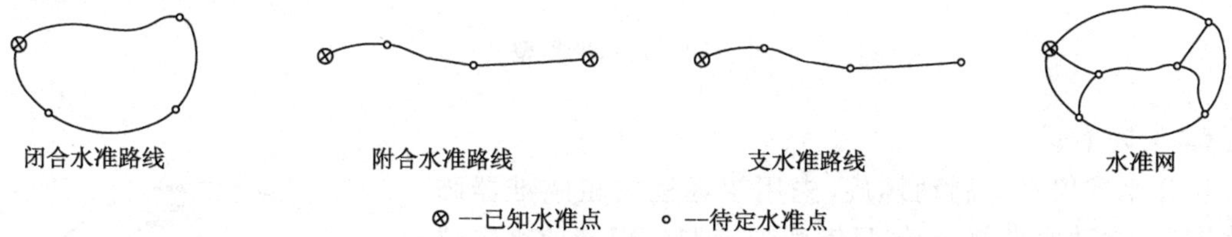

图 3-18　水准路线

闭合水准路线是起始于一个高程已知的水准点，又闭合于该已知水准点的水准路线；附合水准路线是起始于一个已知水准点，而附合到另一已知水准点的水准路线；这两种水准路线均有可靠的几何检核条件，水准网则有更多的几何检核条件。水准支线起始于一个已知水准点，另一端是自由端，为了检核的需要，水准支线常常需要往返测量或复测。关于水准路线的计算将在第五章中详细叙述。

（二）水准点和转点

水准点是指埋设在地表，位于水准测段两端的永久性或临时性测量标志，一般是由水泥制成的嵌有半球形金属标志的混凝土墩，半球形顶面最高点标示该点的高程位置。转点或称中间点事先不设置任何标志，测量时用尺垫充作转点上的临时性标志，用于传递高差。

二、水准仪使用的基本步骤

（一）粗平

在距两个立尺点等距且尽可能在两个立尺点连线的位置上安置水准仪。先置三脚架于合适位置，撑开架腿并踩实，按观测者身高调节好脚架高度，架头大致水平，双手从仪器箱中取出仪器并轻置于脚架顶面，一手护紧仪器，另一手用脚架上的中心螺旋把仪器固定于三脚架上。

水准仪的测量方法

旋转位于仪器基座上的脚螺旋，使圆水准器气泡居中，也就是使仪器竖轴大致铅垂，此过程叫粗平。操作步骤如图 3-19 所示，图中 1、2、3 为仪器基座上的脚螺旋，中间为圆水准器，双手同时相向旋转脚螺旋 1、2，其中左手拇指移动的方向与圆水准器气泡移动方向相同，移动气泡至 1、2 脚螺旋连线的中间位置，如图 3-19(a)所示，再用左手旋脚螺旋 3 使气泡居中，旋转时左手拇指移动的方向仍与气泡移动方向相同，用右手时则相反，如图 3-19(b)所示，这种整平操作的顺序叫左手拇指法则。

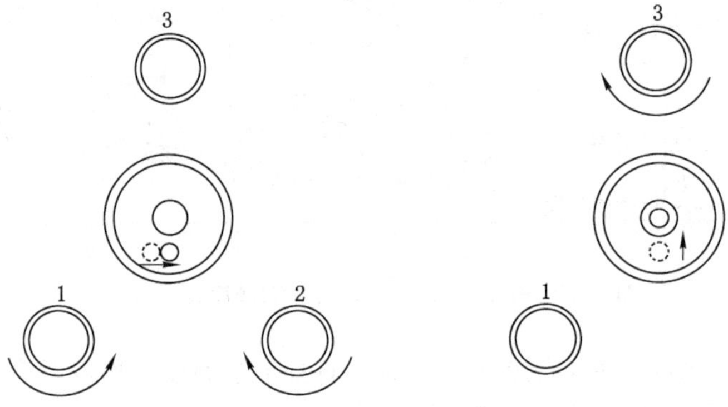

图 3-19　圆水准器整平

（二）瞄准

松开水准仪水平制动螺旋，先用望远镜的粗瞄准器瞄准水准尺，制动照准部，旋转目镜和物镜调焦螺旋使水准仪十字丝和水准尺成像最清晰，该过程称粗瞄准；在望远镜内找到水准尺的成像，再用水平微动螺旋使十字丝的竖丝与水准尺的一边棱重合，实现精确瞄准，如图 3-20 所示。

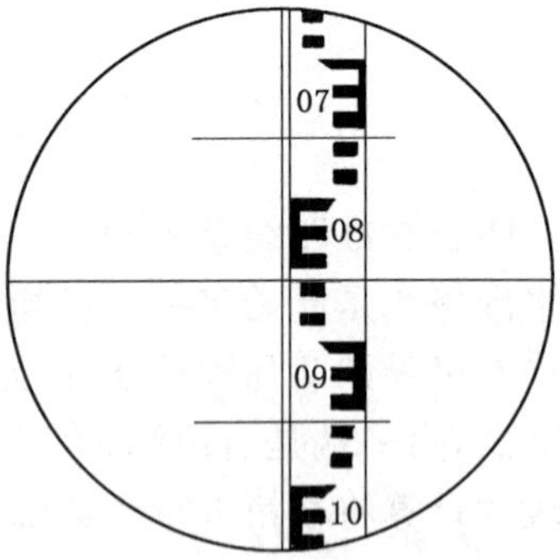

图 3-20　水准尺的瞄准与读数

（三）精平

调节水准仪微倾螺旋，使水准管观察孔中的两半部分气泡精确吻合。此时水准管气泡严格居中，水准轴水平，望远镜的视准轴精平。

（四）读数

使用区格式水准尺时，米、分米和厘米直接读出，毫米数估读，然后以毫米为单位报出四位读数，如 2753 即 2.753 m，这样读数可防止读、记及计算中的错误和不必要的误会。

图 3-20 所示为成倒像的望远镜所看到的水准尺成像，水准尺上所注记的数字是倒写

的，望远镜中的成像是正的。读数应从上（小）往下（大）读，图中水准尺中横丝读数为 0.858 m，读作 0858；对成正像的望远镜，与其配合的水准尺的数字注记是正写的，读数时由下往上读（小到大）。

以上测量过程是在使用微倾式（气泡式）水准仪，且仅瞄准一支水准尺情况下的操作，其操作步骤可归结为：粗平—瞄准—精平—读数。对于自动安平水准仪，操作过程可简化为：粗平—瞄准—读数；对于数字水准仪，操作过程可简化为：粗平—瞄准—按记录键存储读数。

三、水准测站高差的观测方法

水准测量的常用方法有两次仪器高法、双面尺（红黑面尺）法和基辅尺法，基辅尺法适用于高等级水准测量，相关内容在大地测量学基础课程中学习。

水准测量
外业实施与
内业计算

（一）两次仪器高法

① 在选定的两个立尺点 A、B 上分别铅垂竖立水准尺，在距两个立尺点等距且尽可能在两立尺点连线的位置上安置水准仪，并进行粗平操作，如图 3-21 所示。

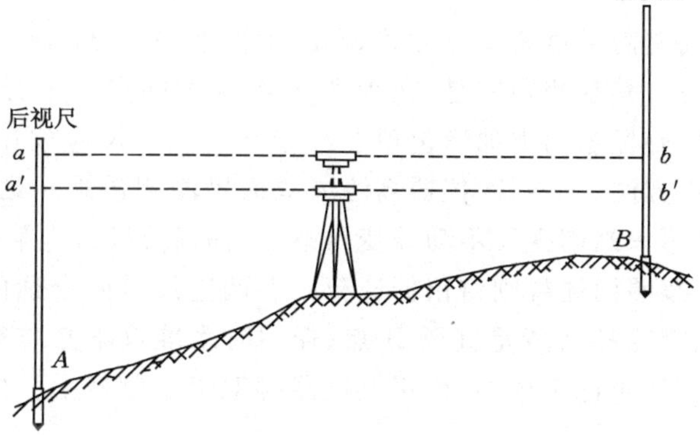

图 3-21　两次仪器高法测量原理

② 照准后视尺，精平，读后视尺中丝读数 a，记录读数。

③ 照准前视尺，精平，读前视尺中丝读数 b，记录读数。

第一次仪器高测量时，还需读取标尺的上、下丝读数，以便测量仪器到标尺的视距。

④ 计算两个立尺点间的第一次高差测量值：$h'_{AB}=a-b$。

⑤ 变更仪器高，升幅或降幅应大于 10 cm，粗平后重复②～④步得到 A、B 两立尺点的第二次高差测量结果 $h''_{AB}=a'-b'$。第二次仪器高测量时，不再读取上、下丝读数。

由上述测量过程可知，两次仪器高测得的高差可进行比较与检核，普通水准一站两次仪器高所测得的高差互差不大于±5 mm 时，取两次高差测量结果的均值作该站高差测量的最终成果，大于±5 mm 时为超限，应重测。

（二）双面尺法

两次仪器高法需要在测量过程中变更仪器高，延长了观测时间，影响观测效率。双面尺是一种在尺的两面分别注记有黑色和红色刻度的水准尺，利用这种水准尺，可在不变更仪器高的情况下，获得测站两立尺点间的两次高差观测值。

双面尺法进行水准一站高差测量时，按两次仪器高法一样的方法设置好立尺点和水准仪，经过粗平后，按下列观测程序观测：

① 瞄准后视点水准尺黑面—精平—读数。

② 瞄准前视点水准尺黑面—精平—读数。

③ 瞄准前视点水准尺红面—精平—读数。

④ 瞄准后视点水准尺红面—精平—读数。

这里的读数是指中横丝在标尺上的读数，读取黑面尺中横丝读数时，还应读取上、下丝在黑面标尺的读数，以便进行仪器到标尺的视距的计算。

观测顺序按尺面颜色简述为“黑—黑—红—红”，按尺的前后序可简述为“后—前—前—后”，测量完成后应及时分别计算黑面、红面读数的高差值。由于两尺的黑面零点注记值均为零，红面零点注记值分别为 4 687 mm 和 4 787 mm，其注记值间的差为 100 mm，红黑面高差计算结果理论上相差 0.1 m。对每一测站进行高差检核时，应在红面高差中加或减 100 mm 后再与黑面高差相比较，两者之差应不大于±5 mm，符合要求时取均值作该测站的高差值。

四、水准测段的高差测量方法

一个水准测段的高差需通过若干站水准测量测定，如图 3-17 所示，AB 段水准由 4 站构成，中间经过 3 个转点，其观测顺序是：在水准点 A 和中间点 1 上分立水准尺，A 点水准尺应直接立在水准点中心标志的半球形包顶上，1 点所立水准尺应放在踩实的尺垫上，按水准一站高差测量的基本方法——两次仪器高法或双面尺法测量第一站两立尺点间的高差，测站检核合格后，保持第一站前视尺不动并变作第二站的后视尺，将第一站的后尺移至 2 点作为第二站的前视尺，按照前述规则将仪器迁至 1、2 两立尺点间合适的位置进行第二站水准测量，按此顺序依次测定各站高差直至 B 点；迁站时水准仪不必装箱，收拢脚架后，在保持仪器竖直状态下将脚架正抱于怀中，或正置仪器脚架于一侧肩上护紧脚架稳步前进至下一仪器站。

水准段 AB 的高差应取各站高差之代数和，如图 3-17 所示，在 A、B 两点间共设 $n=4$ 站，则 A、B 两点间的高差为 4 站水准高差之和：

$$h_{AB}=h_1+h_2+\cdots+h_n=(a_1-b_1)+(a_2-b_2)+\cdots+(a_n-b_n) \tag{3-10}$$

其通用公式可表示成：

$$h_{AB}=\sum_{i=1}^{n}h_i=\sum_{i=1}^{n}(a_i-b_i)=\sum_{i=1}^{n}a_i-\sum_{i=1}^{n}b_i \tag{3-11}$$

式(3-11)中的最后一部分可作为高差计算正确性的检核计算公式。

五、各等级水准测量测站与测段观测方法和测量程序

水准测量等级越高，消除或减弱水准仪、水准尺下沉误差影响的措施就越严格，为此形成了一套水准测站和水准测段测量的固定程序。为给后续内容的学习提供关于水准测站和测段测量程序的完整概念，将各等级水准测量采用的测站和测段观测程序汇总于表 3-2 中。

表 3-2　各等级水准测量测站与测段观测程序表

水准等级	水准仪类型	测段观测程序	测站观测程序		测站观测方法
			往测	返测	
一等	DS_{05}	往、返观测	奇数站:后—前—前—后 偶数站:前—后—后—前	奇数站:前—后—后—前 偶数站:后—前—前—后	基辅尺法
二等	DS_1	往、返观测	奇数站:后—前—前—后 偶数站:前—后—后—前	奇数站:前—后—后—前 偶数站:后—前—前—后	基辅尺法
三等	DS_3	往、返观测	后—前—前—后		双面尺法
	DS_1	单程双转点观测			基辅尺法
四等	DS_3	支线往、返测 其他路线单程测量	后—后—前—前		双面尺法或 两次仪器高法
等外	DS_{10}	支线复测,其他路线单程测量	后—后—前—前		同上

备注:低等级水准测量时,可采用高等级测量仪器和测量程序观测。

六、数字水准仪的使用

(一) 数字水准仪与条码尺的安置

数字水准仪的安置方法与普通光学水准仪相同,但应注意:数字水准仪安置好后,如果是首次测量,应按“电源键”开机,并瞄准条码尺按测量键读数 20 次以上进行数字水准仪的测前预热。

条码尺应按测量要求铅垂地立于水准点或尺垫上,与仪器间通视应良好,测量时条码尺的尺面上应无阴影投射,也不应反光过强,否则测量时水准仪会提示读数困难或无法测量。调整时可更换立尺点,也可在原点上侧转条码尺面规避阴影或强光;立尺员应戴质地柔软的手套作业,在立尺过程中要避免接触和摩擦尺面,以免尺面条码图案被遮挡或磨损。

(二) 数字水准仪测站读数操作顺序

数字水准测站的读数操作顺序为:粗平—瞄准—按记录键存储读数。粗平就是用圆水准器整平仪器,使仪器竖轴在自动补偿范围内,此时测量仪器的视线水平;瞄准方法与光学水准仪相同,旋转数字水准仪望远镜至条码尺方向,使望远镜十字丝竖丝位于条码尺尺面中央,且与条码边线平行或与尺面一侧棱边线相切,进行目镜、物镜调焦消除视差,使十字丝及条码尺成像都最清晰;读数即按仪器测量键,此时仪器液晶屏将显示仪器视线高读数与仪器至标尺的距离数秒(显示时间事先设置),然后转至下一操作提示,若要查看当前读数,可通过回退和翻页等操作实现。

(三) 数字水准仪测量方法

各种数字水准仪测量操作基本相同,但早期的数字水准仪没有我国水准规范规定的一些测量顺序设置,现以南方公司 DL-2003A 型数字水准仪为例,说明一个水准段高差和高程测量方法。

1. 仪器参数设置

短暂按压【ON/OFF】键开机,按【MODE】键设置测量模式,按【USER】键设置编码、点号等功能,按【PROG】键进入测量程序主菜单并可在【设置】功能中设置测量参数与系统参数。上述功能中必须设置的参数包括：测量模式[单次/平均/中间值/有限制平均(测量)]、点号(递增/递减)、小数位数、数据单位(米/英尺)、数据格式(以 DL-2003A 格式经过接口和输出的数据)等，设置完成后返回主菜单。

2. 线路水准测量

在测量程序主菜单中依次选择【测量】→【线路测量】功能后，即可开始线路测量。这里仅介绍按"BFFB/后前前后"测量方式进行线路测量的三等水准测量方法，具体操作方法如下：

在【线路测量】菜单中选择【三等水准测量】功能，在"作业"项选择作业编号或按压"①作业"新建作业，在"线路"项选择线路编号或按压"②线路"新建线路，点击"③开始测量"进行测量(限差已内置)。测量顺序操作如下：

① 瞄准后视点上的标尺，按键开始测量，同时显示后视标尺读数和后视距。

② 瞄准前视点上的标尺，按键测量完毕，显示前视标尺读数和前视距。

③ 再次瞄准前视点上的标尺，按键测量完毕显示前视标尺第二次瞄准测量结果。

④ 再次瞄准后视点上的标尺，按键测量完毕显示后视标尺第二次瞄准测量结果，回车，完成按"BFFB(后—前—前—后)"顺序的一测站数字水准测量操作。

一测站测量结束后，如没有下一站则可根据仪器提示退回至线路测量模式菜单；若需继续下一站测量则可关机，迁站至下一站后开机可接着进行第二站测量。

线路测量结束后，所测高差、视距、视距差、视距差累积、视距累积、高差或高程累积将由仪器自动记录并存储；起始站测量时，如果输入了起始水准点的高程，则每测完一站即可显示该站前视点高程，有关成果可在显示屏上查询。如当前测站未测量完成就关机，再次开机后需重新测量此测站，测量过程中出现错误可通过重测操作重新测量测错的一站，或从一站中的任一顺序视尺开始重测此站，相关操作请参看仪器使用说明书。

一段水准路线测量完成后，可通过数据通信下载该水准路线段全部测量成果。

七、水准观测的基本要求

为保证水准测量成果合格，根据国家等级测量规范规定，水准观测作业时应执行下列基本要求：

① 在观测前 30 min，将仪器置于露天阴凉处，使仪器与外界气温趋于一致；设站时应用测伞给仪器遮光；迁站时应给仪器罩上仪器罩。

② 使用数字水准仪观测时应做到：测量前，应进行不少于 20 次的单次测量，给仪器预热；避免数字水准仪望远镜直对太阳；避免数字水准仪视线被遮挡，若有遮挡，遮挡量不应大于条码尺在望远镜视窗中长度的 20%；数字水准仪工作时，工作环境的温度应在出厂规定的范围内；若有震动源存在，应确认震动源震动消失后再启动测量键。

③ 使用微倾式(气泡式)水准仪观测时，观测前应测出微倾螺旋的置平零点，并作标志，随着气温变化还应随时调整零点位置；使用光学自动安平水准仪时，圆水准器应严格置平。

④ 在连续设站观测的路线上进行水准测量时，应使水准仪三脚架中的两脚与水准路线方向保持平行，第三脚则要轮换置于路线前进方向的左、右侧。

⑤ 除路线转弯处，其余各测站上，仪器与前、后视水准尺应基本保持在一条直线上。

⑥ 不应为了增大标尺读数而置标尺垫、标尺于低坑中。

⑦ 转动仪器各控制螺旋时，最后的旋转方向应为旋进方向；同一测站观测时不得重复调焦。

⑧ 每一水准段的往测、返测测站数均应为偶数，否则，应加入水准尺零点差改正；由往测转为返测时应互换标尺，并重新整置仪器。

⑨ 观测工作间歇最好结束在固定的水准点上，无此条件时应选定或设置两个稳固的点作间歇点，间歇后应检测其高差，检测合格后方可从间歇点起测。

⑩ 在山区等大高差地区进行水准测量时，应选标尺名义长度差偏差、分划偶然误差都较小的标尺进行水准作业。

⑪ 测量作业期间，不得出现仪器 2 m 内无人看管的情况；迁站时，应收拢脚架，在保持仪器竖直状态下将脚架正抱于怀中，或正置三脚架于肩上稳步前进。

第三节 角度测量原理与经纬仪

角度包含水平角和垂直角两种，测量过程中水平角主要用来推算坐标方位角进而用于计算点的平面坐标；垂直角有两个作用，一是把倾斜距离化算成水平距离，二是用于三角高程测量时的高差计算。

一、水平角测量原理

水平角是过空间两条相交直线所作的铅垂面间的二面角，角值范围为 0°～360°。如图 3-22所示，空间两直线 OA 和 OB 相交于点 O，将点 A、O、B 沿铅垂方向投影到水平面上，得相应的水平面投影点 A'、O'、B'，水平线 $O'A'$ 和 $O'B'$ 的夹角 β 就是过两条空间直线 OA 和 OB 所作的铅垂面间的夹角，即水平角。

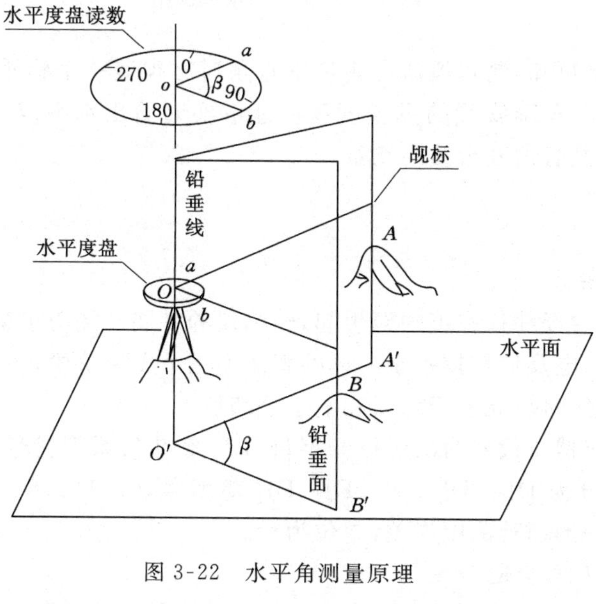

图 3-22 水平角测量原理

由水平角的定义可知，测量角度的仪器在测量水平角时必须具备三个基本条件：一是能给出一个水平放置的、其中心能与两空间直线交点置于同一铅垂线上的、具有度量角值功能的圆盘——水平度盘；二是有一个能瞄准远方目标的望远镜，且能在水平面和竖直面内做全圆旋转，以便通过望远镜瞄准高低不同的目标 A 和 B，进而给出 OA 和 OB 方向线；三是有一个精密的读数系统，可将空间直线的水平面投影线在水平度盘上的读数 a 和 b 精确读出。则图 3-22 中水平角 β 为两个读数之差：

$$\beta = b - a \tag{3-12}$$

二、垂直角测量原理

垂直角是指在同一铅垂面内，某目标方向的视线与水平线间的夹角 δ，也称竖直角或高度角，垂直角的角值范围为 $0^\circ \sim \pm 90^\circ$。当视线在水平线以上，垂直角为仰角，垂直角值为正；视线在水平线以下，垂直角为俯角，垂直角值为负；视线与铅垂线天顶方向的夹角称为天顶距，天顶距 Z 的角值范围为 $0^\circ \sim 180^\circ$，Z_A、Z_B 为视线 OA 及 OB 的天顶距角读数，水平线的天顶距 $Z = 90^\circ$，如图 3-23 所示。垂直角与天顶距间存在下列关系式：

$$\delta = 90^\circ - Z \tag{3-13}$$

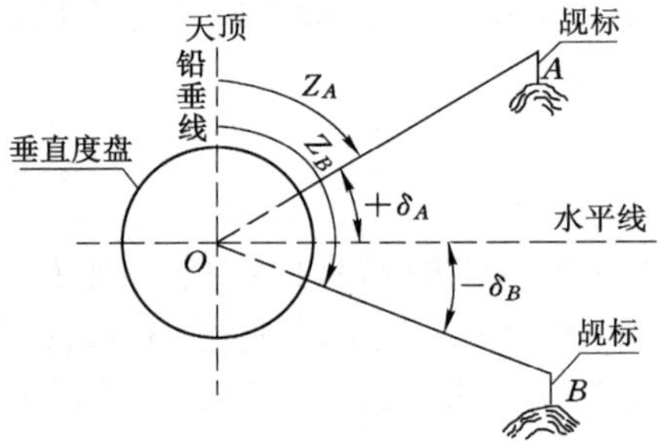

图 3-23　垂直角与天顶距

由垂直角的定义可知，测角仪器在测量垂直角时必须装一个铅垂放置的度盘——垂直度盘，或称竖直度盘。正确安置的垂直度盘应能够实时给出水平线及垂线的天顶、天底方向，以便进行视线的垂直角和天顶距测量。

三、经纬仪

（一）经纬仪的分类

自 1640 年第一台经纬仪在英国诞生起，经纬仪的发展已经历了机械型、光学机械型和集光、机、电及信息技术于一体的智能型三个发展阶段，各阶段标志性产品分别为游标经纬仪、光学经纬仪和电子经纬仪。

经纬仪
使用教学

我国大地测量仪器总代号为汉语拼音字母“D”，经纬仪系列代号为“J”，按测角精度经纬仪划分为 DJ_{07}、DJ_1、DJ_2、DJ_6、DJ_{15} 等型号，07、1、2、6、15 分别为该经纬仪水平方向一测回观测中误差，单位为秒。

（二）经纬仪的基本构造

各类经纬仪的基本构造大体相同，主要区别在于读数系统及智能化程度，本节分别对光学经纬仪、电子经纬仪的构造进行说明。

1. 光学经纬仪的基本构造及读数系统

光学经纬仪由基座、照准部、度盘及读数系统、水准器等几大部分组成，利用几何光学的放大、反射、折射等原理进行度盘读数，如图 3-24 所示。

在地形图测绘与一般工程测量中较常用的是 DJ_6 光学经纬仪，图 3-25 所示为 DJ_6 光学经纬仪结构图。

(1) 基座部分

基座上有三个脚螺旋，其作用是整平仪器。其中，粗略整平以基座上的圆水准器气泡居中为标志；精确整平以照准部上的水准管气泡居中为标志。

基座底板中心有连接螺旋孔，用于仪器安置时与三脚架上的连接螺丝配合固紧仪器。

(2) 照准部

照准部是经纬仪的主要部件，照准部上有水准管、光学对点器、支架、横轴、竖直度盘、望远镜、度盘读数系统观测窗等。

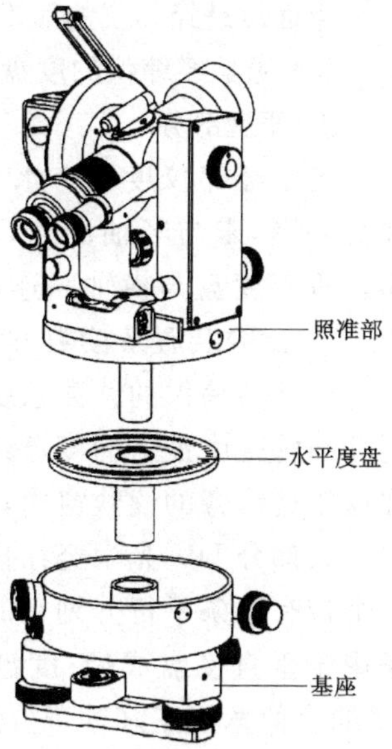

图 3-24　经纬仪结构

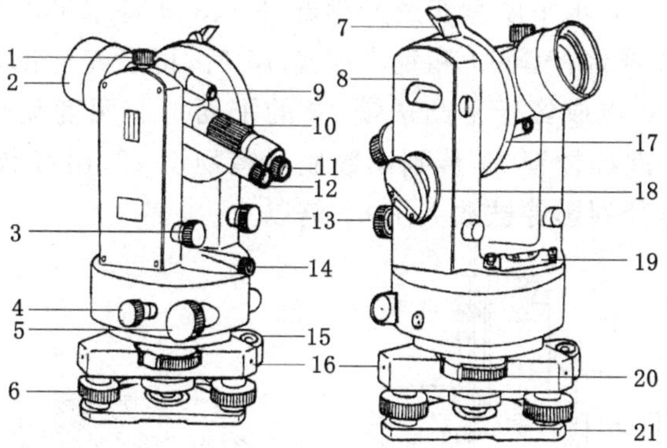

1—垂直制动螺旋；2—望远镜物镜；3—垂直微动螺旋；4—照准部水平制动螺旋；5—水平微动螺旋；6—脚螺旋；7—竖盘水准管观测镜；8—竖盘水准管；9—外瞄准器；10—物镜调焦螺旋；11—望远镜目镜；12—度盘读数窗目镜；13—竖盘水准管微倾螺旋；14—光学对点器；15—圆水准器；16—基座；17—垂直度盘；18—反光镜；19—管水准器；20—水平度盘变换轮；21—基座底板。

图 3-25　DJ_6 光学经纬仪

照准部绕竖轴水平旋转，瞄准目标时的制动、微动由水平制动螺旋、水平微动螺旋来控制。望远镜绕横轴旋转，瞄准目标时，由竖直制动和微动螺旋控制。

① 光学对点器

光学对点器是一个小型外对光式望远镜，其视线经棱镜折射后与经纬仪的竖直轴重合，在仪器整平的情况下，如果对点器分划板中心与测站点中心的影像重合，则表示仪器竖轴与过测站中心铅垂线重合，这一过程叫作仪器的对中。

② 望远镜

望远镜是经纬仪的照准设备，用于水平角、垂直角测量时瞄准目标。

(3) 光学经纬仪的度盘及读数系统

① 度盘部分

光学经纬仪度盘有水平度盘和垂直度盘，均由光学玻璃制成。水平度盘安装在竖轴轴套外围，未与竖轴固连，故不随照准部转动，但是可通过水平度盘位置变换轮使其转动。垂直度盘与横轴固连，以横轴为中心随望远镜一起在竖直面内转动。

② 读数装置及读数方法

光学经纬仪的读数系统包括水平和垂直度盘、测微装置、读数显微镜等几个部分。水平度盘和垂直度盘上的度盘刻划值，经反光镜导入的光线照明，以及一系列棱镜、透镜作用，成像在望远镜旁的读数窗内，通过读数显微镜即可将度盘读数读出。

大部分 DJ_6 光学经纬仪采用测微尺读数装置，它是在读数显微镜读数窗视场镜上，设置一个带有两条平行分划尺的分划板，两条分划尺的结构相同，一条用于水平度盘成像，另一条用于垂直度盘成像；度盘上的分划线经显微镜放大后成像于该分划板上，度盘最小格值 60′的成像宽度正好等于分划板上分划尺 1°分划间的长度，分划尺分 60 个小格，这样可用这 60 个小格去量测度盘上的 1°，每个小格格值为 1′。

图 3-26(a)所示是 DJ_6 型经纬仪的光路图，光线经反光镜 1 及入光孔 2 进入仪器后分两路，一路经光学部件 3、4、5、水平度盘 6 及光学部件 7、8、9 将水平度盘分划成像于平凸透镜 10 的平面上。另一路光线经棱镜 14 和垂直度盘 15 后，再经光学部件 16、17、18、19 和棱镜 20、21 后将垂直度盘分划也成像于平凸透镜 10 的平面上。两度盘分划线的成像同分划板上两分划尺上的刻划一起经棱镜 11 传到读数显微镜物镜 12，由读数显微镜目镜 13 将数读出，经历该过程后，度盘分划影像被放大了 60 倍以上。

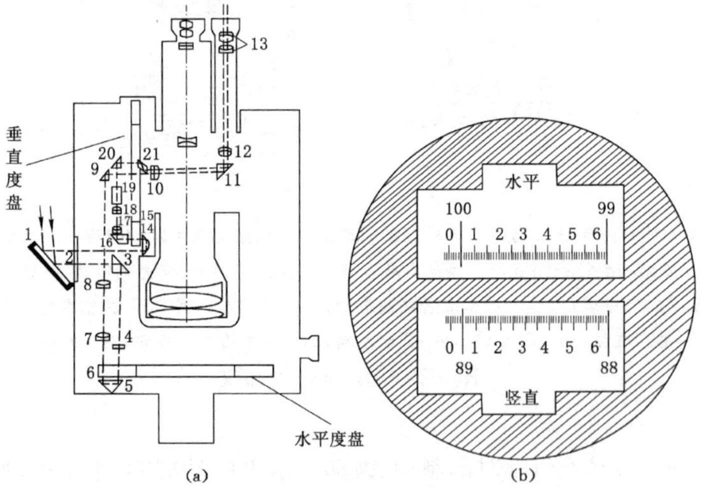

图 3-26　测微尺读数

图 3-26(b)是读数显微镜的视场，“水平”表示窗口中显示的是水平度盘分划线及其测微尺的影像，“竖直”表示窗口中显示的是垂直度盘分划线及其测微尺的影像。读数时先读测微尺和度盘刻划影像相交处的度数，再读测微尺上的分数，测微尺每格值为 1′，不足整格

值的应估读，估读至测微尺格值的十分之一，即 0.1′或 6″。在图 3-26(b)中，水平度盘读数为 100°04′.5 或直读为 100°04′30″，垂直度盘读数为 89°06′.3 或直读为 89°06′18″。

(4) 管水准器

光学经纬仪使用的管水准器与水准仪的相同。

2. 电子经纬仪的基本构造及读数系统

(1) 电子经纬仪构造

电子经纬仪是一种集光、机、电及信息技术为一体的新型测角仪器，第一台电子经纬仪产生于 20 世纪 50 年代末，电子经纬仪的基座、照准部、水准器等都与光学经纬仪相同。与光学经纬仪相比，电子经纬仪的主要技术进步表现在用微处理器控制的电子测角系统代替了光学度盘和光学读数系统。

目前电子经纬仪的物理存在形式有两种，一种是只具测角功能的电子经纬仪，另一种是将电子经纬仪与测距仪组合为一体，测角测距功能皆备的整体式全站型电子速测仪(Electronic Theometer Total Station)，简称全站仪，根据测角精度可分为 0.5″、1″、2″、3″、5″、10″等几个等级。

各种品牌的电子经纬仪，其构造及性能基本相同，但因仪器制造商的不同又各有特点，主要表现在计数系统、电子电路系统、显示及软件系统、数据接口及性能的差别。图 3-27 为中国南方公司生产的 NT-023 电子经纬仪，具备角度和距离测量功能。NT-023 电子经纬仪的主要性能指标：测角精度 2″，角度最小显示 1″，水平度盘可在任何位置置零，垂直度盘指标差自动补偿，自动测量和显示，单轴补偿器工作范围 ±3′，测距精度 ±(3 mm + 2 ppm · D)，测程 3～300 m。

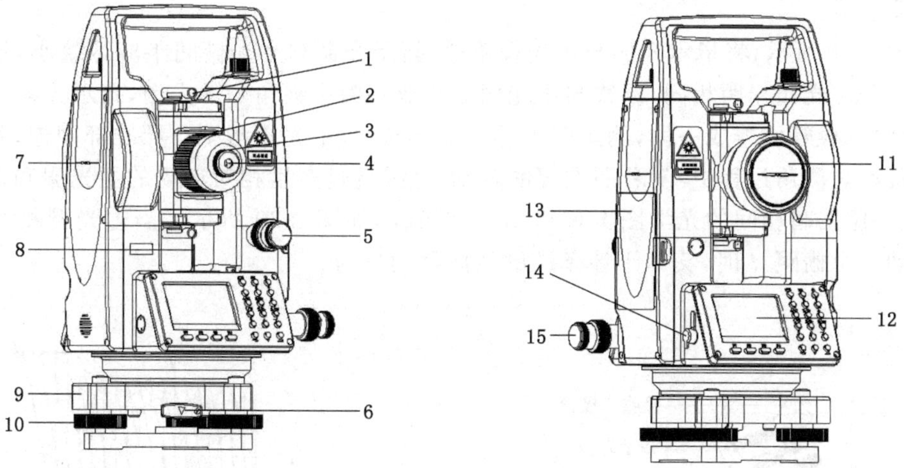

1—粗瞄准器；2—望远镜调焦螺旋；3—目镜调焦螺旋；4—目镜；5—垂直制、微动；6—基座固定钮；7—仪器中心标志；8—管水准器；9—圆水准器；10—脚螺旋；11—目镜；12—显示屏；13—电池；14—RS-232 串口；15—水平制、微动。

图 3-27　南方 NT-023 电子经纬仪

(2) 电子经纬仪的度盘及读数系统

电子测角系统的类型主要有：编码度盘测角系统、增量式光栅度盘测角系统及动态(光栅盘)测角系统等三种,这里重点介绍光栅度盘测角系统。

① 编码度盘测角系统

编码度盘读数系统由编码度盘和电子读数头组成。

编码度盘从里向外分为 4 条码道,度盘整个圆周被等分成 16 个区间,沿度盘径向由里向外,各区间用 4 位二进制数表示(0 表示透光区、1 表示不透光区)。电子读数头是一种能记录径向二进制数的光电信号转换系统,经译码器将二进制数转换成十进制数显示输出,就可实现度盘读数。

编码度盘的角度分辨率取决于码道数,而码道数受电子元器件尺寸限制不易大量增加,致使编码度盘难以达到较高的测角精度。

② 光栅度盘测角系统

光栅度盘测角系统由光栅度盘与读数电路系统构成。

光栅度盘是指在光学圆盘的径向方向上刻有等间隔细线,从而形成透光与不透光相间的辐射状栅线的光学器件,栅线为不透光区,栅线之间的缝隙为透光区,光栅盘的性能由光栅刻线的密度决定,若栅线宽度为 a,缝隙宽度为 b,则定义栅距为 $d=a+b$,一般取 $a=b$,每个栅距对应光栅盘一个明暗周期变化,每个明暗周期变化对应一个角值,如图3-28 所示。

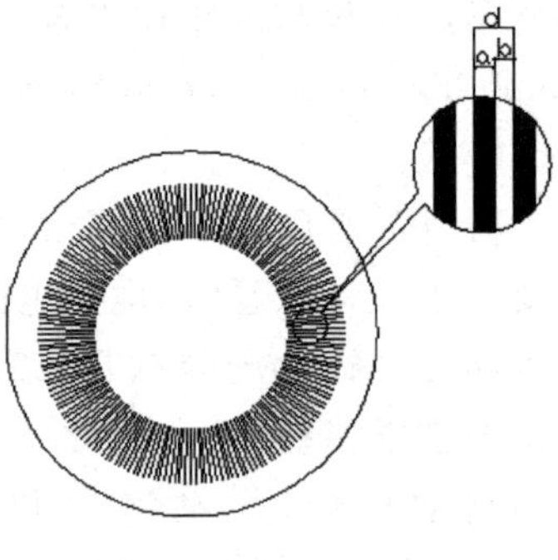

图 3-28 光栅度盘

光栅盘电子读数系统由主光栅、指示光栅和设置在光栅盘上、下对应位置上的发光二极管和接收二极管及相关电子电路组成。

如图 3-29 所示,将指示光栅与主光栅重叠,指示光栅与主光栅间距应尽量小,指示光栅是一小块与主光栅栅距相同、栅线与主光栅栅线成一微小夹角 ε 的光栅,指示光栅和发光二极管、接收二极管固连成一体,测角时不随照准部转动,主光栅盘则与照准部固连,测角时随照准部转动。测角过程中,随着照准部的转动,光线透过产生相对运动的主光栅和指示光栅时,产生一组明暗相间的光学图案称莫尔干涉条纹,如图 3-30 所示。当主光栅相对于指示光栅移动一个栅距 d 时,莫尔干涉条纹的径向移动量为:

$$s=d\cdot\cot\varepsilon \tag{3-14}$$

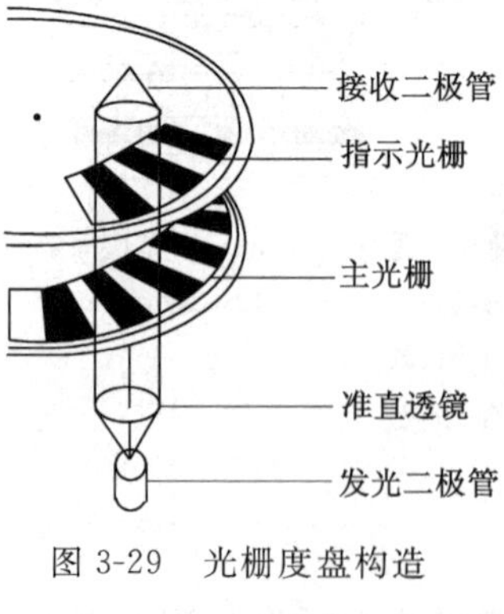

图 3-29 光栅度盘构造

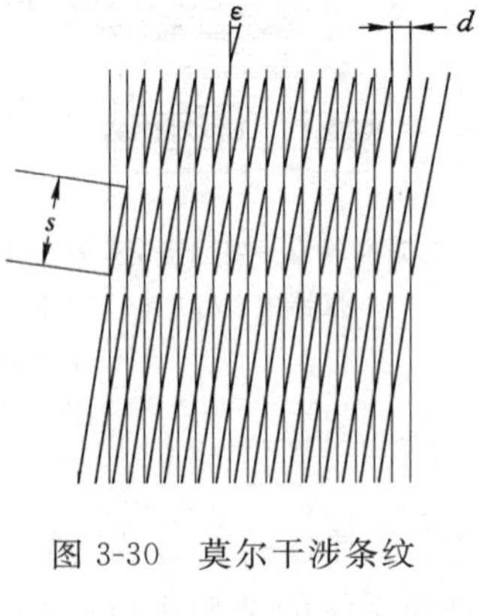

图 3-30 莫尔干涉条纹

莫尔干涉条纹使栅距放大了 $1/\varepsilon$ 倍，由于 ε 很小，故莫尔干涉条纹放大效果显著，它意味着光栅间相对移动很小的量，就可产生很大的条纹移动量，这一特点对测定微小角值具有重要意义。

光强由暗到明为莫尔干涉条纹的一个周期，按正弦波规律变化，莫尔干涉条纹的一个周期对应光栅的一个栅距，通过记录莫尔干涉条纹的整周期数和不足整周的部分，可精确测定主光栅相对于指示光栅的移动量，再经光电信号转换即可得到所测的角值。

③ 动态光栅盘测角系统

动态光栅盘测角系统是一种通过光栅盘自动旋转，从而测定固定探测器与活动探测器间角值的测角系统。动态光栅盘测角系统由绝对式光栅盘，以及与经纬仪基座固连在一起的固定探测器、与照准部固连在一起的活动探测器和相关电路组成，活动探测器随照准部一起转动。

测角过程中，固定探测器的作用相当于光学度盘的零位，当望远镜瞄准目标后，活动探测器将随照准部停留在某一位置上，此位置就是目标方向线通过的位置，它与固定探测器的夹角即为所测目标的方向值。动态光栅测角系统测角的过程实际上就是测定该方向值的过程。

在动态光栅盘测角系统中，光栅盘上设置有多个参考标志，测量时可对整个度盘进行扫描和精测，能大幅消除度盘栅线刻度误差影响。动态光栅盘测角系统存在结构复杂、度盘需马达驱动等缺点。

第四节　角度测量方法

一、经纬仪安置

经纬仪安置包括对中、整平两项工作。

（一）对中

使经纬仪竖轴与过测站点标志中心的铅垂线重合的仪器操作过程叫作对中。经纬仪对中方法主要有光学对中、激光对中和垂球对中三种，在地面测量中垂球对中已不再使用，本节不做介绍。

1. 光学对中

(1) 经纬仪初步安置

经纬仪上的光学对中器是一个小型望远镜，如图 3-31 所示。光学对中时，先根据观测者身高调整好三脚架腿的长度，张开脚架视地形情况摆放脚架于测站点的正上方并将脚架踩实，架头表面应大致水平；用双手将经纬仪从仪器箱中取出，放到三脚架上表面，一手紧握经纬仪支架，另一手将三脚架上的连接螺旋（中心螺旋）旋入经纬仪基座底板的螺旋孔，仪器完成初步安置。

(2) 粗略对中

调节光学对中器目镜及物镜调焦螺旋，使光学对中器十字丝板以及地面控制点标志最清晰，再一边调节仪器基座上的脚螺旋，一边通过光学对中器目镜观测地面控制点标志，直至光学对中器十字丝中心与地面控制点标志中心重合，因操作过程中进行了调节仪器脚螺

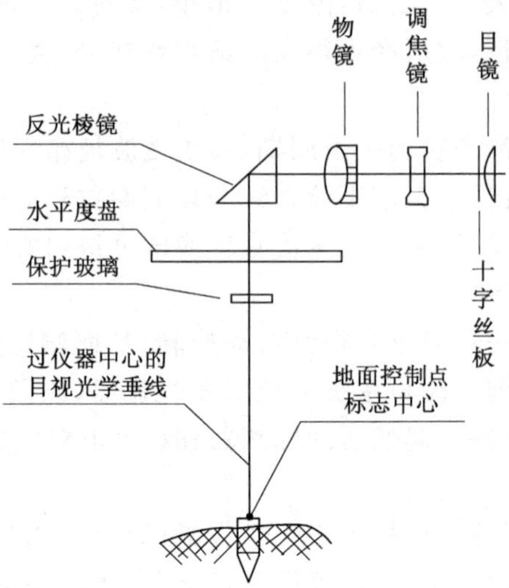

图 3-31 光学对中原理

旋的操作而使仪器竖轴有一定幅度倾斜，目视光学垂线不铅垂，圆水准气泡不居中，在观察气泡的偏离方向与偏离幅度基础上，调节三脚架腿长度，使圆水准器气泡居中，此时仪器实现粗略对中且大致水平。

(3) 精确对中

按整平规则调节基座上的三个脚螺旋，使仪器管水准器在任何方向气泡都严格居中，从光学对中器的目镜中检查光学对中器十字丝板中心与地面控制点标志中心的对中情况，如对中偏差仍未达要求，可微松基座与脚架连接螺旋，令仪器在三脚架表面上作微小平移直至精确对中，光学对中器对中误差应小于 1 mm。

2. 激光对中

当前已有许多全站仪装置有激光对中器，激光对中器与光学对中器的对中原理相同，所不同的是激光对中器上可见的激光光束代替了光学对中器中不可见的目视光学垂线，激光光束一般为红色，光斑直径很小，对中时只需用按键激活激光对中器使之发射出激光束，在观察激光光束投于地面上的光斑与地面控制点标志中心的偏差距与偏差方向基础上，按光学对中器的操作方法完成仪器对中操作。

(二) 整平

整平的过程是使仪器的竖轴铅垂、横轴水平，垂直度盘成一铅垂平面，水平度盘成一水平面的过程。精确整平前应使三脚架头基本水平，调节基座上的三个脚螺旋，使照准部水准管在任何方向上气泡都居中，方法如下：转动照准部使水准管轴与任意两个脚螺旋的连线平行，两手同时相向同幅度旋转这两个脚螺旋，其中左手大拇指移动方向与气泡移动方向一致，旋至使气泡居中为止，如图 3-32(a)所示；旋转照准部 90°，旋转第三个脚螺旋至气泡居中，如图 3-32(b)所示；再转照准部 90°若气泡仍居中，整平操作完成。一般来说，整平过程应反

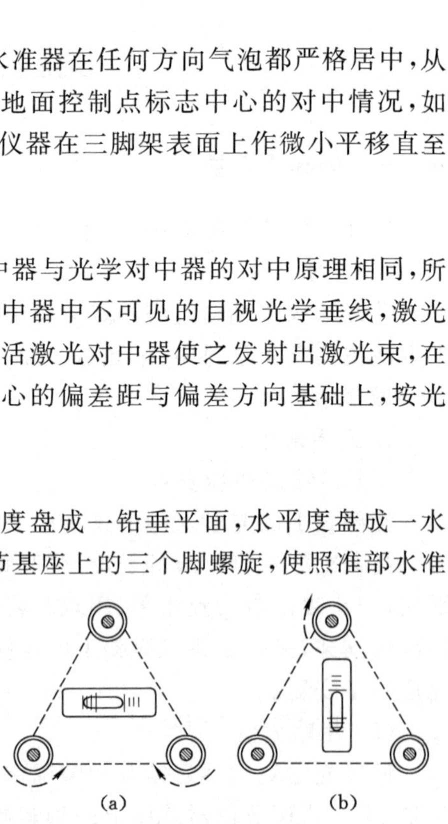

图 3-32 管水准器整平

复进行几次，直到水准管在任何方向气泡都居中为止。

整平与对中会相互影响，因此整平与对中应交替进行，最终达到在仪器竖轴铅垂的同时，铅垂的竖轴也与过地面测站点标志中心的铅垂线重合的效果。

二、照准标志与瞄准

（一）照准标志

用经纬仪测量时，仪器所在点称为测站点，远方目标点称为照准点，在照准点上必须设立照准标志，使照准点中心铅垂升高，便于瞄准。照准标志又称觇标，测角时用的觇标一般是立于地面点上的垂直标杆或架设于三脚架上的觇牌等，如图 3-33 所示，也可是测钎、垂球线等。选用何种照准觇标，要根据目标距测站点的距离远近、目标成像质量及外界环境等情况确定。

（二）瞄准

① 将望远镜对向明亮的背景（如天空），调目镜调焦螺旋，使十字丝最清晰，为了水平角测量的需要，经纬仪望远镜十字丝板的竖丝被设计成单竖丝和双竖丝两部分，如图 3-34 所示。

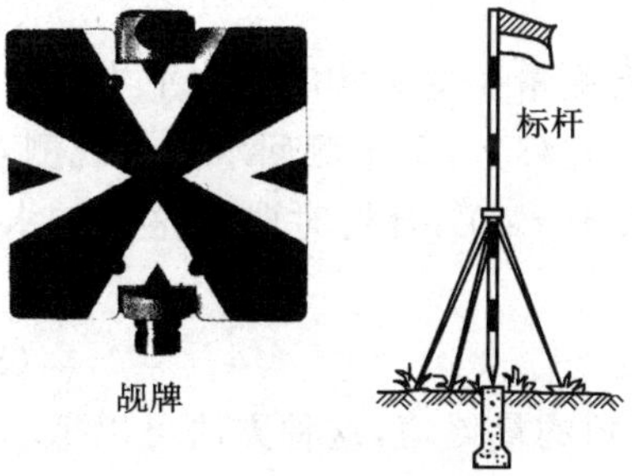

图 3-33　照准标志

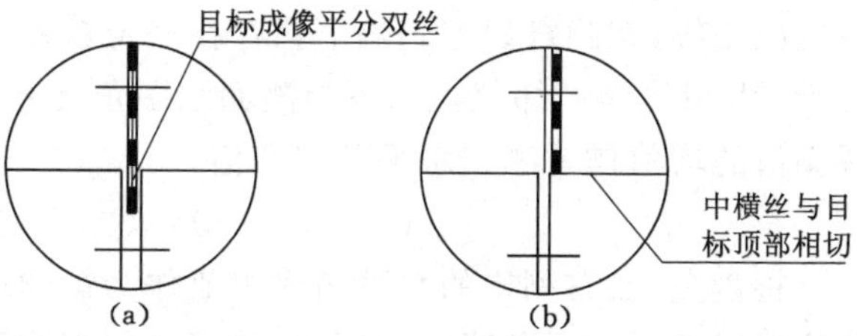

图 3-34　经纬仪的瞄准方法

② 旋转照准部，通过望远镜上的粗瞄准器，对准目标，旋紧水平及垂直制动螺旋。

③ 调节望远镜物镜调焦螺旋至目标的成像最清晰，旋垂直微动螺旋和水平微动螺旋，精确瞄准目标，图 3-34 是成倒像的经纬仪瞄准的情况。旋转微动螺旋时，应保证最后的旋转方向为旋进方向。

水平角的瞄准：图 3-34(a)为水平角观测时的瞄准情况，当目标成像宽度小于双竖丝的宽度时，用目标的成像平分双竖丝；当目标成像大于双竖丝宽度时，用单竖丝平分目标影像。

垂直角的瞄准：图 3-34(b)是中丝法垂直角观测时的瞄准情况，用中横丝与目标成像的顶端（觇标高上标志位）相切；用三丝法测量垂直角时，上、中、下横丝应分别与目标顶部相切。

经纬仪测量时也要注意瞄准时的视差问题，瞄准时应左、右，或上、下微移眼睛，目标成像与十字丝之间有相对移动时，说明存在视差，这种情况下，应调节目镜、物镜调焦螺旋，直至视差消除，再精确瞄准目标。

三、水平角观测方法

数字测图和一般工程测量中常用的水平角观测方法有测回法和方向观测法两种。

（一）测回法

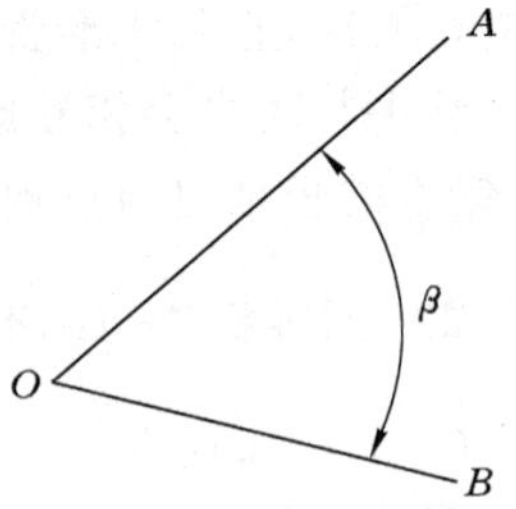

图 3-35 测回法观测水平角

测回法适用于观测两个水平方向形成单角的情况，如图 3-35 所示。欲观测水平角 β，先在测站点 O 安置经纬仪，在照准点 A、B 设立照准标志，按下列步骤进行观测：

① 置仪器于盘左位置或称正镜位置，即竖盘位于望远镜左侧时的仪器状态，顺时针旋转照准部瞄准起始目标 A，A 方向又称观测的零方向，读水平度盘读数 $A_{左}$。

② 松开水平制动螺旋，顺时针转照准部瞄准目标 B，读水平度盘读数 $B_{左}$。

以上操作过程称水平角观测的上半测回，上半测回角值为：

$$\beta_{左}=B_{左}-A_{左} \tag{3-15}$$

③ 纵转望远镜成盘右位置或称倒镜位，即竖盘在望远镜右侧时的仪器状态，逆时针旋转照准部瞄目标 B，读水平度盘读数 $B_{右}$，理论上 $B_{左}$ 和 $B_{右}$ 读数相差 180°。

④ 逆时针旋转照准部瞄准目标 A，读水平度盘读数 $A_{右}$。

后两步测量过程称为水平角观测的下半测回，下半测回观测角值为：

$$\beta_{右}=B_{右}-A_{右} \tag{3-16}$$

上、下两个半测回构成水平角观测的一个测回，没有测量误差影响时，上、下半测回观测角值应相等，在测量误差影响下会存在一定较差，这个较差称上、下半测回水平角观测互差，对于 DJ_6 级光学经纬仪，上、下半测回水平角互差应不大于 $\pm 40''$，合格时取盘左盘右水平角观测值的均值作一测回水平角观测值：

$$\beta=(\beta_{左}+\beta_{右})/2 \tag{3-17}$$

将盘左、盘右测得的水平角取中值作为该测回水平角的最终值，这种方法可以抵消一部分仪器误差对水平角观测的影响，并可进行观测错误或称粗差的检查。

若根据需要进行多个测回观测时，可重复上述操作步骤进行多个测回的测量，测回间要改变度盘位置，以减弱度盘分划不均匀对测角的影响。设观测 n 个测回，则每个测回度盘起始读数的改变值为 $180/n$，例如某角需观测 3 个测回，则第一测回起始方向 A 的读数应为 0°，第二测回的起始方向 A 的读数应为 60°，第三测回 A 方向的读数应为 120°，测回法观测记录如表 3-3 所示。

表 3-3 水平角观测记录表（测回法）

测站	竖盘位置	目标	水平度盘读数			半测回角值			一测回平均值			备注
			°	′	″	°	′	″	°	′	″	
O	左	A	0	00	12	120	20	24	120	20	21	
		B	120	20	36							
	右	A	180	00	48	120	20	18				
		B	300	21	06							

（二）方向观测法

当一个测站的观测方向数在 2 个以上时，需用方向观测法测量各方向水平方向值，相邻方向的水平方向值之差就是该两方向所夹的水平角。

1. 观测步骤

如图 3-36 所示，在 O 点上要观测 A、B、C、D 四个目标的水平方向值，观测步骤如下：

① 置经纬仪于盘左位置，顺时针转动照准部瞄准观测零方向的目标 A，调节水平度盘位置变换轮把水平度盘读数置于 $0°0'0''$或稍大，该读数为观测零方向的初始读数 a_1 并记录；顺时针旋转照准部依次瞄准目标 B、C、D 得相应的水平度盘读数 b_1、c_1、d_1 并记录。

② 继续顺时针方向旋转照准部，再次瞄准零方向目标 A，读零方向 A 的水平度盘读数 a_2 并记录，这个过程称为上半测回归零观测，当方向数不超过 3 时，不进行归零观测操作。

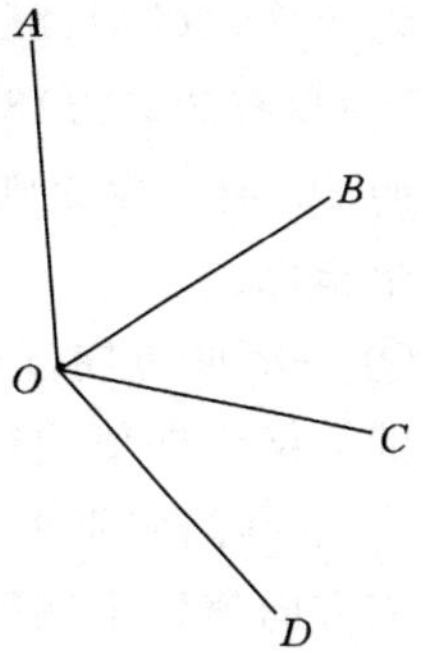

图 3-36　方向观测法观测水平角

以上是方向观测法上半测回的操作过程。

③ 纵转望远镜置仪器于盘右位置，逆时针转动照准部瞄准零方向 A，得水平方向读数 a'_1，继续逆时针旋转照准部，依次瞄准目标 D、C、B、A，并得相应的水平度盘读数 d'_1、c'_1、b'_1、a'_2 并记录，以上操作过程为方向观测法的下半测回，a'_2 为下半测回归零观测值。

上、下半测回合称一个测回，若需观测 n 个测回，则零方向水平度盘位置应每测回间变动 $180°/n$，全圆方向观测法记录如表 3-4 所示。

表 3-4　方向观测法记录表

测站	测回数	目标	读数						2C	一测回方向平均值			归零方向值			各测回归零方向值均值		
			盘左			盘右												
			°	′	″	°	′	″	″	°	′	″	°	′	″	°	′	″
O	1										02	10						
		A	0	02	12	180	02	00	+12	0	02	06	0	00	00			
		B	37	44	15	217	44	05	+10	37	44	10	37	42	00			
		C	110	29	04	290	28	52	+12	110	28	58	110	26	48			
		D	150	14	51	330	14	43	+8	150	14	47	150	12	37			
		A	0	02	18	180	02	08	+10	0	02	13						
			$\Delta_{左}=+6''$			$\Delta_{右}=+8''$												
	2										03	24						
		A	90	03	30	270	03	22	+8	90	03	26	0	00	00	0	00	00
		B	127	45	34	307	45	28	+6	127	45	31	37	42	07	37	42	04
		C	200	30	24	20	30	18	+6	200	30	21	110	26	57	110	26	52
		D	240	15	57	60	15	49	+8	240	15	53	150	12	29	150	12	33
		A	90	03	25	270	03	18	+7	90	03	22						
			$\Delta_{左}=-5''$			$\Delta_{右}=-4''$												

2. 表格记录说明及水平角观测限差

① 计算 2C 值:2C 值是视准误差的两倍值,因视准轴不垂直于横轴而产生,2C=盘左读数−(盘右读数±180°),2C 本身为一常数,在盘左、盘右读数取均值时可以消除,而各水平方向 2C 值的变化则是观测误差引起的,故各水平方向间 2C 的互差可作为观测质量检查的一个指标。

② 一测回方向读数平均值:当 2C 变化不超限时,取盘左、盘右读数的均值作该方向一测回的最终方向值,盘左、盘右读数取均值时盘右读数应差±180°。

③ 半测回归零差值:半测回归零差=半测回内两次初始方向(零方向)观测值的差,半测回零方向值取半测回内两次零方向观测值的平均值。

④ 归零方向值的计算:取上、下半测回起始方向观测值的平均值作起始方向的最终值,为便于比较各测回同一水平方向值间的互差和取多测回各水平方向观测值的平均值,需将各测回的起始方向值化为 0°00′00″,即进行测回起始观测方向的归零计算,其他水平方向的方向观测值都应减去起始方向的方向值,计算结果称为归零方向值。

当使用 DJ_2 经纬仪测量时,每瞄准一个水平方向读数时,读数值都要用测微器重合两次读数,得到两次读数值,两次读数之差为测微器两次重合读数差,观测值取两次读数的平均值。

上述各项限差应满足表 3-5 的要求,满足时取各测回同一方向的方向值平均值作最终值。

表 3-5　方向观测法限差表

经纬仪型号	半测回归零差	一测回内 2C 较差	同一方向各测回间较差
DJ_1	6″	9″	6″
DJ_2	8″	13″	9″
DJ_6	18″	—	24″

四、垂直角观测方法

(一) 垂直度盘的构造

垂直度盘又称竖盘,是垂直角度量的基准部件,竖盘固定于望远镜横轴的一端,盘面与横轴垂直,可与望远镜一起在竖直面内绕横轴纵转。

竖盘有一重要基准线——竖盘指标线,用于竖盘读数,竖盘指标线与竖盘水准管连接,垂直于竖盘水准管轴,且独立于竖盘,不随望远镜转动。调节竖盘水准管微动螺旋,竖盘指标会随竖盘水准管一起作微小转动,正确状态下竖盘水准管气泡居中水准管轴水平时,竖盘指标线铅垂,此时若望远镜视准轴水平,竖盘指标线处的竖盘读数盘左时为 90°,盘右时为 270°。

现代经纬仪采用了竖盘指标自动补偿器技术,其作用是:当仪器竖轴稍有倾斜,但不超过自动归零补偿器的补偿范围时,可读得相当于竖轴铅垂时的竖盘读数。

补偿器的原理是在竖直度盘与竖盘指标成像光路之间吊一折射光学透镜,当视线水平时，指标处于铅垂位置，光线通过透镜中心，不产生折射，读数正确(90°或 270°)；当仪器竖轴倾斜一小角度(在仪器整平精度范围内，一般不大于±1′)时，指标线偏移，透镜在重力作用下也产生偏移，指标光线通过透镜中心的边缘产生折射，指标影像折转并恰好落在竖直度盘 90°(或 270°)刻线上，在读数窗中，仍能读出 90°(或 270°)的读数，实现指标偏移自动补偿。

（二）垂直角计算

光学经纬仪的垂直度盘有 360°全圆顺时针和逆时针两种注记形式，垂直角的计算公式随竖盘注记形式的不同而有所差别，图 3-37(a)所示为全圆逆时针注记的竖盘，图 3-37(b)所示为全圆顺时针注记的竖盘。

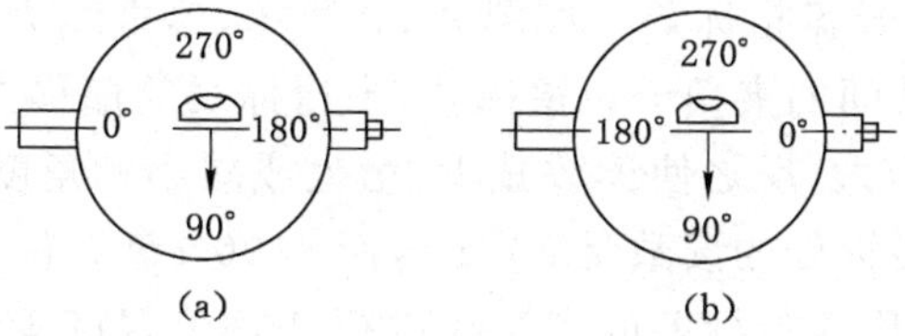

图 3-37　光学经纬仪竖盘的注记

对于逆时针注记的竖盘，当仪器处于正镜位且视准轴水平时，竖直盘读数为 90°，当照准水平线以上的目标时读数大于 90°，照准水平视线以下目标时，读数小于 90°。倒转望远镜置仪器于盘右位，当视准轴水平时读数为 270°，望远镜上仰时的读数小于 270°，下俯时的读数大于 270°，如图 3-38 所示。

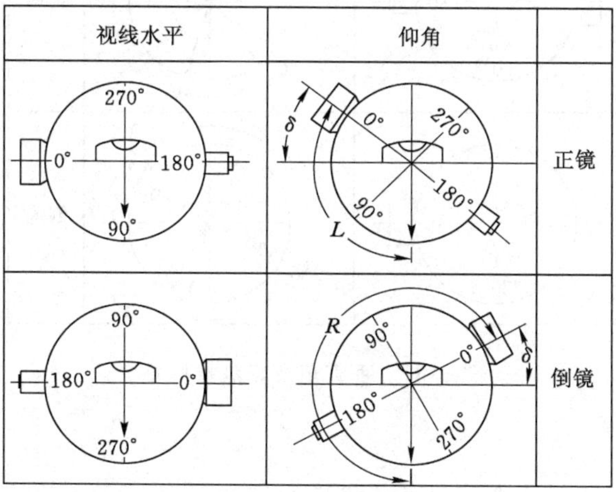

图 3-38　垂直角计算

对于顺时针注记的竖盘，视线水平时正、倒镜竖盘读数仍分别为 90°和 270°，不同的是，当望远镜上仰或下俯时，读数的增减与逆时针注记的竖盘恰好相反。以上的读数规律可用来进行竖盘注记形式判别和进行垂直角计算。

一般约定竖盘盘左读数用 L 表示，盘右读数用 R 表示时，根据上述竖直度盘不同注记形式所显示的读数变化规律，在不考虑竖盘指标差影响时垂直角计算公式为：

竖直度盘逆时针注记时垂直角的计算公式：

$$\delta_L = L - 90° \tag{3-18}$$

$$\delta_R = 270° - R \tag{3-19}$$

竖直度盘顺时针注记时垂直角的计算公式：

$$\delta_L = 90° - L \tag{3-20}$$

$$\delta_R = R - 270° \tag{3-21}$$

取盘左和盘右垂直角的平均值作为垂直角的最终值：

$$\delta = (\delta_L + \delta_R)/2 \tag{3-22}$$

（三）竖盘指标差

当竖盘水准管与竖盘读数指标的关系不正确，竖盘读数指标线就会偏离正确位置一个小角度 i，该小角度被称为竖盘指标差。如图 3-39 所示，铅垂线为指标线的正确位置，箭头线为指标线的实际位置，其间的夹角 i 为指标差，当指标线的偏移方向与竖盘的注记方向相同时，指标差使竖盘读数增大，反之使读数减少，增大或减小的角度值为 i。正镜视线水平，指标水准管气泡居中时，指标处的读数是 $90°+i$，而非 90°；盘右位视线水平时，指标处的读数是 $270°+i$，而非 270°。用含指标差的指标线进行任意位置度盘读数时，读数 L'、R' 中也必含有指标差的影响，考虑指标差影响并顾及式(3-18)和式(3-19)，逆时针注记竖盘的垂直角计算公式为：

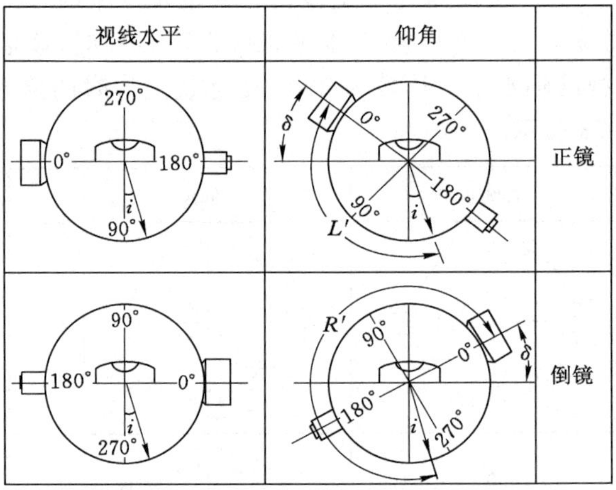

图 3-39　垂直角及竖盘指标差

盘左时：

$$\delta_L = L' - (90° + i) = \delta'_L - i \tag{3-23}$$

盘右时：

$$\delta_R = 270° + i - R' = \delta'_R + i \tag{3-24}$$

取盘左、盘右垂直角的平均值计算一测回垂直角值：

$$\delta = (\delta_L + \delta_R)/2 = (L' - R' + 180°)/2 \tag{3-25}$$

由式(3-25)可知，取盘左、盘右垂直角的平均值时竖盘指标差被抵消，垂直角值不受竖盘指标差的影响。竖盘指标差由式(3-23)减式(3-24)，可得：

$$i = \frac{1}{2}(\delta_L - \delta_R) = \frac{1}{2}(L' + R' - 360°) \tag{3-26}$$

对于顺时针注记的竖盘，由于取均值可消除竖盘指标差，垂直角一测回的平均值可由式(3-20)和式(3-21)值计算，可得：

$$\delta = \frac{1}{2}(\delta_L + \delta_R) = \frac{1}{2}(R' - L' - 180°) \tag{3-27}$$

顺时针注记的竖盘指标差计算公式同式(3-26)。

对采用自动补偿装置的经纬仪，当补偿装置与指标线位置不正确时，也会产生指标差，其原理与消除的方法与安装竖盘指标水准管的经纬仪相同。采用补偿装置的经纬仪，因无竖盘水准管，故无须进行竖盘水准管调节的步骤，补偿装置可自动调整光路，读得相当于竖盘水准管气泡居中时相同的读数。

（四）垂直角观测

垂直角观测方法有中丝法和三丝法两种。中丝法观测时以十字丝的中横丝与观测目标顶部或某一部位相切；三丝法观测时，十字丝的三条横丝分别与目标的顶部或某一部位相切。觇标高量取时，应从地面点量至相切的部位。

1. 中丝法垂直角测量一测回的作业步骤

① 在测站点安置好经纬仪后，用小钢卷尺量取仪器高，仪器高指从地面标石中心顶面到经纬仪横轴中心的铅垂距离。

② 正镜瞄准目标，瞄准位置如图 3-34(b)所示，调节竖盘水准管微动螺旋使气泡居中，读取盘左竖盘读数 L 并记录。

以上为垂直角测量的上半测回。

③ 倒镜用中横丝瞄准目标的相同位置，调节竖盘水准管使气泡居中，读取盘右竖盘读数 R 并记录。该步操作为垂直角测量的下半测回。

使用装有竖盘指标水准管补偿器的经纬仪观测时不需进行竖盘指标水准管的调节操作，根据记录的盘左、盘右读数可计算得垂直角值和竖盘指标差。以上为垂直角一个测回的操作，当需测量多个测回时，可重复上述操作。

2. 三丝法垂直角测量一测回的作业步骤

三丝法测量时，在盘左、盘右位置分别用三条横丝瞄准目标的相同部位读数，并按顺序分别记录和计算三条横丝所测的垂直角，最后取均值作该垂直角的一测回值，因视距丝与中横丝所夹角约为$\pm 17'$，计算时应注意指标差计算结果的差别。

当一个测站有多个观测目标时，在正镜位应顺时针水平旋转照准部，依次瞄准各个目标顶部读各目标的盘左竖盘读数，然后再倒镜逆时针旋转照准部，依次瞄准各个目标顶部读取各目标的盘右竖盘读数。

同一台仪器观测时，观测计算的各方向竖盘指标差理论上应为一常数，各方向垂直角竖盘指标差的变化值反映了测量误差的影响。在测量垂直角时，各目标方向垂直角指标差互差不能超过一定的限值，对 J_6 级经纬仪应不超过$\pm 25''$。

垂直角记录和计算见表 3-6，该表记录了某测站两个方向 1 和 2 的垂直角观测成果。计算垂直角的同时还需计算各观测方向竖盘指标差，审查其变化情况，以评价观测成果的质量。

表 3-6　垂直角记录计算表

仪器高 $i=1.428$ m　　仪器 TDJ_6(No.98200)　　观测者：　　记录者：

测站	目标	竖盘位置	竖盘读数			半测回垂直角值			指标差	一测回垂直角			备注
			°	′	″	°	′	″	″	°	′	″	
N	1	左	92	47	30	2	47	30	−10	2	47	40	
		右	267	12	10	2	47	50					
	2	左	84	15	30	−5	44	30	−5	−5	44	25	
		右	275	44	20	−5	44	20					

五、测量仪器的维护

测量仪器属于精密、贵重仪器，测量野外作业的特点，使仪器保护工作显得尤其重要，现将有关注意事项介绍如下。

(1) 仪器的运输

测量外业中常需用交通工具运送仪器，途中必须注意防震；步行运送时，无论手拎或是背在背上，都需事前检查仪器箱的提环、带子等是否牢固，仪器箱盖是否锁紧。

(2) 仪器的使用

测量前，三脚架应放稳、踩实；开箱取仪器时，应双手握住仪器承重部位，不要提拿望远镜或仪器的某个局部；仪器放在三脚架头的上表面后，应用连接螺旋将仪器固定在三脚架上，以防仪器跌落摔坏；制动螺旋未松开，不能转动仪器照准部或望远镜；仪器搬站时，原则上应装箱移动，短距离移动时可将三脚架正置于肩上并用一手托护仪器稳步前进；仪器安置在测站上，即使暂停操作也需专人守护，不得出现 2 m 内无人看管情况；阳光下作业应撑伞保护仪器，平时还应严防仪器受雨淋或潮湿的影响。

(3) 仪器的装取

仪器的装取应仔细、小心，从箱中取出仪器时，应看准仪器在箱内的存放情况，将仪器入箱时必须按原位置放入；装箱前，制动螺旋应先松开，入箱后再旋紧；关箱时若箱盖关不上，应仔细检查仪器放置位置，正确就位后再轻盖箱盖；仪器箱上严禁坐人。

第五节　距离测量与测距仪器

距离是计算平面坐标和三角高程的基本元素，距离测量的基本方法有钢尺量距法、光学视距法和电磁波测距法等三大类。

一、钢尺量距

钢尺量距是一种传统的距离测量方法，主要使用钢尺、测钎、垂球、拉力计、温度计、圆水准器等仪器与工具；钢尺量距的基本步骤为直线定线、距离丈量和数据整理，量距前应对钢尺进行尺长检定。

由于常用钢尺的尺长仅为 50 m，当待测距离大于钢尺长度时，钢尺一尺段无法量完，需分段丈量，将分段点置于同一条直线上的工作叫直线定线，直线定线的方法有目测法和经纬仪正倒镜分中法两种。

钢尺量距适用于平坦区域较短距离的量测，距离应往、返丈量。往、返丈量的距离成果中应加入尺长、温度、垂曲、拉力、倾斜等项改正，并取往、返测量的均值做最终成果。距离丈量结果的精度一般用往返测量值的较差相对误差，也就是距离单位长度的较差来评定，若某边加入量边改正数后的往、返丈量值分别为 l'、l''，则钢尺量距的终值应为其平均值：

$$l=\frac{1}{2}(l'+l'') \tag{3-28}$$

较差相对误差则为往、返测量结果较差的绝对值与往返测平均值的比值，以分子为一的分数形式表示：

$$\frac{|l'-l''|}{l}=\frac{1}{k} \tag{3-29}$$

分母 k 越大，表明量边的精度越高。

二、光学视距

视距测量是指利用望远镜十字丝分划板上的视距丝及刻有厘米分划的普通水准尺，根据光学几何原理测定两点间的水平距离的方法。其测距精度约为 1/300。

（一）视线水平时的视距原理及计算公式

在经纬仪及水准仪的十字丝板上，与中横丝平行的上下两根短横丝称为视距丝。视线水平时，两视距丝经物镜成像的情况如图 3-40 所示，M、N 为两视距丝在标尺上的读数，其差值 l 称读数间隔，单位取米，$l=M-N$。图中物镜焦距 f，视距丝间距 $mn=m'n'=j$，物镜至仪器中心之距 p 及两视距丝射出的视线在竖直面内的夹角 ω 等在仪器制造时均已设置成固定值。

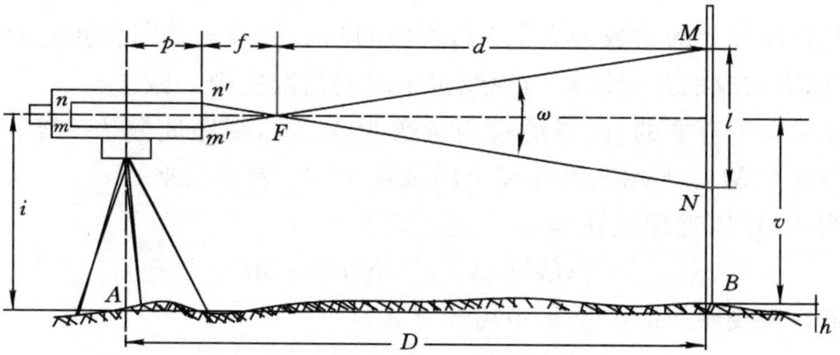

图 3-40　视线水平时的视距测量原理

在 A 点安置仪器，B 点竖立标尺，$\triangle n'm'F \backsim \triangle MNF$，则 AB 之平距为：

$$D_{AB}=p+f+d=p+f+\frac{f}{j}l=p+f+\frac{f}{mn}l$$

对内对光式望远镜$(p+f)\approx 0$，当以米为单位求得上下丝读数间隔时，$\frac{f}{mn}=100$，则 AB 之平距为：

$$D_{AB}=100l \tag{3-30}$$

AB 间的高差为：

$$h=i-v \tag{3-31}$$

式中，i 为仪器高；v 为中丝读数即觇标高。

若已知测站点的高程为 H_A，则立尺点 B 的高程为：

$$H_B=H_A+h=H_A+i-v \tag{3-32}$$

式(3-30)为视线水平时视距测量的基本公式。

（二）视线倾斜时的视距原理及计算公式

如图 3-41 所示，当视准轴有一倾角 α 时，其视线不垂直于标尺，若过视准轴与标尺的交点 O 作一垂直于视准轴的假想标尺，则假想标尺与标尺间的夹角为：

$$\angle MOM'=\angle NON'=\alpha$$

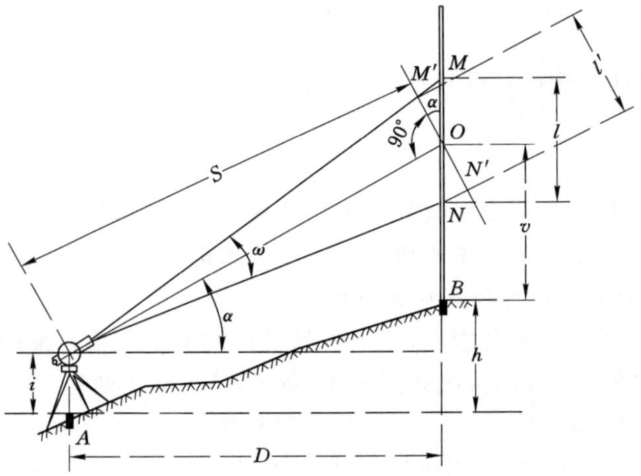

图 3-41　视线倾斜时的视距测量原理

视距丝在假想标尺上的读数为 M'、N'，视距间隔 $l'=M'-N'$，假想标尺与仪器视准轴及过上、下丝的视线构成的几何图形与视线水平时的情况完全一致。

由于实际标尺总是直立的，读得的视距读数为 M、N，视距间隔 $l=M-N$。因此必须把假想标尺上的读数 M'、N'用实际标尺上的读数 M、N 表示出来。

由于 ω 角很小，可以近似地认为：

$$\angle MM'O\approx\angle NN'O\approx 90^\circ$$

则可推导得到视线倾斜时的水平距离计算式：

$$D=100l\ \cos^2\alpha=100(M-N)\cos^2\alpha \tag{3-33}$$

而两点间的高差，可以根据垂直角 α、仪器高 i 及中丝读数 v，按下式算出：

$$h=D\tan\alpha+i-v \tag{3-34}$$

三、电磁波测距

利用电磁波进行距离测量的方法叫作电磁波测距，电磁波测距法是测绘领域最主要的距离测量方法。

（一）电磁波测距仪分类

按载波分类，电磁波测距仪可分为微波测距仪和光波测距仪两类，光波测距仪主要以红外光（IR）或激光（RL）作载波测距。按测程分类，测距仪又可分为长程测距仪，测程可达数十千米；中程测距仪，测程在数千米～数十千米间；短程测距仪，测程一般在 3.5 km 以下。另外，按测定时间方式的不同，电磁波测距仪还可分为脉冲式测距仪和相位式测距仪。

测绘作业中使用的测距仪主要是以红外光为载波的中、短程相位式光波测距仪，近十年来，红外光与弱激光组合的多载波中、短程光波测距仪发展迅速。

（二）电磁波测距原理

1. 电磁波测距的基本原理

电磁波测距的基本原理是通过测定电磁波在所测直线两端点 A、B 间往返传播的时间，如图 3-42 所示，并利用下列公式计算距离 D：

$$D=\frac{1}{2}ct \tag{3-35}$$

式中，c 是电磁波在大气中的传播速度，为常数；t 是电磁波往返于 A、B 间的时间。

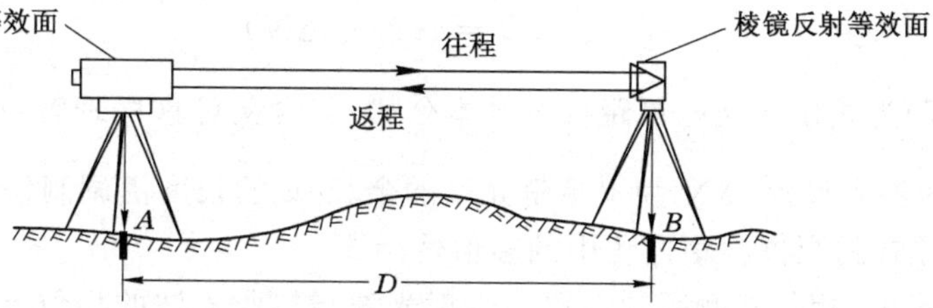

图 3-42　电磁波测距原理

2. 相位式测距仪测距原理

（1）相位式测距原理

相位式光电测距仪通过测定调制光在被测距离上往返传播所产生的相位差来测定距离，如图 3-43 所示。

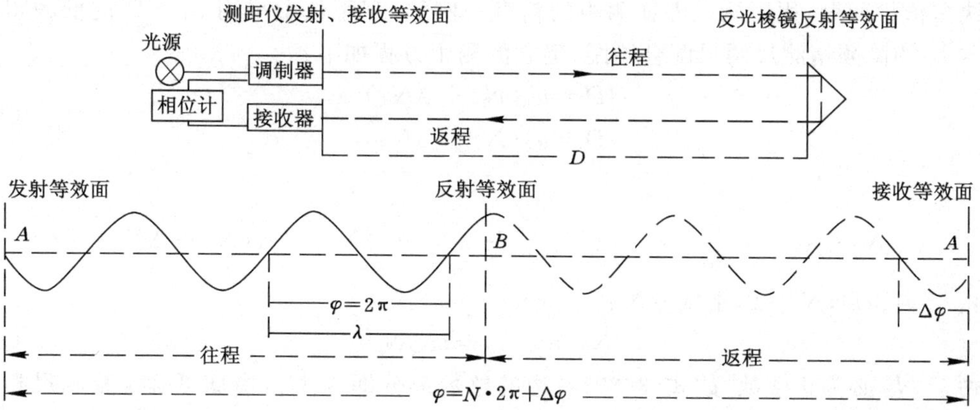

图 3-43　载波相位测距原理

相位式光电测距仪测距过程为：测距仪上光源灯发出的光，经调制后成为光强随高频载波信号周期性变化的调制光或称发射光射向另一端的反射镜，并被立即反射回来为接收器接收，相位计将反射回来的光信号与发射的光信号进行相位比较，得到调制光在被测距离上往返传播所产生的相位差 φ：

$$\varphi = N \cdot 2\pi + \Delta\varphi = 2\pi(N + \frac{\Delta\varphi}{2\pi}) = 2\pi(N + \Delta N)$$

式中，N 为相位差的整周期数或称调制光波的个数；ΔN 为相位差的不足整周期数。

相位差确定后，可由相位差计算得调制光在被测距离上往返传播时间 t：

$$t = \frac{\varphi}{2\pi f} = \frac{N}{f} + \frac{\Delta\varphi}{2\pi f}$$

式中，f 为调制光波的频率。将上式代入式(3-35)，并考虑调制光的波长 $\lambda = c/f$，可得被测距离上单程距离值：

$$D = \frac{1}{2}\lambda(N + \Delta N) \tag{3-36}$$

令 $u = \frac{\lambda}{2}$，式(3-36)变为：

$$D = u(N + \Delta N) \tag{3-37}$$

式(3-37)为相位式光电测距仪的基本公式，其含义可这样理解：u 为一尺长为 $u = \frac{\lambda}{2}$ 的光尺，N 则为整光尺数，ΔN 为不足整光尺的余长，u 的长度由调制信号的频率 f 决定。

(2) 相位式测距仪测距过程中的多值性问题

实际测量中，相位式测距仪在测定发射光波与接收光波的相位差时，仅能以 1/1 000 的精度测定相位差的不足整周期部分 $\Delta\varphi(\Delta N)$，无法确定相位差的整周期部分 N，从而产生距离测量的多值性问题。

解决多值性问题的方法是调节调制光频率 f，使 $u = \frac{\lambda}{2} = \frac{c}{2f} > D$，此时式(3-37)中的 $N = 0$，$D = u\Delta N$，多值性问题被解决。但当光尺 u 的测程增大时，相位差测定的误差也将随之增大，为解决这一问题，在相位式测距仪中设置了一组测程不同的测尺配合使用，用长测尺解决多值性问题，用短测尺保证测距的精度。例如，测距仪中采用 $u_1 > D$ 的低频粗测尺和 $u_2 < D$ 的高频精测尺两尺配合测距，建立的测距方程如下：

$$\begin{cases} D = u_1(N_1 + \Delta N_1) \\ D = u_2(N_2 + \Delta N_2) \end{cases} \tag{3-38}$$

即：

$$N_2 + \Delta N_2 = \frac{u_1}{u_2}(N_1 + \Delta N_1) = \frac{f_2}{f_1}(N_1 + \Delta N_1) = m(N_1 + \Delta N_1)$$

由于 $u_1 > D$，$N_1 = 0$，上式变为：

$$N_2 + \Delta N_2 = m\Delta N_1 \tag{3-39}$$

由于 N_2 必为正整数，故式(3-39)右边的整数部分即为 N_2，由此可确定精测尺相位差中的整周期数 N_2，不足整周期部分 ΔN_2 又可由仪器的相位计测定，距离 D 即可由 $D = N_2 + \Delta N_2$ 测定，式(3-39)中的 m 为放大系数。

需要指出的是，在测距仪测距过程中，测距仪会因电子元器件老化等原因使调制频率与设计频率不一样，使设计光波的尺长 u 产生变化，造成类似钢尺量距中的尺长误差，其影响与距离的长度成正比。通过检定测距仪，可测得尺长改正比例系数，即测距仪的乘常数 k，在测距计算中利用乘常数可改正尺长误差。

（三）测距仪与反射棱镜

1. 测距仪

测距仪有组合式和整体式两种，组合式测距仪目前已很少使用，这里不做介绍。整体式仪器即全站仪，已成为测绘市场的主流仪器，本章第七节将做详细介绍。

2. 测距仪的反射棱镜

电磁波测距时测距仪需发射并接收反射回来的电磁波，以便进行相位差或脉冲数测量，进而测定电磁波在距离测量路径上往返传播的时间，一般需要有反射物做配合目标，包括反射棱镜、反射片（板）等。反射棱镜由棱镜及配合棱镜使用的觇板等构成，图 3-44(a)、(b)所示为带觇板的单棱镜，图 3-44(c)所示为三棱镜。觇板一般为铝合金制成，上标辅助瞄准标志，测量时有利于增大目标尺寸与醒目程度，棱镜为精制玻璃体光学器件，形状似从立方形玻璃体上切下的一角，如图 3-44(d)所示；反射片类似觇板，也标有瞄准标志。

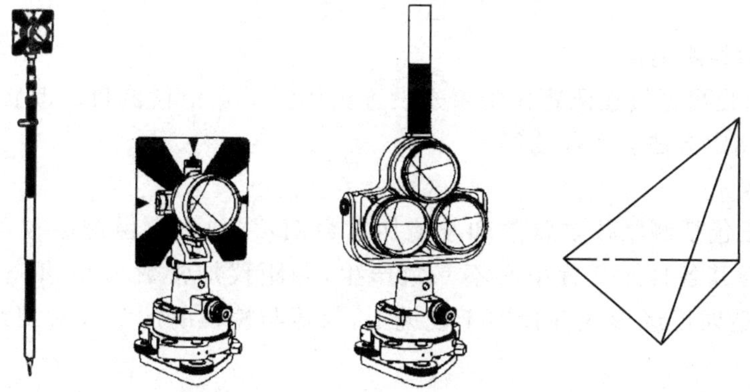

(a)　(b)　(c)　(d)

图 3-44　反射棱镜

（四）距离测量

1. 测距仪的标称精度

测距仪标称精度一般用下列方法表示：

$$\sigma = \pm(a + b \cdot D) \tag{3-40}$$

其中，σ 为测距误差，mm；a 为固定误差，mm；b 为比例误差，mm/km；D 为测距边长度，km。

以 1 km 测距中误差为分级标准，我国有关测绘技术标准将测距仪分为三级，分别为：Ⅰ级——$|\sigma| \leqslant 5$ mm，Ⅱ级——5 mm$<|\sigma| \leqslant 10$ mm，Ⅲ级——10 mm$<|\sigma| \leqslant 20$ mm。

2. 电磁波距离测量一测回的概念

照准目标一次，读数若干次为距离测量一个测回，读数次数因距离测量精度要求不同而不同。

3. 光电测距仪距离测量步骤

① 在测站及目标站分别安置测距仪及反射棱镜，进行严格的对中、整平，目标站的棱镜应对准测站上的测距仪；在测线两端测站上应准备温度计、气压计，并在测量开始前置于阴凉处。

② 测前准备：打开电源进行仪器功能及电源状态测试，设置单位制式，进行仪器设置，设置内容包括仪器乘常数、仪器与棱镜加常数、气象参数、测距模式、读数次数等。

③ 精确瞄准反射棱镜，根据测量精度要求测量距离若干测回，同时观测垂直角，量取仪器高、镜高并记录有关气象数据，以备成果整理之用。

（五）成果整理

成果整理包括在实测的距离中加入与仪器、棱镜和测量方法与环境有关的改正数，并计算出水平距离。改正数包括：仪器与棱镜加常数改正、仪器乘常数改正、倾斜改正和气象改正等。下面简述各项改正的内涵。

1. 乘常数改正

测距仪乘常数主要是由测距仪使用的调制频率因多种原因改变而造成，由于调制频率偏离其设计值，导致由频率决定的光波尺长 u 产生变化，乘常数对距离的影响与距离的长度成正比，乘常数 k 应事先测定，单位为 mm/km，乘常数改正可用下式计算：

$$\Delta s_k = -ks \tag{3-41}$$

式中，s 为实测倾斜距离值。

乘常数改正也可通过在测距仪中事先设置比例因子 k 由仪器自动改正，仪器的乘常数 k 应事先测定，测定方法有六段法等。

2. 加常数改正

加常数改正包括测距仪加常数和棱镜加常数两项，加常数由测距仪测距等效面与棱镜反射等效面与其各自的安置中心不一致产生，测距仪加常数 d 应事先测定，棱镜加常数 m 在棱镜制造时已经形成并标明于棱镜上，仪器与棱镜的加常数对测距结果的联合影响值为：

$$c = d + m \tag{3-42}$$

加常数对距离的影响是固定值，加常数改正可通过在测距仪加常数设置项中输入加常数 c 由仪器自动改正。

3. 气象改正

在光电测距的理论计算公式中，光速 c 是指真空中的光速，但实际上光速在大气中传播时，受大气状态的影响会发生变化，其变化程度取决于大气折射率 n，在大气折射率 n 的作用下，电磁波的传播速度变为 v：

$$v = \frac{c}{n} \tag{3-43}$$

距离计算公式变为：

$$s = \frac{1}{2}vt = \frac{1}{2} \cdot \frac{c}{n} \cdot t \tag{3-44}$$

大气折射率 n 是由大气的温度 t、气压 p 和湿度 e 等条件决定的，为了使测距仪适应实际作业时的气象条件，测距仪调制光波的波长 λ、频率 f 等是按接近实际气象条件的参考气象条件设计的。设参考气象条件下的大气折射率为 n_r，实测时的大气折射率为 n，两者差异造成的距离改正称作气象改正，对应于参考气象条件下的倾斜距离为：

$$s_r = \frac{1}{2} \cdot \frac{c}{n_r} \cdot t \tag{3-45}$$

顾及式(3-44)和式(3-45)，并略去推导给出距离测量的大气改正为：

$$\Delta s_{tp} = s - s_r = \frac{n_r - n}{n_r} \cdot s \tag{3-46}$$

气象改正与边长成比例，一般测距仪中都内置了气象参数公式，在仪器设置项中输入气象参数后仪器可自动进行气象改正，气象参数应取仪器和棱镜站的平均值，或取测线中部获取的气象参数值。设置气象参数后，测距仪显示气象改正的 ppm 值，即距离每千米改正的毫米数，单位为 mm/km。

4. 倾斜改正

加入倾斜改正的目的是获得水平距离，这里所指的水平距离实际上是测线两端点平均高程面上的长度，距离测量的倾斜改正数可用下式计算：

$$\Delta s_\delta = -\frac{h^2}{2s'} - \frac{h^4}{8(s')^3} \tag{3-47}$$

式中，s'为加入乘常数、加常数和气象改正后的倾斜距离值。

水平距离为：

$$D = s' + \Delta s_\delta \tag{3-48}$$

当实测了垂直角 δ 时，也可用下式计算水平距离：

$$D = s' \cos \delta \tag{3-49}$$

第六节　水准测量误差分析与水准仪的检验校正

一、水准测量误差分析

（一）仪器误差及其减弱方法

因仪器检校不完善，使用中的水准仪不能完全满足轴线之间的条件，如视准轴与水准管轴之间有微小的交角（i 角误差），仍会影响水准测量，视距差大时，引起的误差也会增大。一个测站上前、后视距离相等时，i 角误差对高差测定的影响将被抵消，同时还可消除水准面曲率等对高差测定的影响。因此水准测量中前后视距差和每测站前后视距累积差应有一定限值，《城市测量规范》《工程测量标准》对各等级的水准测量做了规定，作业时必须严格执行。

水准测量的误差分析和水准仪的检验校正

（二）观测误差及减弱方法

观测误差主要包括：精平误差、调焦误差、估读误差和水准尺倾斜误差。

1. 精平误差

水准测量于读数前必须精平，精平的程度反映了视准轴水平程度。若水准器格值 $\tau = 20''/2$ mm，视线长度为 100 m，如果整平时水准管气泡偏离中心 0.5 格，则引起的读数误差可达 5 mm，故气泡严格居中是正确读数的前提。

这种误差在前视和后视读数中是不相同的，而且数字是可观的，不容忽视。因此，水准测量时一定要严格精平，并果断、快速读数。

2. 调焦误差

在观测时，若在照准后、前尺时都调焦，必使视准轴在前、后尺读数时高度不一致，而引起读数误差，前后视距相等时可避免在一站中重复调焦。

3. 估读误差

普通水准测量中的水准尺最小刻划长度为厘米，考虑仪器的基本性能，影响估读精度的因素主要是十字丝横丝的粗细、望远镜放大倍率及视线长度等。其中视线长度影响较大，作业规范对不同等级水准测量时的视线长均做了规定，作业时应认真执行。

4. 水准尺倾斜误差

在水准测量读数时，若水准尺在视线方向前后倾斜，观测员很难发现，由此造成水准尺读数总是偏大，视线越靠近尺的顶端，误差就越大。消除或减弱的办法是在水准尺上安装圆水准器，确保尺子的铅垂，如果尺上水准器不起作用，应用“摇尺法”读数，读尺时，尺子前、后俯仰摇动，使尺上读数缓缓改变，变化中的最小读数即为尺子铅垂时的读数。

（三）外界环境的影响

1. 水准仪或水准尺下沉误差

在土壤松软区测量时，水准仪在测站上随安置时间的增加而下沉。发生在两尺读数之间的下沉，会使后读数的尺子读数比应有读数小，造成高差测量误差。消除这种误差的办法是将仪器安置在坚实的地面，脚架踩实，快速观测，采用“后—前—前—后”的观测程序，可减少仪器下沉的影响。

水准尺下沉对读数的影响表现在两方面：一种情况同仪器下沉的影响类似，其影响规律和应采取的措施同上分析；二是在迁站时，转点处的水准尺因下沉而致其在两相邻站观测中不等高，造成往测高差增大，返测高差减小。消除办法有：踩实尺垫；观测间隔将水准尺从尺垫上取下，以减小下沉量；往返观测，在高差平均值中减弱其影响。

2. 大气折光影响

多种原因使视线在大气中穿过时，会受到大气折光影响。一般情况下，视线离地面越近，光线的折射也就越大。观测时应尽量使视线保持一定高度，一般规定视线需高出地面 0.2 m，可减少大气折光的影响。

3. 日照及风力引起的误差

这种影响是综合的，较复杂。如光照会造成仪器各部分受热不均，轴线关系因此改变；风大时会使仪器抖动，不易精平等都会引起误差。除选择好的天气测量外，给仪器打伞遮光等都是消除和减弱其影响的好办法。

二、水准仪的检验与校正

水准作业前必须对水准仪及水准尺进行检验和校正，本节介绍相关理论和方法。

（一）水准仪应满足的几何条件

如图 3-45 所示，水准仪应满足以下主要几何关系：

① 圆水准器轴应平行于仪器的竖轴 $L'L' /\!/ VV$。

② 水准管轴应平行于望远镜的视准轴 $LL /\!/ ZZ$。

③ 望远镜十字丝的横丝应垂直于仪器的竖轴。

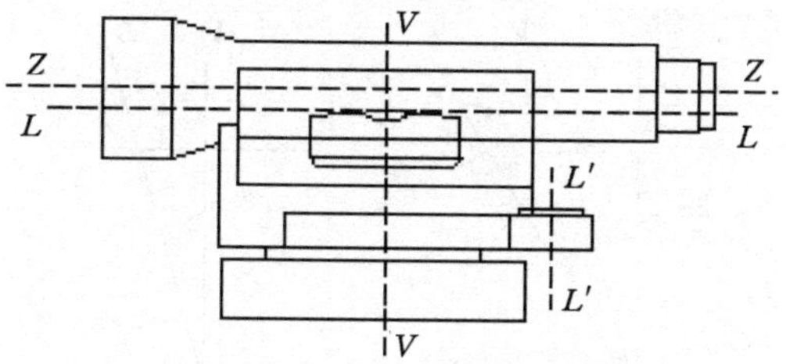

图 3-45　水准仪的轴线

（二）水准仪的检验校正

1. 水准仪外观的检视

水准仪外观检视的内容主要有：外观有无损伤，机械部分转动是否灵活，光学系统有无成像模糊或霉点，螺丝是否松动等。

2. 圆水准器轴平行于仪器竖轴的检验校正

(1) 检验

旋转脚螺旋，使圆水准气泡居中，再将仪器水平旋转 180°，气泡仍居中则正常，否则需要校正。

(2) 校正

调节脚螺旋，使气泡向中心移动偏距一半，用校正针拨圆水准器底部的三个校正螺丝使气泡居中。在圆水准器底部有四个螺丝，如图 3-46 所示，位于圆周上的三个是校正螺丝（图中 2），中间的一个是固定螺丝 3，用于圆水准器的固定。校正前应先转松螺丝 3，再拨校正螺丝。校正完毕，要将固定螺丝旋紧。检校应反复 2～3 次，直至达到要求为止。

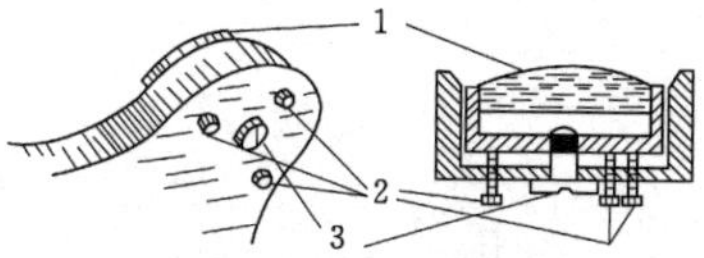

图 3-46　圆水准器的校正

(3) 检校原理

当圆水准轴与竖轴不平行时，两轴间必有一交角 α，旋转脚螺旋使圆水准器气泡居中后，圆水准轴铅垂，竖轴却倾斜 α 角，如图 3-47(a)所示；仪器平转 180°后，圆水准器至竖轴的另一侧，因两轴存在夹角 α，因此圆水准轴相对于铅垂线已倾斜了 2α 角，如图 3-47(b)所示；气泡偏离圆水准器中心。因竖轴相对垂线的倾角为 α，故只需将气泡向中心方向回调偏距的一半竖轴便可铅垂，如图 3-47(c)所示；调节圆水准器校正螺丝，使气泡居中，圆水准轴也处于铅垂位置，两轴平行，如图 3-47(d)所示。

3. 水准管轴平行于视准轴的检验与校正

若水准管轴与望远镜视准轴在空间不平行，则两轴在铅垂面、水平面上的投影间都可能存在交角，铅垂面上的交角用 i 表示，该角对水准测量的影响称为 i 角误差；水平面的交角称作交叉角，用 ε 表示，因其对普通水准测量的影响很小，一般可忽略。

当水准仪存在 i 角误差时，视线不在水平位置，由 i 角引起的误差随着水准仪至标尺距离的增大而增大，如图 3-23 所示，在 i 角影响下高差 h_{12} 可表示为：

$$h_{12}=a_1-b_1=(a'_1-\Delta_1)-(b'_1-\Delta_2)$$
$$=(a'_1-b'_1)-(\Delta_1-\Delta_2)=(a'_1-b'_1)-\frac{i}{\rho''}(D_1-D_2) \tag{3-50}$$

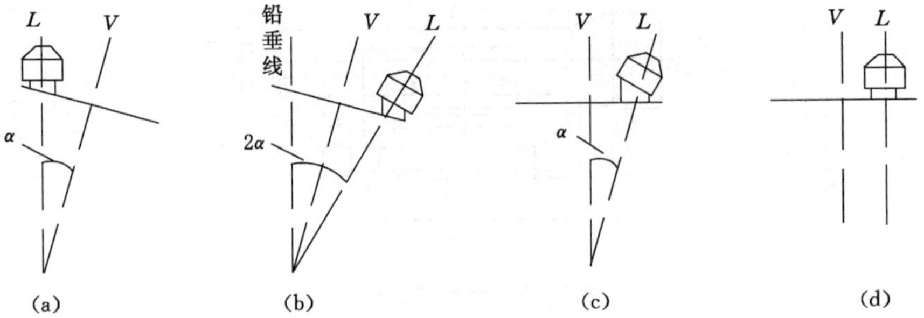

图 3-47　圆水准器轴的检验与校正原理

式中，$\Delta_i=\frac{i}{\rho''}D_i$，显然，当仪器到两标尺的距离相等，即 $D_1-D_2=0$ 时，i 角对水准高差的影响将被抵消，所测得的高差为正确高差，这是水准测量中要求前后视距相等的原因。

(1) 基本检验方法

如图 3-48 所示，在平坦地面上选定相距约 80 m 左右的两点 1、2，并置稳定的尺垫或水准点标志于两点处。先置仪器于 1、2 的中点 O，由于 $D_1=D_2$，用两次仪器高法测量并取均值后可精确测定 1、2 间的正确高差 h_{12}；再置水准仪于 2 点外侧约 2 m 的 A 处，精平后分别读取 1、2 点水准尺读数 a'_2、b'_2，得 12 间的第二次高差：

$$h'_{12}=a'_2-b'_2 \tag{3-51}$$

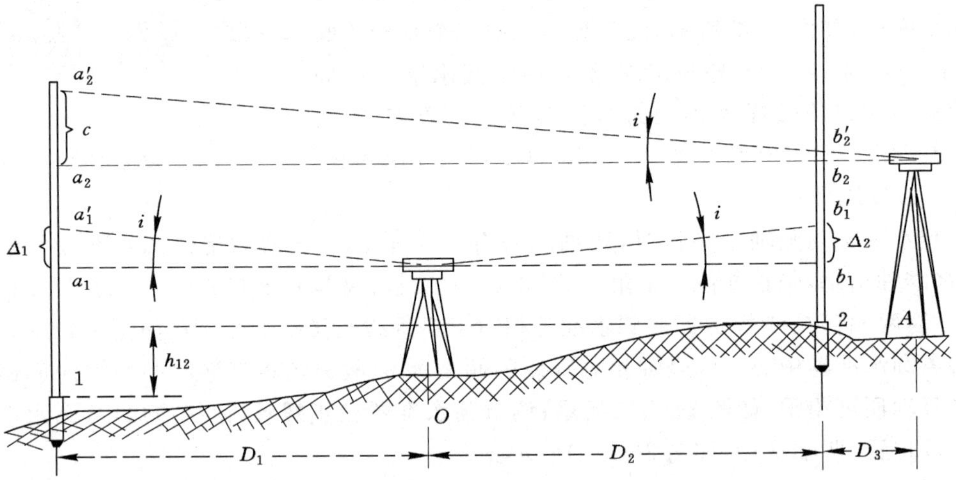

图 3-48　水准管轴平行于视准轴的检验

若 h'_{12} 与正确高差 h_{12} 之差小于 ±5 mm，则视两轴平行无 i 角误差；两者互差超过 ±5 mm时，应按下式计算 i 角：

$$i=\frac{h'_{12}-h_{12}}{D_1+D_2+D_3}\cdot\rho'' \tag{3-52}$$

水准测量规范规定，用于一、二等水准测量的水准仪 i 角不应大于 15″，用于其他等级水准测量的水准仪 i 角不应大于 20″；否则，应进行水准仪水准管平行于视准轴的校正。

(2) 校正

校正时，先利用 A 点的观测值和正确高差 h_{12} 根据式(3-52)计算得 i 角值，并利用下式计算水准仪在 1 点标尺上的正确读数：

$$a_2 = a'_2 - c \tag{3-53}$$

式中，$c = \frac{i}{\rho''}(D_1 + D_2 + D_3)$，也可根据同样的方法计算水准仪在标尺 2 上的正确读数，校正方法有两种。

① 校正十字丝

保持 A 点水准仪的水准管气泡居中并瞄准 1 点上的水准尺，旋下水准仪十字丝分划板护罩，如图 3-49(a)所示，调节图 3-49(b)所示的十字丝板上的上、下两个校正螺丝 1、3，至十字丝的中横丝对准 1 尺上的正确读数 a_2 为止，此时视准轴水平，校正完成。校正前，应先弄清十字丝横丝是升还是降，按先松移动方向前端的螺丝后紧移动方向后端螺丝的顺序调节，校正完毕，应固紧校正螺丝。

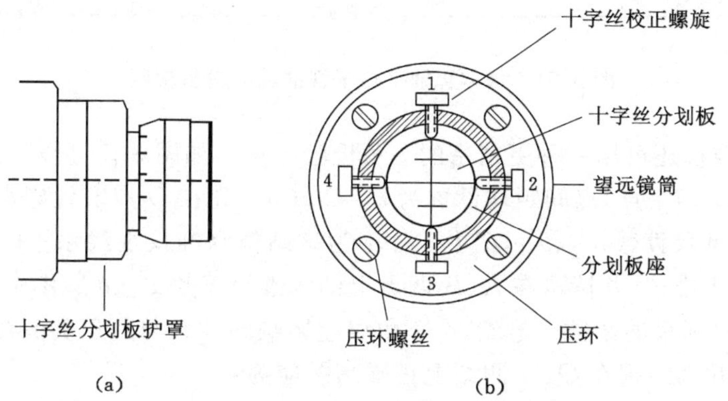

图 3-49　调整十字丝校正视准轴

校正十字丝方法对自动安平水准仪和微倾式水准仪都适用。

② 校正水准管

转动微倾螺旋使横丝在 1 尺上的读数从当前读数 a'_2 移至正确读数 a_2，视准轴调平，水准管气泡偏离中心，此时应调节水准管位于目镜一侧的校正螺丝，如图 3-50(a)所示，在弄清楚水准管的升降方向后，调节图 3-50(b)中所示的水准管上、下两个校正螺丝 3 和 4，使水准管两端的影像符合，水准管轴水平，校正完成。

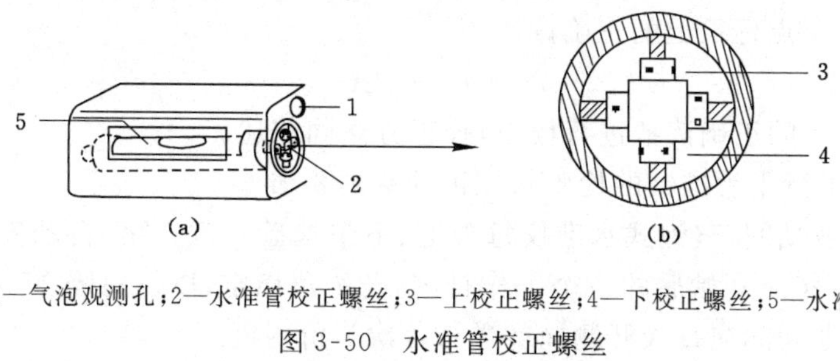

1—气泡观测孔；2—水准管校正螺丝；3—上校正螺丝；4—下校正螺丝；5—水准管。

图 3-50　水准管校正螺丝

校正水准管方法只适用于微倾式水准仪，对于自动安平水准仪，检验方法是相同的，但因自动安平水准仪无水准管装置，故只能用第一种方法校正十字丝。

校正后应实测水准一站，检验校正的结果和确保水准仪的这一主要几何条件符合要求。

(3) 精密检验方法

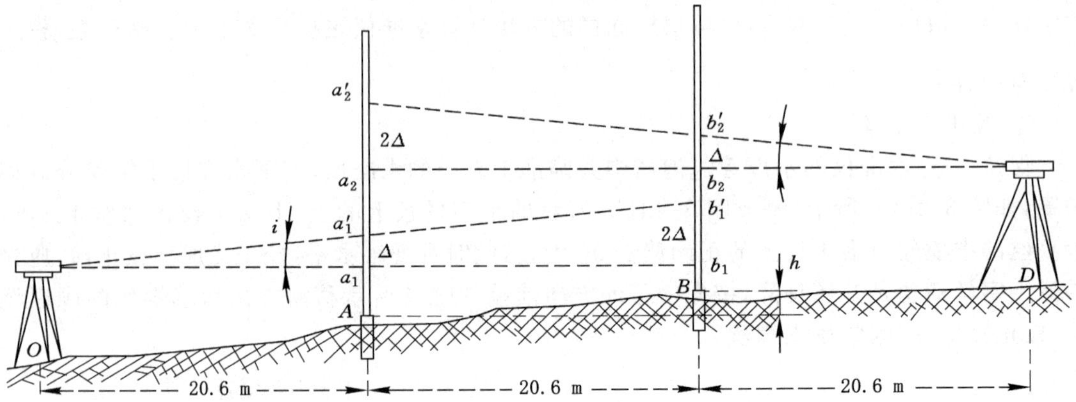

图 3-51　水准管轴平行于视准轴的精密检验

对于精密水准仪还可用一种更精密的 i 角检验方法。如图 3-51 所示，在平坦地面沿直线布设 O、A、B、D 四个点，点间距均设置为 $d=20.6$ m，先在 O 点安置好水准仪，并读取在 A、B 两点上的水准尺读数 a'_1、b'_1，图中 a_1、b_1 为该站位水准仪视线水平时标尺的读数；同法在 D 点安置好水准仪，并读取在 A、B 两点上的水准尺读数 a'_2、b'_2，图中 a_2、b_2 为该站位水准仪视线水平时标尺的读数。显然，有 i 角误差影响的读数与其正确值在近、远两水准尺上的差分别为 Δ 和 2Δ，则在 O、D 测站上正确高差应为：

$$h=a_1-b_1=(a'_1-\Delta)-(b'_1-2\Delta)=a'_1-b'_1+\Delta$$
$$h=a_2-b_2=(a'_2-2\Delta)-(b'_2-\Delta)=a'_2-b'_2-\Delta$$

由上两式可得：

$$\Delta=\frac{1}{2}[(a'_2-b'_2)-(a'_1-b'_1)] \tag{3-54}$$

由上述结果可计算得 i 角：

$$i''=\frac{\Delta}{d}\rho''=\frac{\Delta}{20\ 600}\rho''=(10\cdot\Delta)'' \tag{3-55}$$

式中，距离 d 的单位为毫米。

为校正需计算 A 点标尺上的正确读数：

$$a_2=a'_2-2\Delta \tag{3-56}$$

也可计算 B 尺上的正确读数进行校正，校正方法同前述。

(4) 水准管轴平行于视准轴的检验与校正的基本要求

在水准测量作业期间，气泡式水准仪每天上、下午检验一次 i 角，自动安平光学水准仪每天检验一次 i 角，作业开始后的 7 个工作日内，若 i 角稳定，以后每隔 15 天检验一次；数字水准仪在整个作业期间应每天开测前都进行一次 i 角测定。

4. 望远镜十字丝的横丝应垂直于仪器竖轴的检验校正

(1) 检验

当仪器整平后，十字丝的横丝应水平，竖丝应铅垂，横丝应垂直于仪器的竖轴。横丝不水平时用其不同部位读数，结果会不相同，读数误差会影响高差测量成果。检验时先将仪器整平，然后用横丝一端照准一固定点 A，旋转水平微动螺旋使仪器照准部水平转动，若 A 点成像始终沿横丝移动，则横丝水平，如图 3-52(a)所示；若移动时 A 点成像偏离横丝则横丝位置不正确，偏离量大时应校正，如图 3-52(b)所示。

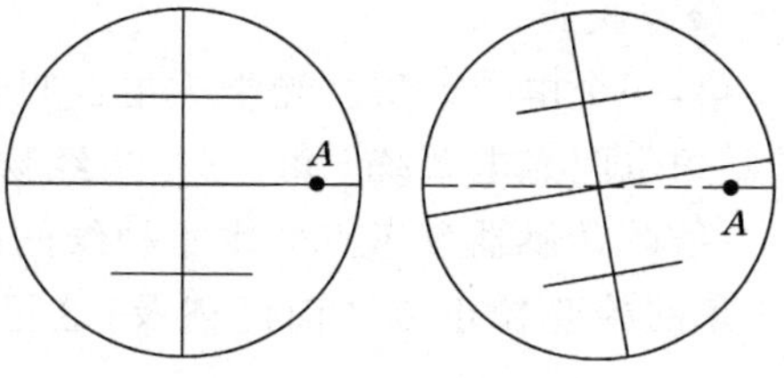

图 3-52 望远镜十字丝横丝的检验校正

(2) 校正

如图 3-49(b)所示，拧下十字丝护盖后松开十字丝板压环螺丝，微转十字丝板使横丝与 A 点相切，反复检、校几次直至合格为止。当 A 点偏离横丝的量很小时，不需校正，只需在测量时用横丝中部读数即可。

5. 自动安平水准仪补偿装置性能检验

当自动安平水准仪补偿装置处于正常工作状态时，在视线有微小倾斜的情况下仍能使水准仪获得正确读数，保证测量结果的正确，检验其性能时可利用补偿装置的这一特性，将仪器的竖轴微倾，如此时仍能获得与竖轴铅垂时同样的测量结果，则补偿器性能正常。

① 在平坦区域选 A、B 两点并安置稳定的尺垫，将水准仪置于两点连线的中点，使仪器脚螺旋 1 和 2 的连线垂直于 AB 线，按正常测量程序测定 AB 两点间的正确高差 h_{AB}，如图 3-53 所示。

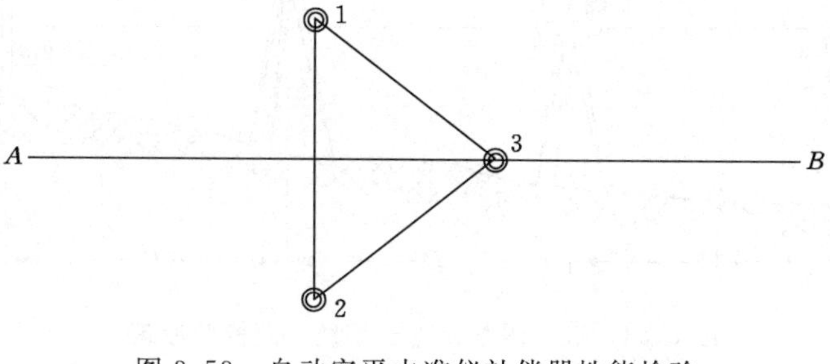

图 3-53 自动安平水准仪补偿器性能检验

② 自平衡位置开始旋升脚螺旋 3，使水准仪视线在 A 方向上微倾，并测定 A、B 两点间的高差 h_1，旋降脚螺旋 3 使圆水准器气泡居中；自平衡位置开始旋降脚螺旋 3 测定 A、B 两点间的高差 h_2，旋升脚螺旋 3 至圆水准器气泡居中。

③ 同法，旋升脚螺旋 1，并测定 A、B 两点间的高差 h_3，旋降脚螺旋 1，测定 A、B 两点间的高差 h_4。

在脚螺旋的旋升或旋降过程中，要通过圆水准气泡偏移的格值控制旋升或旋降的幅度，脚螺旋的旋升或旋降幅度要相等，且不能超过补偿器的补偿范围。

④ 将通过脚螺旋的四次旋升或旋降测得的 AB 间高差 h_1、h_2、h_3、h_4 与正确值 h_{AB} 进行比较，若测定的四次高差值与正确高差值的互差都不超过 5 mm，证明补偿装置正常；反之，应送专业机构进行检验。

6. 数字水准仪视准轴的检验与校正

数字水准仪有一个光学 i 角，一个电子 i 角。光学 i 角也叫光学系统 i 角，其内涵与自动安平光学水准仪相同；电子 i 角也叫光电系统 i 角，它是指经物镜光心的水平光线与这条水平光线经过补偿器到达 CCD 线阵传感器参考点的水平视线间的夹角，它与光学系统 i 角的含义是不同的。光学系统 i 角的检验校正方法前已述及，这里介绍光电系统 i 角的检验与校正方法。

(1) 数字水准仪光电系统 i 角的检验与校正

① 数字水准仪光电系统 i 角的检验原理

在一段平坦场地上，选择 A、1、2、B 四点，使其间距为 D（按仪器说明书提示的值设置），分别在测站 1、测站 2 安置数字水准仪，并分别读取 A、B 两尺的视线高和视距读数，如图3-54 所示，由读数可计算电子系统 i 角值：

$$i'' = \arctan \frac{(a_{1A} - b_{1B}) - (a_{2A} - b_{2B})}{(D_{1A} - D_{1B}) - (D_{2A} - D_{2B})} \approx \frac{(a_{2A} - b_{2B}) - (a_{1A} - b_{1B})}{2D} \cdot \rho'' \tag{3-57}$$

式中 a_{iA}，D_{iA}——在测站 i 上，数字水准仪在条码尺 A 上的视线高读数与视距；

a_{iB}，D_{iB}——在测站 i 上，数字水准仪在条码尺 B 上的视线高读数与视距。

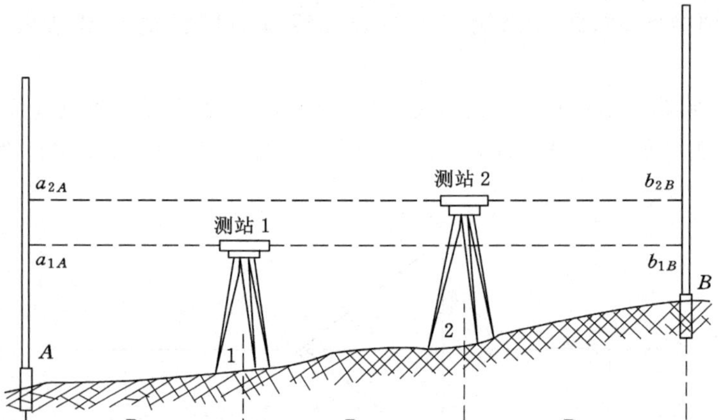

图 3-54 数字水准仪电子系统 i 角检验原理

② 数字水准仪光电系统 i 角的检验与校正

数字水准仪光电系统 i 角的检验与校正一般采用数字水准仪出厂时已内置的检校程序进行，具体作业方法参见仪器说明。

(2) 十字丝的机械校正

电子系统 i 角校正完成后还需通过十字丝的机械校正使光学读数与传感器读数一致。校正方法如下：在测站 2 上瞄准 B 点条码尺自动读数（CCD 读数）并手工记录读数值，翻转

B 点条码尺，人工读取 B 尺读数。如果人工读数与CCD读数之差大于2 mm，则需进行十字丝校正；否则，不进行该项校正。

校正时，拆下仪器目镜护罩，用拨针旋转目镜下方的十字丝校正螺丝，上下移动十字丝直至人工读数与CCD读数一致或其差小于2 mm为止。

(3) 剩余电子i角检测

上述校正完成后，应进行电子 i 角剩余值测定，测定时应人工记录视线高和视距读数值，并按原理公式计算电子 i 角剩余值，如果电子 i 角剩余值超过限差应重新启动检校程序进行电子 i 角的测定与存储，检校操作可能需反复几次，直至电子 i 角剩余值满足要求为止。

(三) 普通水准尺的检验校正

水准尺应满足尺面平直、尺上圆水准器水准轴与尺面平行、分划正确、尺底零点正确等要求，否则将对高差测量产生不良影响，测量作业前应对水准尺进行检验校正。

1. 一般检查

主要的检查内容有：尺身有无损坏，分划着色是否清晰，注记数字有无错误，尺底有无磨损等。

2. 水准尺分划面弯曲差(矢距)的测定

将水准尺平置于一平台上，拉一细线于尺的两端并使之张于尺身两端，用卷尺量取垂直于尺面方向的细线/尺面间的最大垂距 f(矢距)，对普通水准尺，如果 $f<8$ mm，尺之弯曲对高差测量无大的影响；否则应进行尺长改正，改正公式为：

$$\Delta l=\frac{8f^2}{3l}$$

式中 l——水准尺尺长；

Δl——水准尺尺长改正数。

3. 圆水准器轴平行于尺面的检验校正

安置水准仪，在距仪器50 m左右的尺垫上竖立水准尺。瞄准水准尺使十字丝竖丝与尺身一棱边相切，观察气泡，将水准尺转90°，再观察气泡，若气泡始终居中，说明水准器轴平行于尺面。否则，应调整水准器校正螺丝使气泡居中，然后重复前述步骤再作检验校正，直至满足要求为止。

4. 水准尺分划正确性检验

(1) 水准尺每米分划间隔正确性检验

将水准尺平置于检验平台上，用检验尺(一级线纹米尺)实测尺面分划上每个米间隔(尺段)长度。检验尺两端要同时读取水准尺整米分划在检验尺上的读数，估读至0.1个分划，即0.02 mm。每尺段测定2次，两次间应将线纹米尺作微移，使读数变化，两次左右端读数差之差不得超过0.06 mm。每尺段测定一次温度，检测应往返进行，水准尺的红黑面都要检定。

将水准尺每米间隔长度的两次观测值取中数作为每尺段的最后观测成果，然后据所测温度和尺长的检验结果求尺长改正和温度改正数，改正后得到水准尺每米段的实长，分别求出各米段往测(或返测)实长，单面(红面/黑面)往返共计6个米段，取其均值。另一面同法求定每米段的均值，最后取红、黑面米段实长平均值作为该水准尺一米间隔的真长。用同样的方法测定并计算出另一根水准尺一米间隔的平均实长。两根水准尺一米间隔平均实长的平均值即为一对水准尺每米间隔平均实长，从而求得对水准尺每米尺长改正数。

(2) 水准尺红面与黑面零点差（尺常数 K）的测定

一对双面水准尺的红黑面零点的理论差，一个为 4 687 mm，另一个为 4 787 mm，其差如果不正确将影响水准读数。检定的方法是：先安置好水准仪，在距离水准仪约 20 m 处，打一有一个球形铁钉的木桩，或放一尺垫，将水准尺立在上面，照准水准尺的黑面，精平仪器读数，立即转动水准尺对红面进行读数，两数之差即为红黑面零点差一次测定结果，以不同的仪器高，用同样的方法测定四次取平均值为红黑面零点差，以此测定值作为水准测量时的黑红面读数的检核。

(3) 一对水准尺黑面零点差的测定

水准尺黑面的底面自零开始，一对水准尺黑面零点应相同，若不相同，其差值称为一对水准尺黑面零点差。测定时将水准尺平置于检测平台，紧贴底面置一双面刀片，用一级线纹米尺丈量一分米分划至底面的距离 d，d 与一分米之差 Δd 为水准尺的零点差，即：

$$\Delta d = d - 100(\mathrm{mm})$$

对普通木质水准尺，Δd 不得超过 0.5 mm，否则需修理。

设 d_1、d_2分别为两只水准尺一分米分划到底面的距离，则一对水准尺黑面零点差 $Z = d_1 - d_2$。零点差 Z 是系统误差，当一段水准路线设站数为偶数时零点差将在高差累积和中被抵消；为奇数始时，应在高差累积和中加上零点差改正。

第七节　角度测量误差分析与经纬仪的检验校正

一、水平角观测误差

在水平角观测过程中，有多种误差会对角度测量产生影响。本节将对各种误差加以分析，并提出消除或限制这些误差的措施。

(一) 仪器误差

仪器误差包括竖轴和照准部水准管轴未严格铅垂、视准误差、横轴残余误差、度盘偏心误差、度盘刻划误差、竖轴误差等。

1. 经纬仪照准部偏心误差的影响

照准部的旋转中心与度盘的分划中心应当重合，当两中心不能严格重合时会造成水平角读数误差。如图 3-55 所示，C 为度盘分划中心，C' 为照准部旋转中心，两者不重合称为照准部偏心差。偏心距 CC' 以 e 表示，e 与零分划线的夹角称偏心角，以 θ 表示。仪器无偏心差时的正确读数为 M，存在偏心差时读数为 M'，M 与 M'之差 ε 就是照准部偏心对观测方向的影响。ε 的求取公式推证如下：

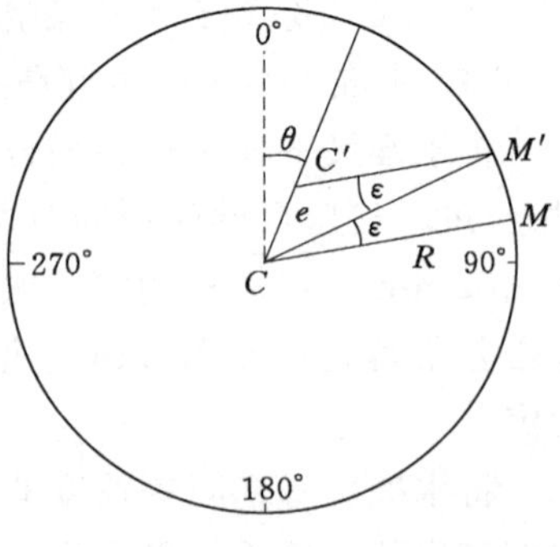

图 3-55　水平度盘偏心对水平方向的影响

图 3-55 中有：

$$\varepsilon = \angle C'M'C = \angle M'CM \quad \angle C'CM' = M' - \theta$$

在$\triangle C'CM'$中有：

$$\frac{\sin \varepsilon}{e}=\frac{\sin(M'-\theta)}{C'M'} \tag{3-58}$$

考虑 $C'M' \approx R$，ε 很小可取 $\sin \varepsilon \approx \varepsilon$，则上式可写成：

$$\varepsilon''=\frac{e}{R}\cdot\rho''\cdot\sin(M'-\theta) \tag{3-59}$$

这里，ε 以秒为单位。式(3-59)即为照准部偏心对水平方向读数的影响。由公式可以看出：照准部偏心误差对不同的方向观测值影响不同，照准方向与偏心方向垂直时，对水平方向读数影响最大，同时，盘左盘右所得 ε 符号相反，绝对值相等，取盘左盘右均值可消除此误差的影响。

2. 度盘刻划误差

光学度盘和光栅盘的刻划误差在度盘制造时产生，光学经纬仪在测角时可采用测回间变换度盘位置，动态光栅盘在测角时采用全盘扫描取均值的方法可减小此误差的影响。

3. 视准误差

视准误差是指在仪器校正不完善、视准轴未能真正垂直于横轴而致其偏离正确位置的小角值。

如图 3-56 所示，HH 为仪器横轴，当不存在视准轴误差时，$Z'Z$ 垂直于横轴 HH，$Z'Z$ 绕横轴旋转面为一铅垂面，$Z'Z''$为 $Z'Z$ 在水平面上的投影。当有视准误差 C 时，视准轴在盘左位置绕横轴扫出的铅垂面为 $Z'Z'_1Z_1$，盘右位置时为$Z'Z'_2Z_2$，当视线倾角为 α 时，视准误差 C 及其在水平面上的投影 ΔC 可表述为：

$$C=\frac{ZZ_1}{Z'Z}\rho'' \quad \Delta C=\frac{Z'_1Z''}{Z'Z''}\rho''$$

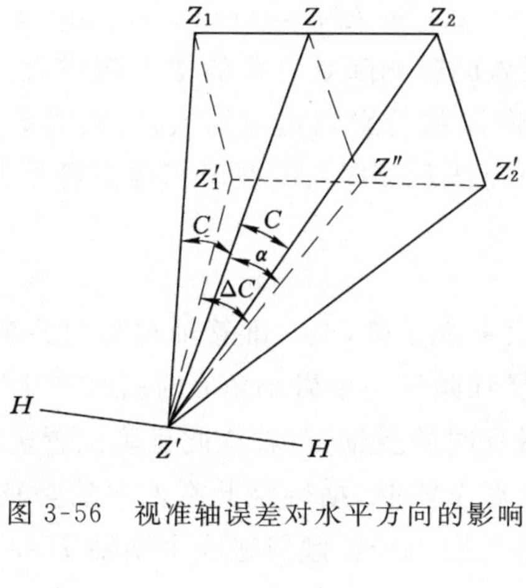

图 3-56　视准轴误差对水平方向的影响

由于 $ZZ_1=Z'_1Z''$，$Z'Z''=Z'Z\cos\alpha$，因此有：

$$\Delta C=\frac{C}{\cos\alpha} \tag{3-60}$$

因水平角由两个方向组成，所以视准误差对水平角的影响为：

$$\Delta\beta_c=\Delta C_1-\Delta C_2=C\left(\frac{1}{\cos\alpha_1}-\frac{1}{\cos\alpha_2}\right) \tag{3-61}$$

视准误差 C 对方向观测的影响 ΔC，随垂直角 α 的增大而增大，盘左、盘右观测时，有误差的视准轴位于正确位置的两侧，取盘左、盘右读数的平均值可消除视准误差的影响。

4. 横轴误差的影响

仪器整平后横轴应水平，望远镜绕横轴旋转形成的视准面是一铅垂面，如图 3-57 中的 OAa 面；当横轴倾斜 i 角时，望远镜绕横轴旋转形成的视准面是一倾斜面，此时形成的斜视准面为 OA_1a，其倾斜角量亦为 i，同视准误差影响计算类似，i 角及其对水平方向读数的影响值 Δi 为：

$$i = \frac{AA_1}{aA}\rho'' \quad \Delta i = \frac{a1}{Oa}\rho'' \quad \Delta i = i\tan\alpha \tag{3-62}$$

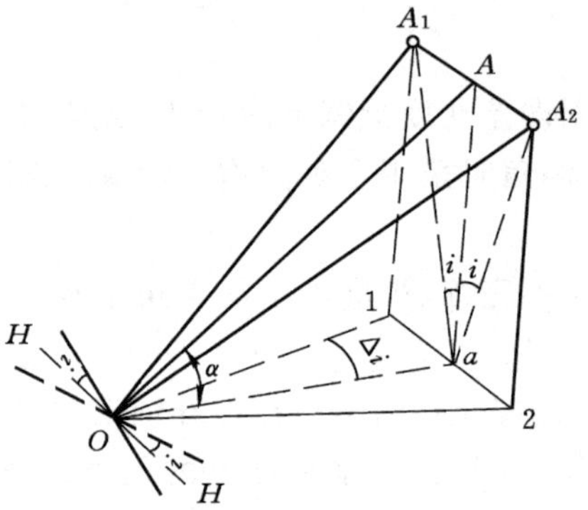

图 3-57　横轴误差对水平方向的影响

水平角由两个方向构成，所以横轴倾斜误差对水平角的影响为：

$$\Delta\beta = \Delta i_1 - \Delta i_2 = i(\tan\alpha_1 - \tan\alpha_2) \tag{3-63}$$

由式(3-63)可知，横轴误差的影响随垂直角的增大而增大，垂直角为零时，对水平角的影响为零；α 增大时对水平方向读数的影响迅速增大；对两等高目标进行水平角观测，横轴误差影响为零。用盘左、盘右方法观测时，Δi 数值相等而符号相反，取盘左、盘右观测值均值可抵消横轴误差的影响。

5. 竖轴误差的影响

当视准轴、横轴、竖轴间关系都正确，但水准管轴与竖轴关系不正确，或水准管轴与竖轴关系正确但整平不完善造成竖轴倾斜一个微小角 δ 时就会产生竖轴误差。

如图 3-58 所示，VV 为铅垂时的竖轴，横轴绕此正确位置竖轴旋转形成 HA'_1HA'' 水平面，当竖轴倾斜一个微小角 δ 至 VV' 时，横轴绕此有偏差的竖轴 VV' 旋转形成 $H'A''_1H'A'$ 面。显然，两面间夹角为 δ，这是因为竖轴倾斜造成了横轴 HH 也倾斜一个角，两面的交线为水平线 ZZ_1。

现分析竖轴倾斜对横轴的影响，当 $H'H' \perp ZZ_1$ 时，横轴倾角与竖轴倾角相等，横轴倾斜达到最大值 $i=\delta$；当 $H'H'//ZZ_1$ 时，横轴水平，横轴倾角为零，竖轴倾斜对水平方向无影响。上述分析结果表明，竖轴误差对横轴的影响随方向变化而变化，设水平角观测时横轴位于任意方向 $A'A''_1$，此时横轴倾斜了一个 i 角，$A'A''_1$ 与 ZZ_1 间的水平夹角为 φ，过 A' 作 $A'K \perp ZZ_1$ 交于 K，并做辅助线 $A''K$。

由图 3-58 可知，在三个直角三角形 $\triangle VA'A''$、$\triangle VA'K$ 和 $\triangle KA'A''$ 中存在下列关系：

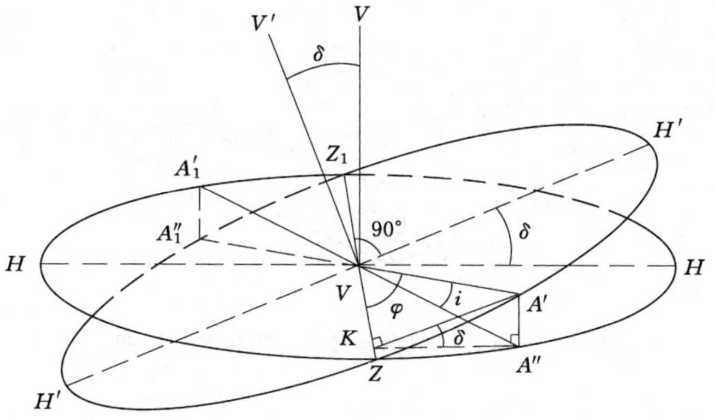

图 3-58　竖轴倾斜误差

$$\sin i = \frac{A'A''}{A'V}, \sin \varphi = \frac{A'K}{A'V}, \sin \delta = \frac{A'A''}{A'K}$$

考虑 i、δ 都是微小角，可得因竖轴倾斜造成的横轴倾角为：

$$i \approx \sin \delta \sin \varphi \approx \delta \sin \varphi$$

代入式(3-62)可得因竖轴倾斜 δ 角引起的横轴倾角 i 对水平方向观测值的影响公式：

$$\Delta i = \delta \sin \varphi \tan \alpha \tag{3-64}$$

由式(3-64)可知：竖轴倾斜对水平方向观测值的影响不仅随视线的垂直角 α 的增大而增大，而且还与横轴的水平位置有关，当横轴与竖轴倾斜方向重合时，对水平方向的影响达到峰值；另外，竖轴倾斜与盘左、盘右变换无关，水平方向观测时取盘左、盘右中值的方法不能消除竖轴倾斜误差对水平方向的影响，因此水平角观测时应注意水准管的检验、校正，以及整平时水准管气泡的严格居中。

(二) 仪器对中误差与目标偏心误差

1. 仪器对中误差对测角的影响

当仪器中心与测站中心不在同一铅垂线上时存在对中误差。如图 3-59 所示，设 B 为测站中心，O 为仪器中心，仪器中心与测站中心之距 e 为对中线量误差，θ 是观测起始方向与对中线量误差间的夹角。β 为无对中误差时的角度，β' 是对中误差影响下的实测水平角，有：

$$\beta = \beta' - (\delta_1 + \delta_2)$$

而

$$\delta_1 = \frac{e \sin \theta}{D_1} \rho'' \qquad \delta_2 = \frac{e \sin[360° - (\theta + \beta')]}{D_2} \rho''$$

由对中误差引起的水平角测量误差为：

$$\Delta\beta = \beta - \beta' = -(\delta_1 + \delta_2) = -e\rho'' \left[\frac{\sin \theta}{D_1} - \frac{\sin(\theta + \beta')}{D_2} \right] \tag{3-65}$$

当 β 和 θ 一定时，偏心距越大，$\Delta\beta$ 越大；e 和 θ 一定时，$\Delta\beta$ 与 D_1 及 D_2 成反比，边越短 $\Delta\beta$ 越大；若 e 与 D 一定，当 β 接近 180°，θ 接近 90°时，$\Delta\beta$ 最大。

2. 目标偏心误差对测角的影响

目标偏心误差是指照准点的觇标中心偏离其标石中心时产生的误差。该误差对水平角测

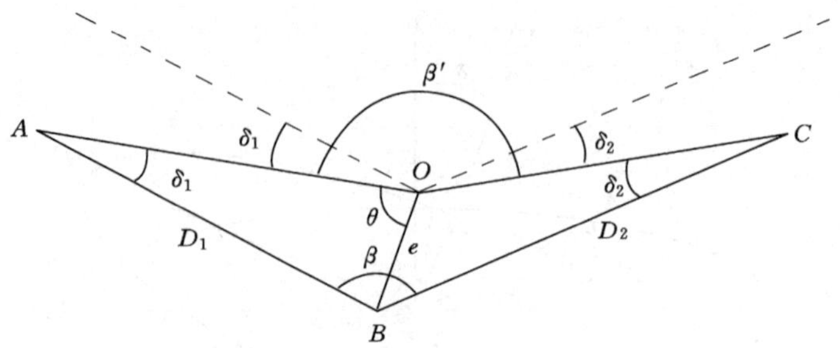

图 3-59　仪器对中误差对水平角观测的影响

量的影响如图 3-60 所示。B 为测站点标石中心，C_i 为照准点标石中心，T_i 为照准点觇标中心，D_i 为两测点间距，e_i 为目标偏心距，θ_i 为偏心角，目标偏心对水平方向值的影响为：

$$\beta_i = \frac{e_i \sin \theta_i}{D_i} \rho'' \tag{3-66}$$

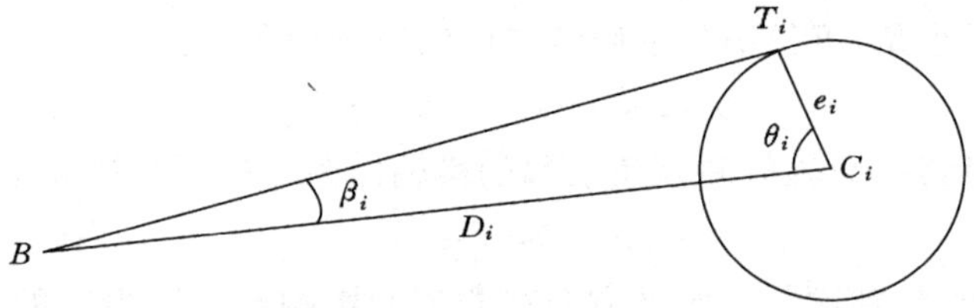

图 3-60　目标偏心误差

由上式可知，垂直于视线方向的目标偏心对水平方向值的影响最大，偏心影响与目标偏心距成正比，与边长 D 成反比。

觇标铅垂是减少目标偏心对水平角观测影响的最佳方法。

（三）照准误差与读数误差

照准误差是因未能精确地瞄准目标几何中心而产生的。引起的原因主要有：人眼的分辨能力、目标的形状、亮度、背景、望远镜的分辨率等。消除或减弱这种影响的办法是采用经验模型改正或选择较好的观测环境。

读数误差主要取决于仪器的读数设备，对于光学测微器来说，估读的极限误差可以不超过分划十分之一，而如果读数窗亮度不够、读数显微镜调焦不好，致使数字、分划看不清，估读误差将会明显增大；电子经纬仪由于其采用先进的数字显示窗读数，因而不存在人为读数误差。

（四）视差和十字丝不清晰的影响

视差是指目标成像不在十字丝板上引起的误差。当眼睛在目镜处上下晃动时，感觉目标也在上下晃动，说明有视差影响。造成视差的原因是物镜调焦后没有把目标的成像面调到与十字丝板相重合，使成像面与十字丝板隔了一段距离，由其引起的角度误差可达 16″，消除办法是在观测时认真调焦，使目标成像位于十字丝板上。

十字丝不清晰的误差是因目镜调焦不准确引起的。目镜调焦不准确，十字丝就不处在目镜最清晰的位置，此时目标的像和十字丝都不清楚，这种现象引起的观测误差可达 8.2″，通过目镜调焦可消除。

(五) 外界条件的影响

影响水平角观测的外界条件很多,如大风及地面的坚实程度影响仪器的稳定性,辐射影响大气的稳定性,进而影响目标成像的质量,外界温度变化会引起仪器状态变化,大气湿度、透明度会影响成像及照准精度等。

外界条件对角度观测的影响是不可避免的,观测时应选择有利的观测时间与观测条件以减弱外界条件对角度测量的影响。

二、经纬仪的检验和校正

(一) 经纬仪应满足的几何条件

如图 3-61 所示,经纬仪有竖轴 VV、水准管轴 LL、视准轴 ZZ、横轴(水平轴)HH 及圆水准器轴 OO 等几大轴线。视准轴为望远镜的物镜中心与十字丝中心的连线,是瞄准目标时的视线;竖轴为照准部旋转轴,正常使用时应保持铅垂;水准管轴在气泡居中时应水平;圆水准器轴在其气泡居中时应铅垂;横轴是望远镜的旋转轴,正常状态应水平。为保证经纬仪的正常使用,上述各轴线间必须满足一定几何关系,包括:

① 水准管轴垂直于竖轴($LL \perp VV$)。

② 圆水准轴平行于竖轴($OO /\!/ VV$)。

③ 视准轴垂直于横轴($ZZ \perp HH$)。

④ 横轴垂直于竖轴($HH \perp VV$)。

⑤ 十字丝竖丝垂直于横轴。

⑥ 竖盘指标应处于正确位置。

⑦ 光学对点器视准轴应与竖轴重合。

仪器在使用过程中会使上述关系受到破坏,进而影响到经纬仪的正常使用。因此,在使用仪器前及使用过程中,应定期对仪器轴线间应存在的几何关系进行检验与校正,以保证仪器的准确性。

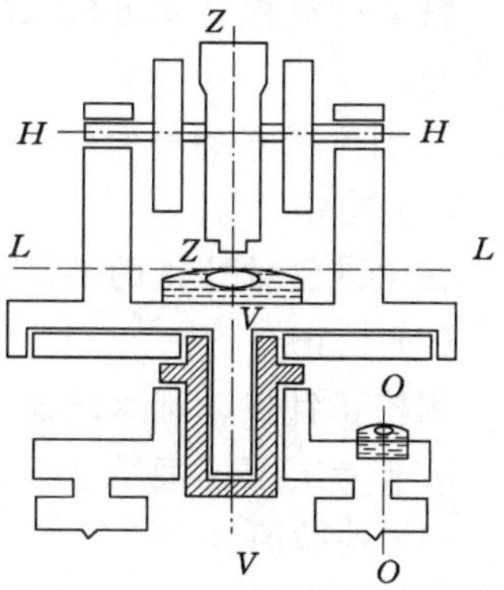

图 3-61　经纬仪主要轴线关系

(二) 经纬仪的检验校正

1. 水准管轴垂直于仪器竖轴的检验校正

(1) 检验

先将仪器整平,并旋转照准部使水准管轴与仪器任两脚螺旋连线平行,左右手同幅度相向旋转调节这对脚螺旋使水准管气泡严格居中,再转照准部 180°,若气泡仍居中,说明该几何条件满足,否则应校正仪器。

(2) 校正原理

仪器竖轴铅垂而水准管轴不垂直于竖轴时,水准管轴与水平线间有一倾角 α,此时水准管轴与竖轴的夹角为 $90^\circ \pm \alpha$,α 角产生的原因是水准管两端不等高,调节脚螺旋使气泡居中水准管轴水平,但竖轴却偏离正常位置(铅垂线)α 角,原因是与水准管轴平行的两个脚螺旋不等高,其高、低端与水准管两端的高、低位置正好相反。脚螺旋一高一低正好抵消水准管两端高低不等而使气泡居中,如图 3-62(a)所示。转照准部水准管 180°后,因竖轴方向未变,水准管两端高、低倾向与脚螺旋高、低倾向一致,水准管轴倾斜 2α 角,如图 3-62(b)所示,水准管气泡再次偏移。

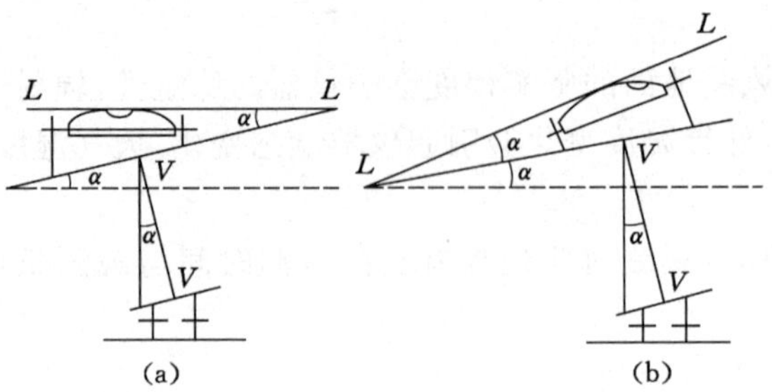

图 3-62　水准管轴垂直于仪器竖轴的校正原理

(3) 校正

由上述分析不难理解下列校正方法，先调节平行于水准管的一对脚螺旋使水准管气泡向中央移动偏离值的一半，如图 3-62(c)所示；再用校正针拨水准管的校正螺旋，升高或降低水准管的一端至水准管气泡居中，如图 3-62(d)所示。

将上述过程反复进行几次，直至旋转照准部于任何位置时，水准气泡偏离值都在一格以内为止。

2. 圆水准器的检验和校正

(1) 检验

在水准管轴校正的基础上，整平经纬仪，若圆水准器气泡不居中，则需校正。

(2) 校正

用校正针拨动圆水准器下面的校正螺丝，使圆水准器气泡居中即可。

3. 十字丝竖丝垂直于仪器横轴的检验校正

(1) 检验原理

仪器横轴水平时，十字丝竖丝应与仪器的横轴垂直，则过竖丝有一垂直于横轴的铅垂平面存在，望远镜绕横轴纵转时，该铅垂面应无变化。表现在对某成像于十字丝板上的点，在望远镜纵转时，点在十字丝板上的运行轨迹是一条铅垂线且与竖丝平行或重合。

(2) 检验

整平仪器并瞄准一个明显目标点，制动照准部和望远镜，旋转望远镜的微动螺旋使望远镜视线在竖直面内作上下均匀旋转，若点成像始终在竖丝上，无须校正。如果点的轨迹偏离竖丝，说明竖丝不铅垂，如图 3-63(a)所示，应校正。

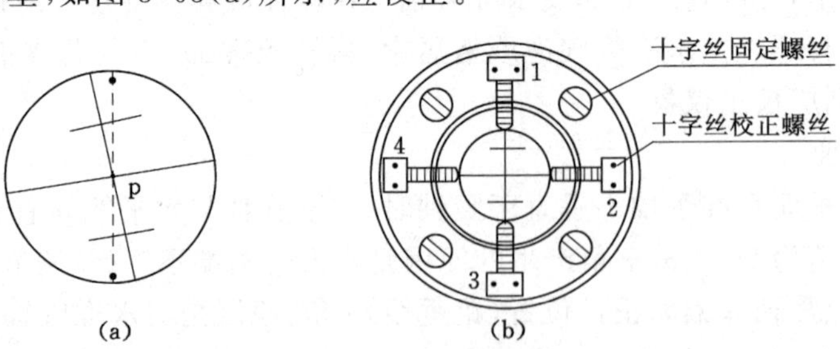

图 3-63　十字丝竖丝检验校正

(3) 校正

卸下目镜的外罩，可见到十字丝环，如图 3-63(b)所示，先松开四个压环螺钉，微转目镜筒，此时十字丝板也转动同样的角度，调节至望远镜视线上下转动时点的成像始终在竖丝上移动为止，校正后装好外罩。

4. 视准轴垂直于横轴的检验校正

(1) 检验原理

视准轴与横轴不垂直之差称为视准误差。视准误差 c 对水平角观测值的影响表现为正倒镜时绝对值相等、符号相反。检验时，选一水平位置目标，盘左、盘右观测读数差即为两倍视准误差，称为 $2C$ 值：

$$2C = \text{盘左读数} - (\text{盘右读数} \pm 180°) \tag{3-67}$$

(2) 检验

安置好仪器后在视线水平的方向选一清晰目标，正镜瞄准，读水平度盘读数 $a_{左}$，倒镜瞄准该目标读水平度盘读数 $a_{右}$，满足条件 $|a_{左} - (a_{右} \pm 180°)| \leqslant 20''$ 时正常，否则应校正。

(3) 校正

计算盘左盘右瞄准同一目标时的水平盘盘右(或盘左)正确读数：

$$a = [a_{右} + (a_{左} \pm 180°)]/2 \tag{3-68}$$

旋水平微动螺旋，使盘右的水平度盘读数为 a，观测十字丝竖丝偏离目标情况，用校正针旋转图 3-63(b)中左、右一对十字丝校正螺丝至十字丝竖丝与目标成像几何中心重合。

5. 横轴垂直于竖轴的检验

(1) 检验

在距高墙 10～20 m 处安置经纬仪，整平仪器，盘左瞄准墙面高处的一点 A(仰角在 30°左右)，固定照准部后大致放平望远镜，在墙面上定出一点 A_1，如图 3-64 所示，同法盘右瞄准 A 点，放平望远镜，在墙面上定出另一点 A_2，A_1、A_2 重合，关系满足，否则需校正。竖轴铅垂而横轴不水平，与水平线的交角 i 称为横轴误差。由图 3-64知：

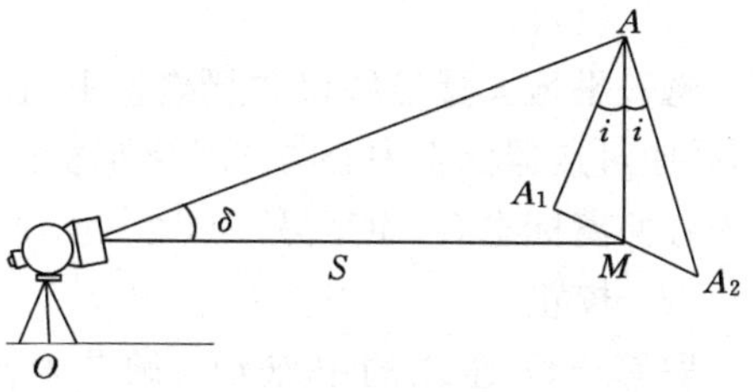

图 3-64　横轴垂直于竖轴的检验

$$\tan i = A_1M/AM \tag{3-69}$$

若仪器距墙壁的距离为 S，A_1、A_2 间距为 Δ，经纬仪瞄准 A 时的垂直角为 δ，则有：

$$\tan i = \frac{\Delta}{2S\tan\delta} \tag{3-70}$$

由于 i 很小，故有：

$$i = \frac{\Delta}{2S\tan\delta}\rho'' \tag{3-71}$$

横轴误差对 J_6 级经纬仪不应大于±20″，否则应进行校正。

(2) 校正

取 A_1A_2 的中点 M，以盘右(或盘左)位置瞄准 M 点，抬高望远镜至 A 位置，视线必偏离 A 点，可拨动仪器支架上的偏心轴承，使横轴的右端升高或降低，使十字丝中心与 A 点的几何中心重合，这时横轴误差 i 已消除，横轴水平。

(3) 检校原理

横轴垂直于竖轴且竖轴铅垂时，横轴必水平，望远镜的视准轴上下转动，视线扫过的面是一竖直面，盘左、盘右瞄准高处点 A 时，AA_1、AA_2 在同一铅垂面，墙上的 A_1，A_2 两点重合。横轴与竖轴不垂直，倾斜了一个 i 角时，望远镜将在一倾斜面内上下转动，盘左、盘右观测时，横轴误差 i 角大小相同、方向相反，A_1，A_2 不重合，而其中点 M 位于前述铅垂面。故在校正时，应瞄准 M 点，抬高望远镜后，校正横轴一端(升或降)，使十字丝对准 A 点即可。由原理知，盘左、盘右瞄准同一目标的读数平均值，可以抵消横轴误差的影响。

6. 竖盘指标差的检验与校正

(1) 检验

置平仪器，以盘左、盘右分别瞄准一水平目标，并读取竖盘读数，计算垂直角 δ_L 和 δ_R，两者相等则无竖盘指标差存在，否则应计算指标差 i，当其大于±30″时应进行校正。

(2) 校正

校正时可在盘左、盘右任一位置进行，如在盘右时令望远镜照准原目标不动，转竖盘水准管微动螺旋，将竖盘读数对到盘右的正确读数 $R=R'-i$，此时指标水准管气泡必然偏移，用校正针使气泡居中即可。

7. 光学对点器的检验校正

光学对点器是一个小型的外对光式望远镜，由物镜、目镜、分划板、转向棱镜及保护玻璃组成，对点器的视准轴为其分划板刻划中心与物镜光心的连线，光学对点器的视准轴应与仪器的竖轴重合。

(1) 检验

选一平地安置经纬仪并严格整平，在脚架的中央地面放置一张画有一“十”字形标志的白纸，并使对点器标志中心与“十”字形标志中心 O 重合，在水平方向旋照准部 180°，如对点器标志中心偏离标志 O，而至另一点 O' 处，则对点器的视准轴和仪器的竖轴不重合，应校正。

(2) 校正

取 $O-O'$ 连线的中点 O''，调节对点器的校正螺丝使对点器中心标志对准该点，校正完成。

应指出：经纬仪的各项检验、校正需反复进行多次，直至稳定地满足条件为止，即使如此，也不可能完全达到理论要求的几何关系，残余误差总会存在，可通过采取合理的观测程序抵消残余误差的主要部分。

第八节　全站仪测量系统

一、全站仪测量系统概述

全站仪是一种集光、机、电、信息处理及数据通信技术于一体，具有基本测量要素测定、数据处理、数据传输功能的测量系统，是工程测量与数字测图的主要仪器。

全站仪测量原理

全站仪的组成

(一) 全站仪功能模块与基本结构

全站仪由电源部分、测角系统、测距系统、数据处理系统、显示屏、键盘、通信接口等功能模块组成，高端全站仪还装备有马达驱动系统、传感与智能识别系统，可自动跟踪动态目标，如图 3-65 所示。

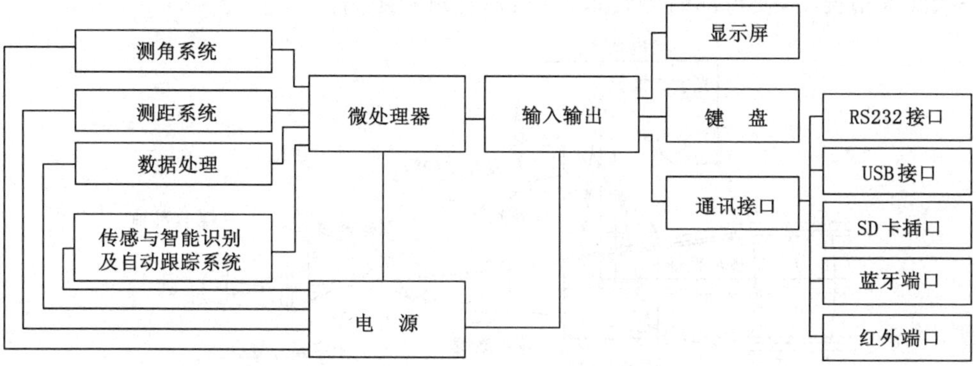

图 3-65　组成全站仪的功能模块

全站仪的基本功能模块支持全站仪实现角度测量、距离测量、数据处理、数据存储和输入、输出等基本功能，图 3-66 所示为一款典型的 2″级全站仪——南方 NTS-552 全站仪的构造。

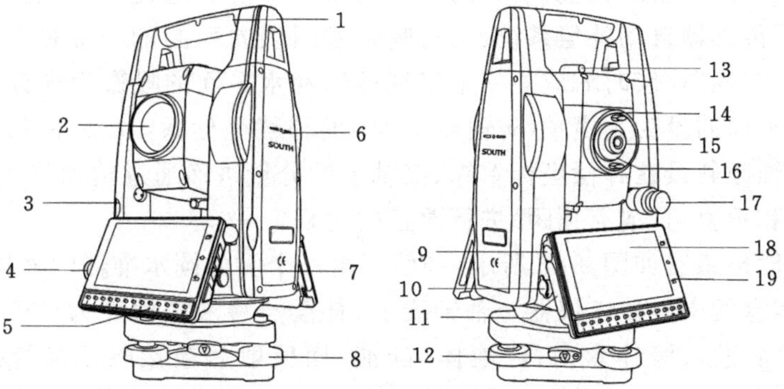

1—提把；2—物镜；3—电池仓；4—水平制、微动；5—数字按键；6—仪器中心标志；7—电源键和功能按键；8—脚螺旋；9—Type-C 接口；10—电缆线接口；11—TF 卡接口和 SIM 卡接口；12—基座锁定钮；13—粗瞄器；14—物镜调焦螺旋；15—目镜；16—目镜调焦螺旋；17—竖直制、微动；18—液晶显示屏；19—触屏主控键。

图 3-66　NTS-552 全站仪

（二）全站仪的构造特点

功能强大的全站仪在构造方面有许多特点，了解这些特点对掌握全站仪使用方法具有一定意义。

1. 同轴望远镜与分光棱镜系统

全站仪的望远镜实现了视准轴、电磁波测距波的发射、接收光轴同轴化。如图 3-67 所示，在光学望远镜物镜与调焦透镜间设置分光棱镜系统，使望远镜既可用于目标瞄准，从而进行角度测量，又可通过测距部分的外光路系统使发光二极管发射的调制光经物镜射向反光棱镜，反射光沿同路径返回并被光敏二极管接收；发射调制光的同时，测距部分的内光路系统可将发光二极管发射的调制光传送给光敏二极管接收进而控制读数器测量内、外光路调制光的相位差，以间接计算光的传播时间进行距离测量。全站仪望远镜的同轴化使全站仪在一次瞄准情况下，便可同时测量水平角、垂直角和距离。

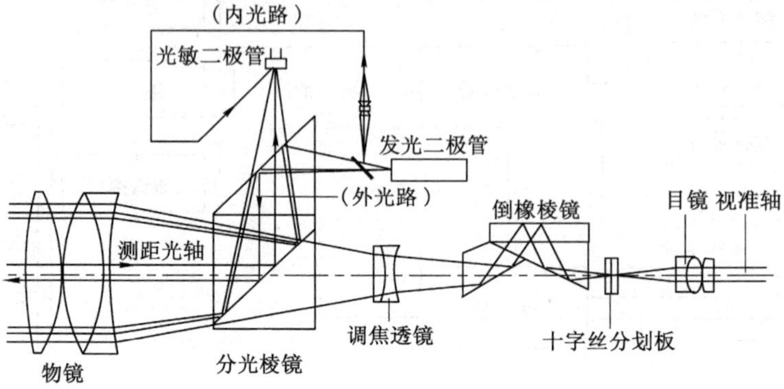

图 3-67　分光棱镜系统

2. 竖轴倾斜自动改正及双轴补偿系统

当全站仪竖轴因整平不完全等原因发生倾斜时，会使水平方向及垂直角(影响竖盘指标线位置)测量产生误差，竖轴倾斜所引起的水平角误差不能通过盘左、盘右取中值的方法消除，全站仪设置了传感器自动补偿系统，可对竖轴倾斜误差引起的视准轴误差、横轴误差进行测定和改正。“双轴”补偿时需建立一个以视准轴在水平面的投影为纵轴(x 轴或 L 轴)，以仪器横轴在水平面的投影为横轴(y 轴或 T 轴)的补偿坐标系，双轴补偿的实质是通过补偿器测定仪器竖轴倾斜量在补偿坐标系纵、横轴上的分量进而通过精确整平仪器，或计算改正数对水平方向和垂直角(或天顶距)进行改正的过程。

双轴自动补偿传感器如图 3-68 所示，补偿器由一个类似圆水准器的液体盒和电子传感器阵列组成，液体盒的中心位于仪器竖轴轴线上，补偿器将液体面作为传感源，发光二极管发出的光通过棱镜进入液体盒内，经液体(硅油)面反射后被接收二极管接收，并成像于CCD线阵传感器的光敏面。仪器竖轴铅垂时液体面应水平，竖轴倾斜角度与液体面的倾斜角度是一致的，通过测定液体面的倾角及其在补偿坐标系纵、横轴上的分量可确定竖轴倾斜对水平方向及垂直角的影响。

如图 3-69 所示，补偿器对竖轴倾斜测定结果的液晶屏显模拟图案类似水准器，因此也被叫作电子水准器。对竖轴倾斜的补偿与改正一般经过两个步骤，首先根据电子气泡所显示的竖轴倾斜程度通过调节脚螺旋使电子水准气泡居中，竖轴铅垂；二是对残余的但在竖轴倾斜补偿器补偿范围(最大补偿范围一般为$\pm 2' \sim \pm 12'$)内的偏差量，则可通过仪器补偿系统自动测定其在 x 轴和 y 轴方向分量 N 及 M，并经微处理器计算出相应的补偿改正数，并把改正数加入水平方向或垂直角进行自动补偿修正。经此两步可消除竖轴倾斜误差对水平方向观测值和垂直角测量结果的影响。

补偿器对垂直角(或天顶距读数)、水平方向观测值的补偿改正计算公式如下：

$$Z = Z_N + N \quad 或 \quad V = V_N + N \tag{3-72}$$

$$H = H_N + M/\tan Z = H_N + M\cot Z = H_N + M\tan V \tag{3-73}$$

式中　Z——补偿后的天顶距读数；

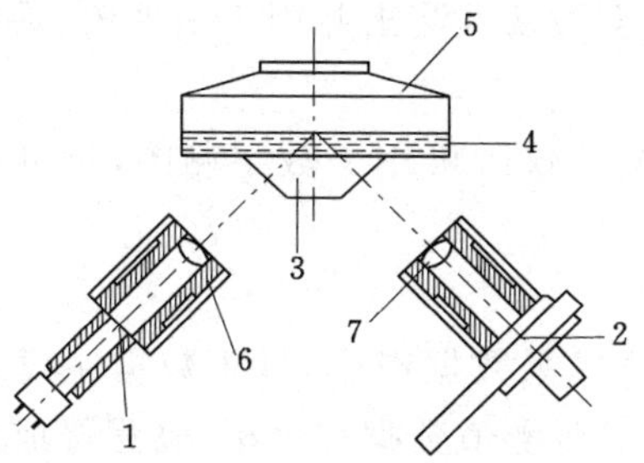

1—发光管；2—接收二极管阵列；3—棱镜；
4—硅油；5—补偿器液体盒；6—发射物镜；
7—接收物镜。

图 3-68　双轴补偿传感器

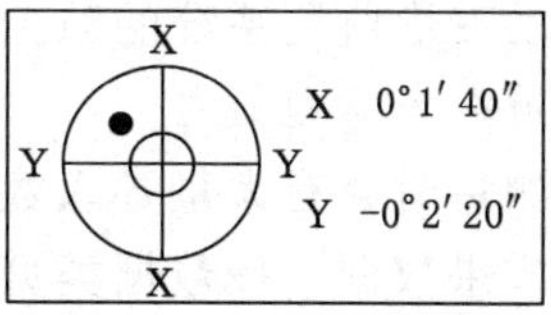

图 3-69　电子水准器

Z_N——未改正的天顶距读数；

V_N——未改正的垂直角；

V——改正后的垂直角；

H——改正后的水平方向读数；

H_N——未改正的水平方向读数。

对于双轴补偿需要说明下列几点：

① 所谓双轴补偿，补偿的是全站仪竖轴倾斜对水平方向值和垂直角的影响。

② 当补偿器只能测定竖轴倾斜在视准轴方向的偏差分量并进行相应补偿时，这种补偿叫单轴补偿。

③ 事先需将电子水准器与水准管匹配校准。

上述双轴补偿仅解决了竖轴倾斜改正问题，但视准轴和横轴本身因检校不完善等原因也会有误差，并直接影响水平方向的测量结果。尽管由横轴倾斜误差 i 和视准轴误差 c 引起的水平方向误差可通过盘左、盘右取均值的方法消除，但在数字测图和许多工程测量作业中常用一个盘位(盘左位或盘右位)进行数据采集、放样，在这种情况下还可启动全站仪的视准轴、横轴误差校准(或补偿)功能，实现在单盘位观测情况下获得等同于双盘位观测值取均值的效果。

全站仪视准轴和横轴的校准原理与经纬仪视准轴、横轴检验校正原理相同，但全站仪可将检验时测定的偏差值存储，并用内置程序计算相关改正数对单盘位测定的水平方向观测值进行改正。当同时进行了全站仪竖轴倾斜补偿、横轴倾斜校正和视准轴误差改正时，也可称作三轴补偿，此时全站仪水平方向的补偿改正公式为：

$$H = H_N + C/\cos Z + (M + i)\tan Z \tag{3-74}$$

式中　C——视准轴误差；

i——横轴倾斜值。

3. 目标自动识别与马达驱动系统

一些高端全站仪装备有 CCD 线性阵列传感器和伺服马达机构，可自动识别、瞄准和跟踪移动目标(移动的光学棱镜)。这类全站仪同轴望远镜中增加了 CCD 线性阵列传感器，目标成像于十字丝板的同时成像 CCD 光敏面，仪器自动计算接收到的棱镜光点中心与望远镜十字丝中心(CCD 相机中心与十字丝中心重合)间的偏移量，启动马达驱动全站仪照准部，使望远镜视准轴精确瞄准目标棱镜，瞄准剩余偏差也会被精准测出并用于水平角、垂直角的修正。

徕卡、天宝公司等都能生产全自动全站仪，这类全站仪既可用于数字测图，也可用于无人值守的自动变形监测系统的数据采集。

4. 数据存储与数据通信

全站仪测量时会有大量导入数据、观测数据、计算成果数据产生，导入数据主要是控制点和放样点成果数据。按数据类型可分为边长、角度等观测值数据和坐标、高程等成果型数据，这些数据在全站仪中一般按控制数据、计算成果数据和观测值数据等三种类型分类保存。

全站仪的存储硬件主要有内存和外接存储器。全站仪设置有多种数据通信端口，如RS－232 通信接口、SD 卡插口、蓝牙端口、红外通信端口、USB 接口等，通过这些通信接口可将全站仪测量时需要的或测量产生的数据方便地上传或下载，甚至实现全站仪与计算机键盘互操作。

5. 免棱镜测距

全站仪免棱镜测距是指全站仪利用所发射的激光束漫反射光线在没有专用配合棱镜的情况下进行距离测量，全站仪的免棱镜测距功能极大方便了测量外业工作。

免棱镜测距全站仪装备有发射弱激光束的器件，可进行较长距离免棱镜测距，如徕卡公司产的 TCR 系列全站仪、中国南方测绘仪器司产的 NTS－960(R)系列全站仪都具有免棱镜测距功能；许多全站仪还可发射可见激光光束，用于指向等测量工作。

6. 其他功能

在全站仪的机械控制部分，摩擦制动、无限微动技术正逐步取代现有的机械制动与微动装置；在全站仪系统的操作与输入输出部分液晶感应触摸屏技术正取代按键式操作，使全站仪的操作更简明化。

（三）全站仪的通用技术指标

衡量全站仪技术性能的综合精度指标主要包括两个方面：一是角度测量精度，与光学经纬仪一样用水平角一测回方向中误差标称；另一个是测距精度，与电磁波测距一样用 $\pm(a+b\cdot D)$mm，即测距固定误差＋比例误差乘以所测距离标称。

衡量全站仪性能的技术指标还有距离最大测程、竖轴倾斜自动补偿范围、角度与距离读数的最小显示值、水准器灵敏度、测距速度、免棱镜与否、软件的丰富度及软件功能等。

① 按角度测量精度可将全站仪分为高精度全站仪和普通全站仪两类。高精度全站仪有±0.5″、±1″两档；普通精度全站仪有±2″、±3″、±5″和±10″四档；角度显示最小值有0.5″、1″和 5″三种，全站仪测角精度越高，可显示的最小读数值越小。

② 距离测量方面，配合目标为棱镜时，测距精度一般为 $\pm(1+2\cdot D)$ mm～$\pm(2+2\cdot D)$mm；配合目标为反射片时，测距精度一般为 $\pm(3+2\cdot D)$mm；免棱镜测距时，测距精度一般为 $\pm(3+5\cdot D)$mm；距离最小显示读数有 0.1 mm 和1 mm两种。

③ 全站仪最大测程，在一般测量环境下，单棱镜为 1 500～7 500 m；三棱镜为 6 000～10 000 m；免棱镜测量时一般为 100～1 200 m；反射片时为 100～1 000 m。

④ 竖轴倾斜自动补偿范围一般在±2′～±12′之间。

⑤ 全站仪圆水准器格值有 8′/2 mm、10′/2 mm 两种；高精度全站仪管水准器格值为

20″/2 mm；普通精度全站仪管水准器格值为 30″/2 mm。

⑥ 测量速度指标，跟踪测量时测量速度小于 0.5 s，精测时为 1～2 s。

二、全站仪的操作与使用

全站仪说明书示例 1　　全站仪说明书示例 2　　全站仪使用教学　　全站仪测角测距仪器操作

（一）全站仪的符号系统

全站仪使用与操作过程中要用到键盘、显示屏，涉及一些操作与显示符号，掌握全站仪的符号系统是熟练使用全站仪的基础。

全站仪的符号分键盘符号和屏幕显示符号两类，虽然不同型号的全站仪，按键的数量、按键符号、屏幕显示符号都稍有区别，但大部分符号是通用的，键盘主要功能是对仪器进行操作，屏显符号一般用来表示观测或计算值的类型、仪器状态等，常以英文缩写表示，常规全站仪键盘与屏幕显示符号如表 3-7 所示。

表 3-7　全站仪键盘与屏幕显示符号

键或显示符号	含　义	键或显示符号	含　义	键或显示符号	含　义
V/ZA	垂直角、天顶距	α	字符大小写切换	PSM	棱镜常数(以 mm 为单位)
V%	垂直角坡度形式	P1	屏幕页次	PPM	气象改正/百万分率
HR/HAR	水平角右角模式	★	开/关快捷菜单键	PT	点名
HL/HAL	水平角左角模式	B.S	退格键	AZ	方位角
HD	水平距离	Shift	字符/数字切换键	!	显示仪器信息
VD	高差	m	以米为距离单位	▲▼▶◀	在不同控件间跳转/换页提示
SD	斜距	ft	以英尺为距离单位	Tab	在不同控件间切换键
N	北向坐标	dms	以度分秒为角度单位	S.P	空格键
E	东向坐标	gon	以哥恩为角度单位	ESC	退出键
Z	高程	mil	以密位为角度单位	ENT	确认键

（二）全站仪的测量模式与设置概念

在使用全站仪时必须对全站仪进行测量模式选择与设置，使全站仪能按要求使用。下面分别介绍全站仪角度与距离测量模式和设置的内容与方法。

1. 水平角测量模式与设置

用全站仪测量水平角时需进行左、右角测量模式选择，以及对当前方向值进行置零、置盘和锁定设置。

① 水平角测量的左、右角模式：水平角右角(HR/HAR)模式是指全站仪在当前盘位

时，照准部在水平面顺时针旋转（右转）水平角读数增大，反之减小的水平角测量模式，其读数的变化规律与光学经纬仪水平方向值的变化规律完全相同；水平角左角（HL/HAL）模式是指全站仪在当前盘位时，照准部在水平面逆时针旋转（左转）时水平角读数增大，反之减小的水平角测量模式。全站仪的当前盘位可视同光学经纬仪的盘左位，倒镜后的盘位视同盘右位；两种模式可通过左、右角模式开关键（L/R，或左/右），或相应功能键切换。

② 水平观测方向置零、置盘和锁定模式：在水平角观测时需要对某些方向（如起始方向）进行指定读数值设置，这些设置包括把当前方向值设置为零，即置零；设置为观测者自行输入的特定读数值，即置盘；将当前读数值锁定，一旦锁定全站仪水平方向当前读数值将不随照准部旋转而变化，直至按 ESC 解除锁定为止。

2. 垂直角设置的概念

全站仪垂直角有四种表达模式，这是垂直角设置的基本内容。

① 普通垂直角模式：水平线为零基准线，屏幕显示水平线垂直角读数为 0°，任意方向线的垂直角屏幕显示读数与竖盘为顺时针注记的光学经纬仪垂直角读数形式相同，即盘左读数为 L、盘右读数为 R，垂直角、竖盘指标差的计算也与本章第三节所讲述的相关内容相同。

② 高度角（罗盘角）模式：水平线为零基准线，屏幕显示水平线垂直角读数为 0°，天顶、天底的高度角分别为 ±90°，任意方向的垂直角屏幕直接显示其正、负垂直角（高度角）值，而非普通模式中的垂直角读数值。测量时使用这种模式可直接获得观测方向的垂直角值，省去获得所需垂直角的计算过程。

③ 天顶距角模式：天顶方向为零基准方向，屏幕显示垂线天顶方向读数为 0°，水平线方向读数为 90°，天底为 180°，任意方向垂直角屏幕显示的读数为天顶距角。

④ 坡度％（或斜度）模式：水平线为零基准线，屏幕显示水平方向读数为 0，45°＝100％，任意方向的垂直角用相应垂直角的坡度形式显示。

不同型号全站仪垂直角配置的模式有一定差异，显示读数也稍有差别，但一般都有上述四种模式，测量时应根据需要选择垂直角模式。

3. 全站仪竖轴倾斜补偿器开/关设置的意义

全站仪竖轴倾斜对水平方向值和竖盘指标线位置都有影响，角度测量时应选择开启竖轴倾斜补偿器功能或双轴补偿功能，对竖轴倾斜误差进行补偿改正。

4. 距离测量的设置内容

距离测量时应进行改正参数、测量模式、配合目标等三项基本设置。

(1) 改正参数设置

改正参数包括比例（缩放）因子、投影改正、气象（T－P）改正、两差（球气差）改正、仪器和棱镜常数设置等改正参数设置。

① 比例因子或称比例尺：如果全站仪存在比例常数（乘常数），或当地测量基准要求将当前测距结果统一缩放后使用，则需在测距时设置不等于 1 但不为零的比例尺因子，设置前应测定或计算好该参数。

② 投影改正有两重含义：一是将所测距离投影至地球参考椭球面（或抵偿高程面）所加的改正，此项改正有些全站仪也称水准面改正，计算改正数要求输入测站与棱镜站平均大地高程值；二是将上述投影后的长度再投影至高斯平面所加的改正，有的全站仪仅计算前一项。

③ 气象(T－P)改正:大气层对电磁波有折射作用,设置气象参数是为了对该折射影响进行改正,设置时要求输入测站与棱镜站的平均气压和温度等参数。

④ 两差改正也称“球气差”改正:指在电磁波测距(EDM)的三角高程测量中大气垂直折光和地球曲率对三角高差影响的改正,此项改正参数只在 EDM 高程测量时才设置,“球气差”改正的有关参数一般已内置于全站仪中,设置时只需根据测站地情况在下拉菜单中选择合适参数。

⑤ 全站仪及棱镜加常数设置:当全站仪和配合棱镜存在加常数时应将两常数取代数和作测距时的加常数,在事先确认加常数正确的基础上,在全站仪的棱镜常数项下设置该值,全站仪在测距时会自动进行加常数改正,加常数设置值应随距离测量的配合目标的变化而随时变更。

(2) 距离测量模式设置

全站仪一般都具有单次精测、N 次精测(一次瞄准测量 N 次取均值)、连续精测、快速测量、跟踪测量等测距模式。当设置为 N 次精测模式时需同时设置测量次数;选用连续精测模式时,测量过程中任何时候按 ESC 都可中止测量并显示最后一次测量结果;快速测量与跟踪测量精度稍低,但测量时间短,速度快。

(3) 配合目标形式设置

全站仪一般有红外(IR)测距和激光(RL)测距两种测距模式,不同测距模式要求的配合目标也不同,IR 模式要求棱镜或反射片(板)配合,RL 模式下可免棱镜测距,也可使用反射片、棱镜配合,当使用棱镜配合时测程更远。同一种测距模式下不同配合目标时仪器的测程、测量精度稍有不同,测量时需根据精度与测量环境要求选择不同的配合目标。

5. 其他设置内容

全站仪测量时还需进行单位、最小显示读数、通信、软件升级、视准轴补偿、横轴补偿等设置,所有内容一旦设置,后续测量时将默认,除非输入新的设置参数。

(三) 全站仪的使用

我国测绘市场上有多种品牌的全站仪,在理解测绘基本原理基础上通过阅读仪器说明书是不难掌握全站仪操作功能的,本节以南方 NTS-552 全站仪为例介绍全站仪的基本操作功能。

1. 操作面板与软件功能

图 3-66 所示为 NTS-552 全站仪,该型全站仪角度测量标称精度为:水平角一测回方向中误差为$\pm 2''$,最大测程(斜距)为 5 000 m,配合目标为棱镜时,测距标称精度为$\pm(2+2\cdot D)$ mm,可用反射片做配合进行目标测距,倾斜补偿范围为$\pm 4'$,是一款通用工程型全站仪。图 3-70 所示为 NTS-552 全站仪操作面板。

(1) 操作面板

NTS-552 全站仪操作面板由液晶显示屏和键盘构成,键盘与屏显符号大部分为通用符号,仪器特定符号有:F1～F4,软键盘功能键,按键时执行显示屏上相对应功能;[FUNC]功能显示与转换键,如在测量模式下按此键可方便地在 P1/P2/P3 页面间切换;仪器可通过在键盘上按[ON]键开机,同时按下[OFF]和[☼]键关机。

(2) NTS-552 全站仪的主要软件功能

NTS-552 全站仪的主要软件功能由仪器屏幕显示的主菜单结构标明,如图 3-71 所示,

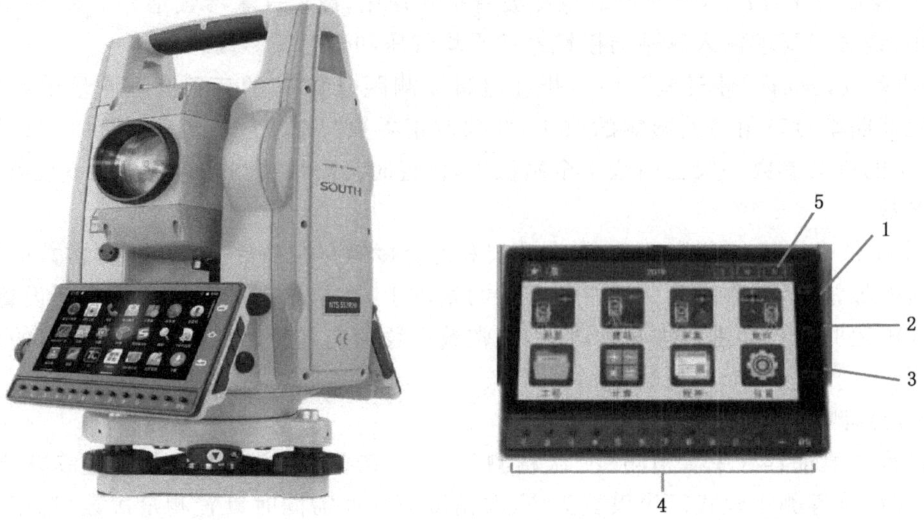

1—开机键；2—音量键↑、↓；3—Fn(功能键)；4—数字键(1～9、0、小数点、负号)；5—屏幕。

图 3-70　NTS-552 全站仪按键与显示屏

仪器主菜单项下有测量、建站、采集、放样、工程、计算、程序和设置八个软件功能模块和六个常用快捷功能图标。测量模块中含有测量、文件、点放样及图形 4 个功能页面，如图3-72(a)所示。建站模块中含有 7 个功能页面，如图 3-72(b)所示。采集模块中含有 13 个功能页面，如图 3-72(c)所示。放样模块中含有 7 个功能页面，如图 3-72(d)所示。工程模块含有 1 个功能页面，如图 3-72(e)所示。计算模块含有 13 个功能页面，如图 3-72(f)所示。程序模块含有 2 个功能页面，如图 3-72(g)所示。设置模块含有 10 个功能页面，如图 3-72(h)所示。

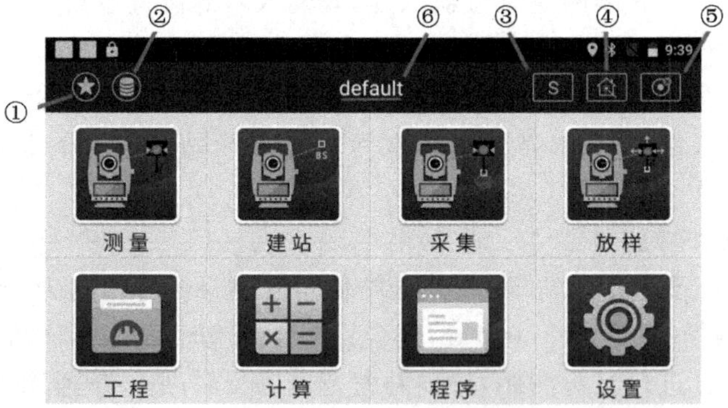

图 3-71　显示屏主界面

注：① 快捷功能键，包含激光指示、十字丝照明、激光下对点、温度气压设置、棱镜常数。

② 数据功能键，包含点数据、编码数据及数据图形。

③ 该键为测量模式键，可设置精测单次、N 次测量、连续测量或跟踪测量。

④ 合作目标键，可设置目标为反射板、棱镜或无合作。

⑤ 电子气泡键，可设置 X 轴、XY 轴补偿或关闭补偿。

⑥ default：默认工程(当前工程)名称。

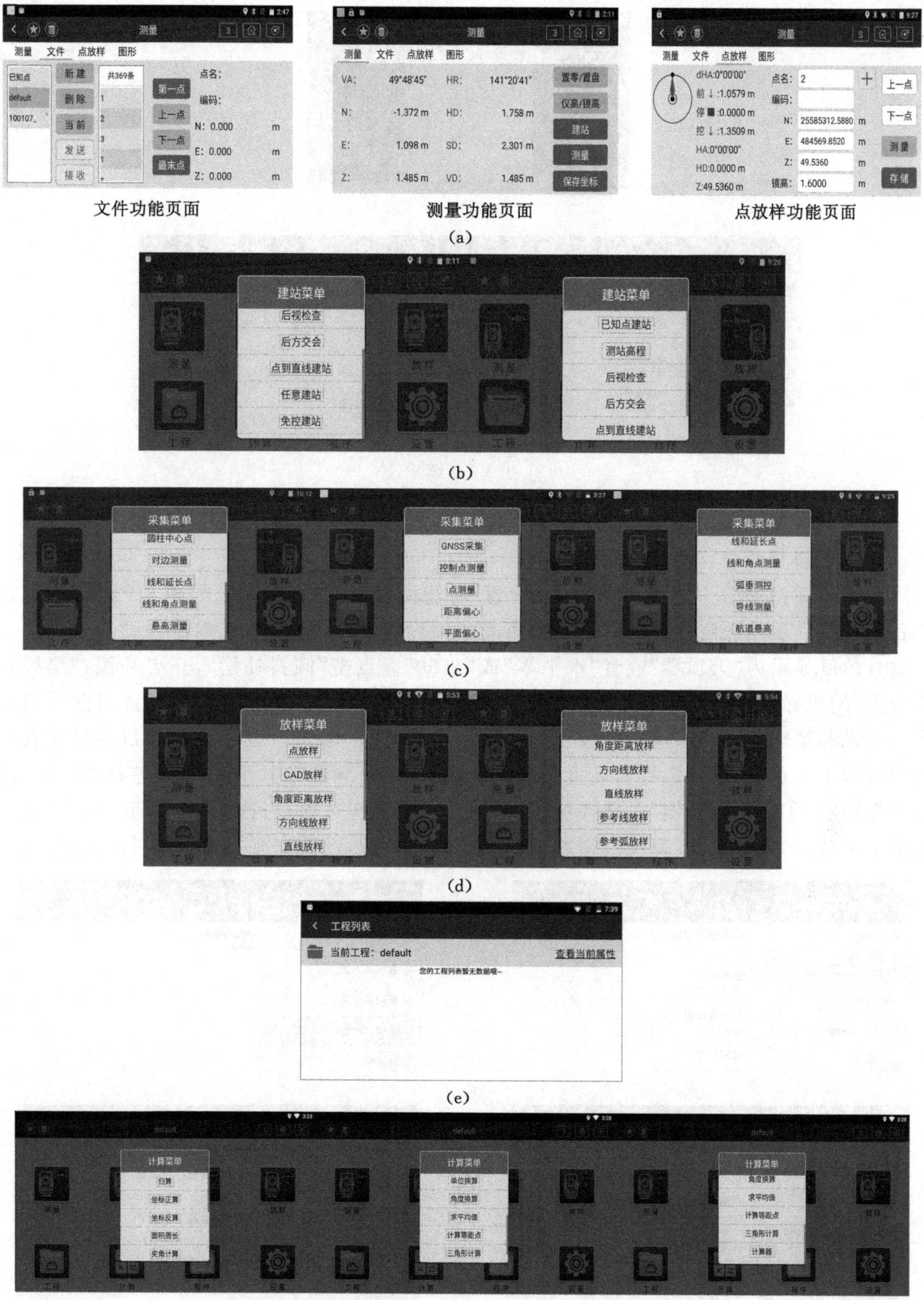

图 3-72　NTS-552 全站仪功能软件菜单结构

(a) 测量功能模块；(b) 建站功能模块；(c) 采集功能模块；(d) 放样功能模块；(e) 工程功能模块；(f) 计算功能模块

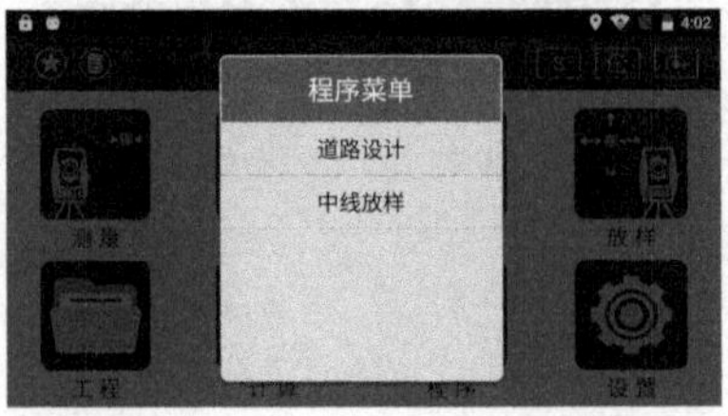

(g)

(h)

图 3-72(续)

(g) 程序功能模块;(h) 设置功能模块

2. 仪器设置操作

在如图 3-71 所示仪器菜单下点击“设置”功能模块，仪器屏幕显示如图 3-73 所示，可选择各测量条件项并选定设置内容，如在“角度相关设置”中，点击“垂直零位”，设置当前项目的垂直角度显示为“天顶零”或者“水平零”或“±90”。点击“倾斜补偿”，开启补偿；“坐标相关设置”的坐标顺序选“N－E－Z”；在距离相关设置中，点击“两差改正”，设置当前项目对大气折光和地球曲率的影响进行改正的参数。点击“比例因子”，设置当前项目测站位置的比例尺因子。点击“模式选择”，设置距离测量模式；在校准设置中开启“视准差补偿”等。通过主界面的“④合作目标键”可选择棱镜、反射片或无棱镜选项，当选择“棱镜”选项时应输入棱镜加常数，如－30 mm，每项选定或输入都应按确认键，设置完成并确认后可进行测量。

图 3-73　NTS-552 测量条件和参数设置

3. 角度与距离测量

角度与距离测量分安置仪器、测量两项工作，测量过程可一次完成。

仪器的安置与经纬仪测量时完全相同，内容包括对中、整平两项，许多全站仪配置有激光对中器，对中时可选择激光对中；整平时点击主界面右上角的按键，打开电子气泡，根据电子气泡调整脚螺旋进行整平。

安置好仪器后，应依据本章第三节所讲的角度测量方法，水平角选择测回法或方向观测法，垂直角选择中丝法或三丝法，按相应方法要求的顺序进行水平角、垂直角观测，测量步骤如下：

① 开机，仪器自检后选择测量功能模块，进入如图 3-72(a)所示的测量功能页面。

② 旋转照准部瞄准水平角起始方向觇标（棱镜的中心）。选择"置零/置盘"，将水平角起始方向读数设置为零，或输入水平角值，如输入 0.164 5 回车后显示 0°16′45″，水平角起始方向值被设置为该输入值，该项设置非必须设置，不设置时仪器默认当前值为起始方向值，此时仪器已显示设置好的起始水平方向值 HR，以及垂直角天顶距读数 VA。按页面中的"测量"项，仪器将按设定的参数进行距离测量，并显示距离测量结果 SD(斜距)。

③ 按本章第四节所述方法，依次瞄准各个观测方向觇标（棱镜中心）进行水平方向值、垂直角、距离的测量，记录也可按传统方法进行。

如图 3-72(a)测量功能页面所示，屏幕显示界面内，HD 为平距，Z 为高程，N 为北坐标，E 为东坐标，VD 为高差，HR 为水平角右角模式时的水平方向值读数，角度测量前可选择左右角模式。

4. 三维坐标测量

(1) 坐标数据存储格式

全站仪测量的坐标高程数据将全部保存于项目文件的坐标数据项下，该文件应在测量前使用全站仪的项目管理功能建立，NTS 系列全站仪坐标、高程数据存储格式为：

点号　编码　纵坐标　横坐标　高程

如 1001 点的实际测量坐标与高程数据存储格式为：

1001　415E2　100.269　2200.375　10.999

其中，坐标与高程的单位均为米。

(2) 全站仪三维坐标测量

用全站仪测量点的坐标高程之前应在测站点（如图 3-74 中的 A 点）进行仪器的对中、整平安置好全站仪，设置好基本测量参数，然后进行下列步骤的操作：

① 建立项目文件

在测量功能模块中的文件功能页面，如图 3-72(a)文件功能页面所示，进入文件操作界面，选择新建文件，显示如图 3-75 所示，输入工程名称、作业人员和备注信息，会自动显示当前创建时间，点击"完成"，返回至主界面。

② 设站和后视定向

设站内容包括输入测站点名、测站点坐标和高程、仪器高等。在主界面按"建站"键，选择"已知点建站"进入已知点建站界面，显示如图 3-76(a)所示。设置测站点坐标，选择数据来源"新建"，输入测站点的坐标、高程、仪器高和目标点的棱镜高，或者选择"调用"，在屏幕提示下通过查阅测站点号调入测站点坐标，显示如图 3-76(b)所示。输入已知后视点的名

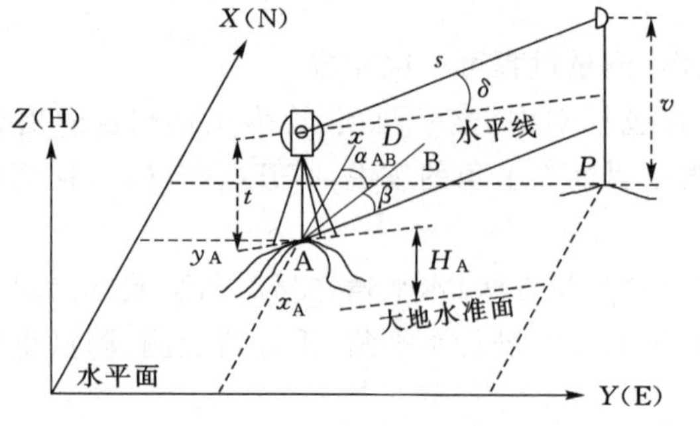

图 3-74　全站仪三维坐标测量原理图

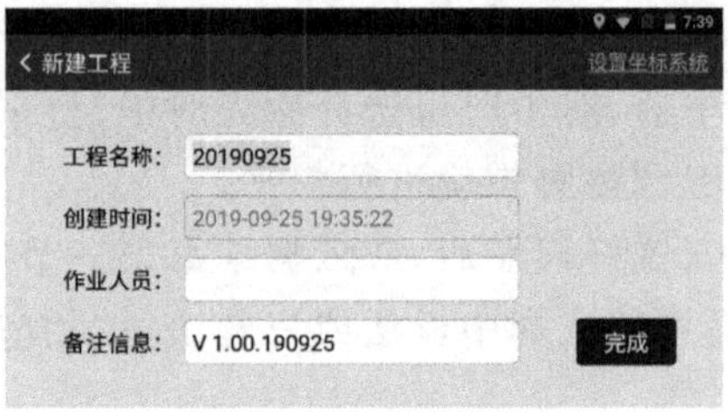

图 3-75　新建项目文件

称，通过[＋]调用或新建一个已知点作为后视点，然后照准后视点，点击“设置”，完成建站，返回主界面页面。

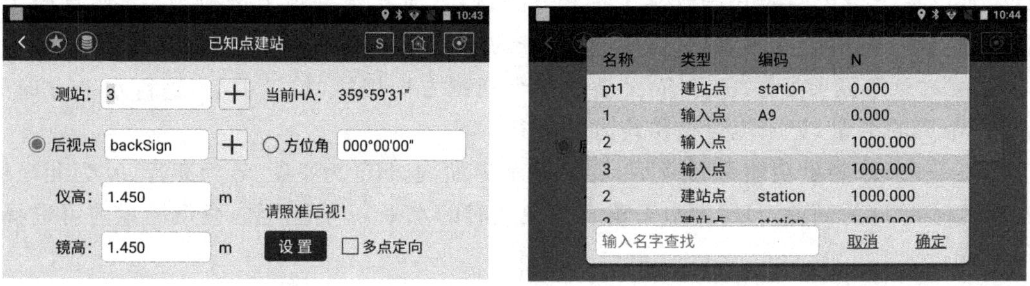

(a)　　　　　　　　　　　　　　(b)

图 3-76　测站点设置

③ 后视检查

建站完成后，在主界面按“建站”键，选择“后视检查”进入后视检查界面，显示如图 3-77(a)所示。旋转照准部精确瞄准后视点棱镜，点击“测量”，得出高程、北坐标、东坐标和斜距的差值，显示如图 3-77(b)所示，检查当前的角度值与设站时的方位角以及当前的后视点坐标测量值与已有值是否一致以作检核。

(a)　　　　　　　　　　　　　　(b)

图 3-77　后视检查

④ 三维坐标测量

旋转照准部瞄准待定点 P 上的棱镜按“观测”键，此时全站仪将按图 3-74 所示测量测站点至待定点的距离、垂直角、水平方向值，并显示 P 点的坐标与高程，以及 P 方向的天顶距和水平方向值，按同样方法依次瞄准下一个待测点进行坐标测量。

建站完成后，进入测量功能模块中的文件功能页面，如图 3-72(a)测量功能页面所示，按下“仪高/镜高”可重新输入当前测站的仪高值和镜高值；照准目标后按下“测量”键能测量当前目标点的水平角度值、垂直角度值和坐标值，点击“坐标保存”。如果当前测点是第一个观测点，则应输入相关参数值，仪器将按新参数计算点的高程，在进行下一个点测量时，仪器将自动递增点号，默认第一点棱镜高和属性，如需改正相关参数则可输入新值，不需改变时则直接进行测量。

三、全站仪检验校正

（一）全站仪视准轴与发射电光轴的重合度检验

全站仪误差及检验校正

全站仪的视准轴和发射电光轴理论上是同一化的，但仪器在使用一段时间后，这种关系可能发生变化，因此需对其进行定期的检验以检查其正确性，以 NTS-552 全站仪为例，检验方法如图 3-78 所示。

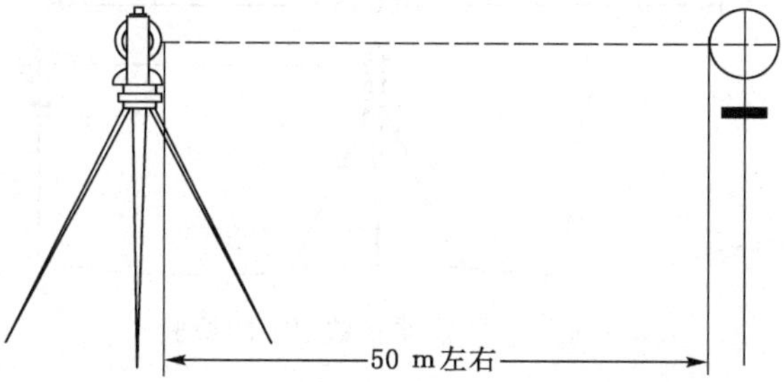

图 3-78　视准轴与发射电光轴的重合度检验

在平坦地面相距 50 m 左右的地方安置全站仪及反射棱镜，用望远镜十字丝精确照准反射棱镜中心，开机后进入测距模式按“测量”键进行距离测量，左右旋转水平微动手轮，上下旋转垂直微动手轮，进行电照准，通过测距光路畅通信息闪亮的左右和上下的区间，找到测距的发射电光轴的中心。检查望远镜十字丝中心与发射电光轴照准中心是否重合，如基本重合即可认为合格。若望远镜十字丝中心与发射电光轴中心偏差很大，则须送专业修理部门校正。

（二）竖轴倾斜补偿器零点差的检验

当竖轴铅垂时，补偿器纵横向偏差值都应为零；反之，补偿器纵横向偏差值都为零时，竖轴铅垂；若上述关系不满足就会产生补偿器零点差问题。当仪器使用一段时间后补偿器零点位置就可能发生变化，对仪器零位动态设置的全站仪而言，用户可以进行零点差的检验和校正。检验步骤如下：

① 安置和整平仪器后，使望远镜的指向和仪器中心与任一脚螺旋 X 的连线相一致。

② 开机后指示竖盘指标归零，仪器显示当前望远镜指向的竖直角值。

③ 朝一个方向慢慢转动脚螺旋 X 至 10 mm 圆周距左右时，显示的竖直角由相应随着变化到消失出现“补偿超限”信息，表示仪器竖轴倾斜已大于 $4'$，超出竖盘补偿器的设计范

围。当反向旋转脚螺旋复原时，仪器又复现竖直角在临界位置可反复试验观其变化，表示竖盘补偿器工作正常。当发现仪器补偿失灵或异常时，应送厂检修。

（三）仪器常数(K)的检验

仪器常数在出厂时进行了检验和修正，使 $K=0$。此项检验适合在标准基线上进行，也可以按下述简便方法进行，检验方法如下图所示。

选一平坦场地在 A 点安置并整平仪器，用竖丝仔细在地面标定同一直线上间隔 50 m 的 B、C 两点，并准确对中地安置反射棱镜或反射板。仪器设置了温度与气压数据后，精确测出 AB、AC 的平距。在 B 点安置仪器并准确对中，精确测出 BC 的平距。可以得出仪器测距常数 $K=AC-(AB+BC)$，K 应接近于 0；若 $|K|>5$ mm，应送标准基线场进行严格检验，并依据检验值进行校正。

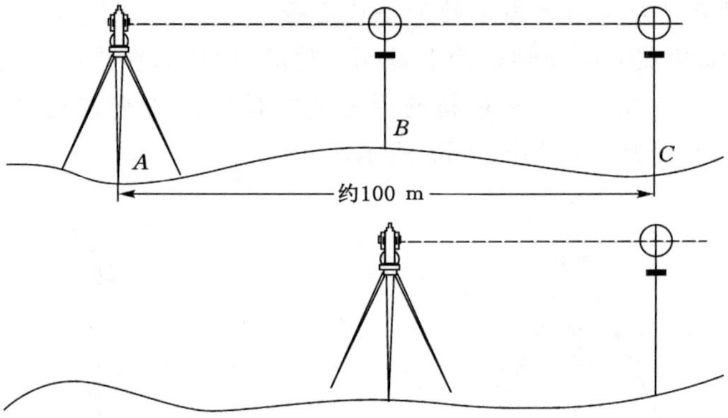

图 3-79　图仪器常数(K)的检验

四、全站仪使用时的注意事项

① 日光下测量应避免将物镜直接瞄准太阳，并应安装滤光镜。

② 避免在高温和低温环境下存放仪器，亦应避免温度骤变，使用时的气温变化除外。

③ 仪器不使用时，应将其装入箱内，置于干燥处，注意防震、防尘和防潮。

④ 若仪器工作处的温度与存放处的温度差异过大，应先将仪器留在箱内，打开箱盖直至适应环境温度后再使用仪器。

⑤ 仪器长期不使用时，应将仪器上的电池卸下分开存放。电池应每月充电一次。

⑥ 仪器运输时，应将仪器装箱，并避免挤压、碰撞和剧烈震动，长途运输最好在箱子周围使用软垫。

⑦ 仪器从箱内取出或从三脚架拆卸装回仪器箱时，应双手握住仪器承重部位，以防仪器跌落。

⑧ 外露光学件需要清洁时，应用脱脂棉或镜头纸轻轻擦拭。

⑨ 仪器使用后，应使用绒布或毛刷清除仪器表面灰尘，仪器被雨水淋湿后，不能通电开机，应用干净软布擦干并在通风处放一段时间后再开机使用。

⑩ 作业前应全面、仔细检查仪器，确信仪器各项指标、功能、电源、初始设置和改正参数均符合要求时再进行作业。

⑪ 发现仪器功能异常时,非专业维修人员不要擅自拆开仪器,以免发生不必要的损坏。

⑫ 使用具有免棱镜测距功能的全站仪时,若其发射可见激光束,使用时不得对准眼睛。

⑬ 保持触摸屏清洁,不要用利器擦刮触摸屏。

复习思考题

1. 水准仪由哪几部分组成?各有什么作用?

2. 水准测量中,要求前后视距相等可消除或减弱哪些误差?

3. 水准测量时,设 A 为后视点,B 为前视点,后视水准尺读数为 $a=1\ 024$,前视水准尺读数为 $b=1\ 372$,则 AB 两点的高差 若 A 为已知高程点,其高程为 $=30.814$ m,则 B 点的高程是多少?

4. 何谓视差?光学水准仪的视差是如何产生的?

5. 用两次仪器高法进行一站水准高差测量的步骤如何?其缺点是什么?

6. 何谓水准仪的 i 角误差?如何检验、校正?

7. 何谓作水准尺零点差?如何消除?

8. 数字水准仪测量原理如何?条码尺有何特点?

9. 检测某水准仪 i 角时,先在平坦地面间距为 80 m 的两立尺点 A、B 之中点处安置水准仪,测得 A、B 间高差为 $+0.087$ m,再将水准仪放在距 B 标尺 3 m 处测得 A、B 间高差为 $+0.093$ m,试计算该水准仪 i 角。若用该水准仪进行四等水准测量,其 i 角是否需要校正?

10. 用两次仪器高法进行了某站水准观测,测得第一次仪器高时后视尺、前视尺读数分别为 1.622 m、1.535 m;第二次仪器高时后视尺、前视尺读数分别为 1.503 m、1.411 m,试计算该水准站高差,并判断观测是否合格。

11. 何谓水平角、垂直角、天顶距?在同一铅垂面内,瞄准不同高度的目标,在水平度盘上的读数是否应该一样?

12. 简述经纬仪由哪些主要部件构成的,其作用是什么?

13. 经纬仪安置时,需要进行对中和整平,其目的是什么?

14. 试述采用测回法进行水平角观测的基本步骤。

15. 何谓垂直度盘指标差?在观测中如何消除指标差对垂直角观测结果的影响?

16. 经纬仪有哪些轴线?各轴线之间应满足哪些条件?

17. 如何进行视准轴垂直于横轴的检验和校正?

18. 采用经纬仪测量角度时,为什么要进行盘左、盘右观测?

19. 简述距离测量的基本方法有哪些,各需要进行哪些改正?

20. 简述全站仪测量系统的基本功能。

21. 三丝法测量垂直角的特点是什么?

22. 影响电磁测距的误差有哪些?各有何影响特点?

23. 何谓电磁波距离测量的一个测回?

24. 何谓全站仪的单轴和双轴补偿功能?

25. 用经纬仪盘左、盘右读数取均值的测量方法可消除哪些角度测量误差?

26. 全站仪竖轴倾斜误差对垂直角和水平方向值是如何影响的?

27. 某光学经纬仪竖盘逆时针注记，使用该经纬仪用中丝法测得目标 A 垂直角盘左、盘右读数分别为 91°35′04″和 268°24′35″，试计目标 A 的视线天顶距。

28. 在同一测站上用 $J6$ 级光学经纬仪（竖直度盘逆时针注记）观测了目标 A、B 的垂直角，其中 A 方向盘左、盘右读数分别为 90°00′45″和 269°59′00″，B 方向因故只读取了盘左读数 87°53′00″，试完成 A、B 两方向垂直角的计算。

29. 用经纬仪十字丝的上、中、下丝读得 A 点处所立的铅垂水准标尺上的读数分别为 1.325 m，1.169 m 和 1.013 m，竖盘盘左读数为 89°03′19″，若经纬仪所在点高程为 800.198 m，量得此时经纬仪仪器高为 1.148 m，试计算仪器站到 A 点的水平距离和 A 点的高程。

30. 用全站仪对某边长进行了往、返观测，获得往测倾斜距离为 288.988 m，视线倾角为 −22°05′04″，返测倾斜距离为 288.898 m，视线倾角为 22°02′41″，观测时已加入乘常数、加常数、气象等改正，试计算该边往返测较差相对误差。

31. 如何看待我国在精密测量仪器制造领域所取得的进步？

全站仪实习操作文档

第三章课件

第三章复习思考题答案

第三章插图

第四章　测量误差基本知识

第一节　测量误差概述

一、测量误差的定义

在测量工作中，观测者无论使用多么精良的仪器，操作如何认真，最后仍得不到绝对正确的测量成果。例如，对同一角度进行多次观测，所得结果互不相同；对某平面三角形的三个内角进行观测，其和不等于 180°。这说明在各观测值之间或在观测值与理论值之间不可避免地存在着差异，我们称这些差异为观测值的测量误差。

测量误差
基本知识

客观上，任何一个观测量总有一个表示其真正大小的数值，我们称这一数值为该观测量的真值，以 X 表示。观测值与真值之差称为真误差，以 Δ_i 表示。若以 $l_i(i=1,2,\cdots,n)$ 表示在相同观测条件下对某量的 n 次观测值，则真误差 Δ_i 为：

$$\Delta_i = l_i - X \qquad (i=1,2,\cdots,n) \tag{4-1}$$

二、测量误差的产生

测量工作是在一定的条件下进行的，测量仪器、观测者和外界环境构成观测条件，而观测条件不理想或发生变化是产生测量误差的根本原因。测量误差来自以下三个方面：

（一）仪器条件

在测量工作中，每种仪器都具有相应的精密度，这会使观测结果受到相应的影响。例如，使用只有厘米刻划的钢尺进行量距，就很难保证厘米以下的尾数的准确性；再者，仪器在加工、装配等工艺过程中，不能保证仪器的结构能完全满足各种几何条件；在使用或搬运过程中，仪器的各种几何关系也会被破坏等，这样的仪器必然会给观测值带来误差。

（二）观测者自身条件

观测者感官的鉴别能力总是有限的，在对仪器的操作过程中，会产生一定的误差。同时，观测者技术熟练程度和工作态度也不尽相同，使得在观测中的每一个环节也会产生误差，如水平角观测时的对中误差、照准误差、目标偏心误差等。

（三）外界环境

主要指观测环境中气温、气压、空气湿度和清晰度、大气折光、风力等因素的不断变化，以及地表土质的软硬、地表覆盖物辐射热的能力等，这些环境条件都会给观测结果带来种种影响，从而导致观测结果中带有误差。同时，随着这些因素的变动，其影响程度也会随之而变。

可见，观测条件不可能完全理想，测量误差的产生不可避免。但是，在测量工作实践中，可通过不断地总结经验和教训，采取一定措施和方法来改善乃至控制观测条件，从而能够控制测量误差。

综上所述，观测结果的质量与观测条件的优劣有着密切的关系。观测条件好，观测误差小，观测质量高；反之，观测质量低。当观测条件相同时，可以认为观测质量是相同的。于是，我们称在相同条件下所进行的一组观测为等精度观测，而称在不同观测条件下所进行的一组观测为不等精度观测。

三、测量误差的分类

测量误差按性质可分为系统误差和偶然误差两类。此外，属于错误性质的"粗差"，也已成为现代误差理论重要的研究内容。

（一）系统误差

在相同观测条件下，对某量进行一系列观测，若误差的数值和正负号按一定规律变化或保持不变（或者误差数值虽有变化而正负号不变），具有这种性质的误差称为系统误差。例如，用一把标定长度为 30 m，实际长度为 29.99 m 的钢尺来量距，则每丈量 30 m 的距离，其测量值就会偏大 1 cm，这种误差的大小与所量直线的长度成正比，而正负号始终保持一致。这些误差在测量成果中具有累积的性质，对测量成果质量的影响较为显著，但由于这些误差具有一定的规律性，所以，我们可以采取措施来消除或减小其对测量成果的影响。例如，在测量工作开始前，对仪器进行检验和校正，可以使系统误差减小；在量距时对丈量成果进行尺长改正，在水准测量中用前后视距离相等的办法来减小由于仪器视准轴不平行于水准管轴给所测高差带来的影响；在用经纬仪测角时，采用正倒镜观测的方法，取盘左与盘右读数的中数，来消除视准轴不垂直于横轴对测角的影响。总之，通过采取相应的措施，可以将系统误差消除或减小到可以忽略不计的程度。

（二）偶然误差

在相同观测条件下，对某量进行一系列观测，若误差的取值有多种可能，其数值和正负号均无法确定，就误差列中的单个误差来看，其数值和正负号没有规律性，但从误差列的总体来观察，则具有一定的统计规律，这种误差称为偶然误差，又称随机误差。例如，用经纬仪测角时，用望远镜瞄准目标时产生的照准误差；水准测量时，瞄准水准尺估读毫米的读数误差等，都属于偶然误差。偶然误差是由观测条件受到诸多无法预料的因素影响所致，就个别值而言，在数值和正负号上确实无规律可循，是无法预知的。在测量工作中，我们只能靠选择合适的仪器、合理的操作方法和认真负责的态度，在较好的外界条件下进行观测，以减小偶然误差的影响，但无法将其完全消除。

在观测过程中，系统误差和偶然误差总是相伴而生的。当系统误差占主导地位时，观测误差就呈现一定的系统性；反之，当偶然误差占主导地位时，观测误差就呈现偶然性。如前所述，系统误差有明显的规律性，容易发现，也较易控制，所以在测量过程中总可以采取各种办法消除其影响，使其处于次要地位。而偶然误差则不然，不能完全消除，本章中所讨论的测量误差，均系指偶然误差。

（三）粗差

粗差是测量中的疏忽大意而造成的错误或电子测量仪器产生的伪观测值。例如，观测者由于判断错误而瞄错目标；由于观测者吐字不清或记录者思想不集中，导致听错或记错数据等。

四、误差处理的原则

系统误差对观测值的影响具有一定的规律性，所以，对于系统误差的处理，可根据其规律加以改正、抵消或削弱。通常是在观测之前，对测量仪器进行检验与校正，减小仪器自身系统误差，如在水准测量之前，应检验水准仪的 i 角误差、水准尺零点误差等，并加以校正。

在测量工作中，由于观测值中的偶然误差不可避免，通常采用增加观测次数，进行多余观测来减小误差，提高观测成果的质量。有了多余观测，观测值之间必然产生一定的差值，根据差值的大小，可以评定测量的精度，差值如不大于限差，则按偶然误差的规律加以处理，提高观测成果的可靠度。

粗差是由于观测者的疏忽大意或受到干扰所造成的错误。在数据处理过程中，通过与限差的比较，可以剔除粗差，包含有粗差的观测值应该舍弃，并重新测量观测值。

第二节　偶然误差的特性

偶然误差为误差理论中最核心的内容和主要的研究对象。就单个误差而言，偶然误差没有规律可循，但在一定观测条件下，对某量进行多次观测，偶然误差则呈现出一定规律性，并且进行统计的数量越大，规律性越明显。我们对偶然误差的研究，就是对其统计规律性的研究。

一、偶然误差的特性

在相同观测条件下，独立地观测 217 个三角形的全部内角，由于观测结果中存在偶然误差，三角形的三内角观测值之和不等于其理论值 180°，由式(4-1)可求得每个三角形三内角和的真误差(又称三角形闭合差，属偶然误差)，即：

$$\Delta_i = [l]_i - 180^\circ \quad (i = 1, 2, \cdots, 217) \tag{4-2}$$

式中，Δ_i 为第 i 个三角形的闭合差；$[l]_i$ 为第 i 个三角形三内角之和；符号“[　]”为高斯求和符号，等价于“Σ ”。然后，将 217 个真误差分成正误差和负误差两类，并分别按绝对值大小从小到大排序。最后，取误差区间为 $\mathrm{d}\Delta = 3''$，统计落在各区间正负误差的个数 n_i 和真误差落在某区间这一事件的频率为 n_i/N，N 为真误差总数，即 $N = 217$，统计结果见表 4-1。统计时将等于区间上限的真误差统计在下一个区间内。

为了直观地表示偶然误差的正负和大小的分布情况，按照表 4-1 的数据作成误差分布图，如图 4-1 所示。图中横坐标表示误差的正负和大小，纵坐标表示误差出现在各区间的频率(n_i/N)除以区间($\mathrm{d}\Delta$)。该图可以更形象地表达 217 个真误差的分布状态，图中每个小长方形的面积就表达了该区间真误差分布的频率，且各小长方形面积的总和等于 1。该图在统计学上称为“频率直方图”。例如图中带有斜线的长方形的面积为 0.069，即表示真误差出现在 $+6''\sim+9''$ 区间的频率为 0.069。

表 4-1　偶然误差分布表

误差区间 dΔ/(″)	正误差		负误差		合计	
	个数 n_i	频率$\frac{n_i}{N}$	个数 n_i	频率$\frac{n_i}{N}$	个数 n_i	频率$\frac{n_i}{N}$
0～3	30	0.14	29	0.13	59	0.27
3～6	21	0.10	20	0.09	41	0.19
6～9	15	0.07	18	0.08	33	0.15
9～12	14	0.06	16	0.07	30	0.13
12～15	12	0.06	10	0.05	22	0.11
15～18	8	0.04	8	0.04	16	0.08
18～21	5	0.02	6	0.03	11	0.05
21～24	2	0.01	2	0.01	4	0.02
24～27	1	0.00	0	0.00	1	0.00
27 以上	0	0.00	0	0.00	0	0.00
Σ	108	0.50	109	0.50	217	1

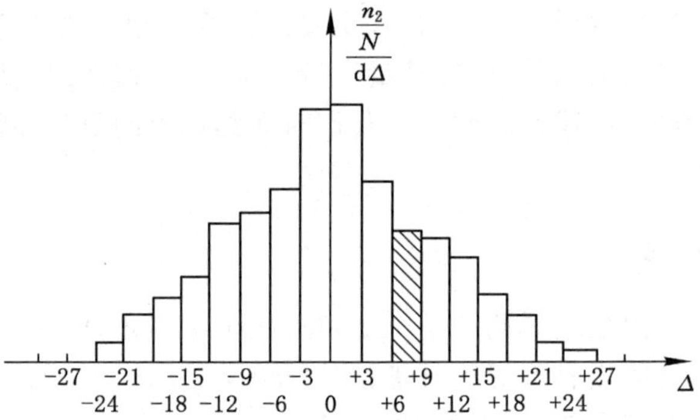

图 4-1　频率直方图

通过大量测量实验统计结果，特别是当观测次数很多时，可总结出偶然误差的如下特性：

① 在一定观测条件下，偶然误差的绝对值不会超出一定限值。

② 绝对值小的误差比绝对值大的误差出现的机会要多(或称概率大)。

③ 绝对值相等的正、负误差出现的机会相等。

④ 在相同条件下，对一个量进行独立重复观测，当观测次数 n 无限增加时，误差的算术平均值趋近于零，即：

$$\lim_{n\to\infty}\frac{\Delta_1+\Delta_2+\cdots+\Delta_n}{n}=\lim_{n\to\infty}\frac{[\Delta]}{n}=0 \tag{4-3}$$

式中，$[\Delta]$为真误差代数和，即$[\Delta]=\Delta_1+\Delta_2+\cdots+\Delta_n$。

特性①反映了偶然误差分布的“有界性”。它说明偶然误差的绝对值有个限度，超过限度的误差出现的机会很小，可视为零，若确有超过限度的误差出现，说明观测条件反常或观测有粗差存在。

特性②反映了偶然误差分布的"密集性"。即偶然误差以 0 为中心，越是靠近 0，误差分布得越密集；越是远离 0，误差分布得越稀疏。

特性③反映了偶然误差分布的"对称性"。即在各个区间，正、负误差个数相等或极为接近，这是因为偶然误差的出现只有两种可能，不是正就是负，正与负出现的机会相等。在观测中，若正、负误差出现的机会明显不等，则说明观测条件呈某种稳定倾向，有系统误差存在。

特性④反映了偶然误差分布的"抵消性"。当观测次数足够多时，根据偶然误差分布的对称性，偶然误差的算术平均值应趋近于零。

上述偶然误差的四个特性具有普遍性，对误差理论的研究和测量实践都有重要意义。

二、误差分布曲线

表 4-1 和图 4-1 所反映的误差分布，是观测次数有限时的分布，称为经验分布。当观测次数 $n \to \infty$、误差区间间隔又无限缩小时，落在各区间的误差频率 n_i/N 将趋近于其概率 $P(\Delta_i)$，这时直方图中长方形顶边所形成的折线将变成一条光滑曲线（图 4-2），称为误差的理论分布（或误差分布曲线），这就是概率论中著名的高斯正态分布。

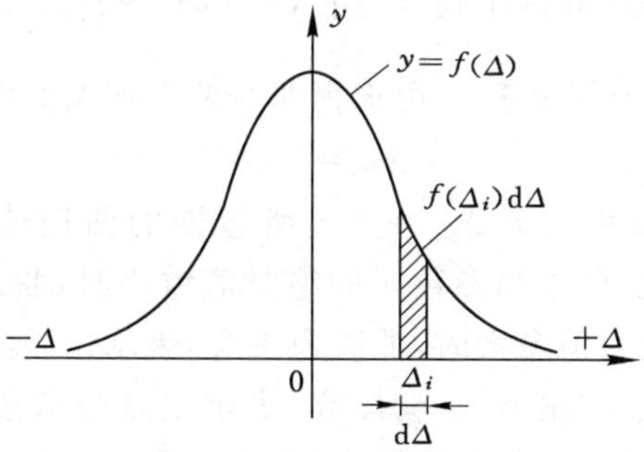

图 4-2　误差分布曲线图

高斯正态分布曲线的横坐标表示误差的大小，纵坐标表示误差分布的概率密度，它是偶然误差的函数，简称概率函数，记为 $f(\Delta)$，其数学方程式为：

$$f(\Delta)=\frac{1}{\sqrt{2\pi}\sigma}e^{-\frac{\Delta^2}{2\sigma^2}} \tag{4-4}$$

式中，$\pi \approx 3.141\ 6$；e 为自然对数底（$e \approx 2.718\ 3$）；σ 为偶然误差（随机变量）的标准差，标准差的平方 σ^2 为方差，方差为偶然误差平方的理论平均值，即：

$$\sigma^2=\lim_{n\to\infty}\frac{\Delta_1^2+\Delta_2^2+\cdots+\Delta_n^2}{n}=\lim_{n\to\infty}\frac{[\Delta^2]}{n} \tag{4-5}$$

因此，标准差为：

$$\sigma=\lim_{n\to\infty}\sqrt{\frac{[\Delta^2]}{n}}=\lim_{n\to\infty}\sqrt{\frac{[\Delta\Delta]}{n}} \tag{4-6}$$

由式(4-5)可以看出，误差正态分布曲线同样表明了前面所述的偶然误差的几个特性：

由于 $f(\Delta)$ 随着 Δ 增大而较快地减小，特别是，当 $\Delta=0$ 时，$f(\Delta)$ 有最大值 $\frac{1}{\sqrt{2\pi}\sigma}$，$\Delta$ 趋于无穷大时，$f(\Delta)$ 趋于 0，横轴是误差分布曲线的渐近线，说明误差的分布有一定的限值，这正是特性①和特性②所反映的规律；密度函数 $f(\Delta)$ 是偶函数，即绝对值相等的正误差和负误差求得的 $f(\Delta)$ 相等，所以误差分布曲线对称于纵轴，这就是特性③所反映的规律。当观测次数无限增加时，Δ 的所有可能取值均出现，"误差落在误差曲线与横轴所包围的面积内"这个事件是必然事件，误差出现的概率等于 1，即：

$$P(\Delta)=\int_{-\infty}^{+\infty} f(\Delta_i)\mathrm{d}\Delta=1 \tag{4-7}$$

第三节　衡量精度的指标

测量成果中不可避免地含有误差，其误差符合有关测量规范规定的限差要求时，测量成果才算合格，因此，必须确定相应的标准来衡量测量成果的优劣。本节介绍几种衡量精度的指标。

一、精度与观测质量

高斯分布曲线有一个峰顶和两个拐点，当 $\Delta=0$ 时，密度函数有最大值 $\frac{1}{\sqrt{2\pi}\sigma}$；若对密度函数关于 Δ 取二阶导数，并令其等于 0，可求得曲线两个拐点的横坐标值为：

$$\Delta_{拐}=\pm\sigma \tag{4-8}$$

由于横轴和其垂线 $\Delta_{拐}=-\sigma$、$\Delta_{拐}=+\sigma$ 所包围的曲边体形面积，是误差落在区间 $(-\sigma,+\sigma)$ 的概率值，为定值，所以当参数 σ 的绝对值愈小时，曲线愈陡峭，表示误差的分布愈密集；反之，当参数 σ 的绝对值愈大时，曲线愈平缓，表示误差的分布愈离散。我们将误差分布的密集或离散程度定义为"精度"。精度高，表示误差分布密集，反映了观测条件好、观测质量高；反之，精度低，表示误差分布离散，反映了观测条件差，观测质量低。

设在两种观测条件下对某量进行观测，其误差分布曲线如图 4-3 所示。从图中可见，$\sigma_1<\sigma_2$，$\frac{1}{\sqrt{2\pi}\sigma_1}>\frac{1}{\sqrt{2\pi}\sigma_2}$。在第一种条件下，误差分布曲线陡峭，误差分布密集，观测精度高；在第二种条件下，误差分布曲线平缓，误差分布离散，观测精度低。从而可以确定，一定

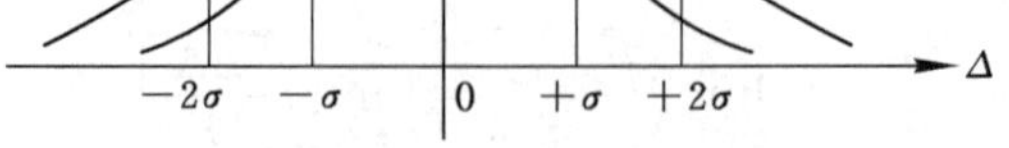

图 4-3　误差分布曲线

的观测条件，对应一定的 σ，对应一定的误差分布，高斯分布曲线全面反映了误差的分布状态。

综上所述，精度是指观测误差分布的密集程度，它描述了观测条件的好坏和观测质量的高低。

二、中误差

当观测条件一定时，误差分布状态唯一，误差分布曲线的两个拐点也被唯一确定。这就是说参数 σ 与观测条件、误差分布的密集程度及观测质量相对应，用 σ 作为精度指标，可以定量地衡量观测质量。所以在衡量观测精度时，就不必再作误差分布表，也不必绘制直方图，只要设法计算出该组误差所对应的标准差 σ 值即可。

但是，在实际测量工作中，不可能对某一个量作无穷多次观测，因此，测量中定义在相同观测条件下由对某量的有限次观测的偶然误差求得的标准差为"中误差"，用 m 表示，即：

$$m=\pm\sqrt{\frac{\Delta_1^2+\Delta_2^2+\cdots+\Delta_n^2}{n}}=\pm\sqrt{\frac{[\Delta\Delta]}{n}} \tag{4-9}$$

作为精度指标，中误差最为常用，这是因为中误差对大误差的出现特别敏感，只要在误差列中有大误差存在，中误差迅速增大，说明观测质量不好。

【例 4-1】 对 10 个三角形的内角用两种不同精度的仪器各进行了两组观测，两组观测值的三角形内角和的真误差分别为：

Ⅰ列：$+3'',-4'',-3'',+4'',-5'',-2'',+3'',+3'',-4'',+5''$

Ⅱ列：$-1'',0'',+12'',0'',-1'',-10'',+1'',0'',+1'',-10''$

试比较两组观测值的精度。

解　根据中误差计算公式(4-9)，可分别计算两列观测值的中误差，即：

$$m_{\mathrm{I}}=\pm\sqrt{\frac{[\Delta_i\Delta_i]}{n}}=\pm\sqrt{\frac{138}{10}}=\pm3.7''$$

$$m_{\mathrm{II}}=\pm\sqrt{\frac{[\Delta_i\Delta_i]}{n}}=\pm\sqrt{\frac{348}{10}}=\pm5.9''$$

由于 $m_{\mathrm{I}}<m_{\mathrm{II}}$，中误差越小，观测精度越高，即第Ⅰ列观测值的精度高于第Ⅱ列的观测值。尽管两组观测值真误差的绝对值之和相等，但二者观测精度不同，因第二组观测值中有绝对值较大的误差存在。

应该指出，衡量精度的指标，除了中误差外，还有平均误差和或然误差，此处不再赘述。

三、相对误差

在进行精度评定时，有时仅用中误差不能完整反映观测值的质量。因为有些观测值的质量不但与其中误差有关，而且与其观测值的大小有关，这时还需用相对误差来衡量。

相对误差为绝对误差与测量值之比，记作 K。习惯上相对误差用分子为 1 的分数表达，分母越大，相对误差越小，测量的精度就越高。

【例 4-2】 对于两条边，其观测长度和中误差分别为：$D_1=10\ \mathrm{m}\pm2\ \mathrm{mm}$，$D_2=20\ \mathrm{m}\pm3\ \mathrm{mm}$，试比较其观测值的精度。

解　因 $m_1=\pm2\ \mathrm{mm}$，$m_2=\pm3\ \mathrm{mm}$，若仅用中误差衡量其观测精度，则第一条边的观测精度高于第二条边的观测精度。

但是

$$K_1=\frac{|m_1|}{D_1}=\frac{2}{10\times 1\ 000}=\frac{1}{5\ 000}$$

$$K_2=\frac{|m_2|}{D_2}=\frac{3}{20\times 1\ 000}=\frac{1}{6\ 666}$$

则第二条边的观测精度大于第一条边的观测精度。

四、极限误差

限差是对误差的限制值，当误差超过限差时，应舍去该观测值。概率统计理论研究表明，误差落在区间$(-k\sigma, +k\sigma)$的概率为：

$k=1$ 时，$P(\Delta)\approx 68.3\%$

$k=2$ 时，$P(\Delta)\approx 95.5\%$

$k=3$ 时，$P(\Delta)\approx 99.7\%$

$k=4$ 时，$P(\Delta)\approx 100\%$

根据中误差与标准差的关系，可见在测量工作中误差大于两倍中误差时，出现的概率为4.5%，误差大于三倍中误差时，出现的概率为0.3%。由于大于两倍中误差的误差出现的机会已很小，所以根据偶然误差的特性①，在测量工作中常取两倍中误差作为误差的限值，作为测量成果取舍的极限误差，简称限差，也称容许误差，即：

$$\Delta_{限}=2m \tag{4-10}$$

在测量工作中，真误差、中误差和极限误差都称为绝对误差。

第四节　误差传播定律及其应用

测量工作中，许多量不是直接观测值，而是观测值的函数。由于观测值中含有误差，使函数受其影响也含有误差，阐述观测值中误差与其函数中误差之间数学关系的定律称为误差传播定律。利用误差传播定律可求得观测值函数的中误差。

观测量与观测量之间的函数关系多种多样，但归纳起来分为确定性关系和非确定性关系两大类。每类又可分为线性关系和非线性关系。在线性关系中又有倍数关系、和差函数等特例，现分述如下。

一、线性函数

（一）倍数函数

设未知量 Z 与未知量 X 之间存在倍数关系为：

$$Z=kX \tag{4-11}$$

式中，k 为常数（无误差，下同）。

设 X 的观测值为 x，则 Z 的计算值 z 为：

$$z=kx \tag{4-12}$$

又设观测值 x 的中误差为 m_x，现求 z 的中误差 m_z。

设 x 和 z 的真误差分别为Δ_x 和Δ_z，由真误差定义式(4-1)得 $Z=z-\Delta_z$，$X=x-\Delta_x$，

则由式(4-11)、式(4-12)可得 Δ_x 和 Δ_z 的函数关系为：

$$\Delta_z = k\Delta_x \tag{4-13}$$

若对 X 共观测了 n 次，则有：

$$\Delta_{zi} = k\Delta_{xi} \quad (i=1,2,\cdots,n) \tag{4-14}$$

由式(4-9)可得：

$$\begin{aligned} m_z &= \pm\sqrt{\frac{[\Delta_{zi}\Delta_{zi}]}{n}} \\ &= \pm\sqrt{\frac{[k\Delta_{xi}\cdot k\Delta_{xi}]}{n}} \\ &= \pm k\sqrt{\frac{[\Delta_{xi}\cdot\Delta_{xi}]}{n}} \end{aligned}$$

故：

$$m_z = k\cdot m_x \tag{4-15}$$

即观测值与常数乘积的中误差，等于观测值中误差与常数的乘积。

【例 4-3】 在 1∶500 比例尺地形图上，量得两点间的水平距离及其中误差为：

$$d = 23.4\ \text{mm} \pm 0.2\ \text{mm}$$

试求此两点间实地的水平距离 D 及其中误差 m_D。

解　依题意，两点间实地水平距离 D 及其中误差分别为：

$$D = 500d = 500\times 23.4 = 11\ 700\ \text{mm} = 11.7\ \text{m}$$

$$m_D = km_d = 500\times(\pm 0.2) = \pm 100\ \text{mm} = \pm 0.1\ \text{m}$$

即：

$$D = 11.7\ \text{m} \pm 0.1\ \text{m}$$

(二) 和函数或差函数

设有未知量 Z 为其他两个独立的观测量 X、Y 的和函数或差函数，可合写为：

$$Z = X \pm Y \tag{4-16}$$

X 和 Y 的观测值分别为 x 和 y，由此得函数的计算值 z 为：

$$z = x \pm y \tag{4-17}$$

已知 x 和 y 的中误差分别为 m_x 和 m_y，现求 z 的中误差 m_z。

设 x、y、z 的真误差分别为 Δ_x、Δ_y、Δ_z，根据真误差的定义式(4-1)，有 $X=x-\Delta_x$、$Y=y-\Delta_y$、$Z=z-\Delta_z$，由式(4-16)、式(4-17)可得真误差关系式为：

$$\Delta_z = \Delta_x \pm \Delta_y \tag{4-18}$$

若 X、Y 均观测了 n 次时，则有：

$$\Delta_{zi} = \Delta_{xi} \pm \Delta_{yi} \quad (i=1,2,\cdots,n) \tag{4-19}$$

将上式两边同时平方，得：

$$\Delta_{zi}^2 = \Delta_{xi}^2 + \Delta_{yi}^2 \pm 2\Delta_{xi}\Delta_{yi} \quad (i=1,2,\cdots,n) \tag{4-20}$$

将上列各式两端相加后，再除以 n，得：

$$\frac{[\Delta_{zi}^2]}{n} = \frac{[\Delta_{xi}^2]}{n} + \frac{[\Delta_{yi}^2]}{n} \pm 2\frac{[\Delta_{xi}\Delta_{yi}]}{n} \quad (i=1,2,\cdots,n) \tag{4-21}$$

根据偶然误差特性③、④，当 $n\to\infty$ 时，上式等号右端第三项趋近于零。即便是有限次观测，该项也会很小，可以忽略不计。于是，按中误差定义，式(4-21)可写为：

$$m_z^2 = m_x^2 + m_y^2 \tag{4-22}$$

即：两个独立观测值的代数和(或差)中误差的平方，等于这两个独立观测值中误差的平方和。

当 z 是一组独立观测值 x_1、x_2、…、x_n 的和或差函数时，即：

$$z = x_1 \pm x_2 \pm \cdots \pm x_n \tag{4-23}$$

根据上述推导方法，可得函数 z 的中误差平方为：

$$m_z^2 = m_{x1}^2 + m_{x2}^2 + \cdots + m_{xn}^2 \tag{4-24}$$

式中，m_{xi} 为观测值 x_i 的中误差。

若 x_i 为同精度观测时，则 $m_{x1} = m_{x2} = \cdots = m_{xn} = m_x$，则式(4-24)可写为：

$$m_z^2 = n \cdot m_x^2 \tag{4-25}$$

即：n 个同精度观测值代数和中误差的平方等于观测值中误差平方的 n 倍。

【例 4-4】 使用 DJ_6 经纬仪，在测站 O 点上，一测回 A 方向上方向值为 $0°00'06''$，B 方向值为 $125°11'24''$，求 $\angle AOB$ 及其中误差的 $m_{角}$。

解 $$\angle AOB = 125°11'24'' - 0°00'06'' = 125°11'18''$$

对于 DJ_6 经纬仪，方向观测中误差 $m_A = m_B = \pm 6''$，则：

$$m_{角}^2 = m_A^2 + m_B^2$$

$$m_{角} = \pm 6\sqrt{2}'' \approx \pm 8''$$

即：$\angle AOB = 125°11'18'' \pm 8''$

（三）一般线性函数

设未知量 Z 为独立观测量 X_1、X_2、…、X_n 的线性函数，即：

$$Z = k_1 X_1 + k_2 X_2 + \cdots + k_n X_n \tag{4-26}$$

式中，k_1、k_2、…、k_n 为常数。设各观测量的观测值为 x_1、x_2、…、x_n，其中误差分别为 m_1、m_2、…、m_n。由观测值算得函数的计算值为：

$$z = k_1 x_1 + k_2 x_2 + \cdots + k_n x_n \tag{4-27}$$

在式(4-27)中，令 $z_1 = k_1 x_1$，$z_2 = k_2 x_2$，…，$z_n = k_n x_n$，则按式(4-27)、式(4-17)得：

$$m_z^2 = k_1^2 m_1^2 + k_2^2 m_2^2 + \cdots + k_n^2 m_n^2 \tag{4-28}$$

式(4-28)可表述为：线性函数的中误差的平方，等于各常数与其相应观测值中误差乘积的平方和。

【例 4-5】 已知三个独立观测高程值 h_1、h_2 和 h_3，其中误差分别为 $m_1 = \pm 3$ mm、$m_2 = \pm 2$ mm和 $m_3 = \pm 1$ mm，则其广义平均值 $\overline{h}$ 为：

$$\overline{h} = \frac{1}{7}h_1 + \frac{2}{7}h_2 + \frac{4}{7}h_3$$

求 $\overline{h}$ 的中误差 $m_{\overline{h}}$。

解 由一般线性函数误差传播公式，可得：

$$\begin{aligned} m_{\overline{h}}^2 &= k_1^2 m_1^2 + k_2^2 m_2^2 + k_3^2 m_3^2 \\ &= \left(\frac{1}{7}\right)^2 \times 9 + \left(\frac{2}{7}\right)^2 \times 4 + \left(\frac{4}{7}\right)^2 \times 1 \\ &= 0.84 \end{aligned}$$

得：

$$m_{\overline{h}} = \pm 0.9 \text{ mm}$$

二、非线性函数

设未知量 Z 与独立观测量 X_1、X_2、…、X_n 之间有如下的函数关系：

$$Z=f(X_1,X_2,\cdots,X_n) \tag{4-29}$$

设 X_1、X_2、…、X_n 的观测值为 x_1、x_2、…、x_n，其中误差分别为 m_1、m_2、…、m_n。由观测值求得函数的计算值为：

$$z=f(x_1,x_2,\cdots,x_n) \tag{4-30}$$

式中，当 x_i 有真误差 Δx_i 时，函数 z 相应地产生真误差 Δ_z。这些真误差与对应的观测值相比是一个很小的量，由数学分析可知，变量的误差与函数的误差之间的关系，可用函数的全微分来近似地表达。现在，求函数的全微分，得：

$$\mathrm{d}z=\frac{\partial f}{\partial x_1}\mathrm{d}x_1+\frac{\partial f}{\partial x_2}\mathrm{d}x_2+\cdots+\frac{\partial f}{\partial x_n}\mathrm{d}x_n$$

式中，$\frac{\partial f}{\partial x_i}(i=1,2,\cdots,n)$ 是函数关于各变量 x_1、x_2、…、x_n 的偏导数，若以观测值代入，则它们皆为常数，以真误差的符号“Δ”替代微分的符号“d”，上式可认为是线性函数，由公式(4-28)得：

$$m_z^2=(\frac{\partial f}{\partial x_1}m_1)^2+(\frac{\partial f}{\partial x_2}m_2)^2+\cdots+(\frac{\partial f}{\partial x_n}m_n)^2 \tag{4-31}$$

式(4-31)可表述为：非线性函数的中误差的平方，等于该函数各观测值的偏导数与相应观测值中误差乘积的平方和。式(4-31)为误差传播定律的一般形式，其他形式的函数都可看作它的特例。

求非线性函数的中误差的方法可归纳为以下步骤：

① 根据问题列出函数关系式：

$$z=f(x_1,x_2,\cdots,x_n)$$

式中，f 为函数形式的一般符号，其具体形式由实际待求量与观测值之间的关系确定。

② 对函数求全微分

$$\mathrm{d}z=\frac{\partial f}{\partial x_1}\mathrm{d}x_1+\frac{\partial f}{\partial x_2}\mathrm{d}x_2+\cdots+\frac{\partial f}{\partial x_n}\mathrm{d}x_n$$

式中，$\frac{\partial f}{\partial x_i}(i=1,2,\cdots,n)$ 可用观测值代入求得其值。

③ 用中误差符号代替微分符号，写出函数中误差与观测值中误差之间的关系式：

$$m_z^2=(\frac{\partial f}{\partial x_1}m_1)^2+(\frac{\partial f}{\partial x_2}m_2)^2+\cdots+(\frac{\partial f}{\partial x_n}m_n)^2$$

应当指出的是，只有各观测值相互独立时，各观测值之间的真误差才会满足以下关系式：

$$\lim_{n\to\infty}\frac{[\Delta_i\Delta_j]}{n}=0 \quad (i\neq j)$$

另外，用数值代入该公式计算时要注意各项的单位要统一。

【例 4-6】 对于三角高程测量，高差计算式为：

$$h_{AB}=D\tan\alpha+i-v$$

其中，$D=130.11\ \text{m}\pm0.05\ \text{m}$，$\alpha=65°45'00''\pm15''$，假设仪器高 i 和觇标高 v 无测量误差。求 h_{AB} 的中误差。

解 按照误差传播规律，对函数求全微分，因仪器高和觇标高无测量误差，即 Δ_i 和 Δ_v 为零，得真误差关系式为：

$$\Delta h_{AB}=\frac{\partial h}{\partial D}\Delta D+\frac{\partial h}{\partial \alpha}\Delta\alpha$$

则：

$$\begin{aligned}m_h^2&=(\tan\alpha)^2m_D^2+\left(D\frac{1}{\cos^2\alpha}\right)^2\left(\frac{m_\alpha}{\rho}\right)^2\\&=(\tan 65°45'00'')^2\times(0.05)^2+\left(130.11\times\frac{1}{\cos^2 65°45'00''}\right)^2\times\left(\frac{15}{206\ 265}\right)^2\\&=0.008\ 3\end{aligned}$$

将已知数据带入上式，可得：

$$m_h=\pm0.091\ \text{m}$$

在上述计算中，(m_α/ρ'') 是将角值单位由秒化为弧度，以便统一式中的计算单位，$\rho''=206\ 265''$。

三、误差传播定律在测量上的应用

（一）距离测量的误差传递

在用钢尺量距时，设用长度为 l 的钢尺丈量 A、B 两点之间的距离 S，共量了 n 个尺段。若每尺段丈量中误差均为 m_l，求 S 的中误差。

因为 S 为各尺段 l_i 的线性函数，即：

$$S=l_1+l_2+\cdots+l_n$$

按式(4-24)，S 的中误差应为：

$$m_S=m_l\sqrt{n}$$

上式表明，距离丈量的中误差与所测尺段数 n 的平方根成正比。

推而广之，当用光电测距仪测距时，通常将每千米距离测量中误差(比例误差)作为单位权中误差，设为 m_{km}，则对 D km 的距离，其中误差应为：

$$m_D=m_{\text{km}}\cdot\sqrt{D}\tag{4-32}$$

式(4-32)表明，光电测距的中误差与所测距离的平方根成正比。

【例 4-7】 用 50 m 的钢尺分四段丈量长为 200 m 的距离，已知每尺段量距中误差为 ±10 mm，试求全长的中误差和相对中误差。

解 题中，$S=200$ m，$n=4$，$m_l=\pm10$ mm，由误差传播定律得：

$$m_S=m_l\sqrt{4}=\pm10\sqrt{4}=\pm20\ \text{mm}$$

$$K=\frac{|m_S|}{S}=\frac{20}{200\times1\ 000}=\frac{1}{10\ 000}$$

（二）水准测量的误差传递

设在 A、B 两点之间进行水准测量，共测 n 站，则 A、B 两点之间的高差应等于 n 站所测高差之和，即：

$$h_{AB}=h_1+h_2+\cdots+h_n$$

式中，h_1、h_2、…、h_n 为各站的观测高差，设每站的高差观测中误差均为 $m_{站}$，则 A、B 两点之间的高差中误差为：

$$m_{hAB}=m_{站}\sqrt{n} \tag{4-33}$$

上式表明，等精度观测时，水准测量高差的中误差等于各站高差观测中误差的$\sqrt{n}$倍，即与测站数的平方根成正比。

当水准路线通过平坦地区时，各站的视线长度大致相等，每千米的测站数也大致相同，故可认为每千米水准测量高差的中误差相同，设为 m_{km}。于是，当 A、B 两点之间的水准路线长为 S km 时，A、B 两点间高差的中误差为：

$$m_{hAB}^2=\underbrace{m_{km}^2+m_{km}^2+\cdots+m_{km}^2}_{S项}=Sm_{km}^2 \tag{4-34}$$

或

$$\mathrm{m_{h\,AB}}=\mathrm{m}_{km}\sqrt{\mathrm{S}}$$

上式表明，在平坦地区进行水准测量时，水准测量高差的中误差与距离 S（以千米为单位）的平方根成正比。可见，水准路线越长，高差中误差就越大。所以，为保证测量精度，《规范》对不同等级的水准测量的路线长度作了限制。

（三）导线测量中角度测量的误差传递

在导线测量过程中，导线边方位角计算式为：

$$\alpha_{后}=\alpha_{前}+\beta\pm180^\circ$$

如不考虑起始边坐标方位角 α_0 的中误差，则第 n 条边的方位角为：

$$\alpha_n=\alpha_0+\beta_1+\beta_2+\cdots+\beta_n\pm n\cdot180^\circ$$

式中，α_0 为起始边坐标方位角；β_i 为第 i 个转折角。

设各转折角为同精度观测，其中误差为 $m_1=m_2=\cdots=m_n=m$，则第 n 条边的方位角的中误差为：

$$m_{\alpha n}^2=m_1^2+m_2^2+\cdots+m_n^2=nm^2$$

即：

$$m_{\alpha n}=m\sqrt{n}$$

第五节　观测值的算术平均值及其中误差

一、观测值的算术平均值

在同精度观测条件下，对某一未知量作 n 次观测，由于误差的存在导致每次结果不会完全相同，设 n 次观测值分别为 l_1、l_2、…、l_n。设该未知量的真值为 X，则观测值的真误差为 $\Delta_i(i=1,2,\cdots,n)$，即：

$$\Delta_1=l_1-X$$
$$\Delta_2=l_2-X$$
$$\cdots\cdots$$
$$\Delta_n=l_n-X$$

等式两边求和并同除以 n，有：

$$\frac{[\Delta]}{n}=\frac{[l]}{n}-X \tag{4-35}$$

式中，$\frac{[l]}{n}$称为观测值的“算术平均值”，以 x 表示；当观测次数无限增加时，根据偶然误差特性④，式中$\frac{[\Delta]}{n}$趋近于零。于是可得：

$$x=X \tag{4-36}$$

上式表明，对一个量进行同精度观测 n 次，当 $n \to \infty$ 时，$x=X$，就是说一个量的观测值的算术平均值就是该量的最可靠值。但在实际工作中，观测次数总是有限的，平均值只能接近真值，并随着观测次数的增加而逐渐趋近。因此，总把有限次观测值的算术平均值作为未知量的最或然值(或称最可靠值)。

算术平均值的一般表达式为：

$$x=\frac{l_1+l_2+\cdots+l_n}{n}=\frac{[l]}{n} \tag{4-37}$$

二、算术平均值的中误差

式(4-37)中，由于是同精度观测，各观测值的中误差均为 m，$1/n$ 为常数，若以 m_x 表示平均值的中误差，则按线性函数中误差计算公式(4-28)得算术平均值的中误差计算公式为：

$$m_x^2=\frac{1}{n^2}\cdot n\cdot m^2=\frac{1}{n}m^2$$

即

$$m_x=\frac{m}{\sqrt{n}} \tag{4-38}$$

也就是说，算术平均值的中误差与观测次数的平方根成反比，或者说算术平均值的精度比观测值的精度提高了$\sqrt{n}$倍。因此，用算术平均值不仅可以检核观测值有无粗差存在，而且可以提高观测成果的精度。

三、用改正数计算等精度观测值的中误差

中误差的定义式如式(4-9)，即：

$$m=\pm\sqrt{\frac{[\Delta\Delta]}{n}}$$

若利用上式计算中误差，需已知观测值真误差，但是，由于未知量的真值往往是不知道的，真误差也就无法求出。所以，一般不能直接利用上式求得观测值的中误差。在实际应用中，常采用白塞尔公式来计算观测值的中误差：

$$m=\pm\sqrt{\frac{[v_i v_i]}{n-1}} \tag{4-39}$$

式中，v_i 为观测值的改正数，等于独立观测值的算术平均值 x 与观测值 l_i 的差，即：

$$v_i=x-l_i \quad (i=1,2,\cdots,n) \tag{4-40}$$

其中，n 为观测次数。

真误差和改正数定义式分别为式(4-1)、式(4-40)，即：

$$\Delta_i = l_i - X$$
$$v_i = x - l_i$$

以上两式相加，有：

$$\Delta_i + v_i = x - X = \Delta_x$$

式中，Δ_x 为算术平均值 x 的真误差。由此得观测值的真误差为：

$$\Delta_i = -v_i + \Delta_x \quad (i = 1, 2, \cdots, n)$$

上式两边平方后求和，有：

$$[\Delta\Delta] = [vv] + n\Delta_x^2 - 2[v]\Delta x \tag{4-41}$$

将式(4-40)两边求和，有：

$$[v] = nx - [l]$$

因 $x = \frac{[l]}{n}$，所以 $[v] = 0$，于是式(4-41)第三项为零。将式(4-41)等号两边同除以 n，便有：

$$\frac{[\Delta\Delta]}{n} = \frac{[vv]}{n} + \Delta_x^2 \tag{4-42}$$

因为 $\Delta_x = x - X$，则：

$$\begin{aligned}
\Delta_x^2 &= (x - X)^2 \\
&= (\frac{[l]}{n} - X)^2 \\
&= \frac{1}{n^2}([l] - nX)^2 \\
&= \frac{1}{n^2}[(l_1 - X) + (l_2 - X) + \cdots + (l_n - X)]^2 \\
&= \frac{1}{n^2}(\Delta_1 + \Delta_2 + \cdots + \Delta_n)^2 \\
&= \frac{1}{n^2}(\Delta_1^2 + \Delta_2^2 + \cdots + \Delta_n^2 + 2\Delta_1\Delta_2 + 2\Delta_1\Delta_3 + \cdots + 2\Delta_{n-1}\Delta_n) \\
&= \frac{[\Delta\Delta]}{n^2} + \frac{2(\Delta_1\Delta_2 + \Delta_1\Delta_3 + \cdots + \Delta_{n-1}\Delta_n)}{n^2}
\end{aligned}$$

根据偶然误差特性④，当 $n \to \infty$ 时，上式右边第二项趋于零。于是：

$$\Delta_x^2 = \frac{1}{n} \cdot \frac{[\Delta\Delta]}{n}$$

将 Δ_x^2 代入式(4-42)，得：

$$\frac{[\Delta\Delta]}{n} = \frac{[vv]}{n} + \frac{1}{n} \cdot \frac{[\Delta\Delta]}{n}$$

即

$$m^2 = \frac{[vv]}{n} + \frac{m^2}{n}$$

整理后得：

$$m = \pm\sqrt{\frac{[vv]}{n-1}}$$

上式即为用改正数来求观测值中误差的公式,称为白塞尔公式。

若将此式代入式(4-38),则得用改正数计算观测值算术平均值中误差的计算公式为:

$$m_x = \pm\sqrt{\frac{[vv]}{n(n-1)}} \tag{4-43}$$

【例 4-8】 设用经纬仪对某角等精度观测了 6 个测回,其观测值列于表 4-2 中,试求该角的算术平均值、观测值中误差和算术平均值中误差。

解 将表中数据平差计算,整理后结果列于表 4-2 中。

表 4-2 经纬仪观测角度观测值

次序	观测值 L_i /(° ′ ″)	ΔL_i /(″)	改正值 v	计算	
1	36 50 30	10	−4	16	$x=L_0+\frac{[\Delta L]}{n}=36°50'26''$ $m=\pm\sqrt{\frac{[vv]}{n-1}}=\pm 2.6''$ $m_x=\pm\sqrt{\frac{[vv]}{n(n-1)}}=\pm 1.1''$
2	36 50 26	6	0	0	
3	36 50 28	8	−2	4	
4	36 50 24	4	2	4	
5	36 50 25	5	1	1	
6	36 50 23	3	3	9	
$\sum$	($L_0=36°50'20''$)	36	0	34	

第六节 广义算术平均值及精度评定

在实际测量中,除同精度观测外,还常遇到不同精度观测。对于不同精度观测,不能简单地求取算术平均,并评定其精度。

一、不同精度观测及观测值的权

对一边长分两组进行测量,在同精度观测的条件下,第一组观测了 n_1 次,其观测值分别为 $l_1, l_2, l_3, \cdots, l_{n1}$;第二组观测了 n_2 次,其观测值分别为 $l_{n1+1}, l_{n1+2}, \cdots, l_{n1+n2}$。两组观测值的算术平均值分别为:

$$\begin{cases} L_1 = \dfrac{l_1 + l_2 + \cdots + l_{n1}}{n_1} \\ L_2 = \dfrac{l_{n1+1} + l_{n1+2} + \cdots + l_{n1+n2}}{n_2} \end{cases} \tag{4-44}$$

设 $l_1, \cdots, l_{n1}, l_{n1+1}, \cdots, l_{n1+n2}$ 的观测中误差为 m,则:

$$\begin{cases} m_1 = \pm\dfrac{m}{\sqrt{n_1}} \\ m_2 = \pm\dfrac{m}{\sqrt{n_2}} \end{cases} \tag{4-45}$$

如果 $n_1 \neq n_2$，则 $m_1 \neq m_2$，L_1 与 L_2 属于不同精度观测。

为了表示观测值的可靠性，引入“权”的概念，“权”原意为秤锤，现表示“权衡轻重”，权为不同精度观测值在计算未知量的最可靠值时所占的比重。

权的定义式为：

$$P_i = \frac{\mu^2}{m_i^2} \quad (i = 1,2,3,\cdots,n) \tag{4-46}$$

式中，μ 取任意常数，当 $m_i = \mu$ 时，$P_i = 1$，所以 μ 表示权等于 1 时观测值的中误差，简称为单位权中误差。

权与中误差的平方成反比，即中误差越小，精度越高，权越大。

二、广义算术平均值及其中误差

对于观测值 $l_1, l_2, \cdots, l_{n1}, l_{n1+1}, l_{n1+2}, \cdots, l_{n1+n2}$，其算术平均值为：

$$\bar{x} = \frac{l_1 + l_2 + \cdots + l_{n1} + l_{n1+1} + l_{n1+2} + \cdots + l_{n1+n2}}{n_1 + n_2}$$

结合式(4-44)，则上式为：

$$\bar{x} = \frac{n_1 L_1 + n_2 L_2}{n_1 + n_2} \tag{4-47}$$

将式(4-45)和式(4-46)带入式(4-47)，可得：

$$\bar{x} = \frac{P_1 L_1 + P_2 L_2}{P_1 + P_2}$$

将上式推广到 n 次不同精度观测，观测值分别为 $L_1, L_2, \cdots, L_n$，相应的权分别为 P_1，$P_2, \cdots, P_n$，则该未知量的最或然值为：

$$\bar{x} = \frac{P_1 L_1 + P_2 L_2 + \cdots + P_n L_n}{P_1 + P_2 + \cdots + P_n} \tag{4-48}$$

式(4-48)称为广义算术平均值或加权平均值。

式(4-48)还可表示为：

$$\bar{x} = \frac{[PL]}{[P]}$$

设观测值 $L_1, L_2, \cdots, L_n$ 的中误差分别为 $m_1, m_2, \cdots, m_n$，根据线性函数的误差传播公式，得广义算术平均值的中误差：

$$m_x = \pm\sqrt{\left(\frac{P_1}{[P]}\right)^2 m_1^2 + \left(\frac{P_2}{[P]}\right)^2 m_2^2 + \cdots + \left(\frac{P_n}{[P]}\right)^2 m_n^2} \tag{4-49}$$

由式(4-46)，则式(4-49)可得：

$$m_x = \frac{\mu}{\sqrt{[P]}} \tag{4-50}$$

按式(4-46)，加权平均值的权为各观测值的权之和，即：

$$P_x = [P] \tag{4-51}$$

三、单位权中误差的计算

不同精度观测值 $L_1,L_2,\cdots,L_n$，其权分别为 $P_1,P_2,\cdots,P_n$，真误差分别为 $\Delta_1,\Delta_2,\cdots,\Delta_n$，中误差分别为 $m_1,m_2,\cdots,m_n$。由于是不同精度观测，所以无法利用公式(4-9)计算中误差。

令：

$$L_i'=L_i\sqrt{P_i}$$

根据误差传播定律：

$$m'^2_i=m_i^2P_i$$

式中，m_i' 为 L_i' 的中误差；P_i' 为 L_i' 的权。

根据式(4-46)的变换公式 $m'^2_i=\mu^2/P_i'$ 和 $m_i^2=\mu^2/P_i$，得：

$$\frac{\mu^2}{P_i'}=\frac{\mu^2}{P_i}\cdot P_i=\mu^2$$

即 $P_i'=1$，由此可知，$L_1',L_2',\cdots,L_n'$ 为等精度的单位权观测值，它们的中误差就是单位权中误差。L_i' 的真误差可以根据式 $L_i'=l_i\sqrt{P_i}$ 得到，即：

$$\Delta'_i=\Delta_i\sqrt{P_i}$$

这样就可以利用公式(4-9)由真误差计算中误差，计算出的中误差也就是单位权中误差，即：

$$\begin{aligned}\mu&=\pm\sqrt{\frac{(\sqrt{P_1}\Delta_1)^2+(\sqrt{P_2}\Delta_2)^2+\cdots+(\sqrt{P_n}\Delta_n)^2}{n}}\\&=\pm\sqrt{\frac{[P\Delta\Delta]}{n}}\end{aligned}\tag{4-52}$$

在测量工作中，往往无法直接计算真误差，由观测值的改正数计算单位权中误差是十分必要的。

根据改正数和真误差的计算公式：

$$v_i=\overline{x}-L_i$$

$$\Delta_i=L_i-X$$

则

$$\Delta_i=-v_i+(\overline{x}-X)=-v_i+\Delta_x\tag{4-53}$$

式中，Δ_x 表示加权平均值的真误差。

将式(4-53)两边平方并乘以 P_i，得：

$$p_i\Delta_i\Delta_i=P_iv_iv_i-2P_iv_i\Delta_x+P_i\Delta_x^2$$

两边求和，得：

$$[P\Delta\Delta]=[Pvv]-2[Pv]\Delta_x+\Delta_x^2[P]\tag{4-54}$$

因为 $v_i=\overline{x}-L_i$，该式乘以 P_i 后求和，得：

$$[Pv]=[P]X-[PL]$$

由于 $x=\frac{[PL]}{[P]}$，故 $[Pv]=[P]\frac{[PL]}{[P]}-[PL]=0$。利用 m_x 代替 Δ_x，则式(4-54)可以表示为：

$$[P\Delta\Delta]=[Pvv]+m_x^2[P]=[Pvv]+\frac{\mu^2}{[P]}[P]=[Pvv]+\mu^2 \tag{4-55}$$

由式(4-52)、式(4-55)，可得：

$$n\mu^2=[Pvv]+\mu^2$$

利用观测值的改正数计算单位权中误差的公式为：

$$\mu=\pm\sqrt{\frac{[Pvv]}{n-1}} \tag{4-56}$$

【例 4-9】 从已知水准准点 A、B、C 出发，分别沿三条路线测量未知点 P 的高程，如图 4-4所示。已知数据和观测数据见表 4-3，求 P 点高程的最或然值及其中误差。

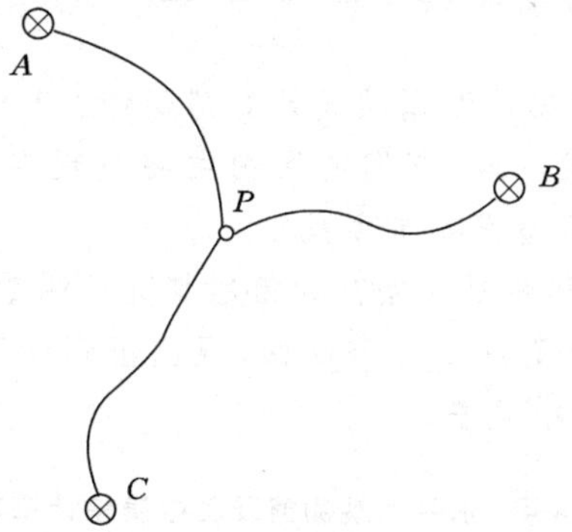

图 4-4　水准路线图

表 4-3　已知数据和观测数据表

路线	起点	起点高程/m	高差 h/m	观测高程 H/m	测站数 n_i	权	v/mm	Pvv
1	A	90.123	−8.945	81.178	40	2.5	4	40
2	B	91.269	−10.094	81.175	50	2	8	128
3	C	89.018	−7.832	81.186	20	5	−4	80

解　(1) 计算各观测路线的权

设每站观测高差中误差为 m，对于不同的观测路线，根据误差传播定律，可得每条路线观测高差中误差为：

$$m_i^2=m^2\cdot n_i \quad (i=1,2,3)$$

根据权的定义，各观测路线的权分别为：

$$P_i=\frac{\mu^2}{m_i^2}=\frac{\mu^2}{m^2\cdot n_i}$$

令 $\frac{\mu^2}{m^2}=100$，各观测路线的权见表 4-3。

(2) 计算 P 点高程的广义算术平均值(最或然值)

根据加权平均值的计算式，计算 P 点高程的广义算术平均值，即：

$$H_P=\frac{[P_i \cdot H_i]}{[P_i]}=\frac{81.178\times 2.5+81.165\times 2+81.186\times 5}{2.5+2+5}=81.182\ (\mathrm{m})$$

(3) 计算单位权中误差和最或然高程的中误差

计算各观测高程的改正数 v_i，再计算 Pvv，具体计算结果见表 4-3，根据公式(4-56)计算单位权中误差，即：

$$\mu=\pm\sqrt{\frac{[Pvv]}{n-1}}=\pm\sqrt{\frac{248}{3-1}}=\pm 11\ (\mathrm{mm})$$

根据公式(4-50)，计算 P 点最或然高程的中误差，即：

$$m_P=\pm\frac{\mu}{\sqrt{[P]}}=\pm\frac{11}{\sqrt{9.5}}=\pm 3.6\ (\mathrm{mm})$$

复习思考题

1. 测量误差产生的原因有哪些？偶然误差有哪些特性？

2. 试比较系统误差和偶然误差，它们的区别主要表现在哪些方面？在水准测量过程中，常遇到的系统误差和偶然误差分别有哪些？

3. 何谓中误差、极限误差和相对误差？如何用其进行测量数据质量评价？

4. 对于某个水平角以等精度观测 4 个测回，观测值列于下表。计算其算术平均值、一测回的中误差和算术平均值的中误差。

表 4-4　水平角观测值及其中误差计算表

次序	观测值 l	$\Delta l/('')$	改正值 $v/('')$	计算 $\bar{x},m,m_{\bar{x}}$
1	158°30′47″			
2	158°30′42″			
3	158°30′46″			
4	158°30′40″			

5. 在一个平面三角形中，观测其中两个水平角 α 和 β，其测角中误差均为±15″，请计算第三个角度 γ 及其中误差 m_γ。

6. 某矩形房屋，量得其长度为 15.34 m±0.05 m，宽度为 8.25 m±0.04 m，请计算房屋面积 S 及其中误差 m_s。

7. 何谓不同精度观测？何谓权？权有什么实际意义？

8. 对于某角度，利用测角精度为 2″全站仪一个测回测得角值为 85°15′40″，两个测回测得角值为 85°15′44″，利用 5″全站仪测得角值为 85°15′48″，求该角度的广义算术平均值。

第四章课件

第四章复习思考题答案

第四章插图

第五章 控制测量

第一节 控制测量概述

一、控制测量的基本概念

（一）控制测量的目的

控制测量的目的是为地形图测绘和各种工程测量提供控制基础和起算基准，实质是测定一系列具有较高精度的平面坐标和高程的点，这些点称为控制点。控制测量是相对碎部测量而言的。测图时要测定地物、地貌特征点的平面坐标和高程，以此确定地物、地貌的空间分布和相互关系；工程施工时，需要将图上设计好的建筑物以其特征点的平面坐标和高程标定到实地。测定地物、地貌特征点位置的工作称碎部测量。控制测量提供了控制点的精确位置，并以控制点的位置来确定碎部点的位置。

控制测量必须先期进行。它所提供的控制点具有统一的坐标系统和高程系统，其成果具有通用性和共享性，使全国各局部地区的测量工作得以分期分批进行，所测地形图可以相互拼接共同使用。

控制测量在国民经济建设中具有重要作用，它为地学科学研究、空间技术、宇宙航行以及测图和各项工程提供了控制基础。

（二）控制测量的分类

控制测量分为平面控制测量和高程控制测量。平面控制测量的任务是在某地区或全国布设平面控制网，精密测定控制点的平面位置。高程控制测量的任务是在某地区或全国布设高程控制网，精密测定点的高程位置。

三角高程测量

控制测量按精度分为不同等级，各个等级有不同的技术指标，所测点的点位精度也不相同，这样才能满足各类用户要求。国家平面控制测量分为一、二、三、四 4 个等级；国家高程控制测量也分成一、二、三、四 4 个等级。直接服务于大比例尺测图和工程测量的平面控制测量等级有一、二、三级导线测量，一、二级小三角测量，以及图根导线测量和图根三角测量，与之相应的高程控制测量包括等外水准测量和三角高程测量。

（三）控制测量应遵循的原则

控制测量应遵循从高级到低级、由整体到局部、逐级控制、逐级加密的原则，即首先在全国范围内布设一系列控制点形成控制网，用最精密的仪器和严密的方法，测定其平面坐标和高程，构成骨架，而后逐级布设低一级控制网。这样，就形成了控制等级系列，在点位精度上逐级降低，在点的密度上逐级加大。控制测量这种布网原则很重要，它确保了坐标和高程系统的统一，同级控制网的规格和精度比较均衡，点位误差的积累得到有效的控制。

各等级控制网的布网形式、技术规格、实施方法和精度要求，都在国家测量规范中做了明确规定。国家和行业测量规范是保障测绘成果质量的技术法规，必须严格执行。

（四）控制测量实施步骤

① 技术设计——目的是优化布网方案、设计好观测纲要、安排好实施计划。

② 选点——在实地确定控制点的具体位置，力争做到点位安全可靠，便于观测和保存，点间相互通视，控制网的图形结构良好。

③ 造标埋石——在实地设立测量标志，埋设标石。标石用石料、钢筋混凝土等材料制成，在顶面嵌入金属标志，其几何中心表示点位。标石的类型很多，图5-1所示是低级平面控制网用的标石和埋设情况。用于高程控制点的水准标石类型有基岩水准标石、基本水准标石、普通水准标石和墙脚水准标石等四种。图 5-2 所示是普通水准标石及其埋设情况。

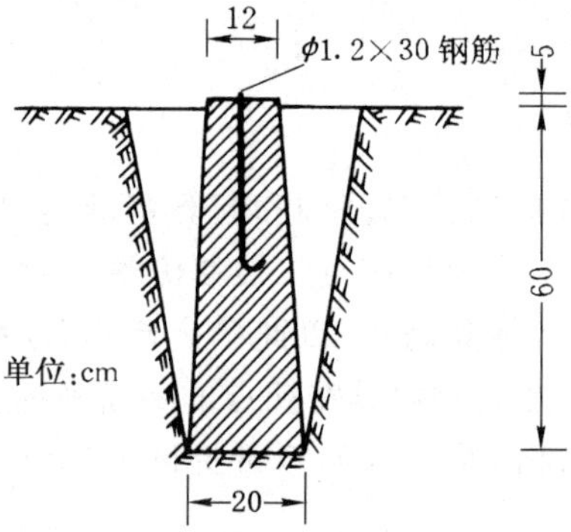

图 5-1　一般平面控制点标石的埋设

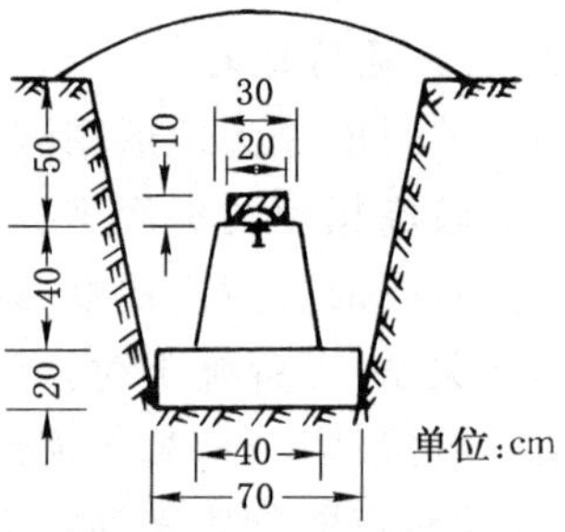

图 5-2　普通水准标石的埋设

用经典方法建立控制网时，还要在地面建立测量标志。建造在地面上的标志称为觇标，用以提供照准目标和观测平台。觇标可用木材、水泥、钢材等材料制成，其基本结构是用橹柱（架腿）支撑起一个标心柱或支撑起一个观测平台，标心柱的几何中心应与标石中心在一条铅垂线上，是邻点观测时的照准标志。觇标有多种类型，图 5-3 所示是用木材制成的寻常标。

图 5-3　木质寻常标觇标

④ 观测——用仪器采集各种数据。

⑤ 数据处理——包括对观测数据的检查、平差计算，求出控制点的坐标和高程并评定其精度。

⑥ 成果验收与上交——根据相关规范检查观测资料和最后成果，确保提交的成果可靠；依据测绘成果验收标准，评定成果的等级。

二、国家控制网概述

（一）国家平面控制网

国家三角网是国家大地控制网的重要组成部分，其布设应遵循“从整体到局部，从高级到低级”的分级布网原则。国家三角测量分为一、二、三、四等，一、二等三角测量属于国家基本控制测量，三、四等三角测量属于加密控制测量。

1. 国家三角网布设方案

① 一等三角网——沿经纬线以三角锁或连续三角网的形式布满全国(图 5-4)。锁环的锁段长为 200 km 左右(图 5-5)，在锁环锁段的交叉处测定一等起始边。在一等起始边的两端点加测一等天文经、纬度和一等天文方位角，并在每锁段中央的一个三角点上测定一等天文经、纬度。

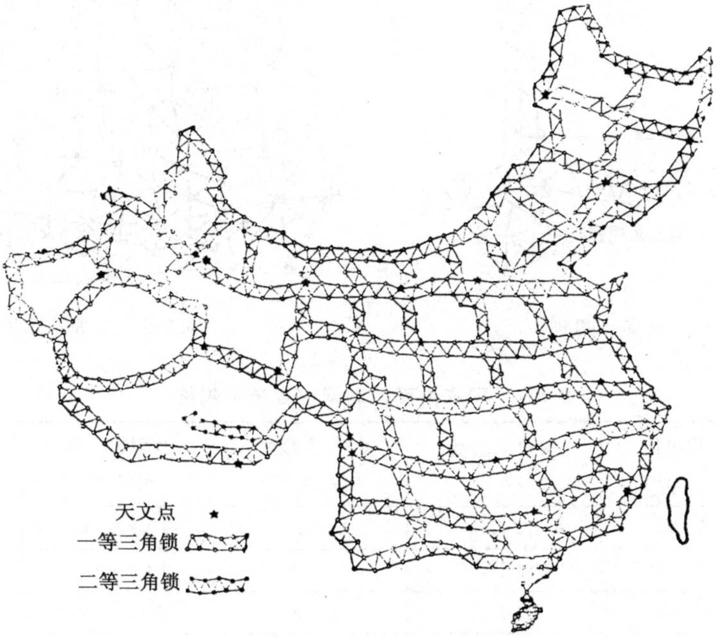

图 5-4　一等三角网

以连续三角网形式布设时，每隔 200 km 左右加测一条一等起始边。起始边两端加测一等天文经、纬度和一等天文方位角，并在中间部位的三角点上测定一等天文经纬度。

② 二等三角网——在一等三角锁环内以连续三角网形式布设，并在二等三角网的中央部位布设一条一等起始边，在起始边的两端点上测定一等天文经、纬度和天文方位角。图 5-6 所示为一个一等锁环中的二等三角网。

在布设一等连续三角网的地方可不再布设二等三角网，而直接加密三等或四等三角点或三角网。

③ 三、四等三角网——以连续三角网形式或插网或插点形式，在一等或二等控制点下进行加密；三等三角网的平均边长为 4～10 km，四等为 1～6 km。在没有二等三角网的地方，也可以在一等三角锁环内或一等三角网之下，直接布设三等或四等三角网。

一等三角网作为低等级平面控制网的基础，同时为研究地球形状和大小提供重要的科学资料。二等三角网是扩展低等平面控制网的基础，三、四等三角网作为一、二等三角网的进一步加密。

国家平面控制网主要技术规格列于表 5-1 中。

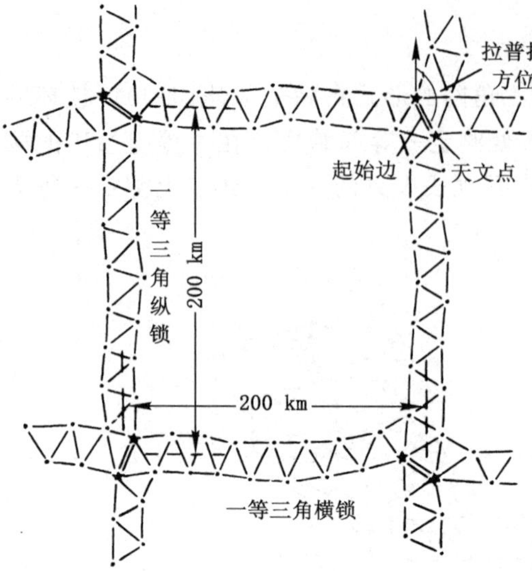

图 5-5　一等三角锁

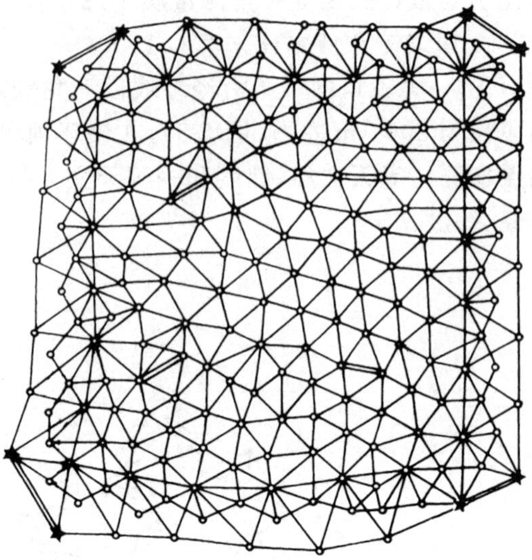
图 5-6　二等三角网

表 5-1　国家平面控制网主要技术规格

等级	平均边长 /km	测角中误差 /(″)	三角形最大闭合差/(″)	最弱边相对中误差	最弱边方位角中误差/(″)
一等	20～25	±0.7	±2.5	1∶200 000	±0.9
二等	9～13	±1.0	±3.5	1∶120 000	±1.5
三等	4～10	±1.8	±7.0	1∶70 000	±2.5
四等	1～6	±2.5	±9.0	1∶40 000	±4.5

2. 导线网布设方案

从已知点开始，用直线依次连接各点形成折线状，这种布设形式称为导线。

三、四等导线测量是一、二等大地网进一步加密的一种常用方法，多用于地形复杂、通视困难及不易布设三角网的地区。所有三、四等导线点均须以国家水准网为基础，用三角高程或水准测量方法测定其高程。所有导线点的高程均以其中心标石的上标为准。

三、四等导线测量的主要技术要求应符合表 5-2 的规定。

表 5-2　三、四等导线测量的主要技术要求

等级	边长范围 /km	附合导线长度/km	测角中误差 /(″)	测边相对中误差	导线全长相对闭合差	方位角闭合差 /(″)	水平角观测测回数	
							DJ_1	DJ_2
三	3～10	≤100	±1.5	1/150 000	1/60 000	$\pm 3\sqrt{n}$	9	12
四	1～5	≤50	±2.5	1/100 000	1/40 000	$\pm 5\sqrt{n}$	6	9

三、四等导线测量中，最弱边的边长相对中误差分别不得低于 1/7 万和 1/4 万，方位角中误差不得超过±2″.5 和±4″.5。

图 5-7 所示为一个一等导线环内导线网布设方案。

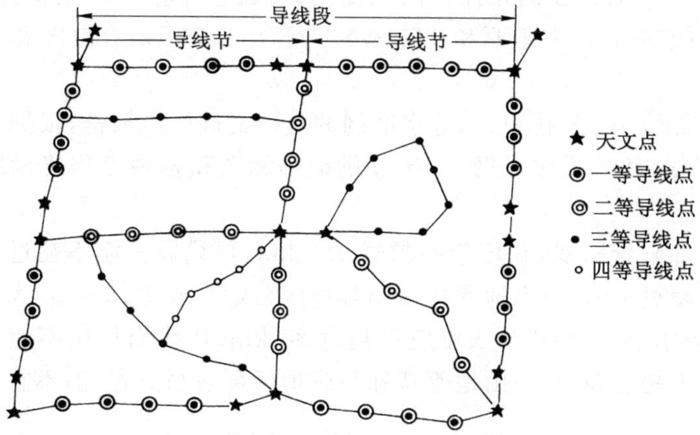

图 5-7 精密导线网布设方案示意图

3. 2000 国家大地控制网

2000 国家大地控制网是定义在 ITRS 2000 地心坐标系统中的区域性地心坐标框架。由原国家测绘局布设的高精度 GPS A、B 级网，原总参测绘局布设的 GPS 一、二级网，中国地震局、原总参测绘局、中国科学院、原国家测绘局共建的中国地壳运动观测网组成，共 2 609 个点。通过联合处理将其归于一个坐标参考框架。2000 国家大地控制网的建立，为全国提供了高精度的重力基准，为国家的经济建设、国防建设和科学研究提供了高精度、三维、统一的几何大地测量与物理大地测量的基础地理信息，可满足现代测量技术对地心坐标的需求。

（二）国家高程控制网

水准测量是建立国家高程控制网的唯一方法。国家高程控制网按控制次序和施测精度分为一、二、三、四等，其中一、二等构成全国高程控制的骨干，三、四等直接为测图和工程测量提供高程控制点。水准点的高程采用正常高系统，按照 1985 国家高程基准起算。青岛国家水准原点高程为 72.260 m。图 5-8 所示为各等水准网布设示意图。

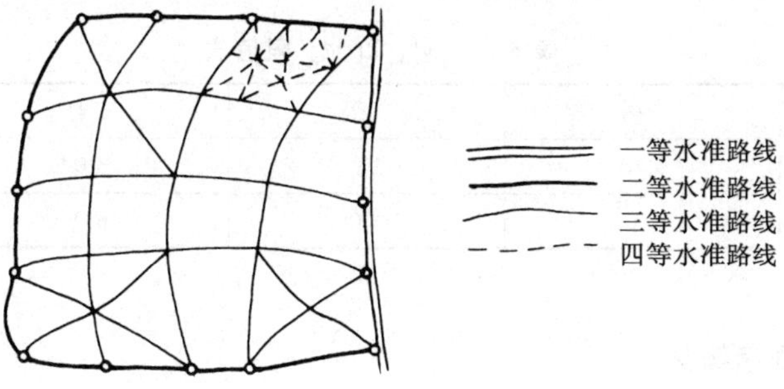

图 5-8 各等水准网布设示意图

① 一等水准网——沿地质构造稳定、交通不太繁忙、地势平缓的交通路线布设，水准路线应闭合成环，并构成网状。一等水准环线的周长，东部地区应不大于 1 600 km，西部地区应不大于 2 000 km，山区和困难地区可酌情放宽。

② 二等水准网——是国家高程控制的全面基础，在一等环内沿主要公路、铁路及河流布设。二等水准环线的周长，在平原和丘陵地区应不大于 750 km，山区和困难地区可酌情放宽。

③ 三、四等水准网——是在一、二等水准网的基础上进一步加密，根据需要在高等级水准网内布设附合路线、环线或结点网，直接提供地形测图和各种工程建设所必需的高程控制点。

单独的三等水准附合路线，长度应不超过 150 km；环线周长应不超过 200 km；同级网中结点间距离应不超过 70 km；山地等特殊困难地区可适当放宽，但不宜大于上述各指标的 1.5 倍。单独的四等水准附合路线，长度应不超过 80 km；环线周长应不超过 100 km；同级网中结点间距离应不超过 30 km；山地等特殊困难地区可适当放宽，但不宜大于上述各指标的 1.5 倍。

水准路线上，每隔一定距离应布设水准点。水准点分为基岩水准点、基本水准点、普通水准点三种类型。基岩水准标石埋设在一等水准路线上，每 600 km 一座；基本水准标石埋设在一、二等水准路线上，40 km 左右一座。普通水准标石埋设在各等级水准路线上，每 4～8 km 一座，在人口稠密、经济发达地区可缩短为 2～4 km；荒漠地区及水准支线可增长至 10 km 左右。支线长度在 15 km 以内可不埋石。

各等水准测量作业结束后，应以测段往返高差不符值计算每千米水准测量高差中数的偶然中误差 M_Δ。当构成水准网的水准环超过 20 个时，还要按环闭合差计算每千米水准测量高差中数的全中误差 M_w。计算公式为：

$$\begin{cases} M_\Delta = \pm\sqrt{\dfrac{1}{4n}\left[\dfrac{\Delta\Delta}{R}\right]} \\ M_w = \pm\sqrt{\dfrac{1}{N}\left[\dfrac{ww}{F}\right]} \end{cases}$$

式中，Δ 为测段往返测高差不符值，mm；R 为测段长，km；n 为测段数；w 为概算后的水准环闭合差，mm；F 为水准环线周长，km；N 为水准环数。计算结果不应超出表 5-3 之规定。

表 5-3　M_Δ 和 M_w 限值表

等级	一等	二等	三等	四等
M_Δ /mm	0.45	1.0	3.0	5.0
M_w /mm	1.0	2.0	6.0	10.0

三、图根控制测量概述

（一）图根控制测量

国家平面控制网点的密度稀，难以满足 1∶500～1∶2 000 比例尺地形测图和城市建设及工矿施工放样的需要，应在国家平面控制网以下进一步加密，建立等级更低的控制。GNSS 测量、全站仪测距导线测量、光电测距导线测量是低级平面控制加密的主要形式，其次有交会定点和小三角测量。此时边长短（2 km 以下）、精度要求低，一般可不考虑地球曲率的影响。外业中使用普通的测绘仪器测距测角，测回数减少，各项限差也放宽了，但主要技术要求应符合相关行业标准的规定。内业可采用简易平差，计算大为简化。

导线测量分为一、二、三级；小三角测量分一级小三角和二级小三角。它们既可作为四等三角网的进一步加密，又可在小地区作为首级控制网布设。

控制网加密后，测区控制点的密度还不可能满足大比例尺测图的需要，这时应布设适当数量的图根控制点，又称图根点，直接供测图（碎部测量）使用。直接控制碎部测图的低等级平面控制测量称为图根平面控制测量。图根平面控制测量在各等级控制下进行加密，可采用图根导线、图根三角、交会和 GNSS RTK 测量等方法进行，是测图作业中最低一级的控制。

（二）等外水准测量与三角高程测量

在地形测图和工程测量时，一般把三、四等水准网作为基本高程控制。其下布设等外水准和三角高程网，既可作为小测区的首级高程控制，又可作为图根控制。等外水准精度低于四等水准，分为工程水准和图根水准，其施测精度根据测图和工程要求不同而异。三角高程测量分为一、二两级，以及图根三角高程测量。

国家等级平面和高程控制测量、GNSS 测量将在后续课程中介绍。本章主要介绍低等级平面控制测量，三、四等及等外水准测量与三角高程测量，GNSS 技术在控制测量中的应用等内容。

第二节 导线测量

一、导线的基本形式

导线的基本布设形式有支导线、附合导线、闭合导线、无定向导线和导线网。

导线的含义

（一）支导线

如图 5-9(a)所示，从已知边 AB 开始，依次在各待定点设站测角测距，并用直线依次连接各待定点，形成自由伸展的折线形状，这种导线形式称为支导线。一个已知点的坐标 x、y 和已知方位角 α_{AB} 是导线必需的三个起算元素，转角 β 和边长 D 为观测元素，待定点坐标为推算元素。

支导线缺乏必要的检核条件，终点的点位误差最大，故用支导线测定控制点坐标时，应限制支导线长度，并进行往返观测以资检核。

（二）附合导线

两端（始端和终端）均附合在已知点和已知方向的导线称为附合导线，如图 5-9(b)所示。这种导线，不仅有检核条件（坐标条件和方位角条件），而且最弱点位于导线中部，使附合导线在与支导线同等精度的条件下得以增加长度，故附合导线在生产中得到广泛应用。

（三）闭合导线

导线从某一起算边开始，经一系列待定点后又回到该起算边，形成闭合的多边形，这种导线称为闭合导线，如图 5-9(c)所示。闭合导线与附合导线相比，闭合导线的始端和终端附合的已知点和已知方向相同。因此，二者互为特例，在生产中均广泛采用。

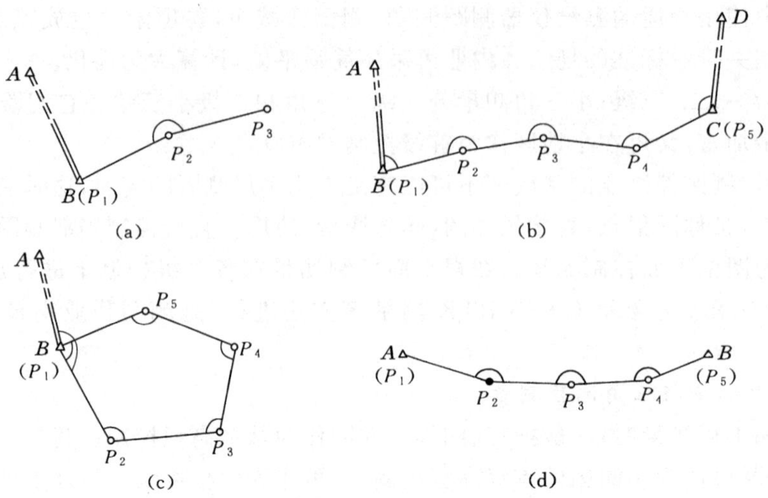

图 5-9　导线布设形式

（四）无定向导线

图 5-9(d)所示的导线，导线两端虽然附合在已知点上，但无已知方向，即无定向角，故称无定向导线。无定向导线的图形结构不够坚强，不得已时才采用。

此外，导线还可根据需要布设成网状，即导线网（图 5-10），这里不做赘述。

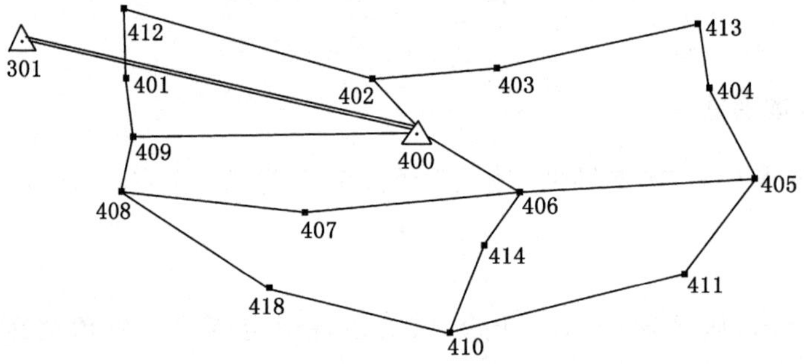

图 5-10　导线网

二、导线测量方法

（一）导线布设规格

为满足不同比例尺测图和不同工程测量的精度要求，各有关规范均规定了导线的长度、观测限差和精度指标，形成了导线等级和技术规格系列。

按《城市测量规范》的规定，一、二、三级导线和图根导线的技术要求分别如表 5-4 和表 5-5 所列。

表 5-4 电磁波测距导线技术要求

等级	闭合或附合导线长度/km	平均边长/m	测距中误差/mm	测角中误差/(″)	仪器及测回数		方位角闭合差/(″)	导线全长相对闭合差
					DJ_2	DJ_6		
一级	3.6	300	±15	±5	2	4	$\pm10\sqrt{n}$	1/14 000
二级	2.4	200		±8	1	3	$\pm16\sqrt{n}$	1/10 000
三级	1.5	120		±12	1	2	$\pm24\sqrt{n}$	1/6 000

注：n 为导线转角个数。

表 5-5 图根电磁波测距导线测量的技术指标

测图比例尺	附合导线长度/m	平均边长/m	测回数(DJ_6)	方位角闭合差/(″)	导线相对闭合差	方法
1∶500	900	80	1	$\pm40\sqrt{n}$	≤1/4 000	单程观测
1∶1 000	1 800	150				
1∶2 000	3 000	250				

注：n 为测站数。

（二）导线测量外业

导线测量外业主要包括导线的布设和转角及边长的观测。

1. 导线的布设

根据测图比例尺、测区面积和工程要求，确定首级网等级和加密层次。首级网应尽量布设成导线网，低级导线应附合在高级导线点上，并尽量布设成直伸等边形状，相邻边长比不宜超过 1∶3。为减少大气折光的影响，视线应尽量避开水域、热体等，超越障碍的距离不得小于 0.5 m。

导线网中，结点与高级点间或结点与结点间的导线长度不应大于附合导线规定长度的 0.7 倍。当附合导线长度短于规定长度的 1/3 时，导线的全长闭合差不应大于 0.13 m；特殊情况下，导线的总长和平均边长可放长至表 5-4 规定长度的 1.5 倍，但其全长闭合差不应大于 0.26 m。

导线网用作首级网时，应布设成多边形格网，加密网可布设成单线、单结点或多结点导线网。四等及以下各级导线网可布设成多结点无定向导线网，起算点不应少于 3 个，且应均匀分布。当附合导线的边数大于 12 条时，其测角精度应提高一个等级。

实地选点时应注意以下几点：

① 导线点应选在土质坚硬、能够长期保存且便于观测的地方。

② 导线点所在地通视条件良好，便于低级导线扩展和碎部测量时发挥最大作用。

一、二、三级导线，一般应埋设标石（图 5-1），填写“点之记”，标明导线点地理位置和与周围地物的相对关系，便于日后寻找。一、二、三级导线点一般不造永久觇标，观测时用花杆或跟踪杆代替。图根导线的标志除需要外，一般使用临时标志。为便于记录和计算，导线点应按一定规律编号。

2. 观测

（1）转角观测

用经检验校正过的 DJ_6 或 DJ_2 经纬仪观测。当测站上只有两个方向时，采用测回法观测；当测站上有三个或三个以上方向时，采用方向观测法观测。对于不同等级导线，测回数不同，测回间必须改变水平度盘位置，以减少度盘刻划误差的影响。第一测回水平度盘位置习惯置于 0°00′附近，从第二测回起，每次增加 $180°/n$（n 为测回数）。水平角观测采用方向观测法时，选择一个距离适中、通视良好、成像清晰的观测方向作为零方向。水平角观测采用方向观测法时，方向数不多于 3 个的可不归零。

各等级导线观测时，宜采用三联脚架法。观测前应严格整置仪器、对中整平，观测过程中应随时注意照准部长水准器气泡偏移的情况。当气泡偏离整置中心超过一格时，表示仪器垂直轴已倾斜，这时应停止观测、重新整置仪器并重新观测该测回。观测时，应仔细瞄准目标的几何中心线，并尽量照准目标的底部，以减少照准误差和觇标对中误差的影响，读数时要仔细果断，记录时要唱记，以防听错和记错。记录一定要在现场进行，并记在手簿上，严禁追记、补记和涂改记录，以保证记录的真实性和可靠性。

观测超限应重测，其限差见表 5-6，表中为方向观测法的各项限差，对测回法观测可参照执行。当照准点方向的垂直角不在±3°范围内时，该方向的 $2C$ 较差可按同一观测时间段内的相邻测回进行比较，但应在手簿中注明。

外业结束后，应按下式评定测角精度：

$$m''_{\beta}=\pm\sqrt{\frac{1}{N}\left[\frac{f_{\beta}f_{\beta}}{n+1}\right]}$$

式中，f_{β} 为附合导线或闭合导线环的方位角闭合差；$n+1$ 为计算时的角度个数，等于待定边数 $n+1$；N 为 f_{β} 的个数。

表 5-6　方向观测法的各项限差

经纬仪型号	光学测微器两次重合读数差/(″)	半测回归零差/(″)	一测回内 $2C$ 互差/(″)	同一方向各测回互差/(″)
DJ_2	3	8	13	9
DJ_6	—	18	—	24

（2）导线边长测量

各等级导线边长的测量，尽可能采用相应精度指标的测距仪测定。测距前，测距仪应经过检测。电磁波测距应在大气稳定和成像清晰的气象条件下进行观测，晴天日出后与日落前半小时内不宜观测；中午可根据地区、季节和气象情况留有适当的间歇时间；阴天有微风时，可全天观测；在雷雨前后、大雾、大风、雨、雪天气及大气透明度很差的情况下，不应观测。

电磁波测距时，气象仪表宜选用通风干湿温度表和空盒气压表。测距时使用的温度表及气压表宜和测距仪检定时一致。到达测站后，应立刻打开装气压表的盒子，置平气压表，并应避免受日光曝晒。温度表应悬挂在与测距视线同高、不受日光辐射影响和通风良好的地方，并应在气压表和温度表与周围温度一致后，再测记气象数据。

一、二、三级导线边长应往返测量，往测或返测的测回数不少于两测回，图根导线单程测距一测回。电磁波测距的各项限差及气象元素测定要求，分别列于表 5-7 和表 5-8。

表 5-7 各级测距仪观测结果各项较差的限差

测距仪等级	一测回读数较差/mm	两测回间较差/mm	往返或不同时段较差
Ⅰ	5	7	$2(a+b \cdot D)$
Ⅱ	10	15	

注：① 往返较差为斜距化算到同一水平面上后的平距间的比较；

② a—测距仪固定误差，mm；b—比例误差，10^{-6}；D—边长，km。

表 5-8 气象数据的测定要求

导线等级	最小读数		测定的时间间隔	气象数据的启用
	温度/℃	气压/Pa		
一级起始边和边长	0.5	100	每边一次	观测一端的数据取平均值
二级起始边和边长，三级边长	0.5	100	一时段始末各一次	

注：上午、下午和夜间各为一时段。

当边长需加入倾斜改正时，应测定边的两端点高差或边的垂直角，用高差或垂直角进行倾斜改正。高差可用水准测量或三角高程测量方法测定。当用垂直角计算平距时，垂直角测角中误差按下式计算：

$$m''_{\delta} = \pm \frac{\sqrt{2}\rho''}{5T\sin\delta} \tag{5-1}$$

式中，m''_{δ} 为单程观测时垂直角测量精度，($''$)；δ 为垂直角；T 为测距边要求的相对误差分母。

垂直角观测方法及测回数列于表 5-9，表中“精度”是指用式(5-1)所计算的值，其大小决定了垂直角的观测方法和测回数。

表 5-9 垂直角观测方法及测回数

方法	测回数			
	精度：$5''$～$10''$	精度：$10''$～$30''$		精度：$30''$以上
	DJ_2	DJ_2	DJ_6	DJ_6
对向观测，中丝法	2	1	2	1
单向观测，中丝法	3	2	3	2

（三）导线测量内业

1. 导线测量内业计算的基本公式

(1) 坐标正算公式

已知边长和方位角，由已知点推算待定点的坐标称为坐标正算。如图 5-11 所示，在高斯平面直角坐标系中，已知 A 点坐标为 (x_A, y_A) 和 A 至待定点 P 的边长 D_{AP}（平距）、方位角 α_{AP}，则 P 点坐标可表达为：

平面直角坐标正反算

内业计算

$$\begin{cases} x_P = x_A + \overline{AG} \\ y_P = y_A + \overline{GP} \end{cases}$$

式中，$\overline{AG}$为纵坐标增量，记为 Δx_{AP}；$\overline{GP}$为横坐标增量，记作 Δy_{AP}。可见，求 P 点的坐标主要是求出两点间的坐标增量，坐标增量在本质上是两点坐标之差。

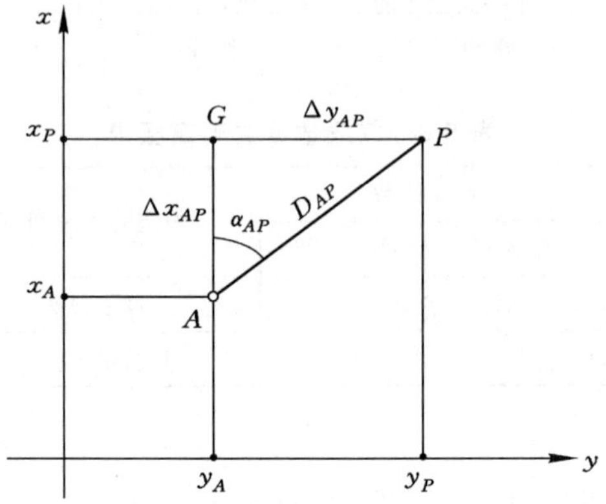

图 5-11　坐标正算

由三角函数知识，得坐标增量应为：

$$\begin{cases} \Delta x_{AP} = \overline{AG} = D_{AP} \cos \alpha_{AP} \\ \Delta y_{AP} = \overline{GP} = D_{AP} \sin \alpha_{AP} \end{cases} \tag{5-2}$$

于是得：

$$\begin{cases} x_P = x_A + D_{AP} \cos \alpha_{AP} \\ y_P = y_A + D_{AP} \sin \alpha_{AP} \end{cases} \tag{5-3}$$

若将上式写成一般形式，有：

$$\begin{cases} x_{i+1} = x_i + \Delta x_{i,i+1} = x_i + D_{i,i+1} \cos \alpha_{i,i+1} \\ y_{i+1} = y_i + \Delta y_{i,i+1} = y_i + D_{i,i+1} \sin \alpha_{i,i+1} \end{cases} \tag{5-4}$$

式(5-3)就是坐标计算正算公式，是平面控制测量中求算待定点坐标的公式，具有重要意义。式中 i 表示控制点序号。

(2) 坐标反算公式

已知相邻两点的坐标，反求边长和方位角称为坐标反算。如图 5-12 所示，方位角 α_{AP} 用坐标增量以反正切公式求得，即：

$$\alpha_{AP} = \arctan \frac{y_P - y_A}{x_P - x_A} = \arctan \frac{\Delta y_{AP}}{\Delta x_{AP}} \tag{5-5}$$

边长 D_{AP} 可由坐标增量以商高定理(勾股定理)求得，即：

$$D_{AP} = \sqrt{\Delta x_{AP}^2 + \Delta y_{AP}^2} \tag{5-6}$$

或以三角函数求得[以坐标增量式(5-2)反求]，即：

$$D_{AP} = \frac{\Delta x_{AP}}{\cos \alpha_{AP}} = \frac{\Delta y_{AP}}{\sin \alpha_{AP}} \tag{5-7}$$

式(5-5)、式(5-6)和式(5-7)就是坐标反算公式。反算公式在平面控制测量计算中使用广泛。

应当指出，用式(5-5)计算方位角时具有两个角值，应根据坐标增量 Δx_{AP}、Δy_{AP} 的正负号，来确定方位角的最后取值。

(3) 坐标方位角传算公式

如图 5-12 所示，设 AB 为已知边，其坐标方位角 α_{AB}，β 为左转角(导线前进方向左侧的转角为左转角，简称左角；反之为右角)，如何求得各待定边的坐标方位角呢？

坐标方位角的推算

由图 5-12 可知：

$$\alpha_{BP_2}=\alpha_{AB}-(180°-\beta_1)=\alpha_{AB}+\beta_1-180°$$

亦即：

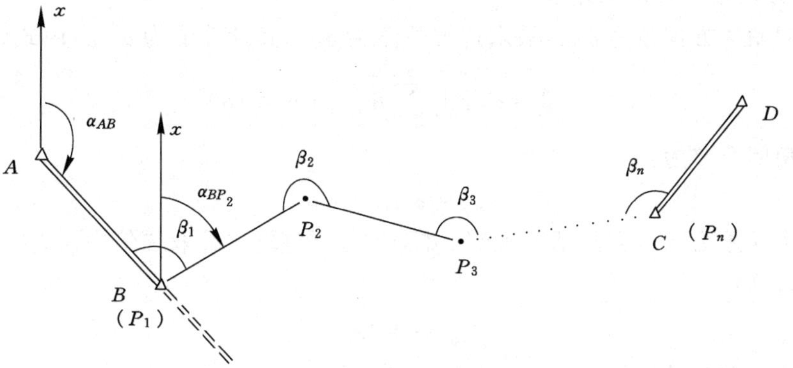

图 5-12　方位角传算

$$\alpha_{前}=\alpha_{后}+\beta_{左}-180° \tag{5-8}$$

若观测的是右角，则有：

$$\alpha_{BP_2}=\alpha_{AB}-[180°-(360°-\beta_1)]=\alpha_{AB}-\beta_1+180°$$

即：

$$\alpha_{前}=\alpha_{后}-\beta_{右}+180° \tag{5-9}$$

式(5-8)和式(5-9)即为方位角传算公式。根据方位角的定义和值域，当 $\alpha_{前}$ 大于 360° 时，应减去 360°；当 $\alpha_{前}$ 小于 0°时，应加上 360°。

同理可得：

$$\begin{aligned}\alpha_{P_2P_3}&=\alpha_{BP_2}+\beta_2-180°\\&=(\alpha_{AB}+\beta_1-180°)+\beta_2-180°\\&=\alpha_{AB}+\beta_1+\beta_2-2\times180°\end{aligned}$$

假定最末边 CD 的方位角推算值为 α'_{CD}，由此不难得出 α'_{CD} 的计算式为：

$$\alpha'_{CD}=\alpha_{AB}+\sum_{i=1}^{n}\beta_{i,左}-n\times180° \tag{5-10}$$

式中，$\beta_{左}$ 为导线左转角；n 为方位角传算过程中的转角个数。

对于右转角，有：

$$\alpha'_{CD}=\alpha_{AB}-\sum_{i=1}^{n}\beta_{i,右}+n\times180° \tag{5-11}$$

应特别注意，所求 α'_{CD} 应在值域内，否则应加减 360°或 360°的整数倍。

(4) 导线闭合差限差公式

由于转角观测存在误差，从导线起始边的已知方位角开始，以观测角经导线各边传算至最末边，最末边方位角的计算值与已知值不会相等，其差值就是方位角闭合差，记为 f_β。同理，由于转角、导线边长都存在观测误差，致使从起点坐标推算得到的终点坐标的计算值与已知值也不相等，其差值分别称为纵坐标闭合差和横坐标闭合差，分别记为 f_x 和 f_y。

导线闭合差必须有一定的限度，称为限差，一般以二倍中误差作为限差。闭合差超限，表明观测质量低，成果不能采用。

① 导线方位角闭合差限差公式

设已知起始边方位角为 α_{AB}，最末边方位角为 α_{CD}，其计算值为 α'_{CD}，由式(5-10)得：

$$\alpha'_{CD} = \alpha_{AB} + \sum_{i=1}^{n} \beta_{i,左} - n \times 180°$$

则方位角闭合差为：

$$f_\beta = \alpha'_{CD} - \alpha_{CD} \tag{5-12}$$

设测角中误差为 m_β，且同精度观测。根据误差传播律，并取二倍中误差为限差，则方位角闭合差限差为：

$$f_{\beta限} = \pm 2m_\beta \sqrt{n} \tag{5-13}$$

方位角闭合差应满足：

$$f_\beta \leqslant f_{\beta限} = \pm 2m_\beta \sqrt{n} \tag{5-14}$$

例如，对一级导线，$m_\beta = \pm 5''$，则：

$$f_\beta \leqslant \pm 10'' \sqrt{n}$$

② 导线全长相对闭合差限差公式

如果实际计算中求得的纵横坐标闭合差为 f_x、f_y，则导线全长闭合差 f_S 为：

$$f_S = \sqrt{f_x^2 + f_y^2} \tag{5-15}$$

则导线全长相对闭合差为：

$$K = \frac{f_S}{\sum D} = \frac{1}{\sum D / f_S} \tag{5-16}$$

导线全长相对闭合差应满足：

$$K \leqslant K_{限}$$

式中，$K_{限}$ 为导线全长相对闭合差限差，在规范中有明确规定。表 5-4、表 5-5 中给出了不同等级导线的导线全长相对闭合差，如二级导线的限差为 1/10 000，图根导线的限差为1/4 000。

(5) 观测边长化算公式

观测边长只有化算到统一的投影面上，才能用于坐标计算。对国家统一坐标系统而言，边长需化算到高斯平面上。当测区面积小于 25 km^2 时，可不经投影采用假定平面直角坐标系统在平面上直接进行计算。

将观测边长化算到高斯平面上，一般分三步进行：第一步，斜距化平距；第二步，将水平距离归化至椭球面；第三步，将椭球面上的距离投影到高斯平面上。以上第一步化算工作已在第三章中介绍，第二、三步化算工作将在“大地测量学”或“应用大地测量学”中详细介绍。

2. 单一附合导线与闭合导线近似平差

导线测量的近似平差计算

(1) 角度平差

角度平差的目的是消除转角观测误差引起的方位角闭合差，求得各转角的平差值。方法是先计算方位角闭合差 f_β，当 $f_\beta \leqslant f_{\beta限}$ 时，将 f_β 反符号平均分配给各转角，即：

$$v_i = -\frac{f_\beta}{n} \tag{5-17}$$

$$\hat{\beta}_i = \beta_i + v_i \quad (i = 1, 2, \cdots, n) \tag{5-18}$$

式中，n 为转角个数；v_i 为转角改正数；$\hat{\beta}_i$ 为转角平差值。

(2) 坐标平差

坐标平差的目的是消除因转角和边长观测误差引起的坐标闭合差 f_x 和 f_y，求得各点的坐标平差值(参见图 5-12)。步骤如下：

① 用平差角 $\hat{\beta}$ 和水平边长 D 先推算各点间坐标增量近似值。

各边方位角(以左角为例)：

$$\alpha_{前} = \alpha_{后} + \hat{\beta} - 180^\circ$$

各点间坐标增量：

$$\begin{cases} \Delta x_{ij} = D_{ij} \cos \alpha_{ij} \\ \Delta y_{ij} = D_{ij} \sin \alpha_{ij} \end{cases}$$

② 计算坐标闭合差 f_x、f_y 和导线全长闭合差 f_S 及导线全长相对闭合差 K。

$$\begin{cases} f_x = \sum \Delta x - (x_C - x_B) \\ f_y = \sum \Delta y - (y_C - y_B) \end{cases} \tag{5-19}$$

$$f_S = \sqrt{f_x^2 + f_y^2}$$

$$K = \frac{1}{\sum D / f_S} \tag{5-20}$$

③ 当 $K \leqslant K_{限}$ 时，将坐标闭合差按边长成比例反符号分配给各坐标增量，求得坐标增量的平差值和各点坐标平差值。

$$\begin{cases} v_{\Delta x ij} = -\dfrac{f_x}{\sum D} \times D_{ij} \\ v_{\Delta y ij} = -\dfrac{f_y}{\sum D} \times D_{ij} \end{cases} \tag{5-21}$$

坐标增量平差值：

$$\begin{cases} \Delta \hat{x}_{ij} = \Delta x_{ij} + v_{\Delta x ij} \\ \Delta \hat{y}_{ij} = \Delta y_{ij} + v_{\Delta y ij} \end{cases}$$

各点坐标平差值：

$$\begin{cases} \hat{x}_j = x_i + \Delta\hat{x}_{ij} \\ \hat{y}_j = y_i + \Delta\hat{y}_{ij} \end{cases} \tag{5-22}$$

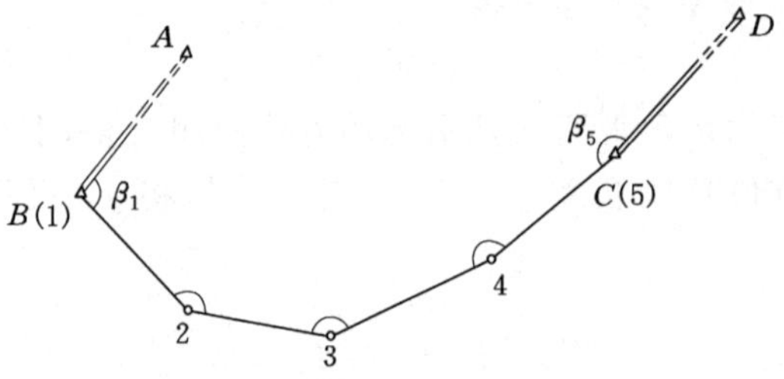

图 5-13　附合导线算例

(3) 单一附合导线近似平差示例

【例 5-1】 图 5-13 所示为单一图根附合导线。A、B、C、D 为已知点，已知数据有起点 B 与终点 C 的坐标、起边与终边的方位角 α_{AB} 和 α_{CD}：

$$x_B = +640.931\ \text{m} \qquad x_C = +589.974\ \text{m}$$
$$y_B = +1\ 068.444\ \text{m} \qquad y_C = +1\ 307.872\ \text{m}$$
$$\alpha_{AB} = 224°03'00'' \qquad \alpha_{CD} = 24°09'00''$$

各转角和各边长 D 分别列于表 5-10 中的第 2 栏和第 6 栏。试对这一图根导线进行近似平差。

解　全部计算工作均在表中进行，主要分四步进行。

① 绘图填表

绘制平差略图(见图 5-13)，在计算表中填写已知数据和观测数据。

② 方位角闭合差计算与角度平差

方位角闭合差按式(5-12)进行计算。式中 α_{CD} 为终边方位角推算值，可按方位角传算公式(5-10)计算：

$$\alpha'_{CD} = \alpha_{AB} + \sum\beta_{左} - n \times 180° = 24°09'30''$$

方位角闭合差 $f_\beta = \alpha'_{CD} - \alpha_{CD} = 24°09'30'' - 24°09'00'' = +30''$，图根导线的方位角闭合差限差为 $f_{\beta限} = \pm 2m_\beta\sqrt{n} = \pm 2 \times 30''\sqrt{5} = \pm 134''$，$f_\beta < f_{\beta限}$，满足要求。

各转角的改正数为 $v_i = -\dfrac{f_\beta}{n} = -\dfrac{+30''}{5} = -6''$，填入表格第 3 栏。改正后角值(平差值) $\hat{\beta}_i = \beta_i + v_i$ 填入第 4 栏。

③ 导线全长相对闭合差计算与检核

——由转角平差 $\hat{\beta}$ 推算各边方位角并检核，记入第 5 栏。

方位角 α 推算：用计算器直接在表中计算，不必列出算式，如：

$$\alpha_{12} = \alpha_{AB} + \hat{\beta}_1 - 180° = 224°03'00'' + 114°16'54'' - 180° = 158°19'54''$$

检核：应有 $\hat{\alpha}_{CD} = (24°09'00'') = \alpha_{CD}$，表明 $\hat{\beta}$ 和 α 计算无误，已消除了方位角闭合差。

——由方位角 α 和边长 D 计算坐标增量近似值，填入第 7、9 栏，如：

$$\Delta x_{12} = D_{12}\cos\alpha_{12} = 82.181 \times \cos(158°19'54'') = -76.374$$
$$\Delta y_{12} = D_{12}\sin\alpha_{12} = 82.181 \times \sin(158°19'54'') = +30.344$$

表 5-10 附合导线平差计算表

点号	转角观测值 β /(° ′ ″)	改正数 v /(″)	转角平差值 $\hat{\beta}$ /(° ′ ″)	坐标方位角 α /(° ′ ″)	边长 D /m	坐标增量近似值及改正数 Δx /m	改正数 /mm	Δy /m	改正数 /mm	坐标增量平差值 $\Delta\hat{x}$ /m	$\Delta\hat{y}$ /m	坐标平差值 $\hat{x}$ /m	$\hat{y}$ /m	点号
1	2	3	4	5	6	7	8	9	10	11	12	13	14	15
A														A
				224 03 00										
$B(1)$	114 17 00	−6	114 16 54									+640.931	+1 068.444	$B(1)$
				158 19 54	82.181	−76.374	+6	+30.344	+14	−76.368	+30.358			
2	146 59 30	−6	146 59 24									+564.563	+1 098.802	2
				125 19 18	77.274	−44.677	+6	+63.049	+13	−44.671	+63.062			
3	135 11 30	−6	135 11 24									+519.892	+1 161.864	3
				80 30 42	89.645	+14.778	+7	+88.419	+16	+14.785	+88.435			
4	145 38 30	−6	145 38 24									+534.677	+1 250.299	4
				46 09 06	79.813	+55.291	+6	+57.559	+14	+55.297	+57.573			
$C(5)$	158 00 00	−6	157 59 54									+589.974 (检核)	+1 307.872 (检核)	$C(5)$
				24 09 00 (检核)										
D														D
$\sum$	700 06 30	−30			328.913	−50.982	+25	+239.371	+57	−50.957	+239.428			

精度评定

$$f_{\beta限} = \pm 60'' \sqrt{n} = \pm 60'' \sqrt{5} = \pm 134''$$

$$f_\beta = \alpha'_{CD} - \alpha_{CD} = \alpha_{AB} + \sum \beta - n \cdot 180° - \alpha_{CD}$$

$$= 224°03'00'' + 700°06'30'' - 5 \times 180° - 24°09'00''$$

$$= +30''$$

$$v_{\beta i} = -\frac{f_\beta}{n} = -\frac{+30''}{5} = -06''$$

$$f_x = \sum \Delta x - (x_C - x_B) = -0.025 \text{ m}$$

$$f_y = \sum \Delta y - (y_C - y_B) = -0.057 \text{ m}$$

$$f_S = \sqrt{f_x^2 + f_y^2} = 0.062 \text{ m}$$

$$K = \frac{f_S}{\sum D} = \frac{0.062}{328.913} = \frac{1}{5\ 300} < \frac{1}{4\ 000}$$

$$v_{\Delta xij} = -\frac{f_x}{\sum D} \cdot D_{ij};\quad v_{\Delta yij} = -\frac{f_y}{\sum D} \cdot D_{ij}$$

——坐标闭合差的计算与分配：

坐标闭合差为：

$$f_x = \sum \Delta x - (x_C - x_B) = -50.982 - (+589.974 - 640.931) = -0.025$$

$$f_y = \sum \Delta y - (y_C - y_B) = +239.371 - (+1\ 307.872 - 1\ 068.444) = -0.057$$

导线全长闭合差为：

$$f_S = \sqrt{f_x^2 + f_y^2} = \sqrt{(-0.025)^2 + (-0.057)^2} = 0.062$$

导线全长相对闭合差为：

$$K = \frac{f_S}{\sum D} = \frac{0.062}{328.913} = \frac{1}{5\ 300}$$

检核：$K < K_{限} = 1/4\ 000$，合格。

④ 坐标平差值计算

坐标闭合差按边长成比例反符号分配，并填入表中第 8、10 栏，以毫米为单位。如：

$$v_{\Delta x12} = -\frac{f_x}{\sum D} \times D_{12} = -\frac{-0.025}{328.913} \times 82.181 = +6$$

$$v_{\Delta y12} = -\frac{f_y}{\sum D} \times D_{12} = -\frac{-0.057}{328.913} \times 82.181 = +14$$

计算完后，应检核，即 $\sum v_{\Delta x} = -f_x$，$\sum v_{\Delta y} = -f_y$。

——坐标平差值计算，填入表中第 13、14 栏，如：

$$x_2 = x_B + \Delta x_{12} = +640.931 + (-76.368) = +564.563$$

$$y_2 = y_B + \Delta y_{12} = +1\ 068.444 + 30.358 = +1\ 098.802$$

检核：应有 $\hat{x}_C = x_C$，$\hat{y}_C = y_C$。本例计算无误。

(4) 闭合导线平差示例

闭合导线平差示例见图 5-14 和表 5-11，其平差过程和计算内容与附合导线基本相同，不再赘述。这里仅介绍闭合导线计算的两个特点。

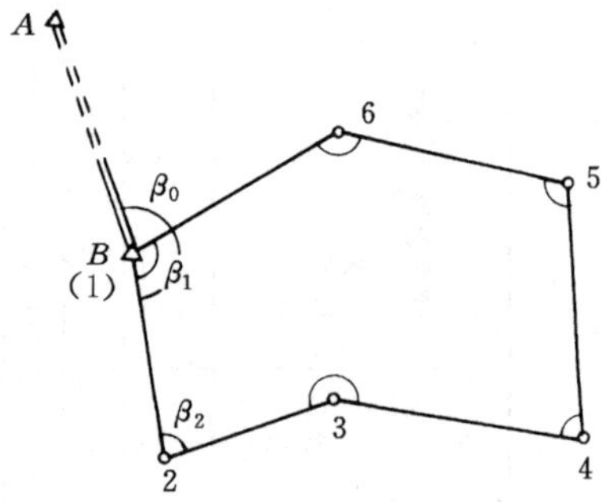

图 5-14　闭合导线算例

特点一：方位角闭合差变成多边形闭合差，即：

$$f_\beta = \sum \beta - (n-2) \times 180° \tag{5-23}$$

式中，$\sum \beta$ 为闭合导线的内角和；$(n-2) \times 180°$ 为多边形内角和的理论值。这时，多边形闭合差 f_β 只分配给多边形的各内角，定向角 β_0 无改正。

特点二：坐标闭合差变成坐标增量闭合差，即：

$$\begin{cases} f_x = x_B + \sum \Delta x - x_B = \sum \Delta x \\ f_y = y_B + \sum \Delta y - y_B = \sum \Delta y \end{cases} \tag{5-24}$$

这是因闭合导线的起点与终点为同一点所致。

表 5-11 闭合导线平差计算表

点号	转角观测值 β /(° ′ ″)	转角观测值 v_β /(° ′ ″)	转角平差值 β /(° ′ ″)	坐标方位角 α /(° ′ ″)	边长 D /m	坐标增量近似值及改正数 Δx /m	改正数 /mm	Δy /m	改正数 /mm	坐标增量平差值 $\Delta\hat{x}$ /m	坐标增量平差值 $\Delta\hat{y}$ /m	坐标平差值 $\hat{x}$ /m	坐标平差值 $\hat{y}$ /m	点号
1	2	3	4	5	6	7	8	9	10	11	12	13	14	15
A	(定向角 β_0)													A
				150 50 47										
B(1)	193 42 12		193 42 12									706.155	543.074	B(1)
				164 32 59	69.361	−66.854	+15	+18.478	+10	−66.839	+18.488			
2	75 52 30	−13	75 52 17									639.312	561.562	2
				60 25 16	54.674	+26.988	+12	+47.549	+7	+27.000	+47.556			
3	202 04 27	−12	202 04 15									666.318	609.118	3
				82 29 31	73.272	+9.574	+16	+72.644	+10	+9.590	+72.654			
4	82 02 12	−13	82 01 59									675.902	681.772	4
				344 31 30	71.263	+68.680	+15	−19.014	+10	+68.695	−19.004			
5	101 53 45	−13	101 53 32									744.608	662.768	5
				266 25 02	70.680	−4.417	+15	−70.542	+10	−4.402	−70.532			
6	148 52 40	−12	148 52 28									740.199	592.236	6
				235 17 30	59.813	−34.057	+13	−49.170	+8	−34.044	−49.162			
B(1)	109 15 42	−13	109 15 29									706.155	543.074 (检核)	B(1)
				(检核) 164 32 59										
2														2
Σ	720 01 16	−76			399.063	−0.086	+86	−0.055	+55	−0	+0			

精度评定

$$f_\beta = \sum\beta - \sum\beta_{理} = 720°01'16'' - (6-2)\times 180° = +76''$$

$$f_{\beta限} = \pm 60''\sqrt{n} = \pm 60''\sqrt{6} = \pm 147''$$

$$v_\beta = -\frac{f_\beta}{n} = -\frac{+76''}{6} = -12.7''$$

$$f_x = \sum \Delta x = -86\ \text{mm}$$

$$f_y = \sum \Delta y = -55\ \text{mm}$$

$$f_S = \sqrt{f_x^2 + f_y^2} = 99\ \text{mm}$$

$$K = \frac{f_S}{\sum D} = \frac{0.102}{399.063} \approx \frac{1}{4\,030} < \frac{1}{4\,000}$$

$$v_{\Delta x} = -\frac{f_x}{\sum D}\cdot D_{ij};\quad v_{\Delta y} = -\frac{f_y}{\sum D}\cdot D_{ij}$$

3. 支导线平差

支导线因终点为待定点，不存在附合条件。但为了进行检核和提高精度，一般采取往返测，从而产生多余观测，因观测存在观测误差，所以产生方位角闭合差和坐标闭合差。

支导线因采取往返测，故又称复测支导线。复测支导线的平差计算过程与附合导线基本相同，但有如下特点：

(1) 方位角闭合差计算与角度平差

方位角闭合差为：

$$f_\beta = \alpha_{终往} - \alpha_{终返} \tag{5-25}$$

其限差为：

$$f_{\beta限} = \pm 2m_\beta\sqrt{2n} \tag{5-26}$$

式中，$\alpha_{终往}$、$\alpha_{终返}$分别为往测、返测支导线终边方位角的推算值；$2n$ 为单程测量测站数的 2 倍，亦即往返测站数的总和。

当 $f_\beta \leqslant f_{\beta限}$ 时，分配方位角闭合差，往返测转角的改正数相同，但符号相反，即：

$$\begin{cases} v_{\beta往} = -\dfrac{f_\beta}{2n} \\ v_{\beta返} = +\dfrac{f_\beta}{2n} \end{cases} \tag{5-27}$$

(2) 坐标闭合差计算与坐标平差

坐标闭合差：

$$\begin{cases} f_x = \sum \Delta x_{往} - \sum \Delta x_{返} \\ f_y = \sum \Delta y_{往} - \sum \Delta y_{返} \end{cases} \tag{5-28}$$

导线全长闭合差：

$$f_S = \sqrt{f_x^2 + f_y^2}$$

导线全长相对闭合差：

$$k = \frac{f_S}{\sum D_{往} + \sum D_{返}} \leqslant K_{限} \tag{5-29}$$

坐标增量改正数：

$$\begin{cases} v_{\Delta x ij往} = -\dfrac{f_x}{\sum D_{往} + \sum D_{返}} \times D_{ij往} \\ v_{\Delta y ij往} = -\dfrac{f_y}{\sum D_{往} + \sum D_{返}} \times D_{ij往} \\ v_{\Delta x ij返} = +\dfrac{f_x}{\sum D_{往} + \sum D_{返}} \times D_{ij返} \\ v_{\Delta y ij返} = +\dfrac{f_y}{\sum D_{往} + \sum D_{返}} \times D_{ij返} \end{cases} \tag{5-30}$$

4. 无定向导线近似平差

附合导线两端各需要有两个高级控制点，但由于高级控制点受到破坏而无法布设附合导线,导线无法获得起始方位角,这时可以按无定向导线计算各待定点坐标。由于无定向导线需要的已知控制点少,因此,其布设非常灵活,适合于任何地区。但其缺点是精度低、可靠性差,一般不推荐此法。下面列举一个无定向导线的实例,如图 5-15 和表 5-12 所示。

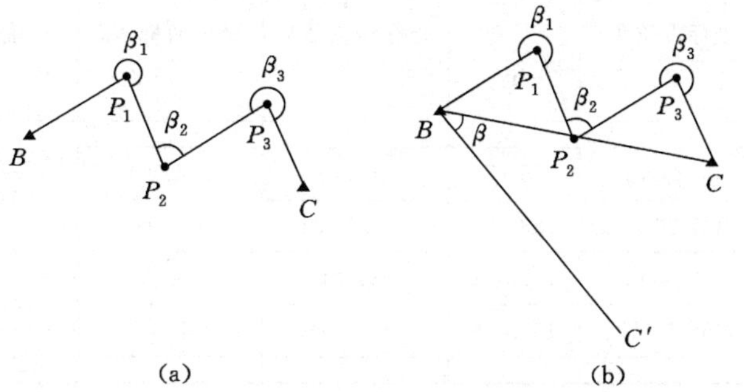

图 5-15　无定向导线

(a) 假定任意方向的无定向导线;(b) 从假定方向到实际位置的转角

表 5-12　无定向导线测量计算 1

测点	观测角度(左角)/(° ′ ″)	坐标方位角/(° ′ ″)	边长/m	坐标增量 ΔX/m	坐标增量 ΔY/m	坐标 X/m	坐标 Y/m
B						2507.687	1215.630
		45 00 00	135.784	96.014	96.014		
P_1	276 45 36						
		141 45 36	138.980	−109.158	86.023		
P_2	82 11 24						
		43 57 00	132.520	95.407	91.973		
P_3	289 20 36						
		153 17 36	100.041	−89.369	44.961		
C						2469.330	1532.350
C′				−7.106	318.970	2500.581	1534.600

无定向导线的计算步骤如下:

① 假定起始边为 BP_1 的坐标方位角为 α_0,不调整闭合差直接按路径推算 C'点坐标:

$$\alpha_0 = 45°00'00''$$

② 计算 BC、BC'的坐标方位角及两边夹角 θ:

$$\alpha_{BC'} = 96°54'19'' \quad \alpha_{BC} = 91°16'34'' \quad \theta = 5°37'45''$$

③ 计算起始边 BP_1 的坐标方位角 α_{BP}:

$$\alpha_{BP} = \alpha_0 + \theta = 50°37'45''$$

④ 计算 BC、BC'的边长及图形放大倍数如下:

$$D' = 319.034\ 2 \quad D = 319.049\ 2 \quad m = \frac{D'}{D} = 0.999\ 953$$

⑤ 计算相对误差:

$$K = \frac{|D' - D|}{D} = \frac{1}{21\ 292} < \frac{1}{4\ 000} \qquad \text{成果合格}$$

⑥ 将原边长乘以系数 m 之后再代入导线计算,用新的方位角 α_{BP} 按附合导线的步骤重

新计算各待定点的坐标。依次计算出 P_1、P_2、P_3 点坐标，计算过程见表 5-13。

表 5-13　无定向导线测量计算 2

测点	观测角度（左角）/(° ′ ″)	坐标方位角 /(° ′ ″)	边长 /m	坐标增量 ΔX /m	坐标增量 ΔY /m	坐标 X /m	坐标增量 Y /m
B						2507.687	1215.630
		50 37 45	135.778	86.129	104.964		
P_1	276 45 36					2593.816	1320.594
		147 23 21	138.973	−117.064	74.897		
P_2	82 11 24					2476.752	1395.491
		49 34 45	132.514	85.921	1000.883		
P_3	289 20 36					2562.673	1496.374
		158 55 21	100.036	−93.343	35.976		
C						2469.330	1532.350

可以假定任意角度 $\alpha_0 = 123°45'06''$，其计算结果将会相同。

坐标点的计算还可以直接将初次计算结果进行坐标平移、旋转、放大或缩小，从而完成无定向导线的坐标计算：

$$\begin{pmatrix} x_i \\ y_i \end{pmatrix} = \begin{pmatrix} m & 0 \\ 0 & m \end{pmatrix} \begin{pmatrix} \cos\theta & -\sin\theta \\ \sin\theta & \cos\theta \end{pmatrix} \begin{pmatrix} x'_i - x_B \\ y'_i - y_B \end{pmatrix} + \begin{pmatrix} x_B \\ y_B \end{pmatrix}$$

(四）检查导线测量错误的方法

1. 错误角度定位方法

图 5-16 所示为一单附合导线，有一转角有错引起方位角闭合差超限，但不知哪个角有错。定位方法是：分别自导线起点 B 和终点 C，用原观测角和观测边长，相向计算各点坐标，每个导线点均有两套坐标值。比较之，若只有 K 点坐标相近，其余点两套坐标差异显著，则可判定 K 点转角 β_K 有错。这是因为到 K 点时，两导线计算均使用了错误转角 β_K，使以后各边的方位角不仅有错，而且越来越偏离实际值，导致坐标不符。

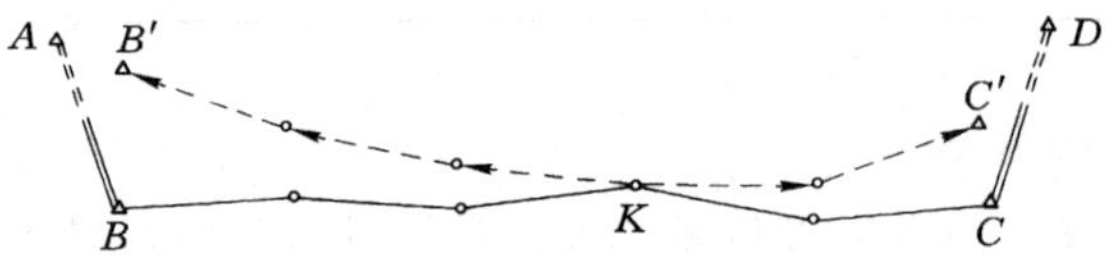

图 5-16　导线错误角度定位

对闭合导线，可自起始点以顺时针和逆时针方向，分别推算各点坐标，比较之，同样可定出错角位置。

2. 错边和错误方位角定位方法

图 5-17 所示为一单附合导线，某边有错误导致导线全长闭合差超限，但不知哪条边有错。定位方法是：先确定闭合差 f_S 的方向，即由坐标闭合差计算出闭合差 f_S 的方位角 α_f：

$$\alpha_f = \arctan \frac{f_y}{f_x}$$

然后比较之，若 α_f 与导线某一边方位角基本相同，可判定该边有错误。如图 5-17 中 f_S 与边 JK 平行，则 JK 边边长有错。这是因为，当 JK 边有长度错误 K' 时，致使以后各边的位置均平移 K'，这时终点 C 也平移至 C'，CC' 就是闭合差，其方向与 JK 边方向大致平

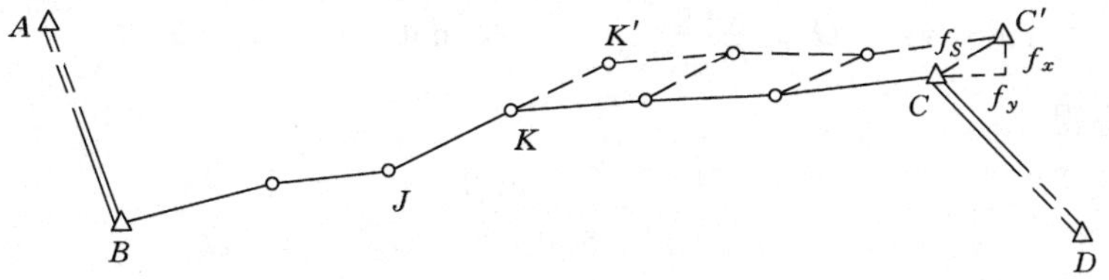

图 5-17 导线错边定位

行。若 α_f 与某边方位角相差约为 90°，可判定该边方位角有错或计算有误，如图 5-18 所示，当 ef 边方位角产生 $\Delta\alpha$ 错误时，实际上会使 e 以后各导线点平移同样的量，但因边长不变，点的位移方向大致与 ef 方向垂直，所以闭合差 CC' 的方位角与 ef 边方位角会相差约 90°。

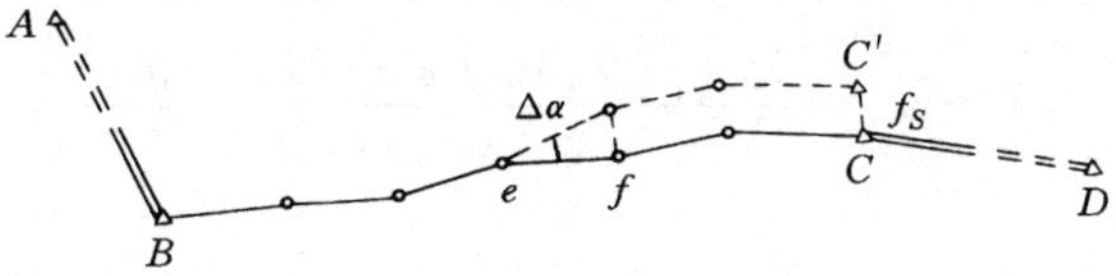

图 5-18 导线错误方位角定位

错误定位后，凡属测量错误，应到实地重测。当不易定位时，可根据手簿记录，分析观测条件有无异常。当观测条件异常时，极易造成测角、测距的粗差。当导线中有多处错误时，错误定位并非易事，需借助后续课程中的相关方法进行判定。

第三节 交会定点

当导线点的密度尚不能满足大比例尺测图需要、而需加密的点数不多时，可采用交会定点的方法加密图根点。常用的交会定点包括前方交会、侧方交会、后方交会和测边交会。本节仅介绍前方交会和后方交会。

一、前方交会

（一）前方交会的计算

如图 5-19 所示，在三角形 ABP 中，已知点 A、B 的坐标(x_A，y_A)和(x_B，y_B)，在 A、B 两点设站观测了 α、β 两角，通过计算求得 P 点坐标的方法称为前方交会。由坐标正算公式可得，P 点坐标为：

$$x_P = x_A + D_{AP}\cos\alpha_{AP}$$
$$y_P = y_A + D_{AP}\sin\alpha_{AP}$$

将 $\alpha_{AP} = \alpha_{AB} - \alpha$ 代入上式，并考虑：

$$\cos\alpha_{AB} = \frac{x_B - x_A}{D_{AB}}$$

$$\sin\alpha_{AB} = \frac{y_B - y_A}{D_{AB}}$$

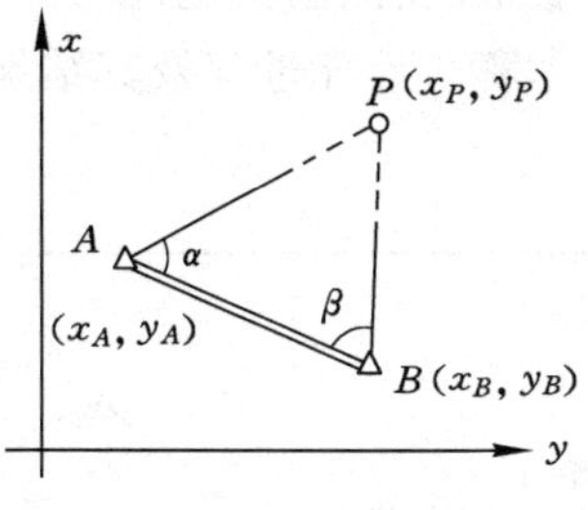

图 5-19 前方交会

于是有：

$$x_P - x_A = D_{AP}\frac{\sin\alpha}{D_{AB}}\{(x_B - x_A)\cot\alpha + (y_B - y_A)\}$$

$$y_P - y_A = D_{AP}\frac{\sin\alpha}{D_{AB}}\{(y_B - y_A)\cot\alpha - (x_B - x_A)\}$$

由正弦定理得：

$$\frac{D_{AP}}{D_{AB}} = \frac{\sin\beta}{\sin(\alpha+\beta)}$$

则

$$\frac{D_{AP}\sin\alpha}{D_{AB}} = \frac{\sin\alpha\sin\beta}{\sin(\alpha+\beta)} = \frac{1}{\cot\alpha+\cot\beta}$$

故

$$x_P - x_A = \frac{(x_B - x_A)\cot\alpha + y_B - y_A}{\cot\alpha+\cot\beta}$$

$$y_P - y_A = \frac{(y_B - y_A)\cot\alpha - (x_B - x_A)}{\cot\alpha+\cot\beta}$$

移项化简即得：

$$\begin{cases} x_P = \dfrac{x_A\cot\beta + x_B\cot\alpha - y_A + y_B}{\cot\alpha+\cot\beta} \\ y_P = \dfrac{y_A\cot\beta + y_B\cot\alpha + x_A - x_B}{\cot\alpha+\cot\beta} \end{cases} \tag{5-31}$$

上式因用到了观测角的余切，故称为余切公式。

前方交会的计算必须注意如下两点：

① 公式(5-31)中的 A、B、P 三点在图形中是按逆时针顺序排列的，因此，计算实测图形时，点名排列以及点名与角度的对应关系也要保持这种关系。

② 规范要求前方交会要以三个已知点向未知点观测，测得两组角度 α_1、β_1 和 α_2、β_2（图 5-20）。此时除由三角形 ABP 求 P 点的坐标(x'_P，y'_P)之外，还应该根据三角形 BCP 求 P 点坐标(x''_P，y''_P)。当两组坐标的较差不大于图上 0.2 mm，即 $0.2M$(mm)（M 为测图比例尺的分母），则取它们的平均值作为 P 点的最后坐标。

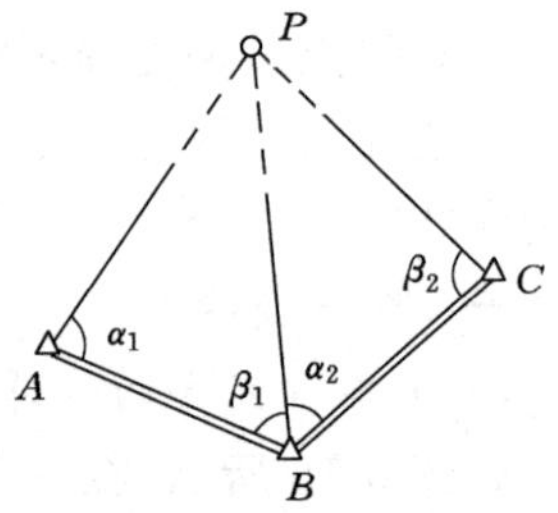

图 5-20　标准前方交会

【例 5-2】 前方交会如表 5-14 中略图所示，角度观测值列于表中，设测图比例尺为1∶1 000，试计算未知点 P 的坐标。

解　计算过程及其结果见表 5-14。

表 5-14　前方交会计算

略图	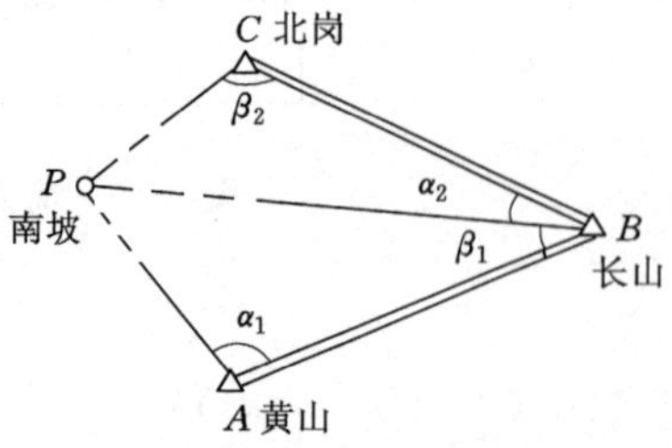	公式	$x_P = \dfrac{x_A\cot\beta + x_B\cot\alpha - y_A + y_B}{\cot\alpha+\cot\beta}$ $y_P = \dfrac{y_A\cot\beta + y_B\cot\alpha + x_A - x_B}{\cot\alpha+\cot\beta}$

表 5-14(续)

点	名	角度观测值 /(° ′ ″)		x /m		y /m	
A	黄山	α_1	53 07 44	x_A	4 992.54	y_A	2 9674.50
B	长山	β_1	56 06 07	x_B	5681.04	y_B	29 850.00
P	南坡			x'_P	5479.12	y'_P	29 282.88
B	长山	α_2	35 27 44	x_B	5 681.04	y_B	29 850.00
C	北岗	β_2	66 40 44	x_C	5 856.24	y_C	29 233.51
P	南坡			x''_P	5 479.12	y''_P	29 282.87
			中数	x_P	5 479.12	y_P	29 282.88

(二) 前方交会的特殊图形

为了保证交会点的精度，在布设测角交会时，交会角应不小于 30°且不大于 150°。但在野外作业中，有时受条件的限制，如两点间不通视，往往不能布设成如图 5-20 所示的标准图形。这时，可根据实际情况布设，如图 5-21 所示。这种图形解决了交会角过小的问题。

二、后方交会

(一) 后方交会的计算

后方交会的图形如图 5-22 所示，在未知点上设站，向已知点 A、B、C、D 进行观测，测得水平角 γ_1、γ_2 和 γ_3，从而求得 P 点坐标的方法称为后方交会。计算后方交会点坐标的方法很多，下面介绍一种较实用的计算方法——余切公式。

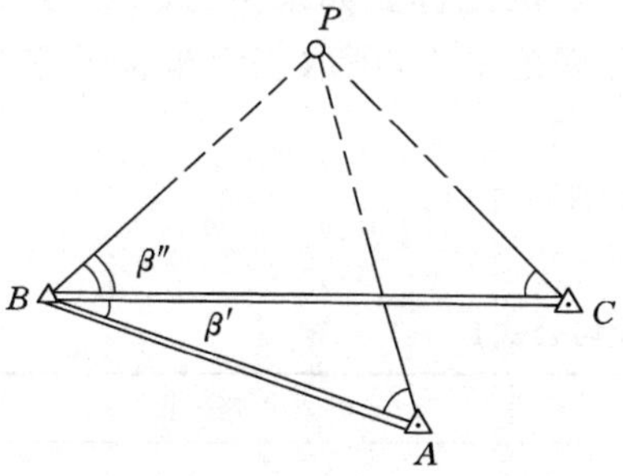

图 5-21 折叠前方交会

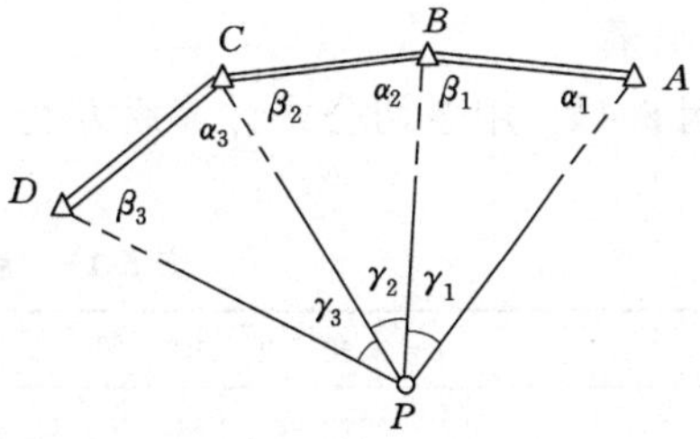

图 5-22 后方交会

由式(5-31)可知，用余切公式计算后方交会点 P 的坐标，关键是如何求得角度 α_i 和 β_i。下面说明角度 α_i 和 β_i 的计算步骤：

① 应用坐标反算公式计算 AB、BC 及 CD 的坐标方位角和边长。

② 计算 α_1、β_2。

由图 5-22 可以看出：

$$\angle B = \beta_1 + \alpha_2 = \alpha_{BC} - \alpha_{BA}$$

$$\alpha_1 + \angle B + \beta_2 + \gamma_1 + \gamma_2 = 360°$$

故 $$\alpha_1+\beta_2=360^\circ-(\angle B+\gamma_1+\gamma_2)=\theta$$

所以 $$\beta_2=\theta-\alpha_1 \tag{5-32}$$

在△APB 和△BPC 中,根据正弦定理可得:

$$\frac{D_{AB}\sin\alpha_1}{\sin\gamma_1}=\frac{D_{BC}\sin\beta_2}{\sin\gamma_2}=\frac{D_{BC}\sin(\theta-\alpha_1)}{\sin\gamma_2}$$

即

$$\sin(\theta-\alpha_1)=\frac{D_{AB}\sin\alpha_1\sin\gamma_2}{D_{BC}\sin\gamma_1}$$

经整理后可得:

$$\cot\alpha_1=\frac{D_{AB}\sin\gamma_2}{D_{BC}\sin\gamma_1\sin\theta}+\cot\theta \tag{5-33}$$

根据式(5-32)和式(5-33)即可解出 α_1 和 β_2。

③ 计算 β_1 和 α_2:

$$\beta_1=180^\circ-(\alpha_1+\gamma_1) \tag{5-34}$$

$$\alpha_2=180^\circ-(\beta_2+\gamma_2) \tag{5-35}$$

β_1 与 α_2 之和应等于$\angle B$,以此作为检核。

④ 计算 α_3 和 β_3:

$$\alpha_3=(\alpha_{CD}-\alpha_{CB})-\beta_2=\angle C-\beta_2$$

$$\beta_3=180^\circ-(\alpha_3+\gamma_3)$$

求出 α_i 和β_i 之后,即可按余切公式(5-31)计算 P 点的坐标。如果由△CPD 算得的 P 点坐标与前两个三角形算得的 P 点坐标中数之差符合规范要求,则取三组坐标的平均值作为最后结果。

【例 5-4】 用余切公式计算后方交会点的算例(见表 5-15)。

表 5-15 后方交会计算(余切公式)

角度计算				略图
① α_{BC}	273°30′56	D_{AB}	251.847 m	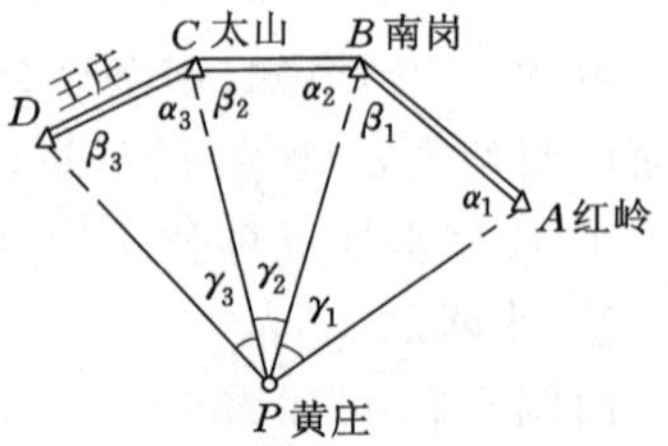
① α_{BA}	−)130 37 53	⑥ D_{BC}	210.376	
① $\angle B$	142 53 03	⑥ α_{CD}	204°17′58″	
② γ_1	60 33 22	⑥ α_{CB}	−)93 30 56	
② γ_2	+)61 38 48	⑥ $\angle C$	110 47 02	
② $\angle B+\gamma_2+\gamma_1=\sum$	265 05 13	⑦ β_2	−)53 21 44	
③ $\theta=360^\circ-\sum$	94 54 47	⑦ α_3	57 25 18	
④ α_1	−41 33 03			
⑤ β_2	53 21 44			

表 5-15(续)

坐标计算						公式
点名		角度 /(° ′ ″)		x /m	y /m	
A	红岭	α_1	41 33 03	690.93	7 680.77	
B	南岗	β_1	77 53 35	854.93	7 489.64	
P	黄庄	γ_1	60 33 22	686.39	7 398.04	
B	南岗	α_1	64 59 28	854.93	7 489.64	
C	太山	β_2	53 21 44	867.83	7 279.66	
P	黄庄	γ_2	61 38 48	686.39	7 398.04	
C	太山	α_3	57 25 18	867.88	7 279.66	
D	王庄	β_3	80 41 58	481.30	7 105.14	
P	黄庄	γ_3	91 52 44	686.40	7 389.04	
			中数	686.39	7 398.04	

公式：

$$\theta=\alpha_1+\beta_2=360^\circ-(\angle B+\gamma_1+\gamma_2)$$

$$\cot\alpha_1=\frac{D_{AB}\cdot\sin\gamma_2}{D_{BC}\cdot\sin\gamma_1\cdot\sin\theta}+\cot\theta$$

检查：$\beta_1+\alpha_2=\angle B$

$$\begin{cases}x_P=\dfrac{x_A\cot\beta+x_B\cot\alpha-y_A+y_B}{\cot\alpha+\cot\beta}\\[2ex] y_P=\dfrac{y_A\cot\beta+y_B\cot\alpha+x_A-x_B}{\cot\alpha+\cot\beta}\end{cases}$$

（二）后方交会的危险圆

当待定点 P 位于三个已知点 A、B、C 的外接圆上时(图 5-23)，P 点无论位于该圆周上的任何位置，所测 γ_1、γ_2 角均不变。此时，P 点位置不定，坐标无解，故称三个已知点的外接圆为危险圆。

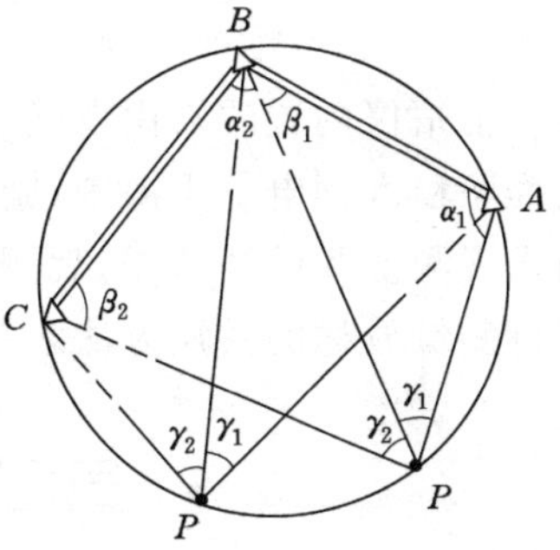

图 5-23　危险圆

当 P 点在危险圆上时，有：

$$\theta=\alpha_1+\beta_2=180^\circ$$

将 θ 值代入式(5-33)可以看出，该式无解。所以，若 $\alpha_1+\beta_2=180^\circ$(或 $\angle B+\gamma_1+\gamma_2=180^\circ$)时，待定点 P 在危险圆上，无解。

在实际工作中，P 点绝对位于危险圆上的情况是极为偶然的，但在危险圆附近的情况又是很容易出现的，此时计算出来的坐标将有较大的误差。为了避免 P 点落在危险圆附近，《规范》规定后方交会的交会角 γ_1 和 γ_2 与固定角 B 不应在 160°～200°之间，否则，应重新选择 P 点的位置。

三、全站仪自由设站法控制测量

随着电子全站仪的普及，全站仪已成为控制测量的主要工具之一。在实际工程中，由于地形复杂或者施工进度的影响，常常需要随时增设控制点。一般情况下可用支导线、前方交会、后方交会等传统方法施测，但这些方法都存在这样或那样的缺点。例如传统后方交会，要至少瞄准 3 个方向才可确定该点的坐标，而且有遇到危险圆的可能。这时可用全站仪的自由设站法功能，将全站仪架设在待定点，瞄准两个或多个已知点，测量其距离和方向值，通过平差计算即可确定待定点的坐标。

如图 5-24 所示，设 1、2、…、n 为已知控制点，P 为增设的待定点，在 P 点架设全站仪，分别测量其水平方向 α_1、α_2、…、α_n 及水平距离 D_1、D_2、…、D_n。假定一测站坐标系，并假定测站坐标系中 $X_P{}'=0$、$Y_P{}'=0$，水平度盘读数零方向值为假定坐标系纵轴 X'方向。然后，即可在假定坐标系中计算各已知控制点的坐标。根据已知控制点在假定坐标系中的坐标和已知坐标，经最小二乘拟合(后续课程会详细介绍)，求得两个坐标系的转换参数：P 点在高斯平面坐标系中的坐标 X_P、Y_P，假定坐标系纵轴 X'方向在高斯平面坐标系中的方位角，以及长度比例系数 K。最后通过坐标转换的数学模型求得 P 点的统一坐标。

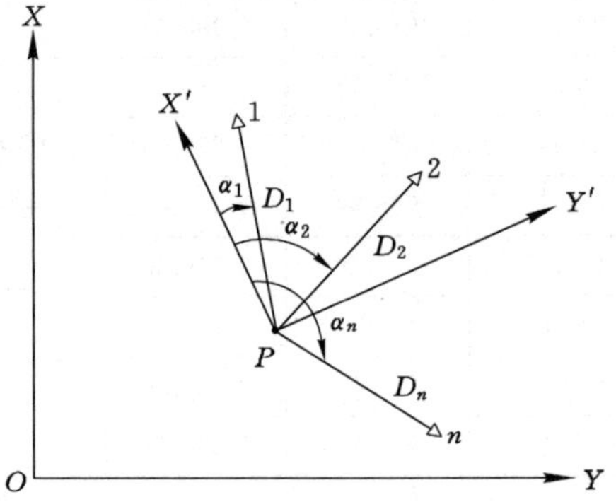

图 5-24　自由设站法坐标解算原理

全站仪内置的自由设站观测程序可以完成上述计算过程。在现场作业前，将自由设站法程序输入到电子手簿中，施测时将拟选用的控制点点号输入到电子手簿中，并按程序提示输入观测值和已知数据，观测完毕后，测站点的坐标就显示出来了。自由设站是使用全站仪进行测量放样的常用方法之一，它实际上是一种边角联测后方交会。

第四节　三、四等及等外水准测量

国家水准测量依精度不同分为一、二、三、四等。一、二等水准测量是国家高程控制的全面基础，三、四等水准测量直接为地形测图和各种工程建设提供所必需的高程控制。水准点的高程采用正常高程系统，按照 1985 国家高程基准起算。青岛原点高程为 72.260 m。

精度低于四等的水准测量称为等外水准测量。等外水准测量就其用途分为工程水准测量和图根水准测量。工程水准测量服务于工程勘测设计与工程施工，一般分为：① 建立高程控制网，供工程勘测设计和工程施工用；② 线路水准测量，测定沿某一线路的地面高低起伏，供断面设计和施工用；③ 面水准测量，测量某一定面积内的地面高低起伏，供土方工程的设计和施工用。图根水准测量是为满足地形测图需要而进行的等外水准测量。当测区不大时，图根水准测量亦可用于建立测区首级高程控制网。

本节主要阐述三、四等水准测量的布设形式、技术要求、选点埋石、外业施测和内业计算等有关内容，图根水准测量仅进行必要的补充。

一、水准路线的布设形式

由水准原点或任一已知高程点出发进行水准测量所经过的路线称为水准路线。水准路线每隔一定的距离需要埋设一个固定点，称为水准点。水准测量的目的就是以已知高程点为起算点，沿选定的水准路线逐站测定各水准点的高程。根据已知水准点的情况和测量工作的实际需要，水准路线可以布设成以下三种形式。

(1) 附合水准路线

从某一已知高程的水准点出发，对一系列待定点进行水准测量，最后附合到另一已知高程的水准点上，如图 5-25(a)所示。

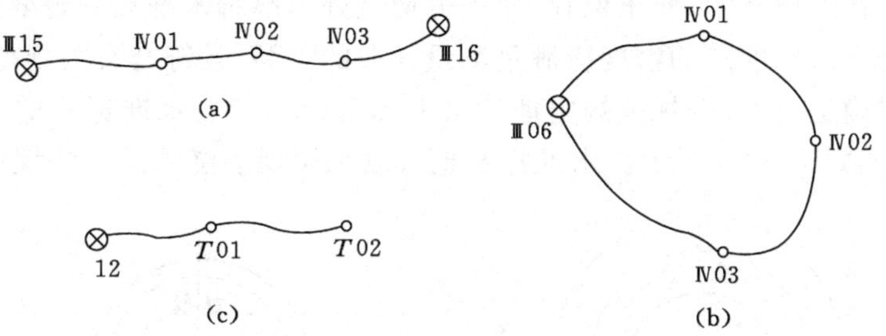

图 5-25　水准路线布设形式

(2) 闭合水准路线

从某一已知高程的水准点出发，对一系列待定点进行水准测量，最后又回到该水准点上，如图 5-25(b)所示。

(3) 支水准路线

从某一已知高程的水准点出发，对一系列待定点进行水准测量，最后不与任一已知高程点联测，如图 5-25(c)所示。为了提高成果的精度及其可靠性，现行测量规范规定支水准路线必须进行往返观测或单程双转点观测，且应限制支水准路线的长度。

此外，水准路线还可以根据实际需要布设成较复杂的网形(图 5-26)，这里不再赘述。

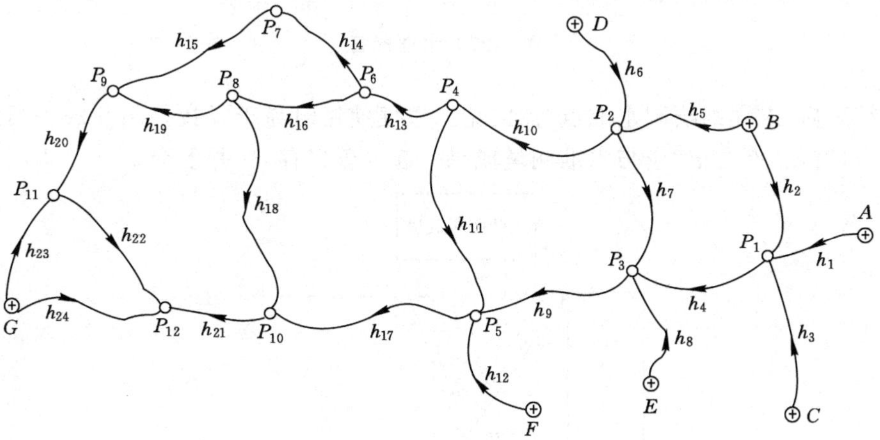

图 5-26　水准网

二、水准路线选线和水准标石埋设

在确定水准路线布设形式之前，首先要收集已有的水准测量资料，包括水准路线图、水准点"点之记"、成果表、技术总结等，而且还应到实地调查，确定已知成果可否利用。在此基础上，根据任务要求，在测区已有的地形图上设计拟定的水准路线。水准路线应尽量选设在地势平坦、土质坚实、施测方便的道路附近，尽量避免通过水滩、沙土、易塌陷易受雨水冲刷的地区。选线的同时还应考虑水准点的埋设位置。最后绘制一份水准路线布设图，图上按一定比例绘出水准路线、水准点的位置，注明水准路线的等级、水准点的编号。

在图上设计的基础上到实地选线。根据实地的具体情况，如沿线的实际坡度、土质特征来修改图上的设计路线，确定最有利的水准路线。同时选定水准标石埋设的确切地点。水准点应尽量埋设在土质坚实、便于保存、使用方便之处。墙脚水准点一定要选设在永久性的建筑物或构筑物上。水准点的密度应满足测量任务的需要，且符合有关规范的规定。

水准点位置确定之后，按规范规定埋设水准标石（图 5-2）。水准标石的中央嵌有瓷质和金属标志，其样式如图 5-27 所示。水准标石也可以采用现场浇灌的方法埋设。

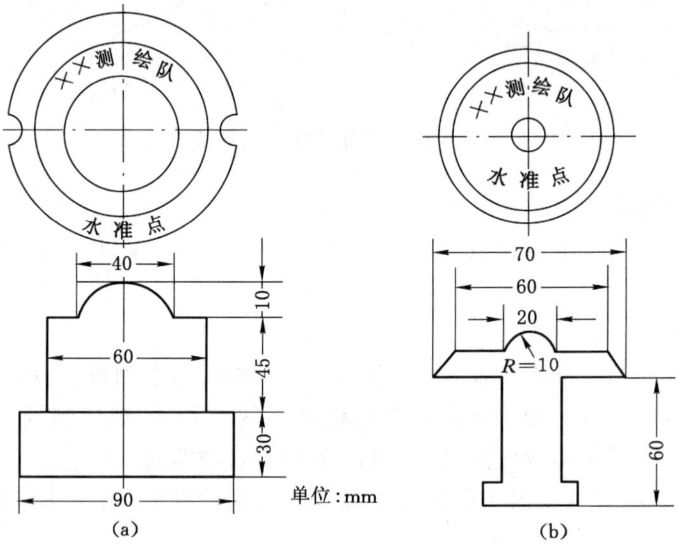

图 5-27　水准标石

埋石结束后，应详细绘制水准点“点之记”，以便使用时易于寻找。图 5-28 所示为“点之记”示例。水准点“点之记”应与水准测量成果一起妥善保存，一并上交。

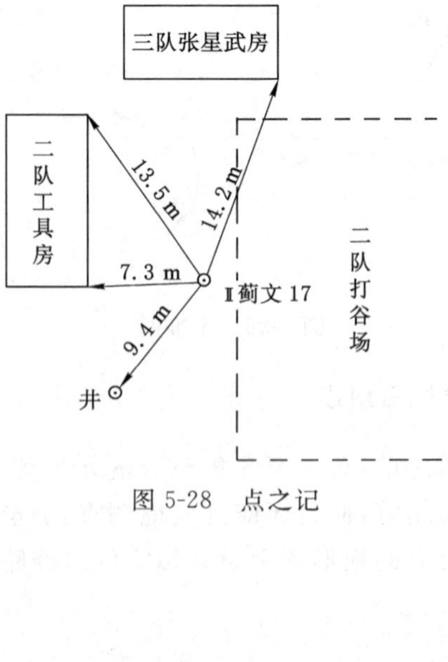

图 5-28　点之记

水准标石稳定之后，即可进行水准测量的施测。

三、水准测量的外业观测

（一）基本要求

进行水准测量前，应选择合适的仪器设备并进行检验校正。

① 三等水准测量采用中丝读数法进行往返测。当使用有光学测微器的水准仪和线条式因瓦水准标尺观测时，也可进行单程双转点观测。

② 四等水准测量采用中丝读数法进行单程观测。支线应往返测或单程双转点观测。

③ 三、四等水准测量采用单程双转点法观测时，在每一转点处安置左右相距 0.5 m 的两个尺垫，相应于左右两条水准路线。每一测站按规定的观测方法和操作程序，首先完成右路线的观测，而后进行左路线的观测。

④ 三、四等水准测量采用尺垫作转点尺承，尺垫质量不小于 1 kg。观测应在标尺分划线成像清晰稳定时进行。若成像欠佳，应酌情缩短视线长度，直至成像清晰稳定。

⑤ 测站的视线长度(仪器至标尺距离)、前后视距差、视线高度、数字水准仪重复测量次数按表 5-16 规定执行。使用 DS_3 级以上的数字水准仪进行三、四等水准测量观测，其上述技术指标应不低于表 5-16 中 DS_1、DS_{05} 级光学水准仪的要求。

表 5-16 测站观测技术要求

等级	仪器类型	视线长度/m	前后视距差/m	每站的前后视距累积差/m	视线高度/m	数字水准仪重复测量次数
三等	DS_3	≤75	≤2.0	≤5.0	三丝读数	≥3 次
三等	DS_1、DS_{05}	≤100	≤2.0	≤5.0	三丝读数	≥3 次
四等	DS_3	≤100	≤3.0	≤10.0	三丝读数	≥2 次
四等	DS_1、DS_{05}	≤150	≤3.0	≤10.0	三丝读数	≥2 次

注：相位法数字水准仪重复测量次数可以为上表中数值减少一次。所有数字水准仪，在地面震动较大时，应暂时停止测量，直至震动消失，无法回避时应随时增加重复测量次数。

（二）测站观测顺序和方法

1. 光学水准仪观测

采用光学水准仪进行三等水准测量时，每测站观测顺序为：

① 后视标尺黑面(基本分划)；

② 前视标尺黑面(基本分划)；

③ 前视标尺红面(辅助分划)；

④ 后视标尺红面(辅助分划)。

以上观测程序简称为“后—前—前—后、黑—黑—红—红”。

采用光学水准仪进行四等水准测量时，除采用上述“后—前—前—后”观测程序外，还可采用下述观测顺序：

① 后视标尺黑面(基本分划)；

② 后视标尺红面(辅助分划)；

③ 前视标尺黑面(基本分划);

④前视标尺红面(辅助分划)。

以上观测程序简称为“后—后—前—前、黑—红—黑—红”。

测站观测采用光学测微法时,以三等水准测量为例,测站的操作程序为:

① 首先将仪器整平(气泡式水准仪望远镜绕垂直轴旋转时,水准气泡两端影像的分离不得超过 1 cm;自动安平水准仪的圆气泡位于指标环中央);

② 将望远镜对准后视标尺黑面,用倾斜螺旋调整水准气泡准确居中,按视距丝和中丝精确读定标尺读数(四等观测可不读上、下丝读数,直接读距离);

③ 旋转望远镜照准前视标尺黑面,按②款操作;

④ 照准前视标尺红面,按②款操作,此时只读中丝读数;

⑤ 旋转望远镜照准后视标尺红面,按④款操作。

使用单排分划的因瓦标尺观测时,对单排分划进行两次照准读数,代替基辅分划读数;低等级的水准测量,可以采用高等级的观测顺序。

2. 数字水准仪观测

采用数字水准仪进行三等水准测量时,往、返测每测站观测顺序为:后视标尺—前视标尺—前视标尺—后视标尺;进行四等水准测量时,往、返测每测站观测顺序为:后视标尺—后视标尺—前视标尺—前视标尺。

测站观测采用数字水准仪时,以三等水准测量为例,测站操作程序为:

① 首先将仪器整平(望远镜绕垂直轴旋转,圆气泡始终位于指标环中央);

② 将望远镜对准后视标尺,用垂直丝照准条码中央,精确调焦至条码影像清晰,按测量键;

③ 显示读数后,旋转望远镜照准前视标尺条码中央,精确调焦至条码影像清晰,按测量键;

④ 显示读数后,重新照准前视标尺,按测量键;

⑤ 显示读数后,旋转望远镜照准后视标尺条码中央,精确调焦至条码影像清晰,按测量键,显示测站成果。测站检核合格后迁站。

低等级的水准测量,可以采用高等级的观测顺序。

(三) 观测记录

三、四等及等外水准测量的观测方法采用中丝读数法。测站观测限差按表 5-17 的规定执行,读数取位按表 5-18 执行。

表 5-17 测站观测限差

等级	观测方法	基、辅分划(黑红面)读数的差/mm	基辅分划(黑红面)所测高差的差/mm	单程双转点法观测时,左右路线转点差/mm	检测间歇点高差的差/mm
三等	中丝读数法	2.0	3.0	—	3.0
	光学测微法	1.0	1.5	1.5	
四等	中丝读数法	3.0	5.0	4.0	5.0

使用双摆位自动安平水准仪观测时,不计算基辅分划读数差。对于数字水准仪,同一标尺两次观测所测高差的差执行基辅分划所测高差之差的限差。

表 5-18　读数取位

等　级	中丝读数法/mm		光学测微法/mm	
	视距丝	中丝	视距丝	平分丝
三等	1	1	1	0.1
四等	1	1	1	1

测站观测误差超限，在本站发现后可立即重测，若迁站后才发现，则应从水准点或间歇点（须经检测符合限差）起始，重新观测。

使用双面水准尺进行三等水准测量时，在一个测站上的观测程序与记录格式参见表 5-19。

表 5-19　四等（等外）水准测量记录手簿

往测自 A 至 B　　　　2023 年 5 月 24 日

时刻　始 8 时 05 分　　　　天气：晴

　　　末 9 时 10 分　　　　成像：清晰

测站编号	后尺 下丝 / 上丝	前尺 下丝 / 上丝	方向及尺号	标尺读数		K＋黑－红	高差中数	备　注
	后　距	前　距		黑面	红面			
	视距差 d	$\sum d$						
	(1)	(5)	后	(3)	(8)	(13)		$K_{05}=4787$
	(2)	(6)	前	(4)	(7)	(14)		
	(9)	(10)	后－前	(15)	(16)	(17)	(18)	
	(11)	(12)						$K_{06}=4687$
1	1587	0755	后 05	1400	6187	0		
	1213	0379	前 06	0567	5255	－1		
	37.4	37.6	后－前	＋0833	＋0932	＋1	＋0832	
	－0.2	－0.2						
2	2111	2186	后 06	1924	6611	0		
	1737	1811	前 05	1998	6786	－1		
	37.4	37.5	后－前	－0074	－0175	＋1	－0074	
	－0.1	－0.3						
3	1916	2057	后 05	1728	6515	0		
	1541	1680	前 06	1868	6556	－1		
	37.5	37.7	后－前	－0140	－0041	＋1	－0140	
	－0.2	－0.5						
4	1947	2121	后 06	1812	6499	0		
	1682	1854	前 05	1987	6773	＋1		
	26.5	26.7	后－前	－0175	－0274	－1	－0174	
	－0.2	－0.7						
5	0675	2902	后 05	0466	5254	－1		
	0237	2466	有 06	2684	7371	0		
	43.8	43.6	后－前	－2218	－2117	－1	－2217	
	＋0.2	－0.5						
6	1891	0758	后 06	1708	6395	0		
	1525	0390	前 05	0574	5361	0		
	36.6	36.8	后－前	＋1134	＋1034	0	＋1134	
	－0.2	－0.7						

注：如果使用正像望远镜，则上表中的“下丝”“上丝”应颠倒一下位置。

① 在测站上安置仪器，使圆水准器气泡居中，照准后视标尺黑面，用上、下视距丝读数，记入记录表格（表 5-19）中（1）（2）的位置；转动微倾螺旋，使符合水准气泡居中，用中丝读数，记入表中（3）的位置。

② 照准前视标尺黑面，转动微倾螺旋，使符合水准气泡居中，用中丝读数记入表格中（4）的位置；用上、下视距丝读数，记入表中（5）、（6）的位置。

③ 照准前视标尺红面，调整微倾螺旋，使符合水准气泡居中，用中丝读数，记入表中（7）的位置。

④ 照准后视标尺红面，调整微倾螺旋，使符合水准气泡居中，用中丝读数，记入表中（8）的位置。

（四）测站计算与检核

在表 5-19 中，第（1）至（8）栏是读数的记录部分，（9）至（18）栏是计算检核部分。下面介绍（9）至（18）各栏的计算方法及检核项目的限差要求。

1. 视距部分的计算

① 后视距（9）：　　(9)＝[(1)－(2)]×0.1　　（单位：米）

② 前视距（10）：　　(10)＝[(5)－(6)]×0.1　　（单位：米）

③ 前后视距差（11）：　　(11)＝[(9)－(10)]　　（单位：米）

④ 前后视距累积差（12）：　　(12)＝前站的(12)＋(11)　　（单位：米）

2. 高差部分的计算与检核

① 后视黑红面读数之差（13）：　　(13)＝(3)＋K－(8)

② 前视黑红面读数之差（14）：　　(14)＝(4)＋K－(7)

③ 黑面所测高差（15）：　　(15)＝(3)－(4)

④ 红面所测高差（16）：　　(16)＝(8)－(7)

⑤ 黑红面所测高差之差（17）：　　(17)＝(15)－{(16)±100}

⑥ 高差中数（18）：　　(18)＝{(15)＋(16)±100}/2

计算中用到的 K 为前、后视标尺红黑面零点的差数，本例中 05 号尺的 K 值为 4 787，06 号尺的 K 值为 4 687。

每一测站观测结束之后应立即进行计算，并对有关项目进行检核。对于四等及等外水准测量而言，（9）～（14）和（17）各项限差不应超过表 5-16、表 5-17 中的规定值。

工作间歇或暂停观测时，应尽量在水准点上结束观测，否则应选两个固定点或打三个木桩为间歇转点，观测其高程。恢复观测时应检测最后两个间歇转点间的高差，与间歇前的高差比较，若其结果符合表 5-17 的要求，即可继续向前观测，若超限，则须退后一站进行检查，以确定无变化的转点，再从此转点起继续向前施测。检测结果不作为正式成果。

（五）测段的计算与检核

所谓测段即相邻两水准点间的观测路线。当每个测段观测完毕后，应验算以下各项，以检查本测段观测、记录与计算的正确性。

① 视距部分：

$$\text{末站}(12)=\sum(9)-\sum(10)$$

$$\text{总视距}=\sum(9)+\sum(10)$$

② 高差部分：

$$\sum(3)-\sum(4)=\sum(15)$$

$$\sum(8)-\sum(7)=\sum(16)$$

当测段的测站数为偶数时，该测段的高差中数可用下式进行检核：

$$\sum h_{中}=\frac{1}{2}\left\{\sum(15)+\sum(16)\right\}=\sum(18)$$

若为奇数站，则上式应为：

$$\sum h_{中}=\frac{1}{2}\left\{\sum(15)+\sum(16)\pm 100\right\}=\sum(18)$$

为了消除两标尺零点差不相等的影响，一般规定四等及以上水准测量每一测段的往测或返测，其测站数均应为偶数，否则应加入标尺零点差改正。由往测转为返测时应重新整置仪器，两标尺要互换位置。

水准路线观测完毕，应计算往返测高差不符值路线闭合差，并与规定的限差值(见表5-20)比较。若超限，则应对超限的原因进行分析，先就路线上可靠性较小的一个测段进行重测。在结束外业观测转入内业计算之前，应确保外业观测记录与计算的成果符合规定的要求。

表 5-20　往、返测高差不符值与环线闭合差的限差

等级	测段、路线往返测高差不符值/mm	测段、路线的左右路线高差不符值/mm	附合路线或环线闭合差/mm		检测已测测段高差之差/mm
			平原	山区	
三等	$\pm12\sqrt{K}$	$\pm8\sqrt{K}$	$\pm12\sqrt{L}$	$\pm15\sqrt{L}$	$\pm20\sqrt{R}$
四等	$\pm20\sqrt{K}$	$\pm14\sqrt{K}$	$\pm20\sqrt{L}$	$\pm25\sqrt{L}$	$\pm30\sqrt{R}$

注：① 表中 K 为测段长度，L 为闭合或附合路线长度，R 为已测测段的长度，均以千米计。

② 水准网段中结点间或结点与高级点间的附合路线长度应不超过表中规定的 0.7 倍。

③ 当测段长度小于 1 km 时，按 1 km 计算。

④ 山区指高程超过 1 000 m 或路线中最大高差超过 400 m 的地区。

⑤ 检测已测测段高差之差的限差，对单程或双程检测均适用。

⑥ 水准环线由不同等级路线构成时，环线闭合差的限差，应按各等级路线长度分别计算，然后取其平方和的平方根为限差。

(六) 测量成果的重测与取舍

水准测量结果，若超出表 5-3 和表 5-20 规定的限差，均应重测。对超限原因做具体分析，并按下列原则进行重测与取舍：

① 测段往返测高差不符值超限时，应先就可靠程度较小的往测或返测进行整测段重测。若重测的高差与同方向原测高差的不符值超过往返测高差不符值的限差，但与另一单程的高差不符值未超出限差，则取用重测结果；若重测的高差与同方向原测高差的不符值不超过往返测高差不符值的限差，且其中数与另一单程原测高差的不符值亦不超出限差，则取此同方向中数作为该单程的高差。若超出上述限差，则应重测另一单程。

② 单程双转点观测中，测段的左右路线高差不符值超限时，可只重测一个单程单线，并

与原测结果中符合限差的一个取中数采用；若重测结果与原测结果均符合限差，则取三个单线结果的中数。当重测结果与原测两个单线结果均超限时，应分析原因，再重测一个单程单线。

③ 由往返高差（或左右路线高差）不符值计算的每公里水准测量的偶然中误差 M_{Δ} 超限时，应重测不符值较大的某些测段。

④ 环线闭合差超限时，应先重测路线上可靠程度较小的（往返测高差不符值较大或观测条件不佳者）测段。附合路线闭合差超限时，应分析原因重测有关测段。在高差过大等地区，宜加入重力异常改正。

（七）记录方式与要求

① 三、四等水准测量的外业成果，按记录载体分为电子记录和手簿记录两种方式，应优先采用电子记录。

② 在每一测段的始末、工作间歇的前后及中间气候变化时，应记录观测日期、时间、天气、呈像、前后视标尺号数。

③ 每测站应记录上、下丝和中丝（或楔形平分丝）读数。

④ 手工记录按下列要求进行：

a）外业观测值和记事项目，应在现场直接记录。

b）手簿一律用铅笔填写，记录的文字与数字力求清晰、整洁，不得潦草模糊。手簿中任何原始记录不得涂擦，对原始记录有错误的数字与文字，应仔细核对后以单线划去，在其上方填写更正的数字与文字，并在备考栏内注明原因。对作废的记录，亦用单线划去，并注明原因及重测结果记于何处。重测记录应加注“重测”二字。

c）三、四等水准测量记录的小数取位按照表 5-21 的规定执行。

表 5-21　小数取位

等　级	往（返）测距离总和/km	测段距离中数/km	各测站高差/mm	往（返）测高差总和/mm	测段高差中数/mm	水准点高程/mm
三等	0.01	0.1	0.1	0.1	1	1
四等	0.01	0.1	0.1	0.1	1	1

⑤ 电子记录要求参照相关规范（如 CH/T 2004—1999 和 CH/T 2006—1999）执行。

⑥ 观测工作结束后应及时整理和检查外业观测手簿。检查手簿计算是否正确、观测成果是否满足各项限差要求。确认观测成果符合本规范规定之后，方可进行外业计算。

四、水准测量的外业计算

外业观测成果通过检核符合规范规定后，方可进行外业计算。三、四等水准测量的观测高差，应根据情况进行水准标尺长度误差改正、正常水准面不平行的改正；对于图根水准，可不进行正常水准面不平行的改正。

（一）观测值改正模型

1. 水准标尺长度误差改正

对于水准测量，水准标尺长度误差改正依据水准标尺长度计量部门提供的检定结果施加改正。若出测前与收测后水准标尺每名义米长的变化不大于 30 μm,则取平均值进行改正;若变化超出 30 μm,应分析变化原因,决定是否重测或如何进行改正。

对于三、四等水准测量而言,水准标尺长度误差改正依据水准标尺名义米长测定结果计算改正数;若在作业期间一对标尺名义米长变化量不大于 0.08 mm 时,则取测前、测中、测后标尺测定的中数进行改正,若超过 0.08 mm 时,应分别进行改正(特别是所测路线高差较大时);当其变化超过 0.15 mm 时,则应分析变化原因,决定是否重测或如何进行改正。

水准尺每米改正系数 f 按下式计算:

$$f = l - 1\ 000$$

式中,l 为一对标尺名义米长测定中数(单位 mm)。一测段高差改正数 δ 按下式计算:

$$\delta = f \cdot h \tag{5-36}$$

式中,δ 为标尺改正数,mm;h 为往测或返测高差值,m。

2. 正常水准面不平行的改正

对于三、四等水准测量而言,一测段高差正常水准面不平行的改正数 ε 由下式计算:

$$\varepsilon = -A\Delta\varphi' \cdot H_{\mathrm{m}} = 0.000\ 001\ 537\ 1 \cdot \sin 2\varphi_{\mathrm{m}} \cdot \Delta\varphi' \cdot H_{\mathrm{m}} \tag{5-37}$$

式中,φ_{m} 是测段始、末点纬度的平均纬度;常系数 A 也可按 φ_{m} 在水准测量规范中查取;$\Delta\varphi'$ 是测段末点纬度减去始点纬度的差值,即纬度差,以分为单位;H_{m} 为测段始、末点的平均高程。

(二) 水准路线闭合差的计算

由于误差的存在,水准测量的实测高差与其理论值往往不相符,其差值称为水准路线的闭合差。

1. 附合水准路线高差闭合差的计算

附合水准路线的始、终点[如图 5-25(a)中的Ⅲ15 和Ⅲ16]的高程是已知的,故始、终点间高差的理论值为 $H_{终} - H_{始}$,而实测值为各测站所测高差的总和 $\sum h_{测}$,则附合水准路线高差闭合差为:

$$f_h = \sum h_{测} - (H_{终} - H_{始}) \tag{5-38}$$

2. 闭合水准路线高差闭合差的计算

若式(5-38)中的始终点为同一个点,则此时的水准路线为闭合水准路线。显然,式(5-38)中的第二项为零,即 $H_{终} - H_{始} = 0$,则闭合水准路线高差闭合差为:

$$f_h = \sum h_{测} \tag{5-39}$$

即为闭合路线观测高差的总和。

3. 支水准路线高差闭合差的计算

支水准路线一般需进行往返观测。由于往返测的方向相反,因此从理论上来讲,往测高差总和 $\sum h_{往}$ 与返测高差总和 $\sum h_{返}$ 符号相反,绝对值相等,它们的代数和等于零,则支水准路线往、返测高差闭合差为:

$$f_h = \sum h_{往} + \sum h_{返} \tag{5-40}$$

闭合差 f_h 计算出来之后,应与规范规定的限差进行比较。当 f_h 在限差之内时,认为外业观测精度合格,成果可用;否则,应检查原因,返工重测,直至符合限差要求为止。

(三)水准测量中误差的计算

① 每完成一条水准路线的测量,应根据往返测高差不符值按下式计算每千米水准测量偶然中误差 M_Δ(测段数不足 20 个的路线,可纳入相邻路线一并计算):

$$M_\Delta = \pm\sqrt{\frac{1}{4n}\left[\frac{\Delta\Delta}{L}\right]} \tag{5-41}$$

式中 M_Δ——每千米高差偶然中误差,mm;

Δ——测段往返高差不符值,mm;

L——测段长度,km;

n——测段数。

返测高差不符值及计算的 M_Δ 应符合表 5-3 和表 5-20 的要求。

② 每完成一条附合水准路线或闭合环线的测量,并对观测高差施加水准标尺长度误差改正和正常水准面不平行改正后,计算附合路线或闭合环线的闭合差 W。当构成水准网的水准环超过 20 个时,还应按环闭合差 W 计算每千米水准测量全中误差 M_W:

$$M_W = \sqrt{\frac{1}{N}\left[\frac{WW}{L}\right]} \tag{5-42}$$

式中 M_W——高差全中误差,mm;

W——经过各项改正后的水准环闭合差,mm;

L——计算各 W 时,相应的路线长度,km;

N——附合路线或闭合路线环的个数。

环闭合差 W 及计算的 M_W 应符合表 5-3 和表 5-20 的要求。

五、水准测量的内业计算

等级水准测量的内业计算,应按最小二乘原理,采用条件观测平差或间接观测平差,并应计算每千米水准测量全中误差 M_W、待定点高程中误差等信息。此部分内容在以后的课程中进行介绍。

对于精度要求不高的水准测量(如图根水准测量),可采用简易平差计算的方法。对于简易平差,一般包括闭合差的分配和待定点高程计算两个环节。以下对简易平差方法进行介绍。

(一)水准路线闭合差的分配

当 $|f_h| \leqslant |f_{h限}|$ 时,应对 f_h 进行合理分配,一般方法是按测站数成正比将闭合差反号分配到各测段高差中。这是因为水准路线的高差误差大小与测站数有关,测站数愈多,误差积累也就愈大。在一般平坦地区,同一级水准测量每千米的测站数基本相等,因此,又可按路线的长度成正比分配闭合差。设第 i 测段的改正数为 v,根据上述方法则有:

$$v_i = -\frac{f_h}{\sum n} n_i \tag{5-43}$$

或者

$$\mathrm{v_i} = -\frac{\mathrm{f_h}}{\sum \mathrm{R}} \mathrm{R_i} \tag{5-44}$$

式中，$\sum n$ 为所有测段测站数总和；n_i 为第 i 测段的测站数；$\sum R$ 为水准路线总长；R_i 为第 i 测段长度。

将各测段的观测高差 $h_{测}$ 加上改正数 v 之后，闭合差 f_h 即被消除，即：

$$\sum(h_{测}+v)-\sum h_{理}=0$$

或者
$$\sum v=-f_h \tag{5-45}$$

上式表明，改正数的符号与闭合差的符号相反，绝对值相等，以此检核改正数计算的正确性。

（二）水准点高程的计算

消除闭合差之后，即可根据已知水准点的高程和改正后的高差逐一推算出各水准点的高程。当推求至最后一个已知点时，应检查推求值是否与已知值相等，以保证各点的高程计算正确无误。

【例 5-4】 图 5-29 所示为某一四等附合水准路线示意图。观测方向、观测高差及测段长度标注在图上。已知Ⅲ15 及Ⅲ16 为三等水准点，其高程分别为 45.286 m、49.579 m，试求Ⅳ01、Ⅳ02、Ⅳ03 三个四等水准点的高程。

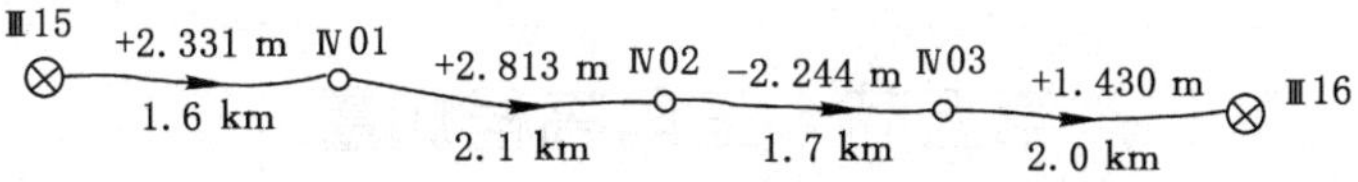

图 5-29 附合水准路线算例

解 计算步骤如下：

① 按式(5-38)计算闭合差 f_h，并与闭合差限差 $f_{h限}$ 相比较。对四等水准测量而言，$f_{h限}=\pm 20\sqrt{L}$，计算结果见表 5-22 中“辅助计算”一栏。

表 5-22 水准测量成果整理

点号	长度 /km	测量高差 /m	改正数 /mm	改正后高差 /m	高程 /m
1	2	3	4	5	6
Ⅲ15					45.286
	1.6	+2.331	−8	+2.323	
Ⅳ01					47.609
	2.1	+2.813	−11	+2.802	
Ⅳ02					50.411
	1.7	−2.244	−8	−2.252	
Ⅳ03					48.159
	2.0	+1.430	−10	+1.420	
Ⅲ16					49.579
$\sum$	7.4	+4.330	−37	+4.293	
辅助计算	$H_{Ⅲ16}-H_{Ⅲ15}=49.579-45.286=+4.293$ $f_h=\sum h-(H_{Ⅲ16}-H_{Ⅲ15})=+4.330-4.293=+37$ mm $f_{h限}=\pm 20\sqrt{L}=\pm 20\sqrt{7.4}=\pm 54.4>f_h$；每千米的改正数 $=-\dfrac{f_h}{\sum R}=-\dfrac{+37}{7.4}=-5$ mm				

② 按式(5-44)计算改正数。此时可先计算出系数项 $-\dfrac{f_h}{\sum R}$，然后乘上各测段的长度，即得各测段的改正数。改正数的计算结果按式(5-45)进行检核，见表中第 4 栏。

③ 计算改正后的高差。改正后的高差总和应等于 $H_{终}-H_{始}$（即 $H_{Ⅲ16}-H_{Ⅲ15}$），见表中第 5 栏。

④ 各待求点高程计算。最后计算的 $H_{终}$ 即 $H_{Ⅲ16}$ 应等于该点的已知高程，见表中第 6 栏。

六、水准测量应提交的资料

水准测量内外业结束之后，应提交以下资料：

① 水准路线图。

② 全部外业观测记录手簿和水准仪、水准尺检验资料。

③ 水准点"点之记"及水准点标志委托保管书。

④ 全部内外业计算资料、精度评定及成果表。

⑤ 技术设计书、技术总结和验收报告。

第五节　三角高程测量

我们已经知道，用水准测量的方法确定点的高程可以达到较高的精度。但是对于地面高低起伏较大的山岳地带以及沼泽、水网地区，用水准测量测定高程很不方便。因此，山区各级平面控制点的高程以及精度要求不高的点的高程常用三角高程测量的方法确定。本节介绍三角高程测量的基本原理、误差来源、布设形式、技术要求、外业观测和内业计算等有关内容。

一、三角高程测量原理

（一）高程计算的基本公式

采用三角高程测量的方法确定地面上 A、B 两点间的高差 h_{AB}，首先要在 A 点安置经纬仪，在 B 点竖立觇标，量得仪器高 i 和觇标高 v，用经纬仪望远镜的中丝照准觇标顶部，观测垂直角 δ，若已知 A、B 两点间的水平距离为 D，则从图 5-30 中可以看出有如下关系：

$$H_B+v=H_A+i+D\tan\delta$$

移项，得：

$$H_B-H_A=D\tan\delta+i-v$$

由高差定义知 $H_A-H_B=h_{AB}$，即：

$$h_{AB}=D\tan\delta+i-v \tag{5-46}$$

若已知 A 点高程为 H_A，则待定点 B 的高程为：

$$H_B=H_A+D\tan\delta+i-v \tag{5-47}$$

式中，δ 是仰角时取正号，相应的 $D\tan\delta$ 为正；δ 为俯角时取负号，相应的 $D\tan\delta$ 为负。在计算中要注意正负号。式(5-46)和式(5-47)就是三角高程测量的原理公式。

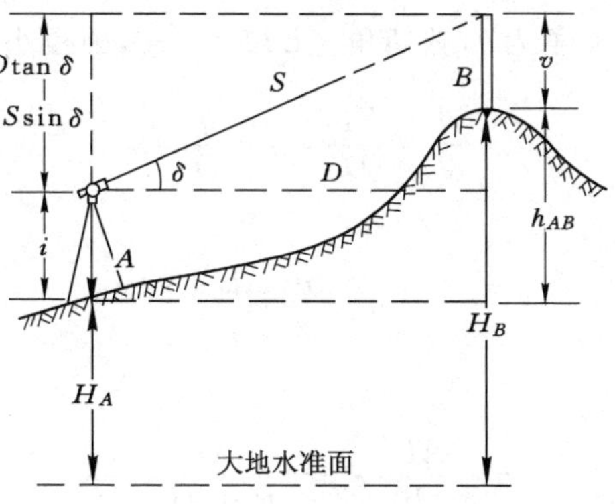

图 5-30 三角高程测量原理

在已知高程点 A 上设站，观测该点至待定点 B 间的高差称直觇；反之，仪器安置在未知高程的 B 点上，确定 B 点至 A 点间的高差称为反觇。要说明的是，推导上述公式时把大地水准面看作平面，这在两点之间距离较短时是允许的。

（二）球气差影响

当距离较长时，根据测量工作的精度要求或规范的规定，必须考虑地球曲率和大气折光对高差的影响。如图 5-31 所示，在 A 点安置经纬仪，在 B 点设置觇标，仪器高为 i，觇标高为 v，过 J 点的水准面为 $\overset{\frown}{JF}$，水平面为 JE。如果用水平面代替水准面，高差少了一段距离 EF，EF 即为地球曲率对高差的影响，简称球差，用 q 表示。

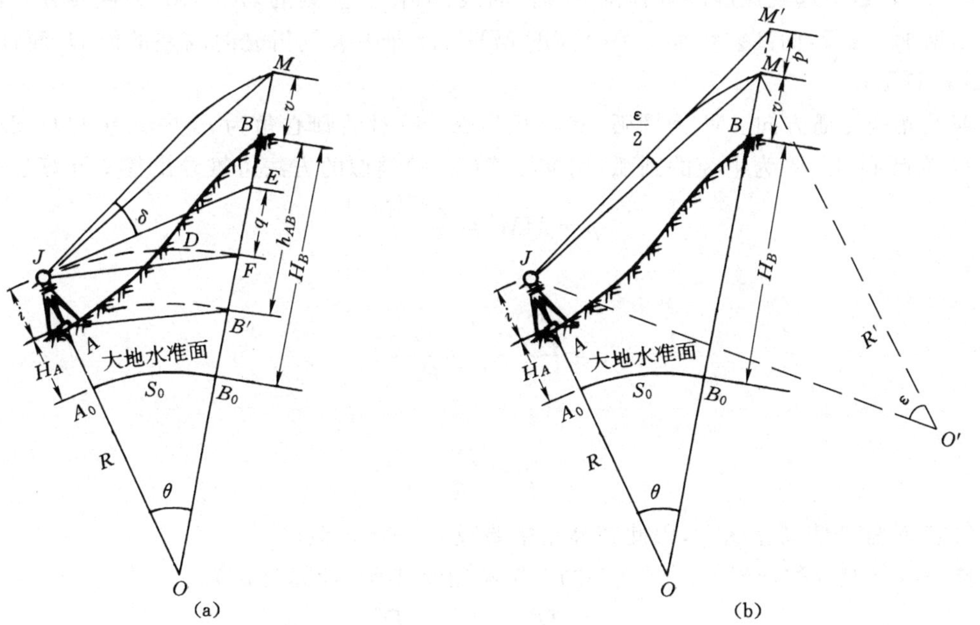

图 5-31 球气差影响

(a) 球差影响；(b) 气差影响

设地球为圆球，半径为 R，A、B 两点间的水平距离为 D，当 D 较小时可认为 $JE=\overset{\frown}{JE}=$

D。两点对球心 O 所张的夹角为 θ，弦切角 $\angle EJF=\frac{1}{2}\theta$，因很小，故可写成：

$$\frac{\theta}{2}=\frac{EF}{D}\cdot\rho=\frac{q}{D}\cdot\rho$$

则

$$q=\frac{\theta}{2}\cdot\frac{D}{\rho}$$

而

$$\theta=\frac{\widehat{AB}'}{OA}\cdot\rho=\frac{\widehat{AB}}{R+H_A}\cdot\rho$$

其中，H_A 为 A 点高程，其值与 R 比较甚小，故 $(R+H_A)$ 可近似用 R 代替，则：

$$\theta=\frac{D}{R}\cdot\rho$$

得：

$$q=\frac{D^2}{2R} \tag{5-48}$$

在式(5-48)中，球差 q 与 D^2 成正比。q 总是使所测高差变小，因此在高差计算中应加上 q。

由于光线通过由下而上密度变化的大气层而发生折射，视线形成一条连续的、凹向地面的曲线 $\widehat{JM}$。当望远镜照准觇标顶部 M 时，曲线 $\widehat{JM}$ 在 J 点处的切线 JM' 为视线方向，使垂直角 δ 增加了 $\varepsilon/2$，而高差增加了一个高度 MM'，此即为大气折光对高差的影响，简称为气差，用 p 表示。

假设光线传播方向 JM 为圆弧，其半径为 R'，所对的圆心角为 ε，并认为 $JM=D$，JM 是以 O' 为圆心、以 R' 为半径的圆弧，用推导式(5-48)类似的方法可推导出气差计算公式：

$$p=MM'=\frac{\varepsilon}{2}\cdot\frac{D}{\rho}$$

因

$$\varepsilon=\frac{\widehat{JM}}{}\cdot\rho=\frac{D}{R'}\cdot\rho$$

故

$$p=\frac{D^2}{2R'} \tag{5-49}$$

气差 p 总是使高差变大，因此在高差中要减去一个 p 值。

球差与气差合称球气差。球气差的总影响用 γ 表示，计算公式为：

$$\gamma=q-p=\frac{D^2}{2R}-\frac{D^2}{2R'}=\frac{D^2}{2R}(1-\frac{R}{R'})$$

令 $\frac{R}{R'}=K$，称为大气垂直折光系数，代入上式得球气差：

$$\gamma=\frac{D^2}{2R}(1-K) \tag{5-50}$$

由于 $R'>R$，则 $K<1,\gamma>0$。在一天内 K 值是变化的，根据多年实践总结的规律，在中午附近 K 值最小，并且比较稳定；日出日落时数值较大，而且变化也较快，因此垂直角观测最好在中午前后进行。阴天观测时 K 值影响较小，可以不受时间的限制。

K 值变化是复杂的，在不同的地区、不同的时间、不同的天气等都会不相同，甚至在同一个测站上各方向也不相同，主要影响因素是气温和气压的变化。实际中是将我国大部分地区的折光系数取平均值，得到 $K=0.11$。

（三）高差及高程计算

在三角高程测量中，通常在 A、B 两点分别安置仪器进行对向观测，并计算两次观测的高差，分别加球气差改正后取绝对值的平均值作为两点间的高差。下面推导三角高程测量求高差的实用公式。

由图 5-31 得：

$$h_{AB}=B'F+FE+EM'-BM-MM'$$
$$=EM'+B'F-BM+(FE-MM')$$

式中，$EM'=D\cdot\tan\delta$，$BF'=i$，$BM=v$，$FE=q$，$MM'=p$。

则

$$h_{AB}=D\cdot\tan\delta+i-v+(q-p)$$
$$h_{AB}=D\cdot\tan\delta+i-v+\gamma \tag{5-51}$$

式(5-51)就是考虑了球气差影响的高差公式。令 $D\tan\delta+i-v=h'_{AB}$，则式(5-51)可以写为：

$$h_{AB}=h'_{AB}+\gamma$$

在相同条件下，直、反觇观测中球气差对高差的影响相同，而直、反觇的高差正负号相反，则直、反觇高差的平均值为：

$$h_{AB平}=\frac{1}{2}(h'_{AB}-h'_{BA}) \tag{5-52}$$

式(5-52)表明，取直、反觇高差平均值，消除了球气差对高差的影响。但是，因直、反觇条件不会完全相同，高差平均值中仍含有球气差残差影响。

在实际工作中，球气差改正数 γ 可以 D 为引数，在球气差改正数表中查取(见表 5-23)。

表 5-23 球气差改正数 γ

D/m	0	100	200	300	400	500	600	700	800	900
γ/m	0	0.001	0.003	0.006	0.011	0.017	0.024	0.033	0.043	0.055

计算出高差后，待定点的高程计算方法同水准测量，即：

$$H_B=H_A+h_{AB}$$

式中，H_B 为待定点 B 的高程；H_A 为已知点 A 的高程；h_{AB} 为 A、B 点间直、反觇高差平均值。

二、三角高程测量主要误差来源及减弱措施

由公式(5-51)知，观测边长 D、垂直角 δ、仪器高 i 和觇标高 v 的测量误差及大气垂直折

光系数 K 的测定误差均会给三角高程测量成果带来误差。下面简要介绍之。

（一）边长误差

边长误差决定于距离丈量方法。用普通视距法测定距离，精度只有 1/300，就是说，300 m的边长，其误差达±1 m；用正弦定理根据三角形内角解析边长，主要决定于角度测量精度，一级小三角的测角中误差为±10″，最弱边边长误差为 1/10 000；用电磁波测距仪测距，精度很高，边长误差一般为几万分之一到几十万分之一。边长误差对三角高程的影响与垂直角大小有关，垂直角愈大，其影响也愈大。

（二）垂直角误差

垂直角观测误差包括仪器误差、观测误差和外界环境的影响。仪器误差由经纬仪等级所决定，垂直度盘的分划误差、偏心误差等都是影响因素。观测误差有照准误差、指标水准管居中误差等。外界条件主要是大气垂直折光的影响。J_6 经纬仪两测回垂直角平均值的中误差可达±15″，对三角高程的影响与边长及推算高程路线总长有关，边长或总长愈长，对高程的影响也愈大。因此，垂直角的观测应选择大气折光影响较小的阴天和每天的中午观测较好，推算三角高程路线还应选择短边传递，对路线上的边数也有限制。

（三）大气垂直折光误差

大气垂直折光误差主要表现为折光系数 K 值的测定误差。实验证明，K 值中误差约为±0.03～±0.05。另外，一般采用 K 的平均值计算球气差 γ 时，也会有误差。不过，取直、反觇高差的平均值作为高差成果，可以大大减弱大气垂直折光误差的影响。

（四）丈量仪器高和觇标高的误差

仪器高和觇标高的量测误差有多大，对高差的影响也会有多大。因此，应仔细量测仪器高和觇标高。

三、三角高程路线的布设形式

根据实际情况，三角高程路线可布设成以下几种形式。

（一）三角高程网

三角高程网用于测定各等级平面控制点的高程。网中需要有一定数量的点直接用四等水准测量求得高程，作为已知高程点，其余点的高程则用三角高程测量方法推算。为了确保三角高程网的精度，已知高程点宜布设在网的边缘，使其网中任意一点与最近高程起算点的间隔边数不超过表 5-24 的规定。

表 5-24 三角高程网中任一点与最近高程起算点的间隔边数

等高距/m	平均边长/km							平差后平面控制点高程中误差/m
	1	2	3	4	5	7	9	
1	10	4	2					±0.05
2		10	7	4	3			±0.10
5					10	8	5	±0.25

（二）三角高程路线

用三角高程测量方法传算高程有单一的附合路线或闭合路线。当三角高程测量用于测定各等级平面控制点的高程时，三角高程路线必须起讫于不低于四等水准联测的高程点上，其边数不应超过表5-24的规定；当用于测定图根点的高程时，三角高程点及水准联测的高程点均可作为路线的起算点，其边数不应超过12条。三角高程路线应尽量由边长较短、高差较小的边组成。

（三）独立交会点

在高程起算点较多的地区，点的高程可用三个高程起算点单向观测确定。当只有两个高程起算点时，点的高程可采用对向观测一条边加单向观测另一条边确定。当测定各等级平面控制点的高程时，独立交会的高程起算点应为不低于四等水准联测的高程点；当测定图根点的高程时，已知三角高程点亦可作为高程起算点。

四、三角高程路线的施测及其要求

由式(5-46)可知，用三角高程测量推求两点间高差时，必须已知仪器高 i、觇标高 v、两点间的水平距离 D 以及垂直角 α。仪器高 i 和觇标高 v 可用钢尺直接量取。在等级点上作三角高程测量时，i 和 v 应独立量取两次，读至5 mm，其较差不得大于1 cm。图根三角高程测量可量至厘米。两点间的水平距离 D 可从平面控制的计算成果中获得。因此，三角高程测量的施测主要是观测垂直角。垂直角观测一般都是在建立平面控制时与水平角的观测同时进行。对于三角高程网和三角高程路线，各边的垂直角均应进行直、反觇对向观测。对于独立交会高程点，前方交会为三个直觇，后方交会为三个反觇。

三角高程测量的主要技术要求见表5-25。

表5-25　三角高程测量的主要技术要求

<table>
<tr><th rowspan="2">等级</th><th rowspan="2">经纬仪型号</th><th rowspan="2">测回数</th><th colspan="2">互　差</th><th rowspan="2">对向观测高差较差/m</th><th rowspan="2">两个单方向高程较差/m</th><th rowspan="2">独立交会点各方向高程较差/m</th><th rowspan="2">附合或闭合路线闭合差/m</th></tr>
<tr><th>指标差/(″)</th><th>垂直角/(″)</th></tr>
<tr><td rowspan="2">一、二级小三角</td><td>DJ_2</td><td>中丝法2
三丝法1</td><td>15</td><td>15</td><td rowspan="4">$\pm 0.1D$</td><td rowspan="4">$\pm 0.07\sqrt{D_1^2+D_2^2}$</td><td rowspan="4"></td><td rowspan="4">$\pm 0.05\sqrt{[D^2]}$</td></tr>
<tr><td>DJ_6</td><td>中丝法4
三丝法2</td><td>25</td><td>25</td></tr>
<tr><td rowspan="2">一、二、三级导线</td><td>DJ_2</td><td>中丝法1</td><td>15</td><td></td></tr>
<tr><td>DJ_6</td><td>中丝法2
三丝法1</td><td>25</td><td>25</td></tr>
<tr><td>图根三角高程</td><td>DJ_6</td><td>中丝法1</td><td>25</td><td></td><td>$\pm 0.4D$</td><td></td><td>$\pm 0.02H$</td><td>$\pm 0.1H\sqrt{n}$</td></tr>
</table>

注：① 垂直角互差指同一方向由各测回各丝所得的全部垂直角结果互相比较。

② 指标差互差在分组观测时，仅在一测回内各方向按同一根水平丝计算的结果比较；单独方向连续观测时，则按同方向各测回同一根水平丝计算的结果比较。

③ 表中 D 为边长(单位为千米)，n 为边数，H 为基本等高距。

五、三角高程路线的计算

三角高程测量计算之前，应对观测成果进行全面检查，确认各项限差符合《规定》要求，所需数据完备齐全之后才能开始计算。有关三角高程网的平差计算将在《控制测量》中阐述，这里不做介绍。

（一）高差的计算

从外业观测手簿中查取三角高程路线上的垂直角、仪器高、觇标高，从平面控制计算成果表中查取相应边的水平距离，填于计算表格中，然后按式(5-51)依次计算各边直、反觇高差。若直、反觇高差较差不超过表 5-25 中的规定，则取其平均数，并以此计算三角高程路线的高差闭合差。

（二）高差闭合差的计算和分配

三角高程路线高差闭合差的计算和分配与水准测量基本相同，即：

附合路线：

$$w_h = \sum h_{测} - (H_{终} - H_{始})$$

闭合路线：

$$w_h = \sum h_{测}$$

当高差闭合差不超过表 5-25 中的规定时，可按下式计算高差改正数：

$$v_i = -\frac{w_h}{\sum D} D_i \tag{5-53}$$

式中，$\sum D$ 为路线上各边水平边长总和；D_i 为第 i 边水平边长。

（三）高程计算

根据已知高程和改正后的高差按与水准测量相同的方法计算各点的高程。

【例 5-5】 图 5-32 所示为一图根线形锁(测图等高距为 1 m)，图中箭头表示三角高程的传算路线。试求各图根点的高程。

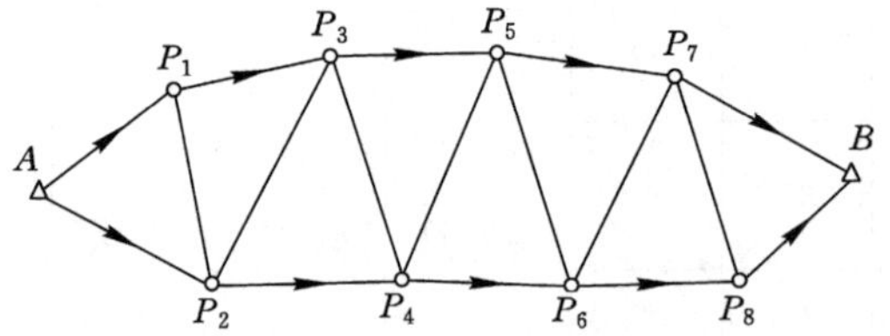

图 5-32　三角高程算例

解　所有计算在表 5-26 和表 5-27 中进行。表 5-26 所列为各边直、反觇对向观测高差的计算结果，这里只列了两条边的高差计算结果，其余各边的计算结果直接列于表 5-27。三角高程路线的平差计算见表 5-27。

表 5-26 高差计算

测站点	A	P_1	P_1	P_3
觇点	P_1	A	P_3	P_1
觇法	直	反	直	反
δ	$-2°30'36''$	$+2°28'00''$	$-6°01'12''$	$+6°02'30''$
D/m	589.12	589.12	512.67	512.67
i/m	1.51	1.47	1.50	1.48
v/m	1.20	1.40	1.50	1.70
γ/m	0.02	0.02	0.02	0.02
h/m	−25.49	+25.47	−54.04	+54.06
$h_{中}$/m	−25.48		−54.05	

表 5-27 三角高程路线平差计算

点号	边长 D /(100 m)	平均高差 $h_{中}$ /m	改正数 v_{hi} /cm	改正后高差 h /m	点之高程 H /m
A					479.68
	5.9	−25.48	+1	−25.47	
P_1					454.21
	5.1	−54.05	0	−54.05	
P_3					400.16
	1.8	−29.12	0	−29.12	
P_5					371.04
	3.3	+23.39	0	+23.39	
P_7					394.43
	2.5	+17.71	0	+17.71	
B					412.14
	[18.6]	[−67.55]	[+1]	[−67.54]	
		$w'_h=-0.01$			
A					479.68
	1.2	−55.43	+1	−55.42	
P_2					424.26
	2.0	−6.10	+1	−6.09	
P_4					418.17
	2.3	−18.86	+1	−18.85	
P_6					399.32
	2.6	−39.06	+1	−39.05	
P_8					360.27
	3.2	+51.86	+1	+51.87	
B					412.14
	[11.3]	[−67.59]	[+5]	[−67.54]	
		$w''_h=-0.05$			
辅助计算	$w'_h=\sum h'-(H_B-H_A)=-67.55-(-67.54)=-0.01$ (m) $w''_h=\sum h''-(H_B-H_A)=-67.59-(-67.54)=-0.05$ (m) $w_{h限}=0.1H\sqrt{n}=\pm0.1\times1\times\sqrt{5}=\pm0.22$ (m)				

六、电磁波测距三角高程测量

用电磁波测距方法直接测定两点间的倾斜距离 d，根据斜距 d 和垂直角 δ 可以求得高差 h，这种方法称为电磁波测距三角高程测量，简称电磁波测高。这种方法测定高差的主要特点是距离测量的精度较高。为了提高电磁波测高的精度，必须采取措施提高垂直角观测精度。大量的观测资料表明，当边长在 2 km 范围内时，电磁波测距三角高程测量成果完全能满足四等水准测量的精度要求。因此，在高山、丘陵等困难地区，可用电磁波测高代替四等水准测量。下面推导电磁波测高中高差的计算公式。

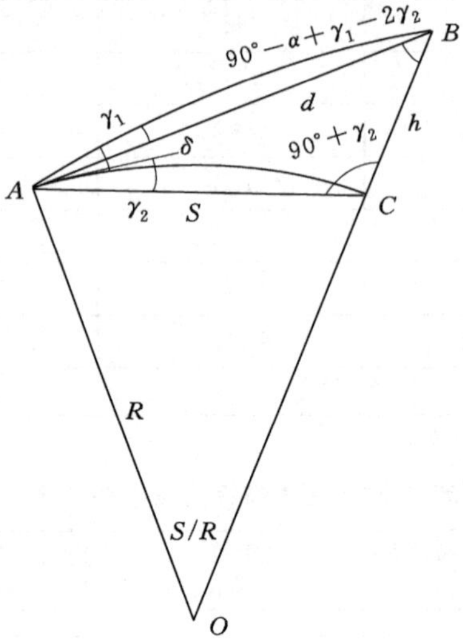

图 5-33　电磁波测距三角高程原理

如图 5-33 所示，设 O 为椭球中心，B 为照准点的反射镜中心，AO 近似地认为是地球的平均曲率半径 R，d 为测距仪直接测得的倾斜距离，δ 为垂直角，现要根据 d 和 δ 推求距离 CB 即 h。

在 A 点照准 B 点测得的垂直角 δ 中，包含有大气垂直折光影响 γ_1；由于地球曲率的影响，使得 A 点的水平线与弦线之间存在一微小角度 γ_2。这两个微小的角度均可视为弦切角，其值可近似地写为：

$$\begin{cases} \gamma_1 = \dfrac{d}{2R'} = \dfrac{Kd}{2R} \\ \gamma_2 = \dfrac{S}{2R} = \dfrac{d\cos\delta}{2R} \end{cases} \tag{5-54}$$

式中，K 为大气折光系数，$K=\dfrac{R}{R'}$；R 为地球曲率半径；R'为折光曲线$\overset{\frown}{AB}$被近似地视为一段圆弧，R'为圆弧$\overset{\frown}{AB}$对应的半径。

由图 5-33 可知，在$\triangle ABC$ 中，$\angle A=\delta-\gamma_1+\gamma_2$，$\angle C=90°+\gamma_2$。按正弦定理有：

$$\frac{h}{\sin(\delta-\gamma_1+\gamma_2)}=\frac{d}{\sin(90°+\gamma_2)}$$

式中，γ_2 角值很小，可视 $\sin(90°+\gamma_2)=1$。于是：

$$h=d\cdot\sin[\delta-(\gamma_1-\gamma_2)]$$

将上式中正弦函数展开，取 $\cos(\gamma_1-\gamma_2)\approx1$，则：

$$h=d\cdot\sin\delta-d\cos\alpha\sin(\gamma_1-\gamma_2)$$

将 $\sin(\gamma_1-\gamma_2)$展开，取 $\cos\gamma_1\approx\cos\gamma_2\approx1$，并将式(5-54)代入，有：

$$h=d\sin\delta-\frac{Kd^2\cos\delta}{2R}+\frac{d^2\cos^2\delta}{2R} \tag{5-55}$$

式中，第二、三项分别为大气垂直折光与地球曲率改正，通常称为两差改正；h 为仪器中心至反射镜中心的高差。

设 i_A、v_B 分别为测站 A 的仪器高和镜站 B 的反射镜高，则测站 A 至镜站 B 的高差 h_{AB} 为：

$$h_{AB}=d\sin\delta-\frac{Kd^2\cos\delta}{2R}+\frac{d^2\cos^2\delta}{2R}+i_A-v_B \tag{5-56}$$

式(5-56)即为单向观测时高差的计算公式。不难证明，对于俯角，此公式亦适用。

第六节 GNSS 技术及其在控制测量中的应用

不论是早期的航海还是现在的航天，都离不开导航，导航已成为海、陆、空、天各种运动载体不可或缺的指南。随着科技的发展，导航系统除了众所周知的传统导航设备外，又出现了先进的卫星导航。目前导航系统包括全球导航卫星系统(如 BDS、GPS 等)、惯性导航(包括惯性导航系统 INS、航位推算导航 DR)、天文导航系统(CNS)、重磁导航系统(重力导航、磁力导航)、匹配导航系统(地形匹配导航、影像匹配导航)等。

全球导航卫星系统

全球导航卫星系统(Global Navigation Satellite System，GNSS)是泛指所有的卫星导航系统，包括全球的、区域的和增强的，如中国的 BDS、美国的 GPS、俄罗斯的 GLONASS、欧洲的 GALILEO 系统，以及相关的增强系统，如美国的 WAAS(广域增强系统)、欧洲的 EGNOS(欧洲静地导航重叠系统)、日本的 QZSS、印度的 IRNSS 等，还涵盖在建和以后将建设的其他卫星导航系统。国际 GNSS 是个多系统、多层面、多模式的复杂组合系统。

本节仅对卫星定位的基本原理、美国的全球定位系统(Global Positioning System，GPS)、我国的北斗卫星导航系统(BeiDou Satellite Navigation System，BDS)、GNSS CORS 及其应用等进行简单介绍。

一、卫星定位的基本原理

在卫星定位中，卫星在空中高速飞行，其瞬时位置通过计算可以获得，即卫星是动态已知点。用户通过测量接收机到四颗卫星的距离，在顾及接收机三维坐标(未知)、接收机钟差(未知)和卫星的已知三维坐标基础上，建立卫星到接收机的四个距离方程，通过解算距离方程即可获得接收机的三维坐标。这便是卫星定位的基本原理，如图 5-34 所示。

GNSS 测量原理

设卫星 i 的瞬时已知坐标为(X^i,Y^i,Z^i)，测站 P 的近似坐标为(X_P^0,Y_P^0,Z_P^0)，其改正数为$(\delta X_P^0,\delta Y_P^0,\delta Z_P^0)$，若不考虑相关误差(如大气延迟误差等)的影响，则测站到卫星的线性化距离观测方程为：

$$\frac{X_P^0-X^i}{\rho_{P,0}^i}\delta X_P+\frac{Y_P^0-Y^i}{\rho_{P,0}^i}\delta Y_P+\frac{Z_P^0-Z^i}{\rho_{P,0}^i}\delta Z_P-c\delta t_P-(\rho_{P,0}^i-\tilde{\rho}_P^i)=0 \tag{5-57}$$

其中，δt_P 为接收机钟钟差改正数；$\tilde{\rho}_P^i$ 为测站 P 到卫星 i 的距离观测值；c 为光速(光速约为

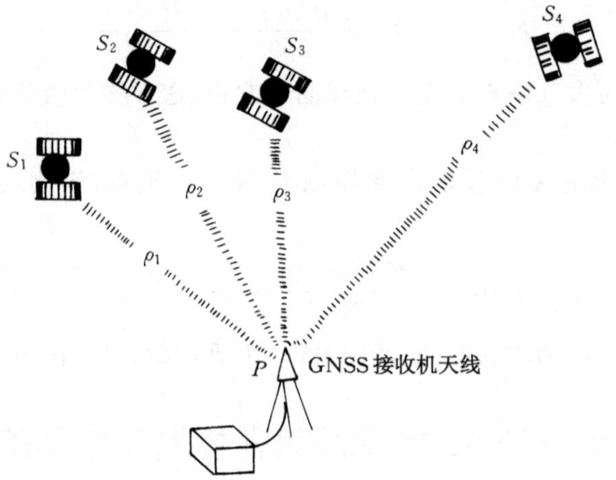

图 5-34　卫星定位基本原理示意图

3×10^8 m/s,精确值为 2.997 924 58$\times10^8$ m/s)。

$$\rho_{P,0}^i=\sqrt{(X^i-X_P^0)^2+(Y^i-Y_P^0)^2+(Z^i-Z_P^0)^2}$$

记

$$l_P^i=\frac{X_P^0-X^i}{\rho_{P,0}^i},m_P^i=\frac{Y_P^0-Y^i}{\rho_{P,0}^i},n_P^i=\frac{Z_P^0-Z^i}{\rho_{P,0}^i},L_P^i=\rho_{P,0}^i-\tilde{\rho}_P^i$$

则式(5-57)可写为:

$$\begin{bmatrix}l_P^i & m_P^i & n_P^i & -1\end{bmatrix}\begin{bmatrix}\delta X_P\\ \delta Y_P\\ \delta Z_P\\ c\delta t_P\end{bmatrix}-L_P^i=0 \tag{5-58}$$

若测站 P 对 4 颗卫星进行了距离观测,则可得四个观测方程,从而解得测站 P 近似坐标改正数($\delta X_P^0,\delta Y_P^0,\delta Z_P^0$)和接收机钟钟差改正数 δt_P,则测站 P 的定位坐标为:

$$X_P=X_P^0+\delta X_P,Y_P=Y_P^0+\delta Y_P,Z_P=Z_P^0+\delta Z_P \tag{5-59}$$

二、GPS 简介

1973 年 12 月,美国国防部批准陆海空三军联合研制一种新的军用卫星导航系统——NAVSTAR GPS,其英文全称为 NAVigation by Satellite Timing And Ranging (NAVSTAR) Global Positioning System(GPS),我们称为 GPS 卫星全球定位系统,简称 GPS。1993 年 12 月,整个 GPS 已正式建成并开通使用。

GPS 时间基准采用 GPS 时(GPST),坐标框架采用 1984 年世界大地系统(World Geodetic System 1984,WGS-84)。

GPS 是一种以空间卫星为基础的无线电导航与定位系统,能为世界上任何地方,包括空中、陆地、海洋甚至于外层空间的用户,全天候、全时间、连续地提供精确的三维位置、三维速度及时间信息,具有实时性的导航、定位和授时功能。

GPS 由 GPS 卫星星座(空间部分)、地面监控系统(地面控制部分)和 GPS 信号接收机(用户设备部分)三部分组成。

（一）GPS 卫星星座

GPS 卫星标准配置星座（参见图 5-35）由 21 颗工作卫星和 3 颗在轨备用卫星组成，这 24 颗卫星均匀分布在 6 个轨道平面上。卫星轨道平面相对地球赤道平面的倾角约为 55°，各轨道平面升交点的赤经相差 60°，在相邻轨道上，卫星的升交距角相差 30°。轨道平均高度约为 20 200 km，卫星运行周期为 11 小时 58 分。卫星轨道近于圆形，其长半轴为 26 560 km，最大偏心率为 0.01。

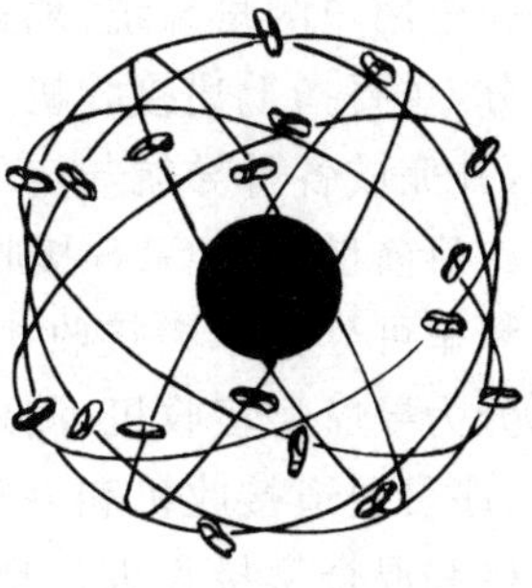

图 5-35　GPS 卫星星座

同一观测站上每天出现的卫星分布图形相同，只是每天提前约 4 min。每颗卫星每天约有 5 个小时在地平线以上，同时位于地平线以上的卫星数目视时间和地点而定，最少为 4 颗，最多可达 11 颗。这一分布方式，保证了地面上任何时间、任何地点至少可同时观测到 4 颗卫星。

GPS 卫星的基本功能是：作为高速飞行的空间已知点，用 L 波段的 3 个无线电载波（载波频率为 15 75.42 MHz、1 227.60 MHz 和 1 176.45 MHz），连续地向地面用户发送导航定位信号、测距信息及与定位有关的时间信息，为用户计算卫星坐标和测量接收机到卫星的距离提供基础信息。

（二）地面监控系统

地面监控系统，目前由分布在全球的 20 个地面站组成，其中包括 1 个主控站、1 个备用主控站、11 个指挥和控制天线以及 16 个监控站点构成，如图 5-36 所示。

图 5-36　GPS 地面监控系统

地面监控系统主要负责编算 GPS 卫星星历并将其发射到 GPS 卫星上，监测和控制 GPS 卫星的“健康”状态，保持各颗卫星处于同一时间标准，即处于 GPS 时间系统。

（三）GPS 信号接收机

GPS 信号接收机是接收 GPS 卫星发射的信号，获取必要的导航定位信息，并经数据处理计算出接收机的三维坐标位置、三维速度和时间从而完成导航定位工作的设备。

GPS 信号接收机主要由接收机、天线、微处理器及其终端设备以及电源等组成，其中接收机和天线是用户设备的核心部分，一般习惯统称为GPS接收机。如果把GPS接收机作为一个用户测量系统，那么按其构成部分的性质和功能可分为硬件部分和软件部分。硬件部分，主要指上述接收机、天线和电源等硬件设备，而软件部分是支持接收机硬件实现其功能，并完成各种导航与定位任务的重要条件。

目前世界上GPS接收机的生产厂家约有数十家，而型号超过数百种。GPS接收机按载波频率可分为单频接收机、双频接收机、多系统接收机（GPS＋BDS＋GLONASS）；按用途可分为导航型接收机、测地型接收机和授时型接收机；按接收机的通道数可分为多通道接收机、序贯通道接收机和多路复用通道接收机；按工作原理可分为码相关型接收机、平方型接收机和混合型接收机。测绘领域多使用测地型接收机。

三、BDS简介

北斗卫星导航系统是我国自主建设、独立运行，并与世界其他卫星导航系统兼容共用的全球卫星导航系统。

北斗卫星导航系统由空间星座、地面控制和用户终端三大部分组成。空间星座部分由5颗地球静止轨道卫星和30颗非地球静止轨道卫星组成。非地球静止轨道卫星由27颗中圆地球轨道卫星和3颗倾斜地球同步轨道卫星组成。其中，中圆地球轨道卫星轨道高度21 500 km，轨道倾角55°，均匀分布在3个轨道面上；倾斜地球同步轨道卫星轨道高度36 000 km，均匀分布在3个倾斜同步轨道面上，轨道倾角55°，3颗倾斜地球同步轨道卫星星下点轨迹重合，交叉点经度为东经118°，相位差120°。图5-37为BDS星座示意图。

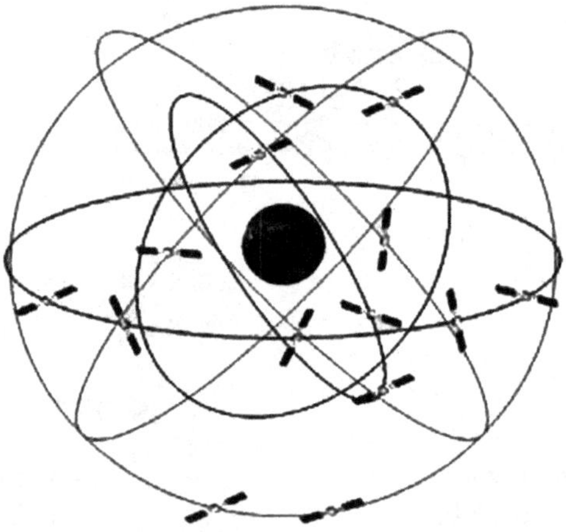

图5-37　北斗系统星座示意图

北斗卫星导航系统按照“三步走”战略建设发展。北斗一号系统1994年启动建设，2000年投入使用；北斗二号系统2004年启动建设，2012年投入使用，北斗三号系统2009年启动建设，2020年投入使用。北斗三号系统提供多种服务。具体包括：面向全球范围，提供定位导航授时（RNSS）、全球短报文通信（GSMC）和国际搜救（SAR）服务；在中国及周边地区，提供星基增强（SBAS）、地基增强（GAS）、精密单点定位（PPP）和区域短报文通信（RSMC）服务。RNSS服务通过北斗系统空间星座中卫星的B1C、B2a、B2b和B1I、B3I信号提供，用户通过该服务可确定自己的位置、速度和时间。目前，RNSS服务由北斗二号和北斗三号星座联合提供。

地面控制部分由若干主控站、注入站和监测站组成。主控站主要任务是收集各个监测站的观测数据，进行数据处理，生成卫星导航电文、广域差分信息和完好性信息，完成任务规划与调度，实现系统运行控制与管理等；注入站主要任务是在主控站的统一调度下，完成卫星导航电文、广域差分信息和完好性信息注入以及有效载荷的控制管理；监测站对导航卫星进行连续跟踪监测，接收导航信号，发送给主控站，为卫星轨道确定和时间同步提供观测数据。

用户终端部分由各类“北斗”用户终端，以及与其他卫星导航系统兼容的终端组成，能够满足不同领域和行业的应用需求。图 5-38 是南京科博空间信息科技有限公司研制的 GNSS 一体机的硬件结构图。

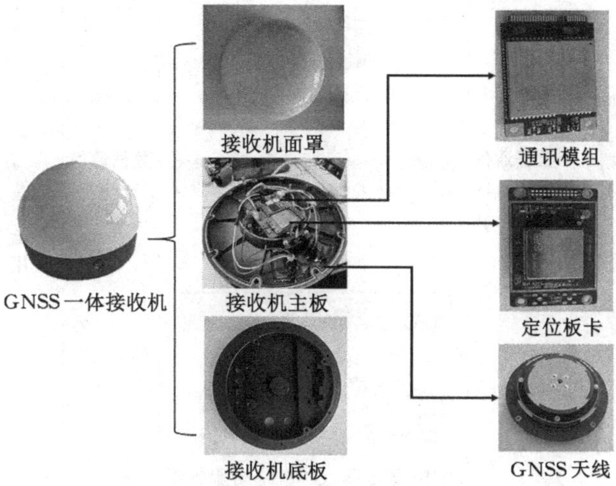

图 5-38　GNSS 接收机硬件结构

北斗系统采用北斗坐标系(BDCS)。BDCS 的定义符合国际地球自转参考系服务(IERS)规范，采用 2000 中国大地坐标系(CGCS2000)的参考椭球参数，对准于最新的国际地球参考框架(ITRF)，每年更新一次。

BDS 按照“质量、安全、应用、效益”的总要求，坚持“自主、开放、兼容、渐进”的发展原则，遵循“先区域、后全球”的总体思路，北斗卫星导航系统按照“三步走”的发展战略稳步推进，已于 2020 年 6 月全面建成北斗卫星导航系统，形成全球服务能力。

四、GNSS CORS 简介

全球导航卫星系统(GNSS)连续运行参考站 (Continuously Operating Reference Station, CORS)是指在一定地域内建立若干个 GNSS 固定的连续运行参考站(CORS)，并通过数据通信网络将这些 CORS 的观测数据传送至一个或多个数据处理和监测中心，以集中进行数据处理和监控，然后通过通信网络，以这些经数据处理的 GNSS 信息为基础，根据用户需求，提供服务。这种以连续运行参考站网为核心、通信网络为骨干、用户需求为服务目标、用户接收点为终端的集成系统，通常称其为全球导航卫星连续运行站网系统或简称 GNSS CORS，该系统的网络拓扑结构如图 5-39 所示。

GNSS CORS 可以实现系统数据的网内共享，向政府和社会提供服务。它不但具有全天候、全自动化、实时导航定位功能，还可以进行天气预报、灾害监测、提供无线通信和电网时间标准以及电路检测等。按照提供服务的区域和对象划分，CORS 可以分为国家级连续运行参考站网、区域参考站网、专业应用参考站网等。

国家级连续运行参考站网用于维持和更新国家地心坐标参考框架的 GNSS CORS 网，是国家经济建设、国防建设的基础设施，用于为开展全国范围内的高精度定位、导航工程建设和科学研究服务。

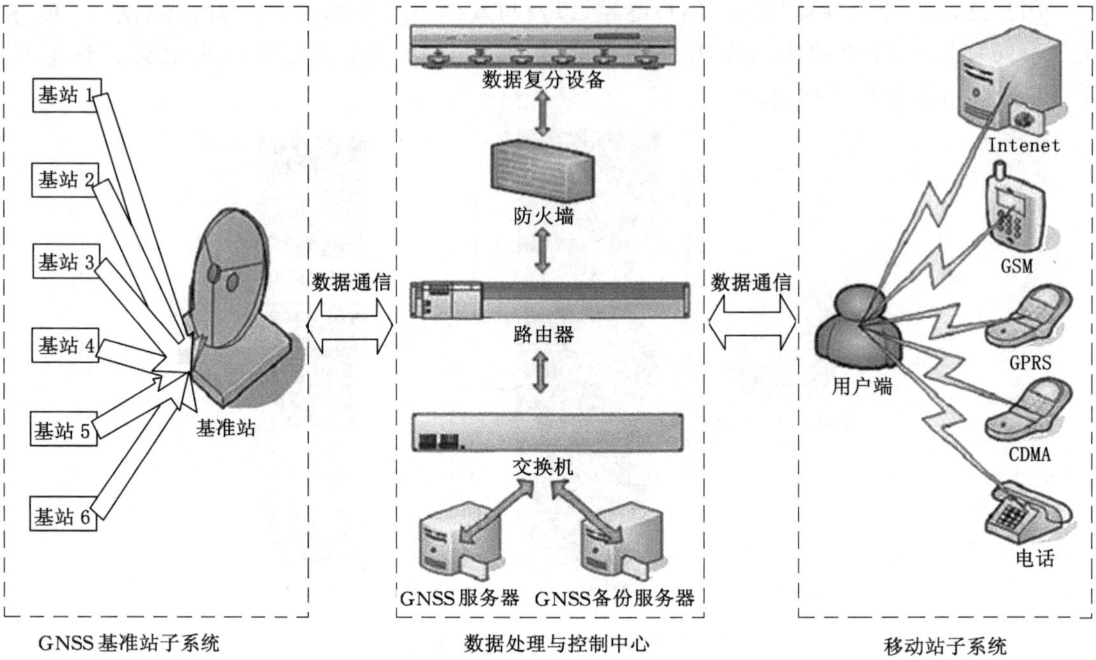

图 5-39　GNSS CORS 的网络拓扑结构

区域参考站网由省、区、市、地区政府组织协调建立的 GNSS CORS 网，主要用于构成高精度连续运行的区域坐标参考框架，提供不同等级精度的定位服务、卫星轨道服务、时间服务、气象服务、源数据服务和相关信息服务，以满足区域经济建设的需求。

专业应用参考站网由测绘、地震、气象、交通、海洋、资源环境管理等部门和机构根据专业需求建立的 GNSS CORS 网，主要用于专业信息和参数的服务，以满足行业和部门工程建设和科学研究的需要。其主要任务是：

(1) 建成超高精度的地壳运动监测网系统

地壳运动观测网络旨在以服务地震预测预报为主，兼顾国家大地测量和国防建设的需要，同时服务于气象预报、电离层监测、海平面监测和 GNSS 导航等领域。

(2) 建成国家范围内的现代“电子大地测量控制网点”

系统向测量用户提供定位服务，并具有实时动态(Real-time kinematic，RTK)能力。

CORS 应用于精密定位、导航、资源普查、测绘、形变监测等业务，具有以下明显特点和优势：

① 覆盖范围广。

② 可用性高。系统可以做到 365 天 24 小时不间断提供服务。

③ 应用便利。用户只需要准备终端，不需要考虑差分以及差分站的质量，而且主要通信手段连接安装简便。

④ 数据质量有保证。系统有数据监控报警机制，提示用户合理选择有效作业时段。

⑤ 节省资源。包括用户的架设基站费用、作业时间、作业人员等资源均大大节省。

⑥ 作业精度有保证。使用固定基站，可以避免临时基站选站不当而引起的起算偏差。

⑦ 分工明确。用户可以把精力更多地投入到专业应用中，而空间信息可以由专业的技

术队伍来管理。

⑧ 节省频率资源。用户不需要专门申请基站频率，减少了区域电磁污染。

⑨ 一网多用。可以全面应用于基础测量、工程测量、资源普查、城市规划、市政建设、交通管理、气象预报、地震及地面沉降、农业和林业资源环境管理等，服务于“电子政务”，并对决策提供支持。

五、GNSS 控制测量应用简介

在本课程范围内，GNSS 主要可用于建立图根平面和高程控制网、数字地形图的测绘、纵横断面测量、线路测量、土石方测量、施工放样等等。这里仅介绍采用静态相对定位和 CORS RTK 方法建立图根控制网的基本过程。

GNSS 接收机使用说明书示例

（一）采用静态相对定位建立图根控制网

采用 GNSS 技术建立控制网的测量工作与常规测量工作相类似，主要包括技术设计、选点与建立标志、外业测量和内业数据处理四部分。

GNSS 测量是一项技术复杂、要求严格、耗费较大的工作，对这项工作总的原则是：在满足用户要求的情况下，尽可能地减少经费、时间和人力的消耗。因此，对其各阶段的工作都要精心设计和实施。

1. 技术设计

技术设计是 GNSS 测量工作实施的第一步，是一项基础性工作。这项工作应根据用户提交的任务书或测量合同书约定的测量任务进行。内容主要包括测区概况、精度指标的确定、图形设计、基准设计、作业方法、提交成果种类等。

设计的技术依据主要有原国家质量监督检验检疫总局发布的《全球定位系统（GPS）测量规范》、城乡住房和建设部发布的行业标准《卫星定位城市测量技术标准》以及各部委根据本部门 GNSS 测量工作的实际情况制定的其他 GNSS 测量规程或细则。

2. 选点与建立标志

GNSS 测量观测站之间不需要相互通视，而且网的图形结构也比较灵活，所以选点工作远较常规测量的选点工作简便。但由于点位的选择对于保证观测工作的顺利进行和测量结果的可靠性具有重要意义，所以，在选点工作开始之前，应充分收集和了解有关测区的地理情况以及原有测量标志点的分布及保持情况，以便确定适于 GNSS 测量的观测站位置。

为了便于长期利用 GNSS 测量结果和进行重复观测，GNSS 网点一般应设置具有中心标志的标石，以精确标定点位，点的标石和标志必须稳定、坚固以利长久保存和利用。对于为研究地球动力学现象和工程变形而建立的各种监测网，以及大范围的高精度 GNSS 网，其网点的位置必须可靠地加以标识。

3. 外业观测

观测工作的内容主要包括：仪器的选择与检验、观测计划的拟定和外业数据采集等。

（1）仪器的选择与检验

接收机是完成 GNSS 测量任务的关键设备，其性能要求和所需的数量与测量精度、控制网规模有关。观测中所有采用的接收设备，都必须对其性能与可靠性进行检验，合格后方能参加作业。

（2）观测计划的拟定

在观测工作开始之前，仔细地拟定观测计划，编制接收机调度表，对于顺利地完成观测任务、保障测量成果的精度、提高效益是极为重要的。

拟定观测计划的依据主要是：GNSS 网的规模大小，精度要求，卫星星座，参加作业的接收机数量，测区交通和地形条件以及后勤保障条件（运输、通信）等。观测计划的主要内容应包括：卫星的可见性图、观测区的划分、观测工作的进程及接收机的调度计划等。

(3) 数据采集

外业数据采集工作应按设计的技术要求进行，主要包括：天线安置，观测作业，观测记录和观测数据的质量判定等。

外业数据采集中，观测者按调度表规定时间作业，保证同步观测。有特殊情况及时通知负责人，以便统一调度。

每个测站均应丈量天线高，要求每时段在测前和测后各测量一次（量取至毫米位）。每次从天线的不同部位测量三次，其互差不超过 3 mm，取其平均值。两次所得的平均值之差不超过 3 mm 时，取其平均值作为天线高终值。

接收机开始记录数据后，观测者注意查看测站信息、接收卫星数、卫星号、信噪比、实时定位结果及存储介质记录情况等。

仪器正常工作后，及时逐项填写测量手簿中各项内容，如测站名、年月日、时段号、站时段号、开关机时间、接收机类型、天线类型、天线高及其丈量方法与部位、点位略图等信息。

一个时段观测中，不得关机又重新启动、改变天线位置，关闭或删除文件等。

观测期间不得擅自离开测站，防止仪器受震动、移动，防止人和其他物体靠近天线遮挡卫星信号。观测过程中不应在接收机近旁使用对讲机、手机、收音机等无线电设备，必要时应远离测站 200 m。

每日观测结束后，应及时将数据转存至计算机上，确保观测数据不丢失。接收机内存数据在转存到外存介质上时，不得进行任何剔除或删改，不得调用任何对数据实施重新加工组合的操作指令。

原始观测值和记录项目，严格按规程规范执行，在现场进行记录，字迹清楚，不得涂改、转抄、追记。外业观测结束后，所有的记录纸必须装订成册，妥善保管。

4. 数据处理

GNSS 测量的数据处理，一般均可借助于随机后处理软件自动地完成。随着定位技术的迅速发展，GNSS 测量数据处理软件的功能和自动化程度将不断增强和提高，所采用的模型也将不断改进。

GNSS 测量数据处理工作主要包括预处理、基线向量解算、外业质量检核，再经 GNSS 网平差及坐标系统、高程系统转换后，获得 GNSS 网点在测图坐标系、高程系下的坐标和高程成果，这些成果可作为测图控制点使用。

(二) 采用 CORS RTK 建立图根控制网

GNSS RTK 是一种全天候、全方位的新型测量系统，是目前实时、准确地确定待测点位置的最佳方式。GNSS RTK 系统由一台基准站接收机和一台或多台流动站接收机以及用于数据实时传输的数据链系统构成。采用 GNSS RTK 进行定位时，基准站的相位观测数据及坐标信息通过数据链方式及时传送给动态用户，动态用户将接收到的基准站数据连同自采集的相位观测数据进行实时差分处理，从而获得动态用户的实时三维位置。

图 5-40 是某矿区地表移动自动化监测系统的 CORS 基站示意图。

图 5-40 基准站示意图

GNSS RTK 技术建立图根控制网的基本流程如下。

1. 收集测区的控制点资料

GNSS RTK 作业前要收集测区的控制点资料。若仅布设图根平面控制网,需收集控制点所在坐标系统、等级、坐标和中央子午线等。当同时要布设图根平面控制网和高程控制网时,还需要收集高程控制点所在的高程系统、等级和高程。对于所收集的平面控制点(在静态相对定位中,称为坐标联测点),点数不能少于 3 个;对于高程控制点(在静态相对定位中,称为水准联测点),根据测区的地形起伏情况和精度要求,一般不得少于 6 个。这些点应能均匀覆盖整个工作区域,尽量避免分布在测区的一侧。

如果测区内已知的平面控制点和高程控制点满足上述要求,可直接采用 RTK 进行图根控制测量,否则首先需要进行联测。

2. 求定测区平面坐标转换参数

GNSS RTK 测量是在 WGS-84 坐标系中进行的,而各种工程测量和定位是在地方坐标或某一参考坐标系(如我国的 1954 北京坐标系)上进行的,二者之间存在坐标转换的问题。GNSS 静态测量中,坐标转换是在事后处理时进行的,而 GNSS RTK 测量是用于实时测量的,要求立即给定出当地的坐标,因此,坐标转换工作更显重要。

3. 求定测区高程系统转换参数

GNSS RTK 测得的高程是以 WGS-84 参考椭球为基准的大地高 H,而我国大部分工程测量及测图作业是以似大地水准面为基准的正常高 h,二者之间的高程差值一般称为高程异常 ζ。当要采用 GNSS RTK 来获得所测点的正常高时,就存在二者之间的高程系统转换问题。高程系统转换问题,实际是建立测区高程异常拟合模型的问题,与测区的地形起伏情况有关。高程系统转换可通过测区高程异常拟合或用大地水准面精化成果解决。

4. 野外作业

(1) 工程项目参数设置

将基准站 GNSS 接收机安置在基准站(如图 5-40 所示)上,打开接收机,根据 GNSS RTK 实时动态差分软件的要求,进行下列设置:定义新工程、设置作业模式、选择当地坐标系(如 1954 年北京坐标系)、中央子午线,输入参考点名称、平面坐标、高程和天线高等信息;输入当地坐标系统和高程系统下坐标联测点坐标和高程联测点高程等信息。

(2) 坐标系统转换和高程系统转换

流动站首先到某一坐标联测点和高程联测点上,采用 GNSS RTK 测量模式测得其 WGS-84 坐标,观测 1～2 min 后,利用手簿中已设置的工程定义该点的地方坐标信息;同法直到所有联测点测量和设置完毕。利用手簿中的随机软件进行坐标系统转换和高程系统转换,当转换模型精度满足测量精度要求时,即可开始进行图根控制测量。

(3) 图根控制测量

基准站 GNSS 接收机同时连续接收所有可视 GNSS 卫星信号,并通过数据发射电台

(或 Internet 网络)将其测站坐标、观测值、卫星跟踪状态及接收机工作状态发送出去。流动站接收机在跟踪 GNSS 卫星信号的同时,接收来自基准站的数据,进行处理后获得流动站的三维 WGS-84 坐标,再经过坐标系统和高程系统转换,得该点的地方坐标和正常高,并在流动站的手控器上实时显示,从而完成图根控制点测量。

GNSS RTK 测量具有通视条件下远距离传递三维坐标的优势,并且不会产生误差累积等优点。在目前区域 GNSS CORS 系统已广泛建立的基础上,GNSS RTK 测量将变得更为简便。

复习思考题

1. 在全国范围内,平面控制网和高程控制网是如何布设的?城市测图控制网是如何布设的?

2. 导线布设有哪几种形式?各适用于什么条件?

3. 何谓坐标正、反算?分别写出其计算公式。

4. 试述导线测量内业计算的基本步骤,附合导线、闭合导线、支导线有什么区别?

5. 在图 5-41 中,已知 AB 的坐标方位角,观测了图中四个水平角,试计算边 $B\to1$,$1\to2$,$2\to3$,$3\to4$ 的坐标方位角。

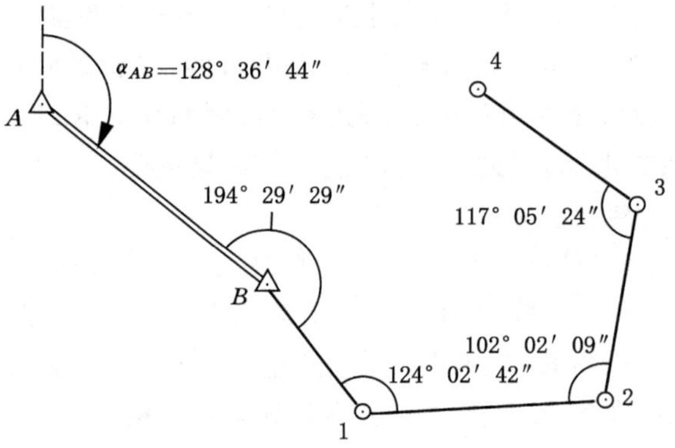

图 5-41 题 5 图

6. 已知 $\alpha_{AB}=89°12'01''$,$x_B=3\ 065.347$ m,$y_B=2\ 135.265$ m,坐标推算路线为 $B\to1\to2$,测得坐标推算路线的右角分别为 $\beta_B=32°30'12''$,$\beta_1=261°06'16''$,水平距离分别为 $D_{B1}=123.704$ m,$D_{12}=98.506$ m,试计算 1、2 点的平面坐标。

7. 图 5-42 为城市三级电磁波测距导线。已知数据及观测数据如下:

已知:$\begin{cases}x_B=200.00\text{ m}\\y_B=200.00\text{ m}\end{cases}$ $\begin{cases}x_C=155.37\text{ m}\\y_C=756.06\text{ m}\end{cases}$ $\begin{cases}\alpha_{AB}=45°00'00''\\\alpha_{CD}=116°44'48''\end{cases}$

观测:$\begin{cases}\beta_B=239°30'00''\\\beta_1=147°44'30''\\\beta_2=214°49'00''\\\beta_C=189°41'00''\end{cases}$ $\begin{cases}D_{B1}=297.26\text{ m}\\D_{12}=187.81\text{ m}\\D_{2C}=93.40\text{ m}\end{cases}$

请采用表格计算的形式自行列表计算点 1、2 的坐标。

8. 图 5-43 为前方交会法测定 P 点坐标的略图,观测数据及起算数据见表 5-28。设测

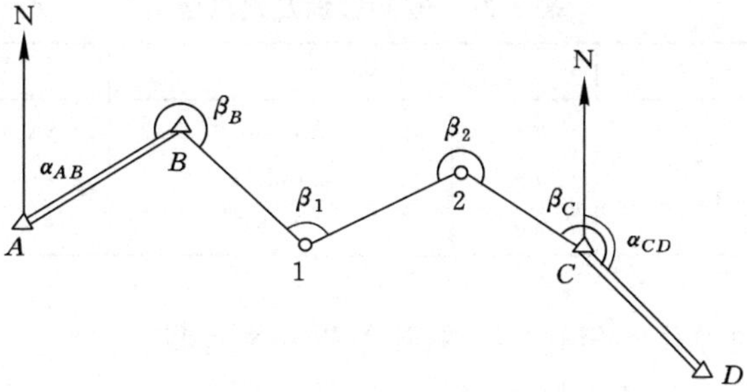

图 5-42　题 7 图

图比例尺为 1∶2 000,试计算 P 点的坐标。

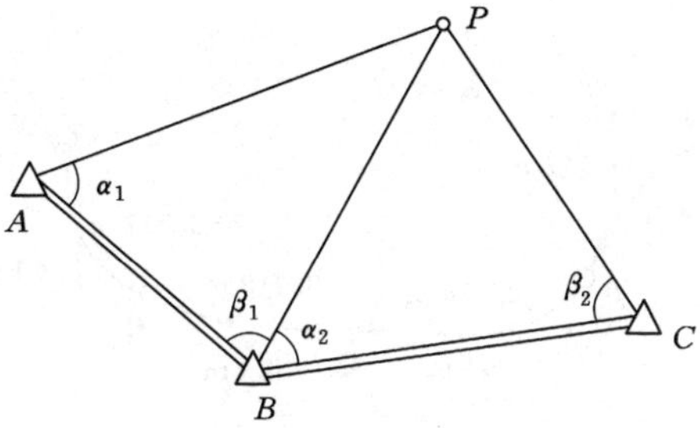

图 5-43　题 8 图

表 5-28　观测数据及起算数据

角度观测值/(° ′ ″)		坐标 x/m		坐标 y/m	
α_1	64　03　30	x_A	3 646.35	y_A	1 054.54
β_1	59　46　42	x_B	3 873.96	y_B	1 772.68
α_2	55　30　36	x_C	4 538.45	y_C	1 862.57
β_2	72　44　48				

9. 图 5-44 为后方交会法测定 P 点坐标的略图,观测数据及起算数据见表 5-29。设测图比例尺为 1∶2 000,试计算 P 点的坐标。

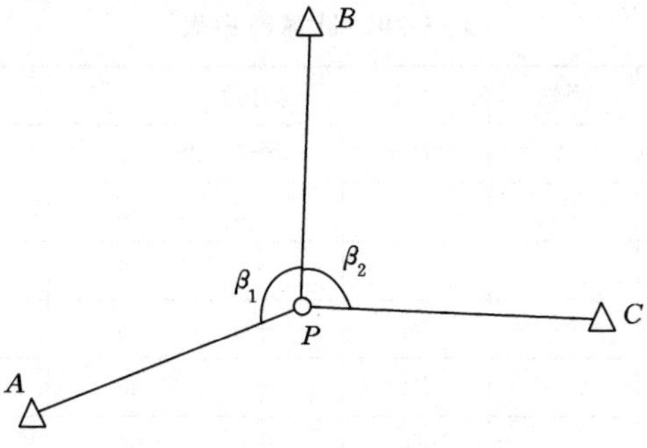

图 5-44　题 9 图

表 5-29　观测数据及起算数据

角度观测值/(° ′ ″)		坐标 x/m		坐标 y/m	
β_1	151　46　52	x_A	390.64	y_A	4 988.00
β_2	76　57　10	x_B	3 463.19	y_B	8 081.48
		x_C	291.84	y_C	7 723.18

10. 什么是无定向导线？简述其内业计算的基本过程。

11. 简述自由设站法的基本原理和作业过程。

12. 采用数字水准仪进行三等水准测量时，测站作业程序是什么？对手工记录有何要求？

13. 某一图根水准路线，已知 $H_M=26.201$ m，$H_N=30.425$ m，观测数据如图 5-45 所示，计算 P、Q、R 点的高程。

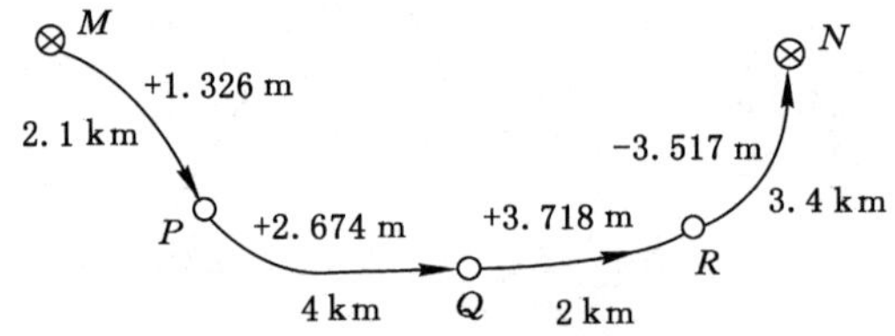

图 5-45　题 13 图

14. 地球曲率和大气折光对三角高程测量有何影响？在测量中应如何减弱它们的影响？

15. 图 5-46 为三角高程测量（测图等高距为 1 m）路线，用表 5-30 中的数据计算 P_1、P_2、P_3 点高程的最或然值。

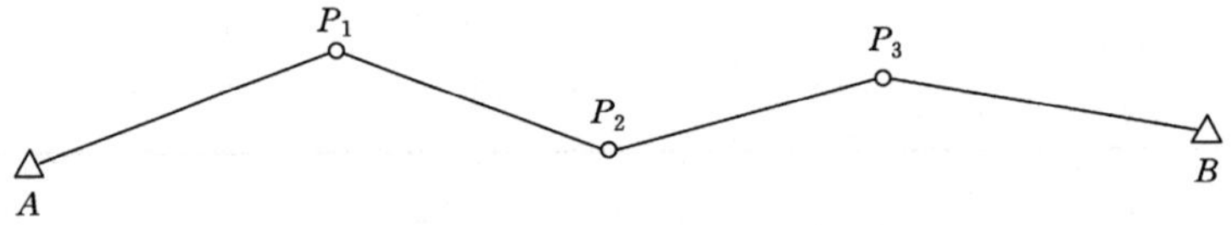

图 5-46　题 15 图

表 5-30　计算数据表

点名	高程/m	测站	目标	垂直角/(° ′ ″)	仪器高/m	觇标高/m
A	46.54	A	P_1	+3　26　12	1.48	2.00
B	60.32	P_1	A	−2　50　56	1.50	3.30
边名	距离/m	P_1	P_2	−1　47　06	1.50	2.50
AP_1	213.64	P_2	P_1	+2　14　24	1.52	2.00
P_1P_2	186.73	P_2	P_3	−0　38　00	1.52	3.00
P_2P_3	201.82	P_3	P_2	+0　04　06	1.50	2.50
P_3B	113.61	P_3	B	+4　52　16	1.50	3.80
		B	P_3	−2　59　13	1.53	3.00

16. 应用误差传播定律，推导三角高程测量时单向和对向观测所计算的高差精度。

17. 全球卫星导航系统(GNSS)的构成有哪些？简述卫星定位的基本原理。

18. 2020年，我国的北斗三号全球卫星导航系统建成完成，是中国攀登科技高峰、迈向航天强国的重要里程碑，表现出了“自主创新、开放融合、万众一心、追求卓越”的新时代精神。试讨论我国北斗系统与美国GPS在系统组成、信号服务等方面的区别与联系。

19. 何为CORS？有哪些特点？

20. 登录我国北斗卫星系统网站(http://www.beidou.gov.cn/)，了解目前BDS系统的现状。

控制测量实习操作文档

第五章课件

第五章复习思考题答案

第五章插图

第六章　地形图测绘技术基础

第一节　地形图基本概念

一、地形图及其测绘

地形图就是按一定的比例尺，用规定的符号和一定的制图综合方法表示地物、地貌平面位置和高程的正形投影图。

地球表面的固定性物体，如河流、建筑物、道路、森林等称为地物；地球表面各种高低起伏的形态，如高山、深谷、陡坎、悬崖峭壁、雨裂冲沟等称为地貌。地物与地貌总称为地形。

不论是国家基础图件还是工程建设用图，各自都有统一的基准，而地球表面是不规则的椭球面。因此，当所表示的测区面积较大(例如超过 100 km^2)时，要把地面上的地物地貌测绘到平面图纸上就必须考虑地球曲率。在具体测绘地形图时，是先把控制点经过一定的数学法则(地图投影)处理到统一的基准后，再把根据这些控制点所测得的地物地貌按绘制地形图的原则绘制成图。若测区范围较小，投影面可视为平面，即不考虑地球曲率，直接按绘制地形图的原则绘制成图。

图 6-1 所示是 1∶500 比例尺地形图的一部分，图中主要表示了城市街道、居民区，还有一些高程注记和各种各样的符号，这些符号都是按地形图图式中的规定描绘的。图 6-2所示是 1∶1 000 比例尺地形图的一部分。该图与图 6-1 的主要区别是图中有很多曲线，这些曲线称为等高线，是表示地面高低起伏的一种地形图符号。

二、地形图的分类

不论是全野外实测，还是航空摄影测量，都是为了获取地物、地貌特征点的一系列数据，如点的平面坐标、高程和各种属性信息等，然后利用这些数据绘制成各种表示地面情况的图形。根据其成图方法和表达内容的不同，地形图可以分为各种不同类型的图形，以满足不同目的的需要。

(一) 根据成图方法分类

通常根据成图方法的不同将地形图分为线划图和影像图。

1. 线划图

用点、线等线划符号描绘的地形图称为线划图，如图 6-1、图 6-2 所示。

2. 影像图

将航空摄影或卫星遥感影像和简单的地形图符号及注记，按一定的原则综合表现在图面上，称为影像图。

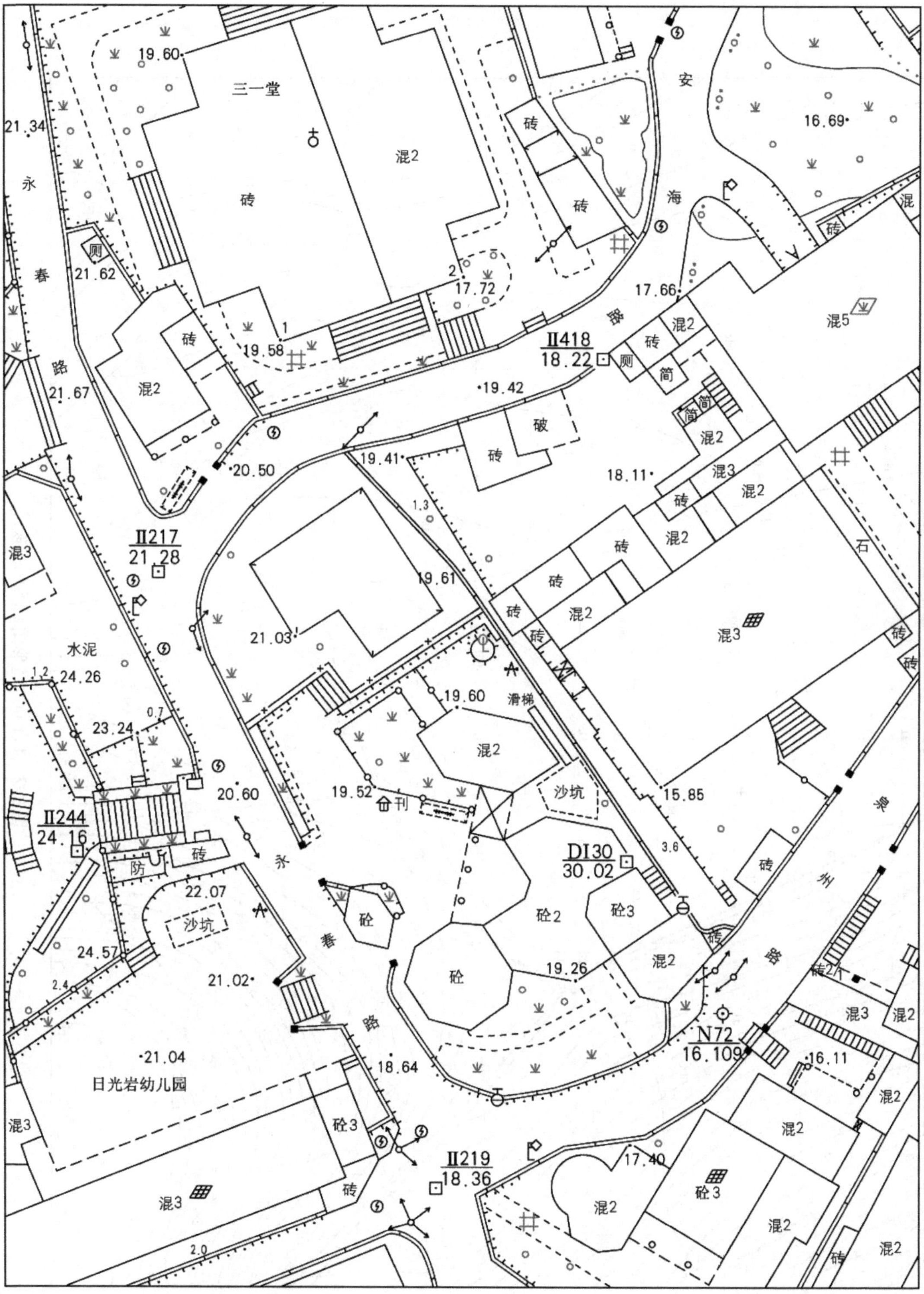

图 6-1　1：500 地形图(居民地)

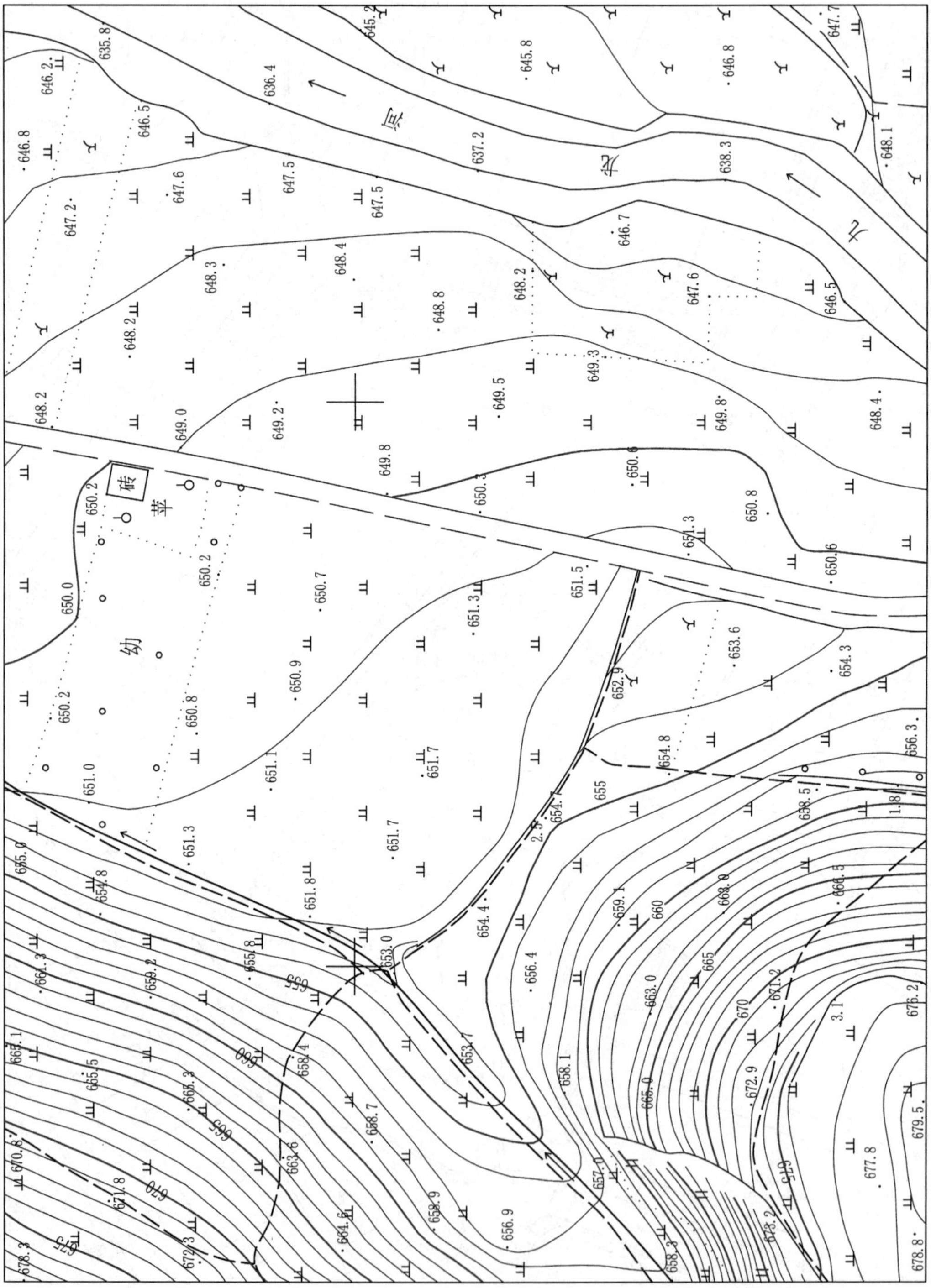

图 6-2　1∶1 000 地形图（野外地形）

相对而言，影像图能更清晰地描述地表现象，地理信息一目了然，易为普通人员所阅读；线划图是用规定的点线符号来表示各种地物和地貌，不够直观，但更为专业的绘图和用图人员所掌握。

（二）根据成图内容分类

按图的内容不同，除前述介绍的含有地物、地貌信息的地形图以外，还包括平面图、地图和专题图等图件。

1. 平面图

在测区范围较小时，可将水准面看作水平面，将地面上的地物点按正射投影（投影线与投影面垂直相交的正投影）的原理，不考虑地面高低起伏的变化，垂直投影到水平面上，并将投影在水平面上地物的轮廓按一定的比例尺缩绘到图纸上去，这种图称为平面图。其特点是，平面图上的图形与地面上相应地物的图形是相似的，即它们的相应角度相等，边长成比例。

2. 地图

当在较大范围内绘制地面图形时，就不能将水准面看作平面，必须考虑地球曲率的影响。通常采用地图投影的方法，将参考椭球面上的图形编绘成平面图形，这种图称为地图。它有严格的数学基础、科学的符号系统和完善的文字注记规则。地图上的图形，因投影的关系，都有一定的变形。

3. 专题图

专题图以普通地图为底图，着重表示自然地理和社会经济各要素中的一种或几种，反映主要要素的空间分布规律、历史演变和发展变化等。专题图又称专门地图、主题地图、专业地图等。专题图的种类很多，但大体上可分为自然地图、社会经济图和工程技术图三大类，如地质图、气候图、人口分布图、交通图、工程布局图等。

三、地形图的比例尺

测绘地形图时，不可能将地面上的各种物体按实际大小描绘在图纸上，通常总要将实地尺寸缩小，才能在图纸上表示出来。图上某线段的长度与地面上相应线段的水平投影长度之比，称为图的比例尺。

（一）比例尺的分类

1. 数字比例尺

用分数或数字比例形式表示的比例尺，称为数字比例尺，一般用分子为 1 的分数表示。设图上某线段的长度为 l，地面上相应线段的水平投影为 L，则该图的比例尺为：

$$\frac{l}{L}=\frac{1}{L/l}=\frac{1}{M}$$

上式中，M 为比例尺的分母。比例尺的大小视分数值的大小而定，分数值愈大，分母值愈小，则比例尺愈大；分数值愈小，分母值愈大，则比例尺愈小。数字比例尺也可写成 $1:M$ 的形式，如 1∶500、1∶1 000、1∶2 000、1∶5 000 等。

知道了比例尺，就可以根据图上的长度求地面上相应的水平长度，也可以由地面上的水平长度换算成图上的相应长度。例如在比例尺为 1∶5 000 的地形图上，量取两点间的长度为 10 mm，则该线段的实地水平距离 L 应为：

$$L = M \cdot l = 10\ \text{mm} \times 5\ 000 = 50\ \text{m}$$

又如实地水平长度 L 为 118 m，换算到 1∶2 000 比例尺的地形图上，则：

$$l = \frac{L}{M} = 118\ \text{m}/2\ 000 = 5.9\ \text{cm}$$

2. 直线比例尺

直线比例尺是图示比例尺的一种，它是在一段直线上截取若干相等的线段，称为比例尺的基本单位，一般为 1 cm 或 2 cm，将最左边的一段基本单位又分成十个或二十个等分小段。图 6-3 所示为 1∶2 000 的直线比例尺，其基本单位为 2 cm，相当于实地 40 m。最左边的基本单位分成二十等分，每小分划为 1 mm，相当于实地长度为 2 m。为使用方便，在直线比例尺上一般标注实地长度值。图 6-3 中表示的一段距离为 117 m。应用时两脚规的两脚尖分别对准图上需要量距的两点，然后把两脚规移至直线比例尺上，使一脚尖对准零点右边一个适当的大分划线，而使另一脚尖落在零点左边的小分划上，估读小分划的数值就能直接读出长度，无须再换算了。一般地形图都绘有直线比例尺。图纸在干湿情况不同时会伸缩变形，若在绘图时就绘上直线比例尺，比例尺随图纸一起伸缩，用图时以图上所绘的比例尺为准，这样不仅用图方便，而且还可以避免图纸伸缩的影响。

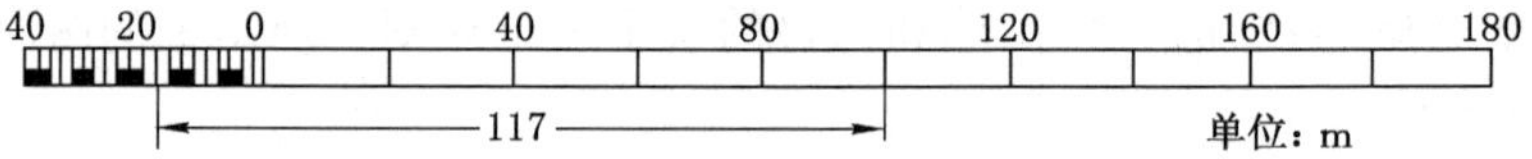

图 6-3　直线比例尺

3. 复式比例尺

在使用直线比例尺时，不足小分划的数值是估读的，不一定准确。为此，可用称为复式比例尺(也称斜线比例尺)的另一种图示比例尺，以减少估读误差。

图 6-4 所示为 1∶1 000 的复式比例尺。其制作方法是在直线 AE 上以 2 cm 为基本单位截取若干段，每段的末端作等长的垂线 $AC,BD,\cdots,EF$，并在直线 AE 和 CF 之间用平行的横线分成 10 等份；另外再将最左边的基本单位 AB 及 CD 上也分 10 等份，然后上下错开 1/10 基本单位用斜线连起来，即成复式比例尺。最左边基本单位的一小格(如 GD)为基本单位 CD 的 1/10。根据相似三角形原理可证明，在纵线 BD 和斜线 BG 之间各横线段自下而上分别为 GD 的 1/10，2/10，3/10，…，9/10；也就是任意两横线之间的差数均为 $GD/10$，及 $CD/100$，所以根据复式比例尺能直接量取到基本单位的 1/100。如图中 $pq = 468$ m 和 $st = 356$ m 都是直接量取的。

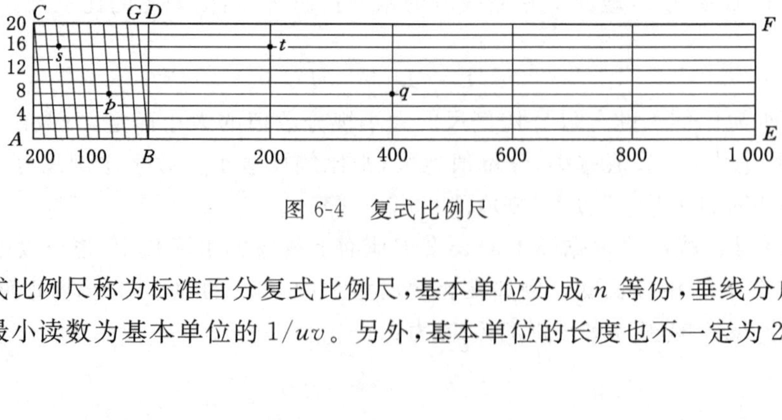

图 6-4　复式比例尺

上述复式比例尺称为标准百分复式比例尺，基本单位分成 n 等份，垂线分成 v 等份，则复式比例尺最小读数为基本单位的 $1/uv$。另外，基本单位的长度也不一定为 2 cm 或1 cm，可以根据比例尺而取最适当的长度。

（二）比例尺的精度

地形图的比例尺不同，在地形图上表示地物、地貌的详细程度和精度也不同。测图比例尺愈大，就愈能表示出地面的详细情况，但测图所需的工作量也愈大。一般以工作需要为决定比例尺的主要因素，即图上需要表示出的最小地物有多大，点的平面位置或两点间距离要精确到什么程度。由于人的眼睛受视觉的限制，正常眼睛能分辨的最短距离一般为 0.1 mm，因此实地丈量的距离，只要精确到图上 0.1 mm 即可。在测图工作中称相当于图上 0.1 mm 的实地距离为比例尺的精度。表 6-1 为几种比例尺的比例精度。

表 6-1　比例尺精度

比例尺	1∶500	1∶1 000	1∶2 000	1∶5 000	1∶10 000
比例尺精度/m	0.05	0.1	0.2	0.5	1.0

根据比例尺精度，有两件事情可参考决定：

① 按工作需要，多大的地物需在地形图上表示出来或测量地物需要精确到什么程度，由此可决定测图的比例尺。如果要求在图上表示出的地物精确到 0.2 m 时，则测图的比例尺应选择为 1∶2 000。

② 当测图比例尺选定之后，可以推算出测量地物应精确到什么程度。如测绘 1∶1 000 比例尺地形图时，丈量地物的精度只要求达到 0.1 m 即可，测得再精确，在地形图上也表示不出来。

（三）比例尺的大小

地形图按比例尺可分为大、中、小三种图。通常把 1∶500、1∶1 000、1∶2 000、1∶5 000、1∶1 万比例尺的地形图称为大比例尺地形图；1∶2.5 万、1∶5 万、1∶10 万比例尺的地形图称为中比例尺地形图；1∶25 万、1∶50 万、1∶100 万比例尺的地形图称为小比例尺地形图。

中比例尺地形图由国家测绘部门负责测绘，目前采用遥感或航空摄影测量方法成图。小比例尺地形图一般由中比例尺图缩小编绘而成。我国把上述中、小两种比例尺地形图规定为基本比例尺地形图，亦称“国家基本图”。

大比例尺地形图是为了直接满足各种城镇规划和工程设计而测绘的。如 1∶5 000 比例尺地形图主要用于规划设计，如城镇规划和农村土地规划，以及地质填绘、计算矿产储量和进行矿区开发的总体设计；1∶2 000 比例尺地形图主要用于城市详细规划、工程项目的初步设计以及详细填绘地质勘探成果和精密计算矿产储量等；1∶1 000 和 1∶500 比例尺地形图则用于工程项目的施工设计，如城市街区和厂矿的改、扩建以及某些主体工程的设计等。

四、地形图的内容

（一）地形图的基本内容

地形图是全面反映地球表面上地物、地貌的图件。从一幅地形图上应能够了解一个地区地面的高低起伏、坡度变化、建筑物位置、交通道路网、水系、植被等情况。但由于地表情况差别较大，因此地形图上所显示的内容也具有不同的特点：如在城市建成区，图上所显示的建筑物、道路、管线就多，而反映地貌情况较少；反之，如测区位于地形起伏较大的丘陵及山区，则地形图上就需要更充分地反映地势高低起伏。

地形图对地物、地貌描述的详细程度与精度高低及其比例尺的大小密切相关。大比例尺地形图对地表描述得详细而准确，精度较高，覆盖范围相对较小；而小比例尺地形图对地表的描述比较概括，精度也低，覆盖范围较大。本书以大比例尺地形图的测绘为主要内容进行介绍。

（二）地形图相关内容

除地形图基本内容之外，地形图上还有内、外图廓线，并标注有图名、图号、比例尺、坐标系统、高程系统、等高距、施测方法、施测日期及施测单位等。矩形分幅地形图的相关内容如图 6-5 所示。

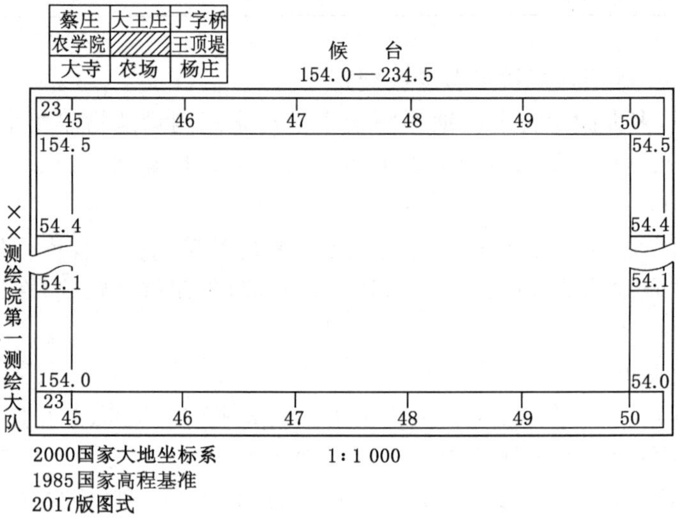

图 6-5　矩形分幅地形图的相关内容

1. 图廓线

图廓有内、外图廓之分。内图廓线就是测量边界线，以细线表示，其内就是地形图的基本内容；外图廓线是一幅图最外边界线，以粗实线表示，起整饰作用。内图廓之内绘有 10 cm间隔互相垂直交叉的线，称为坐标格网。矩形图幅内图廓线也是公里格网线，梯形分幅图廓线为经纬线。因受子午线收敛角影响，经纬线方向与坐标网格方向不一致。故在 1∶10万及其以下比例尺地形图图廓内既有公里格网又有经纬线，大于 1∶5 万比例尺地形图上则不再绘制经纬线。有的地形图（如 1∶1 万、1∶2.5 万地形图）在内外图廓线间尚有一条分图廓线。在外图廓线与内图廓线空白处，与坐标格网线对应处标明坐标值。

如不特别指明，图框的方向通常是按“上北、下南、左西、右东”的规则表示的，否则，就应在图上标出指北的方向。

2. 图名图号

地形图的图名，一般用本幅图内最大的城镇、村庄或比较突出的地物、地貌的名称来表示，图名写在图幅上方中央。

在保管、使用地形图时，为使图纸有序地存放和便于检索，要将地形图进行编号，称为地形图图号。图号标注在图幅上方图名之下，如图 6-5 所示。

3. 接图表

接图表是本幅图与相邻图幅之间位置关系的示意图，供查找相邻图幅之用。接图表的位置是在图幅左上方，它给出了与本幅图相邻的 8 幅图的图名。

第二节　地物、地貌表示方法

为了便于测图和用图，在地形图中常用不同尺寸、颜色的符号来表示实地地物，采用等高线、分层设色和阴影等方式表示地貌，并用一定规格的字体进行注记说明，这些符号和注记总称为地形图图式。图式由原国家质量监督检验检疫总局和国家标准化管理委员会颁布，是测绘、出版地形图的基本依据之一，是识别和使用地形图的重要工具，是表示地物、地貌的符号标准。图式按一定的表示法则科学地反映实地形态，而且简明形象、便于记忆、易于描绘。测绘比例尺不同，图式符号的大小也不同，统一了地形图的规格要求、符号和注记，供测图和识图时使用，《国家基本比例尺地图图式 第 1 部分：1∶500 1∶1 000 1∶2 000 地形图图式》将所有地图符号类别分为定位基础、水系、居民地及设施、交通、管线、境界、地貌和植被与土质 8 个一级大类，各个大类又包含若干二级子类。

地形图的图式符号主要分为地物符号、地貌符号和注记符号三种，其中注记符号是指用文字、数字或特定的符号对地物加以说明称为地物注记。如房屋的层数、工厂、铁路、公路的名称，河流、水渠的流向以及果树、森林的类别等。在地物和地貌表示方法中经常用到注记符号。

一、地物表示方法

地物泛指地球表面上相对固定的物体，包括自然形成的和人工建造的，根据地物特性分为若干类，各类地物的表示方法有各自的特点。即使是同类地物其形状大小也千差万别，地物的表示原则是保留最低限度的特征点，用规定的符号缩小表示在图上。有的地物形状特别复杂，局部的尺寸又特别小，缩小之后，图上很难将其详尽地表示出来，因此在地形图中表示地物时还必须进行综合取舍。

（一）地物的综合取舍原则

地物综合取舍的目的是在保证用图需要的前提下，使地形图更清晰易读。确定综合取舍原则的指导思想是：除少数特殊的有重要意义的地物之外，一般地物的尺寸小到图上难以清晰表示时，就有必要对其进行综合取舍，而且综合取舍不会给用图带来重大影响。测绘规范对带普遍性的综合取舍作出了明确的规定，例如不论比例尺大小，建筑物轮廓凹凸小于图上的 0.4 mm，可以舍去凹凸部分，用直线表示其整体轮廓，而一般房屋甚至 0.6 mm 的凹凸部分都可舍去。

是否综合取舍，与比例尺的大小有重大关系，例如规范规定一般 1∶500、1∶1 000 比例尺地形图，房屋不能综合取舍，即每幢房屋都应单独测绘，而 1∶2 000、1∶5 000比例尺地形图可以视具体情况，酌情综合测绘。因此测绘地形图必须熟悉规范的要求。但规范不可能对所有情况作出规定，在很多时候需要测绘人员灵活处理，处理是否得当完全取决于一个测绘技术员的经验与水平。

少数特殊的地物，如测量控制点、有重大意义的纪念地物（如纪念碑）、有方位意义的地物（如独立的树）、对公众安全有重大意义的地物（如消火栓）等，不可综合取舍，皆需在地形图上表示。

（二）地物符号

根据地物形状、大小及描绘方法的不同，地物符号又可分为比例符号、非比例符号和半比例符号。

1. 比例符号

有些地物的轮廓较大，如房屋、运动场、湖泊、森林等，其形状和大小可以按测图比例尺缩绘在图纸上，再配以特定的符号予以说明，这种面状符号称为比例符号。表 6-2 中给出了几种常用的比例符号。

表 6-2　1∶500、1∶1 000、1∶2 000 地形图图式中常用部分比例符号

编号	符号名称	图例	编号	符号名称	图例
1	单幢房屋 a.一般房屋 b.有地下室的房屋 c.突出房屋 d.简易房屋 混、钢——房屋结构 2、3、28——房屋层数 −1——地下房屋层数	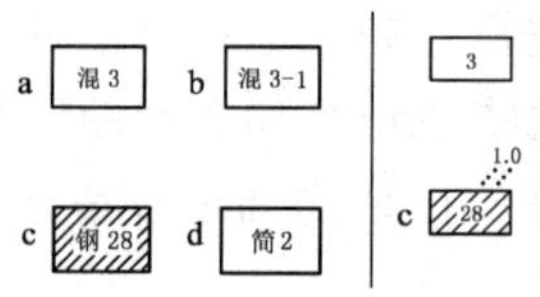	5	露天体育场、网球场、运动场、球场 a.有看台的 a1.主席台 a2.门洞 b.无看台的	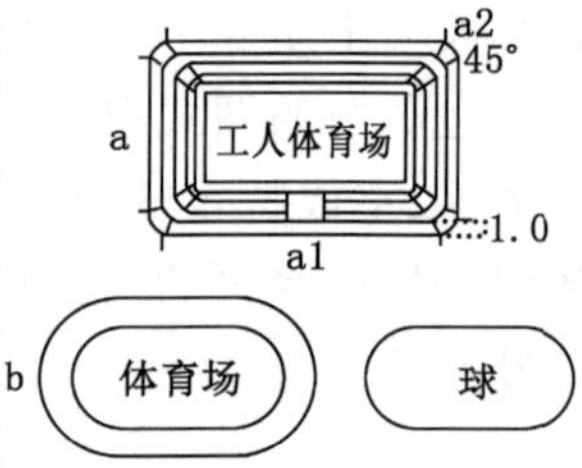
2	台阶	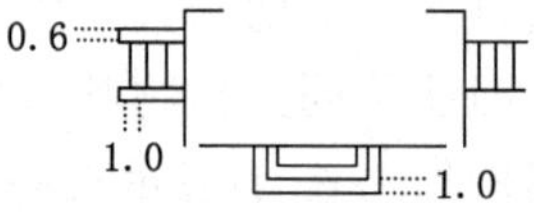	6	花圃、花坛	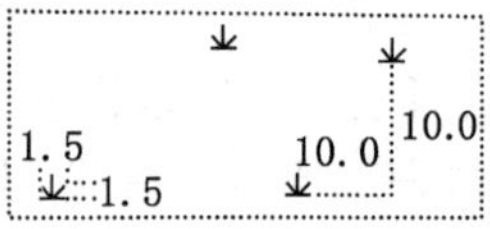
3	湖泊 龙湖——湖泊名称 （咸）——水质	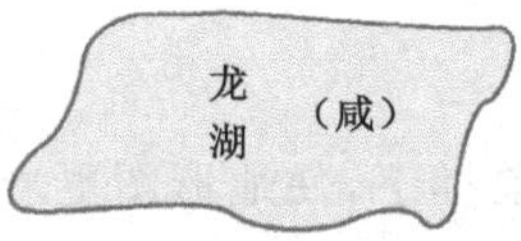	7	稻田 a.田埂	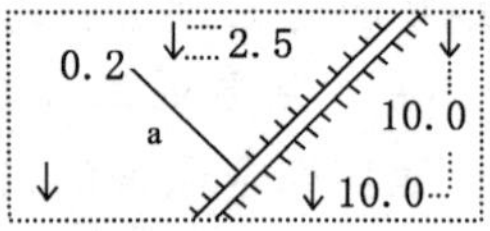
4	草地 （天然草地）	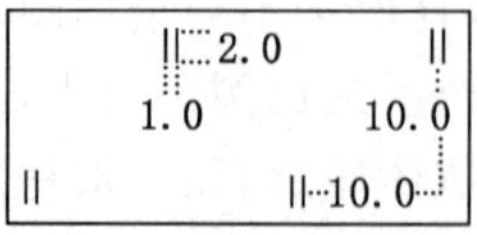	8	灌木林 （大面积的）	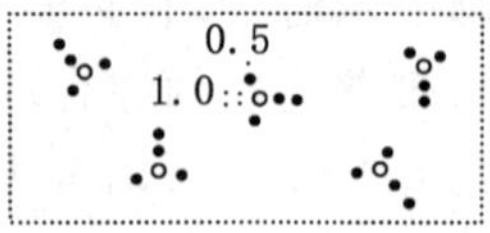

2. 非比例符号

有些地物，如三角点、水准点、独立树、里程碑、钻孔等，轮廓较小，无法将其形状和大小按测图比例尺缩绘到图纸上，而该地物又很重要，必须表示出来，则不管地物的实际尺寸，而用规定的符号表示之，这类符号称为非比例符号。表 6-3 中给出了部分常用的非比例符号。非比例符号不仅其形状和大小不按比例绘制，而且符号的中心位置与该地物实地的中心位置的关系，也随各种地物不同而异，在测绘及读图时应注意：

① 圆形、正方形、三角形等几何图形的符号，如三角点、导线点、钻孔等，其几何图形的中心即为地物中心的位置。

② 宽底符号，如里程碑、岗亭等，该符号底线的中心即为地物中心的位置。

③ 底部为直角形的符号，如独立树等，其符号底部直角顶点即为地物中心的位置。

④ 不规则的几何图形，如山洞、窑洞等，其符号下方两端点连线的中心即为地物中心的位置。

表 6-3 1∶500、1∶1 000、1∶2 000 地形图图式中部分非比例符号

编号	符号名称	图例	编号	符号名称	图例
1	三角点	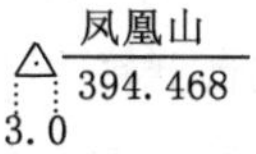	5	消火栓	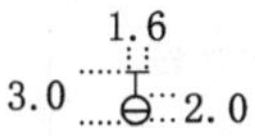
2	水准点	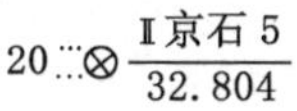	6	岗亭、岗楼	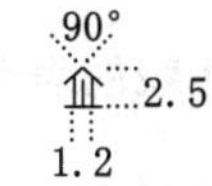
3	不埋石图根点	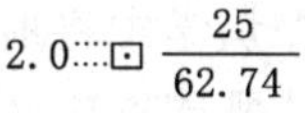	7	水塔 a.依比例尺的 b.不依比例尺的	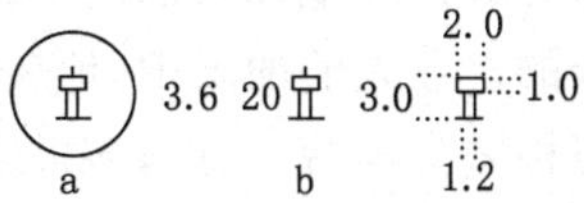
4	窑洞 a.地面上的 a1.依比例尺的 a2.不依比例尺的 a3.房屋式的窑洞 b.地面下的 b1.依比例尺的 b2.不依比例尺的	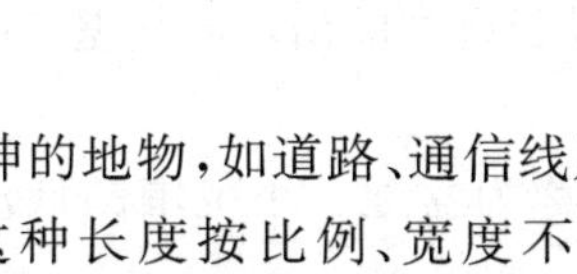	8	独立树 a.阔叶 b.针叶	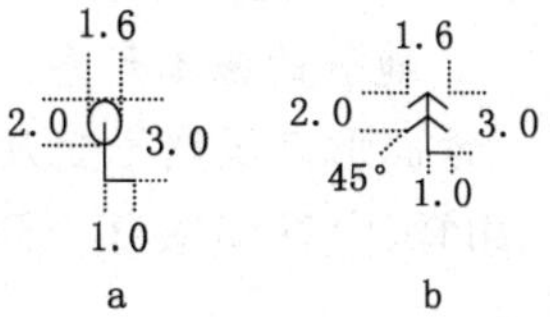

3. 半比例符号

对于一些带状延伸的地物，如道路、通信线及管道等，其长度可按测图比例尺缩绘，而宽度无法按比例尺缩绘，这种长度按比例、宽度不按比例的符号称为半比例符号或线形符号。表 6-4中给出了部分常用的半比例符号。半比例符号的中心线即是实际地物的中心线。

表 6-4　1∶500、1∶1 000、1∶2 000 地形图图式中部分半比例符号

编号	符号名称	图例	编号	符号名称	图例
1	标准轨铁路 a.地面上的 a1.电杆	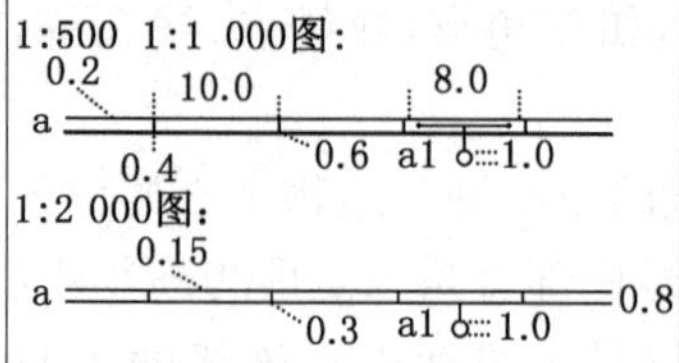	5	运河、沟渠 a.运河 b.沟渠	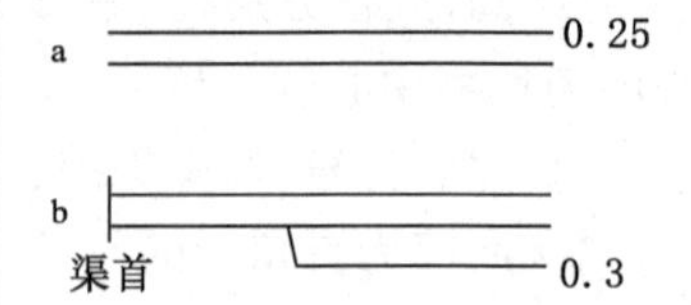
2	省道 二级到四级 ②——技术等级 (S301)省道代码及编号		6	围墙 a.依比例尺的 b.不依比例尺的	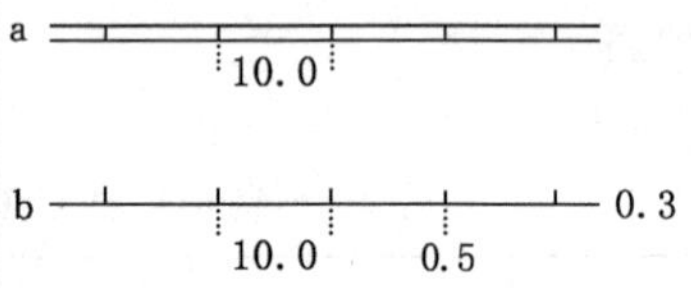
3	小路、栈道	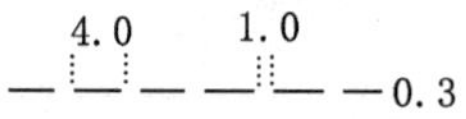	7	管道 —地面上的	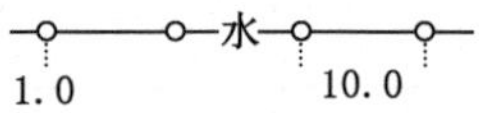
4	高压线	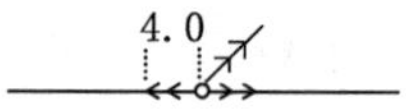	8	栅栏、栏杆	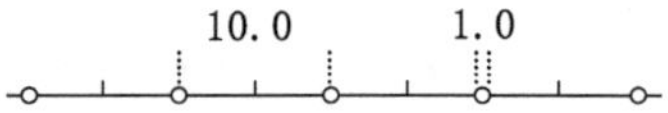

二、地貌的表示方法

对于地球表面的形态，不同学科有不同的观点和描述，地形测量学是从微观的立场看待、研究和描绘地球表面的学科，因此在地形测量领域，地球的表面是凹凸不平、起伏变化、十分复杂的。在人们的眼中，地表实际上就是这样的形态。测量学中将地表凹凸不平、起伏变化的形态称之为地貌。有很多描绘地貌的方法，其中等高线法既能准确地、较形象地在图纸上表达地表的起伏变化，又能借助等高线解决各种工程问题，地形图应用中常用等高线及特殊地貌符号来表示地貌。

（一）地貌的基本知识

1. 地貌的基本形态

地面形态虽然千变万化，但经分析可以归纳出几种基本地貌形态，它们是平地、盆地、山地、山脊、山谷和鞍部。即使是非常复杂的地貌都可以视为由这些基本地貌组成，如图6-6所示。

① 平地——坡度很小、没有明显的起伏变化、平整平坦的地面。

② 山——与四周相比较，显著隆起的高地称为山，山的最高部位称为山顶，山顶的形态有尖顶、圆顶、平顶等。山体的倾斜面称为山坡，近于直立的山坡叫峭壁，向山体内凹的峭壁叫悬崖。山坡与平地交接处叫山脚或山麓。

③ 盆地——与山相反，较四周低凹的洼地称为盆地。小范围的低洼地叫洼地，极小的洼地叫坑。

④ 山脊——沿某个方向延伸的狭长高地称为山脊。沿山脊延伸方向连接山脊上最高点的线叫山脊线或分水线。

⑤ 山谷——两山脊之间的凹部称为山谷。沿山谷延伸方向，山谷中最低点的连线叫山谷

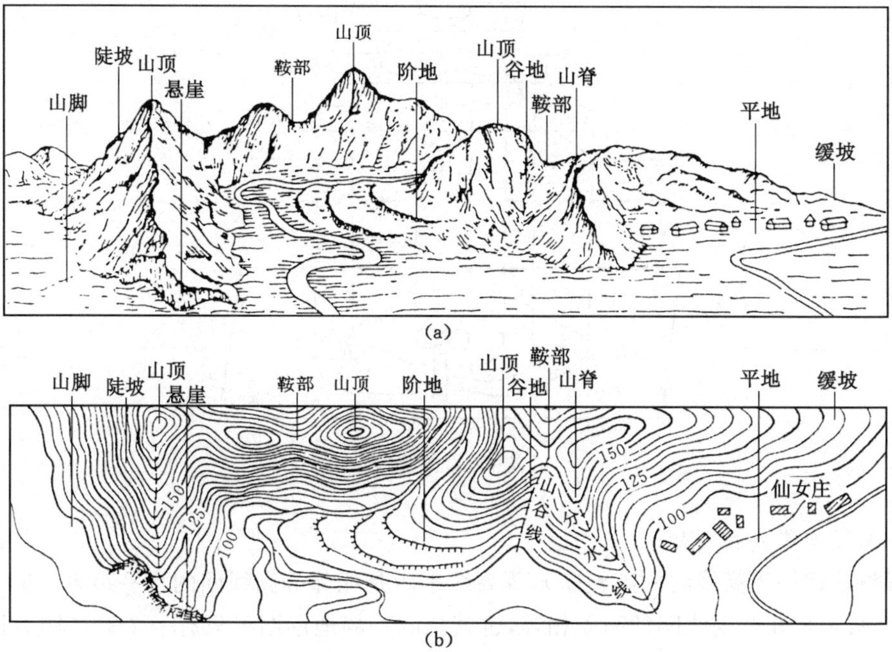

图 6-6　地貌的基本形态

线或集水线。

⑥ 鞍部——两山顶之间的下凹部位，形似马鞍，称为鞍部。

2. 地形类别的划分

为了针对测区实际情况合理地安排测绘计划，选择适当的等高距和测量方法，有必要依据地貌将各地区的地形分类，通常将地形分为平地、丘陵、山地和高山地四类。

平地——地面起伏很小，地面倾斜角一般不超过 2°，比高小于 20 m 的地域；

丘陵——地面起伏变化大，一般地面倾角在 2°～6°，比高不超过 150 m 的地域；

山地——地面高低变化悬殊，地面倾斜角一般在 6°～25°，比高达 150 m 以上的地域；

高山地——绝大部分地面倾斜角超过 25°的山地。

3. 特殊地貌

有些地貌，例如陡坎、冲沟、崩崖等，很难用等高线描绘，或者用等高线描绘不确切、不形象。这类不能用等高线表示的地貌统称为特殊地貌。特殊地貌用一些专用符号表示。

（二）等高线的基本知识

1. 等高线原理

等高线是地面高程相等的相邻点连接而成的闭合曲线。可以想象一静止的水面淹没了一座山包的一部分，水面与山坡的接触线是一条闭合曲线，因为水面上任何点的高程相等，所以此闭合曲线就是一条等高线。如图 6-7 所示，假设水面升高或降低到水位为 10 m、12 m、14 m…可以得到许多这样的闭合曲线——高程为 10 m、12 m、14 m…的等高线。将这些曲线投影到一水平面上，然后按一定比例尺缩小，即得到了这个小山头在地形图上的表示。用等高线表示这个山头，在平面和高程两方面的表达都是准确的，同时也容易辨认和解决工程问题，因此它是大比例尺地形图表示地貌的首选方法。

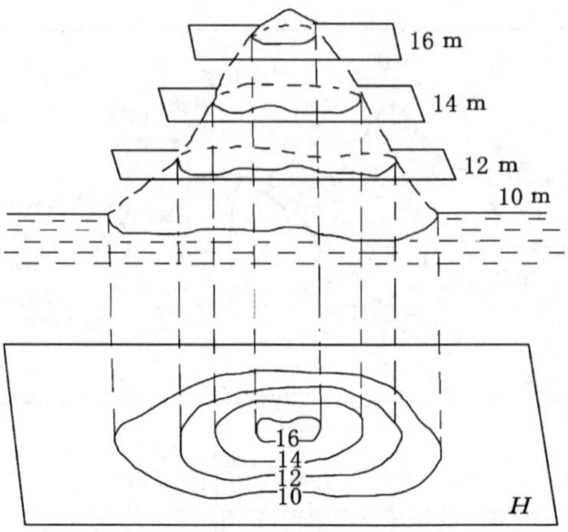

图 6-7　等高线

2. 等高距与等高线平距

等高距是相邻等高线间的高差(h),等高线平距是相邻等高线间的水平距离。同一幅地形图上,任意两条相邻等高线间的高差相等,也就是同一幅地形图上只有一个等高距。由于地面形态的起伏变化,等高线间的水平距离在不同地点、不同方向不可能相等。正是利用等高线平距不相等这一特性,可以从地形图上判别地表坡度的变化。

在同一幅地形图上等高距为常数。等高线平距随地面坡度变化,坡度大等高线平距小,等高线稠密;坡度小等高线平距大,等高线稀疏。因此等高线的疏密程度也反映出地表陡缓程度。当地面坡度大到某一限度时,相邻等高线会紧贴成一片而无法区分辨认。相反,若地面坡度小,相邻等高线相距很远,图面上只有少数几根等高线,致使描绘和判读地貌都困难,严重时甚至使精度大幅度降低。因此在地形图测量设计中必须依据测图比例尺、测区地面平均坡度及坡度变化程度,选择合适的等高距。表 6-5 列出了规范中关于大比例尺地形图等高距的规定。

表 6-5　大比例尺地形图等高距表　　单位:m

地形类别	比例尺			
	1∶500	1∶1 000	1∶2 000	1∶5 000
平　地	0.5	0.5	0.5 或 1.0	1.0
丘　陵	0.5	0.5 或 1.0	1.0	2.0 或 2.5
山　地	0.5 或 1.0	1.0	2.0	2.5 或 5.0
高山地	1.0	1.0 或 2.0	2.0	2.5 或 5.0

3. 等高线的特性

从等高线的定义及相关的推论,可以总结出等高线的如下特性(图 6-8):

① 同一等高线上各点,其高程必定相等。

② 等高线是闭合曲线。闭合曲线有大有小,大的曲线若未能在本图幅内闭合,一定会在相邻的两幅或多幅图内闭合。

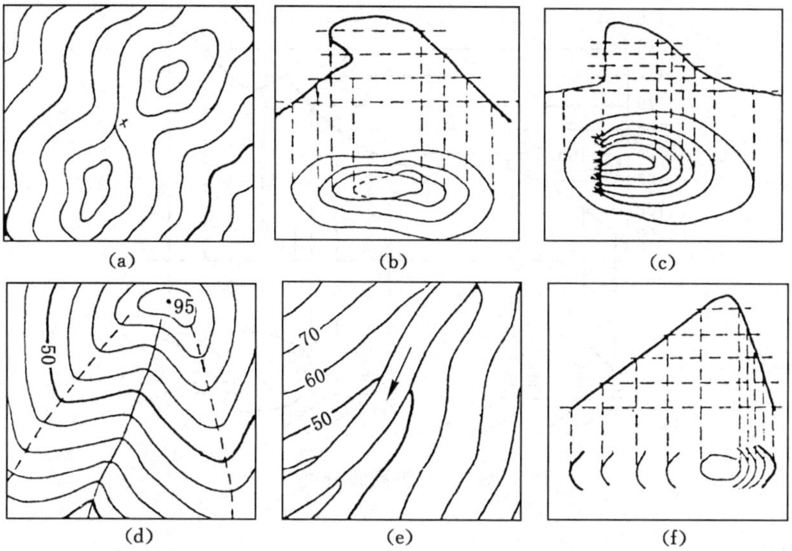

图 6-8　典型等高线

③ 除遇悬崖[图 6-8(b)]、峭壁[图 6-8(c)]、陡坎等特殊情况外，等高线不能相交，不能重合，也不能分岔，图 6-8(a)所示的等高线分岔是错误的。

④ 等高线在通过山脊山谷线时，应与山脊山谷线正交[图 6-8(d)]。

⑤ 交遇河流的等高线，不能直跨而过，应终止于河岸线[图 6-8(e)]。

⑥ 等高线越密，表示地面坡度越陡；反之，越稀表示坡度越缓[图 6-8(f)]。

4. 等高线的种类

前面已指出，在同一幅图内只确定一种等高距，然而一个图幅内地貌的变化可能导致地面坡度差异很大，表 6-5 所列等高距主要考虑相应地形类别中较大坡度地域等高线不会过于稠密。在此条件下，同一幅图内平缓地域和山头的表达可能不甚确切，不同程度地降低了它们的测绘和使用精度。为了在测绘地形图时能更准确、更细致地描绘地貌，规定可使用四种不同的等高线，如图 6-9 所示，需要指出的是：为了便于理解和表达，图中每条等高线均做了注记，实际使用时一般仅需在计曲线上注记高程。

(1) 首曲线

首曲线是按规范规定的等高距(基本等高距 h)勾绘的等高线，又称为基本等高线，图上用细实线表示(如图中高程为 102、104、106 等线)。

(2) 计曲线

为了读图的方便，每隔四条首曲线加粗一条首曲线(即每五条首曲线，第五条应加粗，当基本等高距采用 2.5 m 时，则每隔三条)，加粗的首曲线称之为计曲线(如 100、110 两条线)。一般选择高程为 5 或 10 的整倍数的首曲线作为计曲线，同时在计曲线上注记高程，便于判读。

(3) 间曲线

为了在相对较平缓的局部范围内更细致、真实地描绘地貌，可使用间曲线。间曲线是在相邻两首曲线间以基本等高距一半($h/2$)勾绘的曲线(如 105、111 两条线)，又称半距等高线，用虚线表示。

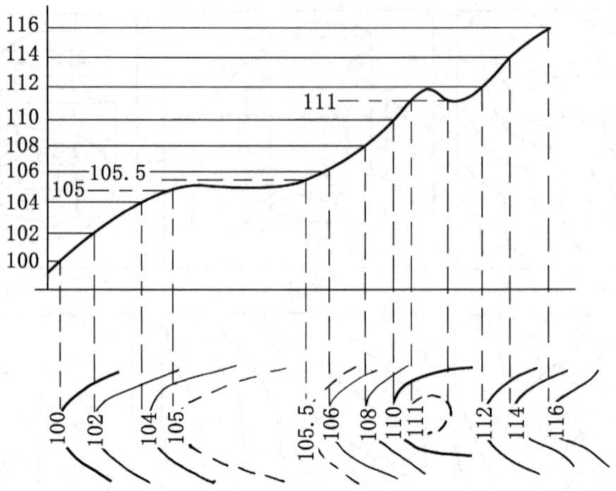

图 6-9　等高线分类

(4) 助曲线

当使用间曲线还不足以描绘地貌的细微部分时,可使用助曲线。助曲线是按四分之一基本等高距($h/4$)勾绘的曲线(如 105.5 线),也用虚线表示。

(三) 地貌表示符号

在地形图中地貌一般采用等高线和特殊地貌符号进行表示,《国家基本比例尺地图图式 第 1 部分:1∶500 1∶1 000 1∶2 000 地形图图式》中对地貌符号的表示方法进行了详细规定,表 6-6 中给出了常用的地貌符号示例。

表 6-6　1∶500、1∶1 000、1∶2 000 地形图图式中部分常用地貌符号

编号	符号名称	图例	编号	符号名称	图例
1	等高线 a.首曲线 b.计曲线 c.间曲线	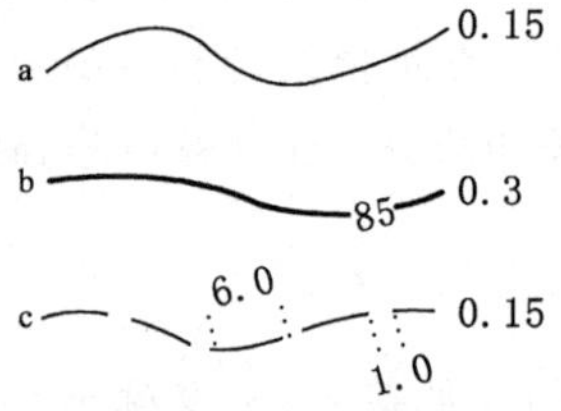	4	陡崖、陡坎 a.土质的 b.石质的 18.6、22.5——比高	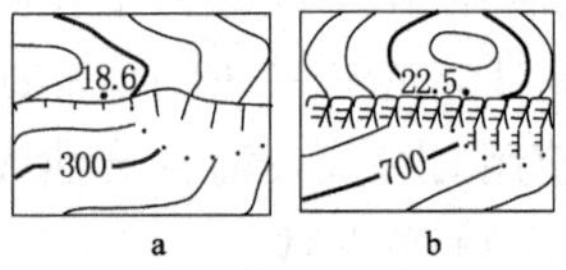
2	示坡线		5	冲沟 3.4、4.5——比高	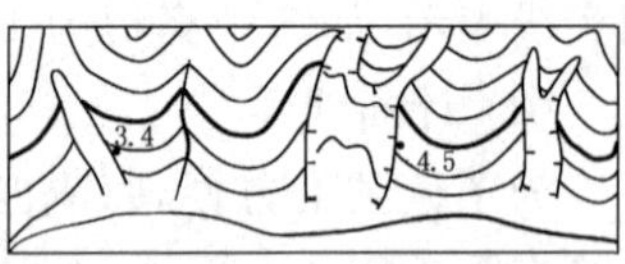
3	滑坡	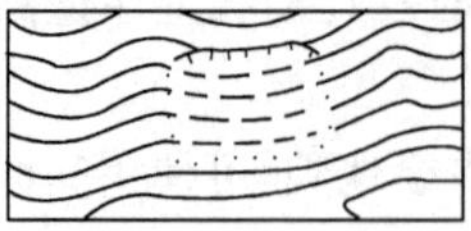	6	崩崖 a.沙土崩崖 b.石崩崖	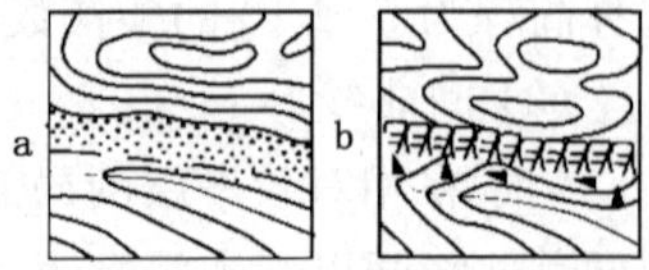

（四）等高线内插与绘制

1. 内插等高线的原理

地面起伏变化，实质上是不同坡度的地面相交而成。要正确描绘地貌就必须正确测定地面坡度变化线和地貌特征线（通常称之为地性线），如山脊线、山谷线、变坡线等。地形测绘中测量特征线上若干特征点来定位特征线。用传统方法在白图纸上绘图时，应手工勾绘等高线，虽然目前普遍采用计算机自动绘制等高线，其基本原理相似。下面介绍等高线内插与绘制的原理和方法。

以图 6-10 为例说明内插等高线点，图中 a、b 为两相邻碎部点，两点的高程 $H_a=42.6$ m，$H_b=48.4$ m。根据相似三角形原理，用图解法求出基本等高线平距和不到一个等高距高差所对应的平距，并在 ab 直线上确定 43 m、44 m、45 m、46 m、47 m、48 m 的高程点。测绘地貌时如果逐点使用图解法显然十分不便，实际工作中使用的方法是透明纸法和目估法。

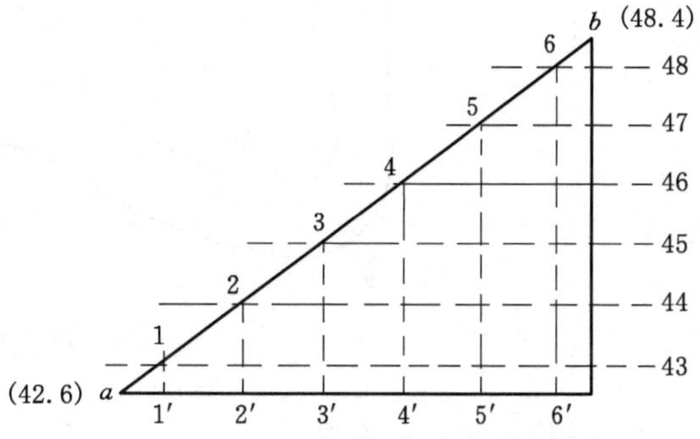

图 6-10　内插等高线

2. 透明纸法

透明纸法与图解法原理相同。事先在透明纸上画等间隔的一组平行线，并在每条线的一端注记适当高程。用铅笔线连接碎部点 a、b，将透明纸蒙在此线段 ab 上，如图 6-11 所示。依据 a、b 点的高程，置 a、b 点于相应的平行线之间，点的准确位置由高程不足一等高距的小数部分高差按比例确定。用针尖将直线与平行线的交点轻轻刺在图纸上，即得 a、b 点间的内插等高线点。

3. 目估法

目估法是观察图上两碎部点的高程和间隔，估计等高线平距和小数部分的距离，分割直线段得到内插等高线点。以图6-12为例，图上两碎部点 A、B 的高程别为86.3 m、91.5 m，基本等高距为 1 m。在 A、B 间需内插 87 m、88 m、89 m、90 m、91 m 五条等高线，目估出等高线平距，A 点至 87 m 等高线的高差为 0.7 m，按比例 A 点至 87 m 等高线的平距为 0.7 等高线平距。从 A 点向 B 点方向用 0.7 等高线平距标出 87 点，在同一方向上用等高线平距依次标出 88、89、90、91 点，最后观察 B 点至 91 点的距离是否等于 0.5 等高线平距，相差不大则内插准确，否则用目估法做适当调整。目估法的显著特点是速度快，有经验的人员内分点也十分准确，因而在测绘实践中得到广泛应用。

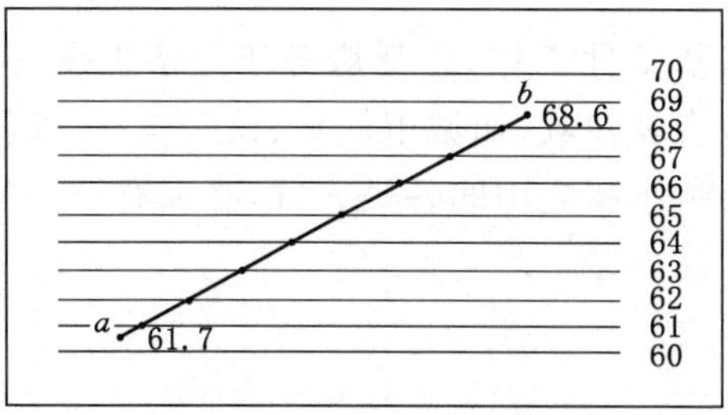

图 6-11　透明纸法绘等高线

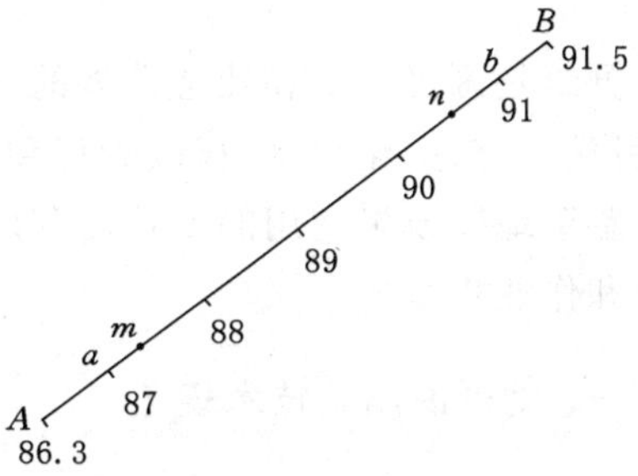

图 6-12　目估法绘等高线

当求出所有相邻地貌特征点间等高线通过的点位后，将高程相等的相邻点用光滑的曲线连起来，就是所求的表示地貌的等高线，如图 6-13 所示。

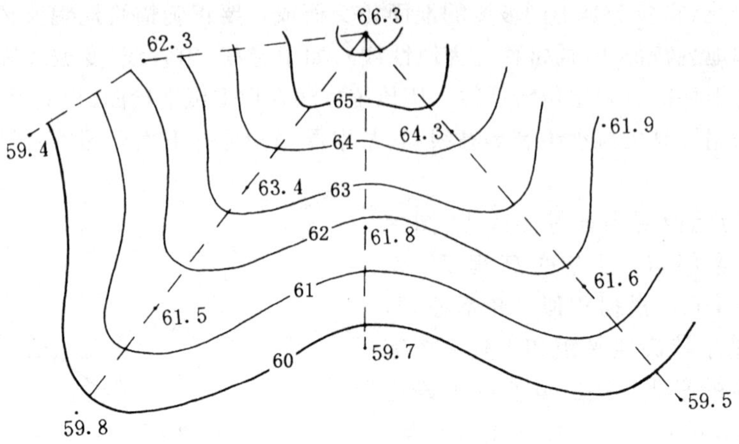

图 6-13　等高线的绘制

4. 插绘等高线注意事项

① 内插等高线的两个碎部点必须在任一地性线的同一侧，不能使用位于某一地性线两侧的点，如果用地性线两侧的点内插等高线，将使描绘的地貌严重变形。

② 必须使用相邻的碎部点内插等高线，如果使用间隔点内插也可能使地貌严重变形。

③ 用于内插等高线的两个碎部点应当选择上下坡度较大的点，避免选取高程接近的点，这样可提高内插点的精度。

④ 等高线应在实地面对所测地形勾绘，在丘陵山地等高线密集的地区，来不及绘出首曲线时，也必须在现场勾绘出计曲线。

⑤ 相邻两条等高线间距不应小于 0.3 mm；在等高线比较密的等倾斜地段，当两计曲线间的空白小于 2 mm 时，可间断个别首曲线。

⑥ 等高线遇到房屋、窑洞、公路、双线表示的河渠、冲沟、陡崖、路堤、路堑等符号时，应表示至符号边界。

⑦ 大面积盐田、基塘区，视具体情况可不测绘等高线。

第三节　地形图测绘规范与法律法规

测绘是国民经济和社会发展的一项前期性、基础性工作，广泛服务于经济发展、国防建设、科学研究、文化教育、行政管理和人民生活等诸多领域，如城市规划、铁路设计、地图导航等。鉴于地图成果应用的专业性和广泛性，涉及制作和应用的各类人群，必须有统一的技术标准和作业规范。

一、地形图测绘技术规范

在长期的经济建设过程中，广大测绘工作者测绘了大量各种比例尺的地形图。为了统一测绘技术要求，做到技术先进、经济合理、质量可靠、安全适用，制定了多种测量技术规范，如《城市测量规范》《工程测量标准》《全球定位系统(GPS)测量规范》《国家基本比例尺地图图式》等。这些规范概括和总结了已往测量工作的经验和科学实验的成果，是进行各项测绘工作的指导性文件。因此，对于测绘专业技术人员开展地形图测绘工作，掌握有关的测绘标准和技术规范十分重要。

(一) 技术标准与规范

按照适用范围，我国技术标准分为国家标准、行业标准、地方标准和企业标准四个级别。

1. 国家标准

国家标准是指对全国经济技术发展有重大意义，需要在全国范围内统一的技术要求所制定的标准。国家标准由国务院标准化行政主管部门国家质量技术监督检验检疫总局及其下属国家标准化管理委员会指定编制计划、组织起草、统一审批、编号、发布。国家标准在全国范围内适用，其他各级别标准不得与国家标准相抵触。国家标准是四级标准体系中的主体。

国家标准的代号一般为 GB，如《工程测量标准》的代号为 GB 50026—2020；有的规范代号后面加"T"，是推荐的意思，《全球定位系统(GPS)测量规范》的代号为 GB/T 18314—2009，是指推荐性国家标准。

2. 行业标准

行业标准是指没有国家标准而又需要在全国某个行业范围内统一技术要求所制定的标准。行业标准是对国家标准的补充，是专业性、技术性较强的标准，在全国某个行业范围内适用。行业标准的制定不得与国家标准相抵触，国家标准公布实施后，相应的行业标准即行废止。

行业标准由国务院有关行政主管部门制定。测绘行业标准(代号为 CH)由国家测绘地理信息局发布，如《测绘技术总结编写规定》的代号为 CH/T 1001—2005；交通行业标准(代号为 JT)由中华人民共和国交通部制定，如《公路勘测规范》的代号为 JTG C10—2007。

测绘行业仅仅提供国家基础性成果资料，主要是基础图件和基础控制点位成果资料；大量的测绘工作是各行各业的工程测量，包括大比例尺地形图的测绘工作，如城市规划地形图、公路铁路带状地形图、矿山井田区域地形图等。除了国家测绘地理信息局下属测绘系统外，我国还有大量的各行业测绘队伍，因此也就有大量的行业测绘规范，在进行各行业工程建设时，一般要求按照各行业测绘规范进行作业，如《高速铁路工程测量规范》(TB 10601—2009)中也有关于地形测量的规定要求。

(二) 地形图测绘技术规范

地形图测绘执行的规范可以分为外业观测、内业制图、质量控制与检查验收三个方面。

1. 外业观测

主要针对外业作业时的各个环节，对图根控制测量、测图前的准备工作、测站点的增补、地形图测绘的方法及要求、地形图测绘内容及取舍、地形图的修测、地形图的拼接和检查等均做了详细、全面、具体的规定和说明，这些规定和说明对指导地形图的测绘具有重要意义。外业观测的相关规范既有国家标准，如《工程测量标准》(GB 50026—2020)、《全球定位系统(GPS)测量规范》(GB/T 18314—2009)、《国家三、四等水准测量规范》(GB/T 12898—2009)和《1∶500 1∶1 000 1∶2 000 外业数字测图规程》(GB/T 14912—2017)等，也包括各行业的相关规范，如《全球定位系统实时动态测量(RTK)技术规范》(CH/T 2009—2010)、《公路勘测规范》(JTG C10—2007)等。

2. 内业绘图

内业绘图的相关规范既有对图式符号库规定的，如大比例尺的《国家基本比例尺地图图式 第1部分：1∶500 1∶1 000 1∶2 000地形图图式》(GB/T 20257.1—2017)，也有对地形图要素进行编码分类的《基础地理信息要素分类与代码》(GB/T 13923—2022)，还有矢量化要求的，如大比例尺的《1∶500 1∶1 000 1∶2 000地形图数字化规范》(GB/T 17160—2008)等。

3. 质量控制与检查验收

主要指与测图作业相关的质量控制、质量评定与检查验收方面的规定，如《测绘技术设计规定》(CH/T 1004—2005)、《测绘技术总结编写规定》(CH/T 1001—2005)、《数字地形图产品基本要求》(GB/T 17278—2009)、《数字测绘成果质量要求》(GB/T 17941—2008)、《数字测绘成果质量检查与验收》(GB/T 18316—2008)、《质量管理体系　要求》(GB/T 19001—2016)。

这些测绘相关规范对地形图测绘项目的设计、总结，作业的过程管理、产品的质量要求与检查验收等作了一系列的规定，在测图项目实施之前，应认真地阅读，以保证项目作业的正确实施和质量的有效控制。

二、测绘法律法规

目前我国已初步建立了由法律、行政法规、地方性法规、政府规章、部门规章、重要规范文件等共同组成的测绘法律法规体系，为测绘管理提供了依据，为从事测绘工作提供了基本准则。

(一) 测绘相关法律法规

现行测绘法律是《中华人民共和国测绘法》，1992年12月28日第七届全国人民代表大会常务委员会第29次会议审计通过，于1993年7月1日起实施；2002年8月29日第九届全国人民代表大会常务委员会第29次会议修订通过，自2002年12月1日起施行；2017年4月27日第十二届全国人民代表大会常务委员会第二十七次会议第二次修订，于2017年7月1日起施行。《中华人民共和国测绘法》是为了加强测绘管理，促进测绘事业发展，保障测绘事业为国家经济建设、国防建设和社会发展服务而制订的，是在我国从事测绘活动和进行测绘管理的基本准则和依据，是测绘工作的基本法律。

目前，测绘行政法规主要有《中华人民共和国地图编制出版管理条例》《中华人民共和国测绘成果管理条例》《中华人民共和国测量标志保护条例》《基础测绘条例》和《测绘资质管理规定》等，共同构建了测绘行业各个方面的规范和要求。

(二) 测绘成果保密制度

测绘成果保密是指测绘成果由于涉及国家秘密，综合运用法律和行政手段将测绘成果严格限定在一定范围内和被一定的人员知悉的活动。根据2020年6月18日印发的《测绘地理信息管理工作国家秘密范围的规定》、2010年10月1日施行的《中华人民共和国保守秘密法》和2023年5月1日实施的《涉密基础测绘成果提供使用管理办法》，测绘成果属于国家秘密的，其存储、提供与使用适用国家保密法律、行政法规的规定。

1. 秘密等级的规定

测绘资料成果分为绝密、机密、秘密 3 个级别。绝密级是最重要的国家秘密，泄露会使国家安全和利益遭受特别严重的损害；机密级是重要的国家秘密，泄露会使国家安全和利益遭受严重的损害；秘密级是一般的国家秘密，泄露会使国家安全和利益遭受损害。

绝密级测绘成果主要指各坐标系的相互转换参数、最高精度的重力异常成果和数字高程模型、地形图保密处理技术参数及算法等。机密级测绘成果主要指高等级控制测量及其点位坐标成果、重力点成果、垂线偏差成果，中等重力异常成果、高程异常成果，涉及军事禁区的大于或等于 1∶1 万的国家基本比例尺地形图及其数字化成果，2.5 万～10 万国家基本比例尺地形图及其数字化成果等。秘密级测绘成果主要包括线路较长的国家等级水准网成果资料，重力加密点成果，精度较低的重力异常成果、高程异常成果和垂线偏差成果，小比例尺地形图及其数字化成果，涉密区的航摄资料、点位名称和坐标等。

国家保密工作部门、国务院测绘行政主管部门应当会同军队测绘主管部门，依照有关保密法律、行政法规的规定，确定测绘成果的秘密范围和秘密等级。在有关范围内公布，并根据情况变化及时调整。

国家秘密的保密期限，除另有规定外，绝密级不超过 30 年，机密级不超过 20 年，秘密级不超过 10 年。期限已满的，不需要继续保密的可自行解密，需要延长保密期限的，应当在原保密期限届满前重新确定保密期限。

2. 保密的原则

单位、个人测绘成果资料保密的原则、注意事项主要如下：

测绘成果保管单位应当采取措施保障测绘成果的完整和安全，并按照国家有关规定向社会公开和提供利用。测绘工作人员应当具有强烈的爱国主义精神，增强政治责任感和国家版图意识，自觉维护国家版图的严肃性和完整性，增强保密观念和信息安全意识，确保地理空间信息安全。中外合作的测绘成果归中方所有；利用涉密成果开发生产的产品，未经保密技术处理的，其秘密等级不得低于所用测绘成果的秘密等级；需要利用属于国家秘密的基础测绘成果的，应当提出明确的利用目的和范围，报测绘成果所在地的测绘行政主管部门审批；需要对外提供的，按照国务院和中央军事委员会规定的审批程序执行。

3. 典型案例分析

地理信息特别是高精度的地理信息数据，是国家重要的信息资源和战略性资源，一向被世界各国视为“国之神器，不可予人”。重要敏感目标的地理坐标数据、重要目标区域的影像数据等，是未来信息化战争条件下进行精确军事打击的重要数据支撑，一旦泄露，将对国防安全构成潜在危害。重要基础设施或能源、矿产、地质等地理信息，一旦被外国情报机构所掌握，如果外方采取反制措施将使我国在国际竞争中处于被动地位，损害我国家战略利益。

外国组织或者个人来华拟从事测绘活动，要严格遵守《中华人民共和国测绘法》和《外国的组织或者个人来华测绘管理暂行办法》，必须与中华人民共和国的有关部门或者单位依法采取合资、合作的形式，并依照法定程序提出申请，经国务院测绘行政主管部门会同军队测绘主管部门作出审批决定。

(1) 美国某公民在新疆非法测绘案

2011 年 8 月，一美国公民在未经依法批准的情况下，擅自采集我国新疆区域地理信息坐标数据的行为，违反了《中华人民共和国测绘法》和《外国的组织或者个人来华测绘管理暂行办法》的有关规定，属于非法测绘活动。新疆维吾尔自治区测绘局依据《中华人民共和国测绘法》的有关规定，对该美国公民作出停止违法测绘行为、没收测绘工具和测绘成果，并处相应数额罚款的行政处罚。

(2) 非法获取地理信息数据刑事案

德清地理信息小镇的Q公司是销售CORS服务账号的地理信息产业公司。2020年3月，该公司发现武汉Z公司对外出售假冒的Q公司账号，但假账号经过测试确实可以获取Q公司的定位纠偏数据。因怀疑有人非法获取信息数据，Q公司向当地公安局报案。2020年8月，三名犯罪嫌疑人张某、李某、陈某被抓获。

(3) 违规存储、处理涉密数字化测绘成果典型案件

2013年，某地质工程勘察院接受相关部门委托，承担了有关环评项目。当年5月、12月，因工作需要，该院助理工程师张某从单位资料室借用了3幅标明"秘密"的地质图和水文地质图，自行扫描存于计算机中。案件发生后，有关部门给予张某行政记过处分，责令其作出书面检查并给予经济处罚；给予主管领导邓某批评教育；责令院领导班子向上级主管部门作出书面检查。

(4) "问题地图"典型案例

某出版社一本引进版图书登载的一幅世界地图，存在漏绘我国钓鱼岛、赤尾屿、南海诸岛，错绘我国藏南地区国界线以及台湾地区在地图上的表示，违背"一个中国"原则等严重问题。有关部门要求立即停止销售并通知相关销售网点下架。

(三) 从业人员职业道德

不论内业还是外业，包括每类工作性质和每个技术环节，测绘行业都要求资料的真实性、正确性和可靠性；另外，测绘行业有大量的外业工作，有的地方是深山老林，有的地方是戈壁沙漠，风吹日晒雨淋是常有之事甚至面临生命危险。因此，职业道德教育对测绘作业人员而言是必不可少的重要环节。

根据2004年5月原国家测绘局颁布实施的《中国测绘职工职业道德规范(试行)》，应充分认识开展测绘职工职业道德教育活动的重要性、必要性和长期性，广泛宣传、组织培训，把它当作一项重要工作，放在重要的议事日程上，加强领导，狠抓落实，促进测绘职工职业道德建设稳步向前发展。

① 爱岗敬业、奉献测绘。测绘职工应当大力弘扬"爱祖国、爱事业、艰苦奋斗、无私奉献"的测绘精神，增强职业荣誉感，热爱测绘，乐于奉献，吃苦耐劳，不畏艰险。

② 维护版图、保守秘密。测绘职工应当具有强烈的爱国主义精神，增强政治责任感和国家版图意识，自觉维护国家版图的严肃性和完整性；增强保密观念和信息安全意识，确保地理空间信息安全。

③ 严谨求实、质量第一。测绘职工应当自觉维护国家测绘基准、测绘系统的法定性和统一性，严格遵守测绘技术标准、规范图式和操作规程，真实准确，细致及时，确保成果质量。

④ 崇尚科学、开拓创新。测绘职工应当弘扬科学精神，刻苦钻研技术，勇攀科技高峰；应当加强学习，大胆实践，与时俱进，积极进取，不断提高创新意识和能力。

⑤ 服务用户、诚信为本。测绘职工应当牢固树立服务意识，主动服务，优质服务，拓宽服务领域，提高服务能力；在测绘活动中应当树立信用观念，遵守合同，诚实守信。

⑥ 遵纪守法、团结协作。测绘职工应当树立法制观念，依法测绘，安全生产，合法经

营，公平竞争，自觉维护测绘市场秩序；应当增强集体意识和团队精神，友爱互助，文明作业。

（四）作业人员安全规范

原国家测绘局于2008年2月发布的行业规范《测绘作业人员安全规范》规定了测绘生产中主要工序和环境中与人身安全和健康相关的安全管理、安全防范及应急处理的措施，适用于基础测绘生产中作业人员的安全保护与防范，其他测绘生产可参照执行。

安全规范中对测绘生产单位有关安全生产的管理机构、责任制度、安全保障及应急救援提出了明确的规定，对作业人员（组）在制度、细则的遵守，仪器设备、安全装备的使用，作业场所、工作岗位危险因素及防范措施的了解和外业人员必要的野外生存、避险和相关应急技能的掌握等方面都有明确的要求。

1. 外业生产

安全规范对外业生产中出测、收测前的准备，行车、饮食与住宿，外业作业环境等各环节的安全要求和措施做了详细规定。如了解测区有关危害因素，拟定具体的安全防范措施；掌握人员的身体健康状况，进行必要的身体检查，避免作业人员进入与其身体状况不适应的地区作业；所有作业人员都应该熟练使用通信、导航定位等安全保障设备，以及掌握利用地图或地物、地貌等方位的判定。在进入军事要地、边境、少数民族、林区、自然保护区或者其他特殊防护地区作业时，应事先征得有关部门的同意；进入单位、居民宅院进行测绘时，应先出示证件，说明情况再进行作业；在高压输电线路、电网等区域作业时，应采取安全防范措施，避免人员和标尺、测杆、棱镜支杆等测量设备靠近高压线路，防止触电。

2. 内业生产

计算机等仪器设备的放置，应有利于减少放射线对作业人员的危害；作业场所应按《中华人民共和国消防法》规定配备灭火器具；仪器设备的安装、检修和使用须符合安全要求，应有专人管理等。

三、注册测绘师简介

原国家测绘地理信息局、人力资源和社会保障部决定，在我国测绘行业建立执业资格制度，也就是注册测绘师制度。对注册测绘师的考试、注册、执业、权利和义务以及注册测绘师资格的考核认定等做出明确规定，自2007年3月1日起实行。

注册测绘师（Registered Surveyor），是指经考试取得《中华人民共和国注册测绘师资格证书》，并依法注册后，从事测绘活动的专业技术人员。

注册测绘师考试分为“测绘管理与法律法规”“测绘综合能力”“测绘案例分析”3个科目。“测绘管理与法律法规”由测绘法律法规、测绘项目管理两部分组成；“测绘综合能力”由大地测量、工程测量、摄影测量与遥感、地图编制、地理信息系统工程、地籍测绘、界线测绘、房产测绘、测绘航空摄影、海洋测绘等组成；“测绘案例分析”由大地测量、工程测量、摄影测量与遥感、地图编制、地理信息系统、地籍测绘、界线测绘、房产测绘、测绘航空摄影、海洋测绘等组成。

第四节　地形图的分幅与编号

为了便于测绘、制作、管理和使用地形图，必须按适当面积将广大地区的地形图划分成大小适宜的若干单幅地形图，并将分幅后的地形图进行系统有序地编号，这项工作称为地形图的分幅和编号。

地形图的分幅可分为两大类：梯形分幅（又称经纬线分幅）和矩形分幅（包括正方形分幅）。所谓梯形分幅就是按经线和纬线来划分图幅，左、右以经线为界，上、下以纬线为界，图形近似梯形。在大范围的测图中，考虑到地表是个球面，只有按上述方法进行分幅才能保证所有图幅可以紧密接合而又不产生重叠或漏缺。梯形分幅用于基本比例尺地形图。矩形分幅是按平面直角坐标的纵、横坐标来划分的，图幅的上、下以坐标横线为界，左、右以坐标纵线为界。对于工程中常用的局部地区大比例地形图、平面图和中小比例尺挂图和地图集，常用矩形分幅。

一、梯形分幅和编号

我国基本比例尺地形图采用经纬线分幅，地形图图廓由经纬线构成。它们均以 1∶100 万地形图为基础，按规定的经差和纬差划分图幅，行列数和图幅数呈简单的倍数关系。

梯形分幅的主要优点是每个图幅都有明确的地理位置概念，适用于很大范围（国家、大洲、全世界）的地图分幅。其缺点是图幅拼接不方便，随着纬度的升高，相同经纬差所限定的图幅面积不断缩小，不利于有效地利用纸张和印刷机版面；此外，经纬线分幅还会破坏重要地物的完整性。

为方便计算机管理检索，由中国国家标准化管理委员会、中华人民共和国国家质量监督检验检疫总局于 2012 年发布《国家基本比例尺地形图分幅和编号》（GB/T 13989—2012）国家标准，标准中，1∶100 万比例尺地形图的分幅和编号方法采用国际地理学会 1∶100 万地形图分幅和编号标准。其他比例尺地形图均以 1∶100 万地形图为基础，按规定的经差和纬差划分图幅。

（一）1∶100 万比例尺地形图的分幅及编号

为了统一划分全球的地形图，国际地理学会对 1∶100 万比例尺地形图作了分幅和编号方法的规定，称为国际分幅编号。

国际分幅编号规定，由经度 180°起按经差 6°划分成 60 个纵行，自西向东用阿拉伯数字 1～60 表示；由赤道起向南、北分别按纬差 4°各分成 22 个横列，由低纬向高纬各以大写的拉丁字母 A、B、…、V 标明。每幅图的编号由其所在的横列字母与纵列的数字按先横列后纵行的次序组成。由于经线收敛于两极，当纬度较高时，经差 6°的实际宽度显得很窄，因此又规定在纬度 60°以上的地区，东西图廓的经差取 12°，纬度 70°以上的地区则取 24°。对于以纬度 88°为图廓的极圈图，则用 Z 表示。图 6-14 所示为北半球的 1∶100 万比例尺图的分幅情况。

为了区别图幅是北半球还是南半球，规定在图号前加 N 或 S，分别表示北或南半球。因我国领域全部位于北半球，故省注 N。图 6-15 所示为我国领域的 1∶100 万比例尺地形图的分幅与编号情况。由图可知，如果已知北京某地（后称甲地）的纬度为北纬 39°54′30″，经

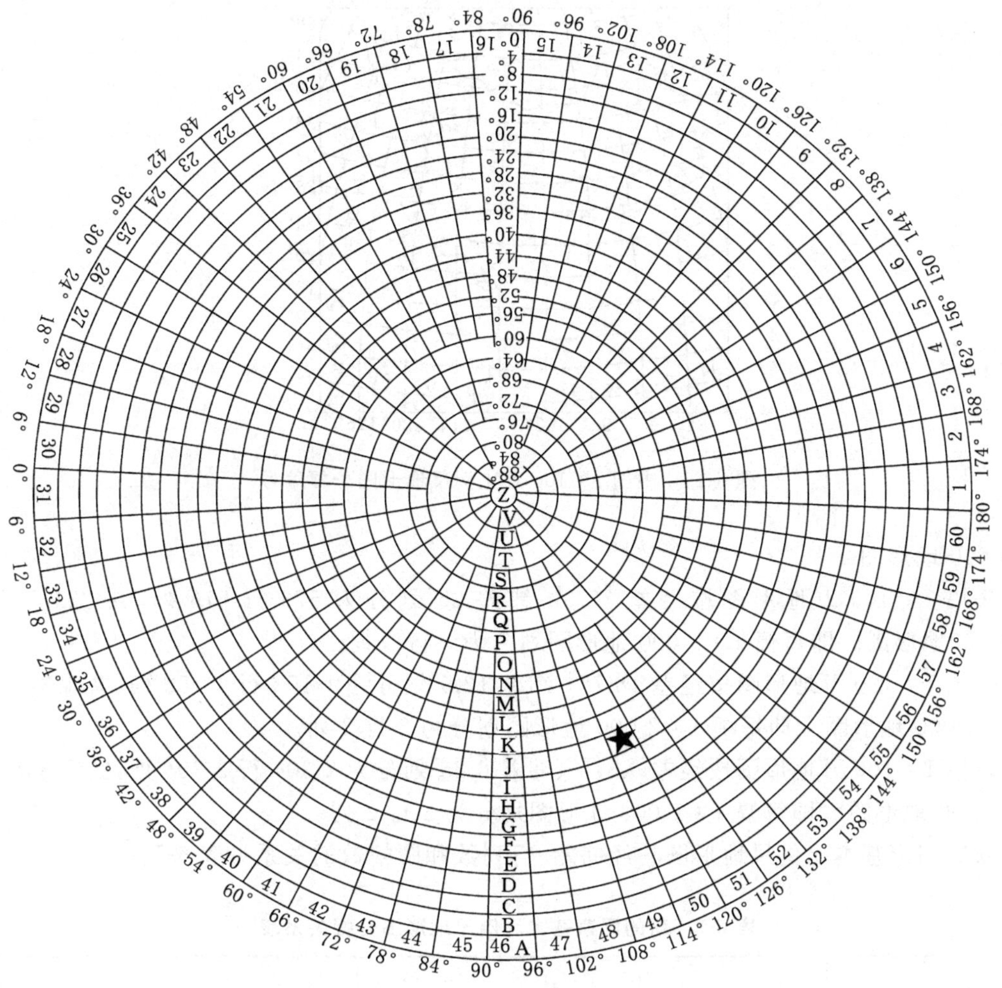

图 6-14　1∶100 万比例尺地图国际分幅

度为东经 116°28′25″，其所在 1∶100 万比例尺图的图幅编号为 J50。

（二）其他基本比例尺地形图的分幅和编号

其他比例尺地形图均以 1∶100 万地形图为基础，按规定的经差和纬差划分图幅。

每幅 1∶100 万地形图按经差 3°、纬差 2°划分为 2 行 2 列，共 4 幅 1∶50 万地形图。

每幅 1∶100 万地形图按经差 1°30′、纬差 1°划分为 4 行 4 列，共 16 幅 1∶25 万地形图。

每幅 1∶100 万地形图按经差 30′、纬差 20′划分为 12 行 12 列，共 144 幅 1∶10 万地形图。

每幅 1∶100 万地形图按经差 15′、纬差 10′划分为 24 行 24 列，共 576 幅 1∶5 万地形图。

每幅 1∶100 万地形图按经差 7′30″、纬差 5′划分为 48 行 48 列，共 2 304 幅 1∶2.5 万地形图。

每幅 1∶100 万地形图按经差 3′45″、纬差 2′30″划分为 96 行 96 列，共 9 216 幅 1∶1 万地形图。

每幅 1∶100 万地形图按经差 1′52.5″、纬差 1′15″划分为 192 行 192 列，共 36 864 幅

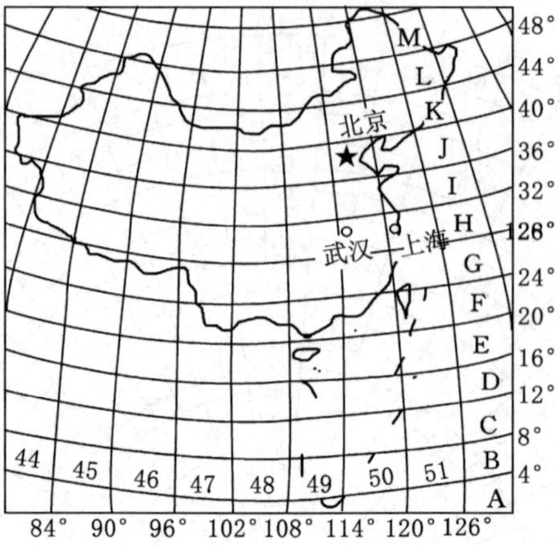

图 6-15　中国 1∶100 万比例尺地形图分幅编号

1∶5 000 地形图。

每幅 1∶100 万地形图按经差 37.5″、纬差 25″划分为 576 行 576 列，共 331 776 幅 1∶2 000地形图。即每幅 1∶5 000 地形图划分为 3 行 3 列。

每幅 1∶100 万地形图按经差 18.75″、纬差 12.5″划分为 1 152 行 1 152 列，共 1 327 104 幅 1∶1 000 地形图。即每幅 1∶2 000 地形图划分为 2 行 2 列。

每幅 1∶100 万地形图按经差 9.375″、纬差 6.25″划分为 2 304 行 2 304 列，共 5 308 416 幅 1∶500 地形图。即每幅 1∶1 000 地形图划分为 2 行 2 列。

新的国家基本比例尺地形图的经纬差、行列数和图幅数的关系见表 6-7。

表 6-7　新的国家基本比例尺地形图分幅关系表

比例尺		1/1 000 000	1/500 000	1/250 000	1/100 000	1/50 000	1/25 000	1/10 000	1/5 000	1/2 000	1/1 000	1/500
图幅范围	经差	6°	3°	1°30′	30′	15′	7′30″	3′45″	1′52.5″	37.5″	18.75″	9.375″
	纬差	4°	2°	1°	20′	10′	5′	2′30″	1′15″	25″	12.5″	6.25
行列数量关系	行数	1	2	4	12	24	48	96	192	576	1 152	2 304
	列数	1	2	4	12	24	48	96	192	576	1 152	2 304
图幅数量关系		1	4	16	144	576	2 304	9 216	36 864	331 776	1 327 104	5 308 416
			1	4	36	144	576	2 304	9 216	82 944	331 776	1 327 104
				1	9	36	144	576	2 304	20 736	82 944	331 776
					1	4	16	64	256	2 304	9 216	36 864
						1	4	16	64	576	2 304	9 216
							1	4	16	144	576	2 304
								1	4	36	144	576
									1	9	36	144
										1	4	16
											1	4

1∶50 万～1∶5 000 地形图的编号均以 1∶100 万地形图编号为基础，采用行列编号方

法，由其所在 1∶100 万地形图的图号、比例尺代码和各图幅的行列号(按横行从上到下、纵列从左到右的顺序分别用 3 位阿拉伯数字表示，不足 3 位者前面补零)共十位码组成，见图 6-16 所示。

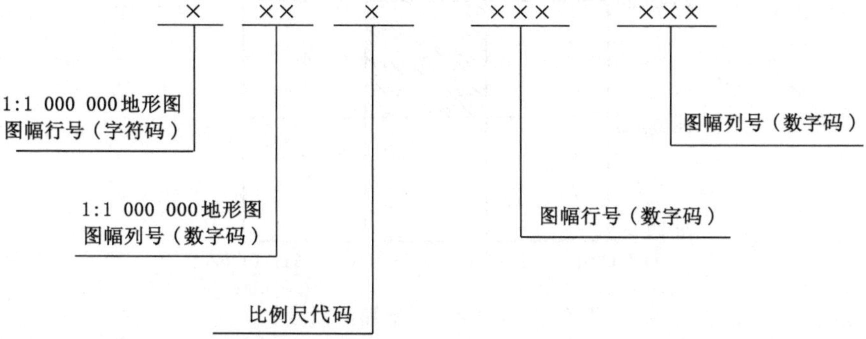

图 6-16　1∶50 万～1∶5 000 比例尺地形图图号构成

1∶2 000 地形图经、纬度分幅的图形编号方法亦与 1∶50 万～1∶5 000 地形图的图形编号方法相同。1∶2 000 地形图经、纬度分幅的顺序编号也可根据需要以 1∶5 000 地形图编号分别加短线，再加 1、2、3、4、5、6、7、8、9 表示，其编号示例见图 6-17。图 6-18 中深色斜线区域所示图幅编号为 H49H192097-5。

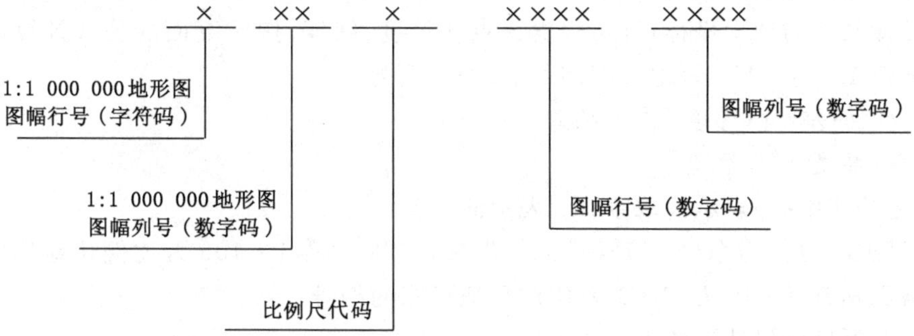

图 6-17　1∶1 000～1∶500 比例尺地形图图号构成

1∶1 000、1∶500 地形图经、纬度分幅的图形编号同样均以 1∶1 000 000 地形图编号为基础，采用行列编号方法。1∶1 000、1∶500 地形图经、纬度分幅的图号由其所在1∶1 000 000地形图的图号、比例尺代码和各图幅的行列号共十二位码组成。在分幅中将 1∶1 000 000 地形图按所含各比例尺地形图的经差和纬差划分为若干行和列，横行从上到下、纵列从左到右按顺序分别用四位阿拉伯数字码表示，不足四位者前面补零，取行号在前、列号在后的排列形式标记。1∶1 000、1∶500 地形图经、纬度分幅的图幅编号组成见图 6-17 所示。

各种比例尺地形图的比例尺及代码见表 6-8。

表 6-8　比例尺代码表

比例尺	1∶500 000	1∶250 000	1∶100 000	1∶50 000	1∶25 000	1∶10 000	1∶5 000	1∶2 000	1∶1 000	1∶500
代码	B	C	D	E	F	G	H	I	J	K

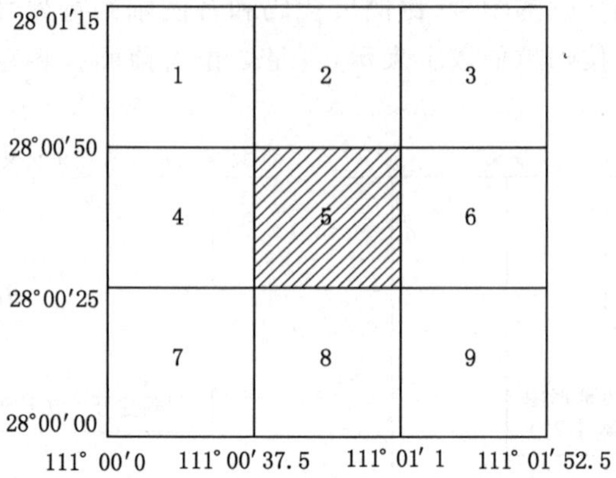

图 6-18　1∶2 000 地形图图号

1∶50 万～1∶500 地形图的行、列编号见图 6-19。

例如，图 6-20 中晕线所示为 1∶50 万地形图，图号为 J50B001002；图 6-21 中晕线所示为 1∶25 万地形图，图号为 J50C003003；图 6-22 中，单斜晕线所示为 1∶10 万地形图，图号为 J50D010010；双晕线所示为 1∶5 万地形图，图号为 J50E017016；平行晕线所示为 1∶2.5 万地形图，图号为 J50F042002；黑块所示为 1∶1 万地形图，图号为 J50G093004；而在 1∶100万地形图上最东南角的 1∶5 000 地形图的图号为 J50H192192。

如果已知某点的地理坐标，则可根据该点的经度、纬度，按照下面的公式计算出该点所在比例尺地形图在 1∶100 万地形图图号后的行、列号。

行号＝4°/纬差－[(纬度/4°)/ 纬差]

列号＝[(经度/6°)/经差]＋1

注：上述公式中，()表示商取余；[ ]表示商取整

例如，某地的位置为东经 107°40′ 36″、北纬 33°39′ 20″，1∶100 万比例尺地形图的图号为 I48，计算其所在 1∶10 万、1∶1 万比例尺地形图的编号。

在 1∶10 万比例尺地形图上：

4°/20′－[(33°39′20″/4°)/20′] ＝008

[(107°40′36″/6°)/30′]＋1＝012

故其 1:10 万地形图的图号为 I48D008012。

在 1∶1 万比例尺地形图上：

4°/2′30″－[(33°39′20″/4°)/ 2′30″] ＝057

[(107°40′36″/6°)/3′45″]＋1＝091

故其 1∶1 万地形图的图号为 I48G057091。

1∶2 000、1∶1 000、1∶500 地形图经、纬度分幅的图幅编号示例见图 6-23。

图 6-23 中，标注为 G 的灰色方框表示一幅 1∶2 000 地形图，其图幅编号为 J50I576027；标注为 H 的灰色方框表示一幅 1∶1 000 地形图，其图幅编号为 J50J11480051；标注为 I 的灰色方框表示一幅 1∶500 地形图，其图幅编号为 J50K23040097。

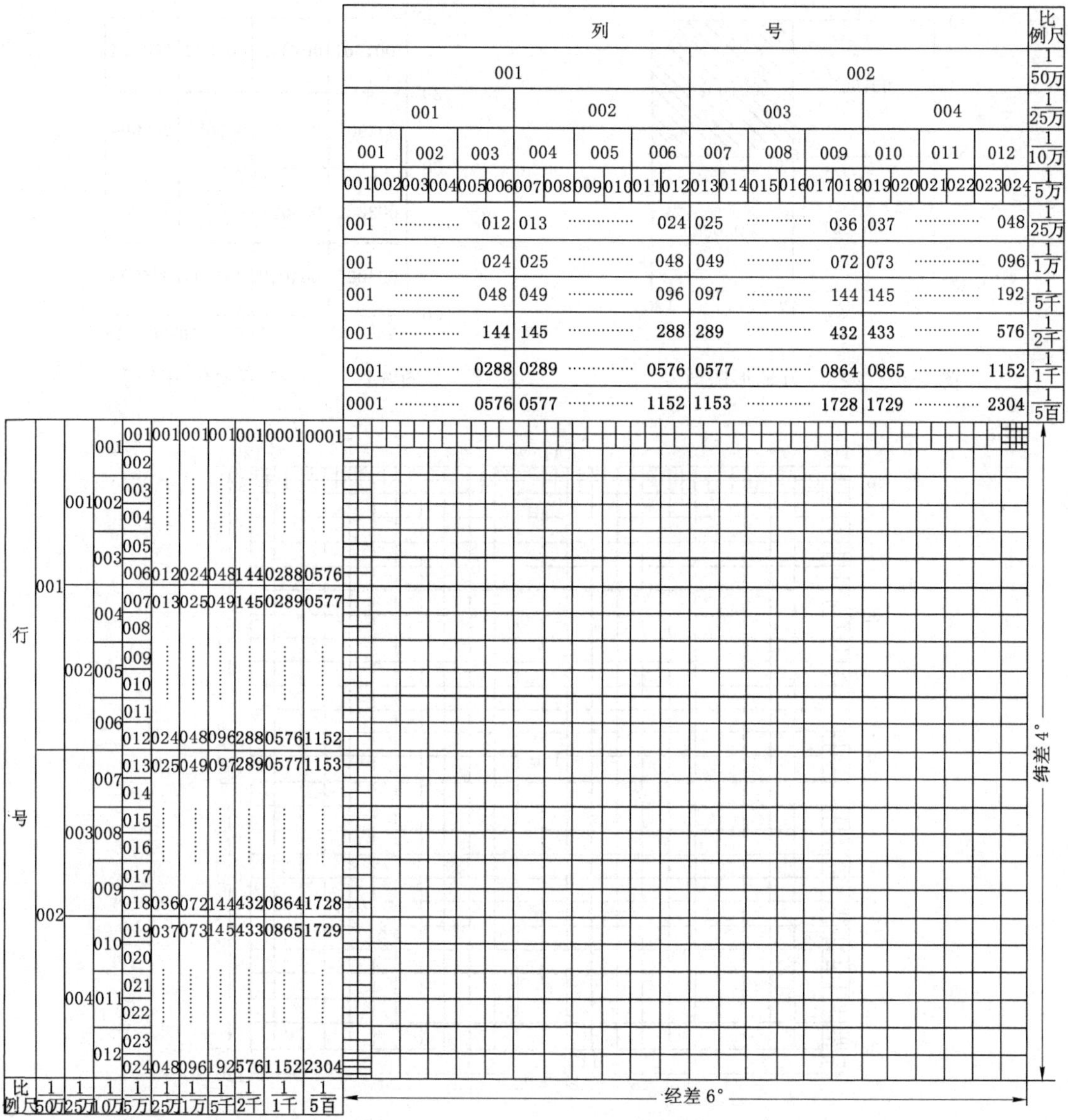

图 6-19　1∶50 万～1∶5000 地形图的行、列编号

二、矩形分幅与编号

供各种工程设计及施工需要的 1∶500、1∶1 000、1∶2 000 和小区域 1∶5 000 比例尺的地形图均采用正方形或矩形分幅，它是以纵横坐标的整千米数或整百米数作为图幅的分界线，图廓呈正方形或矩形。

（一）矩形分幅

当地形图采用矩形分幅时，1∶2 000、1∶1 000、1∶500 比例尺地形图图幅大小为 50 cm×50 cm。其分幅方法是按一分为四的原则，即将一幅 1∶2 000 的地形图分为四幅 1∶1 000的地形图；一幅1∶1 000的地形图分为四幅 1∶500 的地形图。

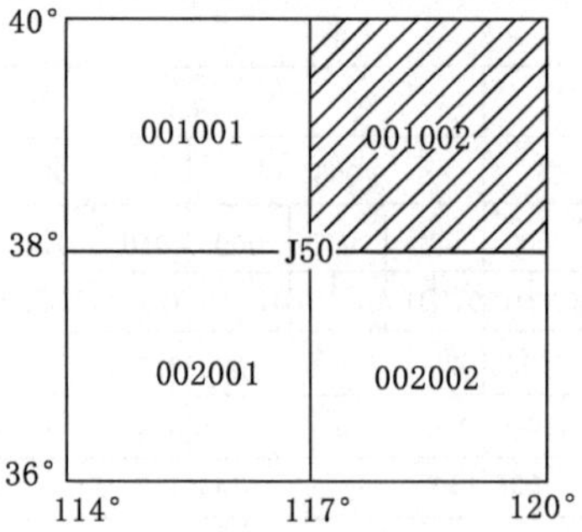

图 6-20　1∶50 万地形图图号

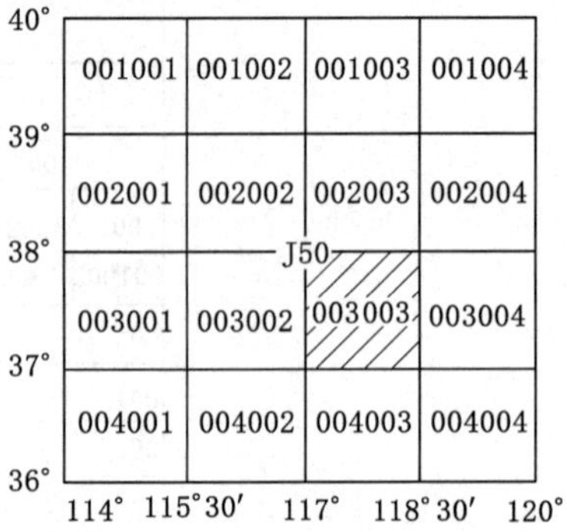

图 6-21　1∶25 万地形图图号

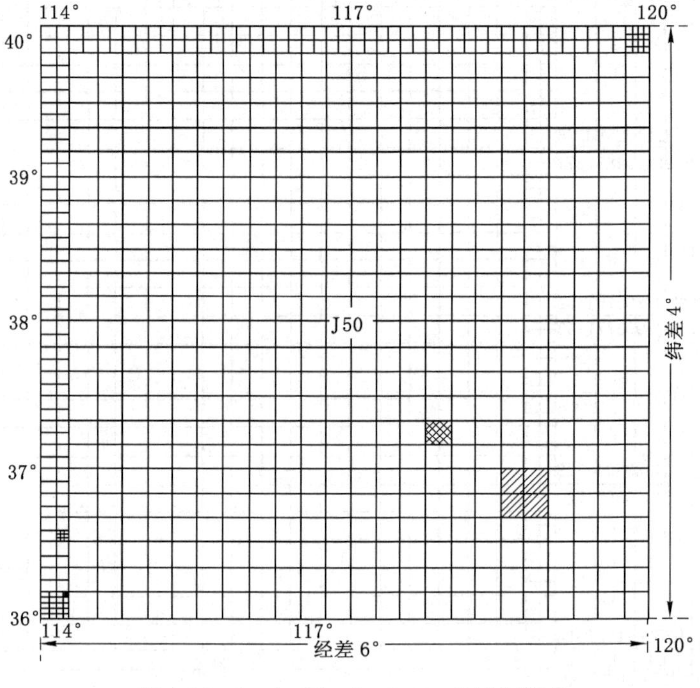

图 6-22　1∶10 万～1∶5 000 地形图图号

各比例尺地形图的图幅规格见表 6-9。

表 6-9　正方形及矩形分幅的图幅规格

比例尺	正方形分幅			矩形分幅	
	图幅大小 /(cm×cm)	实地面积 /km²	一幅 1∶2 000 图所含幅数	图幅大小 /(cm×cm)	实地面积 /km²
1∶2 000	50×50	1	1	50×40	0.8
1∶1 000	50×50	0.25	4	50×40	0.2
1∶500	50×50	0.062 5	16	50×40	0.05

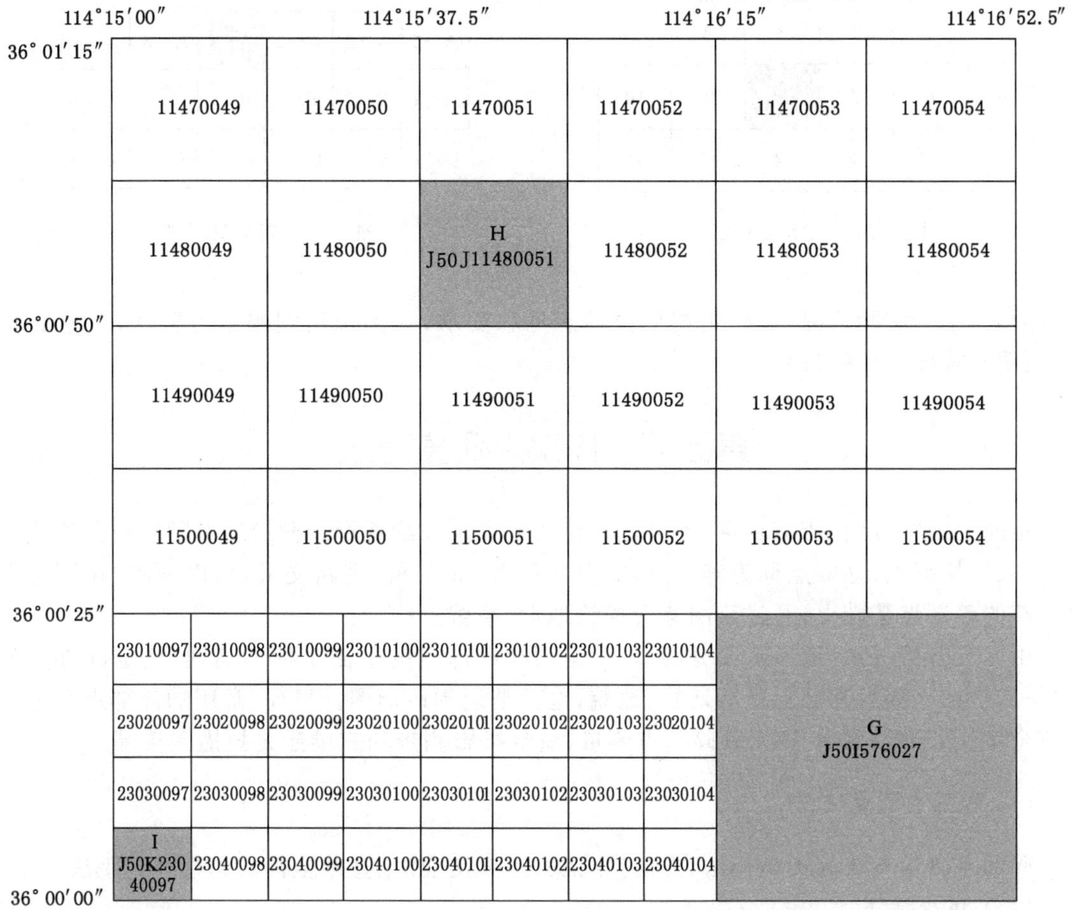

图 6-23　1∶2 000、1∶1 000、1∶500 地形图经、纬度分幅的图幅编号示例

此外，当 1∶2 000～1∶500 比例尺地形图采用矩形分幅时，图幅大小还可以选择为 50 cm×40 cm。但在测绘某些带状地形图时，为工程应用方便，沿带状走向时按标准图幅长度进行分幅，在宽度方向则不按标准图幅分幅，而是全图完整绘制。

（二）矩形图幅的编号

采用正方形和矩形分幅的 1∶2 000、1∶1 000、1∶500 地形图，其图幅编号一般采用图廓西南角坐标编号法，也可选用行列编号法和流水编号法。

1. 坐标编号法

采用图廓西南角坐标公里数编号时，x 坐标公里数在前，y 坐标公里数在后。1∶2 000、1∶1 000地形图取至 0.1 km(如 10.0—21.0)；1∶500 地形图取至 0.01 km(如 10.40—27.75)。

2. 流水编号法

带状测区或小面积测区可按测区统一顺序编号，一般从左到右，从上到下用阿拉伯数字 1、2、3…编定，示例见图 6-24，图中灰色区域所示图幅编号为 XX8(XX 为测区代号)。

3. 行列编号法

行列编号法一般采用以字母(如 A、B、C、D…)为代号的横行从上到下排列，以阿拉伯数字为代号的纵列从左到右排列来编定，先行后列。图 6-25 中灰色区域所示图幅编号为 A—4。

	1	2	3	4	
5	6	7	8	9	10
11	12	13	14	15	16

图 6-24　流水编号法

A—1	A—2	A—3	A—4	A—5	A—6
B—1	B—2	B—3	B—4		
	C—2	C—3	C—4	C—5	C—6

图 6-25　行列编号法

总之，结合实际情况，根据用图单位的意见和要求，灵活选用图幅编号方法，以达到测图、用图和管图方便的目的。

第五节　碎部点测量方法

地面上地物、地貌错综复杂，不可能测量所有点来描绘地形。测绘地形图实质是测绘地物、地貌的特征点（这些点称为碎部点）的空间位置，如房角、道路交叉口、山顶等，在测定数量足够的碎部点基础上，通过绘图综合描绘地形、地貌。

由以上分析可知：地形测图分两步：一是测绘碎部点的平面坐标和高程，确定碎部点的位置；二是在碎部点基础上绘制地物、地貌，也就是绘制地形图。目前，常用的碎部点测量手段有全站仪碎部点测量、GNSS 碎部点测量、航空摄影测量和三维激光扫描测量等。

一、碎部点测量方法

碎部点测量方法有极坐标法、方向交会法、距离交会法、直角坐标法和直线支距法。

（一）极坐标法

极坐标法是一种通过测定碎部点相对于测站点及定向方向的极角、极径来确定碎部点平面位置的方法。如图 6-26 所示，用极坐标法进行测量作业时，以测站点 A 为极点，以 A 至另一已知点 B 的方向为标准方向进行定向，再测定极角 θ 和极径 D 来确定待定点 P。

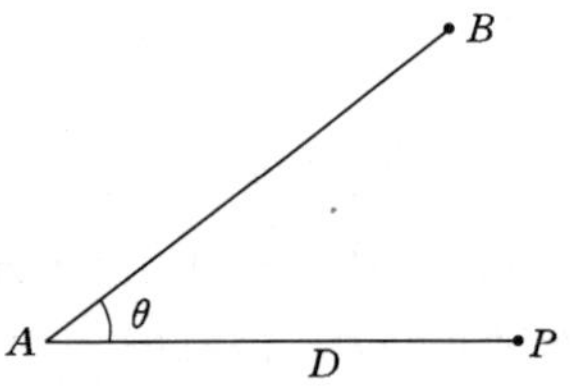

图 6-26　极坐标法

设 A 点的坐标为(x_A, y_A)，P 点的坐标(x_p, y_p)则为：

$$\left.\begin{aligned} x_p &= x_A + D \cdot \cos(\alpha_{AB} + \theta) \\ y_p &= y_A + D \cdot \sin(\alpha_{AB} + \theta) \end{aligned}\right\}$$

其中，α_{AB} 为 AB 的坐标方位角。

无论是传统光学经纬仪白纸测图方法，还是现代全站仪三维坐标数据采集，其原理都是极坐标法。二者主要区别在于测量距离和计算方式不同。

（二）直角坐标法

直角坐标法是一种适用于全站仪测图时的碎部点测量方法，其原理与极坐标法相同。在测定极角、极径后，由全站仪微处理器计算出测站至待定碎部点的坐标增量和高差，并在考虑测站点的已知坐标、高程及仪器高和碎部点所立棱镜高基础上，计算出碎部点的坐标和高程，由此确定碎部点的位置。

（三）方向交会法

方向交会是以地面两已知点 M、N 为基边，测定 M、N 至待定点的方向，由两方向的交点定位待定点。如图 6-27 所示，M、N 为两个已知点（图纸上为 m、n），A、B、C、D 是待定的地物特征点。在 M、N 安置仪器测定了方向 MA、MB、MC、MD 和 NA、NB、NC、ND，并在图纸上绘出相应方向线，其中 MA、NA 相交于 a；MB、NB 相交于 b；MC、NC 相交于 c；MD、ND 相交于 d，a、b、c、d 即为测绘出的待定点，其方法原理与第五章交会法控制测量相同，在此不再赘述。

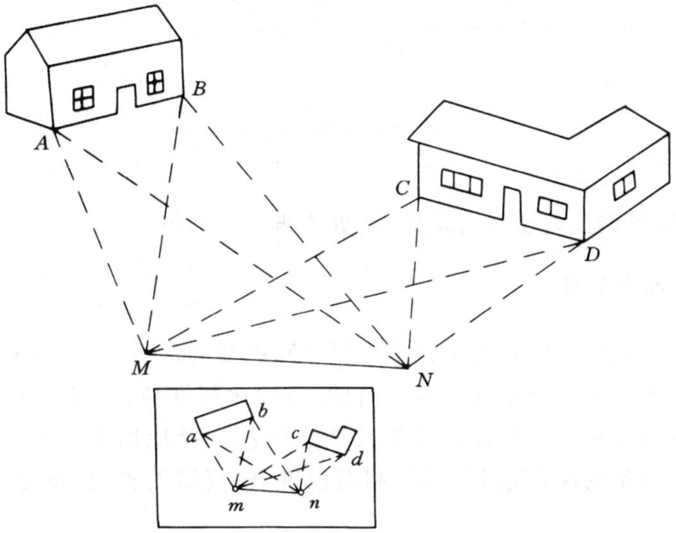

图 6-27　方向交会、距离交会示意图

（四）距离交会法

如图 6-27 所示，施测需要的基础条件与方向交会相同，但测量的是已知点到待定点的距离 MA、MB、MC、MD 和 NA、NB、NC、ND，分别以 m、n 为圆心，以各个距离的图上长度为半径画圆弧，分别相交于 a、b、c、d，它们就是测绘出的待定点。

上述碎部点测量方法，适用于大平板测图法、小平板与经纬仪联合测图法、经纬仪与半圆仪联合测图法等传统测图方法。

GNSS 测量其基本原理也是距离交会。GNSS 通过测量卫星到接收机的距离并计算卫星的瞬时位置，利用空间距离交会测定待定点的空间三维坐标。

（五）直线支距法

这是一种辅助方法，作为其他测图方法测绘某些困难地区时的补充手段。以图 6-28(a) 为例，测量对象是一建筑物，其主要特征点 A、B、C、D 已测绘到图纸上，能反映其总貌。但该建筑物的外形较复杂，还有一些变化点 1、2、3、4，直接测量很困难或点很多不能一一观测。可丈量细微变化点至主要轮廓线 AB 的支距 $11'$、$22'$、$33'$、$44'$ 和 A 点至垂足的平距 $A1'$、$A2'$、$A3'$、$A4'$，用这种相对关系测绘变化点。此法在城镇中老城区的密集居民地的测绘特别适用。以图 6-28(b) 为例，1、2、3… 为杂乱房屋的特征点，A、B 是导线点，$1'$、$2'$、$3'$… 是特征点至导线边 AB 支距的垂足。丈量了支距 $11'$、$22'$、$33'$… 和相应的平距 $A1'$、$A2'$、$A3'$…，即可相对于导线边 AB 在图上绘出这些房屋。

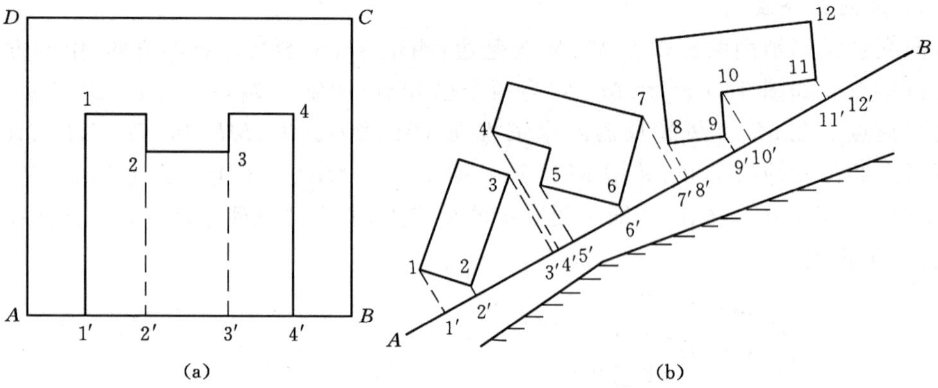

图 6-28 直线支距法

当然，碎部点辅助测量方法还有多种，此处不再一一列举。

二、全站仪碎部点测量

全站仪碎部点测量的实质是测量仪器至碎部点的空间距离和水平、垂直角，通过极坐标法计算碎部点的三维坐标。全站仪因操作简便、自动化程度高、适应能力强等特点，已全面取代了传统经纬仪和平板仪相结合的碎部点测绘方法，广泛应用于大比例尺地形图测绘。

全站仪碎部点测量的操作过程包括：测量前准备、仪器安置、后视定向、碎部点测量等步骤。

（一）测量前准备

采用全站仪进行碎部点采集前，首先需要根据任务需要对全站仪进行选型，以确保仪器测量精度满足测图需求；第二，要对仪器进行检验校正以消除或削弱仪器误差的影响；第三，将控制点坐标通过计算机导入仪器，在后视定向时调用，或现场输入。

（二）仪器安置

仪器安置包括测站点仪器安置和后视点仪器安置。在测站点上安置全站仪，对中、整平，量取仪器高。开机后进行必要的设置，如设置测站点点名、气象参数、棱镜常数、输入仪器高和棱镜高等。后视控制点上一般采用在三脚架上架设棱镜以提高定向精度，并对中、整平，使棱镜正对全站仪。一般后视控制点仅做定向使用，可以不量取仪器高。

（三）后视定向

瞄准后视控制点，调取或输入后视点点名及坐标信息，完成后视定向。完成后视定向后需要检查测站点、后视点和定向是否正确，一般采用重新观测另一控制点或直接测量后视点坐标完成检查工作。

（四）碎部点测量

如图 6-29 所示，在碎部点上架设棱镜，由全站仪的电子测角和光电测距功能分别测出测站点到碎部点的水平角、垂直角和距离，由全站仪内置微处理器计算出测站点至待定碎部点的坐标增量和高差，以确定碎部点的三维坐标。目前部分全站仪也可以通过免棱镜观测得到目标点的坐标和高程。

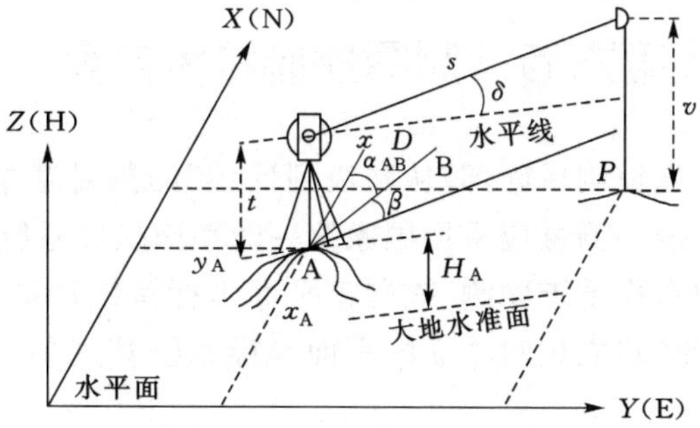

图 6-29　全站仪三维坐标测量原理图

三、GNSS 碎部点测量

GNSS 碎部点测量是指利用 GNSS RTK 进行碎部点测量。一般又分为单基站 RTK 和网络 RTK 两种方法,其基本原理与图根控制点采集原理相同。

（一）单基站 RTK 碎部点测量

单基站 RTK 碎部点测量一般分为以下几个步骤:

(1) 基站架设,RTK 基站一般由 GNSS 接收机和电台两部分组成,基站位置应尽量选择在测区中间空旷的高处,且较为稳定的地方,基站周围应确保无手机信号基塔、雷达、高压线等强电磁干扰。基站架设应正确连接接收机与电台通信线路并正确设置基站参数,数据采集前应确认基站已启动。

(2) 移动站设置,移动站设置应根据测图需要建立或调取工程文件,设置测图地区的投影参数,设置通信参数以确保与基站的连接,设置仪器高等参数。

(3) 转换参数求解,GNSS 测量的是地心地固系下的三维直角坐标系下的坐标,一般工程应用中采用平面坐标和正常高系统。因此,需要通过采集已知控制点解算转换参数进行坐标转换。控制点应均匀分布于测区周围,一般至少采集 3 个控制点进行坐标转换。测区范围较小时,可忽略坐标轴的旋转,应至少采集 2 个控制点求取转换参数。

(4) 碎部点数据采集,将求取的转换参数应用于对应工程后,便可进行碎部点数据采集,直接测量碎部点的坐标和高程。

（二）网络 RTK 碎部点测量

网络 RTK 碎部点测量与单基站 RTK 本质区别在于网络 RTK 通过移动网络与连续运行参考站(CORS)系统进行通信,避免了基站的架设。网络 RTK 移动站碎部点测量步骤与单基站主要设置区别在于需要设置 CORS 服务器地址、端口号、用户名和密码等。在进行碎部点测量前应确认能够正常接收到 CORS 差分数据。网络 RTK 碎部点测量其他步骤与单基站 RTK 基本相同。

此外,三维激光扫描技术和航空摄影测量也可以作为碎部点采集的手段,将在后面的章节具体介绍,此处不再赘述。

第六节　测图控制技术方案

根据“由整体到局部，先控制后碎部，从高级到低级”的测量基本原则，在进行碎部点测量前应先进行控制测量。控制测量应采用国家统一的平面坐标系统和高程系统。在一些无法与国家平面坐标系统和高程系统联测，或国家平面坐标系统和高程系统无法满足实际需要的特殊地区，应严格按照《建立相对独立的平面坐标系统管理办法》相关规定建立独立的平面坐标系统和高程系统。

一、平面坐标系统选择

各种大比例尺测图的坐标系统应尽可能采用国家统一坐标系统。所谓国家统一坐标系统就是指国家规定的高斯投影6°带或3°带坐标系统。此时控制测量成果应顾及球面与平面的差别，并归化到高斯平面上计算。对于实地丈量的边长而言，首先应将实地长度归化到所选择的投影表面——参考椭球面上，然后将参考椭球面上的实地长度归化到高斯平面上，得到地形图平面上的相应长度。这里不做推导，仅给出上述两次归化计算应加入的改正数计算公式，即：

$$\delta_H = -\frac{H}{R_A} S_H \tag{6-1}$$

$$\delta_L = \frac{y_m^2}{2R^2} \cdot S \tag{6-2}$$

式中，R_A 为长度所在方向的椭球曲率半径；H 为长度所在高程面相对于椭球面的高差；S_H 为实地测量长度；R 为测区的平均曲率半径；S 为归化到椭球面上的长度；y_m 为边长两端点横坐标平均值。

式(6-1)为将实地测得的真实长度归化到国家统一的椭球面上时应加入的改正数；式(6-2)为将椭球面的长度投影到高斯平面时应加入的改正数。这样，地面上的一段距离经过上述两次改正计算，已不再是地面真实长度。高斯投影平面上的长度与地面真实长度之差称为长度综合变形。其计算公式可写为：

$$\delta = -\frac{H}{R_A} \cdot S_H + \frac{y_m^2}{2R^2} \cdot S$$

为了讨论方便，将椭球视为圆球。取圆球半径 $R \approx R_A = 6\ 371$ km，又取不同投影面上的同一距离近似相等，即 $S \approx S_H$，将上式写成相对变形的形式，则为：

$$\frac{\delta}{S} = \left| (-15.7H + 0.001\ 23y^2)10^{-5} \right| \tag{6-3}$$

式中，y 为测区中心的横坐标，km；H 为测区平均高程，km。

上式表明，采用国家统一坐标系统所产生的长度综合变形，与测区所处投影带内的位置即离中央子午线的距离和测区平均高程有关。如果长度变形值过大，对于大比例尺测图和用图都是十分不便的。因此，规范规定测区坐标系统的选择应满足投影长度变形值不大于2.5 cm/km的原则。当长度变形值不大于2.5 cm/km时，采用国家统一的高斯投影3°带的平面直角坐标系统；当长度变形值大于2.5 cm/km时，可采用以下方案另选坐标系统：

① 以抵偿高程面作投影面，以国家统一坐标系中的3°带中央子午线作投影带的中央子午线。

② 以测区平均高程面作投影面，以通过测区中心的子午线(或其他子午线)为投影带中央子午线。

所谓抵偿高程面就是选择一个适当的投影面，使长度按式(6-1)化算到这个投影面上所减少的数值，恰好等于按式(6-2)计算的投影到高斯平面上所增加的数值，从而使高斯平面上的距离与实地距离保持一致。这个适当的投影面就称为抵偿高程面。

例如，某测区中心位置的横坐标 $y_m=10$ km，测区平均高程为+490 m，依式(6-3)算得长度投影变形比为：

$$\frac{\delta}{S}=\left|\left(-15.7\times 0.49+0.001\ 23\times 10^2\right)\times 10^{-5}\right|=7.7\ (\text{cm/km})$$

可见，超过了容许变形值2.5 cm/km，需要改用抵偿高程面作为投影面。设测区平均高程面相对于抵偿面的高差为 H，则当下式成立时，长度综合变形得以抵偿：

$$\frac{H}{R_A}S_H=\frac{y_m^2}{2R^2}S$$

根据推导式(6-3)相同的原理，上式可写为：

$$H=\frac{y_m^2}{2R} \tag{6-4}$$

现以 $y_m=10$ km 代入上式，得：

$$H=\frac{y_m^2}{2R}=\frac{10^2}{2\times 6\ 371}\approx 10\ (\text{m})$$

即抵偿高程面应位于测区平均高程面以下10 m处。此时，抵偿高程面的高程 $H_{抵}$ 为：

$$H_{抵}=490\ \text{m}-10\ \text{m}=480\ \text{m}$$

抵偿高程面、测区平均高程面及椭球面三者之间的位置关系如图6-30所示。

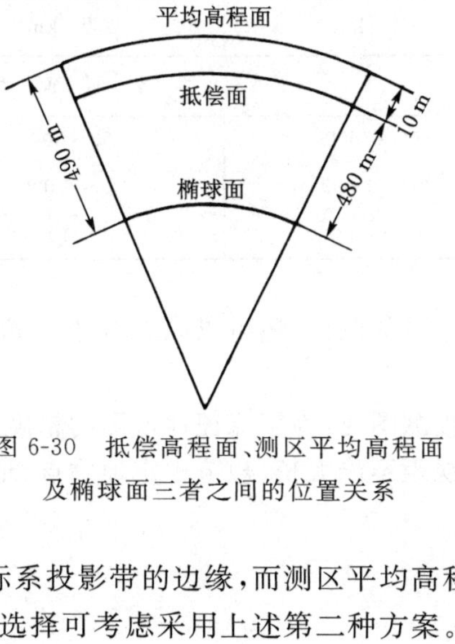

图6-30　抵偿高程面、测区平均高程面及椭球面三者之间的位置关系

当测区位于国家统一坐标系投影带的边缘，而测区平均高程值较小、长度变形值超过容许变形值时，测区坐标系统的选择可考虑采用上述第二种方案。

例如，某测区中心位置的横坐标 $y_m=100$ km，测区平均高程为 +150 m，依式(6-3)算得长度投影变形比为：

$$\frac{\delta}{S}=|(-15.7\times0.15+0.001\ 23\times100^2)\times100^{-5}|=9.9\ (\mathrm{cm/km})$$

由计算可知，长度变形值超过了容许变形值 2.5 cm/km，应重新选择投影带的中央子午线。

由于上述两种坐标系统变更了国家统一采用的投影面（椭球面）和投影带（3°或 6°），因此，其坐标系统与国家统一坐标系统没有直接联系，故称其为独立坐标系统。当选择独立坐标系统时，应对测区内的国家统一坐标系统内的坐标按一定的数学法则进行换算，求出这些控制点在所选坐标系统中的坐标，以此作为测图的起算数据。具体的换算原理及计算公式将在“大地测量学”或“应用大地测量学”中详细介绍。

当测区面积小于 25 km^2 时，可不经投影，采用假定坐标系统在平面上直接进行计算。

二、高程系统的选择

测图高程控制网的高程系统，应采用国家统一的 1985 国家高程基准或 1956 年黄海高程系统。在远离国家水准点的新测区，经上级业务主管部门批准，可暂时建立或沿用地方高程系统，但应争取条件归算到国家统一高程系统内。

三、平面控制的加密方案

在一个测区中，最高一级的控制网称为首级控制网或基本控制网。首级控制网一般应为国家等级控制网。首级网的等级应根据测区面积、测图比例尺和发展远景因地制宜、经济合理地选定，其配置方案可参考表 6-10。

表 6-10　首级网的等级与测区面积配置关系

测图比例尺	等级		
	三等 /km^2	四等 /km^2	一级小三角 /km^2
	控制面积		
1∶5 000	500～1500	50～500	50 以内
1∶2 000	200～1 000	20～2 000	20 以内
1∶1 000	100～500	8～100	8 以内

对于面积很小且无发展远景的测区，还可以以二级小三角或相应精度的导线作为测区的首级控制。

当用光学视距法进行平板测图时，为了保证地形图的精度，各种比例尺测图的测站点至碎部点（地物点和地貌点）的视距不能太长，规范规定地物点、地形点视距和测距最大长度应符合表 6-11 的规定。

表 6-11　地物点、地形点视距和测距的最大长度

比例尺	视距最大长度/m		测距最大长度/m	
	地物点	地形点	地物点	地形点
1∶500	—	70	80	150
1∶1 000	80	120	160	250
1∶2 000	150	200	300	400

注：① 1∶500 比例尺测图时，在建筑区和平坦地区及丘陵地，地物点距离应采用皮尺量距或测距，皮尺丈量最大长度为 50 m。

② 山地、高山地地物点最大视距按地形点要求。

③ 当采用数字化成图或按坐标展点成图时，其测距最大长度可按上表地形点放长一倍。

作为测站的控制点的间距也不应太长，一般规定为最大视距的 1.7 倍。而国家控制点的间距都在 2 km 以上。因此，为了满足测图的需要，必须在首级控制的基础上，按照一定的层次，由高级到低级，逐级进行加密。

在首级控制的基础上布设的较低等级的控制网称为加密控制网。加密控制网可以是三角网，也可以是相应等级的导线。首级控制网和加密控制网均可利用 GNSS 定位技术，采用静态或快速静态方式进行测量。

直接为满足地形测图需要而加密的最低级控制网，称为图根网。图根网分为两级，直接由高等级控制点发展的图根点称为一级图根点，利用一级图根点再发展的图根点称为二级图根点。图根平面控制点的布设，可采用图根导线、图根三角、交会方法和 GNSS RTK 等方法。

平面控制系统的加密层次如表 6-12 所列。

表 6-12　平面控制系统的加密层次

首级(基本)控制	加密控制	图根控制
三等三角	四等三角 一级小三角	两级图根 两级图根
四等三角	一级小三角	两级图根 两级图根
一级小三角 二级小三角		两级图根 两级图根

注：① 各级三角网和图根三角网可以用相应精度的导线代替。

② 各级网均可利用 GNSS 定位技术进行测量。

四、图根点的必要密度

图根点的密度取决于测图比例尺、地形的复杂程度及通视条件。下面以三角测量为例，研究在理想的地形情况和通视条件下，图根点的必要密度问题。

图 6-31 所示为一均匀而等距的图根网，设图根网的边长为 S（图中的 OP）。最大视距为 R（图中的 OC），按规定的最大视距长度不遗漏、不重叠地测量碎部时，控制点 O 所控制的有效面积是由虚线围成的正六边形 $CDEFGH$。

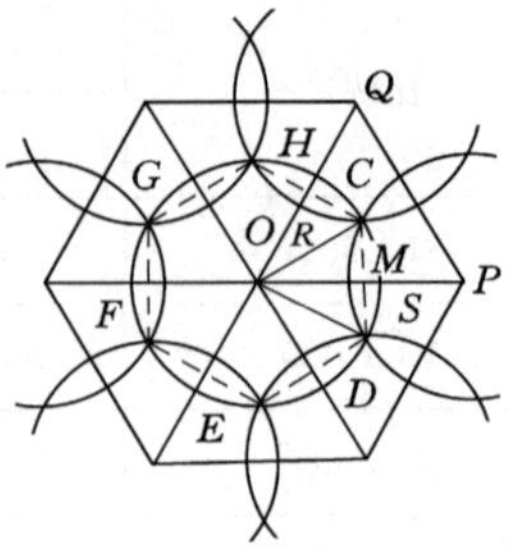

图 6-31　均匀等距图根网

在直角三角形 OCM 中，有：

$$OM=\frac{\sqrt{3}}{2}R=\frac{1}{2}S$$

即

$$S=\sqrt{3}R=1.73R \tag{6-5}$$

因此，“规范”规定图根锁（网）的平均边长不宜超过测图最大视距的 1.7 倍。

设三角形 OCD 的面积为 Δ，则：

$$\Delta=\frac{1}{2}CD\cdot OM=\frac{\sqrt{3}}{4}R^2$$

对于 O 点来说，其控制面积为 $P=6\Delta$，由此得：

$$P=\frac{3\sqrt{3}}{2}R^2\approx 2.6R^2$$

由此可得每平方千米所需的最少图根点数（包括高级控制点在内）为：

$$K=\frac{0.38}{R^2} \tag{6-6}$$

式中，R 以千米为单位。

若测区的总面积为 A，则所需的总的图根点数 $K_{总}$ 应为：

$$K_{总}=\frac{0.38}{R^2}\cdot A \tag{6-7}$$

根据表 6-11 中地物点的最大视距，按式(6-6)可以算出不同比例尺时每平方千米及正方形图幅最少图根点数如表 6-13 所示。

表 6-13　图根点的必要密度

测图比例尺	1∶500	1∶1 000	1∶2 000	1∶5 000
每平方千米所需图根点数	152	59	17	5
每幅图所需图根点数	10	15	17	20

注：1∶500 比例尺测图视距最大长度按 50 m 计算。

以上讨论的是平坦开阔地区所必需的图根点数。当地形复杂、隐蔽以及为城市建筑区时，应适当加大密度。

如果测图时采用测距仪测距，则由于距离测量的精度较高，碎部点与图根点的视距长度可以大大增加，不受平板仪测图时对视距最大长度的限制，这时图根点的密度视地形条件和测距仪的测程而适当减少。当采用数字测图方法测图时，每平方千米图根点（包括高级控制点)的密度，对于 1∶500 比例尺测图不少于 64 个，对于 1∶1 000 比例尺测图不少于 16 个，对于 1∶2 000 比例尺测图不少于 4 个。

五、高程控制点的加密

图根点的高程可在国家高程控制网的基础上，采用图根水准或三角高程测量的方法进行加密。一般在平坦地区采用图根水准，在山区采用三角高程。其加密层次可参考表6-14。

表 6-14　各级高程控制网的控制面积和加密层次

<table>
<tr><th>首级控制面积</th><th>首级(基本)控制</th><th>加密控制</th><th>使用范围</th></tr>
<tr><td rowspan="2">100 km^2 以上</td><td rowspan="2">三等水准</td><td>图根水准</td><td rowspan="4">各级平面控制区</td></tr>
<tr><td rowspan="2">图根水准，三角高程</td></tr>
<tr><td rowspan="2">100 km^2 以下</td><td rowspan="2">四等水准</td></tr>
<tr><td>三角高程</td></tr>
<tr><td rowspan="2">5 km^2 以下</td><td>图根水准</td><td>图根水准，三角高程</td><td>独立小三角网区</td></tr>
<tr><td>三角高程</td><td>三角高程</td><td>困难地区的独立小三角网区</td></tr>
</table>

图根水准可沿图根点布设成附合路线、闭合环或结点网。图根三角高程路线应起闭于高级控制点，其边数不应超过 12 条。当基本等高距为 0.5 m 时，图根点的高程不容许用三角高程方法测定。个别点也可以采用独立交会法测定其高程。图根水准和图根三角高程测量的作业方法、技术指标及精度要求，应按现行规范执行。

复习思考题

1. 何谓地形图比例尺？何谓比例尺精度？

2. 何谓比例符号、非比例符号和半比例符号？

3. 为何要进行地形图分幅？地形图分幅有哪些方法？

4. 已知某地的纬度 $\varphi=34°16'40''$、经度 $\lambda=117°31'32''$，按照现行国家基本比例尺地形图分幅与编号的相关规定，试求该地所在 1∶50 万、1∶10 万、1∶1 万三种比例尺地形图的图幅编号。

5. 简述常用的地形图测绘规范有哪些。

6. 国家测绘相关的基本法律有哪些？测绘资料成果保密的分级是如何规定的？

7. 简述测绘从业人员应具备哪些职业道德。

8. 地形图是基础用图，服务于国民经济和国防建设，其应完整地描绘地物地貌，反映自然地理属性，试述地形图有哪些特性。

9. 地形图测绘时，应如何进行平面坐标和高程系统的选择？

10. 何谓等高线？在同一幅图上，等高距、等高线平距与地面坡度三者之间的关系如何？

11. 何谓碎部点？何谓碎部测量？碎部测量方法有哪些？

12. 何谓地物及地貌特征点？它们在测图中有何用途？

13. 何谓地貌特征线(地性线)？

14. 等高线的特性有哪些？

15. 等高线的种类有哪些？其表示方法有什么区别？

16. 比较全站仪极坐标法碎部点测量原理与全站仪导线测量原理，阐述它们存在哪些不同点和相同之处。

17. 简述插绘等高线要注意哪些事情，为什么？

18. “问题地图”有哪些危害？如何避免“问题地图”的出现？

19. 测图控制时平面坐标和高程系统的选择应注意哪些问题？

第六章课件　　第六章复习思考题答案　　第六章插图

第七章　大比例尺数字地形图测绘方法

测绘是通过感知、认知、表达等技术手段，测定各类自然要素、人文现象和人工设施的位置、形态、关系与演变等，并提供多尺度、多类型的地理空间信息产品与服务。现代测绘的基本任务是测定和表达各类自然要素、人文现象和人工设施的多维空间分布、多重属性及其随时间的动态变化。主要借助先进的时空信息采集技术和仪器装备，开展数据采集、处理、分析、表达、管理及成果服务等活动。随着计算机、通信、人工智能及大数据技术日新月异的发展并在测绘地理信息和遥感学科领域广泛应用，现代测绘逐步迈入智能化测绘阶段。

在当前测图实践中，大面积的大比例尺地形图一般采用航测法成图，特别是无人机地形图测绘已成为主要作业方法，其他情况下则主要采用全站仪、GNSS RTK、GNSS CORS 等全野外数据采集法测图。

本章将主要介绍以全站仪作为数据采集的仪器，进行全野外大比例尺数字化地形图测绘的基本过程与作业方法，并简述动态 GNSS 数字测图方法。

第一节　概　　述

数字测图

地形图测绘是采用专门的仪器和工具测定地物、地貌特征点的平面位置和高程，并按一定的比例尺运用规定的符号绘制成地形图的过程。传统的地形图测绘是运用常规光学测绘仪器在野外测量角度、距离和高差等数据，确定碎部点的空间位置，由专业测绘人员采用绘图相关工具模拟表示测绘数据，按图式规范符号手工图解方法展绘到白纸上，描绘地物和地貌，故称为图解法测图，也称为白纸测图，属于模拟化测绘阶段。主要有大平板测图法、小平板与经纬仪联合测图法、经纬仪与半圆仪联合测图法等，是数字化测图普及之前的主要地形图测绘方法。其作业周期长、更新速度慢，且大部分现势性不足，难以适应经济建设和社会发展的需要，已经不再使用。

20 世纪 80 年代中期以来，随着计算机、全站仪、GNSS、航空摄影测量、卫星遥感等新技术的迅速发展和推广应用，地形测绘逐步进入数字化测绘阶段。基于野外测量数据采集系统和内业计算机辅助成图系统的数字测图技术体系日渐成熟，实现了地理空间数据的数字化采集、处理与服务，向各行各业提供模拟和数字两类产品，奠定了测绘行业在全社会数字化转型大潮中的重要地位，较好地满足了国民经济建设和社会发展的需要。

数字测图方法是将地表的地物、地貌及地理要素采用数字化方法进行数据采集、存储、处理和表达，在数字制图环境下编绘数字化地形图或各种专题地图，需要时采用图形输出设备（包括显示器、投影仪、打印机和绘图仪等）显示、输出和印刷。数字测图系统是以计算机为核心，以全站仪、GNSS、三维激光扫描仪、数码相机、坐标测量仪、数字化仪、多元传感组合等数据采集端元，在硬、软件系统的支持下，对地理空间数据进行采集、输入、绘图、输出、管理的测绘系统。

20 世纪 90 年代以来，我国成功实现了从模拟测绘到数字化测绘的技术转型升级，在全国范围内逐步建立起了数字化测绘技术体系，生产了尺度多、覆盖全、更新快的基础地理信息产品，传统数字化测绘产品在数字经济、数字治理与数字生活等方面发挥着越来越重要的时空基底和关键生产要素作用，但其精细程度、更新周期、服务方式难以满足数智新时代下的高质量发展需求。近年来，数字化测绘技术在支撑重大时空信息工程与应用方面表现出较大的局限性，往往难以做到时空数据保障的实时化、信息提取的自动化、服务赋能的知识化。

面对全社会数字化、智能化转型的时代浪潮以及“第四次工业革命”的影响，迫切需要实现数字化测绘到智能化测绘的转型升级，通过构建新型空间数据基础设施以全方位提升高品质的时空信息供给能力、高层次的时空数据分析能力以及高水平的时空知识服务能力。新一代人工智能技术成为智能测绘的核心驱动力。智能化测绘是指运用现代科技手段，如人工智能、大数据、云计算、物联网等，对传统测绘技术进行升级和优化，实现测绘过程的自动化、智能化和精确化。它是以知识和算法为核心要素，构建以“知识为引导(K)，数据为驱动(D)，算法为基础(A)，服务为支撑(S)”的混合智能计算框架 KDAS，实现测绘感知、认知、表达及行为计算。

大比例尺地形图测绘的方法有图解法测图、全野外数字化测图、摄影测量与遥感数字测图等。广义的数字测图可以分为：(1) 全站仪、GNSS、三维激光扫描仪等点信息采集方式野外数字化测图；(2) 数字化仪或扫描仪对已有纸质地形图数字化；(3) 航空摄影测量与遥感影像处理数字化测图(图 7-1)；(4) 集成多传感器的移动测量系统数字化测图。

图 7-1　影像测图

一、图解法测图

图解法测图是在测区开展外业数据采集，测定碎部点的相对位置关系如角度和距离，并将其展绘在图纸上，通过手工方式描绘地物、地貌成图。

图解法测图有大平板测图法、小平板与经纬仪联合测图法、经纬仪与半圆仪联合测图法等，现今这些方法已经不再使用，但与现在极坐标法数字化测图原理基本相同。

（一）测图前的准备工作

地形图测绘是一项作业环节多、技术要求高、参与人员多、组织管理较复杂的测量工作。为顺利、有序、高效地开展测量工作，在地形图测绘实施之前，必须进行充分的准备。准备工作分组织、管理和业务技术两方面，业务技术方面的准备工作包括收集资料、野外准备和室内准备三个方面。

1. 收集资料

测绘任务确定之后，根据圈定的测区范围，调查了解本测区及其附近的已有测绘工作情况，收集必需的测绘成果资料。需要收集的主要资料包括本测区及其附近控制点成果、测区内图根控制成果及必需的较小比例尺地形图。同时收集这些资料的测量单位、施测年代、所采用平面坐标系统和高程系统、投影带号、依据的规范、测量等级、精度、测图比例尺等资料。

2. 野外准备

野外准备就是在充分研究已收集到的资料的基础上，对测区进行踏勘。通过踏勘调查了解控制点、图根点保存及完好情况，控制点之间是否通视，测区地形特征，测绘难易程度，交通运输等方面的情况。在踏勘、了解情况的基础上，依据控制点的现状考虑加密或补充控制点的初步方案、布设图根控制的初步方案及地形图测绘方案。此外，在野外踏勘过程中还应考察测区地物、地貌特点，以便针对具体地形条件选择和设计适当的地形图测绘方法。

野外踏勘之后，即在室内设计加密控制点、图根点布设和地形图测绘技术方案。

3. 室内准备

室内准备工作包括测绘仪器、软件的准备，对测绘仪器应进行各项检验、校正，确保仪器处于良好工作状态，同时编制测图控制点坐标文件，上传至全站仪。

如用传统方法测图，还需准备图纸及在图纸上绘制坐标格网、展绘控制点等。通常选用厚度为 0.07 mm～0.10 mm、经过热定型处理、变形率小于 0.02% 的聚酯薄膜作为原图纸。这些准备工作一般安排在图根控制测量完成之后进行。

（二）经纬仪测绘法

经纬仪测绘法的实质是极坐标测图，其仪器工具主要是半圆仪和经纬仪。半圆仪是一个类似量角器的角度度量尺，如图 7-2 所示。

半圆仪由透明的有机玻璃制成，呈半圆形。弧形一侧是角度刻划和整 10°刻划的数字注记，最小分划值 20′。另一侧是圆的直径，圆心位置有一小孔，能穿过小的测针，自圆心沿半径向两端是直尺的刻划和整 10 mm 刻划的注记。

测图时一般用小平板仪的平板作测图的工作台。还需准备几支测针，测针的针尖要刚好能通过半圆仪的针孔。

经纬仪与半圆仪联合测图时，经纬仪安置在测站点上。对中整平之后，选择一个已知点作为定向方向，瞄准该已知点上铅垂竖立的觇标，使水平度盘读数为 0°00′，如图 7-3 所示。

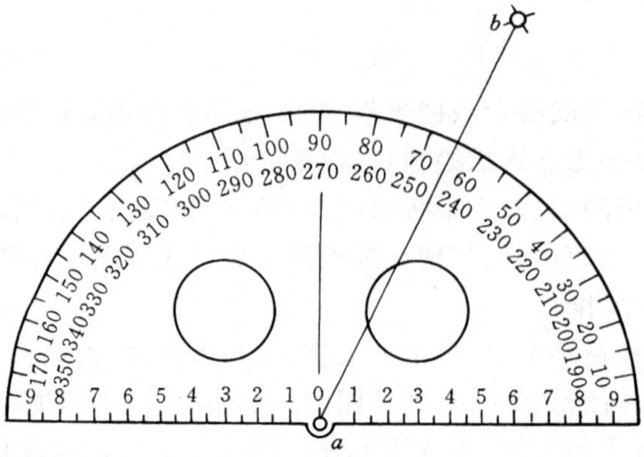

图 7-2　半圆仪

用直线连接图上的测站点 a 和定向点 b，ab 直线就是该测站的定向方向线，要求方向线的长度略长于半圆仪的半径。将半圆仪用测针定位于图上的测站点 a，半圆仪能绕测针旋转。经纬仪瞄准立于碎部点的标尺，读取视距、中丝、水平度盘、垂直度盘读数，并计算出水平距离与高程。转动半圆仪，使定向方向线指在半圆仪上水平度盘读数刻划处，在半圆仪的直尺上、与水平距离（注意确定图上距离时应考虑测图比例尺）相应的刻划处刺出碎部点，并注记其高程。同时，绘图员应依据已测出的碎部点，根据所测地域地形情况及时勾绘地物与地貌。

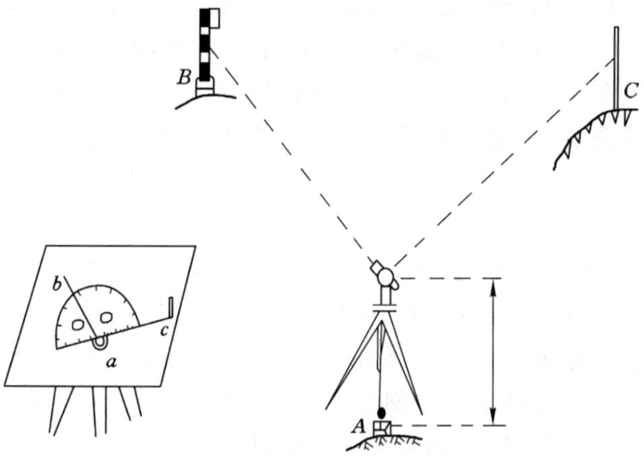

图 7-3　经纬仪测绘法

该方法的实质是采用极坐标测量碎部点位。若采用全站仪替代光学经纬仪，基本操作过程包括：

① 安置全站仪：测量员在测站安置全站仪，对中、整平，量取仪器高，开机后对全站仪进行必要的设置。

② 后视定向：瞄准后视控制点定向，并将水平度盘置零。

③ 碎部点立镜：跑镜人员依次在地物、地貌特征点上立镜。

④ 观测：测量水平角、水平距离、碎部点高程。

⑤ 记录：记录水平角、水平距离、碎部点高程，并绘制草图（草图亦可由立镜人员绘制）。

⑥ 展绘碎部点:绘图员采用半圆仪,根据角度和距离定出立镜点的位置,用铅笔在图上点示,并在点的右侧注记高程。

⑦ 测站检查:为了保证测图正确、顺利地进行,必须在每个测站工作开始,进行测站检查。检查方法是在新站上除了验证检查方向符合精度要求外,还要抽样复测测站附近已测过的地形点,检查重复点精度在限差内即可。此外,在工作过程中和结束前,观测员应照准定向点进行归零检查。在每测站工作结束时检查是否存在错测或漏测,然后决定是否搬站。

（三）测绘地形图的注意事项

① 地形图测绘过程中应注意检查所使用的测站点坐标、高程的正确性,以及定向方向的正确性。

② 碎部点的密度应视测区地貌与地物复杂程度、综合取舍原则、测图比例尺、等高距等灵活掌握,即使在同一幅图的不同地域也不一样。

③ 使用传统方法测绘地形图时,要注意视距不宜过长。

④ 测图过程中,要根据地形情况适时勾绘地物、地性线、特殊的地貌及等高线。全站仪测图中,若成图在室内进行,外业作业时要对地形情况做详细记录。

⑤ 测图作业时,人员要合理分工,密切配合。立尺员、绘图员、仪器操作员要相互配合,确保本站测绘的地物、地貌正确表达。

二、数字化测绘

数字化测绘是利用遥感(RS)、全球导航卫星系统(GNSS)、地理信息系统(GIS)为代表的地球空间信息技术,以数字的方式获取、处理、分析和应用关于地球的自然要素和人文要素的地理空间数据技术。其成果是可供计算机处理、远距离传输、多方共享的以数字形式储存在计算机存储介质上的数字地形图、地籍图以及其他各种专题图,或通过数控绘图仪输出的以图纸为载体的地图。

数字测图系统是以计算机为核心,以全站仪、GNSS、数字化仪、数字仪、数码相机、航摄仪、坐标测量仪、解析测图仪、光谱仪、辐射仪甚至卫星等为数据采集工具,它是在软、硬件的支持下,通过计算机连接测量仪器、输入和输出设备,对地形空间数据进行采集、输入、处理、绘图、存储、输出和管理的测绘系统,包括硬件和软件两部分。

专业的数字化成图软件是系统之核心,功能包括交互方式下碎部点坐标计算及编码、数据检查及修改、图形显示、图幅分幅、地物图形文件生成、等高线文件生成、图形修改、地形图注记、图廓生成、地形图的绘制、数字地形图数据库处理及储存等图形编辑与修改、成果输出与管理。

测绘科研和生产单位的不断开拓创新,各类数字成图软件平台如雨后春笋般出现并日趋完善,如南方测绘 SouthMap、CASS 地形地籍测图系统、清华山维 EPS 地理信息工作站、武汉瑞得数字测图系统 RDMS、北京威远图易 SV 数字测图软件、武汉中地 MAPSUV 数字测绘平台、上海数维 WALKFIELD GIS 数据前端采集软件、广州开思多用途数字测绘与管理系统、中翰数字成图软件 ZHMAP、宾得数字成图软件 CI TIPMAP 等。摄影测量方面有北京四维远见 JX5 数字摄影测量系统、适普 VirtuoZo NT 和数字摄影测量网格系统 DPGrid 等;无人机图像处理软件 Pix4D、Agisoft photoscan PixelGrid、ContextCapture、大疆智图、瞰景 Smart3D、DP-Smart 等;遥感图像处理方面有美国 ERDAS 公司 ERDAS I-

MAGINE 遥感图像处理软件、美国 ITT Visual Information Solutions 遥感图像处理软件 ENVI (The Environment for Visualizing Images)、法国地球信息(INFOTERRA)公司研制开发的像素工厂(Pixel Factory,PF)等大型遥感影像处理系统。另外还有 AutoCAD 计算机辅助自动设计软件、MapInfo 桌面地理信息系统软件、ArcInfo/ArcGIS 和超图 SuperMap 等地理信息系统软件可作为技术开发支撑和图形设计平台。

数字测图系统的软、硬件配置及工作模式如图 7-4 所示。

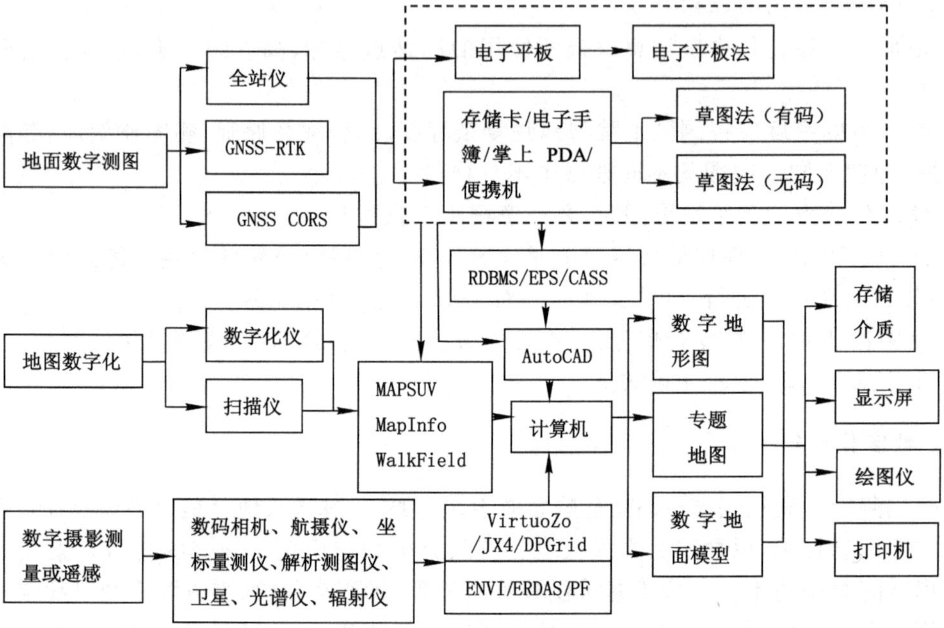

图 7-4　数字测图系统基本构成

第二节　大比例尺数字地形图测绘技术设计

大型的测绘项目,作业面积大、时间跨度长、质量要求严格,需要管理比较正规的、技术力量雄厚的、具有较高等级测绘资质的大型测绘企业来完成,这样在技术管理和项目管理上有可靠的保证,在作业时间和人员安排上有充裕的保障。地形图测绘工程项目来源主要是来源于市场,因此,大多项目需要通过市场招投标模式予以承担。

一、测绘项目招投标

对于测绘项目的发包承包和招标投标,《中华人民共和国招标投标法》和《中华人民共和国测绘法》都对招投标活动进行了规范。测绘单位在保证项目质量、自身经济效益和合法权益的同时,特别要考虑保护国家利益和社会公共利益,严格遵循公开、公平、公正和诚实信用的原则。

(一) 项目招投标的方式

发包是指将工程项目、加工生产项目等生产经营项目交给承担单位或者个人来完成,承包是指接受工程、加工、订货或其他生产经营项目并且负责完成。测绘项目的发包按照招标发包和直接发包两种方式进行。就目前的市场情况来看，工程测绘项目、地籍测绘项目、房产测绘项目等较大规模的测绘项目多采取招标发包方式，一般小规模的测绘项目则采取直接发包方式。除此以外，基础测绘成果由于其保密特性，因此以直接发包方式为主。

招标发包是业主对自愿参加某一特定工程项目的承包单位进行审查、评比和选定的过程，分为公开招标、邀请招标、议标三种方式。

（二）投标文件的编制

投标书编写的主要内容：项目概述、项目预计目标（总体目标及阶段目标）；投标单位技术能力、人员组成、管理模式、市场竞争能力等基本情况及相应测绘资质、单位最近几年来主要工程业绩；项目技术路线与实施风险评估、项目实施计划、进度安排及资源配置；项目组织管理及保障措施。

投标文件一般由经济部分（经济标）、商务部分（商务标）和技术部分（技术标）三部分组成。

（三）测绘资质证书

为了加强对测绘资质的监督管理，规范测绘资质的许可行为，维护测绘市场的秩序，促进测绘行业的发展，从事测绘活动的单位，应当依法申请取得《测绘资质证书》，并在测绘资质等级许可的范围内从事测绘活动。

从事测绘活动的单位应当具备下列条件，并依法取得相应等级的测绘资质证书后，方可从事测绘活动：有与其从事的测绘活动相适应的专业技术人员，有与其从事的测绘活动相适应的技术装备和设施，有健全的技术、质量保证体系和测绘成果及资料档案管理制度，具备国务院测绘行政主管部门规定的其他条件。

测绘资质分为甲、乙两级，专业范围划分为：大地测量、测绘航空摄影、摄影测量与遥感、工程测量、界线和不动产测绘、地理信息系统工程、海洋测绘、地图编制、导航电子地图制作、互联网地图服务等。

二、数字测图技术设计

（一）技术设计的意义

大比例尺地形测图，尤其是面积较大的测图项目，是一项精度要求较高、作业环节较多、组织管理复杂的测量工作。为了保证地形测图工作的合理安排、正确实施及各工序之间的密切配合，使成果、成图符合技术标准和用户要求，以获得最佳的经济效益和社会效益，必须在施测工作前进行技术设计。

地形测图技术设计，就是根据测图比例尺和测图面积以及用图单位的具体要求，结合测区的自然地理条件和本单位的仪器设备、技术力量及资金等情况，灵活运用地形测量的有关理论和方法，制定在技术上可行、经济上合理的技术方案、作业方法和实施计划，并将其编写成技术设计书。

技术设计书应呈报上级主管部门或测图任务的委托单位审批，未经批准不得实施。当技术设计要做原则性修改或补充时，可由生产单位或设计单位提出修改意见或补充稿，及时上报原审批单位核准后执行。

当测区较小、任务简单、用图单位亦无特殊要求时，技术设计可以从简。对于小范围的大比例尺地形测图及修测、补测等，则可只作简单的技术说明。

（二）技术设计的依据和基本原则

技术设计文件是测绘生产的主要技术依据，也是影响测绘成果（或产品）能否满足任务委托方要求和技术标准的关键因素。为了确保技术设计文件满足规定要求的适宜性、充分性和有效性，测绘技术的设计应根据测绘行业标准《测绘技术设计规定》（CH/T 1004—2005）要求制订技术方案，进行技术设计。

1. 技术设计的依据

① 任务书或技术合同书。

② 有关的法规和技术规范。

③ 地形测量的生产定额、成本定额和装备标准等。

④ 测区已有的资料等。

2. 技术设计的基本原则

技术设计是一项技术性和政策性很强的工作，设计时应遵循以下原则：

① 先考虑整体而后局部，且顾及发展；要满足用户的要求，重视社会效益。

② 从测区的实际情况出发，考虑作业单位的人员素质和装备情况，选择最佳的作业方案。

③ 广泛收集、认真分析和充分利用已有的测绘成果和资料。

④ 尽量采用新技术、新方法和新工艺。

⑤ 当测图面积相当大，需要的时间较长时，可根据用图单位的规划，将测区划分为几个小区，分别进行技术设计；当测区任务较小时，技术设计的详略可视具体情况而定。

（三）编写技术设计书的要求

技术设计书是地形测图全过程的技术依据，是一份重要的长期归档文献资料。技术设计书编写工作的具体要求如下：

① 内容要明确，文字要简练。标准中已有明确规定的，一般不再重复。对作业中容易混淆和忽视的问题，应重点叙述。

② 采用新仪器、新方法和新工艺成图时，要对其可行性及能达到的精度进行充分论证。

③ 技术设计书中使用的名词、术语、公式、符号、代号和计量单位等应与有关规范和标准一致。

（四）技术设计书的内容

为了设计出最佳的方案，设计人员必须明确任务的特点、工作量、要求和设计原则，认真做好测区情况的踏勘和调查分析工作。在此基础上做出切实可行的技术设计。技术设计的内容包括以下几个方面：

1. 一般性说明

（1）任务概述

说明任务来源、工作要求、测区范围、地理位置、行政隶属、测图面积、测图比例尺、计划开工日期及完成期限等。

（2）测区自然地理概况

说明测区海拔高程、相对高差、地形类别、困难类别和居民地分布、交通条件、水系、植被等要素的分布与主要特征，说明气候、风雨季节及生活条件等。

(3) 已有资料利用情况

说明已有资料的全部情况，包括控制测量成果的等级、精度、来源和稳定性，现有图的比例尺、等高距、施测单位和年代，并对其主要质量进行分析评价，提出已有资料利用的可能性和利用方案。

2. 作业基础

(1) 技术依据

说明整个测图工作所依据的国家标准、行业规范及地形图图式等。

(2) 坐标系统

确定项目采用的平面坐标和高程系统。

(3) 组织准备

项目作业需要的技术人员、仪器设备的数量、等级，包括使用仪器的检定证书。

3. 设计方案

(1) 平面控制测量设计

方案中应包括坐标系统的选择，平面控制网的等级，起始数据的配置，加密层次及图形结构，点的密度，觇标和标石规格要求，使用的仪器和施测方法，平差计算方法，各项主要限差及应达到的精度指标。

(2) 高程控制测量设计

高程系统的选择，高程控制的等级及起算数据的选取，加密方案及网形结构，路线长度和点的密度，标石类型和规格，使用仪器和施测方法，平差计算方法，各项主要限差及应达到的精度指标。

(3) 地形测图设计

地形图采用的分幅和编号方法，数据采集的作业模式和作业方法，对地形要素的表示要求，采用的数字测图软件功能和数字地形图的绘制与编辑(常规测图的清绘和整饰)方法，质量控制措施，若采用新技术、新仪器、新方法测图时，在设计方案中应对其先进性和成图精度进行详细说明。

4. 工作量统计、计划安排和经费预算

① 工作量统计：根据设计方案，分别计算各工序的工作量。

② 进度计划：根据工作量统计和计划投入的人力物力，参照生产定额，分别列出各期进度计划和各工序的衔接计划。

③ 经费预算：根据设计方案和进度计划，参照有关生产定额和成本定额，编制分期经费和总经费计划，并作必要的说明。

工作量统计、计划安排和经费预算一般应编制专门的图表，这些图表可以形象地反映劳动组织、工作进程、工序衔接和经费开支，便于迅速准确地了解工作任务的全貌，及时指挥生产。

5. 提交资料清单

地形测量的成果除地形原图外，还有各种各样的其他资料。用图单位根据生产建设的需要，对地形测图的成果资料也有具体的要求。技术设计书中应列出用图单位要求提交的所有资料的清单。

6. 建议和措施

为顺利地完成测图任务，还应就如何组织力量、提高效益、保证质量等方面提出合理的建议，并指出业务管理、物资供应、膳宿安排、交通设备、安全保障等方面必须采取的措施。

（五）技术设计书中图表的编绘

地形测图技术设计书是一种技术文献，在编写过程中必不可少地要用到一系列设计图、表，而且设计图、表能使有些用文字很难叙述清楚的问题表达简明，形象直观。文字和图、表的密切配合使整个技术设计的全貌和各作业工序的相互关系一目了然。因此设计图、表是技术设计书的重要组成部分，应重视图、表的编绘和设计。

1. 设计图

地形测图技术设计书中用到的设计图一般有以下几种：

① ××测区平面控制测量技术设计图。

② ××测区高程控制测量技术设计图。

③ ××测区地形图分幅编号图。

设计图应有标题（图名、代号）、编制单位、编制者、审核者、日期及必要说明注记和图例。图的内容要能反映任务的工作量，图面清晰明了，幅面大小适宜。若测区没有与待测比例尺地形图较接近的较小比例尺地形图，则需要根据更小比例尺地形图或依实地情况编绘测区总貌示意图，供设计之用，图上要标明测区的地理位置、测区范围、主要的居民点、交通线、水系和境界等内容。当某些设计内容比较复杂时，可增加一些辅助表格和必要的简单说明，做到设计图和技术设计书的内容相互补充。

2. 表格

地形测图技术设计书中用到的表格有以下几种：

① 综合工作量表。

② 工作进度计划表。

③ 经费预算表。

④ 主要物资器材表。

⑤ 已有资料利用情况表。

⑥ 预计上交成果资料表。

三、数字测图技术设计书实例

下述为南山铁矿 1∶2 000 地形图测绘技术设计书（摘要）。

（一）作业任务及测区概况

1. 作业目的及任务

南山铁矿位于秦岭山区××镇南部区域，地下磁铁藏量丰富，设计年产量 50 万 t。为了满足地质勘探及后期矿山建设方案设计的要求，迫切需要测绘井田区域 1∶2 000 比例尺地形图。其测区呈条带状，面积约 7.55 km^2（东西长约 4.1 km、南北宽约 1.9 km）。××金属矿业有限公司计划对矿区范围内进行基础控制测量和 1∶2 000 地形图测绘工作，要求××年××月之前提交该矿 1∶2 000 地形图测绘成果。

2. 测区概况

南山铁矿地处秦岭山区××市××县西南方向约 187 km 处，北距××县××镇约

10 km距离，行政区划隶属于××县××镇。

测区海拔高800～1 800 m，相对高差达600～800 m，地形起伏较大，属高山地。由于区内地形切割强烈，形成“V”字形山谷，坡度多为30°～50°。其中部为南北走向深沟谷，海拔约900 m，东南最高，海拔约1 800 m，西北稍低，海拔约1 400 m。山坡地带植被发育，荞灌木、毛竹、杂草丛生，山顶多为茂密的原始森林覆盖，通行、通视条件较差。

区内水系发育，溪流沿沟谷向中部冯家河汇聚，由南向北流过测区。区内居民地较少，只有向家庄、李家河坝、谭家村、马家村、罗子沟、赵家湾等村庄。

测区通往外界的乡级硬化公路向北到达××镇，并通过等外公路与××县城相连，交通条件尚可。

（二）已有资料及其分析

测区附近有国家D级GPS控制点3个，分布在北、东、西等不同方位。现场踏勘发现点位稳定，无破坏痕迹，保存完好，可以作为本次控制测量的起算数据。

1. 平面控制部分

平面控制测量可考虑布设E级GNSS网为首级控制，以测区附近的3个D级GPS点作为起算点，采用静态GNSS控制测量的方法进行多个同步环的观测，通过基线解算、自由网平差和约束平差，得到各控制点的平面坐标成果。

2. 高程控制部分

南山铁矿地处山区，可以采用四等三角高程测量的方法，以D级GPS点作为起算点，对E级GNSS控制点进行闭合高程路线测量。经图上路线选择和实地踏勘证明，由于起始控制点距离较远，这种方法既费时，也不经济。

3. 新技术的应用

卫星定位连续运行参考站技术和大地水准面精化技术的应用，极大地提高了观测的效率和精度，既大大缩短观测的周期，也相应地减少作业的费用。测区已有高精度大地水准面精化的成果，可达到4.1 cm的中误差，完全满足工程建设的需要；另外，将GNSS静态控制测量的数据（不与国家点联测、不需寻找国家点）与卫星定位连续运行参考站组成远距离同步观测，采用高精度数据处理软件和相应的精密星历可直接确定待测点的坐标，已经得到相当广泛的应用，且证明方法可行、质量可靠。因此，本次控制测量采用了这两项新技术。

4. 其他资料

测区有国家1∶2.5万地形图，可作为控制测量点位设计的基础资料。

（三）作业基础

1. 作业依据

①《全球定位系统（GPS）测量规范》（GB/T 18314—2009）。

②《工程测量标准》（GB 50026—2020）。

③《国家三、四等水准测量规范》（GB/T 12898—2009）。

④《国家基本比例尺地图图式 第1部分：1∶500　1∶1 000　1∶2 000地形图图式》（GB/T 20257.1—2017）。

⑤《数字测绘成果质量要求》（GB/T 17941—2008）。

⑥《数字测绘成果质量检查与验收》（GB/T 18316—2008）。

⑦《测绘成果质量检查与验收》（GB/T 24356—2023）。

上述规范和标准如发生不一致时，以要求最为严格的规范、规程或标准作为工作依据。

2. 坐标系统

根据自然资源部的规定和矿山企业工作的需要，测量成果采用国家CGCS2000坐标系统，高斯投影3°带第36带，中央子午线经度为108°。高程系统采用1985国家高程基准。

3. 人员组织与仪器设备配置

为按时、按质完成数字测图任务，共计划作业人员17人，其中项目负责1人，外业作业人员4组12人，内业绘图员2人，质量检查人员1人，后勤保障人员1人。

根据作业内容、任务和小组安排，计划仪器设备的配置如表7-1所示。

表7-1 主要仪器设备配置表

名称	规格	单位	数量	型号	备注
GNSS	10 mm+20 mm	台	5	Trimble	
全站仪	2″	台	4	Topcon	
对讲机		部	12		
汽车	越野型	辆	2	北京现代	
计算机	笔记本	台	5	Lenovo	配备专业软件
绘图仪	44英寸(B0+)	台	1	HP510	

（四）设计方案

1. 平面控制测量设计

根据地形测量控制的需要，并为后续的地质勘察和工程建设服务，计划共布设9个E级GNSS点作为地形测量的控制点，考虑到测区的地形起伏和植被茂密情况，以2～3点为一组，至少组内点之间通视的方式，组成平面控制网，如图7-5所示。

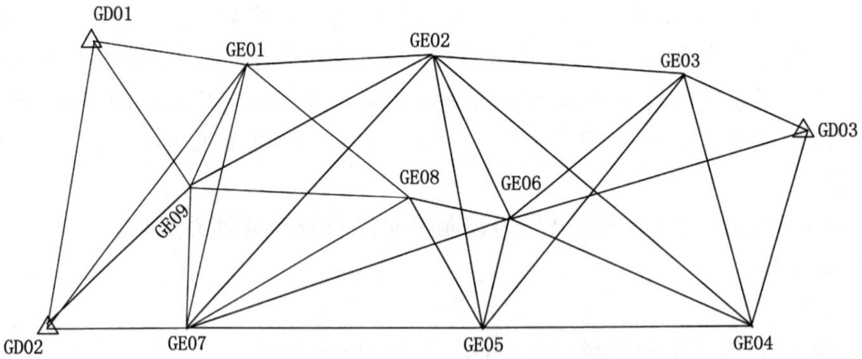

图7-5 GNSS控制网观测示意图

(1) 控制点的选埋

各控制点均采用提前预制水泥桩，现场选点埋设，一般埋深超过0.6 m。采用ϕ14 mm的钢筋植入水泥桩，顶部刻“十”字作为观测标志。所有GNSS控制点均拍照并绘制点之记。E级网点的编号在其流水号前冠以字母GE，即GE01、GE02、GE03、…、GE09。

本次所埋设的E级GNSS控制点均位于易于安置接收机、视野开阔、土质坚硬、远离高压输电线和大功率无线电发射源等强电磁干扰源、通视条件好、利于长期保存和便于进行下一级发展的地方；但由于测区植被茂密，山体非常陡，树木遮挡情况较为严重，点位选取时尽量避免“多路径效应”的影响，以保证观测数据的质量。

(2) 观测网形设计

采用5台/套双频GNSS接收机进行3个时段同步观测，点位平均观测时段数1.67，满足规范规定的1.6，网内不存在支点，网形强度大，稳定可靠。

(3) 作业方法

为保证观测精度和成果可靠性，设计同步观测时段长度达到4 h(240 min)，有效观测卫星数6颗以上，卫星高度角不小于15°，PDOP值不大于6，数据采样间隔10 s。观测时应记录测点的名称、编号、开机和关机时间、测前测后天线高、观测时段等。

(4) 数据处理

在9个设站测点上可以获得15个有效的观测数据文件，应用GAMIT精密基线解算软件进行基线的处理，各环线(重复基线)的检查合格后进行自由网平差，最后与卫星定位连续运行基准站数据联合进行约束平差。

2. 高程控制测量设计

应用静态GNSS观测资料，采用大地水准面精化成果，利用移去—恢复技术确定区域似大地水准面，根据各控制点的2000国家大地坐标值就可得到各点的正常高成果。

3. 地形测图设计

采用标准正方形分幅法，每幅标准分幅地形图长宽各50 cm，实地面积为1 km^2。各分幅图的图名均以本幅图内主要村庄命名，图号为各图幅的西南角坐标。

测图等高距设计2 m，高程注记点密度为图上每100 cm^2内12～18个。

(1) 外业观测

采用草图法数字测记模式进行外业数据的采集，用全站仪实测，同时画好草图。

测区地物类型主要为居民地、道路、管线、植被、水系等。地物需要测出其特征点，如道路的转向点、管线的定位点、水系的转向点和高低起伏点等，这样才能在地形图上准确地绘制。

测区地貌特点是坡高山陡。陡坎(坡)测绘的要点，一是其平面位置的特征点要进行实测；二是要表达出坎坡的高度变化，主要采用两种方法：坎(坡)上、下均实测，或坎上测点，并丈量坎高。

(2) 内业绘图

每天外业观测结束后，立即下载观测数据，并将测点展绘至数字测图软件中，根据外业草图，进行内业图形绘制、编辑及其整饰，包括图面符号的压盖处理，等高线注记，穿越地物等的断开处理等。外业观测当天进行内业编辑，做到当天任务当天完成。

(3) 地形精度要求

结合南山铁矿高山地的地形、植被条件，属于特殊和困难地区，根据《数字地形图产品基本要求》(GB/T 17278—2009)的规定，地形测量的精度比一般地区放宽0.5倍。具体精度要求见表7-2。

表 7-2　地形点测量的精度要求

地形图比例尺	地物点对最近野外控制点的图上点位中误差/m	高程注记点对最近野外控制点的高程中误差/m	等高线对最近野外控制点的高程中误差/m	备注
1∶2 000	1.2	2.25	3.0	

（五）工作量统计、计划安排和经费预算

（略）

（六）保证质量措施

根据本项作业的具体地形尤其是植被覆盖情况，结合以往山区测量经验，地形测量主要考虑两种作业方法。

① 采用沿山脊和沟谷交替进行碎部测量的方法。其优点一是通视条件相对有利；二是能将地形的起伏更充分地表现出来，如图 7-6 所示。

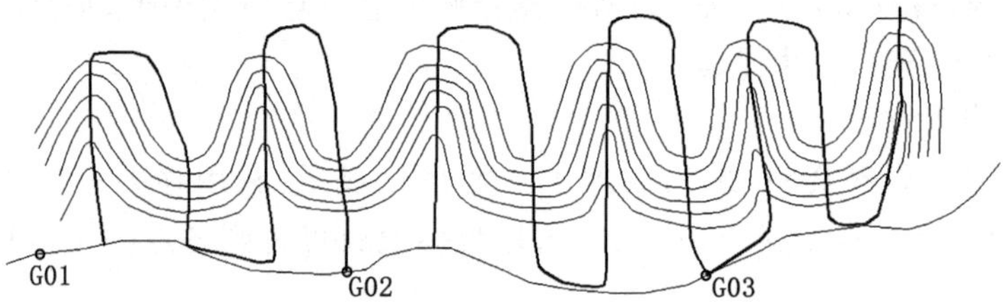

图 7-6　沿山脊和山谷交替进行碎部测量

② 沿着同一高度进行测量。其优点是不用上下来回观测，如图 7-7 所示。

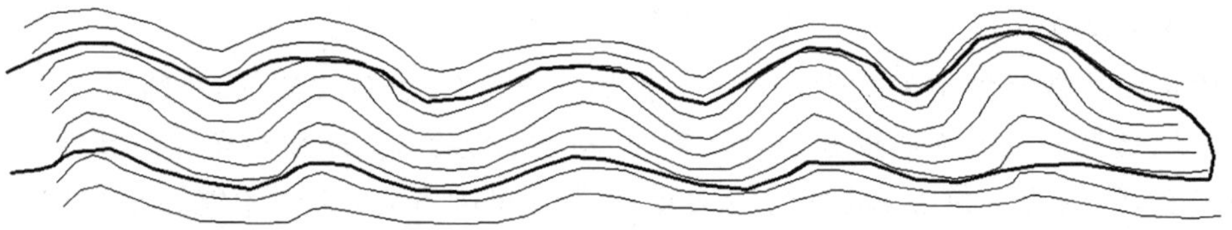

图 7-7　沿同一高度进行碎部测量

如果没有山区尤其是植被茂密地区测量的经验，对地形的主要起伏变化没有重点把握，会造成观测方法不当，观测点线混乱、随意，哪个方向好测或通视条件好就往哪个方向测，观测结果出现要么测点非常的密集，要么一片空白的现象，如图 7-8 所示。

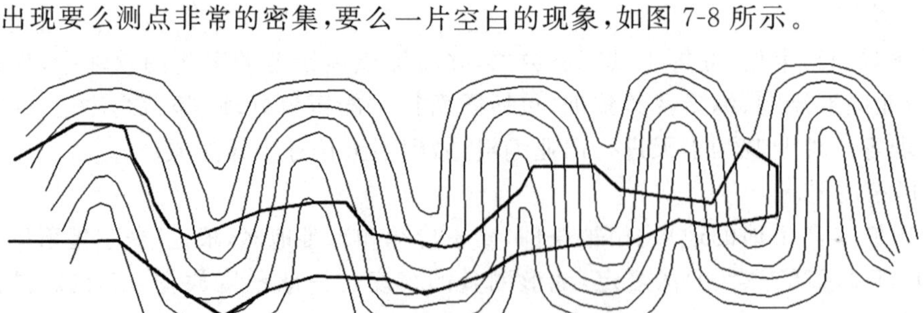

图 7-8　观测方法不正确的观测路线

因此，在野外数据采集的时候，要灵活地运用各种方法，保证项目的质量和进度。

（七）上交资料

所有上交资料详见表 7-3。

表 7-3　上交资料表

资料名称	单位	数量	附件	备注
GNSS 控制测量外业观测手簿	份	1		纸质记录
GNSS 控制点照片与点之记	套	2		另交电子文件
GNSS 控制测量原始观测数据文件	份	1		电子文件
GNSS 平差计算报告	份	2		另交电子文件
GNSS 控制点展点图	张	2		另交电子文件
GNSS 控制点成果表	份	4		另交电子文件
地形测图数据采集原始数据	份	1		电子文件
测区完整地形图	份	1		电子文件
标准分幅地形图	幅	2 套×10		另交电子文件
图幅接合表	张	1		另交电子文件
技术设计书	份	2		另交电子文件
检查验收报告	份	2	附质量检查统计表	另交电子文件
技术总结	份	4		另交电子文件

第三节　野外数据采集

一、概述

大比例尺地形图全野外数字化测绘最基本的工作是测定地物、地貌特征点（碎部点）的空间位置，并将特征点按实际情况连接形成表示地物、地貌的地形图符号，从而描述地物、地貌。采用数字测图方法测绘的数字地形图按照用途可分为空间数据库产品和地图制图数据产品。

（一）数据采集的目的与内容

地图制图数据产品的目的是提供满足制图要求的几何图形，通过分层、注记、颜色、符号等间接表达要素的属性，以供规划和设计等使用；空间数据库产品全面提供几何图形数据、属性数据、要素拓扑关系等，主要通过要素分类编码、属性表等直接表达要素属性，也包括分层、注记、颜色、符号等间接要素属性，为地理信息系统提供基础信息。因此，碎部点的描述必须具备以下三类信息：

① 碎部点的位置信息。一般用平面坐标和高程 3 个参数表示。

② 碎部点的属性信息。在数字测图系统中，一般都采用地形编码的方式来代替地形的属性，即地形名称和相应的图式符号等。

③ 碎部点的连接信息。采用同一地形相邻测点的连接关系和连接线型表示，按照连接关系，可将相关的点按规定的线型连成一个地物或描述一个完整的地貌特征。

（二）数据采集的原则

① 根据国家规范和行业标准进行外业数据的采集，采集精度应达到规定的要求。

② 与常规测图以图幅范围分界不同，数字测图的外业以自然带状地物（如街道、河流、道路、山脊等）为界线构成各作业小组的分界，分成若干相对独立的测区。各测区作业和数据的组织、处理相对独立，相互间数据采集和处理不应存在矛盾，避免造成数据重叠或者漏测。

③ 根据比例尺的不同，对点状（面状）要素按实际形状采集，或按其定位点或定线点测定。

④ 线状地物采集时，根据其线型的变化，适当增减地物点的密度，以保证内业图形绘制时曲线的准确表达。

⑤ 空间数据库产品的数据采集应根据需要或建库的要求采集所需的属性数据，且不应遗漏。属性数据类型、代码和记录格式可自行规定，并应在技术设计书中说明。

⑥ 具有多种属性的线状要素（线状地物、面状地物公共边、线状地物与面状地物边界线的重合部分），只可采集一次，但应处理好多种属性之间的关系。

二、地形要素的分类与编码

数字化地形图成图软件通过地形特征点的属性信息或类别来确定采用恰当的图式符号予以表示。为此，不论是各测绘企业的数字测图软件，还是《基础地理信息要素分类与代码》(GB/T 13923—2022)都设计了一套完整的地形编码，以标明测点的属性信息。

地形图的地形要素很多，《国家基本比例尺地图图式》中已规定用以表达的图式符号，如第 1 部分大比例尺地形图图式符号。地形编码设计应遵循如下的原则：

① 符合图式符号设计中对地形的分类，符合地形图绘图的规则。

② 各级比例尺地形要素统一考虑，具有唯一性、可扩展性。

③ 应设计类别、等级明确的代码结构，满足地理信息系统对地形要素的采集、建库以及数据交换、应用等需求。

地形编码是指采用英文字母、数字或其综合按一定规则构成的符号串。地形编码的方法很多，基本上采用整数编码，主要有三位整数编码法、四位整数编码法、六位整数编码法等。

（一）三位整数编码

三位整数是最少位数的地形编码，也是最早的一种编码方法，根据地形图图式符号的排列顺序对地形要素进行分类、排序编码。

在设计三位整数编码时，第一位为类别号，代表大类；第二、三位为顺序号，即地形符号在某大类中的序号。如：编码 105，1 为大类，即控制点类；05 为图式符号中顺序为 5 的控制点即导线点（以 2017 版图式为例）。

三位整数编码的每一大类的编码个数不能超过 99 个。而地形图图式中水系的符号就超过 99 个，有 130 多个；符号最少的是控制点，只有 9 个。因此，在实际测图软件的编码系统中，为了用三位编码概括以上需要，在上述分类的基础上要做适当的调整，各系统详细的编码需参阅各自测图系统的编码表。

三位整数编码的优点：编码位数最少，外业观测使用编码法作业时操作人员易于记忆和输入。缺点：同一大类符号数量相差较大，需进行调整，造成编码分类不统一。

（二）四位整数编码

四位整数编码制定的原则同前，只是考虑到发展，多留一些编码以便扩展。第一位为地形要素的大类别号，第二位为小类别码，第三、四位分别为一、二级代码。此外，还考虑到与原图式中编号的相似性，原图式的编号就有三位，在一个编号下还要细分几种类型。如图式中烟囱的编号为 323，此编号下还分三种：A、烟囱，B、烟道，C、架空烟道。若采用三位编码，则按顺序依次编下去，而四位编码则可编为 3231，3232，3233（以 2017 版图式为例）。

三位整数编码和四位整数编码的思路和原则是一致的，所以，在需要统一时，通过转换程序，即可方便地将三位码转换为四位码。

（三）六位整数编码

《基础地理信息要素分类与代码》（GB/T 13923—2022）对地形要素的编码是采用 6 位十进制数字码，是现行多数测图软件采用的编码方法。它将图式符号按大类、中类、小类和子类进行分类，大类、中类各占 1 位，小类、子类各占 2 位，如图 7-9 所示。

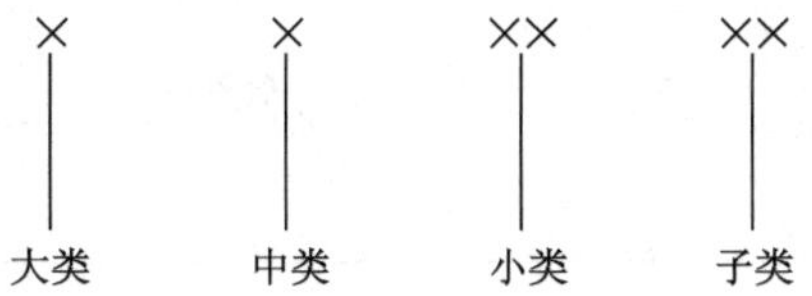

图 7-9　六位编码结构图

代码的每一位均用 0～9 表示，大类包括定位基础、水系、居民地及设施、交通、管线、境界与政区、地貌、植被与土质等 8 大类；中类在上述基础上又分为 46 类，见表 7-4。

表 7-4　基础地理信息要素分类（大类、中类）

序号	要素大类	要素中类
1	定位基础	测量控制点 数学基础
2	水系	河流 沟渠 湖泊 木库 海洋要素 其他水系要素 水利及附属设施
3	居民地及设施	居民地 工矿及其设施 农业及其设施 公共服务及其设施 名胜古迹 宗教设施 科学观测站 其他建筑物及其设施

表 7-4(续)

序号	要素大类	要素中类
4	交通	铁路 城际公路 城市道路 乡村道路 道路构造物及附属设施 水运设施 航道 空运设施 其他交通设施
5	管线	长输输电线 长输通信线 长输油、气、水轮送主管道 城市管道
6	境界与政区	境界与政区 国外地区 国家行政区 省级行政区 地级行政区 县级行政区 乡级行政区 其他区域
7	地貌	等高线 高程注记点 水域等值线 水下注记点 自然地貌 人工地貌
8	植被与土质	农林用地 城市绿地 土质
9	地名	居民地地名 自然地名

小类、子类按照 1∶500～1∶2 000,1∶5 000～1∶10 万,1∶25 万～1∶100 万 3 个比例尺分段进行了类别的划分,并实现了统一。例如,大类(水系)下中类(河流)的小类(常年河,编号 01)之子类(地面河流,编号 01),其编码为 210101。

六位编码法在对地形要素进行系统而全面的整理、归类的基础上,更加注重与各比例尺地形图图式符号体系的对应性,与地物、地貌类型的一致性,既反映要素的类型特征,又反映要素的相互关系,并留有足够的扩展冗余。其分类科学、结构严谨、类型一致、体系完整。

三、野外数据采集模式

全野外数字测图包括外业数据采集和内业地形图编绘。野外数据采集主要是运用全站仪或 GNSS RTK 接收机等测量装备在野外直接测量地物或地貌特征点的位置，并记录特征点的连接关系及其属性，为内业地形图编绘提供必要的信息，是整个数字测图的基础工作。野外数据的采集模式根据数据记录内容和图形绘制方法的不同可分为草图法数字测记、编码法、电子平板测绘法等模式。其中电子平板测绘模式是内外业一体化作业模式。

（一）草图法数字测记模式

草图法数字测记模式又称无码作业模式，是一种野外测记、室内成图的数字测图方法，用仪器测定碎部点的三维位置信息，用草图来描述测点的连接关系和实体的属性信息。其作业模式为：

1. 外业观测

① 使用数字化测绘仪器测定每个地物、地貌特征点的位置信息(平面坐标、高程)，并按一定的规则赋予其编号，可由仪器自动生成序号方式或人工输入带字母的序号方式生成编号。将其一起记录在仪器的内存或电子手簿中。

② 测量的同时，绘制标注特征点编号、测点间连接关系和地物实体属性的地形图工作草图，注意草图与实际地形的一致性、草图编号与仪器内存中编号的一致性。这是数字测记模式外业的重点技术环节，需要由绘图技术良好、工作经验丰富的专业技术人员担任。有些测区有卫星影像，亦可作为工作草图，外业标注点号和说明注记。草图可按地物的相对位置关系分块绘制，也可按测站绘制。草图点号应与仪器或电子手簿记录点号一致。如图 7-10 所示。

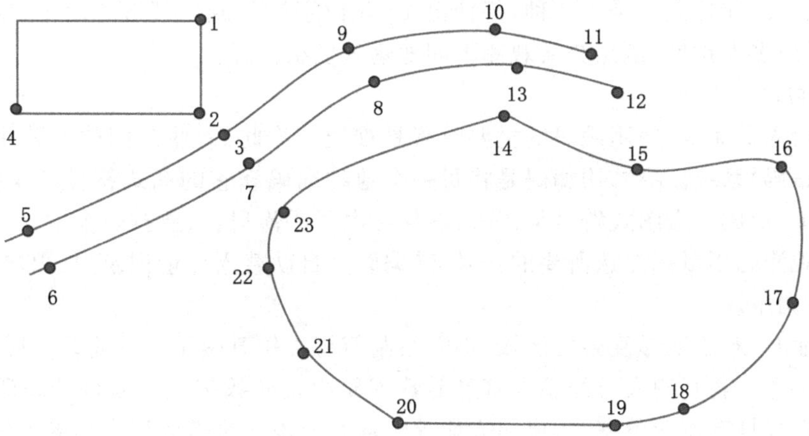

图 7-10　数字测图工作草图

2. 内业绘图

① 室内通过电缆、存储卡、蓝牙、红外等通信传输方式将仪器中野外采集的数据传输到计算机，并将点位及其编号、高程等一起展绘至专业数字成图软件中。

② 根据外业绘制的工作草图，使用数字成图软件的各项功能，经过人机交互编辑形成

数字地形图。

这种作业模式有专业绘制草图人员，内外业分工明确，便于人员分配，具有较高的成图效率，是目前大多数的数字测图系统和作业单位的首选作业方式。同时，由于无码作业将属性和连接关系的采集与观测分开进行，使得采集工作直观，也减轻了测站观测人员的工作量。

（二）编码法测绘模式

为解决测记法内业绘图时间长、效率低，对草图绘制技术要求高的问题，有些测绘单位和技术人员采用编码法进行野外数据采集。在内外业一体化数字测图还受到很大制约的情况下，熟练地掌握编码法，可以较大幅度地提高数字测图的作业效率。

编码法测绘模式是指在野外测量时给特征点赋予由成图软件特别约定的、表示地形实体地理属性和测点连接关系的编码。即在特征点位置参数测定后由操作员将编码输入到仪器中，最后与位置参数一起传输到计算机，并通过数字成图软件识别编码后自动生成数字地形图，也称为有码作业模式。编码采用地形码＋信息码的方式，其中地形码即前述地形图要素代码；信息码是表示某一地形要素测点与测点之间的连接关系。

不同数字测图软件，因设计思路不同，在数据采集方法、数据记录格式、数据编码和图形编辑功能等方面有所不同。目前，测绘行业技术人员在野外实际作业时采用的编码方案有多种形式，从结构和输入方式上区分，主要有简编码、块结构编码等。

1. 简编码（简码）作业

简码是一种简单的提示性编码，是在测定碎部点的定位信息的同时输入简码。带简码的数据经绘图软件识别后自动转换为绘图程序的内部码，即地形码，实现自动绘图。简码作业一般不需要绘制草图，但需要及时输入地物点的简码和连接信息。南方 CASS 测图系统的有码作业模式，就是一种代表性的简码输入方案。CASS 系统的野外操作码（即简码）分为类别码、关系码和独立符号码 3 种，每种由 1～3 位字符组成。其形式简单、规律性强、易记忆，能够适应多人跑尺（镜）、交叉观测不同地物等复杂情况。

2. 块结构编码作业

对于测绘人员而言，使用编码的主要障碍是难记。为此，一些测图软件采用“无记忆编码”（块结构编码）系统。块结构编码是将每一个地物编码和它的图式符号及汉字说明都编在一个图块里，形成一个图式符号编码表，存储在电子手簿里，只要按一个键，编码表就可以显示出来。观测时用鼠标点选所要的符号，其编码将自动载入测量记录中，用户无须记忆编码，随时可以调用。

有码作业时，对于地形复杂的区域，仍需绘制简易工作草图用于内业处理后图形检查和图形编辑时参考。若观测人员经验丰富且能熟练使用相应数字成图软件的编码方法，采用有码作业的方式具有作业效率高、成图方便等优点。但该方法需要记忆和输入编码，对于作业人员业务素质要求较高，作业难度较大，且成图过程不够直观，数据出错不易检查，因此只有经过系统培训的技术人员才使用有码作业方法。

（三）电子平板测绘模式

电子平板测图系统由数字化仪器和装有数字测图软件的便携机（笔记本电脑或者掌上电脑）构成，采用内外业一体化作业模式，实现数据采集、数据处理、图形编辑现场同步完成。电子平板测绘主要作业流程包括输入控制点坐标、设置通信参数、测站设置、碎部测量、图形绘制和编辑处理。其作业模式为：

① 使用数字化仪器测定碎部点位置参数，通过传输线或者无线传输技术将采集的碎部点的位置参数实时下载至计算机。

② 将笔记本电脑视作电子测图平板，使用预先安装的测图软件的绘图功能，直接在现场加入地理属性和连接关系后成图；某些高性能全站仪可直接安装并运行成图软件，此时也可用全站仪直接编辑地形图。

这种作业模式精度高、直观性强，在野外作业现场成图，实现了“所测即所得”，具有较高的可靠性；若出现错误，也可及时发现，立即修改。

电子平板测绘的缺点是外业工作量大，要求笔记本电脑的性能高，一般仅适合小面积、地物密度不大的地区作业。笔记本电脑的性能和过重的外业工作负担是阻碍这种作业模式广泛推广的主要障碍，随着计算机技术的发展，笔记本电脑的重量越来越轻，待机时间越来越长，这也提高了电子平板作业模式的可行性。

四、野外数据采集方法

野外数据采集不论采用哪种作业模式，必须使用数字化仪器采集碎部点的空间位置。地形测绘中数据采集技术主要包括：一是单点采集，如利用经纬仪、全站仪、GNSS 等仪器获取离散点的三维坐标，该方法不能快速获取空间大量信息，对地形险峻的地区存在作业困难、效率低等不足；另一类是面采集方法，即通过三维激光扫描、摄影测量、遥感获取点云或影像数据，处理得到大量的三维坐标，但需要花费大量时间处理。数字化仪器一般是指全站仪和动态 GNSS(RTK、CORS)等测绘仪器，不同的仪器所采用的方法是不一样的。

（一）全站仪数字测图

采用全站仪进行数字测图与常规测图的方法与步骤基本一致，主要采用极坐标法，应用全站仪的内部存储器，以数据文件形式存储观测点的点号、编码、三维坐标等。

1. 极坐标法数据采集

(1) 测站设置与检核

设置全站仪的坐标测量模式及有关气象、温度参数和仪器及棱镜常数。将全站仪安置于控制点上对中、整平，并瞄准定向点，将设站点、定向点的编号、坐标、高程、仪器高、觇标高等信息输入全站仪，定向确认。检核设置和输入信息的正确性。

(2) 碎部点数据采集

瞄准立于待测地物或地貌特征点上的反射棱镜，使用免棱镜全站仪时则直接照准特征点，测定其位置参数(坐标、高程)，显示观测数据于屏幕，并保存观测点的编号、坐标值及编码(采用编码法时输入编码，测记法可忽略)等信息于当前工作文件中。然后又重新显示碎部测量屏幕，可继续下一碎部点的观测。

(3) 数据记录内容和格式

大比例尺数字测图野外采集的数据需要记录的内容包括：一般数据(测区代号、施测日期、小组编号等)、仪器数据(仪器类型、仪器误差、测距仪加常数、乘常数等)、测站数据(测站点号、零方向点号、仪器高、零方向读数等)、方向观测数据(方向点号、目标觇标高、方向、天顶距和斜距观测值等)、碎部点观测数据(点号、连接点号、连接线型、地形要素分类码，方向、天顶距和斜距观测值，以及觇标高；或者是经计算的 x、y 坐标和高程)、控制点数据(点号、类别、x、y 坐标和高程等)。每条记录具有相同长度和相同数据段,按记录类别码可确定一条记录中各数据段内容,不足数据用零填充。

通常选用的文本文件格式予以保存,数据采集特征点信息包括:点号、编码(可以为空)、Y 坐标、X 坐标、H 高程(可以为空)。

进行碎部观测时,可以利用全站仪所提供的角度偏心观测、距离偏心观测等功能,以提高测量的精度和效率。

2. 一步测量法数据采集

传统的测图作业应遵循先控制后碎部、先整体后局部的原则,数字测图可按照这种原则施测,也可将图根控制测量和碎部测量同时进行,即采用所谓的"一步测量法"或者"同步测量法"作业,可少设一次站,少跑一遍路,以提高工作效率。

"一步测量法"是在图根导线选点埋桩后,图根导线和碎部测量同步进行:即在每个测站上,先测记导线的数据(角度、边长等),紧接着在该测站上进行碎部测量,现以附合导线为例加以说明。

A、B、C、D 为已知点,a、b、…、n 为图根导线点,1、2…为碎部点,如图 7-11 所示。

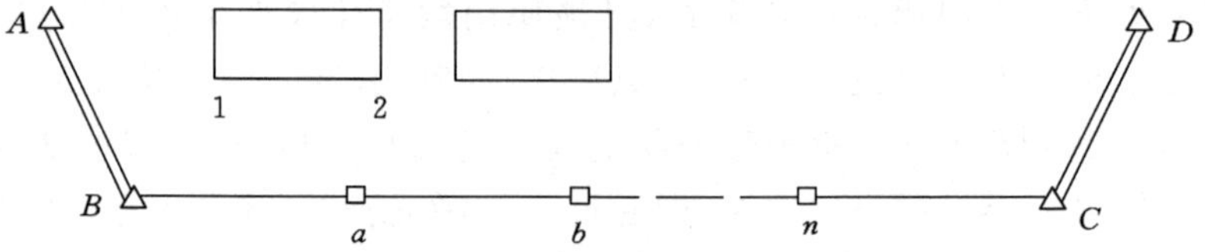

图 7-11　一步测量法示意图

全站仪安置于 B 测站(坐标已知),后视 A 点,前视 a 点,测得水平角及前视的天顶距和斜距。由 B 点坐标,即可算得 a 点的坐标(x,y,H)。施测 B 测站周围的碎部点 1、2…并依据 B 点的坐标,算得各碎部点的坐标。同理,依次测得各导线点坐标和碎部点坐标,即在某测站上,先测出下一导线点的坐标,然后再测本站的碎部点坐标。

待导线测到 C 点,根据 B 点至 C 点的导线测量数据计算附合导线的闭合差。若在限差范围内,则平差计算出各导线点的坐标值。如有必要(即平差前、后的导线点坐标值相差较大时),可根据平差后的坐标值重新计算各站碎部点坐标。

(二) 动态 GNSS 数字测图

根据应用基准站方式的不同,采用动态 GNSS 进行数字测图又可分为 GNSS－RTK 测图法及 GNSS CORS 系统测图法。

1. GNSS－RTK 测图法

以 GNSS－RTK 系统作为获取碎部点位置参数的手段进行数字测图的作业方法称为 GNSS－RTK 数字测图法,适用于开阔地区作业,可取代全站仪作业,效率更高。

RTK 测量的作业模式如图 7-12 所示,一台接收机固定不动,称为基准站或参考站,另一台为流动站,两接收机之间建立实时数据通信。

作业时,流动站在接收卫星导航信息的同时,还可以实时获得基准站的观测信息,经差分处理得到较高精度流动站的二维坐标(可经坐标转换获得当地高斯平面坐标)成果,在有适合的高程拟合模型和拟合条件,或有较高精度的大地水准面精化成果条件下,还可以得到

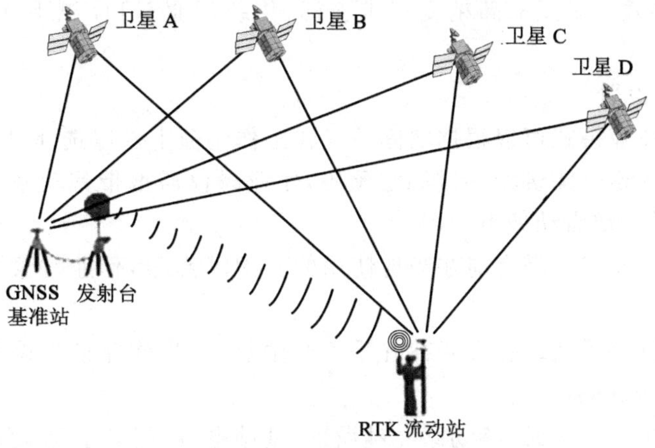

图 7-12　GNSS－RTK 测量示意图

符合测图精度要求的碎部点的高程值，从而获得碎部点三维位置信息，测图作业过程为：

① 在测区的一个位置较高的点(一般为已知点)上安置基准站，并进行 RTK 测量的坐标系设置、坐标及高程转换参数设置或直接测定，以及初始化工作。

② 将流动站测杆立在地形特征点上，实时测定碎部点的位置信息并记录。

③ 在室内将 RTK 方法测定的碎部点位置信息下载至计算机，再利用计算机中的成图软件绘制地形图；也可在野外实时传输数据至安装有数字成图软件的笔记本电脑或掌上电脑中，用成图软件绘制地形图。

RTK 可全天候作业，并且可以多个流动站同时进行，效率可以成倍提高。不要求点间通视，也不受基准站和流动站之间的地物影响，设置基准站后一般可在半径 10 km 内采集任意碎部点。

RTK 作业方法的缺点是对净空条件要求较高，在建筑密集区、沟壑区和植被覆盖区受到较大限制。

2. GNSS CORS 系统测图法

GNSS CORS 是由全球导航卫星系统、地面或空间数据通信系统、计算机、互联网，以及在一个城市或一个国家范围内建立的、连续运行的若干个固定的 GNSS 参考站组成的网络系统，这种系统也被称为 GNSS 增强系统或网络 GNSS 系统。

GNSS CORS 定位模式下，用户仅需使用一台流动站接收机即可获得较高精度的位置信息，从而进行数字测图作业。作业模式为：

① 启动流动站，进行数据通信流畅程度测试及流动站初始化。

② 后续工作同 GNSS RTK 数字测图模式。

与 RTK 作业方法相比，CORS 系统自身能够提供坐标转换参数，可不需采集国家点或已知点的坐标，这对于国家点破坏比较严重的测区，或是较远的、难以收集国家点资料的测区，避免了资料收集的各种不便和实地找点的种种困难，既方便、高效，也更经济、实惠。因此，利用 CORS 系统进行地形测量已成为大比例尺全野外数字测图的重要作业方式。

3. 影像 RTK 测图

影像 RTK 融合了卫星导航、惯导和视频摄影测量技术，支持视频测量和三维建模，快速从实景视频中高效批量获取高精度三维坐标，传统行业 RTK 测不到的、不好测的点，此技术都能测。

（1）工作模式设置

CORS RTK 作业模式可以根据实际情况在工作手簿上予以选择设置。

模式一：一键固定。需绑定一键固定预码，作业时仅需携带移动站，不必每天校准控制点，操作简单，只需一键启动即可。

模式二：CORS 模式。需有能在当地使用的 CORS 账号，作业时仅需携带移动站，不必每天校准控制点。

模式三：内置网络模式。作业距离几乎不受限制，外出作业携带设备少，基准站架设方便，适用于网络信号好的地方。

模式四：超级模式。基站、移动站一键设置，基站电台、网络超级双发，移动站电台、网络智能双收。

模式五：外挂电台模式。作业距离相对较远，不受网络条件的限制，可设置多台移动站同时使用。

（2）作业方法

1）新建工程

【项目】界面点击【工程管理】【新建】，输入工程名、选择坐标系统、投影模型，输入甲方提供的中央子午线，如果甲方未提供可点击获取中央子午线，然后点击确定保存工程。

2）CORS 设置

接收机内置 eSIM 卡提供网络，点击【移动站设置】，选择【CORS/电台/网络】，点击【新建】，选择【CORS】；【上网方式】为【接收机网络】；输入服务器地址和端口，点击【获取源列表】，选择所需源列表，输入用户名和密码后点击【保存并应用】即可，如图 7-13 所示。

图 7-13　CORS 系统移动站设置

3）点校正

一般仪器提供简单模式和向导模式进行点校正。首先打开点校正界面，点击【添加控制点对】，添加测量点和输入点。

① 添加测量点

点击测量点【测量】，测量控制点坐标；或点击【库选】，选择提前在控制点测量中测量的控制点坐标。

② 添加已知点

点击已知点【库选】，选择之前输入的控制点坐标；或在当前界面输入已知点坐标。

点击【保存并继续】，使用上述方法添加下一对控制点坐标，将需要参与点校正的控制点都添加完成，点击【保存】。跳转到点校正界面，点击【应用】，确认即可替换当前工程参数。

4）点测量

打开【点测量】界面，在测量前输入点名和仪器高。对中杆立在控制点上，将对中杆扶稳后保持水准气泡居中。点击测量图标，采集完成测点会自动保存至点管理。

5）影像 RTK 测量

影像 RTK 测量是通过对待测目标进行影像测量，并实时解算测量结果，在照片上选取待测点，获取测点的坐标值（图 7-14）。

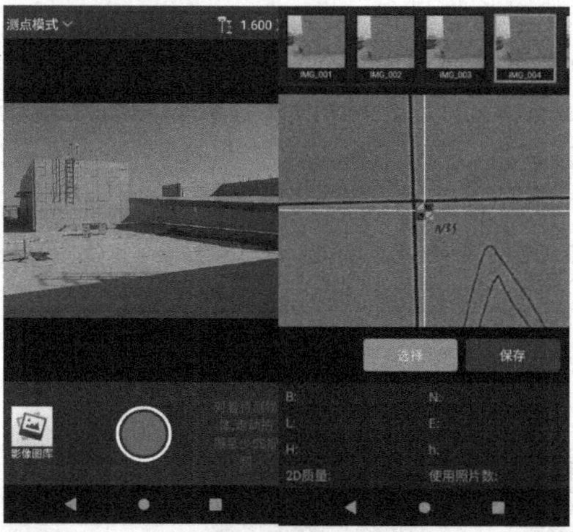

图 7-14　影像 RTK 测量

首先，打开软件影像测量界面，使用前需先进行倾斜初始化。初始化成功后，将接收机的摄像头对准待测目标，点击视频录制，新建一个任务，确定后开始录制视频。拍摄时保持对中杆尽量竖直，直线行走或环绕拍摄，保持匀速前进，视频时长一般不少于 5 s，完成录制后确认自动解算数据。解算完成后，选择待测点所在的照片，捕捉相应点位，即可显示经纬度和平面坐标。2D 质量代表待测点的解算精度，在多张照片上捕捉同一点位的位置，会提高待测点位精度。当精度符合要求后，输入点名即可保存待测点坐标。

另外，还可选择建模模式，通过不同角度、距离和高度对目标进行影像测量，再将观测到的影像数据导出，导入到建模软件可进行建模。

（三）三维激光扫描测绘技术

三维激光测量技术

三维激光扫描空间数据采集是一种集成了多种高新技术的新型测绘技术手段，采用非接触式激光测量原理，以点云获取的方式采集地形及复杂形体三维表面阵列式集合图形数据。

1. 三维激光扫描仪工作原理

三维激光扫描仪是无合作目标激光测距仪与角度测量系统组合的自动化快速测量系统，在复杂现场和空间主动发射激光，快速扫描测量被测物体，直接获得激光点所接触物体表面的水平、垂直方向角或天顶距、斜距和反射强度等，自动计算扫描点三维坐标并存储获得点云数据即三维空间坐标，是继 GNSS 之后出现的又一项技术革命式的空间信息采集手段。其关键特征是基于面特征的数据采集，具有非接触、扩展性强、数字化程度高、空间数据采样率高、分辨率高等显著特点。最远测量距离一千多米，最高扫描频率可达每秒几十至上百万点，纵向扫描角接近 90°，横向可绕仪器竖轴进行 360°全圆扫描，扫描数据可通过 TCP/IP 协议自动传输到计算机，外置数码相机拍摄的场景图像可通过 USB 数据线同时传输到电脑中。

三维激光扫描仪使用说明书示例

2. 常见三维激光扫描仪

常见的三维激光扫描仪有多种样式，如图 7-15 所示。

三维激光扫描仪按照扫描平台一般可以分为三类：地面三维激光扫描系统、机载（星载）激光扫描系统和便携式三维激光扫描仪。

地面三维激光扫描系统有可分为固定式和移动式两类。固定式三维激光扫描仪可以安置在三脚架上使用，系统由激光扫描仪集成内外置数码相机和配套软件控制系统及电源组成，可以直接采集海量点云信息，数码相机可以采集纹理信息及实体的边缘信息，用于三维实体建模。

机载/星载三维激光扫描系统由飞行平台 POS 系统（INS、GNSS）、激光扫描仪、成像装置、计算机和数据采集器、存储记录装置、处理软件和电源组成。

便携式激光扫描仪，通常有手持式和背包式两种，集成了激光扫描系统、数码相机、采集和记录装置。

图 7-15　常见的三维激光扫描仪

3. 三维激光扫描仪数字测图流程

分为外业数据采集和内业点云数据处理及成图两大部分。数据采集工作包括：测区踏勘、控制网布设、控制测量、标靶布设、标靶测量与提取、扫描作业、纹理采集。为了获取高精度的控制点坐标，需要进行高程控制和平面控制测量，并进行平差计算，获取高精度的靶标点位。靶标测量主要是用于多站点云的配准和坐标转换。地面激光扫描数字测图流程如图 7-16 所示。

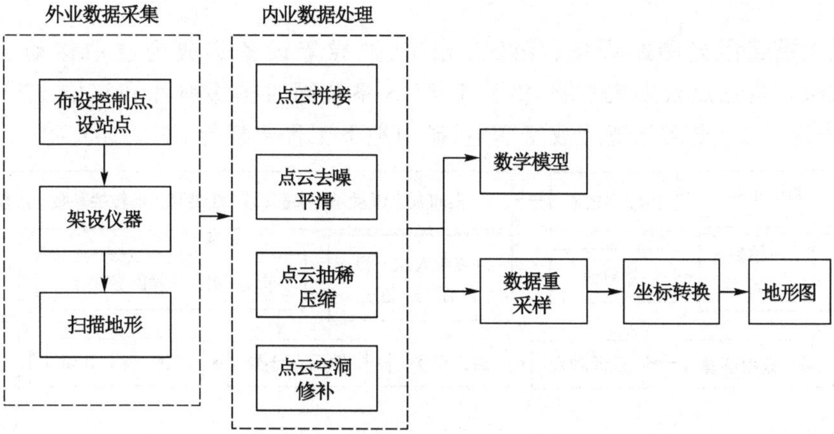

图 7-16　地面激光扫描数字测图流程

点云数据是含有几何位置信息的点的三维坐标数据记录，有些还含有颜色信息或反射强度信息，以增加被扫描体对应位置颜色和明暗信息。经计算机处理后，点云数据结合 CAD 等软件可快速重构出被测物体的三维模型及线、面、体、空间属性等各种制图数据。

较之全站仪、GNSS 等的单点数据采集，它能一站式获取大面积地形空间海量点云数据，大大简化外业测绘流程，将大量外业工作转为室内利用软件处理扫描数据，外业工作强度大大降低，数据处理自动化程度高且地形图制作精度优。

激光扫描数据处理除点云数据获取外，还包括点云数据加工处理、建立空间三维模型等步骤。数据加工处理包含：点云数据配准、点云数据分析、点云数据压缩、点云分层、等高线拟合；空间三维建模包含建立空间三维模型和纹理映射等方面，如图 7-17 所示。

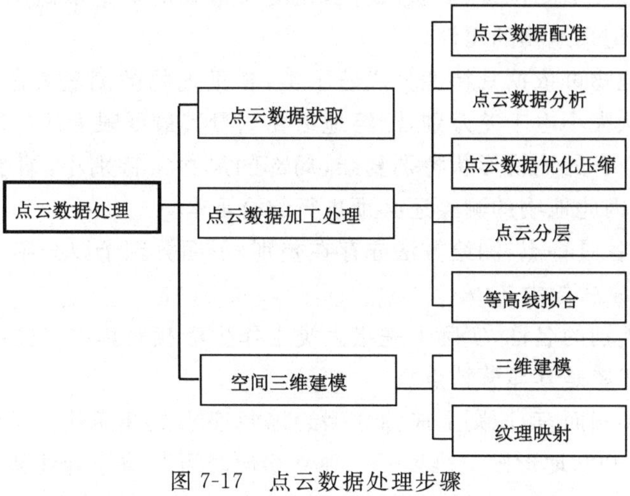

图 7-17　点云数据处理步骤

大场景地面区域三维地形数据获取时，激光扫描受测距范围及视角所限，要布设多测站、多视点扫描以弥补点云空洞，即便如此，单纯利用激光点云数据成图仍存在其局限性，如大面积植被茂密区域，激光无法穿透时，点云数据滤波后会存在大范围空洞。现多将激光扫描位置信息与航摄相片纹理信息相结合，利用多源数据融合修复空洞、联合使用多种软件绘制地形图。

无人机上搭载激光测距设备、GNSS、相机、惯导等设备集成为空中移动数字测图系统——机载激光雷达点云采集系统，借助于POS系统同时拍摄航片和扫描点云，常用于土方量算、电力巡检、历史文化遗迹数字孪生、矿山地下工程建模等(图7-18)。

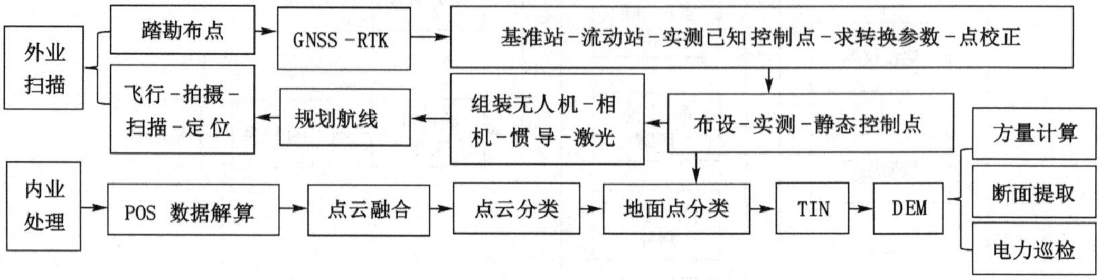

图7-18　无人机载激光雷达数字测图

第四节　地物和地貌测绘

一、地物的测绘方法

全野外数字化地形图测绘在完成基本控制测量后，以控制信息为基础，测定地物、地貌特征点的平面位置与高程，并采用规定的图式符号按测图比例尺绘制，生成地形图。测绘内容包括：测量控制点、居民地及设施、交通及附属设施、水系及附属设施、管线及附属设施、境界与政区、地貌、植被与土质等，并应着重表示与城市规划、建设相关的各项要素。为了正确表示各种地物在地形图上的位置、形状、属性，在测绘地物时需选取地物特征点作为测量目标进行观测，并现场记录地物的属性。

地面上的各种地物可依据其特性分成若干类，各类地物的测量方法有各自的要求。即使是同类地物其形状大小也千差万别，测绘地物要测量其最低限度的特征点，用规定的符号按比例表示在图上。有的地物形状特别复杂，局部的尺寸又特别小，缩小之后，图上很难将其详尽地表示出来，因此地物的测绘还必须进行综合取舍。

地物种类很多，各具特点，测绘方法亦存在差别，下面分别予以介绍。

(一) 居民地的房屋与建筑物

居民地是地形类别的名称，实际上是指人类工作生活相对集中的区域，在这样的区域内有较多的建筑物和房屋是其显著特点。

对大比例尺地形图而言，原则上应独立测绘出每座永久建筑物。但有些尺寸太小的房屋在1∶2 000、1∶5 000地形图上难以一一独立绘出时可酌情综合处理。

城市里的居民小区和富裕农村新建的居民区都有合理的规划，房屋排列整齐规则，各个房屋外形相同，只需测量少量外轮廓点，配合细部尺寸的丈量，即可绘出整排房屋。如图7-19(a)所示，测出1、2、3点，并丈量每栋房屋的宽度、间距及其他细小差异，就可准确地绘出整排房屋。测量中为了检核外轮廓点位的正确性，通常每条外轮廓线上至少测量三个点，如果三点位于同一直线上，证明点位准确。对于外形较复杂的房屋，可视其形状确定测绘方法。例如图 7-19(b)所示以直角形状变化的，可测量 1、2、3 点定位其整体轮廓，再量取 2－4、4－5、3－7、7－6 的距离，绘出房屋的凹部。

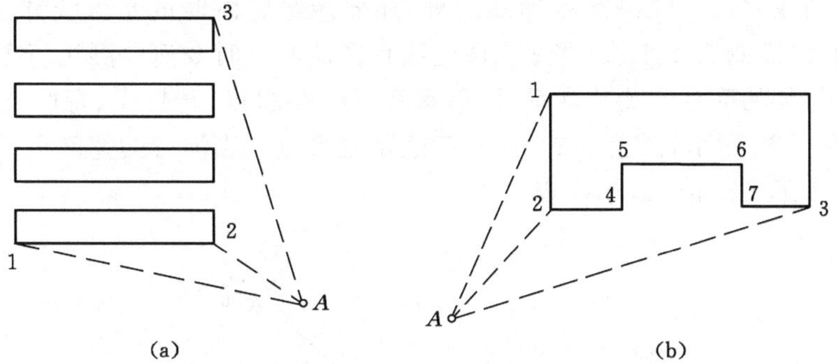

图 7-19　居民地房屋测绘

城镇中的老城区，房屋密集隐蔽，通视条件极差，测绘难度大，事前要仔细研究，制定周密的方案，布设若干导线深入其中，然后以导线边作基线，用支距法分片测绘。

测量房屋以房屋墙基角为准，外廓为矩形的房屋至少测量三个基角点，并检查它们是否构成直角。立尺员应依次连续立同一房屋的三个角点以便绘图员及时正确地勾绘该房屋。每座建筑物至少有一个高程注记点，并应注记其层数及结构(如砖混、框架等)。

居民地有各种各样的名称，如村名、单位名、小区名等，应当经调查核实后，予以注记。

(二) 道路的测绘

道路包括公路、铁路、城镇中的街道、乡间的大路和小路及其附属物，如桥梁、隧道、涵洞、路堤、路堑、排水沟、里程碑、标志牌等。道路及其附属物均需测绘，临时性的便道不测绘，并行的多条小路择其主要的测绘。道路在图上均以比例尺缩小的真实宽度双线表示(铁路用专用符号)。边界线明显的道路，可以在一侧边界立尺测绘，丈量路宽绘出另一侧的边界线。曲线段及拐弯处应减小立尺点的间距，直线段可适当加大。铁路轨顶(曲线段为内轨)、公路路面中心、道路交叉处、桥面等必须测注高程。边界不明显的道路，测量其中心线，从中心线向两侧丈量至边界距离，然后绘出道路边界线。

路堤、路堑按实际边界线测绘，并在坡顶坡脚适当位置测注高程点。凡宽度在图上可以绘出的排水沟均应按比例测绘。其他附属物(如桥梁、涵洞、里程碑等)按实际位置测绘，用专用符号表示。

铁路、公路在同一平面交叉时，公路中断铁路不中断。道路立交时，应如实测绘该处的立交桥，并用相应符号表示。

城镇街道还需标注路面材料、街道名称。凡在围墙内的各单位的内部道路，除主要道路外，一律用内部路符号(虚线)绘出。

道路测绘一般采用沿道路延伸方向追索立尺，有利于绘图员勾绘道路。

(三) 水系测绘

水系是另一类特征明显的地物，它们包括大到江河湖海，小到溪流沟渠、池塘水库、泉井等自然的和人工的水源、水面和水的通道及其相关的水工建筑物，如堤、水坝、桥、水闸、码头、渡口等。

海岸线以高潮时的水位线为准测绘，干出滩按规定绘出堆积物和海滨植被，并适当注记高程。河流、湖泊、池塘、水库按实际边界测绘，有堤的按堤岸测绘，没有堤岸和明显界线的按正常洪水水位线测绘。除测绘水岸线之外，还要测绘施测时的水涯线并注记水面高程。溪流除水岸线外，需测绘流水线，并适当注记高程和流向。时令河应测注河床的高程。堤坝要测注顶面与坡脚的高程。测绘水系时，沿水系界线在起点、转折点、弯曲点、交叉点、终点立尺测定，如图 7-20 所示，图上 1、2、3…数字表示立尺点。当河流的宽度小于图上 0.5 mm，沟渠实际宽度小于 1 m 时，以单线表示。

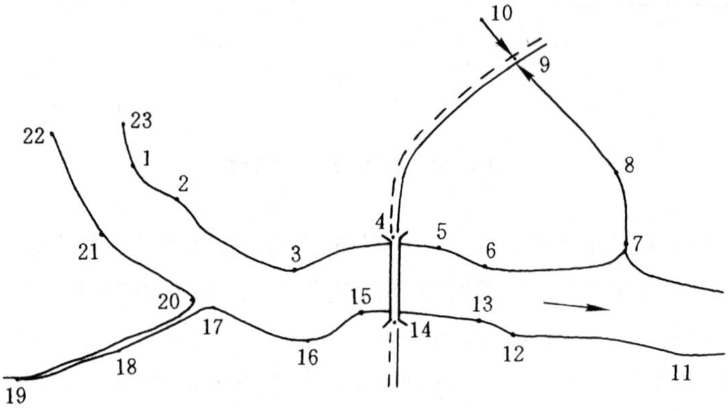

图 7-20　水系测绘

井、泉视具体情况测绘，水乡地区除较有名的井泉外，一般不予测绘。沙漠干旱地区所有泉眼皆需测绘。井泉必须标注测绘时的水面高程。同样，水乡的溪流沟渠可酌情综合取舍，干旱地区则需一一测绘。

（四）植被区域的测绘

地表除水面和荒漠之外，几乎为各种植物所覆盖，植被是各种植物的总称。它们有的是天然生长的，如天然林、灌木丛、芦苇、草地等；有的是人工种植的，如水稻、树苗、人工经济林等。在地形图上应反映各种植物的分布状况。各种不同植被分布区域的界线称为地类界，植被测绘就是测绘地类界。测绘时沿地类界线立尺测量转折点的平面位置，在图上以不连续的小点线表示，如图7-21所示。当地类界线与线状地物重合时，可略去地类界线。在各地类界线圈定的范围内，填绘相应的植被符号，必要时还可配以文字说明和高程注记。农田要用不同的地类符号区分种植不同作物的地块和土地的特性，如水稻、旱地、菜地等。田埂在图上的宽度大于 1 mm 时用双线表示，各地块内应测注有代表性的高程点。

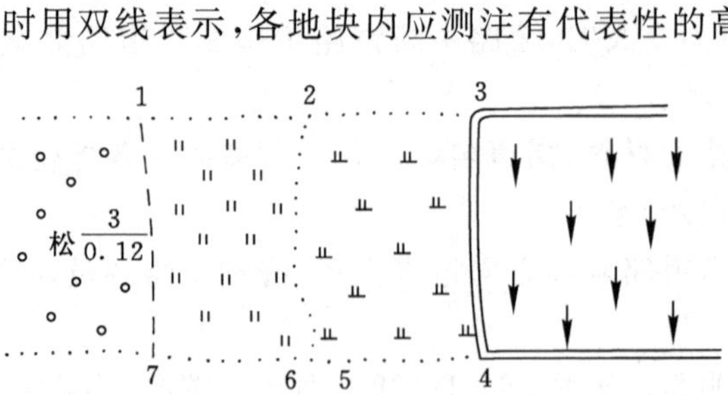

图 7-21　植被测绘

（五）特殊地物点的测绘

特殊地物包括各类、各级测量控制点、具有纪念意义的地物、具有方向意义的地物以及公用事业和公用安全设施等。各类、各级测量平面控制点在测绘准备阶段已展绘在图上，测图过程中应当将各级水准点的位置测绘到图上，并注记点号与高程。其他特殊地物必须将其实际位置测量在图上，用相应的符号表示它们。当特殊地物表示与其他地物的表示重叠冲突时，其他地物让位于特殊地物。

在工矿企业测绘地形图时，为满足改建和扩建的需要，对某些特殊的地物点，如厂房角点、地下管线检查井中心及烟囱中心等，要测出其坐标和高程。

二、地貌的测绘方法

常见的地貌测绘方法有常规的以全站仪或 GNSS 为主的全野外大比例尺地貌测图和航空摄影测量法等。在此，仅介绍常规的全站仪全野外大比例尺图测绘地貌的方法。

地面起伏变化，实质上是不同坡度的地面相交而成。要正确描绘地貌就必须正确测定地面坡度变化线和地貌特征线(通常称之为地性线)，如山脊线、山谷线、变坡线等。地形测绘中测量特征线上若干特征点来定位特征线。由于地貌特征线不如地物特征线那样明显，在选择特征点方面存在一定的困难，因此正确选定地貌特征点是正确描绘地貌的关键。

地貌特征点应选在山顶、鞍部、山脊、山谷、山脚等地性线上的变坡点；地性线的转折点、方向变化点、交点；平地的变坡线的起点、终点、变向点；特殊地貌的起点、终点等。立镜员除正确选择特征点立镜外，还应报告地性线的走向等有关信息，以便绘图员正确连接地性线。原则上地性线的起点、终点、坡度方向变化点都应当立境测定，然而有时考虑减轻图面负荷、提高测图效率，也可进行综合取舍。综合取舍立镜点的选取比一般特征点更难，而且立镜员与绘图员要充分沟通，配合默契，避免漏绘与错绘。在测定特征点之后，绘图员依据已测定的点及时正确地连绘地性线，逐步形成勾绘等高线的骨架。

为了准确地描绘测区的地形高低起伏的形态，需要在选择的地貌特征点上立镜观测。另外，地貌要素的测绘及表示需要符合一般要求。

① 应正确地表示地貌的形态、类别和分布特征。

② 自然形态的地貌一般以等高线配合地貌符号表示，城镇区、居民地和水稻田等平坦地区不绘等高线，仅用地貌符号及高程注记点显示地形起伏；两计曲线之间距离在图上小于 2 mm 可不绘首曲线；图面上不允许有点线矛盾，不同等高距接边时，应保证等高线完整，不得随意中断。

③ 平原地区测绘大比例尺地形图，地形较为简单，高程点可以稀疏采集。在山区测绘时，确保山脊线、山谷线等地形线上采集足够的特征点数据。坡度大于 60°的地区，应增加对地形特征点高程的采集密度。

④ 山顶、鞍部、凹地、山脊、谷底、台地等，应测注高程点。露岩、独立石、土堆、陡坎、斜坡、梯田、坎等，应测注上下方高程或量注比高。

⑤ 斜坡、陡坎应区分未加固和加固两种，70°以上陡峻地段用陡坎符号表示，70°以下用等高线或用等高线配合符号表示，斜坡符号长线一般绘至坡脚，斜坡在图上投影宽度小于 2 mm 时，以陡坎符号表示；坡坎要适当测注坎上、坎下、坡上、坡下的高程。本测区外围田

埂较多,田埂过密的地方适当进行取舍。

⑥ 崩塌残蚀地貌,坡、坎等复杂地貌,应用相应符号或配合等高线表示。居民地建筑区、乱掘、乱堆、垃圾堆等地域可不绘等高线。大面积的盐田、基塘区,可不绘等高线。

⑦ 高程注记点应分布均匀,丘陵地区高程注记点间距宜符合表 7-5 的规定;平台及地形简单地区可放宽至 1.5 倍,地貌变化较大的丘陵地、山地与高山地应适当加密。基本等高距为 0.5 m 时,高程注记点应注至厘米,基本等高距大于 0.5 m 时注至分米。

⑧ 计曲线上的高程注记,字头应朝向高处,且不应在图内倒置,山顶、鞍部、凹地应加绘示坡线。

表 7-5　丘陵地区高程注记点间距

比例尺	1∶500	1∶1 000	1∶2 000
高程注记点间距/m	15	30	50

第五节　图形的裁剪和计算机显示

数字地形图是以数字形式描述地形图各要素的属性、位置和关系,表达地表要素形状和高低起伏,是存储在计算机硬盘上的关联数据文件,通常没有比例尺的限定和固定的图幅边界。为了解数字地形图的计算机生成和管理,本节介绍一些利用计算机绘制数字地形图的基础知识。

数字测图是将采集的碎部点坐标及属性与连接关系等信息输入计算机,通过计算机屏幕显示地物、地貌特征点信息,经人机交互式或自动编辑,生成数字地形图,并可采用绘图仪打印绘制地形图。计算机地形图编辑是通过数字测图软件来实现的,大比例尺地形图测绘采集的碎部点数据文件,通常是以自然边界确定的测量范围,并以测区命名一个工程文件,而不是标准的图幅范围的数据。为此,可能会出现一个外业观测数据文件涉及多个图幅,也可能多个观测记录文件数据合并绘制成一幅图。因此,需要进一步了解地形图在数字环境下显示、编辑等操作带来的图形裁剪实现过程。

测量数据的采集和绘制成的地形图采用的多是平面直角坐标系,如果计算机显示的是设备坐标系,利用计算机设备录入、显示或输出地形图时须在不同坐标系之间进行坐标变换。此外,在利用不同坐标系或不同比例尺的已有资料进行地形图编绘的过程中,也需要将原来不同类型的坐标系中的数据变换到新的统一的坐标系中,因而坐标变换是计算机制图过程中的一个基本和必须解决的问题。

(一) 计算机屏幕坐标系

计算机屏幕坐标系,即一种设备坐标系,它的坐标原点在屏幕的左上角,如图 7-22 所示。在屏幕坐标系中以屏幕点阵为坐标单位,它的取值一般是正整数,具体和屏幕的分辨率有关,如对分辨率为 1024×768 的显示器来讲,它的坐标取值在[0～1023] ×[0～767]之间,单位是像素。

(二) 绘图仪坐标系

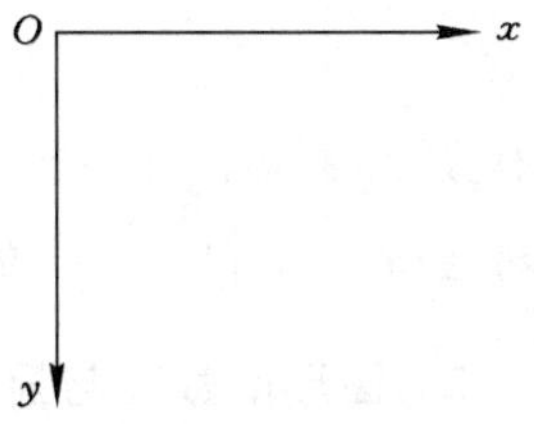

图 7-22　计算机屏幕坐标系

绘图仪坐标系,也是一种设备坐标系。它的坐标原点,对不同的绘图仪不尽相同,有的位于绘图仪幅面的左下角,有的位于绘图仪幅面的中心,但一般都可通过软件将绘图仪的坐标原点设于绘图仪有效绘图区的任一位置。绘图仪的坐标一般只能为正整数,坐标单位是绘图(显示)设备的最小分辨率单位(如绘图笔移动的步长)。对滚筒绘图仪在绘图滚筒的轴向(绘图坐标系的 x 轴)取值范围取决于滚筒长度,而走纸方向(绘图坐标系的 y 轴)取值范围可以很大。

(三) 坐标变换

由于测量坐标系、计算机屏幕坐标系和绘图仪坐标系分别有不同的坐标系定义,相互间的坐标变换是必要的。

二维坐标系变换的实质为同一坐标系内的坐标线性变换,可归结为下列几种基本类型,即坐标平移变换、旋转变换、比例变换等。

(1) 高斯坐标系到屏幕坐标系的变换

图 7-23(a)所示为高斯坐标系中的某点 $P(x_t, y_t)$,其所在图幅的范围由其西南角坐标 (x_n, y_n) 和东北角坐标 (x_m, y_m) 决定;图 7-23(b)所示为在屏幕坐标系中的点 $P(x_p, y_p)$,显示屏上图幅显示范围由左上角坐标 (x_0, y_0) 和右下角坐标 (x_1, y_1) 决定。

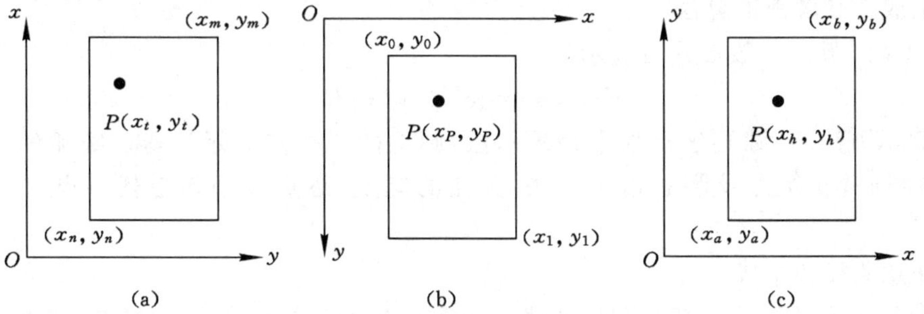

图 7-23　不同类型坐标系

(a) 高斯坐标;(b) 屏幕坐标;(c) 绘图仪坐标

高斯坐标系到屏幕坐标系变换的公式为:

$$\begin{cases} x_P = x_0 + k_x(y_t - y_n) \\ y_P = y_1 - [y_0 + k_y(x_t - x_n)] \end{cases} \tag{7-1}$$

式中,k_x,k_y 为坐标转换系数:

$$\begin{cases} k_x = (x_1 - x_0)/(y_m - y_n) \\ k_y = (y_1 - y_0)/(x_m - x_n) \end{cases} \tag{7-2}$$

由于 k_x 与 k_y 的值不同,为了保持变换系数的一致,变换中取较小者作为变换系数。

(2) 高斯坐标系到绘图仪坐标系的变换

图 7-23(c)所示为在绘图仪坐标系中点 $P(x_h, y_h)$,绘图仪上图幅范围由左下角坐标 (x_a, y_a) 和右上角坐标 (x_b, y_b) 决定。则高斯坐标系到绘图仪坐标系的变换公式为:

$$\begin{cases} x_h = x_a + m(y_t - y_n) \\ y_h = y_a + m(x_t - x_n) \end{cases} \tag{7-3}$$

式中，m 为变换的比例系数，即待绘图的比例尺，由高斯坐标系的单位与绘图仪坐标系的单位确定；x_t、y_t 和 x_n、y_n 的意义同上。

二、图形的裁剪与显示

复杂的地形图是由基本图形元素（点、直线、圆、弧等）构成的。为了生成图形，计算机绘图程序要提供生成这些基本图形元素的功能。在图形显示过程中，为了加快显示速度，需根据显示区域进行图形剪裁处理，即选取图形中的特定内容予以显示。下面简要说明一下平面上直线、圆、弧等生成方法及二维图形剪裁的常用算法。

（一）基本图形元素的生成

（1）直线的生成

直线可由两点决定，生成直线的函数的一般形式可表示为：

$$\text{Line}(x_1, y_1, x_2, y_2)$$

其中，(x_1, y_1)、(x_2, y_2)为平面直线两端点的坐标。

计算机硬件设备所显示的直线，实际上是在直线的延伸方向以硬件设备的最小分辨率（步长）不断地生成光点的轨迹或绘出微小的线段，这里的步长指的是显示器上光点的间距或绘图笔移动的最小距离，即实际生成的直线是由连续的像素或折线组成。

（2）生成圆和圆弧的算法

生成圆及圆弧的一般形式可表示为：

$$F(x, y) = x^2 + y^2 - R \tag{7-4}$$

圆的表示方法有：圆心坐标加半径表示法，圆上的三个点表示法等。圆弧的表示方法有：圆弧的圆心，起始点及圆心角表示法，圆弧的起点、终点及圆弧上任一点（三点）表示法等。

（3）任意曲线的生成

任意曲线生成的算法一般是利用曲线上或曲线附近已知的若干控制点，首先生成位于曲线位置上的折线，再对折线进行平滑处理，即曲线拟合。通常的算法有：高次多项式插值、样条函数、最小二乘法等。

（二）二维图形裁剪的基本理论

在计算机制图过程中经常会遇到图幅划分及在图形编辑过程中对某个区域进行局部放大的问题，要求确定一个区域，仅显示区域内图形，清除区域之外的图形，这就是所谓的图形裁剪。这里提到的区域也称窗口，根据区域的形状不同窗口分为矩形或任意多边形。因地形图是正形投影，这里仅讨论二维图形的基本裁剪方法。

二维裁剪处理主要是判断图形元素是否在所开的窗口内。裁剪处理工作包括：图形元素在窗口内外的判断和图形元素与窗口边界交点的计算。

判断图形是否在矩形窗口内，只需进行四次坐标比较，即满足式(7-5)，满足条件则图形元素在窗口内。

$$x_{\min} \leqslant x \leqslant x_{\max} \quad y_{\min} \leqslant y \leqslant y_{\max} \tag{7-5}$$

式中，(x, y)是被判别的点元素；$(x_{\min}, y_{\min})$及$(x_{\max}, y_{\max})$是矩形窗口的最小与最大坐

标值。

图形裁剪的原理并不复杂,但图形裁剪的算法却很复杂,裁剪算法最重要的好处是图形显示速度的提高。

(1) 直线的裁剪

在直线的裁剪中,关键是检查线段相对于窗口的位置关系。一般线段两端点相对于窗口的位置有下面几种情况:

① 整条直线在窗口内,如图 7-24 中线段 a,不需剪裁,保留整条直线。

② 整条直线在窗口外,如图 7-24 中线段 b,不需剪裁,舍弃整条直线。

③ 部分直线在窗口内,部分直线在窗口外,如图 7-24中线段 c。此时需计算出直线与窗口的交点,舍弃窗口外的直线部分,保留窗口内的直线部分。

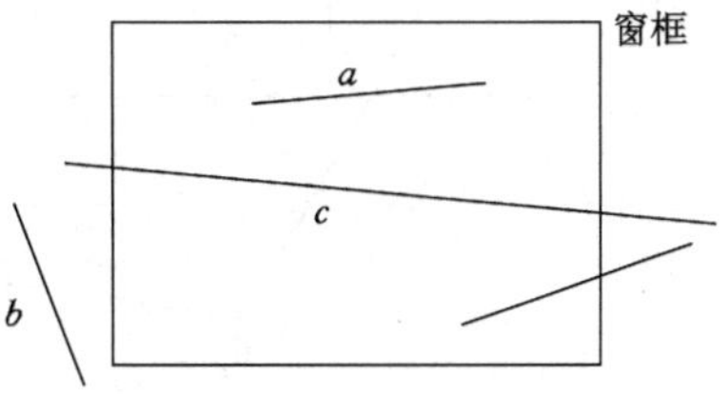

图 7-24　直线的裁剪

直线剪裁算法有两个主要步骤。首先将不需剪裁的直线挑出,即删去在窗外的直线;然后,对其余直线,逐条与窗框求交点,并将窗口外的部分删去。

(2) 圆和曲线的裁剪

计算机中圆和曲线是用一组短直线逼近形成的曲线,故在裁剪圆及曲线时,可将圆和曲线分解成一组短直线,用线段裁剪的方法进行处理,实现对圆或整条曲线的裁剪。在裁剪前可对那些完全位于矩形内,或全位于矩形外的圆用外接矩形理论判断,排除不需裁剪的图形,再对需进行裁减的图形进行裁减,这样可加快显示速度。

(3) 多边形的裁剪

数字地形图制图中的多边形裁剪问题经常遇到,其算法的关键在于,通过剪裁不仅要保持窗口内多边形的边界部分,而且要将窗框的有关部分按一定次序插入多边形的保留边界之间,从而使剪裁后的多边形的边仍然保持封闭状态。下面介绍多边形剪裁的常用方法——SutherLand-Hodgman 裁剪算法,其主要思想是:先选择窗口的任一边界线,对多边形各边进行裁剪,生成新多边形,再用窗口的第二条边界对其裁剪,生成第二个新多边形。依此类推,直至用最后一条窗口边界线裁剪最新生成的多边形,形成最后的多边形即为裁剪结果。图 7-25 中 $V_1V_2V_3V_4V_5$ 为一多边形,裁剪过程如下:

① 首先选择用下边界裁剪图形[图 7-25(a)],自顶点 V_1 开始,由于 V_1 位于下边界不可见一侧,故不记入新多边形顶点中,V_1、V_5 同位于下边界不可见侧,V_5 也不作记录。

② V_2 位于下边界可见侧,记录 $P_2=V_2$,又由于 V_2,V_1 位于下边界异侧,故求 V_2V_1 与下边界的交点,记为 P_1。

③ V_3 位于可见侧记录 $P_3=V_3$,V_3、V_2 位于下边界同侧与下边界无交点。

④ V_4 位于可见侧记录 $P_4=V_4$,V_4、V_3 同位于下边界可见侧与下边界无交点。

⑤ V_5 位于不可见侧不记录,V_5、V_4 位于下边界异侧与下边界有交点并记录 $P_5=V_5$,经下边界裁剪后形成多边形 $P_1P_2P_3P_4P_5$ 多边形[图 7-25(b)]。

⑥ 用左边界裁剪图形,方法同上,得 $L_1L_2L_3L_4$ 多边形,进一步用上边界裁剪得多边形 $K_1K_2K_3K_4$[图 7-25(c)],因图形位于右边界可见侧,无须进行右边界的裁减,故图 7-25(d)即为最终裁剪结果。

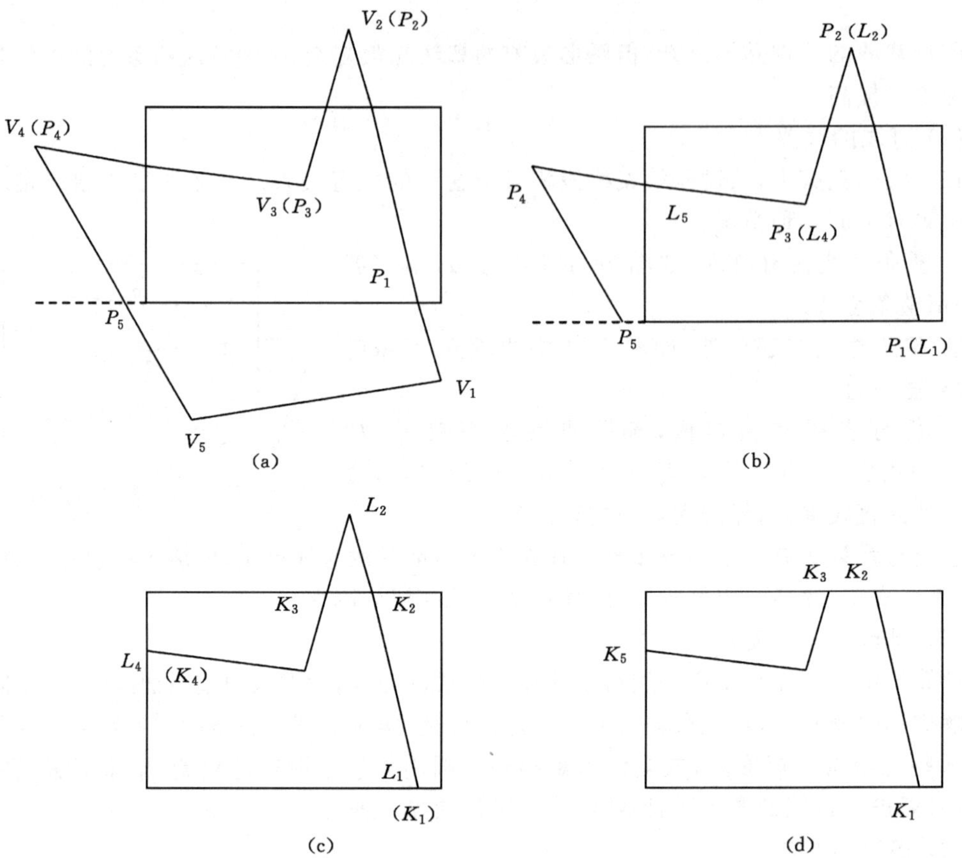

图 7-25　多边形的裁剪

第六节　地形图符号与等高线的自动生成

一、地形图符号的自动绘制

地形图符号是在地形图上用来表示各种地物和地貌的图形符号，它由形状不同、大小不一、比例有异、色彩有别的图形和文字组成。地形图符号是地形图的主要表达形式，不仅能反映地形图要素的存在、类别及其数量等特征，而且还能反映出地形图要素的空间分布、结构、联系以及变化等。在数字地形图上，需根据数据属性自动绘制地形图符号。

（一）地形图符号的设计

地形图符号的设计原则是：在充分考虑地形图各要素的分类分级的基础上，着重顾及构成地形图符号的 6 个基本图形变量，即形状、尺寸、色彩、亮度、密度和方向。其中，符号的形状、尺寸和色彩三个构成要素最为重要，被称为地形图符号的三要素。

1. 形状

设计符号的图形形状时，在考虑计算机绘图和屏幕可视化技术要求的基础上，需使设计的符号图案化和系统化。

地形图符号的图案化，是指符号图形应类似于物体本身的实际形态，或具有象征会意的作用，即保证人们看到符号就能联想出被表示的物体或现象，使其具有形象、简单、定位准确等特点。

地形图符号的系统化，是指在设计地形图符号的图形时，应考虑到地形图内容的分类分级以及符号图形与符号含义内在的有机联系，不能孤立、片面地进行单个符号设计。

2. 尺寸

符号的尺寸大小不仅与地形图用途、比例尺、制图区域特点和屏幕分辨率高低等方面相联系，还应考虑分辨能力、绘图和复制技术的能力。

3. 色彩

设计地形图符号的色彩时，要做到以下两点：

① 要正确利用色彩的象征意义，如用绿色符号表示植被要素，蓝色符号表示水系要素等。

② 通过色彩对比，起到突出主题或主要现象的作用，如对与地形图表示的主题或主要现象有关的符号，应当尽量使用鲜明、饱和的色彩，而对于基础和次要现象的符号则用浅淡的色彩。

在地形图符号中，使用色彩的优点是：简化地形图符号的图形差别，减少符号的数量，增强各要素分类分级之间的联系，美化地形图，提高地形图的表现力。

（二）点状、线状、面状符号的绘制

1. 点状符号的绘制

点状符号的生成过程包括调用点状符号库、在屏幕上显示点状符号等内容。对基于AutoCAD平台开发的点状符号库，其点状符号的调用方法也就是AutoCAD块文件和形文件的调用方法这里不赘述，下面只对自主开发的软件符号生成的一般过程作简要说明。

自主开发的软件符号的生成过程一般都要经过以下几个步骤：

① 根据实体图式代码和参数编制实体数据文件，从软件主模块中打开符号库，根据从实体数据文件中得到的地物代码从符号库提取符号数据。

② 调用符号绘制专用模块，调用参数包括从实体数据文件中得到的符号参数，包括符号定位点数据、符号本身参数、比例参数、旋转方向参数等。由于符号设计时采用的是以符号定位点为基准的符号坐标系，所以还需要在专用模块中进行坐标变换，将符号坐标系数据变换到大地坐标系、屏幕坐标系中。

③ 根据符号参数的数据编码在屏幕上生成符号。从专用模块中返回主模块，完成符号的绘制。

2. 线状符号的绘制

线状符号有多种类型，包括线宽、线型、曲、直等特征，由于这些特征的差别，使地形图线状符号类型繁多，非常复杂。

直线状符号可以由两个点唯一地确定，因此绘制该符号的函数一般只需要两个参数——位于直线上两个点的坐标。在绘制的同时，可选择不同的线型、线宽、颜色等特征。

计算机系统中的图形输出设备可以识别直接绘制线状符号的指令，在图形显示屏上或控制绘图仪的绘图笔绘出相应的直线段。在直线函数中加入线性参数，就可以生成宽度不同的实线、虚线或点划线等形式不同的线性符号。例如，在C语言中，用函数line(int x_1, int y_1, int x_2, int y_2)在给定的两点间画一直线，使用当前绘图色、线型及线宽。函数 setlinestyle(int style, unsigned pattern, int width)为直线设置当前线型，包括线型、线图样和线宽等，其中参数 style 为线型取值，参数 pattern 用于自定义线图样，参数 width 用来设定线宽。其他程序语言也有类似函数。线状符号除了在离散点之间有直线、曲线等基本样式符号外，有些还在离散点之间配置了其他符号，如陡坎，其除了中心线以外，还有短齿线；铁路符号，除了两条平行线外，还配置了黑白相间的色块。可以用较为简单的数学表达式来描述，根据不同的线状符号特点，采用不同的连接方式就可以生成。

地形图中的曲线通常由多个不同曲率的圆弧组成，各种程序语言也都有绘制圆弧的函数，与绘制直线类似，只要指定相应的参数即可。

3. 面状符号的绘制

地形图上描述面状实体的方法通常是在面域内填充相应的符号或线型。所以面状符号生成的实质是多边形填充问题。填充有两种基本形式：线填充和符号填充。填充的符号排列遵守一定的规则，即在所谓"扫描线"上以一定间隔 d(步距)排列，两种填充没有太大的差别。线填充的基本算法如下：

① 将多边形旋转至以扫描线为 x 轴的坐标系中。

② 求出坐标系中多边形角点中 y 坐标最小值 y_{min} 与最大值 y_{max}，由上述 y 坐标值确定范围即是扫描的 y 坐标变化范围，求 $y=y_0+d$ 直线与多边形边的交点(y_0 的初值为 y_{mim}，终值为 y_{max})。

③ 将交点坐标反旋至原坐标系中，以两交点为一对，画出晕线或符号，调用画线型模块即可实现特定线型的填充；调用一个沿扫描线方向等间隔生成符号的模块(需先根据扫描线和符号间隔计算各符号的定位点坐标，然后调用符号生成模块)，即可实现符号填充。

④ 着色。着色就是以某种颜色填充一个多边形区域，这是一个特殊的线填充问题。

理论上扫描线的间隔 $d=0$，实际开发时将扫描线定为 x(或 y)方向，然后在上述基本算法的第二步中取 $d=1$ 即可。通常程序语言也有面域着色的函数，直接调用即可。

二、等高线的自动生成

等高线是地形图中最常用的符号之一，在数字地形图中关于等高线的自动生成问题占有很重要的位置。常用的等高线生成算法包括不规则网格法和规则网格法。无论是采用哪种方法，绘制等高线一般都需要做如下的工作：构网、等高线点的确定、等高线点的追踪、等高线的光滑和等高线的注记。

(一) 规则格网的生成

规则网格是指在制图区域上构成一个矩阵网格，这个网格由若干小正方形或小长方形网格构成，每个网格角点值(高程值)可根据原始观测数据采用一定的插值方法求得，而等高线就是利用这些点值绘制的。常用的高程插值方法有线性插值、多项式插值、最小二乘插值、距离加权平均插值和多层曲面插值等。

(二) 不规则格网的生成

不规则网格是直接利用离散点连成的四边形、三角形或其他多边形网格。实际应用中多采用不规则三角形网格(Triangulated Irregular Network, TIN)。它的优点是利用原始数据作为网格结点，不改变原始数据及其精度，保存了原有的关键地形特征，利用 TIN 追踪等高线的算法相对简单，TIN 能以不同层次分辨率来描述地形表面，更精确合理地表达地表形态。

建立三角形网的基本过程是将邻近的三个离散点连接成初始三角形，再以这个三角形的每一条边为基础连接邻近的离散点，组成新的三角形，如此继续下去，直至所有的数据点均已连成三角形为止。在整个建网过程中，需确保三角形网中没有交叉和重复的三角形。

对构成的 TIN，基本要求有三点：

① TIN 是唯一的。

② 三角形几何形状尽量保持最佳，每个三角形尽量为等边。

③ 保证最邻近的点构成三角形，即三角形边长之和最小。

（三）等高点的确定

等高点的确定也就是在已构成的格网的棱边上确定等高点的通过位置，因而关键是要确定等高线与三角网或其他多边形网格边的相交条件，下面以三角形网格为例介绍有关方法。

三角网中的最小单元是三角形，其棱边上是否存在等高点完全取决于该棱边的两个节点间是否包含该高程值。在完整的等高线图中，一般要包含不同高程值的等高线多条，但由于各等高线的生成算法完全相同，所以只讨论一个高程值的等高线生成算法即可。

设 i、j 是某三角单元的两个节点，其构成的棱边 ij 是否与某高程值为 H_c 的等高线相交，即可否在该棱边上确定等高点的判别式为：

$$f=(H_i-H_c)(H_j-H_c) \tag{7-6}$$

式中，H_i、H_j 为棱边上两节点的高程值。当 $f>0$ 时两者不相交，如图 7-26(a)所示；$f=0$ 时，等高线过 i 或 j 中的一个端点，如图 7-26(b)所示；$f<0$ 时，等高线与该棱边有一交点，如图 7-26(c)所示。$f=0$ 时的情况易引起等高线追踪的困难，会使等高线追踪出现二义性，因而在进行判别时先在该节点的高程值中加入一微小量，在高程为 H_c 的全部等高线生成后，再恢复节点原来的高程值。这种处理方法实际上是使等高线绕过该节点，但从图形的效果来看因加入量微小，图形显示上依然是通过该点的。

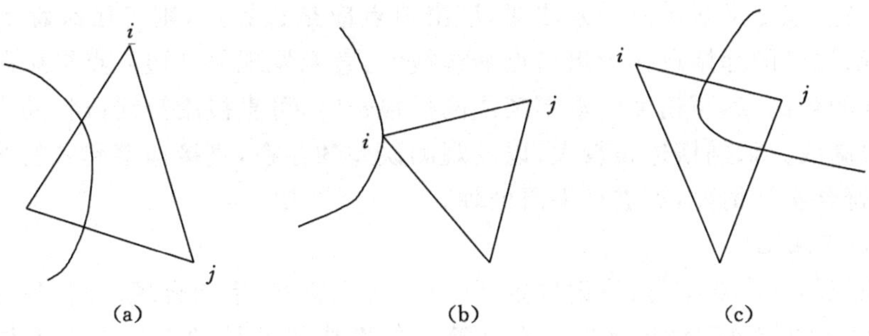

图 7-26　等高点的判定

当对 $f=0$ 时的情况进行如上所述的特殊处理后，对三角形单元来说，某条等高线至多在三角形单元中通过一次，与单元的一条棱边只存在一个交点，或者说等高线与三角形单元全部棱边的交点数或者为零，或者是两个。四边形单元也是如此，等高线至多在四边形单元中通过一次，等高线与四边角形单元全部棱边的交点数或者为零，或者是两个。可以有这样的结论：对上述两种类型的单元而言，其棱边上的等高点总是成对出现，任何情况下均如此。

设高程值 H_c 在三角形单元内及棱边上是线性变化的，则等高点的坐标可用下式确定：

$$\begin{cases} x_c = x_i + (H_c - H_i)(x_j - x_i)/(H_j - H_i) \\ y_c = y_i + (H_c - H_i)(y_j - y_i)/(H_j - H_i) \end{cases} \tag{7-7}$$

式中，(x_c, y_c) 为等高线与棱边 ij 的交点坐标即等高点坐标；(x_i, y_i)、(x_j, y_j) 为棱边两端点 i、j 的坐标；H_i 和 H_j 为其高程值。

（四）等高点的追踪

等高点的追踪就是将具有相同高程而又属于同一条等高线的点有序地连接起来。由于在定义域内对给定的高程值可能有若干条等高线存在，确定等高线的走向就成了等高线自动生成的关键问题。

在计算机制图中，等高线的自动生成一般采用逐条生成的办法，这样既可提高等高线的生成速度，又能节约计算机内存，且不易出错。具体的方法是开辟一个动态数组，记录一条等高线上所有高程点的坐标信息。一条等高线生成完毕后，先将该动态数组清零，之后用来记录下一条等高线的信息。在追踪等高点时，首先搜索出通过该等高线高程值的任一单元，假设为 n，该单元上的第一个等值点为 n_1（也称线头），因单元上的等高点总是成对出现的，所以在单元 n 上定能找到另一个等高点 n_2，将 n_1、n_2 的坐标记录到动态数组中。同时将该单元做上标记，以便在生成下一条同高程的等高线时，不需要重复搜索该单元。如果上述等高点不是定义域边界点，则应根据单元的序号搜索下一单元（m 单元），前述 n_2 点即是第一个单元的出口点，又是下一个单元的入口点（相当于 m 单元中的 m_1 点），此时可在 m 单元的棱边上寻找除 m_1 点之外的另一等高点 m_2 点（m 单元的出口点），并将 m_2 点的坐标数据也记录在动态数组中，依次追踪（图 7-27）。当找不到新的入口点时，需要将找到的最后一个点（出口点）坐标与已记录的起始点坐标比较，如果坐标是相同的，则曲线闭合，等高线生成结束；否则该等高线在定义区域就是开曲线，该出口点应是边界点，则将已跟踪的等值点坐标倒排序，利用已记录的起始点作为出口点继续搜索，直到发现另一边界点结束跟踪。

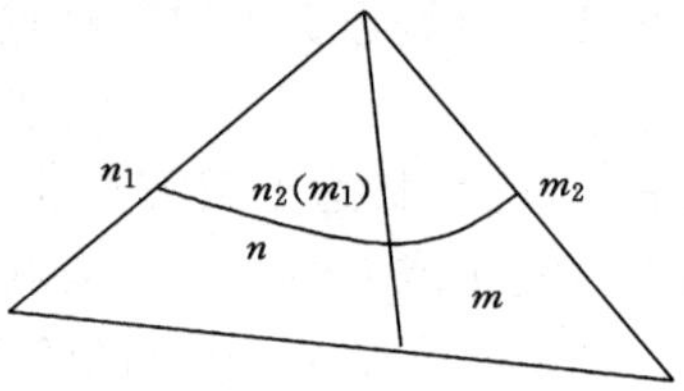

图 7-27　等高线追踪

对追踪到的等高点，当精度要求不高或网格很密时，可直接用直线段将动态数组中的等高点连接成等高线。如网格边长较大，以及观测误差的存在，直接连接起来的线段显然不是光滑曲线，不符合实际情况，需进行平滑处理。

（五）等高线注记

等高线注记的基本要求是：注记位置要合适、排列整齐、字向合理。注记的过程是：

① 寻找写字的位置和确定字向。在计算机制图中进行该项工作是比较复杂的。最适宜的注记位置是等高线曲线轨迹上曲率较小的曲线段，并且该段曲线段的长度须大于要写的注记总宽度，确定该位置的算法是对两个等高点之间的距离和斜率或相邻三个等高点之间的转角进行计算，满足上述要求的线段即是注记位置；同时通过判断曲线的走向决定注记的字向。

② 对等高点数据信息重新整理。由于在等高线上加注注记后，闭合的等高线在给注记留出位置后，闭曲线便成了开曲线，而在开曲线上留出注记位置后一条曲线就变成了两段，

因此必须进行等高点数据信息的重新整理。

（六）等高线的精度

一般地，在规则网格中，影响等高线生成精度的因素主要是数据点的分布密度和离散程度、网格大小及所采用的曲面拟合函数、曲线光滑时所用的插值方法、定义区外相关区域内数据点有无分布，其中以网格大小的影响最大。利用不规则网生成时，影响的主要因素是已知数据点分布的密度和离散程度、定义区外一定范围内有无数据点、已知点的精度，以及在三角网构网时是否对地性线进行了适当考虑。在三角网构网时，要求三角形任何一条边都不能与地性线相交。

第七节　数字地形图内业编绘

一、数字化地图制图环境

通过不同数据采集手段获取各种地形信息数据并传输到计算机之后，还需要对这些数据进行加工处理，提取对绘图有用的各种信息，对其进行计算和整理，再按规定的数据结构存储，建立起适合绘图、编辑处理和能与 GIS 接轨的地图数据库，生成地图制图数据产品或空间数据库产品。这种利用计算机对原始数据进行计算、整理和地形图绘制的过程称为地形图的计算机编绘。

地形图的内业成图和检查验收

数字测图系统包括硬件和软件，前者包括用于内业处理的计算机及其标准外设，如显示器、打印机以及图形外设等。

数字测图软件主要指根据地形图图式对符号、线型等的规定，在计算机中完成地形图的绘制、编辑、修改、检查、输出、转换等功能的专业软件。数字测图软件众多，开发思路各有不同，功能也有差异，软件的优劣直接影响数字测图系统的效率、可靠性、成图精度和操作的难易程度。

目前，市场上比较成熟的数字化成图软件主要有：广州南方测绘科技股份有限公司的数字化地形地籍成图系统软件 SouthMap、CASS、山维新技术开发有限公司的 GIS 数据采集处理与管理系列软件 EPSW、武汉瑞得的数字测图系统 RDMS、中地数码的 MapGIS 软件等。

1. 南方 SouthMap 地理信息数据成图软件

该软件是南方测绘基于 AutoCAD 和国产 CAD 平台，历经 20 余年研发实现的，集数据采集、编辑、成图、质检等功能于一体的成图软件，主要用于大比例尺地形图绘制、三维测图、点云绘图、地籍测绘等领域。很长一段时间曾以 CASS 软件的形式在行业领域内广泛使用。

2. 山维 EPSW 软件

山维数字测图软件是国内首家底层开发的专业数字测图软件，使用方便、功能齐全。其 EPSW 电子平板功能特别适用于内外业一体化作业，在城市测量中得到了广泛应用。

EPSW 电子平板系统的主要特点是：① 面向测绘和地理信息系统，支持多种模式多种行业的数据采集；② 支持编码符号自定义，适应不同地区特点；③ 工程模板使数据生产标准化和规范化，保证大规模生产各作业组作业规格一致；④ 利用数据库存储技术，突破数据量瓶颈，适合任意面积测绘等。

数字测图软件均提供与内存卡、电子手簿或者带内存的全站仪之间的数据传输功能，能够进行数据的双向传输。内存卡可直接插入计算机接口，电子手簿或者带内存的全站仪则需用U盘、通信电缆、蓝牙或红外传输等方式与计算机连接。

将全站仪通过适当的通信传输方式与计算机系统进行通信实现数据传输，打开数字测图软件，选择“读取全站仪数据”的菜单选项，再选择全站仪的型号。同时在全站仪和计算机数据通信设置项中选择相同的通信参数，如波特率、数据位、停止位和检验位等，先在计算机上确认，后在全站仪上确认，即可将全站仪的数据传输到计算机。

三、地形图编绘与输出

地形图编绘是利用传输到计算机中的碎部点坐标和属性信息，在计算机屏幕上绘制地物、地貌图形，经人机交互编辑，生成数字地形图或由打印机（或绘图仪）绘制出地形图。下面针对应用最为广泛的草图测记法模式，说明地形图编绘内业工作的内容和方法。

（一）测点展绘

对于数字测图软件，不论是底层开发的还是平台二次开发的，均具有测点展绘功能，就是将野外所测地形点的点号、坐标和高程在计算机屏幕上按照坐标显示出来。其内容包括两个方面：

1. 展绘测点点号

测记法地形图内业编绘，需要根据草图的点号和连接信息进行图形绘制。因此，一般首先展绘野外测点的点号，如图7-28所示。

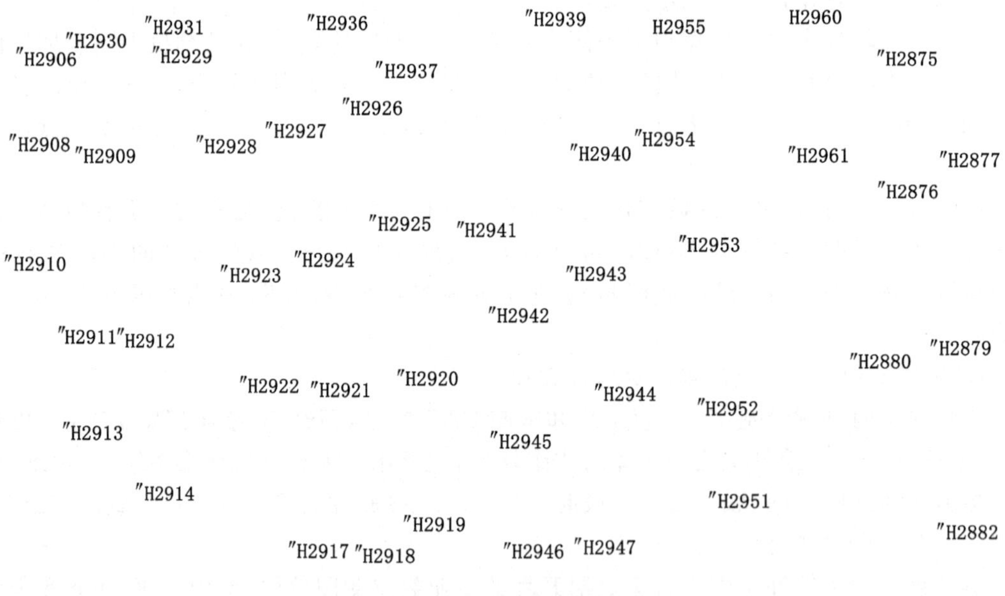

图7-28　测点点号展绘示意图

2. 展绘测点高程

等高线的绘制是数字测图内业中技术难度最大的工作，需要根据各测点的高程进行等高线的生成、检查与修改，因此需展绘野外测点的高程，如图7-29所示。高程点的展绘是将规定的高程点符号在测点位置绘制出来，并在其正右方显示点的高程值。在展绘高程点之前需考虑高程值小数取位，要符合不同比例尺地形图的基本规定。

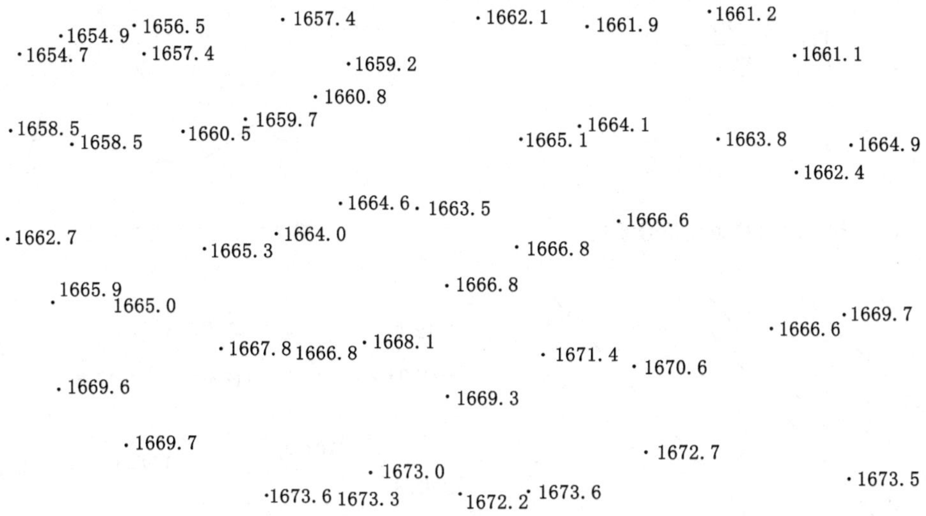

图 7-29　测点高程展绘示意图

一般情况下，为准确绘制地物地貌符号，数字地形图的实测点比较密集，远远大于规范规定的高程注记点密度(一般图上每 100 cm^2 内需 8～20 个高程注记点)。因此，在地物地貌绘制完成后，并经编辑检查无误，需对所有实测高程点进行稀释工作。好的数字测图软件，在实测高程点的稀释处理时，能够根据实测点表达地形的重要程度，保留明显地物、地貌的特征点。

高程注记点数量的选择与地物密集程度、地形起伏大小有关。一般情况下，居民区地物密集，地形起伏小，为保证图面的清晰易读，高程注记点相对较少，不影响对地形起伏的判断；对于居民地外的区域，植被较多，地物较少，图面负载小，地形可能有较大的起伏，宜适当增加高程注记点的数量。对于地形起伏较大的区域，适宜采用等高线来表示地势变化。

(二) 地物绘制

数字测图软件系统一般均有地图符号库，根据地物类型不同分为三类，即点状地物、线状地物和面状地物，大致对应图式符号中的非比例符号、线形符号和比例符号。采用数字测图软件绘制地物符号的工作相对比较简单。对照外业绘制草图，根据软件中地物绘制命令(或点击功能按钮、屏幕菜单等)绘制所有地物符号。

点状地物符号具有定位点，有的还具有定向线或真实方位。根据野外实测定位点的坐标、真实方位绘制出点状符号，如图 7-30 和图 7-31 所示。

线状地物绘制时，根据草图绘制的线状地物性质，连接点号，应用软件中线状地物绘制功能，可自动调用该地物的线型和线宽，在规定的图层，使用规定的颜色绘制出相应的线状符号，如图 7-32 所示。

面状地物具有外围边界线，根据外业草图和展绘的测点，调用相应面状地物符号进行绘制，如图 7-33 所示。需要进行面状地物填充时要注意阴影线之间的间距或相邻点状符号的间距选择，图式中虽有明确的规定，但在实际工作时，尤其是在大面积植被填充时，建议选择

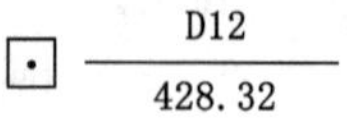

图 7-30　图根控制点符号绘制

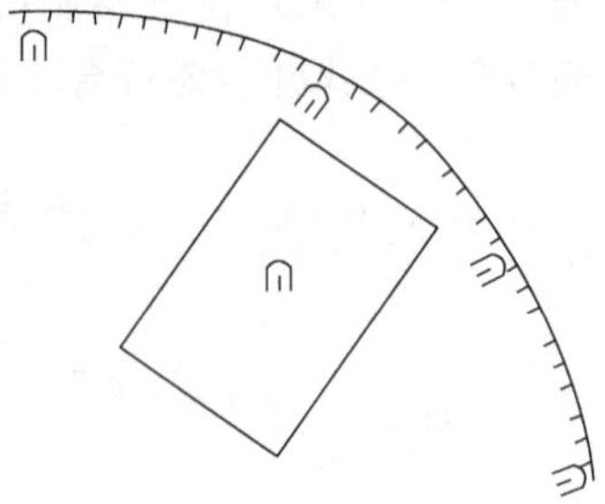

图 7-31　窑洞符号绘制

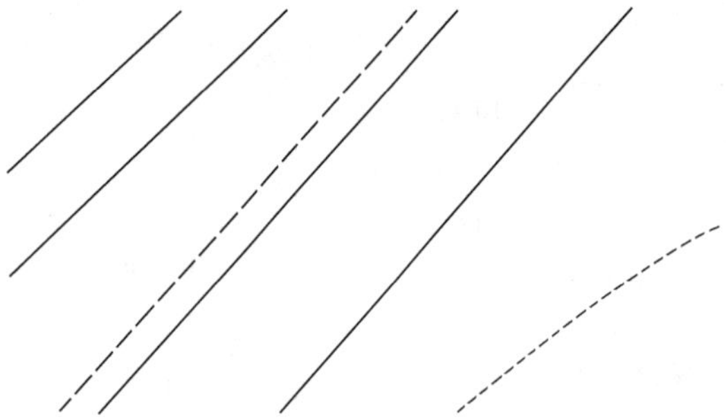

图 7-32　线状地物绘制

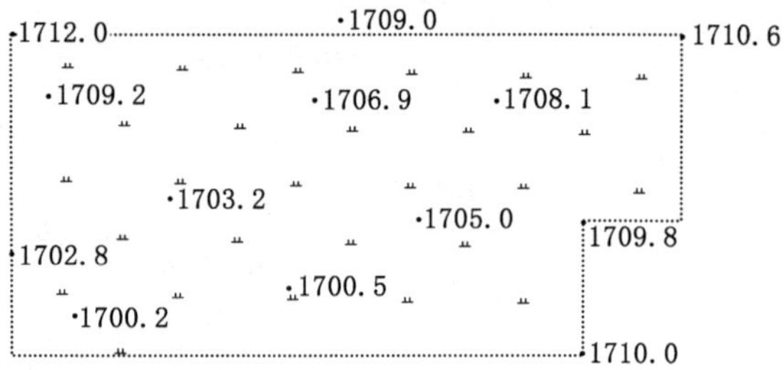

图 7-33　面状地物绘制

比图式规定的间距大一些。

（三）等高线绘制

野外测定的地貌特征点一般是离散的数据点，采用离散高程点绘制等高线，首先根据离散高程点构建数字地面模型(DTM)，即不规则三角网(TIN)。然后在不规则三角网上跟踪等高线通过点，将相邻的高程相同点用折线连接起来成为等高线，再利用适当的光滑参数对等高线进行光滑处理，从而形成光滑的等高线。这一过程需要运用数字测图软件中等高线生成功能。

1. 建立 DTM

根据离散高程点建立 DTM 的方法有很多，主要采用最近距离法或最大角度法，由任意选择的相邻两点寻找最合理的第 3 点，建立三角形，认为此三角形三个顶点构成的斜面即代表了地面地形。再由此三角形的每一边以同样的方法向外发展，构成一个个邻接三角形，建立整个测区所有实测数据的三角网，并代表了整个测区地形的起伏形状，如图 7-34 所示。

建立 DTM 正确与否的关键因素是对坡坎、双线地物和地性线的考虑，不考虑或考虑不完整，都将造成自动生成等高线的错误。斜坡、陡坎和双线地物是等高线的断裂处，地性线是山脊线和山谷线，构建三角网时，都应考虑。外业实测时，坡坎、双线地物和地性线，应有详细记录。

2. DTM 编辑

根据坡坎、双线地物和地性线的实测点位，对三角网进行各种修改，包括删除三角形、过滤三角形、增加三角形、三角形内插点、删三角形顶点、重组三角形、删三角网等操作。其目的如下：

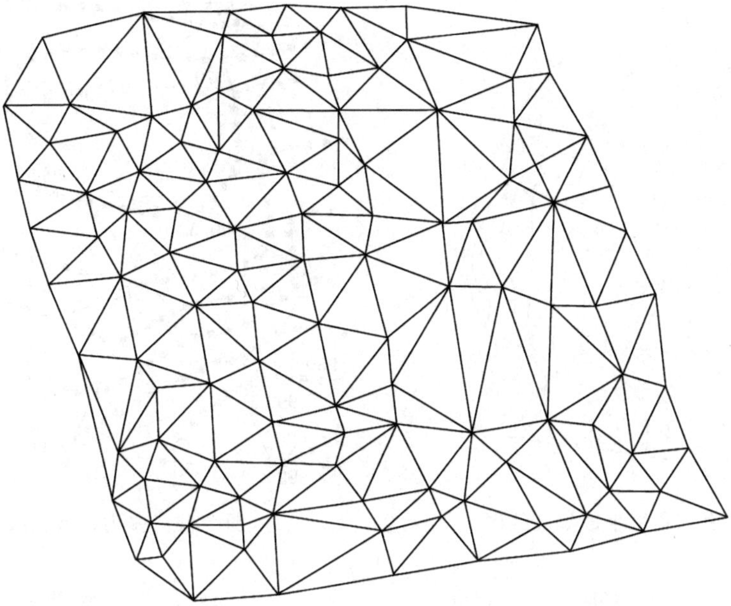

图 7-34　测区三角网构网图

① 在坡坎的上下边缘范围内形成三角网，使三角形的任意边不穿越坡坎的上下范围线。

② 使双线地物（双线道路、双线或面状水系、依比例房屋）的边线成为三角网的构成边，使三角形的任意边不穿越双线地物的范围线。

③ 将地性线作为三角网的构成边，使三角形的任意边不穿越地性线。

3. 绘制等高线

构建正确的 DTM 后，便可进行等高线的绘制，如图 7-35 所示。数字测图软件均有选择等高距和等高线拟合方法的功能，拟合方式很多，如张力样条拟合、B 样条拟合和 SPLINE 拟合等。

① 选择张力样条拟合，需选择拟合步距。如选择 2 m 步距，拟合的精度较高，但生成的等高线数据量比较大，拟合速度会稍慢，适合山区地形等高线的变化，但测区面积不宜过大，如图 7-36 所示。

② 选择三次 B 样条拟合，曲线光滑度较好，内存量较小，适合于山区地形或测区较大的情况，可尽量控制等高线的数据量。主要问题是等高线的误差较大，一般不经过相邻测点间所计算的高程内插点位置，且曲线弧度越大，偏差值越大。当等高线比较平缓或实测点较密集时，可以较好地控制等高线的偏移程度，采用三次 B 样条曲线进行拟合的效果较好，如图 7-37 所示。

③ 选择 SPLINE 拟合，能结合张力样条曲线和 B 样条曲线的优点，较好地控制曲线的光滑度和曲线通过所计算的高程内插点的正确程度（可通过设置样条曲线的容差来控制），但也因为过于严格控制通过内插点的误差程度，当等高线的弧度较大时，使得等高线在非内插点位置的偏移量特别大，出现明显扭曲。实际工作中选择 SPLINE 曲线进行等高线拟合较少，如图 7-38 所示。

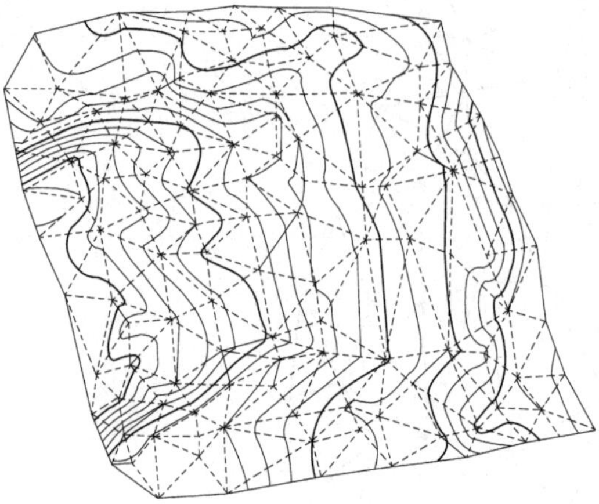

图 7-35　由三角网生成等高线图

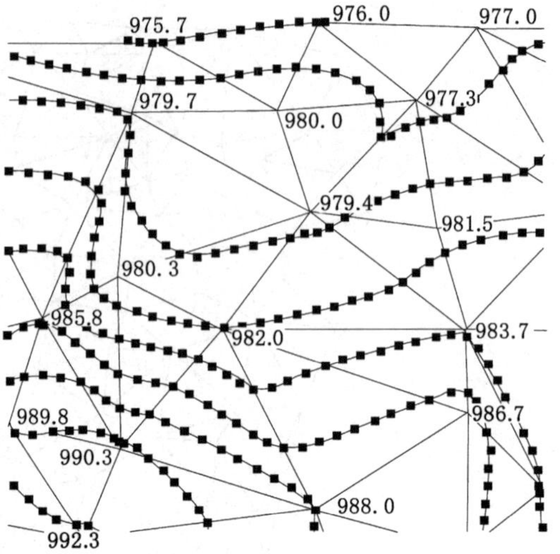

图 7-36　张力样条曲线拟合

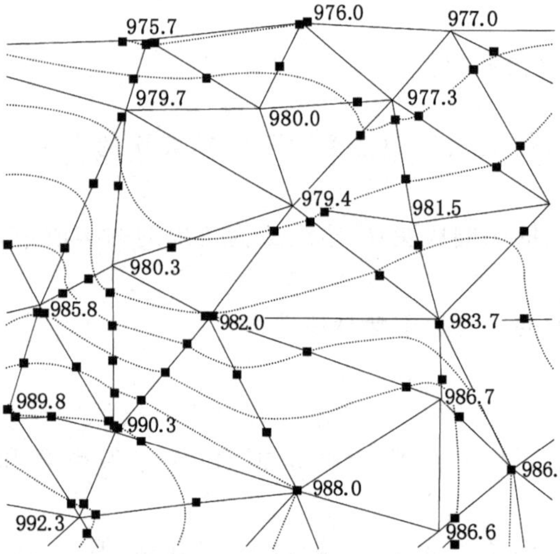

图 7-37　三次 B 样条曲线拟合

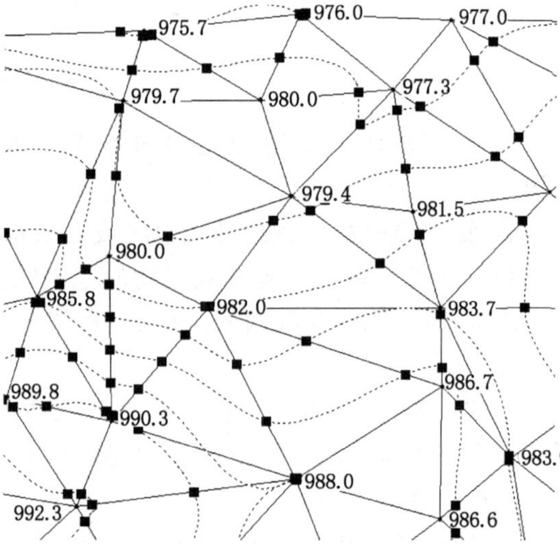

图 7-38　SPLINE 曲线拟合

4. 等高线编辑

即使在构建三角网时考虑了坡坎、双线地物和地性线的影响，由于实测时未进行详细记录或测点有误，自动绘制的等高线一般情况下都会存在很多问题，尤其是山区地形测量。对于初学者甚至是有一定地形图测绘经验的专业人员来说，绘制等高线出现错误也是在所难免的，需要认真学习并进行大量实践。

5. 等高线修剪

针对不同的测绘空间数据库产品、地图制图产品，等高线的修剪方式也不尽相同。如地图制图产品，一般是利用数字地形图进行规划和设计，对穿越各种符号、注记（如坡坎、双线地物、建筑物、高程点、等高线注记等）的等高线进行修剪处理，以保持图面的清晰易读。

通常数字测图软件均具有等高线修剪功能，如南方 SouthMap 就提供了自动切除所有等高线穿过坡坎、双线道路、双线水系、建筑物的功能。

（四）图形编辑

在大比例尺数字测图过程中，由于实际地形、地物的复杂性，漏测、错测难以避免，必须要有一套强大的图形编辑系统，对所测地形图进行屏幕显示和人机交互图形编辑，在保证精度的情况下消除相互矛盾的地物、地貌，对于漏测或者错测的部分，及时进行外业补测或者重测。另外，对于地图上的许多文字注记进行编辑说明也是很重要的，如道路、河流、街道等。

图形编辑的另一重要作用是对大比例尺数字化地图的更新，可以借助人机交互图形编辑，根据实测坐标和实地变化情况，随时对地图的地形、地物进行增加、删除和修改，以保证地图具有较好的现势性。一般软件均有常规编辑和符号编辑两种功能。

1. 常规编辑

常规编辑主要是对图形进行基本的处理，如图元编辑、删除、断开、延伸、修剪、移动、旋转、比例缩放、复制、偏移拷贝、复合处理等，一般是对单个图形的局部进行编辑处理，以符合实际地形情况，如图 7-39 所示。

2. 符号编辑

符号编辑主要是对图形进行规范化处理，如坐标转换、植被填充、土质填充、测站改正、房檐改正、直角纠正、修改墙宽等，一般是对符号的整体进行编辑处理，以符合图式的规定，如图 7-40 所示。

图 7-39　图形常规编辑

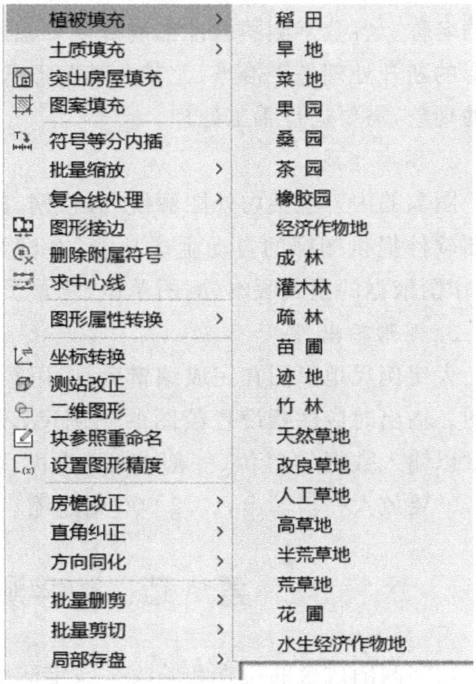

图 7-40　图形符号编辑

3. 图面整饰

数字地形图整饰主要是进行图面的压盖处理，保证图面整洁美观和清晰易读，包括各种文字注记、数字注记和面状要素填充等与地物、地貌符号位置关系的处理。

① 当两个地物之间的间距过小无法看清时，可将次要地物移位绘制。

② 各种文字和数字注记，与其他地物地貌符号容易产生压盖问题，如高程注记点与房屋、道路、等高线等出现重叠或压盖，可进行适当的位置调整。

③ 植被符号是表示地表面覆盖物的面状符号，当与等高线等产生压盖问题时，亦可进行位置的调整甚至删除压盖的个别植被符号。

(五) 注记处理

地形图上除了各种图形符号外，还有各种注记要素，包括文字注记和数字注记，具体可以分为名称注记、说明注记、数字注记以及图幅注记。图式对注记的字体、大小、方向、字空、字列和字位均有严格规定，一般通过人机交互绘制。注记内容，除一部分(如等高线计曲线高程、高程点高程等)可以从文件中调出外，大多数将通过键盘输入。由注记参数对话框选择排列方式、大小、类型等参数，然后由鼠标选择注记位置后，绘制注记。

(六) 数字地形图的分幅、整饰和输出

数字地形图经各小组编辑处理，所有小组图形的合并检查完成后，即可进行图形的分幅、图廓生成和绘图输出。

1. 图形分幅

在图形分幅前，应做好分幅的准备工作。一是查阅设计规定的分幅方法，如标准分幅；二是了解图形数据文件中 X 坐标和 Y 坐标的最小值和最大值，划分图幅的数量，确定每幅图的名称。各数字测图软件都能提供分幅的方法和具体操作，但要注意检查自动分幅时对图形的断开处理是否恰当，尤其是某些点状、面状符号处于两幅图的相交处，容易出现不正确的现象，需要进行手工处理。

2. 图廓生成

图廓的内容包括内外图廓线、方格网、接图表、图廓间和图廓外的各种注记等。各数字测图软件提供图廓的自动生成功能，在设置中输入图幅的名称、测图的时间、方法、坐标系统、作图依据的图式版本、测图单位、测量员、制图员、审核员等。

3. 图形输出

大比例尺地形图在完成编辑后，应用数字测图软件的“绘图仪或打印机出图”功能进行绘图。输出时应注意设置绘图的比例尺，不同软件设置方式不尽相同。AutoCAD 的图形像素以输入数据的单位(一般为米)为准，因此，1∶1 000 比例尺地形图输出时为 1∶1，1∶500要放大一倍输出，1∶2 000 则是缩小 50%输出。

第八节　数字测图检查验收与总结

数字测图成果的检查和验收是数字测图工作质量控制的重要环节，根据《数字测绘成果质量检查与验收》(GB/T 18316—2008)和《测绘成果质量检查与验收》(GB/T 24356—2023)的规定，测绘成果质量通过两级检查一级验收的方式进行控制，应依次通过测绘单位作业部门的过程检查、测绘单位质量管理部门的最终检查和项目管理单位组织或委托具有资质的质量检验机构进行验收检验。

一、数字测图成果的精度与质量基本要求

（一）数字地形图的精度要求

根据《城市测量规范》大比例尺数字测图地物点的平面位置精度的要求：地物点相对邻近控制点的图上点位中误差在平原与丘陵地区不得大于 0.5 mm，在山地、高山地不得大于图上 0.75 mm，特殊困难地区可按地形条件放宽 0.5 倍。地物点相对于邻近地物点的间距中误差平地、丘陵地不大于 0.4 mm，山地、高山地不大于 0.6 mm。高程精度，在城市建筑区和基本等高距为 0.5 m 的平坦地区，1∶500、1∶1 000、1∶2 000 的数字线划地图的高程注记点相对于邻近图根点的高程中误差不应大于 0.15 m；其他地区高程精度应以等高线内插点的高程中误差为衡量，不应超过表 7-6 的规定。

表 7-6　等高线内插点的高程中误差

地形类别	平地	丘陵地	山地	高山地
高程中误差/m	$\leqslant 1/3\times H$	$\leqslant 1/2\times H$	$\leqslant 2/3\times H$	$\leqslant 1\times H$

注：H—基本等高距。

（二）要素分类与要求

要素的分类与代码符合现行国家标准《基础地理信息要素分类与代码》(GB/T 13923—2022)的规定，并应按设计要求分层存放。要素的图式表达符合现行国家标准《国家基本比例尺地图图式 第 1 部分：1∶500　1∶1 000　1∶2 000 地形图图式》(GB/T 20257.1—2017)和《国家基本比例尺地图图式 第 2 部分：1∶5 000、1∶10 000 地形图图式》(GB/T 20257.2—2017)的规定。要素属性内容应完整、正确：① 地理名称、单位名称、门牌号、建筑物的用途、层数、结构、高度以及水系名称、道路名称与等级、桥名、道路性质等属性信息；② 高程点、等高线相应的高程值；③ 各种点状要素、线状要素的注记文本属性信息。

要素的几何类型和空间拓扑关系要正确：① 房屋、道路、水系、植被等四类要素宜构面，且应在不同图层；② 面状要素应严格封闭，一个面要素宜有位移标识点，代码正确；相邻面要素的边线应重合，同一层面状要素之间不应重叠；③ 同层中线状要素不应自重叠、自相交；构成几何网络的线状要素应保证结点的相交性、连通性；④ 多边形、线状要素的构成宜完整。

名称注记、说明注记和图例应正确、齐全。

（三）图幅接边

在提取面要素前，应对线要素进行接边，宜采用图幅的东南边接边。几何图形在图幅之间应实现无缝接边，接边要素应自然连接，公共图廓边应完全重合，接边地物要素属性应保持一致。

线状地物(如围墙、围墙坎、斜坡等)在接边时，应确保骨架线接边无误且方向正确，辅助描述线不接边。除点状地物外，要注意保持线状和面状地物图形的一致性，直线线状地物不得出现明显转折。面要素接边后要素标识点属性应一致。

二、数字测图的检查验收

（一）检查验收的成果及规定

1. 提交检查验收的成果资料

一般数字测图工作结束后，应提交如下数字（纸质）成果。

① 数字测图技术设计文件。

② 数字测图技术总结文件。

③ 控制测量原始观测、原始记录和点之记资料。

④ 控制测量平差计算和控制网图形文件。

⑤ 控制测量成果文件。

⑥ 地形数据采集原始数据资料。

⑦ 地形图整图和分幅电子图形文件。

⑧ 地形图分幅纸质图。

2. 检查验收的依据

数字测图产品的检查验收依据有测绘任务书、合同书中有关产品质量元素的摘录文件或委托检查验收文件、有关法规和技术标准以及技术设计书中有关技术规定等。

3. 数字测绘产品检验后的处理

① 检查中发现有不符合技术标准、技术设计书或其他有关技术规定的产品时，应及时提出处理的意见，交测绘单位进行改正。当问题较多或性质较重时，可将部分或全部产品退回测绘单位重新处理，然后再进行检查直至合格为止。

② 经验收判为合格的产品，测绘单位要对验收中发现的问题进行处理。经验收判为不合格的产品，要将检验产品全部退回测绘单位进行处理，然后再次申请验收。

③ 检查验收人员认真做好包括质量问题记录、问题处理记录以及质量评定记录等。记录必须及时、认真、规范、清晰。检查、验收工作完成后，需编写检查、验收报告，并随产品一起归档。

（二）检查验收的方式

为保证数字测图成果的质量，测绘人员必须具有严肃认真的工作态度和熟练的技术水平，同时还必须有合理的质量检查制度。按照规范的规定要求，应在自我检查的基础上进行二级检查一级验收。

1. 自检互检

自检互检是保证数字测图质量的第一环节。小组作业人员应经常检查自己的操作程序、作业方法和绘图内容是否正确，如测站检查、地形检查，确认地物有无遗漏，地貌是否相像，并按项目部的要求进行各作业小组的互查。

2. 两级检查一级验收

测绘产品实行过程检查、最终检查和验收制度。过程检查一般由项目部负责，是在作业组自查互查的基础上，按相应技术标准、技术设计书和有关技术规定，对作业组生产的产品进行全面检查。通过过程检查的产品才能进行最终检查，由生产单位的质量管理机构负责实施，对作业组生产的产品进行一次全面检查。经最终检查合格后，测绘单位以书面形式向委托生产单位或者上级部门申请验收，验收后提出的检验报告，是测绘成果是否合格的依据。

过程检查、最终检查工作中，当对质量问题的判定存在分歧时，由测绘单位总工程师裁定；验收工作中，当对质量问题的判定存在分歧时，由委托方或项目管理单位裁定。

（三）检查验收的方法

对数字测图产品进行检查验收的方法一般包括室内检查和外业检查两个方面，作业人员应当积极协助和支持全面检查及验收工作。

1. 室内检查

① 对各等级控制网的布设方案、控制网点的密度、位置的合理性，标石的类型和质量，手簿的记录和注记的正确性、完备性，电子手簿的记录程序正确性和输出格式的标准化程度，各项误差与限差的符合情况，各项验算的正确性，资料的完整性等进行全面详查。

② 数据采集原始资料的检验。

③ 数字图形的检查，包括空间数据检查、逻辑一致性检查和数据完整性检查，主要是对计算机中图形的检查，是常规测图难以做到的检查内容。

空间数据检查主要包括数学基础的检查，各类地形要素的精度及表示是否符合要求。

逻辑一致性检查包括地理要素的协调性、图幅接边和拓扑关系是否正确。

数据完整性检查主要包括图层数量、图层名、颜色、属性等是否正确完整，有无非本层要素，如房屋层中有道路存在、道路层中有水系地物等。图层质量好坏是数据将来进入 GIS 数据库的关键。实体种类、数据属性、注记和辅助数据的检查，有无错漏，表示是否正确。

④ 数据文件检查，包括控制点数据库、控制点成果文件和地图数据库检查等。

2. 外业检查

外业检查主要是对地形图数学精度和地理精度的检查。

① 地物点位置精度的检测。用数字测图采集数据时精度相同的仪器，在相同的测站上设站，选择地形图上测量过的地物特征点测定其平面位置，通过计算机提取数字地形图上同名地物点的坐标，与检查点的坐标比较，计算出坐标差和位置差 Δx_i、Δy_i、Δs_i，按下式计算地物点的单位检测中误差 $m_{检}$：

$$m_{检}=\pm\sqrt{\frac{[\Delta s_i \cdot \Delta s_i]}{2n}} \tag{7-8}$$

式中，Δs_i 为由检测坐标与同名地物点实测坐标差计算出的位置偏差量，$\Delta s_i=\sqrt{\Delta x_i^2+\Delta y_i^2}$；$n$ 为检测点数量。

② 地物点相对精度的检测。用钢尺丈量地物点间距与计算机屏幕采集的同名边长比较，计算边长差值 Δl_i，按下式计算地物点间距检测中误差 m_l：

$$m_l=\pm\sqrt{\frac{[\Delta l_i \cdot \Delta l_i]}{2n}} \tag{7-9}$$

式中，Δl_i 为同名边长之差；n 为被检测地物点的间距个数。

③ 注记点高程精度的检测。采用原数字测图仪器再次测量高程注记点的高程，计算同名高程的较差值 Δh_i，按下式计算注记点高程检测中误差 m_h：

$$m_h=\pm\sqrt{\frac{[\Delta h_i \cdot \Delta h_i]}{2n}} \tag{7-10}$$

式中，Δh_i 为检测的高程注记点高程与实测高程之差；n 为被检测高程注记点的个数。

④ 地理精度的检查。对于进行详查的图幅，通过野外巡视的方法，全数检查各地理要素表示的正确性、合理性，以及有无丢、错、漏的现象。

（四）数字测图产品质量评定

对数字测图产品经上述检查、验收后，应按项目质量依据《数字测绘成果质量检查与验收》规范采用缺陷扣分标准，在控制成果、数学精度、地理精度和交验资料的完整性等方面，按验收评分细则在质量评定标准中的规定进行质量评定。

评定控制测量的品级，考虑点的分布与密度、各项边长、线路总长、图形、扩展次数是否符合要求，各种手簿、成果、图历表的填写是否正确，资料是否齐全，字迹是否工整清晰，主要误差与次要误差的比例关系等。全面考虑与平衡，确定控制测量的品级并反映到报告中。

地形图的数学精度评定包括平面和高程精度，根据地物位置表示的正确程度、高程注记点的高程中误差和等高线的高程中误差来评定。

地形图的内容质量评定根据地物地貌表示的正确程度，综合取舍、符号运用、高程注记点密度位置分布是否恰当、图面美观程度等综合评定。

（五）编写检查验收报告

检查验收报告是测绘成果质量认证书，随成果资料一并上交，为用图单位正确使用测绘成果提供可靠依据。检查验收报告由检查验收主持人负责编写。

① 检查报告的主要内容：任务概要；检查工作概况（包括仪器、设备和人员组织情况）；检查的技术报告；主要质量问题及处理意见；对遗留问题的处理意见；质量统计和检查结论。

② 验收报告的主要内容：验收工作进展情况；对全部内、外业资料和原图的评价；验收成果和图件的数量与质量统计；验收过程中发现的问题及处理情况。

验收报告中的评价以检查结果为依据，有统计数据的最好用数据说明问题。验收报告必须以明确的词语对整个测绘工作做出肯定或者否定的结论。

二、数字测图技术总结

数字测图技术总结是在测图任务和质量检查完成后，对测绘技术设计文件、技术标准和规范等的执行情况，技术设计方案实施中出现的主要技术问题和处理方法，成果质量、新技术的应用等进行分析研究、认真总结，并做出客观描述和评价。测绘技术总结为用户对成果的合理使用提供方便，为测绘单位持续质量改进提供依据，同时也为测绘技术设计、有关技术标准、规定的制定提供资料。

测绘技术总结是与测绘成果有直接关系的技术性文件，是长期保存的重要技术档案。可参照《测绘技术总结编写规定》(GH/T 1001—2005)进行编写。

（一）技术总结编写的依据

① 测绘任务书或合同的有关要求，任务委托方书面要求或者口头要求的记录，市场的需求或期望。

② 测绘技术设计文件、相关的法律、法规、技术标准和规范。

③ 测绘成果的质量检查报告。

④ 以往测绘技术设计、测绘技术总结提供的信息以及现有生产过程和产品的质量记录和有关数据。

⑤ 其他有关文件和资料。

（二）技术总结编写的原则

① 内容真实、全面，重点突出。说明和评价技术要求的执行情况时，不应简单抄录技术设计和相关规范的有关技术要求。应重点说明作业过程中出现的主要技术问题和处理方法、特殊情况的处理及其达到的效果、经验、教训和遗留问题等。

② 文字应简洁扼要，公式、数据和图表应准确，名词、术语、符号和计量单位等均应与有关法规和标准一致。

（三）测绘技术总结的编制

数字测图技术总结一般由概述、技术设计执行情况、成果质量说明和评价、上交和归档的成果及其资料清单等四部分组成。

1. 概述

简要说明测绘任务的来源、内容、目标、工作量等，项目的组织、实施和完成情况，作业区概况和已有资料的利用情况。

2. 技术设计执行情况

说明作业所依据的技术性文件，包括项目设计书和有关技术标准、规范及其执行情况，重点描述项目实施过程中出现的技术问题和处理方法、特殊情况的处理及其达到的效果等，说明项目实施中质量保证措施（包括组织管理措施、资源保证措施和质量控制措施以及数据安全措施）的执行情况，应详细描述和总结作业过程中采用新技术、新方法、新材料的应用情况，总结项目实施中的经验、教训（包括重大的缺陷和失败）和遗留问题，并对今后生产提出改进意见和建议。

3. 成果质量说明与评价

说明与评价项目最终测绘成果的质量情况，包括必要的精度统计，产品达到的技术指标，并说明最终测绘成果的质量检查报告的名称和编号。

4. 上交成果及其资料清单

（1）数字测图成果

主要是控制测量成果、电子版和纸质版地形图，说明其名称、数量、类型等。

（2）文档资料

包括项目技术设计，项目技术总结，质量检查报告，控制测量的观测、记录、点位信息及平差计算报告，地形图测绘的观测、记录等及其他作业过程中形成的重要记录。

第九节　数字测图技术进展

20 世纪末，人类在空间技术和信息技术领域取得了一系列重大突破，高性能计算机、高分辨率卫星传感器、高速宽带网络相继出现，对测绘技术、方法和仪器设备的变革产生了深刻的影响，卫星导航定位技术、遥感技术、地理信息技术等高新技术迅猛发展，极大地提高了地理信息数据获取、处理与服务的能力和效率，全方位地推进了测绘信息化进程。现代测绘体系从传统手工纸质模拟化测图经过半自动、自动化数字测图阶段，逐步发展到信息化测绘时代。

以光学机械为主的传统测绘技术体系是 20 世纪测绘行业的主要技术支撑，野外测量时需要肩扛背负仪器，奔波于崇山峻岭、戈壁沙漠，利用手工和模拟机械绘制线划地形图，耗时费力，而数字化测绘体系是在整个测绘作业、生产和服务的流程中，实现数据采集、加工与处理、管理和应用的数字化。产品形式从传统的纸质地图变成了4D地图产品，即数字高程模型(Digital Elevation Models, DEM)、数字线划地图(Digital Line Graphic, DLG)、数字栅格地图(Digital Raster Graphic, DRG)和数字正射影像图(Digital Orthophoto Map, DOM)，是一次测绘生产流程的革命，测绘成果不再仅仅是各种地图，而是用数字化手段来提供基于地理空间位置的服务。

信息化测绘是我国测绘的一个新的发展阶段，它代表了我国测绘现代化建设的战略方向。如果说数字化测绘体系侧重测绘行业或测绘系统自身的生产能力建设，那么信息化测绘体系则侧重于社会化服务能力和共建共享的机制建设。新技术的融合与整合构成了信息化测绘体系的技术支撑和保障体系，如从GIS、Web GIS (System)到Web GIS (Service)，从OpenGIS、互操作到数据交换中心(Clearinghouse)，从基础地理信息数据库、SDI(空间数据基础设施)到SII(空间信息基础设施)，从元数据、地理编码数据到可量测影像DMI (Digital Measurable Images)，从UDDI(Universal Description, Discovery and Integration，通用描述、发现与集成服务)、LBS(Location Based Service，基于位置服务)到SIG(Spatial Information Grid，空间信息网格)等构成了现代测绘技术的发展方向，可见信息化测绘体系所涉及的技术更加丰富和复杂。

表7-7列出了测绘技术体系发展的不同阶段。不难发现，每个阶段的形成和发展具有鲜明的时代特征，而模拟测绘形成的管理体制和模式，始终是不同阶段下测绘体系所不可或缺的组成部分。尽管经历了不断的优化和调整，以空间数据资源和"3S"技术及其集成为核心，结合网络技术、存储技术等形成的新测绘技术体系已成为发展和应用的共识。

表7-7　测绘技术体系发展的阶段比较表

阶段 内容	模拟化 Analog	数字化 Digitization	信息化 Informatization	智本化 Knowledgement	普适化 Ubiquity
数据类型 Data Type	模拟数据 Simulation Data	地理数据 Geographic Data	空间数据 Spatial Data	时空数据 Cyber Data	格网数据 Grid Data
处理对象 Focus	实体 Ontology	数据 Data	信息 Information	知识 Knowledge	数据信息知识集成 Integrating
产品模式 Product Model	手工 Hand－made	4D产品 DEM/DOM/DLG/DRG	可量测影像SD－DMI (Digital Measurable Images)	ONLINE/在线智能保障 Intelligent	实时 Real－time
技术手段 Technology	传统方式 Tradition	3S技术 GIS/GNSS/RS(3S)	3S＋LBS 3S in One＋LBS	全球信息格网技术 GIG	4A/4V技术
服务基础 Service Base	基于地图的服务(MBS) Map Based Service	基于定位的服务 Position(PBS)	基于位置的服务 Location(LBS)	基于路径的服务 Routine(RBS)	基于前导的服务 Direction(DBS)
产品定位 Product Style	绘图/管理 Map	测度/技术 Monitor	理解/服务 Understand	提炼/共享 Model	先知/保障 Predict
主导身份 Host ID	制图者 Map－maker	地理信息提供者 Geoinformation－Provider	空间信息服务者 Geomatics－server	定制服务者	按需服务者 Server on Demand

表 7-7(续)

阶段 内容	模拟化 Analog	数字化 Digitization	信息化 Informatization	智本化 Knowledgement	普适化 Ubiquity
基础设施 Infrastructure	资料馆/图库 Archives	空间数据基础设施 SDI/SII	空间信息基础设施 SII/SGI	空间网格基础设施 SGI/SSI	空间服务基础设施 SSI/SAI
产业定位 Direction	基础测绘 Basic S&M	测绘事业 S&M	地理信息产业 Geomatics	知识产业 Knowledge Industry	创意生态产业 Creative Ecology
建设驱动 Build Power	测绘直属单位 Surveying Mapping	测绘系统 S&M System	测绘行业 Open S&M	国家层位 National Demand	“草根化”全民推动 Popularization

一、信息化测绘及其进展

随着 GNSS、电子导航地图、Google Earth、Virtual Earth、Web Service 技术、下一代互联网、天空地一体化智能传感器网络的不断出现，通过传感器网络向大众用户提供按需测量和按需服务的面向服务的新地理信息时代已经来临，“数字地球”(Digital Earth)、物联网、云计算技术融合成为“智慧地球”(Smart Planet)，现代测绘体系从数字化测绘跨越到服务内容和形式渐趋多样化的信息化测绘。

（一）数字地球(Digital Earth)

“数字地球”是美国前副总统戈尔早在 1998 年提出的一个全球综合信息的数据系统工程。它是将分散在地球各地的各种渠道所得信息按地球的地理坐标组织起来形成一个无缝的覆盖全球的地球信息模型，是将全部地球资料的数字化、网络化、智能化和可视化等信息化的过程，从数字化、数据构模、系统仿真、决策支持一直到虚拟现实，以体现地球上人文的、社会的和自然的各种信息的内在有机联系，便于按地理坐标进行检索和利用。其核心思想是用天空地一体化的空间信息快速获取技术、海量空间数据调度与管理技术、空间信息可视化技术、空间信息分析与挖掘技术、网络服务技术等数字化手段整体性地解决地球问题，并最大限度地利用信息资源。

数字地球实现了对地球多分辨率和多时态的观测与分析、基于图形和空天地一体化实景影像的可视化和可量测、基于 Web Service 的空间信息共享与智能服务，以及与非空间信息的关联。

（二）物联网(Internet of Things)

2005 年突尼斯信息社会世界峰会上由国际电信联盟(ITU)正式提出物联网的概念，它是指通过射频识别、红外感应器、全球定位系统、激光扫描器等信息传感设备，按约定的协议，将任何物品与互联网连接起来进行信息交换和通信，以实现智能化识别、定位、跟踪监控和管理的一种网络。如将感应器嵌入和装备到电网、铁路、桥梁、隧道、公路、建筑、供水系统、大坝、油气管道等各种物体中，并普遍连接形成物联网。我国早在 1999 年就提出了当时称为传感网的类似概念并启动相关研究和开发。物联网能够实现人与人、人与机器、机器与机器的互联互通，充分发挥人与机器各自的优点。例如，可以将所有的航天/航空传感器和地面的传感器网通过天地互联网集成在一起，构成智能传感器网络。

（三）云计算(Cloud Computing)

云计算属于一种分布式计算技术，是先将计算处理程序分拆成较小子程序交给大量服务器组成的系统进行搜寻、计算分析并传送处理结果给用户。它是一种整合可扩展计算、数据、存储、应用等分布资源进行协同工作的计算模式。作为一种全新的网络应用模式，它将成为未来人们获取服务和信息的主导方式。云计算包含了云服务、运行和支撑服务的云平台、数据中心的硬件平台三层。

位置云：将室内定位和室外定位结合在一起可组成位置云。室外的定位信息可以通过手机用于导航，室内定位则是利用多元传感器信息，如无线信号 WiFi。这两种定位信息结合组成计算云，将手机接收到的导航卫星信号与其他定位相关的传感器信息传输到云计算中心，通过云环境的实时解算，实现室内外高精度的手机连续位置定位，达到分米级精度。地理国情监测员、灾情报告员、森林调查员、地质勘测队员、土地调查员、城管员和公安交警人员等以及广大手机用户都将应用此功能来服务智慧城市的发展。

遥感云：将海量遥感数据、复杂的遥感处理与分析方法置于远程云计算平台，用户无须搭建专用环境，只需选择数据和算法后即可获取最终结果。遥感云彻底改变了遥感数据处理模式，用户以前需要自购、存储、管理遥感图像，并需要配置软件和平台完成遥感图像的处理。通过遥感云服务，云计算中心提供了计算能力，用户只要选择算法发出指令，遥感云开始搜索，自主完成数据收集、软件计算、专题图制作并发布结果告知决策部门。例如，需要掌握鄱阳湖洪水期淹没前后的情况，只要通过遥感云服务就可以获得需要的资讯。

（四）智慧地球(Smart Planet)

"智慧地球"是 2008 年 IBM 公司首席执行官彭明盛首次提出。其主要内容是将新一代 IT 技术充分运用到各行各业中，即将传感器装备到人们生活中的各种物体当中，且连接起来，形成"物联网"，并通过超级计算机和云计算将"物联网"整合起来，实现网上数字地球与人类社会和物理系统的整合。在此基础上，可以更加精细和动态地管理生产和生活，达到"智慧"的状态。在智慧地球上，人们将能接触到智慧医疗、智慧电网、智慧油田、智慧城市、智慧企业等。

"智慧地球"由数字地球、物联网、云计算三大类支撑技术组成，它建立在数字地球的基础框架上包含物联网和云计算并与现实城市融为一体、面向应用和服务并能实现自主组网和维护。其空间信息采集、处理和服务机制更加丰富和完善，其内容涵盖了位置云、遥感云、空天地一体化的传感网与实时 GIS、视频与 GIS 的融合、室内与地下空间定位及导航、空间挖掘及传感器智能手机等。其产品形式在数字化测绘 4D 产品的基础上又增加了可量测实景影像(Digital Measurable Image，DMI)从而衍生为 5D 产品。

可量测实景影像是指一体化集成融合管理的时空序列上的具有像片绝对方位元素的航空/航天/地面立体影像的统称。它不仅直观可视，而且通过相应的应用软件、插件和 API 让用户按照其需要进行直接浏览、相对测量(高度、坡度等)、绝对定位解析测量和属性注记信息挖掘，而具有时间维度的 DMI 在空间信息网格技术上形成历史搜索探索挖掘，为通视分析、交通能力、商业选址等深度应用提供用户自身可扩展的数据支持。所以，DMI 是满足 Web2.0 的新型数字化产品，体现了从专业人员按规范量测到广大用户按需要量测的跨越。

（五）数字孪生(Digital Twin)与元宇宙(Metaverse)

数字孪生(Digital Twin)概念最早由 Michael Grieves 教授提出。他认为通过物理设备的数据，可以在虚拟(信息)空间构建一个可以表征该物理设备的虚拟实体和子系统，并且这种联系不是单向和静态的，而是在整个产品的生命周期中都联系在一起。数字孪生概念不仅活跃在工业 4.0 的制造业，也越来越频繁地出现在智慧城市领域。随着 ICT(信息、通信、技术)成为智慧城市发展的主要动能，移动通信、互联网、云计算、传感器、人工智能、量子通信在智慧城市都得到了广泛应用。全域感知、数字模拟、深度学习等各领域的技术发展也即将迎来拐点，这使得城市的数字孪生应运而生。

数字孪生技术概念面向的并非是静止对象和单向过程，而是动态的演进过程和具有周期性生命的事件。应用在数字城市和行业管理时，不仅是静止的地物实景三维模型，而是包括了城市规划和建设过程呈现和管理，各行业运行过程中基于各类物联网数据的动态时空演绎，以及自然地物的变迁生态进程，准确地说，是数字孪生的时空。数字孪生作为现实世界在数字空间中一一映射、复制模拟的载体，也是未来“元宇宙”中与物理世界对称存在的数字基础设施，属于“元宇宙”重要组成部分，极大程度提升元宇宙的构建效率与真实体感。

“元宇宙”是 2021 年国际热词，其诞生于 1992 年，指人类运用数字技术构建的，由现实世界映射或超越现实世界，可与现实世界交互的虚拟世界，具备新型社会体系的数字生活空间。“元宇宙”本身并不是新技术，而是集成了一大批现有技术，包括增强现实、虚拟现实、混合现实、扩展现实、用户交互(人机交互)、计算机视觉、人工智能、三维、云、大数据、区块链、数字孪生、边缘与云计算、5G/6G 等。未来元宇宙的三大特征为“与现实世界平行”“反作用于现实世界”“多种高技术综合”。有专家界定其五大特征与属性为：社会与空间属性(Social & Space)、科技赋能的超越延伸(Technology Tension)、人、机与人工智能共创(Artificial, Machine & AI)、真实感与现实映射性(Reality & Reflection)、交易与流通(Trade & Transaction)。

元宇宙本质上是对现实世界的虚拟化、数字化过程，需要对内容生产、经济系统、用户体验以及实体世界内容等进行大量改造。但元宇宙的发展是循序渐进的，是在共享的基础设施、标准及协议的支撑下，由众多工具、平台不断融合、进化而最终成形。伴随着应用场景的不断成熟，未来元宇宙将演化成为一个超大规模、极致开放、动态优化的复杂系统。这一系统将由多个领域的建设者共同构建完成，涵盖了网络空间、硬件终端、各类厂商和广大用户，保障虚拟现实应用场景的广泛连接，并展现为超大型数字应用生态的外在形式。

（六）信息化测绘

信息化测绘是以“3S”集成技术为先导，实现空间数据实时/准实时获取和更新，构建空间数据基础设施(Spatial Data Infrastructure, SDI)，以“系统—数据库—网格”应用为基础，建立数字地球，实现传统 4D 产品、可量测实景影像和三维地形及景观模型，满足测绘产品社会化需求目标。

信息化测绘的服务架构如图 7-41 所示，主要由信息化测绘网络基础设施、测绘服务提供者、服务注册中心和服务使用者组成。

信息化测绘是数字化测绘的继承和发展，是在数字测绘技术基础上再向信息服务的提升和跨越。

2010 年 12 月 20 日，国家首次要求测绘部门加强基础测绘和地理国情监测。地理国情可以理解为反映一国特定时期各方面国情的空间分布及固有的数量、质量、联系和规律的数字、文字、图形、图像等信息的总称。

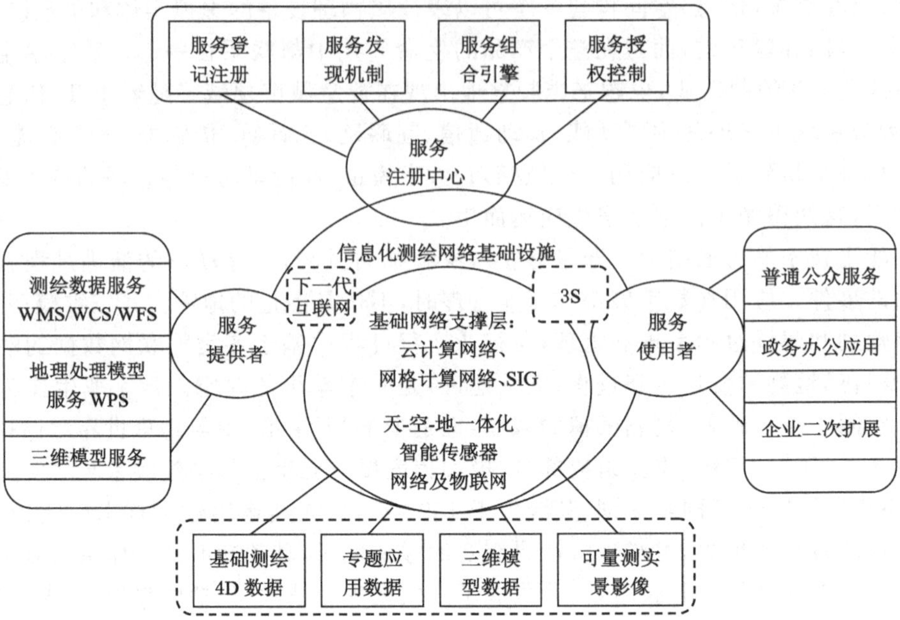

图 7-41　信息化测绘的服务架构

地理国情监测是综合利用全球导航卫星定位技术(GNSS)、航空航天遥感技术(RS)、地理信息系统技术(GIS)等现代测绘技术，综合各时期已有测绘成果档案，对地形、水系、交通、地表覆盖等要素进行动态和定量化、空间化的监测，并统计分析其变化量、变化频率、分布特征、地域差异、变化趋势等，形成反映各类资源、环境、生态、经济要素的空间分布及其发展变化规律的监测数据、地图图形和研究报告。地理国情监测通过对地理国情进行动态的测绘、统计，从地理的角度来综合分析和研究国情，为政府、企业和社会各方面提供真实可靠和准确权威的地理国情信息。

二、泛在测绘

时间和空间位置是人类生存和发展的一切活动的基础，其应用只局限于人的想象力。随着科技发展和社会进步，人类对时空位置信息的需求，从事后走向实时和瞬间，从静态走向动态和高速，从粗略走向精准和完备，从陆地走向海洋和天空，从区域走向广域和全球，从地球走向深空和宇宙。目前，正从实体空间走向虚拟网络空间，从自然走向人类自身和人类社会。

现代测绘技术发展大体可分为四个阶段。20 世纪 90 年代以前，以光学测绘仪器为代表的模拟测绘阶段为“测绘 1.0”时代；20 世纪 90 年代初以电子（数字）测绘仪器为代表，“3S”技术快速发展的数字测绘阶段为“测绘 2.0”时代；始于 21 世纪的以地理信息综合服务为代表，强调地理信息综合分析与深层次应用的信息化测绘阶段为“测绘 3.0”时代；而互联网、云计算、大数据等智能技术的应用迎来了以智能测绘为主导的第 4 次测绘技术革命，即“测绘 4.0”时代。

当今，物联网无所不在(Ubiquitous)，即具有泛在的时空属性：空间的普适性和时间的实时性。而以 GNSS 为核心的位置服务联合泛在网络可感知人类活动任何能达到的空间，即陆海空天和室内、地下包括人类信息活动的虚拟空间——互联网。

传统测绘，将地表任何区域的长宽高等方位属性，通过线图等表示方法精确地描绘到纸上。泛在测绘(Ubiquitous Surveying)是指用户在任何地点、任何时间，为认知环境与人的关系而创建和使用地图的活动。也就是，在当今技术可以感知的时空区域内，用户为感知并记录任何感兴趣和能够感兴趣的目标、事物、事件、环境与人的时空位置关系，并能以某种不确定性指标描绘这些关系用以进行认知、交流和决策的能力与活动。

要实现泛在测绘，三维实时实景数字地图技术将是主要的基础，智能感知网将是重要的基础设施。当今和未来一段时期内都要依赖于互联网、互联网＋、物联网特别是工业物联网CPS，反之时空基准网络也可改善或增强这些网络的性能。

泛在测绘的特点是更加注重了解环境的实时状态和动态趋势，而不是静态状态。用户为解决某一问题所感兴趣或能够感兴趣(合法的，合乎伦理道德的)的任何目标、事物、事件或相关人的位置都是可测绘的对象，无论是室内还是室外，自然的还是社会的。专业的特别是非专业的众包测绘数据都将会成为测绘大数据的重要来源。对环境的感知以及对人与环境关系的感知，将是泛在测绘的重点之一。

泛在测绘地图实例有车载和个人导航电子地图、目标监控电子地图、“驴友”自制旅游电子地图或纸质地图、气象云图、网上电子地图等等。

泛在测绘的泛在定位是指用户在泛在测绘过程中，利用多种感知技术来感知目标位置、环境及其变化的活动。也就是，基于泛在测绘的原理和方法，在目标、事物、事件、环境等多类感知网络协同和信息服务网络等信息基础设施的支持下，依据有关服务质量的协议和标准，向不同需求的用户提供位置、导航、地图和时间信息服务的能力和活动。

泛在定位测量方式是空天地协同式智能传感网(含实时遥感、实时动态定位、实时无线智能感知网络等)，其表达方式是实时、动态、三维、实景的泛在地图(Ubiquitous Map)，而显示方式可以是二维或三维的计算机屏幕、三维视屏眼镜、三维视屏生物芯片及可折叠便携电子显示纸等。

泛在测绘的基础设施包括泛在通信网络(Ubiquitous Communication Network)，地球信息智能感知网络，高性能计算机与服务器网络，智能、实时或快速软件处理平台等。

泛在测绘与泛在地图的技术支撑有实时或近实时遥感、高精度实时导航、实时视频测图处理、三维实景动态地图制作、三维立体显示、智能控制、云计算等等。具体有以下几个方面：

实时信息获取技术：实时卫星定位技术、激光扫描等移动测图技术、智能传感技术、摄影测量与遥感技术、视频测图技术。

实时信息表达技术：三维建模技术、三维实景重现虚拟现实技术、三维动漫和游戏技术等。

高速信息传递技术：泛在网络，即电信网、互联网、广电网之间，因定网、移动网和无线接入网之间，基础通信网、应用网和射频感应网之间的多网协同与融合信息处理技术。

智能信息处理技术：现代智能算法，包括粒子群算法、混合智能算法、免疫算法、神经网络、机器学习、生物计算、DNA 计算、量子计算、模糊逻辑、知识发现、数据挖掘等。

信息基础设施技术：基于 IPV6 的新一代因特网技术、4G 和 5G 宽带移动通信技术、高性能并行计算机技术、云计算技术等。

三、智能化测绘

我国测绘经历了从模拟测绘技术到数字化测绘技术的重要变革，逐步实现了全行业的数字化转型，推动了数字化产品生产与服务体系的全面建立，促进了测绘地理信息产业的蓬勃发展。近年来，测绘地理信息行业内外部环境发生较大变化，面临着技术转型升级的巨大挑战，测绘生产与服务面临着数据获取实时化、信息处理自动化、服务应用知识化等诸多新难题。首先，现有数字化测绘技术在智能化、动态性、精准度等方面尚存在着不足或局限性，难以完全满足“查得准”“认得透”“管得好”的应用需求。其次，以4D产品为核心的多尺度、多类型地理空间数据已渗透到数字经济、数字治理和数字生活，发挥着越来越重要的“时空基底”和关键生产要素作用，但国土空间规划、生态环境保护、防灾减灾、自动驾驶、疫情防控等新兴应用领域对时空信息的精细程度、更新周期、服务方式等提出了诸多新需求，迫切需要研发和提供更多的多维、动态、高精时空数据产品，构建新型时空信息基础设施，从数据信息服务走向时空知识服务等。

人工智能对测绘学科产生着广泛影响，测绘界提出了对地观测大脑、泛在测绘、顾及三元空间的智慧城市GIS框架等新概念，为智能测绘的科技研讨奠定了理论基础。新一代人工智能技术，是加快推动测绘地理信息转型升级的核心驱动力。

现实世界是由纷繁多样的自然要素、人文现象及人工设施组成的，既呈现出千姿百态的几何特征，多维动态的时空分布，又具有错综复杂的相互关系，往往无法用一组简洁通用的数学模型或算法加以完整描述。数字化测绘是以确定性的“规则—算法—模型”为本质，对现实地理世界进行数字化采集、表达、处理与分析，但往往难以满足多维动态的地理场景建模和复杂空间问题求解的需求。数字化地形要素的图形、属性之间存在着错综复杂的关系，虽可以利用计算几何、空间关系等模型、算法加以计算分析，但要对其内容完整性和逻辑一致性等进行合理性判定，则需借助于专家的认知经验。例如，根据地形图上相邻等高线的邻接关系和相差的等高距数，能快速地识别出山包、谷地、鞍部等地形要素，判断其高程赋值是否存在异常，但却难以将之表达成解析型算法或模型。究其本质，主要是以往的测绘算法适合解决低维空间(3维以下)的线性问题，难以有效进行全局认知和不确定性判断，无法满足高维、非线性空间的问题求解需求。近年来以深度学习、大语言模型(LLM)、生成式技术(AIGC)、知识图谱为代表的人工智能技术蓬勃发展，国内外不少学者引入数据驱动、样本训练、优化决策等人工智能计算方法，采用数据主导、知识引导以及知识—数据双驱动等研究模式，开展了遥感目标识别、地理场景解译、地表参数反演、地图空间认知等研究，取得了可喜的进展，为测绘的智能化发展提供了新思路、新方法，但也面临着可解释性弱、移植性不足、适用性弱等一系列难题。究其原因，主要是测绘对象与过程具有显著的时空特征，而现有的计算机人工智能技术主要是面向文本等非时空数据的，并不完全适用于测绘高维、非线性的时空问题求解。

智能化测绘将构建“知识为引导、数据为驱动、算法为基础、服务为支撑”的时空型混合计算范式，从感知、认知、表达与服务四个维度赋能智能化测绘，如图7-42所示。

智能化测绘时代即测绘4.0时代，是信息化测绘的发展新阶段，目标是解决测绘数据高效泛在获取和智能化实时处理的问题，满足多行业和面向大众的低成本、高精度时空数据服务需求。它将传统测绘算法、模型难以解决的高维、非线性空间求解问题，在知识工程、深度

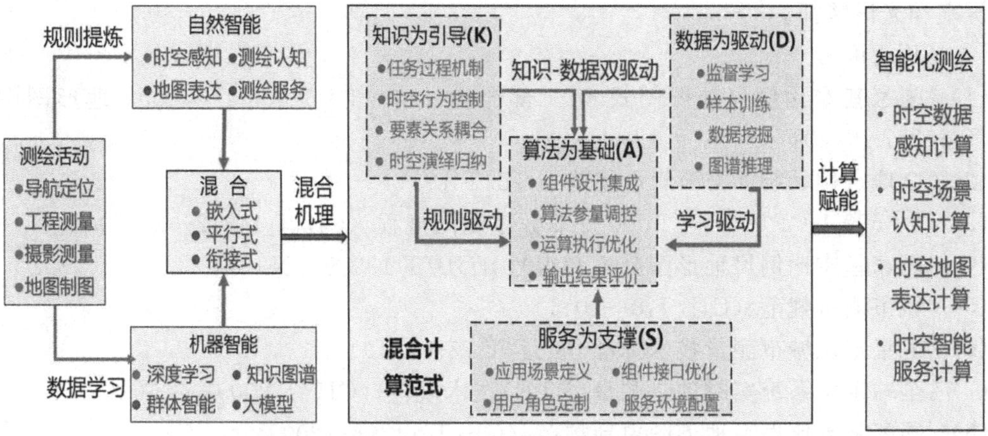

图 7-42　KDAS 时空型混合计算范式核心内涵

学习、逻辑推理、群体智能、知识图谱等技术的支持下，对人类测绘活动中形成的自然智能进行挖掘提取、描述与表达，并与数字化的算法、模型相融合，构建混合型智能计算范式，实现测绘的感知、认知、表达及行为计算，产出数据、信息及知识产品等。KDAS 构建的基本任务是：① 测绘自然智能的解析与建模；② 测绘自然智能与机器智能的有机融合；③ 时空型混合智能计算的理论方法体系构建。面向测绘感知、认知、表达、服务的具体业务场景，强化实景化感知计算、多维度认知计算、情境化表达计算、自主式服务计算，将测绘自然智能与人工智能技术有机结合，构建时空型混合智能计算范式，提升测绘感知、认知、表达与服务的智能化水平。

基于 ChatGPT 的各种 GPT、Transformer 涌现，大模型已经成为平台型人工智能技术的落脚点，人工智能开始批量走向场景式应用。智能化测绘是技术的融合和革新，也是应用边界的大拓展，必定驱动数据价值的大提升。智能化测绘目前的技术研究热点有时空数据按需搜索与协作服务系统、综合 PNT 服务系统、卫星在轨数据处理系统、天空地综合智能摄影测量系统、云端遥感影像智能解译系统、智能地理信息系统、空间型知识服务系统等。从市场端看，智能化测绘目前的应用热点有新型基础测绘、实景三维、数字孪生、BIM、CIM、多源异构数据、时空知识服务、小卫星星座、遥感云、L4 级自动驾驶、高精地图、车道级导航、智慧应用、城市大脑等。

四、新型基础测绘与基础地理信息更新

围绕新时期测绘地理信息工作定位，依据国家新型基础测绘和实景三维中国建设相关要求，推进落实新型基础测绘试点，探索传统基础测绘更新技术手段向新型基础测绘技术手段转型升级路径。开展新型基础测绘和地理实体产品生产作业内容如下。

（一）已有资料情况

主要包括控制资料和地形图资料。地形图资料主要包括规划监督测量成果、综合地下管网探测成果、地理国情普查成果资料、天地图电子地图资料，以及测区范围内可供数据更新使用的、与成图比例尺相同或相近的最新制作的地形图、数字线划图、数字栅格地图、数字正射影像图等和测区范围内最新的遥感影像资料，要求影像完全覆盖测区，能够充分保证空

间分辨率和光谱特征。

（二）作业依据

(1)《国家基本比例尺地图图式 第1部分:1∶500 1∶1 000 1∶2 000 地形图图式》(GB/T 20257.1—2017)

(2)《全球定位系统(GPS)测量规范》(GB/T 18314—2009)

(3)《1∶500 1∶1 000 1∶2 000 外业数字测图规程》(GB/T 14912—2017)

(4)《国家基本比例尺地形图分幅和编号》(GB/T 13989—2012)

(5)《城市测量规范》(CJJ/T 8—2011)

(6)《卫星定位城市测量技术标准》(CJJ/T 73—2019)

(7)《全球定位系统实时动态测量(RTK)技术规范》(CH/T 2009—2010)

(8)《国家基本比例尺地形图更新规范》(GB/T 14268—2008)

(9)《基础地理信息要素分类与代码》(GB/T 13923—2022)

(10)《基础地理信息要素数据字典 第1部分:1∶500 1∶1 000 1∶2 000 比例尺》(GB/T 20258.1—2019)

(11)《低空数字航空摄影测量外业规范》(CH/T 3004—2021)

(12)《数字航空摄影测量 测图规范 第1部分:1∶500 1∶1 000 1∶2 000 数字高程模型 数字正射影像图 数字线划图》(CH/T 3007.1—2011)

(13)《低空数字航摄与数据处理规范》(GB/T 39612—2020)

(14)《1∶500 1∶1 000 1∶2 000 地形图航空摄影测量内业规范》(GB/T 7930—2008)

(15)《1∶500 1∶1 000 1∶2 000 地形图航空摄影测量数字化测图规范》(GB/T 15967—2008)

(16)《公开地图内容表示要求》(GB/T 35764—2017)

(17)《公共服务电子地图瓦片数据规范》(GB/T 35634—2017)

(18)《地理信息公共服务平台电子地图数据规范》(CH/Z 9011—2011)

(19)《地理信息公共服务平台地理实体与地名地址数据规范》(CH/Z 9010—2011)

(20)《新型基础测绘体系数据库建设试点技术指南》(自然资源办〔2019〕1578号)

(21)《新型基础测绘体系建设试点技术大纲》(自然资源办〔2021〕28号)

(22)《基于1∶500 1∶1 000 1∶2 000 基础地理信息要素数据转换生产基础地理实体数据技术规程》(2022年4月)

(23)《基础地理实体数据采集生产技术规程》(2022年4月)

（三）主要技术指标和规格

1. 数学基础

(1) 平面坐标系统:采用2000国家大地坐标系、高斯—克吕格投影。

(2) 高程系统:采用1985国家高程基准。

2. 成果规格

(1) 地形图比例尺及分幅

① 标准分幅:采用50 cm×50 cm规格进行标准分幅。图号采用图廓西南角坐标公里数编号法,X坐标公里数在前,Y坐标公里数在后,中间加短线连接。1∶500比例尺取整公里数小数点前三位和小数点后两位(如:221.25—302.25);1∶1 000比例尺取整公里数小数

点前三位和小数点后一位(如:221.5－302.5)。

② 非标准分幅:按照外业最小巡查单元进行分幅,分幅的图号以项目名称代码＋巡查单元编码(作业子区编号(Ⅰ－Ⅵ)＋顺序流水号,共四位)形式表示。也可根据业主用图需求采用其他分幅方式。

(2) 地形图基本等高距

地形图基本等高距沿用地形图原有基本等高距,即 1∶500 地形图平地采用 0.5 m 等高距,丘陵地采用 1.0 m 等高距,1∶1 000 地形图修测统一采用 1.0 m 等高距。城镇区、居民地和水稻田等平坦地区不绘等高线,不同等高距接边时,保证等高线完整,不随意中断。

(3) 高程注记点密度

高程注记点应分布均匀,丘陵地区高程注记点间距应符合《城市测量规范》规定;平坦及地形简单地区可放宽至 1.5 倍,地貌变化较大的丘陵地、山地与高山地应适当加密,房屋密集区,可适当减少高程点。变化修测范围内高程注记点图上注记和属性字段取位精度均至 0.01 m。

(4) 成果格式

1) 地形图成果格式

① 图根控制点成果:*.xlsx 或 *.xls。

② 制图数据文件格式:*.dwg(CAD 格式电子记录数据)。

③ 增量更新数据:*.shp(更新区域数字化地形图)。

④ 已更新的基础地理信息数据库文件:*.mdb(PGDB)。

2) 电子地图成果格式

① 矢量数据集:*.mdb。

② 地名地址与兴趣点数据集:*.mdb。

(四) 地理实体生产

地理实体具有语义识别意义和多态性,语义识别意义体现在每个地理对象可被识别,并具有完整的语义识别信息,包括名称、身份码、分类、时间、地址、属性、关系等。多态性体现在同一个地理实体可以存在多种空间形态信息、多种时态信息和多种状态信息,生产技术路线图如 7-43 所示。

综合考虑数据生产、建库更新和应用组装等多种因素,以最小颗粒度规则划分和定义地理实体,将地理实体数据分为单一、聚合两大类,以地理实体数据为纽带关联二维数据、影像数据。

为实现快速、实时、智能高效的基础地理信息更新,满足各项业务对数据更新的要求,首先需要确定变化区域,保证按需测绘,提高外业测绘效率。变化区域确定可通过内业预判和外业巡视的方法实现。

地形图修测可以采用全野外数据采集和无人机倾斜摄影两种方式,修测获取的高精度、实时性强的地理信息要素可作为新型基础测绘构建地理实体二维数据的基础数据,利用无人机获取的影像资料可为新型基础测绘中地理实体的三维数据生产提供基础资料,避免了大量的重复测绘工作,有效实现数据资源的高效利用(图 7-44)。

(五) 电子地图生产

对地形图数据进行分层、编码整理、格式转换、内容提取、建立映射关系等处理将地形图

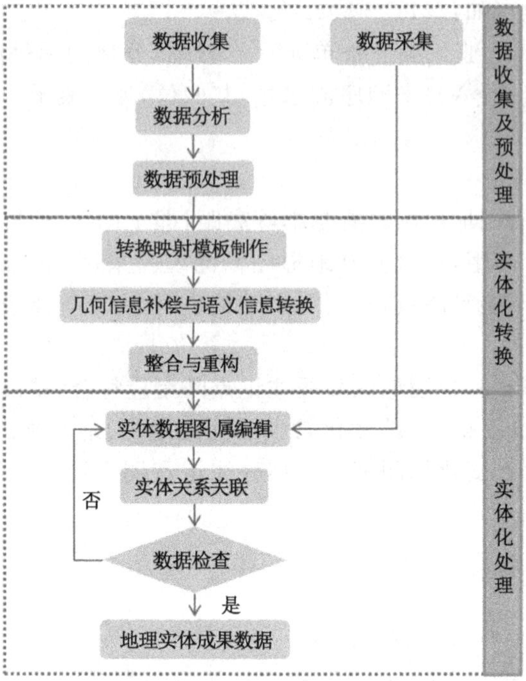

图 7-43　地理实体生产技术路线

数据按照标准要求实现地理要素映射转换为电子地图数据，然后进行电子地图的数据编辑、图面检查与修改等。地形图映射转换步骤主要包括坐标系转换、数据格式转换、地理要素综合与要素提取、地形图要素实体化、映射转换、电子地图图面检查修改与电子地图质检（图 7-45）。

通过映射转换将现有基础地理信息数据库通过分层、编码整理、映射等步骤转换到电子地图数据库，针对大比例尺地形图数据和电子地图数据中各类要素对应的图层、分类代码、要素名称、属性结构等重要信息，建立映射关系编写转换脚本进行转换，并采用外业调绘的手段对重点类别 POI 进行核查，以确保电子地图数据的完整性、现势性、准确性。通过地形图数据向电子地图数据的重构，实现"天地图"18～20 级精细电子地图建设与更新，全方位多层次支撑自然资源管理。

（六）地形图数据编辑

（1）数据编辑是地形图成图的重要环节。

（2）对于新数据生产模板中扩展的要素、属性，按照地理实体数据生产要求进行图元编辑处理，保证编辑后的图元符合地理实体转换标准。

在确保原基础地理信息数据库完整性的基础上，新增地形要素采集标准与表示方法还应满足以下要求。以现有数据为基础，点、线、面等空间要素及共点、共边要严格提取与捕捉，确保空间要素、空间属性（如编码、颜色等）及空间关系的正确性，采集绘制规则的一致性，避免缝隙、悬挂、面交叉、自相交等现象的发生。编辑过程中，要正确判断空间要素及空间属性的错误或异常（如房屋注记与属性不一致），并进行改正。编辑后点、线、面等空间要素只存储定位点、定位线、骨架线和轮廓线，舍弃原有用于图式符号表示的辅助线。

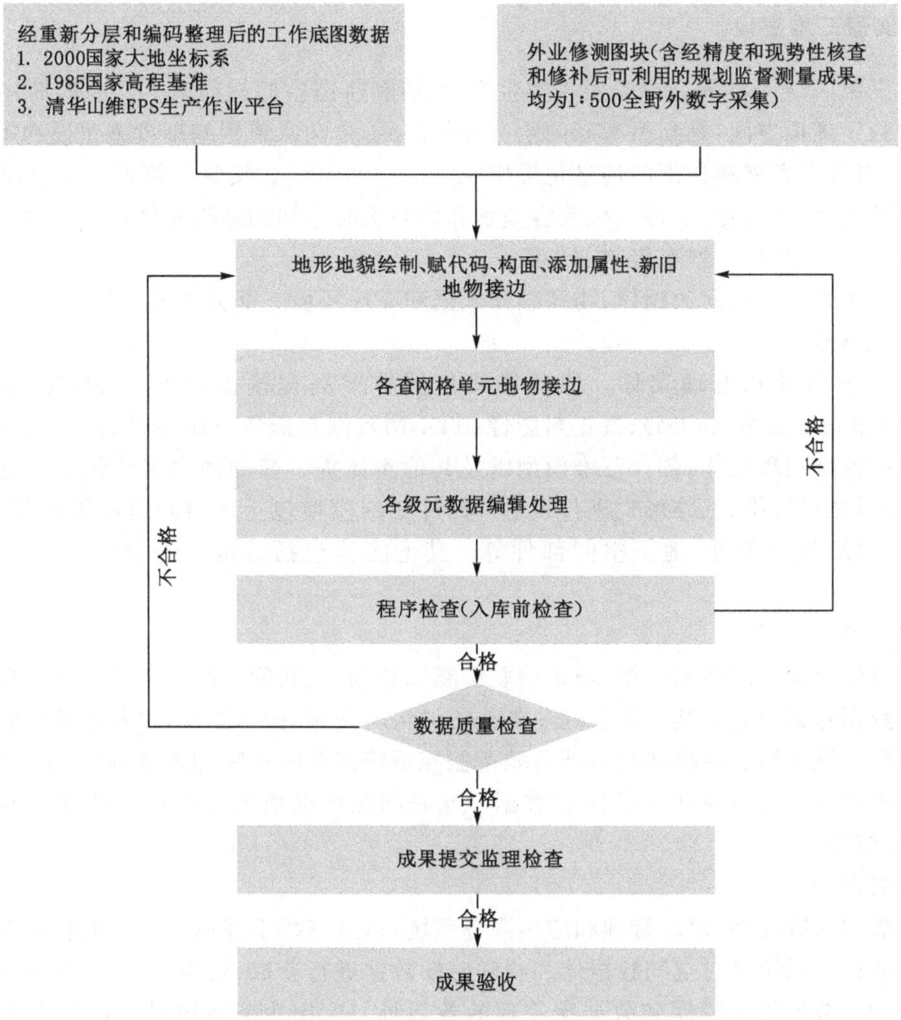

图 7-44　修测数据更新上图编辑作业流程图

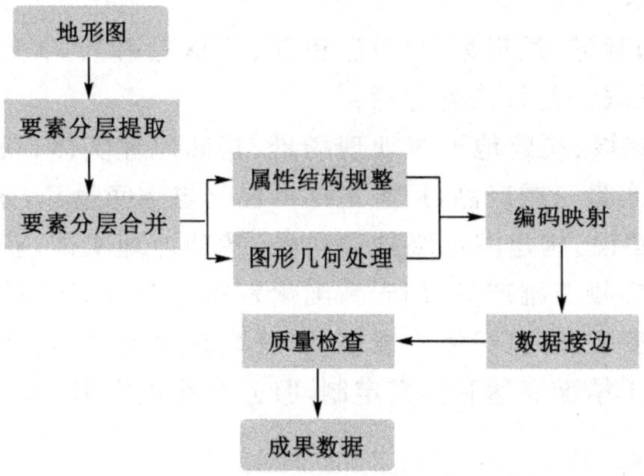

图 7-45　地形图映射转换电子地图技术流程

五、实景三维建设

实景三维(3D Real Scene)是对人类生产、生活和生态空间进行真实、立体、时序化反映和表达的数字虚拟空间,是新型基础测绘标准化产品,是国家新型基础设施建设的重要组成部分,为经济社会发展和各部门信息化提供统一的空间基底。实景三维通过在三维地理场景上承载结构化、语义化、支持人机兼容理解和物联实时感知的地理实体进行构建。按照表达内容通常分为地形级、城市级和部件级。

实景三维系统由空间数据体、物联感知数据和支撑环境三部分构成。

1. 空间数据体

包括地理场景和地理实体。地理场景包括数字高程模型(DEM)、数字表面模型(DSM)、数字正射影像(DOM)、真正射影像(TDOM)、倾斜摄影三维模型、激光点云等。地理实体包括基础地理实体、部件三维模型以及其他实体等。基础地理实体包括地物实体和地理单元,可通过二维、三维形式进行表达。部件三维模型包括建(构)筑物结构部件、建筑室内部件、道路设施部件、地下空间部件等。其他实体包括其他行业部门生产的专业类实体。

2. 物联感知数据

包括自然资源实时感知数据、城市物联网感知数据、互联网在线抓取数据等。自然资源实时感知数据包括通过自然资源管理业务获得的实时视频、图形图像,以及自动化监测设备实时信息等。城市物联网感知数据涉及城市监控系统捕获的视频和图像,以及车载导航、移动基站和手机信令等设备产生的实时数据。互联网在线抓取数据包括在线获取的地理位置、文本表格等。

3. 支撑环境

包括数据获取处理、建库管理和应用服务系统,以及支撑上述系统运行的软硬件基础设施等。获取处理系统指对空间数据体和物联感知数据进行获取、处理、融合的各系统。建库管理系统指对数据集成建库和数据库管理的各系统。应用服务系统是面向应用的服务系统。软硬件基础设施指自主可控的网络、安全、存储、计算显示设备,以及支撑软件等。

(一) 建设目标与内容

建设目标:构建"分布存储、逻辑集中、时序更新、共享应用"的实景三维中国,为数字中国建设提供统一的空间基底。建设内容包括:

① 地形级实景三维建设:构建地形级地理场景、基础地理实体,获取其他实体、物联感知数据,组装生成地形级实景三维产品,用于三维可视化与空间量算,服务宏观规划。

② 城市级实景三维建设:构建城市级地理场景、基础地理实体,获取其他实体、物联感知数据,组装生成城市级实景三维产品,用于精细化表达与空间统计分析,服务精细化管理。

③ 部件级实景三维建设:构建部件三维模型,获取其他实体、物联感知数据,组装生成部件级实景三维产品,用于精准表达和按需定制,服务个性化应用。

(二) 技术路线

实景三维建设按照统一的时空基准进行数据获取与处理、建库与服务,如图 7-46 所示。

1. 时空基准

坐标系统采用 2000 国家大地坐标系。当采用其他坐标系统时,应与 2000 国家大地坐标系建立联系。高程基准采用1985国家高程基准。时间基准采用公元纪年和北京时间。按照统一的时间节点开展实景三维中国建设，如实反映当前时点下，以及前序各时点下人类生产、生活和生态空间的真实状况。

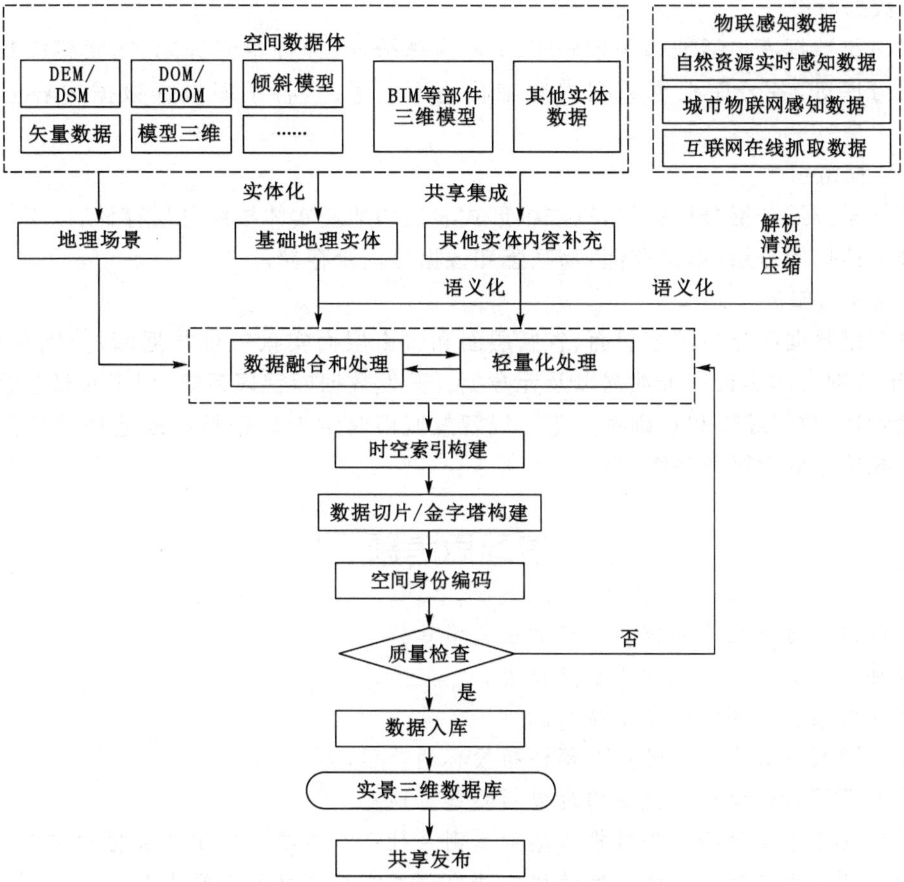

图7-46　实景三维建设技术路线图

2. 数据获取与处理

(1) 多源数据获取与预处理

① 其他实体获取与预处理：通过共享方式获取，进行坐标格式转换、语义化、结构化等预处理。

② 物联感知数据获取与预处理：通过共享接入和网络抓取等方式获取，进行数据抽取、清洗、压缩等预处理。

(2) 数据生产

① 地理场景生产：按相关标准及现行方式生产。

② 基础地理实体生产：以二维形式表达的基础地理实体通过已有数据转换、基于地理场景生成、基于高精度基础地理实体生成等方式生产。以三维形式表达的基础地理实体通过基于倾斜摄影三维模型生成、基于激光点云生成、基于其他方式生成等方式生产。

③ 部件三维模型生产：按相关标准及现行方式生产。

(3) 数据融合

在地理场景之间、地理实体之间，以及地理场景和地理实体之间进行融合；物联感知数据与地理实体建立关联关系；对融合过程中存在的冲突进行检测及处理。

3. 建库与服务

（1）数据库设计

实景三维数据库包括地理场景分库、地物实体分库、地理单元分库、物联感知数据分库和元数据分库等，各分库根据数据内容细化为不同子库，各子库根据数据内容分为若干图层。

（2）数据组织

地理场景按照分层分块存储，以二维形式表达的地理实体按照分层存储、以三维形式表达的地理实体按照分层/单体存储，物联感知数据分记录存储。

（3）建库与服务

实景三维数据库分为国家层面、省区层面和城市层面实景三维数据库，分别存储全国、省区、城市范围内的实景三维数据以及元数据。开发数据库管理系统，用于实景三维数据的统一存储管理、数据编辑和查询统计等。以智慧城市时空大数据平台或地理信息公共服务平台为依托构建应用服务系统。

复习思考题

1. 简述我国地形图测绘技术发展的历史沿革。
2. 简述数字测图系统的构成及其作用。
3. 请总结信息化测绘的基本特征。
4. 项目招投标的方式有哪些？简述招投标的流程。
5. 数字测图技术设计的主要内容包括哪些方面？
6. 数字化地形图测绘野外数据采集的原则是什么？需要采集哪些数据和信息？
7. 数字测图系统对测点的属性编码方法有哪些？应遵循什么原则？
8. 数字化测图与白纸测图相比，野外数据采集有什么不同？
9. 简述采用全站仪草图法数字测记模式进行大比例尺地形图测绘的基本步骤。
10. 简述地面三维激光扫描仪的坐标测量原理。
11. 简述测量坐标系、计算机屏幕坐标系和绘图仪坐标系的区别。
12. 地形图符号设计的原则是什么？什么是地图符号库？
13. 等高线自动生成采用规则和不规则格网两种方法，简述其基本过程。
14. 数字测图成果的质量与验收包括哪些内容？简述数字测图成果质量评定的方法。
15. 请根据自己的理解，综述数字化地形图测绘技术进展。
16. 简述智能化测绘的理论基础和关键技术。

虚拟仿真测图系统　　第七章课件　　第七章复习思考题答案　　第七章插图

第八章　无人机地形测量

传统的地形测量都是利用经纬仪、水准仪、全站仪、GNSS等测绘仪器设备，在野外进行实地测量获取数据，内业通过数字化成图软件编辑形成数字地形图。野外测绘存在作业条件艰苦、工作效率低等缺点，当前出现的无人机航空摄影测量技术、无人机激光雷达测量技术在很大程度上弥补了这些不足，其特点是不用接触被测目标就能高效快捷完成大范围地形测量工作。本章作为延展内容，不追求系统性，只简要介绍无人机测绘系统的组成、基本工作原理、技术方法和工作流程，并通过虚拟仿真系统在线体验利用无人机进行航空摄影测量及无人机激光雷达测量，制作数字地图成果的全过程，以开阔专业视野。

第一节　概　　述

一、无人机航测

无人机航测(UAV Aerial Survey)是利用先进的无人驾驶飞行器技术、遥感传感器技术、遥测遥控技术、通信技术、GNSS定位技术和POS定位定姿等技术实现获取目标区域综合信息的一种新兴解决方案。无人机航测具有自动化、智能化、专业化快速获取空间信息的特点，可实现对目标信息的实时获取、建模、分析。该技术作为非接触测量技术，通过拍摄地面照片来实现地形地物的三维测量，极大减少了野外实地测绘的工作量，提高工作效率，其技术优势主要表现在：

无人机摄影测量技术

① 安全可靠：无人机的不载人飞行模式在保障操作人员安全方面具有先天优势，相较于有人机，无人机的结构一般更简单，机械、电气系统可靠性更高，重量更轻。现有无人机航测一般采用规划航线后自动飞行模式，人工操作导致的安全隐患更少。

② 成本低，效率高：无人机航测外业工作量少、内业数据处理自动化程度高，总体费用低，工作效率高。

③ 机动灵活性：无人机体型娇小，升空的时间更短，不需要专门的升降起跑场地就可以快速升空，具有很好的机动性和灵活性。

④ 影像采集能力强、精度高：无人机搭载的数码成像设备都是新型、高精度的设备，能够从多个角度进行摄影成像，全方位地获取地面高分辨率影像数据，制作地形图、影像图、实景三维图等现代测绘产品。

随着无人机与数码相机技术的进一步发展，基于无人机平台的数字摄影测量技术已显示出其独特的优势。目前，无人机测绘技术已经成为测绘生产单位的标配，广泛应用于基础测绘、国家重大工程建设、灾害应急与处理、国土监察、资源开发、新农村和小城镇建设等领域，尤其在新型基础测绘、自然资源调查监测、土地利用动态监测、数字城市建设和应急救灾测绘数据获取等方面具有广阔前景。

二、激光雷达

激光雷达技术(Light Detection and Ranging,LiDAR)是一种通过发射激光束来探测远距离目标的散射光特性以获取目标物体相关信息的光学遥感技术,是传统雷达技术和现代激光技术、信息技术相结合的产物,可以快速、高效、高精度地获取目标区域的三维空间信息。其技术优势主要表现在:

① 体积小、质量轻:相比普通雷达以吨计质量、复杂构造、庞大体积,激光雷达因其质量轻、体积小的特点,可以方便搭载在各种载体上进行数据采集。

② 数据密度大、精度高:激光雷达的激光脉冲信号能部分穿过植被、快速获得测区内的大面积点云数据,点云之间的采集间距最高可达毫米级,数据密度大,点云三维坐标精度高,有利于真实物体表面信息的模拟,可高效获得测区数字地表模型。

③ 主动测量、全天候作业:LiDAR 系统系主动测量方式,采用激光测距方法,不依赖自然光,不受日照、阴影影响,可 24 小时全天候作业。

④ 数据处理自动化程度高:LiDAR 系统直接得到测区三维点云数据,数据结构简单、数据处理的自动化程度高,只需要很短的时间和少量人工编辑就能完成数据建模、制图等工作。

激光雷达设备按照搭载方式的不同其作业模式也各不相同,如搭载在卫星平台上的星载 LiDAR 系统;搭载在飞机平台上的机载 LiDAR 系统;搭载在汽车等移动载体上的车载 LiDAR 系统;也可以像全站仪等测绘仪器一样架设在地面上进行数据采集;甚至做成背包式、手持式 LiDAR 系统。激光雷达作为获取地面三维空间信息的主动探测技术,为地理空间三维信息的获取提供了全新的技术手段,广泛用于大面积的地形测量、城市三维建模、自然资源监测、工程勘察等各个领域。

第二节　无人机测绘系统的组成

无人驾驶飞机简称“无人机”,是利用无线电遥控设备和自备的程序控制装置操纵的不载人飞机。常见的用于测绘的无人机主要有固定翼无人机、多旋翼无人机及两者结合的复合翼无人机,如图 8-1 所示。

图 8-1　测绘无人机示意图

固定翼无人机特点是飞行平稳、速度较快、续航时间长、航程远;多旋翼无人机可以垂直起降、操纵简单、成本较低；复合翼无人机则兼具前两者优点。

一套典型的无人机测绘系统至少应包括无人机平台、地面控制子系统、任务载荷子系统、飞行遥控子系统、数据链路子系统、数据处理与测绘成果制作子系统等，如图 8-2 所示。

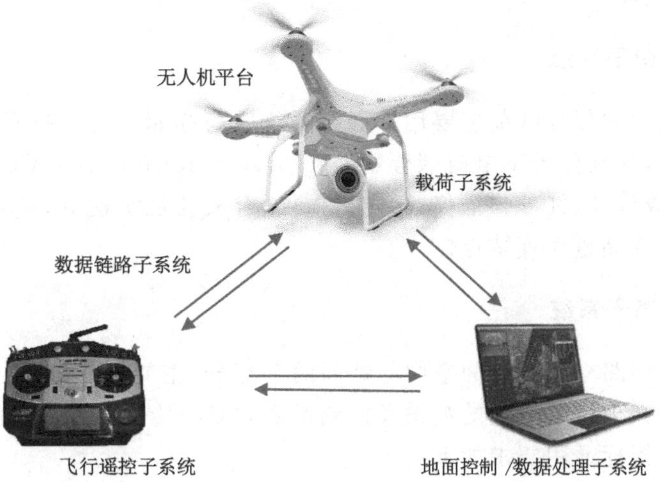

图 8-2　无人机测绘系统组成

在无人机执行飞行任务时，操作人员首先通过地面控制系统软件完成航测方案设计，建立无人机数据链路，然后操作遥控器起飞无人机，无人机将自动按设计航线完成数据采集任务，操作人员可以实时监控数据采集过程，所采集的图像数据自动存储在无人机的存储卡中，飞行结束无人机返航降落。

一、无人机平台

无人机测绘系统中的无人机平台用于搭载任务设备并执行航拍测绘任务。目前国内用于无人机测绘的主要平台有：大疆无人机、飞马无人机、南方测绘无人机等。

为满足无人机测绘需要，对无人机平台有以下通用技术要求：

① 飞行高度：航高一般在 100～1 500 m，以满足不同精度的测绘需求。

② 续航能力：无人机平台的续航时间一般须大于 1.5 h。

③ 抗风能力：无人机平台应具备 4 级风力气象条件下安全飞行的能力。

④ 飞行速度：无人机平台执行测绘任务时的巡航速度一般不超过 120 km/h。

⑤ 稳定控制：应能实现飞行姿态、飞行高度、飞行速度的稳定控制。

⑥ 起降性能：执行测绘任务的无人机平台应具备不依赖机场起降的能力，起降困难地区使用时，无人机平台应具有垂直起降、手抛或弹射起飞能力及具备撞网回收或伞降功能。

二、地面控制系统

无人机测绘系统中地面控制系统的主要功能要求如下：

① 可进行测绘飞行任务规划与设计。

② 通过数据链，地面控制系统可以向飞控系统发送数据和控制指令等。

③ 可接收、存储、显示、回放无人机的高度、空速、地速、航迹等飞行数据。

④ 能显示任务设备工作状态，显示发动机转速、机载电源电压等数值。

⑤ 出现机载电源电压不足、GNSS卫星失锁、发动机停车、无人机平台失速等危急情况时，有报警提示功能。

三、任务载荷子系统

无人机测绘中的任务载荷主要用于影像的获取与存储。可根据不同类型的任务，使用相应的机载设备，如高分辨率电荷耦合器件(charge-coupled device，CCD)数码相机、轻型光学相机、多光谱成像仪、红外扫描仪、激光扫描仪、合成孔径雷达等，应具备数字化、体积小、重量轻、精度高、存储量大等特点。

四、数据链路子系统

无人机数据链路子系统分为空中与地面两个部分，主要用于地面控制系统与无人机飞行控制系统以及其他设备之间的数据及控制指令的双向传输。无人机测绘系统中的数据链路系统主要性能指标通用要求如下：

① 数据传输距离应大于10 km(空地之间没有遮挡)。

② 传输速率应不低于2 400 bit/s。

③ 误码率应低于千分之一。

④ 机载数传电台应小型化、轻型化，质量不超过2 kg。

⑤ 机载数传天线设计与安装应在重量、阻力和气动性能等方面进行优化设计。

⑥ 馈线应保证输入、输出端子阻抗匹配，布线应服从电磁兼容性设计。

五、影像数据处理与测绘成果制作子系统

影像数据处理与测绘成果制作子系统通常具有以下功能：

(1) 无人机任务规划

无人机任务规划指在地面综合考虑各方面因素，对无人机完成指定任务所要经过的目标区域、任务载荷类型、各项技术指标等内容的设定与统筹管理，通常包括设定无人机出动位置、飞行区域、规划飞行航线、配置任务载荷、设置技术指标、制定工作规划等功能。

(2) 无人机目标实时定位与跟踪

执飞过程中实时跟踪目标，实时回传序列图像和高精度的位置与姿态参数，监控无人机工作状态。

(3) 基于无人机序列影像的应急快速成图

为充分发挥无人机快速反应、灵活方便的优点，运用图像处理技术，基于实时回传的序列视频图像直接进行图像特征匹配和快速拼接，完成目标的快速成图。

(4) 基于无人机影像的三维重建

从无人机序列图像中获取地面三维信息是无人机航测的主要任务。利用无人机在不同视角下获取的连续影像，采用计算机视觉及摄影测量的理论和技术，完成目标区域的快速三维重建，基于该三维模型就可以通过测图软件实现地形图的绘制。

第三节　无人机测绘的基本原理

无人机测绘源于航空摄影测量，发展于数字摄影测量。对摄影测量技术最形象化的比喻就是通过拍摄地面照片来实现地形地物测绘的技术。该技术经过近一个多世纪的发展，伴随着计算机技术的进步，目前已经形成了一套理论严密、技术先进的完整体系，这些内容将会在接下来的专业课中系统学习和实践，本节为便于理解，只简单介绍一下数字摄影测量的核心模型和关键技术。

一、无人机航空摄影

航空摄影是指将相机安置在飞机上，按照一定的技术要求对地面进行摄影的过程，它是摄影测量中最为常见的一种方法。传统航空摄影由专业飞行员驾驶飞机在目标区域上空按直线航带飞行，同时由专业摄影人员控制相机对目标进行拍摄。无人机航空摄影不同于传统航空摄影，无人机由遥控装置进行控制，飞机上的相机也是由遥控装置进行控制摄影。由于无人机都安装有 GNSS 定位装置和自动巡航软件，可以实现对目标区域按航带飞行和摄影。

无人机航空摄影按像片倾斜角可分为垂直摄影和倾斜摄影两种。所谓像片倾斜角是指航空摄影机主光轴与通过透镜中心的地面铅垂线间的夹角。垂直摄影倾斜角接近 0°，这时主光轴垂直于地面，感光胶片与地面平行。但由于飞行中的各种原因，倾斜角不可能绝对等于 0°，一般凡倾斜角小于 3°的称垂直摄影。由垂直摄影获得的像片称为水平像片。水平像片上地物的影像，一般与地面物体顶部的形状基本相似，像片各部分的比例尺大致相同，水平像片能够用来判断各目标的位置关系和量测距离。倾斜角大于 3°的称为倾斜摄影，所获得的像片称为倾斜像片，这种像片可单独使用，也可以与水平像片配合使用。倾斜摄影一般用于大面积、高精度的城市三维模型构建，一般的地形测量则普遍采用垂直摄影，本书介绍的无人机地形测绘相关内容都指的是垂直摄影。

航空摄影进行前，需要利用与航摄仪配套的飞行管理软件进行飞行计划的制定。根据任务质量要求设计最佳飞行方案，绘制航线图。在飞行中，一般利用 GNSS 进行实时的定位与导航。拍摄过程中，操作人员利用飞行操作软件，对航拍结果进行实时监控与评估。飞行质量要素主要包括像片重叠度、像片倾斜角、像片旋角、航线弯曲度、航高、图像覆盖范围和分区覆盖以及航线控制等内容。

二、无人机航测基本要素

（一）航摄比例尺与航高

地面目标从不同高度、用不同摄影机拍摄的航摄像片，其大小是不同的。按照数学上的定义，在航摄像片上某一线段影像的长度与地面上相应线段的距离之比，就是航摄像片上该像片的构像比例尺。

如图 8-3 所示，设地面 E 是水平面，且摄影时像片保持严格水平，从摄影中心 S 到地面的航高为 H，摄影机的主距为 f。水平地面上的任意线段 AB，在像片 P 上的中心投影构像为线段 ab，于是按照像片比例尺 $1/m$ 的定义，有：

$$\frac{1}{m}=\frac{ab}{AB}$$

由相似三角形得：

$$\frac{ab}{AB}=\frac{aS}{AS}=\frac{bS}{BS}=\frac{f}{H}$$

因此有：

$$\frac{1}{m}=\frac{f}{H}$$

所以当像片水平且地面为水平面的情况下，像片比例尺是一个常数，这个常数就是摄影机主距与航高之比。由于像片倾斜和地形起伏影响，在中心投影的航摄像片上，在不同的点位上产生不同的像点位移，因此各部分的比例尺是不相同的。在地面起伏的倾斜像片上，很难找到构像比例尺完全相同的地方。实际影像比例尺在影像上处处不相等，一般用整幅影像的平均比例尺表示航空影像的比例尺。

影像比例尺越大，地面分辨率越高，越有利于影像的解译和提高成图的精度。实际工作中，影像比例尺要根据测绘地形图的精度要求与获取地面信息的需要确定。由于照相机焦距一般是固定的，则决定影像航摄比例尺的主要是航高。

（二）航摄重叠度

为了使相邻像片的地物能互相衔接以及满足立体观察和三维测图的需要，相邻像片间需要有一定的重叠（图 8-4）。像片重叠分航向重叠和旁向重叠。航向重叠度是指按飞行方向前后两张像片的重叠程度，无人机航测作业规范《低空数字航空摄影规范》（CH/Z 3005—2021）中要求航向重叠度一般应为 60%～80%，最小不应小于 53%。旁向重叠度的要求一般应为 15%～60%，最小不应小于 8%。新型倾斜航摄对旁向重叠度要求更高，一般不应低于 60%。

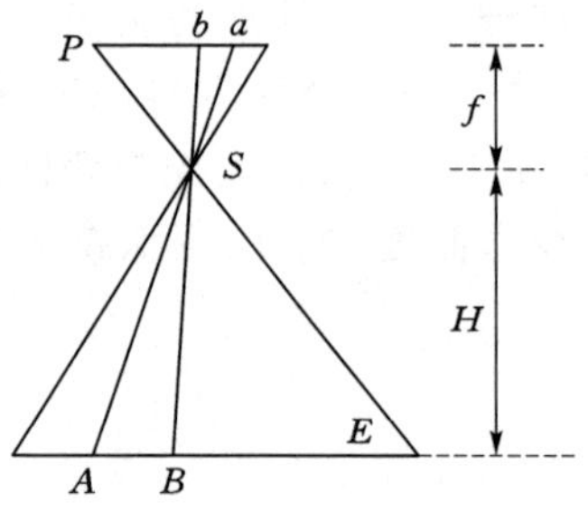

图 8-3　构像比例尺示意图

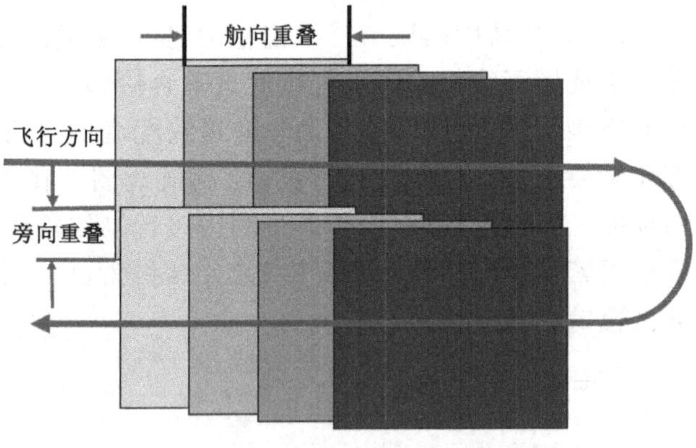

图 8-4　航向重叠与旁向重叠示意图

（三）像片分辨率

数字影像分辨率，通常指地面分辨率，以一个像素所代表地面的大小来表示，即地面采样间隔（GSD），单位为米/像素。影像分辨率代表能从影像上识别地面物体的最小尺寸。数字航空摄影中，GSD 表示影像分辨率，是决定影像对地物识别能力和成图精度的重要指标。表 8-1 给出了成图比例尺、影像分辨率及航摄比例尺之间的对应关系。

表 8-1　成图比例尺、影像分辨率、航摄比例尺关系

成图比例尺	影像分辨率	航摄比例尺
1∶500	优于 0.05	1∶2 000～1∶3 500
1∶1 000	优于 0.1	1∶3 500～1∶7 000
1∶2 000	优于 0.2	1∶7 000～1∶14 000

（四）航摄像片的内外方位元素

为了由影像坐标解求地物点的三维坐标，必须确定摄影瞬间摄影中心、像片与地面三者之间的相关位置，确定它们之间位置关系的参数称为像片的方位元素。像片方位元素又分为内方位元素和外方位元素。

1. 内方位元素

内方位元素是描述摄影中心与像片之间相关位置的参数，包括三个参数：摄影中心 S 到像片的主距 f 及像主点 O 在像片坐标系中的坐标（X_0，Y_0），如图 8-5 所示。内方位元素值一般视为已知，它由制造厂家通过摄影机检定设备检验得到，检验的数据写在仪器说明书上。在制造摄影机时，一般应将像主点置于框标连线交点上，但安装中有误差，使二者并不完全重合，但（X_0，Y_0）是一个微小值。

2. 外方位元素

确定像片在地面空间坐标系中的参数，称为外方位元素。一张像片的外方位元素包括六个参数：三个是直线元素，用于描述摄影中心 S 的空间坐标值；另外三个是角元素，用于表达像片空间姿态。

（1）三个直线元素

三个直线元素是指摄影瞬间摄影中心 S 在选定的地面空间直角坐标系中的坐标值 X_S、Y_S、Z_S。地面空间直角坐标系一般是指地面摄影测量坐标系，如图 8-6 所示。

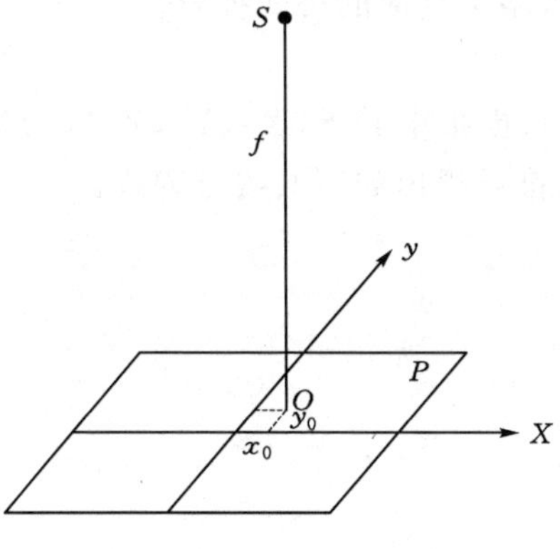

图 8-5　内方位元素示意图

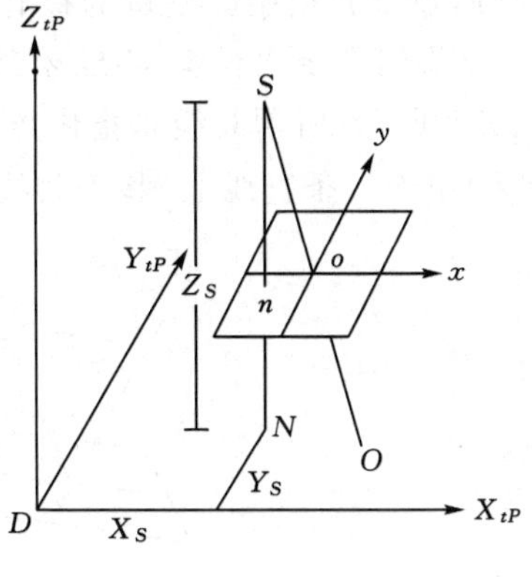

图 8-6　外方位直线元素示意图

（2）三个角元素

三个角元素是描述像片在摄影瞬间空间姿态的要素。如图 8-7 所示，首先选取本像片的像空间辅助坐标系 $S\text{-}uvw$ 与地面摄影测量坐标系 $D\text{-}X_{tP}Y_{tP}Z_{tP}$ 的三轴分别平行，则将像片的主光轴 SO 投影在 $S\text{-}uw$ 平面内，得到 SO_x。这时 SO_x 与 w 轴的夹角用 φ 表示，称为航向倾角；SO_x 与 SO 轴的夹角用 ω 表示，称为旁向倾角。一旦 φ、ω 确定，主光轴 SO 的方向就确定了。再将 v 轴投影到像片平面内，其投影与像片平面坐标系的 y 轴的夹角用 κ 表示，称为像片旋角。κ 确定，则像片的空间方位也就确定了。按照上述方法定义的角元素 φ、ω、κ 称为该像片的外方位角元素。

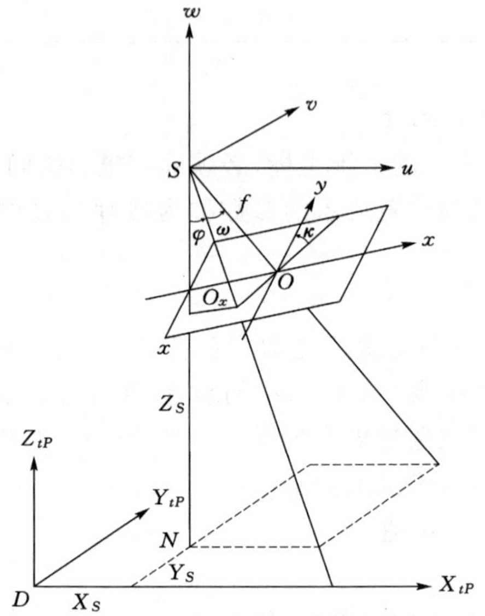

图 8-7　外方位角元素示意图

三、无人机航测的基本原理

摄影测量是一种非接触式测绘方式，是通过拍摄地面照片来实现地形地物测绘的技术，具体讲就是通过量测像片二维坐标来计算地物的三维坐标。本小节简要介绍一下摄影测量的基本原理，着重介绍摄影测量的核心模型和应用，省略了具体的公式推导。

（一）摄影测量经典模型-共线方程

如图 8-8 所示，所谓共线是指像点 a（x、y、$-f$）、摄影中心 S(X_S、Y_S、Z_S)、与地面点 A(X、Y、Z)位于一条直线上，基于共线原则我们可以推导得出如下共线方程式：

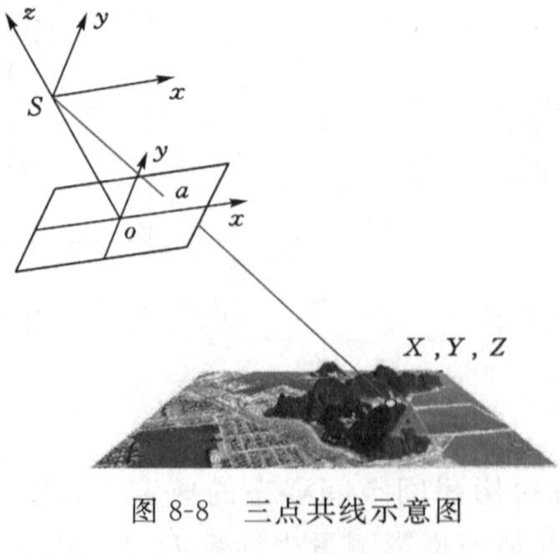

图 8-8　三点共线示意图

$$\begin{cases} x = -f\dfrac{a_1(X-X_S)+b_1(Y-Y_S)+c_1(Z-Z_S)}{a_3(X-X_S)+b_3(Y-Y_S)+c_3(Z-Z_S)} \\ y = -f\dfrac{a_2(X-X_S)+b_2(Y-Y_S)+c_2(Z-Z_S)}{a_3(X-X_S)+b_3(Y-Y_S)+c_3(Z-Z_S)} \end{cases} \tag{8-1}$$

它另一种表达方式为：

$$\begin{cases} X-X_S=(Z-Z_S)\dfrac{a_1x+a_2y-a_3f}{c_1x+c_2y-c_3f} \\ Y-Y_S=(Z-Z_S)\dfrac{b_1x+b_2y-b_3f}{c_1x+c_2y-c_3f} \end{cases} \tag{8-2}$$

其中，a_1、a_2、a_3、b_1、b_2、b_3、c_1、c_2、c_3是由三个外方位的角元素 φ、ω、κ 所生成的 3×3 的正交旋转矩阵 $\boldsymbol{R}$ 的 9 个元素，具体为：

$$\begin{cases} a_1=\cos\varphi\cos\kappa-\sin\varphi\sin\omega\sin\kappa \\ a_2=-\cos\varphi\sin\kappa-\sin\varphi\sin\omega\cos\kappa \\ a_3=-\sin\varphi\cos\omega \\ b_1=\cos\omega\sin\kappa \\ b_2=\cos\omega\cos\kappa \\ b_3=-\sin\omega \\ c_1=\sin\varphi\cos\kappa+\cos\varphi\sin\omega\sin\kappa \\ c_2=-\sin\varphi\sin\kappa+\cos\varphi\sin\omega\cos\kappa \\ c_3=\cos\varphi\cos\omega \end{cases}$$

式(8-1)和(8-2)是摄影测量学最基本的方程式，也是最核心的数学模型，该公式建立了像方坐标(x、y)与物方坐标(X,Y,Z)的函数关系，它贯穿于整个摄影测量理论中，被应用于摄影测量的各个方面，如空间后方交会、空中三角测量、立体测图、数字正射纠正等。

（二）空间后方交会求解外方位元素

共线方程式中的 a_1、a_2、a_3、b_1、b_2、b_3、c_1、c_2、c_3系数是由外方位元素的角元素 φ、ω、κ 计算得到，那么 φ、ω、κ 及 X_S、Y_S、Z_S这 6 个外方位元素是如何获得呢？只有获得了一幅影像的外方位元素，才能实现物方坐标的计算，因此如何获得摄影机的外方位元素，就成为摄影测量的技术关键。

摄影测量的后方交会是空间后方交会，它是利用地面上(至少)三个已知点 $A(X_A$、Y_A、$Z_A)$、$B(X_B$、Y_B、$Z_B)$、$C(X_C$、Y_C、$Z_C)$与其影像上三个对应的影像点 a、b、c 的影像坐标(x_a、y_a)、(x_b、y_b)、(x_c、y_c)，就能解求影像的外方位元素(图 8-9)，这就是空间后方交会。由于每个点可以列出两个共线方程[公式(8-1)]，三个已知点可以列出 6 个方程，因此可以解得 6 个外方位元素 X_S、Y_S、Z_S、φ、ω、κ。由于测量误差，进行空间后方交会一般地面已知控制点应该多于 4 个，然后采用最小二乘法求解 6 个外方位元素。

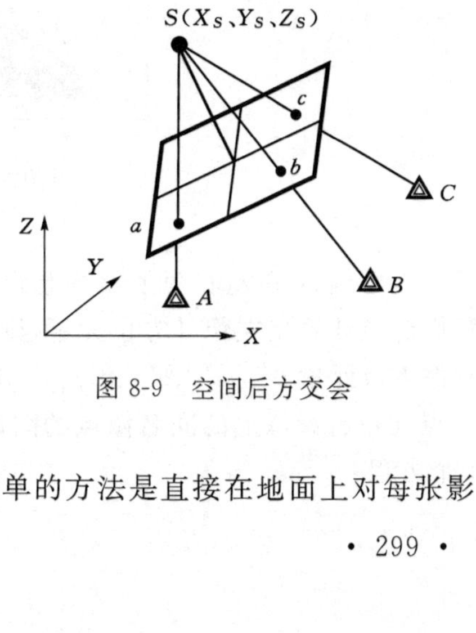

图 8-9　空间后方交会

但是如何对每张影像获得多于四个控制点呢？最简单的方法是直接在地面上对每张影

像测定四个地面控制点，这称为“全野外布点”，如果一次飞行了 1 万张影像，按照每张影像需要 3 个点就要做 3 万个控制点，这样会给外业工作带来巨大的工作量，摄影测量的意义将会大打折扣。那有没有办法减少外业控制点呢？打个比方，要在墙上安装很多小块木板，单独作业则每个小木板需要 3 个钉子才能固定到墙上。如果我们先在地面上将木板拼合在一起，形成一个大木板，则用 3 个钉子就可以将拼合好的大木板固定到墙上。空中三角测量就是用这个原理来减少控制点的。在进行空中三角测量作业时，先将所有影像进行相对定向，形成自由网，然后再用一些地面控制点进行绝对定向，最终求解出每张影像的位置和姿态即外方位元素。

在空中三角测量过程中需要加入一些连接点，连接点的作用是将影像相互连接到一起，当空中三角测量完成后，这些连接点的地面坐标被求解出来，变为已知影像位置和坐标的点，因此在后续的生产中可以当作控制点用。这些通过空中三角测量处理生成的控制点称为加密点，可见通过空中三角测量作业可以节省大量的外业控制点工作，对摄影测量作业有非常重要的意义。因篇幅所限，有关影像连续相对定向、空中三角测量等理论方法在此不再详述，后期在摄影测量专业课程中将会系统学习。

（三）空间前方交会求物方三维坐标

根据共线方程，在内外方位元素已知的前提下，已知影像坐标 x、y，不能解求出地面点的 X、Y、Z，原因是两个方程式(8-1)无法求出 3 个未知数，因此必须通过立体相对来实现。所谓立体相对就是从两个不同位置对同一地区所摄取的一对相片，如航向或旁向上前后或左右相邻的两张图像，这也就是为什么航空摄影要有一定重叠度要求的由来。

两张影像上如果能找到同一个地物的特征点（如墙角、楼角等）称为同名像点，利用两个同名像点来确定对应地面点的坐标，称为空间前方交会，如图 8-10 所示。

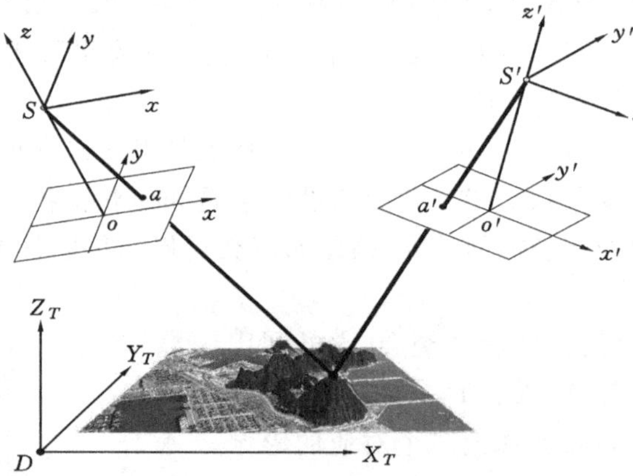

图 8-10　空间前方交会示意图

地面点 A 在左右两张影像上分别是 a 和 a' 点，这是一对同名像点。通过空中三角测量我们已经计算出左像外方位元素，则 a_1、a_2、a_3、b_1、b_2、b_3、c_1、c_2、c_3、X_S、Y_S、Z_S 已知。同理，右像方位元素 a'_1、a'_2、a'_3、b'_1、b'_2、b'_3、c'_1、c'_2、c'_3、X'_S、Y'_S、Z'_S 也已知，如果知道了地面 A 点在左右影像上的同名像点的图像坐标（x、y）和（x'、y'），我们根据共线方程就可以列立 4 个方程：

$$\begin{cases}\dfrac{X-X_S}{Z-Z_S}=\dfrac{a_1x+a_2y-a_3f}{c_1x+c_2y-c_3f}\\[2ex]\dfrac{Y-Y_S}{Z-Z_S}=\dfrac{b_1x+b_2y-b_3f}{c_1x+c_2y-c_3f}\end{cases}\tag{8-3}$$

$$\begin{cases}\dfrac{X-X'_S}{Z-Z'_S}=\dfrac{a'_1x'+a'_2y'-a'_3f}{c'_1x'+c'_2y'-c_3f}\\[2ex]\dfrac{Y-Y'_S}{Z-Z'_S}=\dfrac{b'_1x'+b'_2y'-b'_3f}{c'_1x'+c'_2y'-c'_3f}\end{cases}\tag{8-4}$$

4 个方程通过最小二乘法可以解求 3 个未知数(X、Y、Z),从而实现了地面点 A 的三维测量。

(四) 影像特征点的提取与匹配

有了一对同名像点就能计算出该点三维坐标,如果一幅图像中能够获得足够数量的同名像点,就可以获得足够数量的地面测点坐标,就如同外业通过 GNSS 或者全站仪野外测量获得的测点坐标一样,根据这些离散的坐标点就可以绘制地形图了。

同名像点如何获得呢?一种是通过人眼观察,找到左右两张影像上的同名点,但是工作量大,自动化程度低。随着计算机技术及图形图像处理技术的发展,目前的数字摄影测量系统软件中,都能够由计算机通过特征提取算法自动提取密集的特征点,自动进行特征点的匹配,如果匹配成功就是同名像点。如图 8-11 所示,这是左右两幅无人机航测影像,两幅图中的黑色方框表示航向重叠区域,该区域中有许多标注点,这些点就是由计算机自动提取并匹配成功的同名像点(下方图片是虚线框部分的放大图,同名标注点更清晰),该点的三维坐标就都可以计算出来,这些点将用于地形图的绘制。

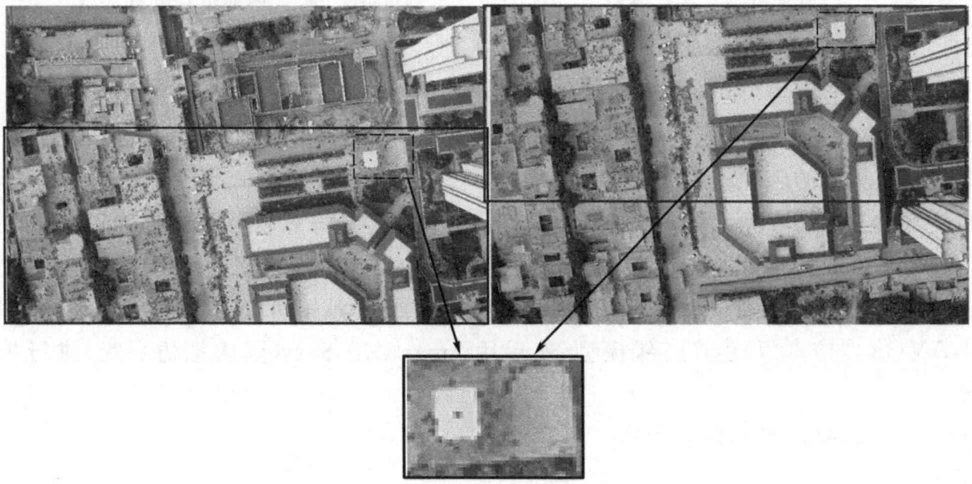

图 8-11 两张相邻影像特征点匹配示意图

特征点的提取匹配是数字摄影测量的核心关键技术,系统的理论与方法请参考《摄影测量学》《数字图像处理》等教材或资料,在此不做详细论述。

第四节 无人航测作业流程

无人机地形测量工作一般分外业数据采集和内业数据处理两大部分，其作业流程如图8-12和图8-13所示。

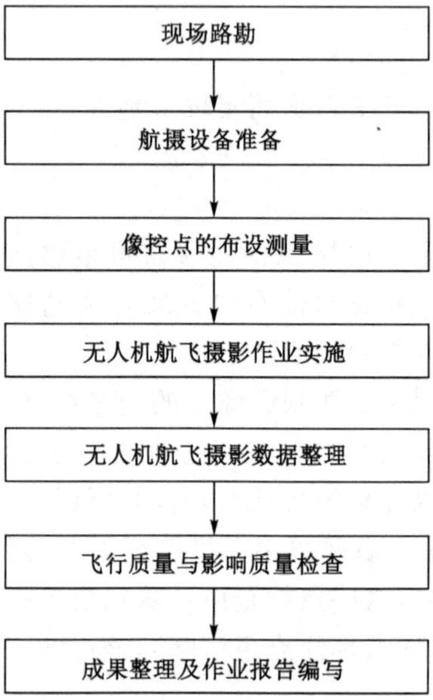

图 8-12 外业数据采集流程

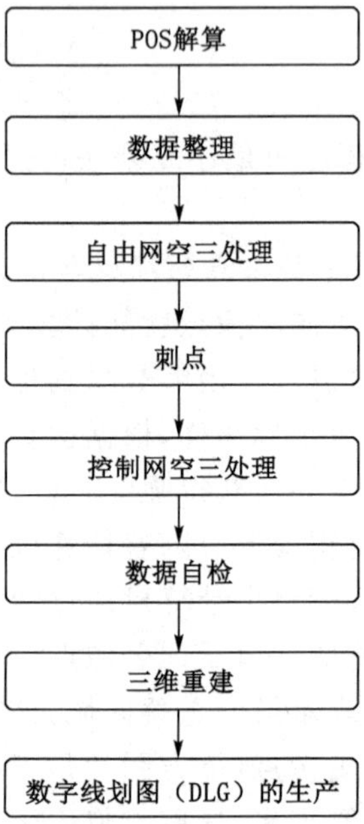

图 8-13 内业数据处理流程

本节结合南方测绘公司的无人机航测虚拟仿真系统，简要介绍无人机航测的内外业工作流程，指导读者完成一个无人机航测从外业采集到内业处理制图的全过程实训，提升读者对无人机地形测量的感性认识。

南方测绘虚拟仿真无人机航测系统包括航测外业虚拟仿真软件、航测内业数据处理软件。其中外业虚拟场景可按需调整，程序内置虚拟无人机为测绘智航 SF600E 航测无人机系统，默认配置 2 400 万像素、25 mm 焦距航测相机或倾斜相机。内业数据处理软件采用 SouthUAV（虚拟仿真版）生产三维模型，然后用 SmartGIS Survey（虚拟仿真版）进行 3D 裸眼测图。

（一）无人机航测虚拟仿真外业

1. 现场踏勘

该步骤主要对虚拟测区内高层建筑、起飞场地、禁飞区等进行踏勘。通过人物行走找出飞行区域内有无禁飞区，确认飞行安全范围、起飞地点、飞行区域、飞行时间、飞行高度等，如图 8-14～图 8-17 所示。

2. 像控点布设与测量

无人机航测需要在测区范围内均匀布设一定数量的地面控制点（又称为像控点），对拍摄的影像进行位置和姿态标定，这个过程称为绝对定向。一般而言，飞机上安装有 GNSS、

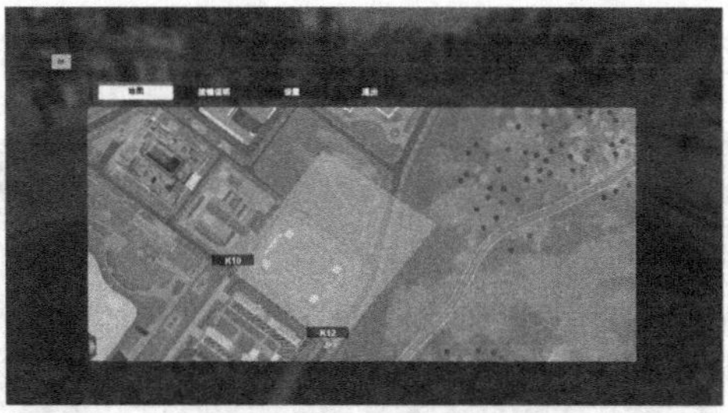

图 8-14 查看测区范围

图 8-15 查看禁飞区

图 8-16 观察天气变化

图 8-17 确定飞行高度

IMU 等定位、定姿设备对拍摄位姿进行记录，如果对成果的位置精度要求不高，可以不需要地面控制点，但专业的测绘生产都需要地面控制点进行定向。

地面控制点有两个重要的用途：其一是作为定向点使用，用于求解像片成像时的位置和姿态；其二是作为检查点使用，用于检查生产成果的精度，检查方式是在成果数据中找到检查点的影像位置，测量其坐标然后与控制点坐标进行比对。

像控点分三种：像片平面控制点（简称平面点），只需联测平面坐标；像片高程控制点（简称高程点），只需联测高程；像片平高控制点（简称平高点），要求平面坐标和高程都应联测。由于 GNSS 技术的进步，使得 RTK 的精度逐渐提高，不仅可以满足像控点的精度要求，而且快捷高效，是像控点测量的主要手段。

① 特征像控点选择与测量：特征像控点采集可选择测区内较为尖锐的标志物，标志物应与地表颜色形成鲜明对比，例如斑马线拐点、地砖拐点、墙角等（图 8-18），利用 RTK 进行测量。

② 标靶像控点布设和测量：标靶像控点应粘贴在较为平整的地面上，如图 8-19 所示。RTK 移动站放置标靶纸颜色分明处，利用 RTK 进行测量。

图 8-18 采集特征点

图 8-19 标靶像控点测量

3. 无人机组装

根据说明书组装步骤，进行无人机的组装(图 8-20)、校正与相机参数设置(图 8-21)。

图 8-20　无人机组装

图 8-21　无人机校准与相机设置

4. 航线规划与飞行

根据给定的测区范围、分辨率等要求在虚拟地面站中进行航线规划，一般由软件自动完成，依据该规划即可对测区进行航飞数据采集(图 8-22)。

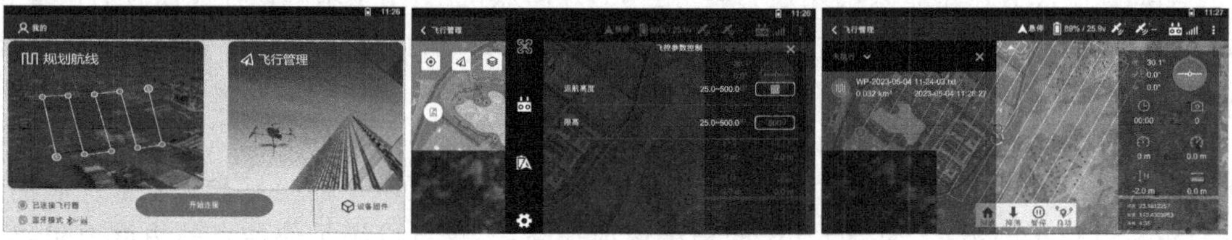

图 8-22　航线规划与飞行

5. 自由网空三计算

在数据预处理中点击自由网空三，弹出自由网空三参数设置框，对自由网空三参数进行设置，参数设置完成后点击确定，进行自由网空三计算，实现航测影像的相对定向(图 8-23)。

6. 刺点与空三计算

刺点是指在无人机影像上精确的标定外业像控点位置的过程，是航测精度保证的关键。导入像控制点文件后，视图中展示像控点在航线范围的分布情况，选择像控点，点击相关照片，在照片墙会展示有选中像控点预测位置的照片，点击同步放大进行刺点，根据外业像控点的位置，在图片上相同位置刺点，刺点的方式为按下 Shift 键＋鼠标左键，每个像控点的五个镜头分别刺够 5 张，右下角刺过像控点的图标变为红色(图 8-24)，刺点完成后，应根据像控点分布设置检查点，用于刺点精度的检查与评定。

刺点完成后，即可进行基于像控点成果的空中三角测量平差计算，实现模型的绝对定向。平差计算完成后，软件界面会自动弹出刺点精度报告，报告内容包含像控点分布图和像

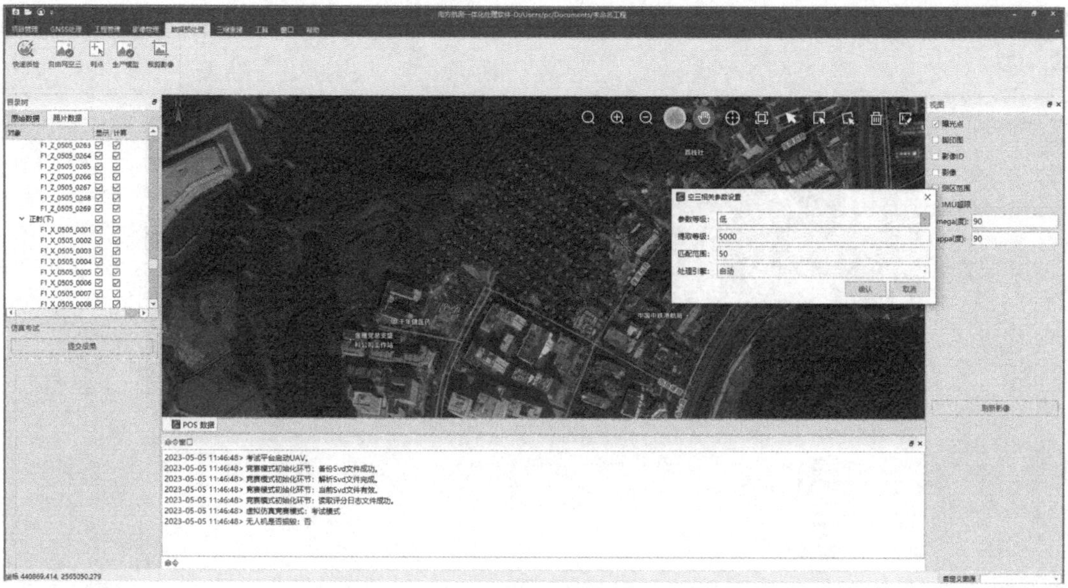

图 8-23　自由网空三参数设置与计算

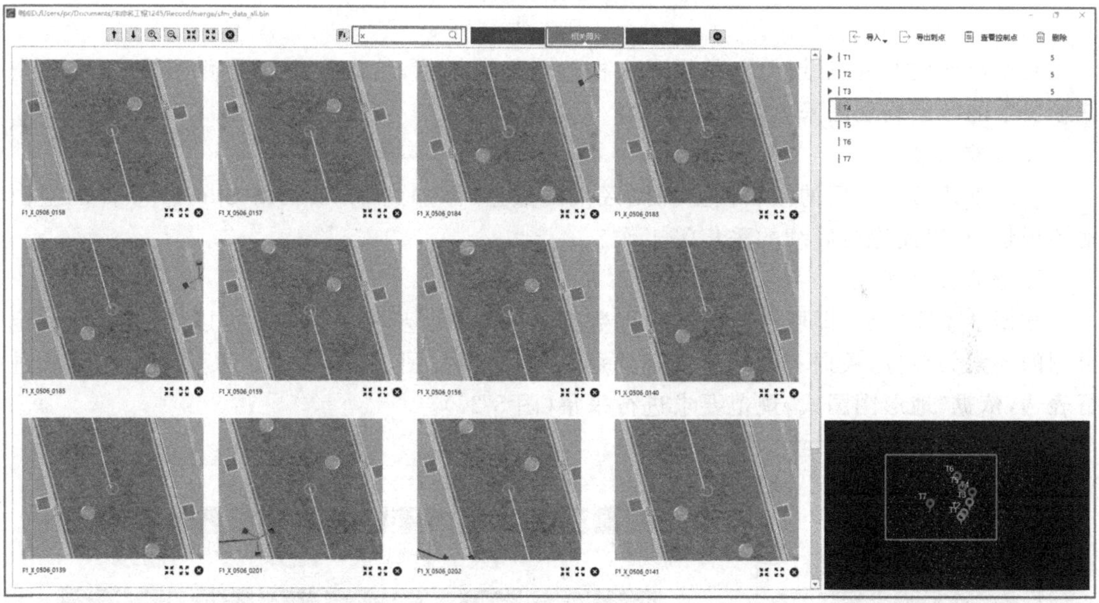

图 8-24　刺点

控点的刺点精度。

7. 生成三维模型

在生产模型参数设置窗口设置边界范围，选择出模范围的 KML 文件并设置坐标参考系统，设置完成后在图层显示窗口会显示 KML 圈定的出模范围(图 8-25)；设置生产模型的分块大小，可根据电脑配置进行调整；设置线程个数；设置模型质量，模型质量越高，建模所用的时间越长。该三维模型将用于后续的测绘产品的生产。

（二）无人机航测虚拟仿真内业测图

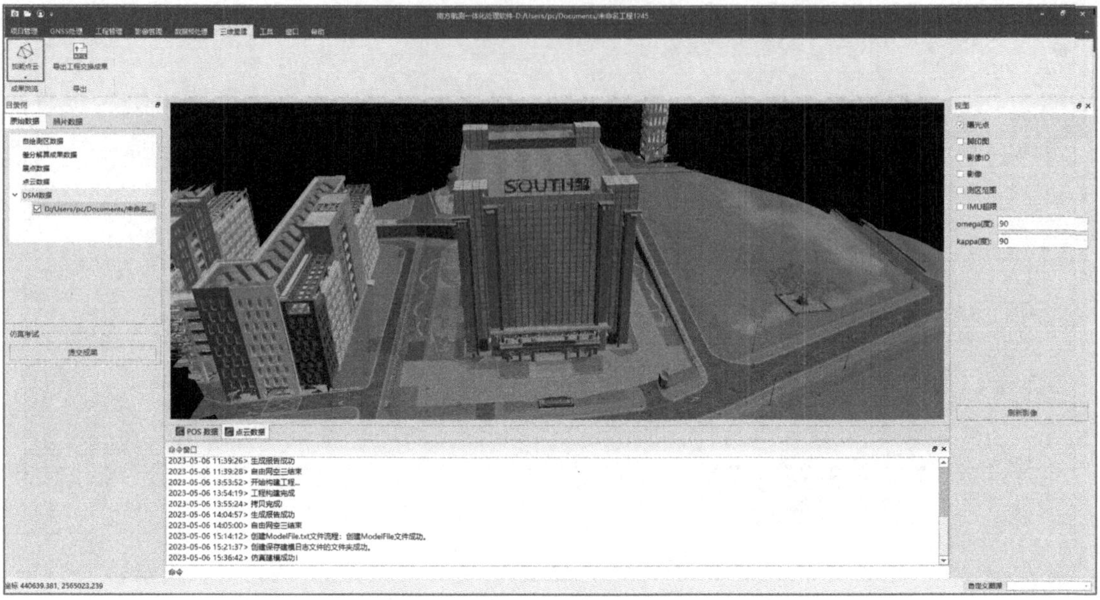

图 8-25　三维模型示意图

利用前面建好的三维模型，依据无人机航测相关规范，使用裸眼三维测图技术，完成全地形要素的数字线划图采集。

1. 数据准备

将三维建模完成后的倾斜模型和测区范围数据，添加到 SmartGIS Survey 软件的空白地图场景中，以此进行后续的采集等工作。

2. 地形要素采集

数据准备完成后，即可进入矢量地形数据的采集绘制步骤。地形数据以点、线、面、注记类型的要素为单位，根据不同地形要素类别，划分为不同图层(图 8-26)，采用不同的编码进行表达，依据《地形图图式》规范要求进行采集(图 8-27)。

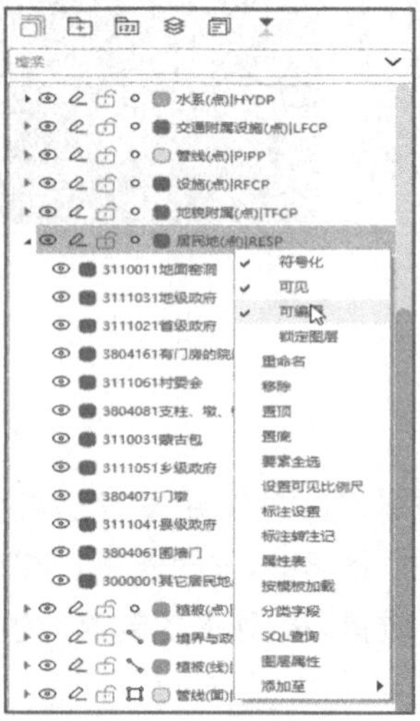

图 8-26　图层面板

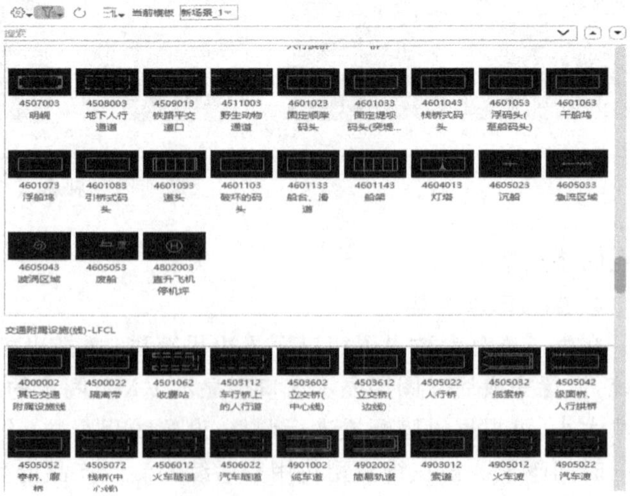

图 8-27　绘图面板

（1）点状要素采集

选择相应要素编码后，根据实际要素的中心位置和方向（若要素为有向点），点击完成点状要素的绘制（图 8-28、图 8-29）。

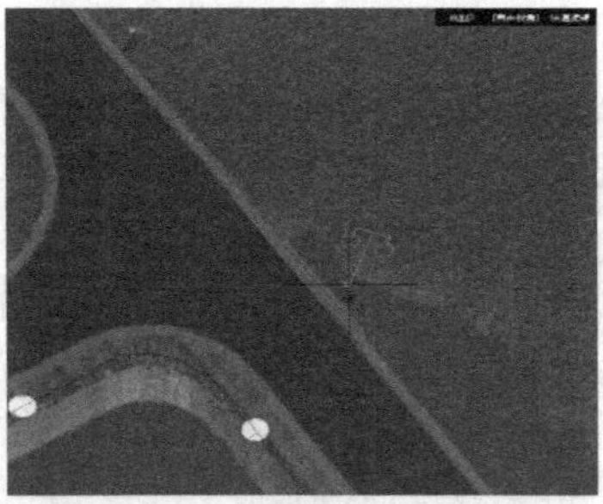

图 8-28　点状要素采集（路灯）

图 8-29　点状要素采集（检修井）

（2）线状要素采集

选择相应要素编码后，沿要素的中心线和朝向右侧方向（若要素为有向线）指定线段折点位置，点击鼠标右键完成线状要素的绘制，例如陡坎、栅栏、道路边线、行树、地类界等（图 8-30、图 8-31）。

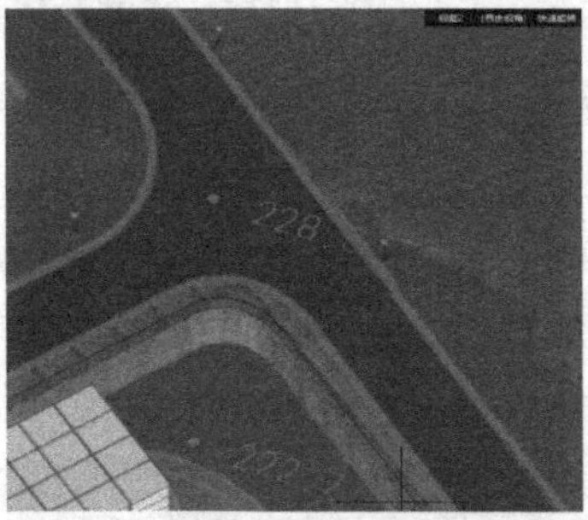

图 8-30　线要素采集（加固陡坎）

图 8-31　线要素采集（次干道边线）

（3）面状要素采集

选择相应要素编码后，沿要素的外围轮廓线或范围线进行绘制，点击鼠标右键完成面状要素的绘制（图 8-32、图 8-33）。

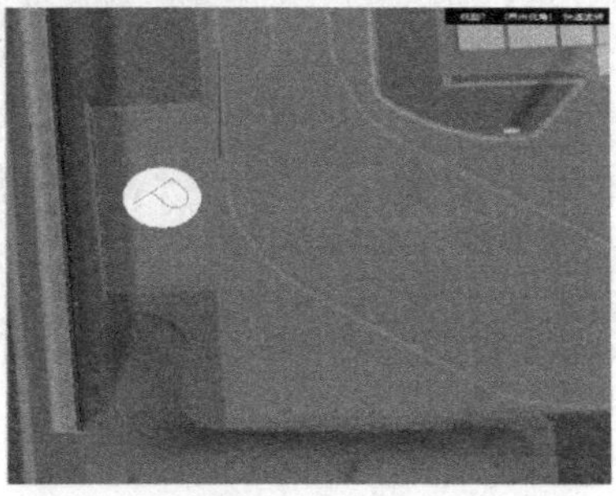

图 8-32　面要素采集（露天停车场）

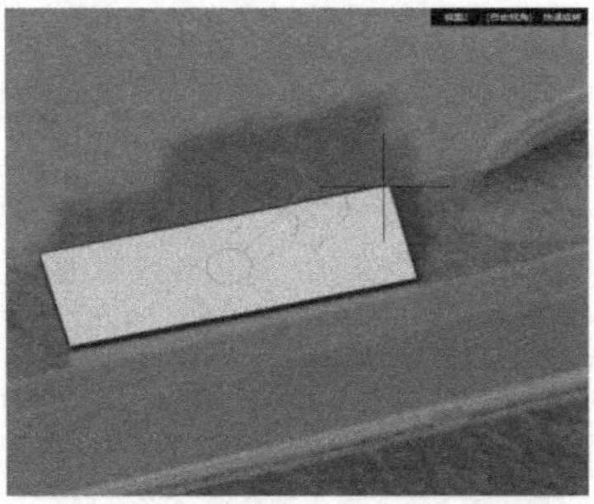

图 8-33　面要素采集（喷水池）

（4）常见地形要素采集

① 房屋采集。根据房屋实际结构和形状，可使用“3D 采集”菜单下的“直线绘房”或“直角绘房”功能，利用两点确定直线的基本原理，采集房屋墙面上的点来完成房屋面绘制（图 8-34）。

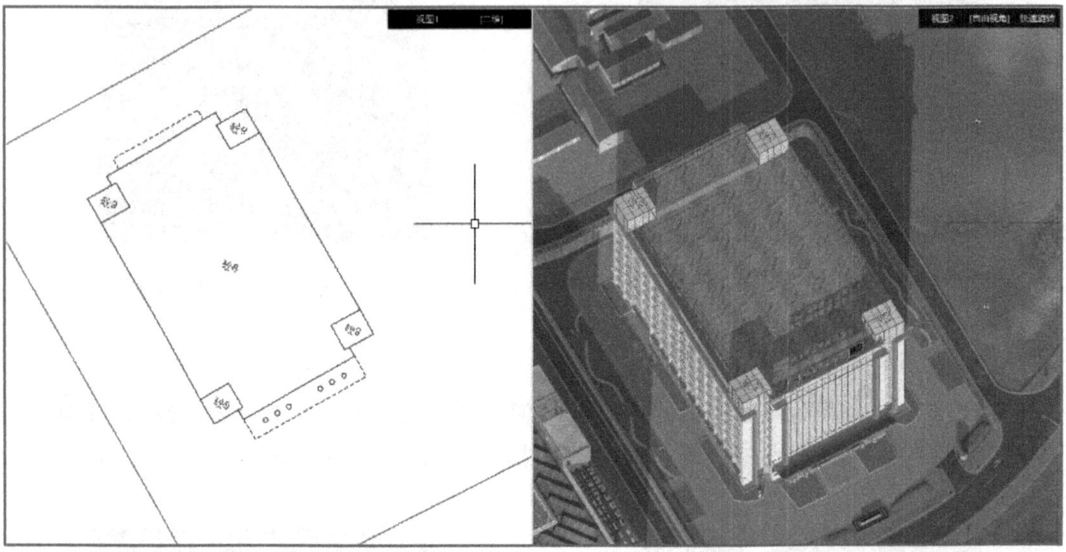

图 8-34　一幢房屋绘制效果

② 道路采集。在绘图面板中选择相应的要素编码后，沿道路轮廓或中心位置进行绘制。双线道路的采集可使用“绘图”菜单下的“平行线”功能，在指定宽度后直接双线绘制，也可在一侧道路边线绘制完成后，使用“偏移拷贝”功能，快速完成另一侧边线的绘制（图 8-35）。

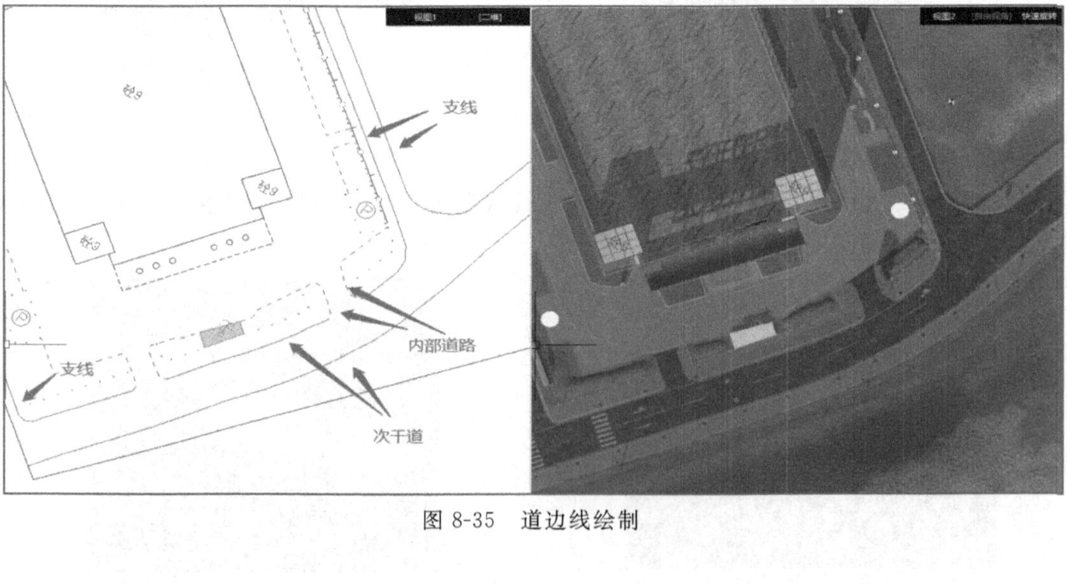

图 8-35　道边线绘制

③ 高程点采集。根据倾斜模型中的不同场景，可通过手动点选、线上提取、DSM 面内提取等方式完成对高程点的采集或批量提取（图 8-36）。

图 8-36　高程点采集

④ 等高线采集。对于符合采集等高线的地貌范围，可根据已采集完成的高程点构建三角网，来提取生成等高线。

3. 外业调绘

根据三维模型数据的地形要素采集情况，对遮挡地物坐标或已变更地物坐标进行补充测量，并进行要素属性信息调查，最终将调查信息与补测坐标更新到采集完成的矢量地形数据中。

（1）属性信息调查

当要素类型或属性无法通过倾斜三维模型判断获取时，则需要进入虚拟仿真场景进行属性信息调查，如道路编号名称、水系名称、独立地物类型等。属性调查完成后，可将属性信息更新到对应的要素属性字段中，或使用相应注记编码进行注记标绘（图 8-37、图 8-38）。

图 8-37　道路名称调查

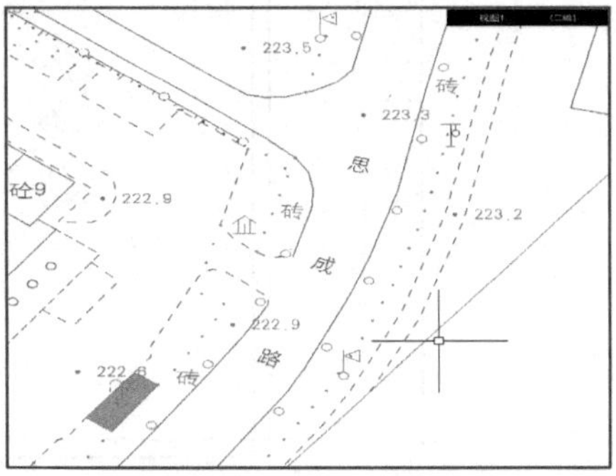

图 8-38　路名注记标绘

（2）要素修补测量

① 遮挡、变更地物坐标修测。当倾斜三维模型中的地物，如房屋角点被明显遮盖或模型严重拉花，导致无法从倾斜模型获取准确坐标时，则需要在虚拟仿真的野外场景中对这些

地物进行补充测量。

② 架设 RTK 移动站，进行点坐标测量，测量完成后将自动在实操软件中生成测量点，然后即可根据测量点位置完成该房屋要素坐标更新。

(3) 新增地物坐标补测

① 调查已变更地物。在虚拟仿真场景中调查是否存在与倾斜三维模型不同的变更地物，当存在新增地物时，例如多出一间简易房屋，则需对该房屋要素进行补充测量。

② 开启实操软件中的“读取测量坐标”功能，并指定要素编码后，回到虚拟仿真软件场景，可直接通过 RTK、全站仪等仪器测量点坐标的方式同步完成地物要素的绘制。

4. 地图整饰与输出

① 在数据编辑完成后，需对采集地物要素的图面效果情况进行调整，比如符号压盖处理、符号消隐处理、移动注记点至合适位置等，使得制图效果更加规范、美观、易读。

② 创建标准图幅。在制图图面调整完毕后，点击 “格网设置”功能，将格网比例尺设置为 1∶500，然后点击“标准图幅”功能，选择矢量地形数据所在的格网区域，并根据要求设置图幅信息。

③ 设置图廓信息。标准图幅设置完成后，需对图幅图廓进行整饰设置，如公里格网间隔、制图打印颜色等。

④ 创建标准图幅及图面整饰后，可将打印格式设置为 pdf，预览打印效果无误后，按照要求设置成果名称，完成制图成果数据输出(图 8-39)。

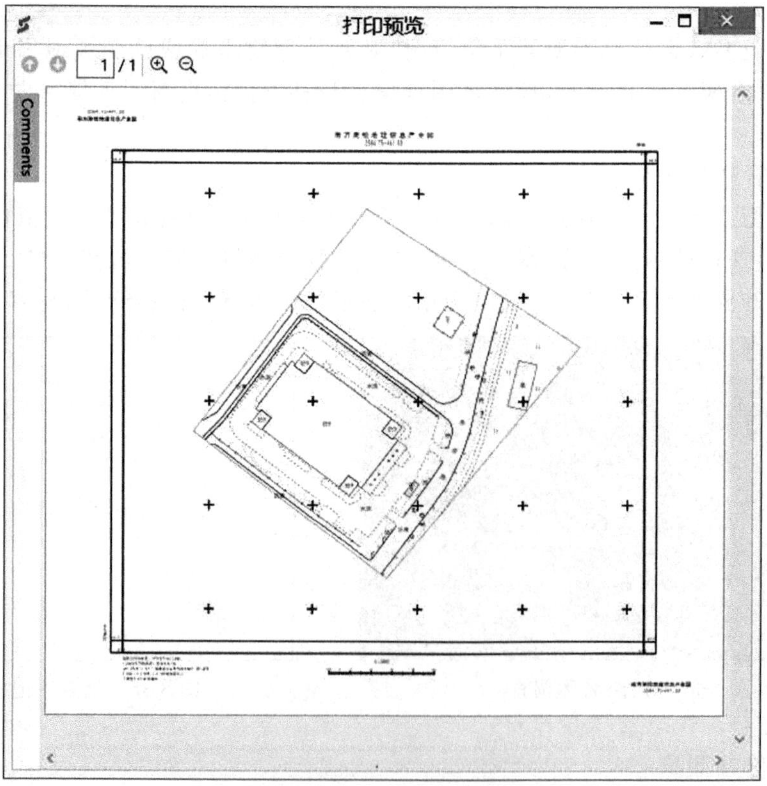

图 8-39　测图成果打印输出

第五节　无人机 LiDAR 技术及作业流程

一、概述

激光雷达(LiDAR)是一种雷达系统,一种主动式传感器,它集成了激光测距、卫星定位与导航(GNSS)和惯性导航系统(INS)等设备,采集结果以三维点云数据形式呈现,其工作光谱段在红外到紫外之间,主要由发射机、接收机、测量控制和电源组成,如图 8-40 所示。

激光雷达的工作原理为:首先向被测目标发射一束激光,然后测量反射或散射信号到达发射机的时间、信号强弱程度和频率变化等参数,从而确定被测目标的距离、运动速度以及方位,处理后获得该点的三维坐标及属性信息,如图 8-41 所示。

图 8-40　无人机 LiDAR 测量系统

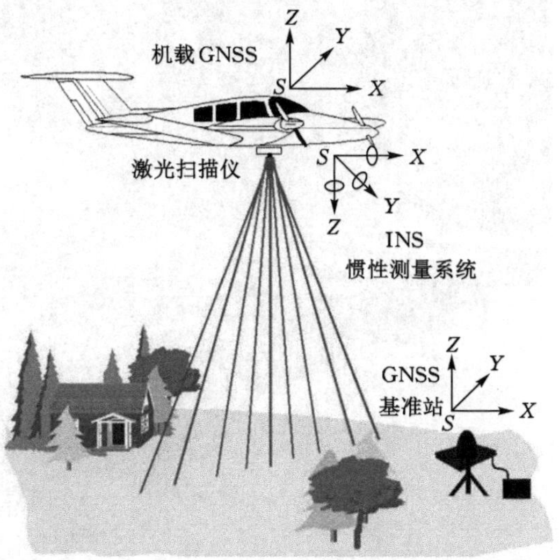

图 8-41　机载激光雷达扫描样式

激光雷达(LiDAR)按照搭载方式的不同其作业模式也各不相同,主要包括:

① 星载激光雷达:星载 LiDAR 采用卫星平台,运行轨道高、观测视野广,可以触及世界的每一个角落,为地球三维控制点和数字地面模型的获取提供了新的途径,无论对于国防或是科学研究都具有十分重大的意义。

② 机载激光雷达:将 LiDAR 系统搭载在飞机上,在飞机飞行过程中,通过对地面进行扫描,获取地表的三维信息,其中无人机 LiDAR 就是当前机载 LiDAR 系统的主流产品,借助无人机的技术优势,可实现区域的精准、高效数据采集,形成高精度的数字地图产品。

③ 车载激光雷达:车载激光雷达又称车载三维激光扫描仪,系统采用车载平台,在车辆行驶过程中获取道路两侧的高密集度的点云、近景影像数据。车载激光雷达弥补了机载激光雷达在地面地物信息获取方面的局限(如遮挡),精度更高、信息更全面丰富。

④ 地面激光雷达:把三维激光扫描仪架设在地面上,扫描完成数据采集工作,获得高精度的三维数据,适用于小范围、高精度的测绘工作。

虽然激光雷达系统作业方式不同,但其作业原理、数据处理过程基本相同,篇幅所限,本章仅以无人机 LiDAR 为例，简要介绍其基本原理和测图的工作流程。

二、激光点云

激光雷达测量系统通过对地面进行扫描，获取反射回来的激光点数据，因激光点数据呈星云状密集分布，所以形象地称为激光点云(Point Cloud)，意思为无数的点以测量的规则坐标在计算机里显现物体的结果，如图 8-42 所示。激光雷达系统的测量数据不仅包含目标点的 X、Y、Z 坐标信息，还包括物体反射强度等信息。激光雷达可以快速获得高密度、高精度的三维数字地面信息，激光点云的点与点之间的相对误差是非常小的，能完整地呈现地物地貌的变化细节，直接对激光点云进行格网化即可以得到高精度的数字表面模型，进行滤波分类后可以得到高精度的数字高程模型，可以进行等高线生成、建模、土方计算、距离和面积量测等。

图 8-42　激光点云数据示意图

激光雷达点云密度是激光雷达点云数据的重要属性，反映了激光脚点空间分布的特点及密集程度，其作用类似遥感影像的分辨率，点云密度越大，则能探测更微小目标。激光雷达点云密度可以依据作业精度要求通过对航高、发射频率、扫描角度以及带宽等参数在采集前进行设置。在测绘行业规范中规定，只有达到了相应点云密度才能生产对应比例尺的产品，很多激光雷达数据处理算法也对点云密度有要求。

三、无人机 LiDAR 数据采集和处理流程

1. 生产流程概述

机载激光雷达测量作业的生产环节主要包括航摄准备、航摄数据采集、数据预处理、激光数据分类、数字高程模型(DEM)制作、数字正射影像(DOM)制作，其作业流程如图 8-43 所示。

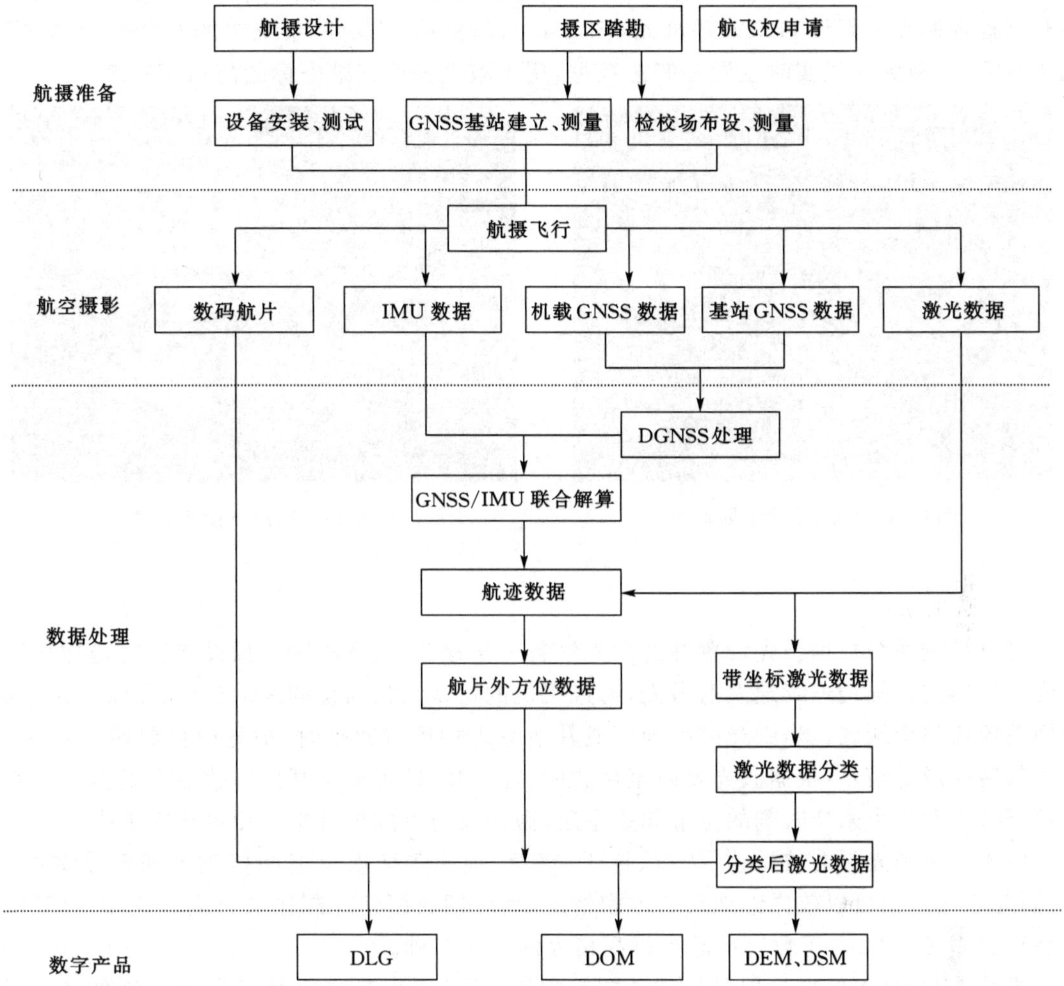

图 8-43 机载激光雷达测量作业流程图

2. 航摄准备

(1) 航线设计

在进行航摄飞行设计前，本着安全、经济、周密、高效的原则，以项目成果数据精度要求为目标，充分分析测区的实际情况，包括测区的地形、地貌、已有控制情况、气象条件等影响因素，结合激光雷达测量设备自身特点，如航高、航速、相机镜头焦距及曝光速度、激光扫描仪扫描角、扫描频率及功率等，同时考虑航带重叠度、激光点距等，选择最为合适的航摄参数，航线设计结果如图 8-44 所示。

通过航摄设计软件生成航线数据文件，内容包括航线号、航带顺序等信息。在执行航空摄影前，将航线设计文件拷贝到机载激光雷达系统的导航任务卡中，在飞行时选择要作业的航线，激光雷达测量系统在飞机进入测线坐标范围后即可以自动开始采集数据，包括激点云数据和数码影像数据。

(2) 架设地面基站

为使激光点云坐标与地面坐标相统一，在无人机 LiDAR 数据采集期间，需要在地面的已知坐标控制点上架设 GNSS 基准站(图 8-45)，与机载 LiDAR 系统中的 GNSS 设备进行同步观测，获取无人机实时位置和姿态数据，用于激光脚点三维坐标的高精度解算。

图 8-44　航线设计结果示例

图 8-45　基站架设示意图

(3) 数据采集

飞行控制系统根据预先设置好的激光设备工作参数，当飞机进入预设航线时，控制红外激光发生器向扫描镜连续地发射激光，通过飞机的运动和扫描镜的运动反射，使激光束扫描地面并覆盖整个测区。当激光束由地面或其他障碍物反射回来时，被光电接收感应器接收并将其转换成电信号，根据激光发射至接收的时间间隔即可精确算出传感器至地面的距离，确定飞行平台每个采样时刻的位置和姿态后，激光反射点的位置坐标便可确定下来。

由于一束激光可能被树顶、树枝、树干、矮草、地面等依次反射回接收器而形成多次回波，因此激光数据可以较详细地反映地表情况，为后期数据处理制作数字高程模型(DEM)、数字正射影像(DOM)等数字产品提供高精度的数据基础。

机载 LiDAR 系统中一般都搭载了数码相机，可以同步获取地面高分辨率影像，配合点云数据用于后期测绘成果的制作。激光点云数据和数码影像数据通过高速数据传输线直接保存到系统的专用硬盘中。

(4) 数据预处理

激光雷达数据处理流程如图 8-46 所示。

机载激光雷达采集得到的原始数据包括：原始激光点云数据；原始数码影像数据；惯性导航系统(IMU)数据；机载 GNSS 数据；地面基站 GNSS 数据。原始激光数据仅包含每个激光点的发射角、测量距离、反射率等信息，原始数码影像也只是普通的数码影像，没有坐标、姿态等空间信息。经过数据预处理后，完成激光和影像数据的定位和定向，使其具有空间坐标和姿态等信息，此时每个激光点都具有 WGS-84 坐标系下的坐标值，以高程显示的激光数据就能比较清晰地看出地面起伏及地物情况，如图 8-47 所示。

(5) 激光 LiDAR 后处理

激光点云后处理及测绘成果的制作都是在相应软件系统下交互式编辑完成，以南方测绘公司的 SouthLidar 为例，它是一款点云显示及后处理软件，集海量点云浏览、点云渲染、点云纠正、点云裁剪、DEM 生产、点云量测、全景叠加量测、地图定位、DLG 矢量绘制等功能

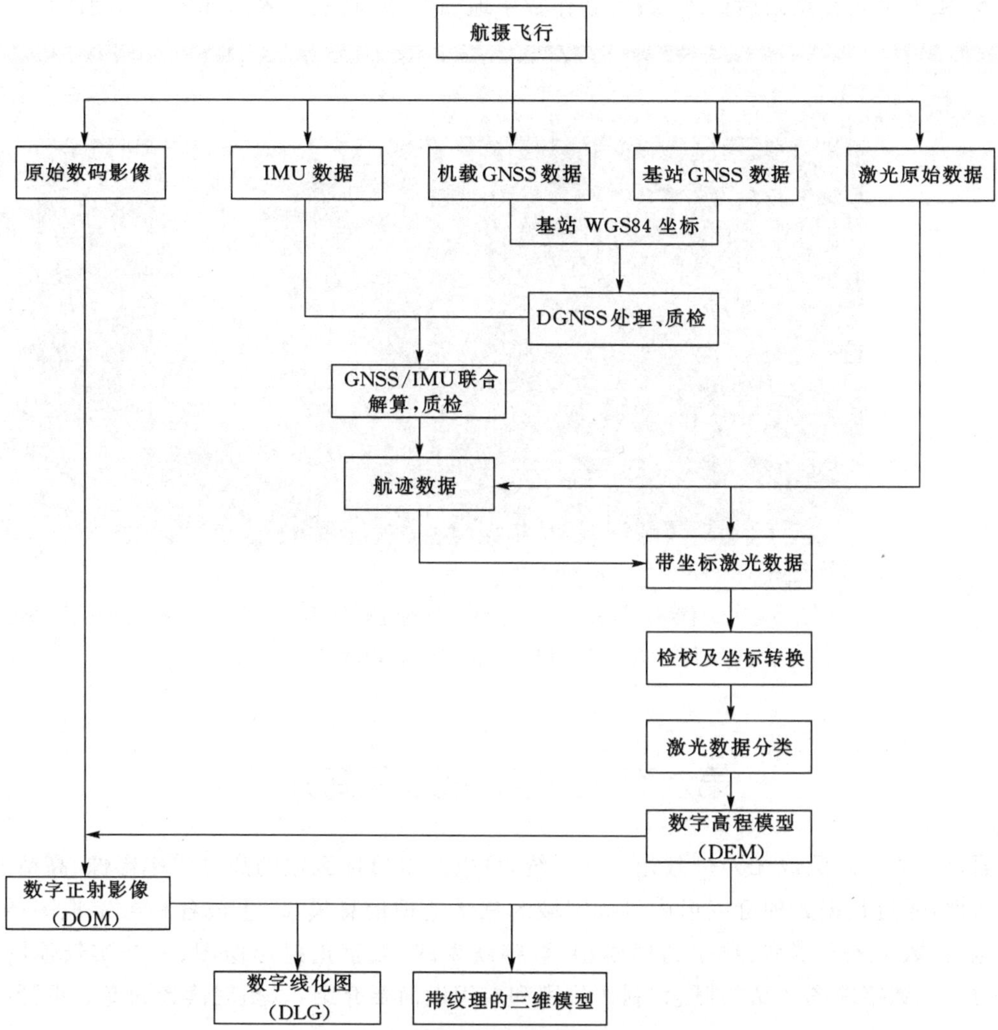

图 8-46　激光雷达数据处理流程

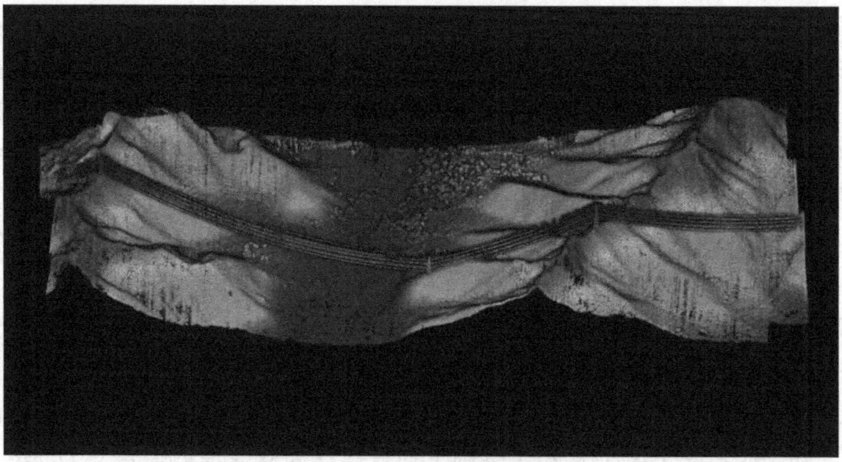

图 8-47　点云高程模式显示图

于一体，服务于测量点云后处理，编辑制作数字地图产品，其软件界面如图 8-48 所示。

图 8-48　SouthLidar 点云后处理软件

第六节　数字地图成果简介

通过无人机航测或无人机激光雷达系统，可以获得目标区域的高分辨率影像、高精度的点云数据，通过数据处理可以形成目标区域的三维地理信息模型，生成各种数字地图产品，主要包括：数字表面模型、数字高程模型、数字线划图、数字正射影像图、三维实景地图等。本节对以上数字地图产品的概念、制作流程和应用做简要介绍，以拓展读者的专业视野。

一、数字高程模型(DEM)

数字高程模型(Digital Elevation Model)，简称 DEM，是通过有限的地形高程数据实现对地面地形的数字化模拟(即地形表面形态的数字化表达)，它是用一组有序数值阵列形式表示地面高程的一种实体地面模型，是数字地形模型(Digital Terrain Model，DTM)的一个分支，其他各种地形特征值均可由此派生。一般认为，DTM 是描述包括高程在内的各种地貌因子，如坡度、坡向、坡度变化率等因子在内的线性和非线性组合的空间分布，其中 DEM 是零阶单纯的单项数字地貌模型，其他如坡度、坡向及坡度变化率等地貌特性可在 DEM 的基础上派生。

建立 DEM 的方法主要有两种，一种是直接用 GNSS、全站仪等测绘仪器外业采集处理后获得，另一种是根据航空或航天遥感测绘技术获取，如本章所讲的无人机航测、无人机 LiDAR。理论上讲，只要我们有了目标区域内的足够数量、离散的三维点位数据，就可以通过构建不规则三角网(TIN)，然后在 TIN 基础上通过线性和双线性内插建立 DEM(图 8-49)。

DEM 主要有三种表示模型：规则格网模型(Grid)、等高线模型(Contour)和不规则三角网模型(TIN)。这三种不同数据结构的DEM表征方式在数据存储以及空间关系等方面各有优劣。TIN和Grid都是应用最广泛的连续表面数字表示的数据结构，TIN的优点是能较好地顾及地貌特征点、线，表示复杂地形表面比矩形格网精确，其缺点是数据存储与操作比较复杂。Grid的优点是结构十分简单、数据存储量很小、各种分析与计算非常方便有效等。

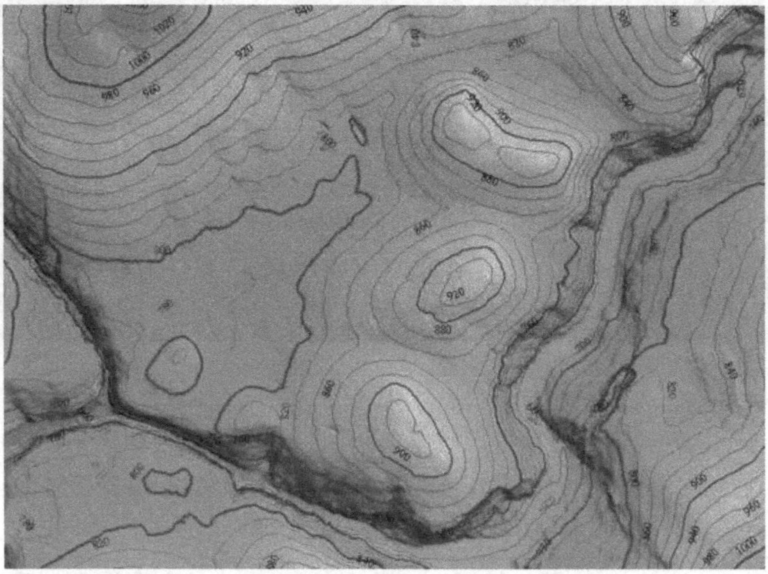

图 8-49　DEM示意图

DEM作为重要的基础地理信息已在测绘、资源勘测、灾害防治、国防等与地形分析有关的各个领域发挥着越来越大的作用。利用DEM可以制作透视图、断面图，进行工程土石方计算、表面覆盖面积统计，用于与高程相关的地貌形态分析、通视条件分析、洪水淹没分析、精度分析、高程分析；量测坐标、距离、面积、体积(挖填方)；坡度、坡向分析；剖面图生成；等高线生成；叠加相关矢量数据和影像数据制作各种专题地图等。

二、数字表面模型(DSM)

数字地表模型(Digital Surface Model，DSM)是指包含了地表建筑物、桥梁和树木等高度的地面高程模型(图8-50)。与DEM只包含了地形的高程信息，并未包含其他地表信息不同，DSM是在DEM的基础上，进一步涵盖了除地面以外的其他地物的高程信息。

DSM能最真实地表达地面起伏情况，可广泛应用于各行各业。如在森林地区，可以用于检测森林的生长情况；在城区，DSM可以用于表达城市的发展状况；飞行器低空飞行过程中，不仅需要数字地面模型，更需要数字表面模型，这样才有可能使飞行器不会触碰建筑物或树木。

三、数字线划图(DLG)

数字线划地图(Digital Line Graphic，DLG)，是以点、线、面形式或地图特定图形符号形式，表达地形要素的地理信息矢量数据集，如图8-51所示。其中，点要素在矢量数据中表示为一组坐标及相应的属性值；线要素表示为一串坐标组及相应的属性值；面要素表示为首尾

图 8-50 DSM 示意图

点重合的一串坐标组及相应的属性值。数字线划图是我国基础地理信息数字成果的主要组成部分,包括空间信息和属性信息,可作为人口、资源、环境、交通、治安等各专业信息系统的空间定位基础,是目前各行业地理信息服务的主要数据源。

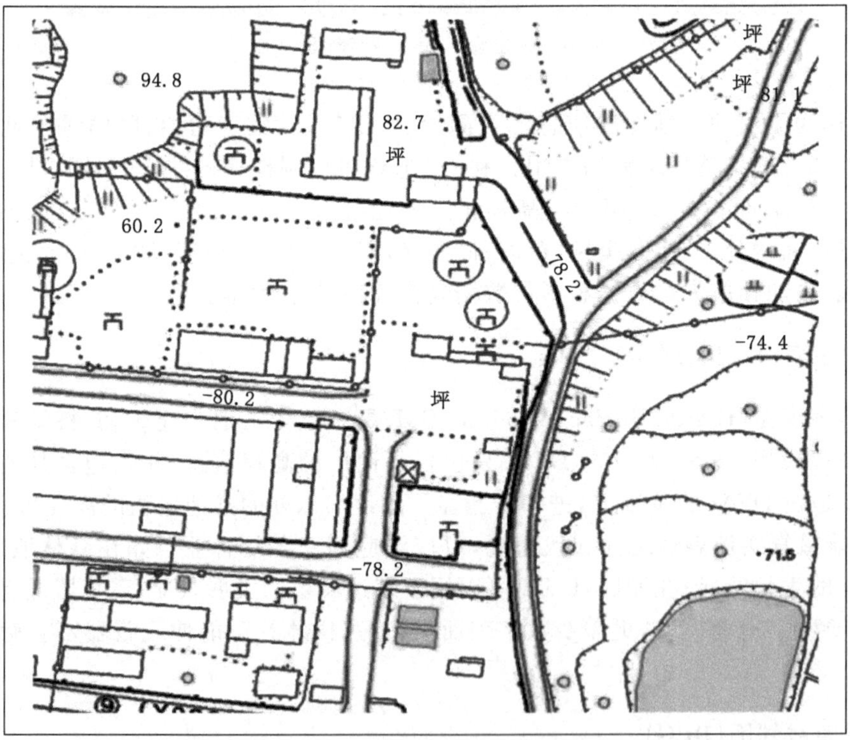

图 8-51 大比例尺 DLG 示意图

数字线划图适应了计算机技术的发展及要求,它具有如下技术特点:

① 地图内容、分幅、投影、精度、坐标系统与同比例尺地形图一致。内容具有动态性,数

据补充、更新灵活方便。

② 数据内容可以分层、分类、分级组织，能够快速地进行检索和查询，图形输出为矢量格式，任意缩放均不变形。

③ 数据量小、使用方便、便于查询和分析，含有地图要素编码、属性、位置、名称及相互之间拓扑关系等方面的信息，有特定的组织形式和数据结构，通用性强。

④ DLG 能满足地理信息系统进行各种空间分析与制图需求，能与其他地图产品如 DEM\DSM\DOM 等叠加形成各种专题地图，还能够将数字地图的内容与图像、声音、文字动画等多媒体信息结合在一起，生成更富表现力的多媒体电子地图。

DLG 是数字地图的核心产品，是各比例尺地形测图工作的主要数据成果。DLG 的制作方式取决于地形测量的技术手段，如基于 GNSS 或全站仪的大比例尺地形测量技术、基于立体测绘卫星数据的航天测绘技术、以无人机航测为代表的现代航空摄影测量技术，还可以通过对已有纸质地形图扫描矢量化、基于数字正射影像图的屏幕跟踪矢量化等方法，借助相应的数字化测图软件系统，完成点、线、面及地形要素的数据采集和属性编辑，最终形成目标区域的 DLG。

四、数字正射影像图(DOM)

数字正射影像图(Digital Orthophoto Map,DOM)是一种新型地图产品，它利用数字高程模型(DEM)对数字化的航空像片或遥感影像进行处理，对每个像素点进行逐一的投影差改正，然后按照影像镶嵌的原理进行组合，最后根据图幅的范围进行剪裁，生成最终的数字正射影像图。这种影像图不仅具有统一的地图比例尺，而且能够消除倾斜误差和投影误差。此外，数字正射影像图还会将地形要素的信息如符号、线条、注记等添加到影像平面中，形成一种以栅格数据形式存储的影像数据库。

DLG 作为矢量数据集精度高、信息丰富、数据量小，但其专业性强、表达方式抽象、不直观。普通影像图能更好地符合人的视觉感受，更直观形象，但普通影像一般为中心投影而非正射投影，投影误差及影像畸变误差较大、精度低。数字影像地图则把二者优势有机结合起来，既直观形象又兼具地图的高精度。图 8-52 是一幅数字线划图，图 8-53 是对应该范围区的数字正射遥感影像地图，可以发现后者更直观形象，其地图分幅、投影、精度、坐标系统与同比例尺地形图一致。由于 DOM 是数字的，在计算机上可局部放大，具有良好的判读性能、量测性能和管理性能。DOM 可作为独立的背景层与地名注记、图廓线、公里格网及其他要素层复合，制作各种专题图。图 8-54 是把数字正射影像图与数字线划图(DLG)叠加后形成的道路交通专题地图。

数字正射影像图具有精度高、信息丰富、直观逼真、现实性强等优点，可作为背景控制信息有效评价其他测绘产品及数据的精度、现势性和完整性，可从中提取自然信息和人文信息，并派生出新的信息和产品，为地形图的修测和更新提供良好的数据和更新手段。

由于获取制作正射影像的数据源不同，以及技术条件和设备的差异，数字正射影像图的制作有多种方法，其中，主要包括下述三种方法：

① 全数字摄影测量方法，是通过数字摄影测量系统来实现，即对数字影像对进行内定向、相对定向、绝对定向后，形成 DEM，按反解法做单元数字微分纠正，将单片正射影像进行镶嵌，最后按图廓线裁切得到一幅数字正射影像图，并进行地名注记、公里格网和图廓整饰

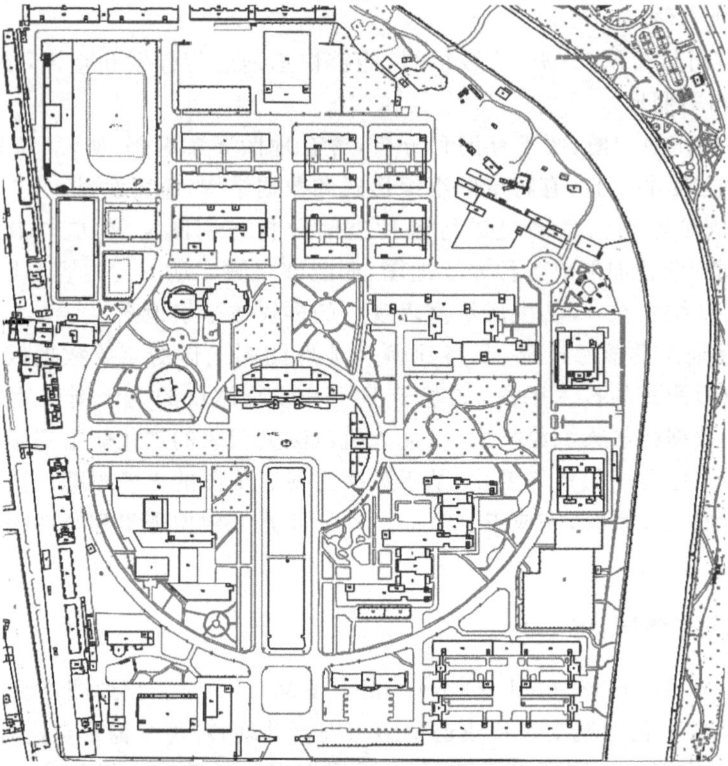

图 8-52 数字线划图(DLG)

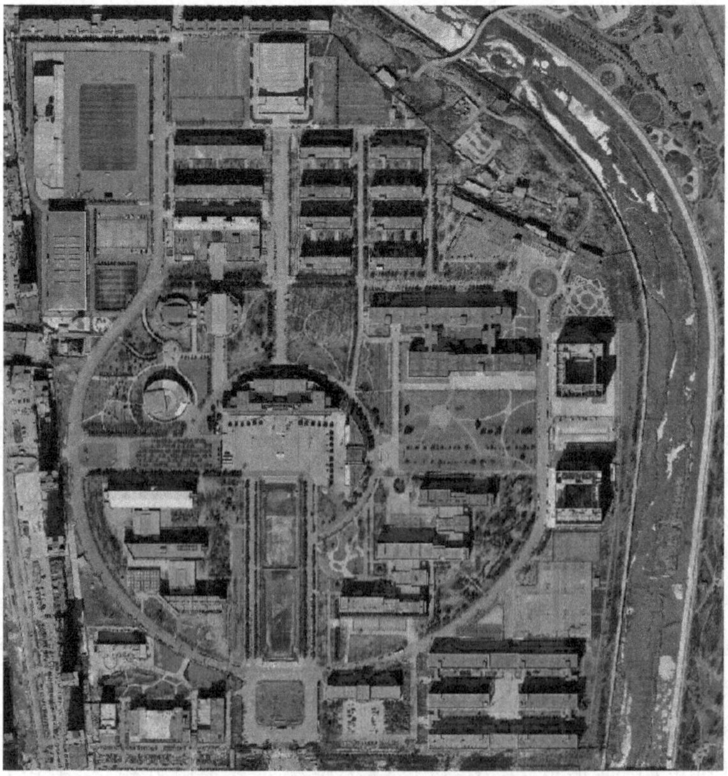

图 8-53 数字正射影像图(DOM)

图 8-54　道路交通专题地图

等。经过修改后，绘制成 DOM 或刻录光盘保存。本章所讲的无人机航测就是采用该种方法完成 DOM 制作的。

② 单片数字微分纠正。如果一个区域内已有 DEM 数据以及像片控制成果，就可以直接使用该成果数据制作 DOM，其主要流程是遥感影像、航摄影像，根据像片控制点坐标进行数字影像内定向，再由 DEM 成果做数字微分纠正，其余后续过程与方法 1 相同。

③ 纸质正射影像图扫描数字化。若已有纸质的正射影像图，可直接对其进行影像扫描数字化，再经几何纠正就能获取数字正射影像的数据。几何纠正是直接针对扫描变换进行数字模拟，扫描图像的总体变形过程可以看作是平移、缩放、旋转、仿射、偏扭、弯曲等基本变形的综合作用结果。

五、三维影像地图

不论是数字正射影像图(DOM)还是数字线划图(DLG)都是二维产品，而现实的物理世界是三维的，二维的地图产品无法有效表达三维世界，实际工作中可以将真实的影像数据叠加在体现三维地形的数字高程模型上，构成实景三维模型，形成三维立体景观影像(图 8-55)，实现了对该区域人类生产、生活和生态空间进行真实、立体、时序化反映和表达的数字空间。

图 8-55　融合 DEM 和 DOM 的三维影像地图

三维电子地图为人们提供了直观的地理实景模拟表现方式(图 8-56),为用户提供了地图查询、出行导航等地图检索功能,同时集成生活资讯、电子政务、电子商务、虚拟社区、出行导航等一系列服务,地图应用服务已经融入人们的日常生活。

图 8-56　城市三维实景地图

复习思考题

1. 简述无人机的概念、类型、特点以及在各行各业中的应用。

2. 无人机航空摄影测量技术与基于 GNSS/全站仪的地形测量技术有什么不同?

3. 无人机测绘系统由哪些子系统组成?各个子系统的主要功能是什么?

4. 摄影测量的核心模型是什么?模型中有哪些参数?各自意义是什么?

5. 影像的内、外方位元素是如何获得的?

6. 为什么在无人机航线设计中需要有航向重叠和旁向重叠?

7. 简述无人机航空摄影测量的数据采集与处理流程。

8. 简述无人机激光雷达地形测量技术与无人机航空摄影测量技术的特点、优势、区别与联系?

9. 简述无人机激光雷达地形测量的数据采集与处理流程。

10. 简述各类数字地图产品(DLG/DEM/DSM/DOM)的特点、生产工艺流程、应用领域。

11. 在我们日常生活中经常会用到哪些电子地图?举例说明。

无人机测图系统　　第八章课件　　第八章复习思考题答案　　第八章插图

第九章 地形图的应用

从地形图测绘原理和测绘方法可知，地形图详细、真实地反映了地面上各种地物的分布和地形的起伏状态，是各类工程建设必需的资料。国土整治、资源勘查、土地利用、环境保护、矿藏采掘、军事指挥等均需从地形图上获取信息，作为决策和实施的依据。

大比例尺地形图主要可供了解地表地物和地貌的分布特征，从图上量测坐标、方位、距离、高程、坡度、面积、土方等，以便因地制宜地进行合理的规划、设计和施工。

本章主要介绍传统纸质地形图的应用、DEM 的基本概念及其在应用中的一些算法。

第一节 地形图识读基础和野外使用地形图

一、地形图识读基础

为了正确地应用地形图，首先要读懂地形图，将地形图上的各种符号和注记变成人们面前的实地立体模型。地形图识读的步骤一般为：图廓外要素的阅读；图廓内要素的阅读。

图廓外要素是指内图廓之外的要素，是对地形图及地形图所表示的地物、地貌的必要说明。

首先要了解测图时间和测绘单位，以判断地形图的现势性；然后要了解地形图的比例尺、坐标系统、高程系统、基本等高距以及图幅范围和接图表。园林工作中经常使用大比例尺地形图，所以磁北方向的判定也很重要。

图廓内要素主要是指地物符号和地貌符号，对地物、地貌的判读主要依靠符号和注记。地形图图式，作为地物、地貌的符号集，是地形图读图的技术工具。

在地物判读时，要注意地物的比例符号和非比例符号之区别，以及地物符号的主次让位的问题，例如铁路和公路并行，地形图上是以铁路中心位置绘铁路符号，而公路符号让位，掌握符号之间不准重叠，低级给高级让位的原则。

在地貌判读时，分清等高线所表达的地貌要素及地性线，便可找出地貌的规律：由山脊线即可看出山脉连绵；由山谷线便可看出水系的分布；由山峰鞍部、洼地和特殊地貌，可看出地貌的变化。另外，地貌判读，还需对等高线的性质有清楚的认识，对各种典型地貌的等高线表示形态要熟悉。

图廓内要素的另一方面是指社会经济要素，社会经济要素的内容有：居民地、交通网、水路运输、行政界线及通信线、高压电线、输油管线等重要管线等。通过对社会经济要素的判读，可以了解图幅范围内地区的社会经济发展情况。

(一) 图廓外要素的阅读

1. 图名、图号和接图表

每幅图可以图幅内的村镇、山头、湖泊或地区的习惯名等命名(大比例尺地形图也可能没有图名),每幅图内的图名注记在上图廓线的上方中央,按规定编码的图号在图名的下方。以图 9-1 为例,图名是清河镇,图号是 J-50-4-(33)。接图表在图名的左边,由 9 个矩形格组成,中央填绘斜线的格代表本图幅,四周的格表示上下左右相邻的图幅,每个格中都注有相应图幅的图名。当追索需要相邻图幅时,由接图表可轻易地检索到它们。

2. 地形图的比例尺

下图廓线的下方中央是地形图的数字比例尺(本例为 1∶10 000),有的图幅在数字比例尺的下方还绘有直线比例尺。

3. 其他廓外注记

在比例尺的左边,注记了测图年月、测图方法、地形图采用的平面坐标系统、高程系统及图式的版本。比例尺的右边一般注记了测图、绘图者的姓名。左图廓线外下部有测绘单位的名称。除从这些注记可以明确地形图平面、高程系统外,通过测图年月可以推测地形变化的程度及地形图的可靠程度,为测图单位收集资料提供了可靠的线索。此外内外图廓线间空白处除注记坐标格网线的坐标数值外,也注记道路、水系的延伸去处,相邻区域的行政区名等。因此廓外的诸多注记是十分重要的。

(二) 图廓内要素的阅读

用图目的不同,阅读地形图的侧重点亦不相同。但对任何使用者,在使用前都必须对地形图所示地区的基本状况有一定认识和了解。读图也必须遵循先整体后局部的原则,例如先了解整幅图内地形起伏趋势与特点,然后才判读某部分的地形。因为地形图反映的信息很多,还需分要素进行阅读,杂乱地阅读难以形成清晰系统的概念。分地区阅读和追索式阅读也是常用的阅读方式。下面以图 9-2(比例尺 1∶25 000)为例叙述怎样阅读地形图。

从整个图面上看,东北部是平地,其余部分分布着山脉,但山势不高,西北角的佛迹岭是本区的最高峰,其高程 150 多米,其他山峰的高程在 100 m 左右。地形总的趋势是西高东低,平地最低高程 27 m,一般 30 m 左右。据此可以判断本区属于低海拔丘陵地带。从图上可以看出平原地带村庄较多,以东南部的南岗村最大。公路从村西经过,在村北分岔,往北约 2 km 抵南岗火车站,往东北约 2 km 为桥下街乡政府所在地。公路往东南、西南各 1 km 分别通新村和大头塘村,从村东的水路约 1 km 直达瓯江,该水路可通行中等木船。由此可见南岗村水陆交通十分便利,可谓本区域的经济、交通中心。而本地区有铁路、公路和航道,各村镇都有大路相通,属交通较发达地区。仔细搜索未见稍具规模的厂区。图中平原地带水系发育,沟渠纵横,流向多从北偏西至南东,纵贯本区东半部,村庄周围还分布着较多的池塘湖泊。平原地区及山谷地带皆为稻田,低矮平缓的山丘为旱地。除少数山坡因岩石裸露没有种植外,其他山坡地多为人工种植的橘林。由图面植被分析本区农业经济发达。

(三) 阅读地形图应注意的问题

虽然不要求使用地形图的人一定会测绘地形图,但了解地形图的测绘方法和过程,对阅读和使用地形图是十分有益的。同时在阅读地形图时应注意以下两点:

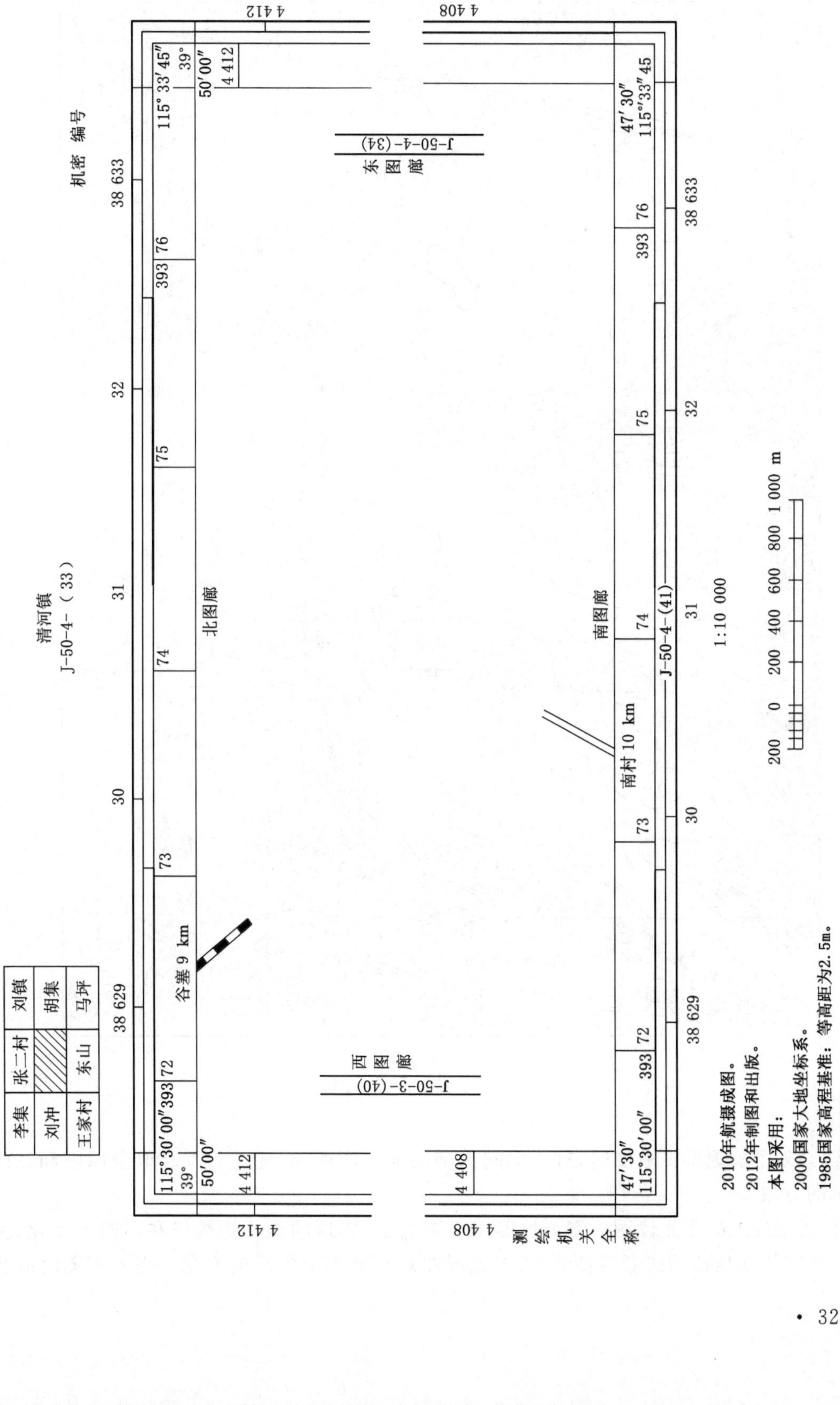

图 9-1　地形图的图廓外注记

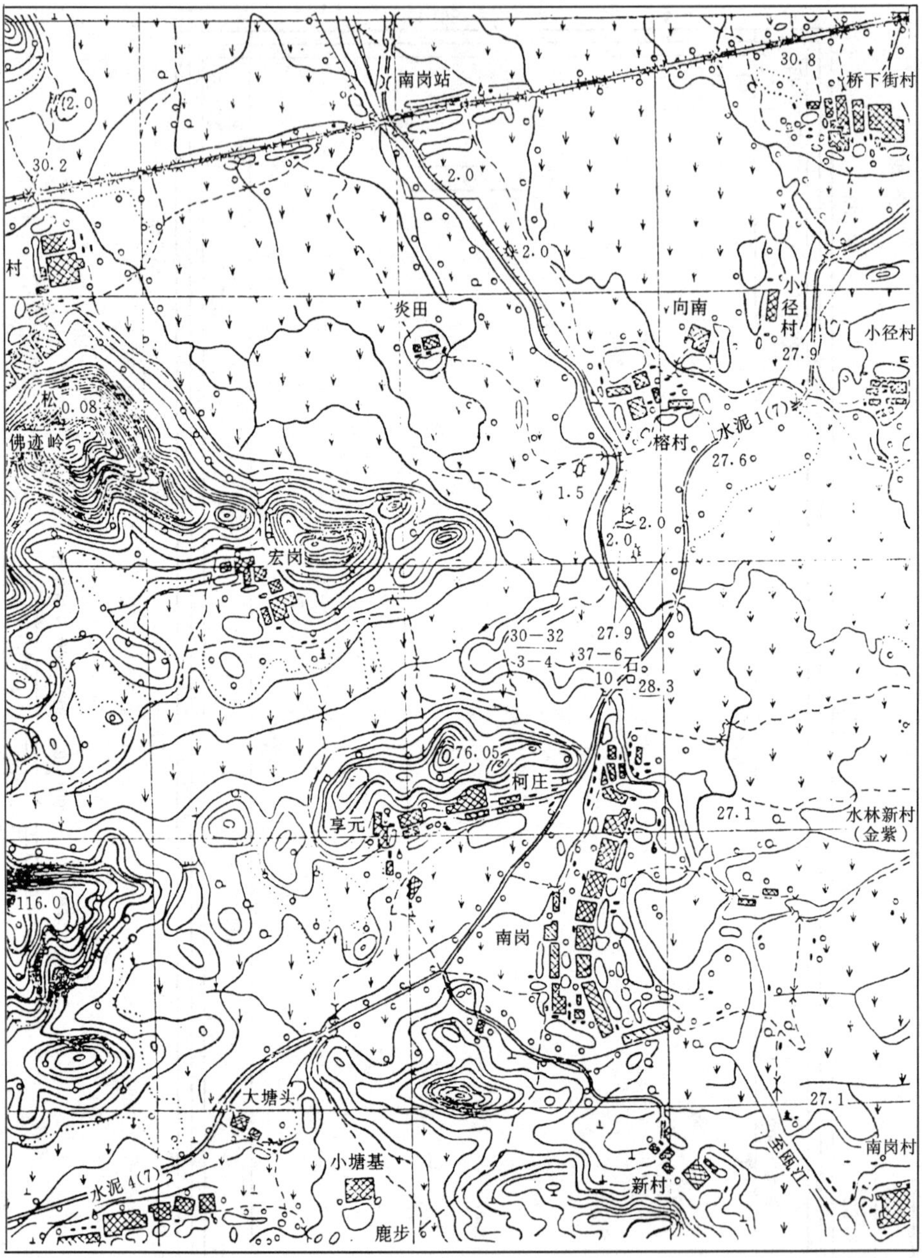

图 9-2　1∶25 000 地形图

① 必须了解地形图成图时，对于不同比例尺地形图地物、地貌的综合取舍原则和在图上表示的方法。

② 要用发展的眼光读图。因为地形图成图之后，实地的地物地貌仍在不断地变化，虽然测绘部门不断地修测或者重新测绘，但地形图总是赶不上实际的变化。因此用图时应当

适应并接受这种变化，用发展的眼光读图、用图，只有这样才能最大限度地从地形图上获得所需的信息。

二、野外使用地形图

地形图是野外实地调查的重要工具，野外使用地形图的方法步骤包括：准备工作、地形图的定向、在地形图上确定站立点位置、地形图和实地对照以及野外填图等。

（一）准备工作

1. 收集地形图

野外调查之前，应先根据调查地区的范围和调查目的，选择、收集需要的地形图。如为了进行规划或图上作业时，应选择大比例尺地形图。

2. 了解地形图

当得到地形图以后，应当尽快进行地形图的阅读和质量分析并评价地形图对使用目的的符合程度。

3. 地图的拼贴和折叠

当使用的地图幅数较多，为了野外使用方便，可拼贴、折叠。

拼贴方法是，根据接图表注记相邻图幅的图名和图号，将各幅地图按其关系位置排列好；按左压右、上压下的顺序，沿内图廓线裁去东图边和南图边，但最右一行不裁东图边，最下一列不裁南图边，以保持拼贴后的地形图有完整的图边。

外业使用地形图时常需要将地形图加以折叠。折叠的方法是，按外业背包或图夹的大小将地形图叠成手风琴形状，把不用的部分折向背面；同时要注意折棱齐整，尽量避免在拼接线上进行折叠。

4. 标图

为了便利阅读和研究问题，可以用彩色铅笔突出标绘与工作有关的个别要素。

（二）地形图的定向

在野外使用地形图时，首先要使地形图的方向与实地方向一致。常用的方法有以下两种：

1. 利用罗盘定向

可按磁子午线，也可按真子午线或坐标纵线定向。按磁子午线（即图上南、北内图廓中 P、P' 点的连线）定向时，先将罗盘刻度盘上的北字指向北图廓，并使刻度盘上的南北线与磁子午线重合，然后转动地形图，使磁针北端与“北”字一致，则地形图的方向与实地一致，如图 9-3 所示。

按真子午线或坐标纵线定向时，应将罗盘刻度盘的“北”字指向北图廓，并使刻度盘上的南北线与任一坐标纵线重合（图 9-4），然后转动地形图，分别按磁偏角或方向改正角的数值（东偏或西偏），使磁针北端指向相应的分划。

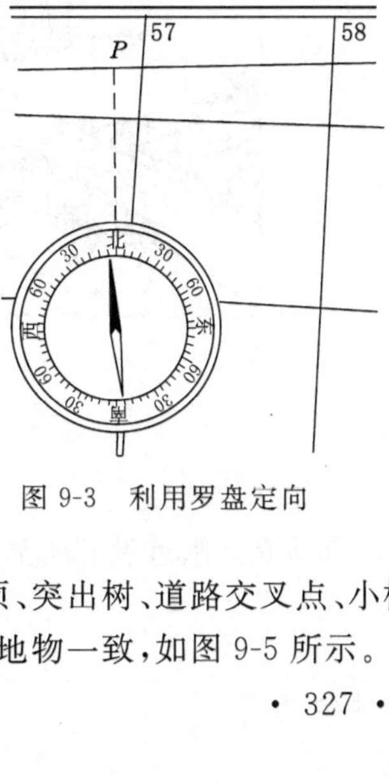

图 9-3　利用罗盘定向

2. 根据地物定向

首先在地形图上找到与实地相应的地物，如道路、河流、山顶、突出树、道路交叉点、小桥和一些方位物等，然后在站立点转动地形图，使图上地物与实地地物一致，如图 9-5 所示。

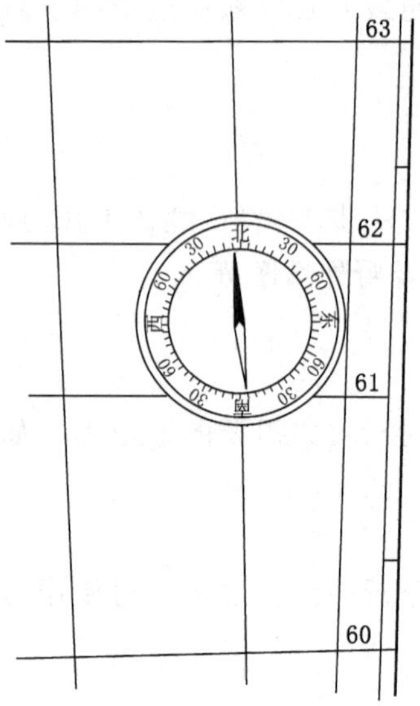

图 9-4　按坐标纵线定向

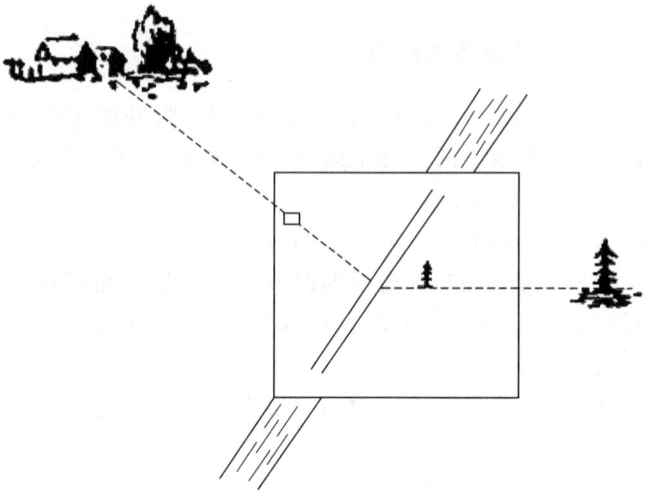

图 9-5　根据地物定向示意图

（三）在地形图上确定站立点的位置

地形图定向后，首先在图上确定本人站立的位置，才能展开工作。确定图上站立点的位置，常用方法有以下两种。

1. 根据明显地貌和地物判定

当站立点附近有明显地貌和地物时，可利用它与实地对照，迅速确定站立点在图上的位置。图 9-6 所示站立点的位置是根据道路和河流的交叉以及房屋和桥梁作为标志确定的。图 9-7 所示站立点的位置是在沟谷间的平缓山脊上。

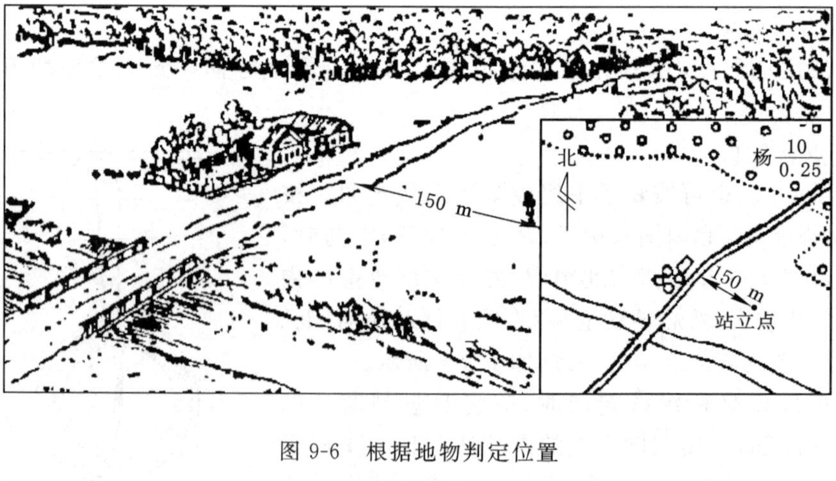

图 9-6　根据地物判定位置

2. 后方交会法

当站立点附近没有明显地形、地物时，多采用后方交会方法确定站立点在图上的位置。

图 9-7　根据地貌判定位置

（四）地形图与实地对照

确定了地形图的方向和地形图上站立点的位置以后，就可以根据图上站立点周围地貌和地物的符号，找出与实地相应的地貌和地物，或者观察实地地貌和地物来识别其在地图上所表示的位置（图 9-6）。进行地形图和实地对照，一般采用目估法，由右至左，由近及远，先识别主要而明显的地貌、地物，再按关系位置识别其他地貌、地物。如因地形复杂不易确定某些地貌、地物时，可用直尺确定站立点和地物符号（如山顶等），再向前照准，依方向和距离确定该地物的实地位置。通过地形图和实地对照，了解和熟悉周围地貌、地物情况，研究调查地区地形特点，比较出地形图上内容与实地相应地形所发生的变化。

（五）野外填图

野外填图调查是野外填图的重要组成部分之一，其目的在于根据填图的任务，如土壤普查、土地利用调查、调绘地形图现势资料等，正确、明显地把填图对象填绘于图上。在进行野外填图之前，根据填图任务收集和阅读调查地区的资料，初步确定填图对象的主要类型，并按类型拟定图例。同时，根据地形图选择调查与填图路线。

在进行野外填图时，应注意以下几点：

① 经常注意沿途的具有方位意义的地物，随时确定本人在图上站立点的位置。

② 站立点要选择在控制范围较大的制高点上，便于观察较大范围的填图对象，确定其范围界线。

③ 用罗盘或目估确定填图对象的方向，用目估或步测确定其距离。

④ 将所测得的数据按地形图比例尺和所拟定的图例，正确地填绘于地形图上的相应位置。

第二节　纸质地形图的应用

地形图广泛应用于国民经济各部门，是规划、设计与施工的重要图纸资料，很多技术问题可在图纸上解决。不同的用户抱着不同的目的使用地形图，应用的内容也不尽相同。本节首先介绍一下基本的应用问题，然后介绍一些在规划设计方面的应用。

一、纸质地形图的基本应用

纸质地形图的基本应用包括在图上判读点的高程、量测点的坐标、量测两点间的距离或线段长度和量测直线的方位角等，分别介绍如下。

（一）判读点的高程

地形图上点的高程多数是根据等高线来判定，也有一些点的高程要根据其周围地形点的高程判定。下面分三种情况予以叙述。

① 点正好在某一等高线上，则该点的高程等于所在等高线的高程。如图 9-8 中的 A 点在 78 m 等高线上，它的高程即等于 78 m。

② 点位于两条等高线之间，如图 9-8 中的 B 点，点的高程用比例内插法确定。如图所示，过 B 点作直线大致垂直于 82 m 和 84 m 两条等高线与两等高线相交于 m、n。从图上量得 $S=mn=10$ m，$S_1=nB=6$ m，等高距 $h=2$ m，则 B 点相对于 82 m 等高线的高差为：

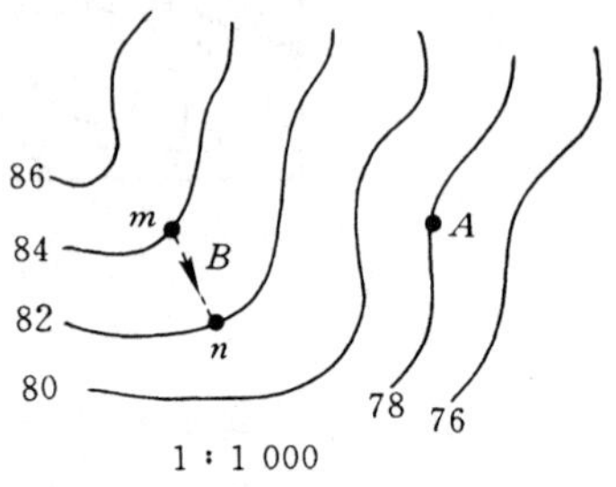

图 9-8　判读点的高程

$$h_{nB}=h\times S_1/S=2\times 6/10=1.2\ (\text{m}) \tag{9-1}$$

因此 B 点的高程为：

$$H_B=H_n+h=82+1.2=83.2\ (\text{m}) \tag{9-2}$$

以上是依据等高线内插法求待定点高程的原理，实际工作中，B 点相对于相邻等高线的高差可用目估法确定，并非用上式计算。

③ 如果点位于地形点之中，点的高程视点所处位置的具体情况而定。若点处于坡度无变化的均匀分布的地形点之中，可参照点位于等高线之间情况，用比例内插法目估相对于附近地形点的高差，以确定点的高程。若点处在人工平整过的地块或场地上（例如水田、十分平坦的场地等），则点的高程等于同一地块或场地地形点的高程。

（二）量测点的坐标

大比例尺地形图上的坐标格网是用于量测坐标的。清绘好的或复制的地形图上，为避免坐标格网线干扰地形线，一般隐去连续的格网线，只用十字标志坐标网格的交点。为便于量测坐标，使用地形图之前，先用铅笔线将交点连接形成坐标格网。如图 9-9 所示，若量测 M 点的坐标，M 点位于角点 a、b、c、d 的方格中，该方格西南角点 a 的坐标为 $x_a=38\ 100$ m、$y_a=13\ 100$ m。过 M 点作 x、y 坐标轴的平行线，与格网线分别相交于 e、f、g、h。用比例尺量得 $ae=64.0$ m、$ag=31.8$ m，因而 M 点的坐标为：

$$\begin{cases}x_M=x_a+ae=38\ 100+64.0=38\ 164.0\ (\text{m})\\ y_M=y_a+ag=13\ 100+31.8=13\ 131.8\ (\text{m})\end{cases} \tag{9-3}$$

作为检核，再量测 be、dg 的长度，用方格东北角点 c 的坐标计算 M 点的坐标：

$$\begin{cases}x_M=x_c-be=38\ 164.0\ (\text{m})\\ y_M=y_c-dg=13\ 131.8\ (\text{m})\end{cases} \tag{9-4}$$

如果图纸明显伸缩，则坐标增量 ae、ag、be、dg 应当乘以伸缩系数 k_x、k_y，伸缩系数 k 等于方格边长理论值（10 cm）与实量值之比值：

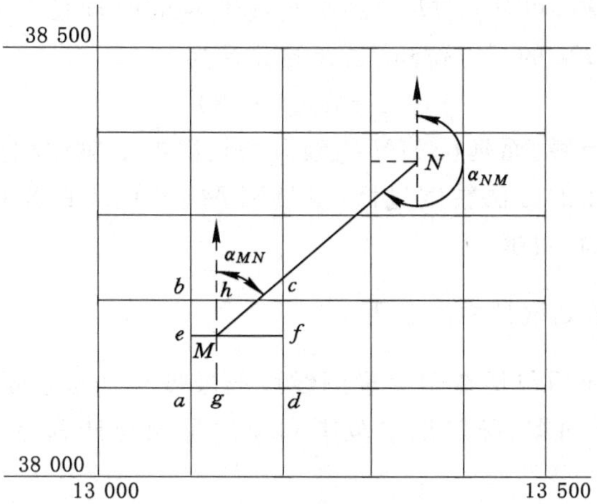

图 9-9　从地形图上量测坐标

$$\begin{cases} k_x = 10/ab \\ k_y = 10/ad \end{cases}$$

因此 M 点的坐标为：

$$\begin{cases} x_M = x_a + k_x \times ae \\ y_M = y_a + k_y \times ag \end{cases} \tag{9-5}$$

（三）量测两点间的距离或线段长度

从地形图上可以直接量度直线段和曲线段的距离，通过计算还能求倾斜距离。

1. 量取直线段的长度

量测精度要求不高，可直接用比例尺紧贴图上的直线段量取。量测精度要求高，则用比规仔细地截取图上的直线段，然后将比规比照着比例尺读出直线段的长度。如果图纸明显伸缩，应采用量测直线段端点的坐标反算直线段的长度，或估算直线段所在部分图纸的伸缩率，对量测值作相应改正。

2. 量取直线段的倾斜长度

图上直接量得的是平距，若需斜距，则还需要读取线段端点的高程，求线段端点的高差 h，通过计算得线段的倾斜长度。以求图 9-8 中 A、B 两点间的斜距为例，从图上量得 A、B 两点间的平距 $D_{AB}=17.2$ m，$H_A=78.0$ m，$H_B=83.2$ m，A、B 两点间的倾斜距离为：

$$S=\sqrt{D_{AB}^2+h^2}=\sqrt{17.2^2+5.2^2}=18.0\ (\text{m})$$

3. 量取折线和曲线的长度

地形图上的通信线、电力线、上下水管线等都为折线，它们的总长度可分段量取各线段的长度然后相加求总和求得。

曲线的长度，可将曲线近似地看作折线，用量测折线长度的方法量取。精度取决于替代的折线趋近曲线的程度。

（四）量测直线的方位角

以图 9-9 为例，量测图上 MN 直线的方位角。用直线连接 M、N 两点，过 M、N 点作 x 坐标轴的平行线，用量角器自 M 点平行线北端顺时针方向量至 MN 直线，所得角即为直线

MN 的方位角。为了检核，可从过 N 点的平行线北端顺时针量至 NM 直线的角，得直线 NM 的方位角，也就是 MN 的反方位角，二者的关系为：

$$\alpha_{MN}=\alpha_{NM}-180^\circ$$

此法也可以不做平行线，而延长 MN 直线段与格网的 x 轴线相交，在交点处量测角度。若认为用量角器量方位角的方法精度过低，可量测 M、N 两点的坐标，反算直线 MN 的方位角，这一方法的缺点是较费事。

二、纸质地形图在规划设计中的应用

纸质地形图的基本应用包括在图上量测线段的坡度与选取一定坡度的线路、绘制沿确定方向的断面图、确定汇水范围和面积量测与计算等，分别介绍如下。

地形图的基本量算和工程应用

（一）量测线段的坡度与选取一定坡度的线路

在各种工程建设中，常常需要了解地面的坡度以确定施工方案。从图上确定两点间的坡度，要求判读两点的高程和量测两点间的平距，然后用下式计算出坡度：

$$i=\frac{H_2-H_1}{D}\times 100\% \tag{9-6}$$

式中，H_1、H_2 分别为图上读得的两点的高程；D 为图上量测到的两点间的平距。

对管线、渠道、道路等工程进行初步设计时，一般要先在地形图上选线。按照技术要求选定一条合理的线路，应考虑的因素很多。这里只说明根据地形图等高线，按规定的坡度选定其最短线路的方法。以图 9-10为例，若从 A 点至 B 点修建一段坡度为 i 的公路。先计算相邻两等高线间一定坡度的平距：

$$D=h/i$$

式中，h 为等高距；i 为设计的坡度。

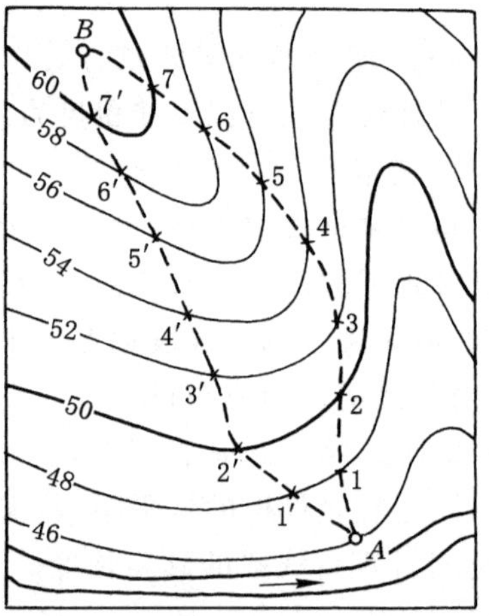

图 9-10　设计坡度线路的选取

用比规的两支针尖截取一段距离等于 D，紧接着用这个比规从 A 开始，截取 A 点到相邻等高线平距等于 D 的点 1，再从 1 点向其相邻等高线截取平距等于 D 的点 2，继续往前截取得 3、4… 直至 B 点为止。这就是 A、B 点之间坡度为 i 的最短线路，一般从另一个方向还可以用同样的方法截取类似的线路 1′、2′、3′…

在选定线路时，各线段不应是笔直的，而应当大约相似于等高线的形状。这样，该线路的方向变化处便不会成为急转的折线，而是平缓的圆滑曲线。

（二）绘制断面图

1. 绘制图上某一线路的断面图

过某一线路的铅垂面与地面的交线，在铅垂面上按比例缩小后的地面起伏图形，就是该线路所经地面的断面图（或称剖面图）。在输电线路、渠道、铁路、公路等线路工程中，根据其断面图可以了解沿线地表面的起伏情况和斜坡坡度。在断面图上可以得到有关数据，并可以进行线路设计。精确的断面图应在实地直接测定。如果要求不高，则可根据地形图绘制。

以图 9-11 为例，沿 AB 直线方向切绘断面图。在地形图上用直线连接 A、B 两点，并以 1、2、3…依次标记出直线与等高线的交点和地物地貌特征点（山头、鞍部、沟壑等）。准备一张绘断面图的图纸（用方格厘米纸最为方便），在其上画出纵（H）横（D）坐标轴线，确定比例尺，一般横向比例尺与地形图的相等，竖向比例尺比横向的大 10～20 倍。按确定的竖向比例尺在竖轴上的合适位置点出整数高程点，并过这些整数高程点做平行于横轴的水平直线。在横轴上的适当位置画出 A'点，A'即断面的起点。用比规从地形图上截取 A 点至点 1、2、3…的距离，同时读出各点的高程，并在横轴上截取相同的距离，得点 1、2、3…。在横轴各点的垂直上方，依据读得的各点高程，点出各点在垂直方向线上的点位。用平滑的曲线连接垂直线上的各点，得到确定方向断面图上的地表曲线。

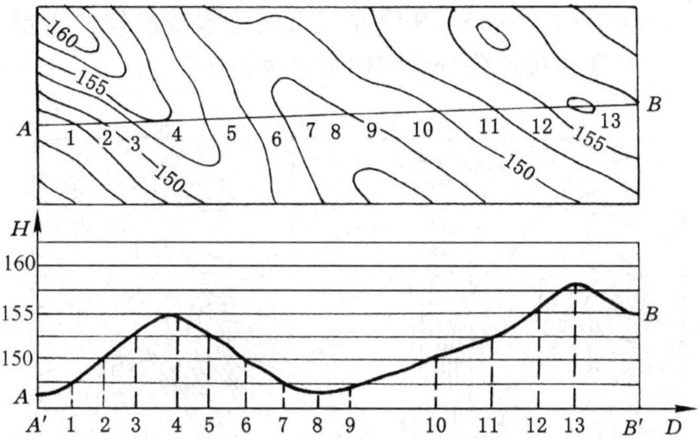

图 9-11　用地形图切绘断面图

上述绘制方法同样可用于绘制非直线形线路的断面图。断面图上还需有其他说明注记，不同专业各有其相应的具体规定，不再细述。

2. 确定两地面点间是否通视

要根据地形图来确定是否通视，这在两点间的地形起伏比较简明时，很容易通过观察分析予以判断。但在两点间起伏变化较复杂的情况下，往往难于靠直接观察来判断，而需借助于绘制简略断面图或用构成三角形法来确定其是否通视。下面介绍构成三角形法。

如图 9-12 所示，为了判定 A、B 两点（由图知 A 点的高程小于 B 点的高程）是否通视，可在地形图上用直线连接 A、B 两点。然后观察 AB 线上的地形起伏情况，分析可能影响通视的障碍点，设为在 AB 线上的 C 点，并标明其点位于图中。再自点 B 和 C 分别作 AB 的垂线，并按图求得 B、C 点对 A 点的高差 h_{AB}、h_{AC}，用同一比例缩小在两垂线上截取相应长的线段 BD、CE。最后，连接 A、D 两点，则直线 AD 相当于 A、B 两点实地上的倾斜线。由此可见：若 AD 与垂线 CE 相交，则 A、B 两点不通视；若不相交则通视，本例为不通视情况。很明显，应用此法时，准确地判明障碍点所在位置是至关重要的。

（三）确定汇水范围

大气降水之后，地面的降水将流向和汇集到河流、湖泊、水库等不同的水域，降水汇集到同一水域的承水地域是该区域的汇水区，汇水区的大小是工程建设和水利工程估算各种水

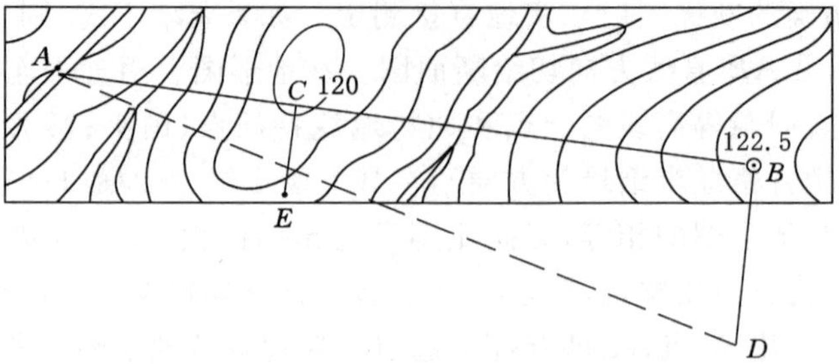

图 9-12　通视情况判定

量所必需的数据。汇水区的边界线在地形图上圈定，即在地形图上，将一系列的分水线连接起来，如图 9-13 所示，形成一个汇水区，凡降在汇水区分水线内侧的水都汇集到该水域，外侧的降水流向别处。选取和连接这些分水线时应遵循以下几点：

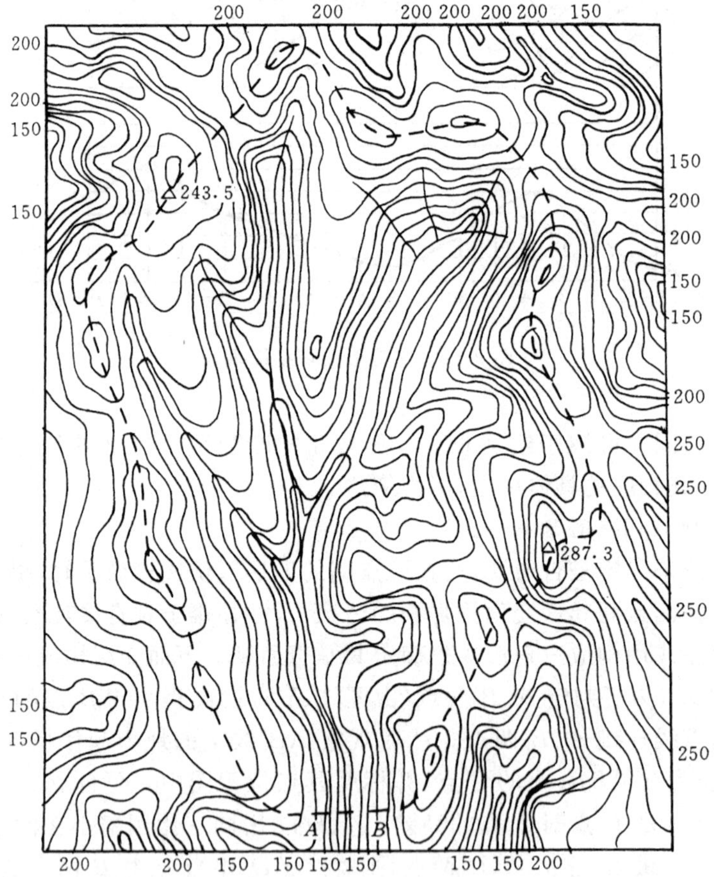

图 9-13　汇水边界线圈定

① 边界线应是该区域的相对最高分水线。

② 通过分析判断确认边界线内侧的水都会流入该水域，边界线外侧的水都不会流入该区域。

③ 边界线与山脊一致，并处处与等高线垂直。

④ 边界线是通过一系列山头与鞍部的曲线，并与山谷（河谷）指定的横断面线形成闭合。

（四）面积量测与计算

在地形图上量测并计算面积是地形图应用的一个重要方面，求算面积的方法很多，按其原理可分为图解法、解析法及仪器法几类，以下主要介绍图解法和解析法，仪器法不再介绍。

1. 图解法

图解法包括几何图形法、透明模片法等几种方法，其特点是在地形图上，直接测量待定图形的面积。

几何图形法用于量测被折线包围图形的面积。如果图形为三角形、矩形、梯形和平行四边形等，可以直接在图上量取相关数据计算其面积。如果图形为非直接可以量算的图形，应将它分解为可以计算的图形，例如图 9-14 所示是一个复杂的多边形，将其分解为可以量算的三角形和梯形。为保证量测精度，分解应使图形个数少，尽可能为稳定的三角形，图形强度较好，相邻图形共用共同边的数据，以减少量测数据量。

透明模片法是应用于曲线图形的方法。用透明材料制成的模片有两种形式，一种是正方形格网，一种是等间隔的平行线。

正方形格网模片是在透明的薄片上，用细直线刻画连成片的正方形格，如图 9-15 所示。方格的边长相等，一般为 2～4 mm，每个方格的面积 G 为 4～16 mm²。将这样的透明模片覆盖在待测图形上，然后计数待测图形边界内满格（斜线充填的）个数 N 和不满格个数 n。地形图上图形的面积为：

$$P = (N + n/2) \times G \tag{9-7}$$

实地的面积为：

$$S = P \times M^2 \tag{9-8}$$

式中，M 为比例尺分母。

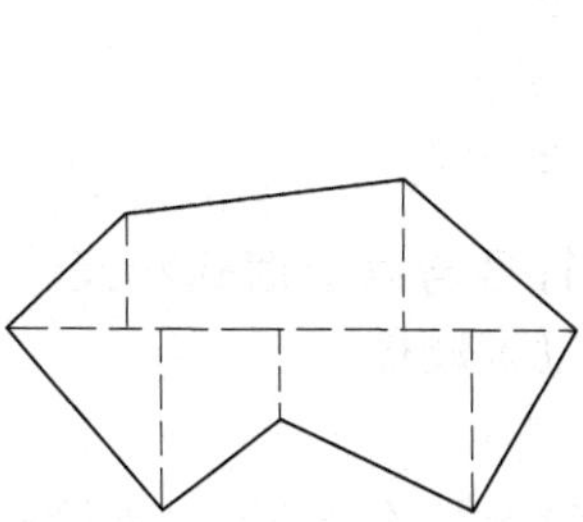

图 9-14　几何图形法量测面积

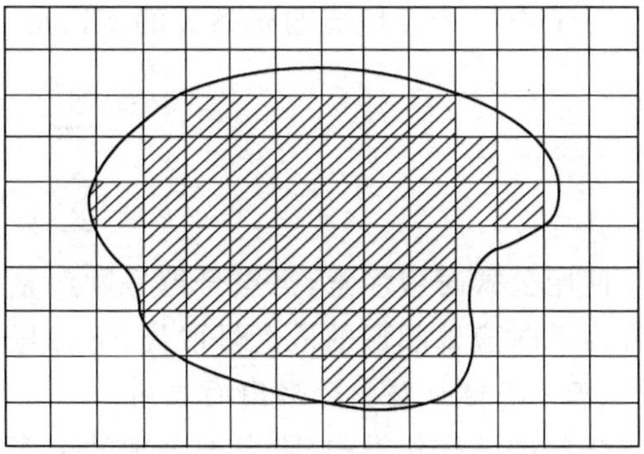

图 9-15　方格网模片量测面积

平行线模片在透明薄片上刻画等间距的平行直线，间距 h 一般为 2～5 mm，间距增大量测的精度降低，间距小增加量测次数。参看图 9-16，使用时将模片覆盖在图形上，使上下边界处于平行线的中间。逐个量出与图形相交的平行线在图形内那部分线段的长度 d_1、d_2、d_3…，d_1、d_2、d_3…是相邻虚线（平行线的中线）构成的梯形的中线。各梯形的面积 S 等于其中线长与平行线间距（梯形的高）之积，所有梯形面积的总和等于待测图形的面积 P，即

$P=[S]h$。

2. 解析法

解析法是使用待测图形边界上的点的坐标用公式求算面积的一种方法，这是一种较高精度的方法。自从电子计算机普及应用于数据库技术后，这类方法已得到广泛应用。其中一种方法的原理如图 9-17 所示，1、2、3、4 是待测图形边界上的点，通过这些点画 x 坐标轴的平行线与 y 坐标轴分别相交于 1′、2′、3′、4′点。从图上不难看出，待测图形 1234 的面积 P 等于梯形 122′1′与 233′2′的面积之和减去梯形 144′1′与 433′4′的面积之和。假定各点的坐标已知，则待测图形的面积为：

$$P=[(x_1+x_2)(y_2-y_1)+(x_2+x_3)(y_3-y_2)-(x_1+x_4)(y_4-y_1)-(x_3+x_4)(y_3-y_4)]/2$$

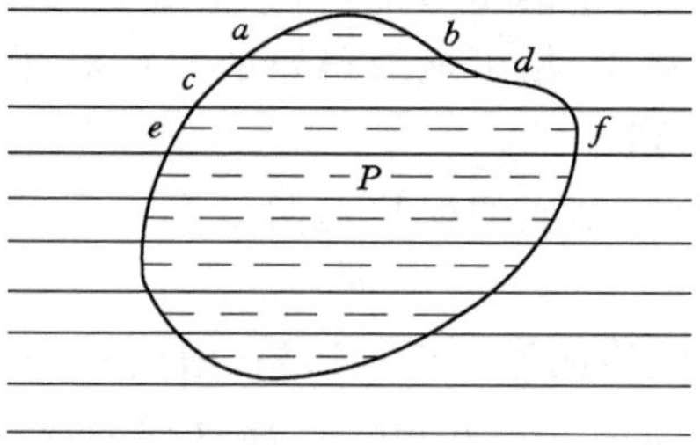

图 9-16　平行线模片量测面积

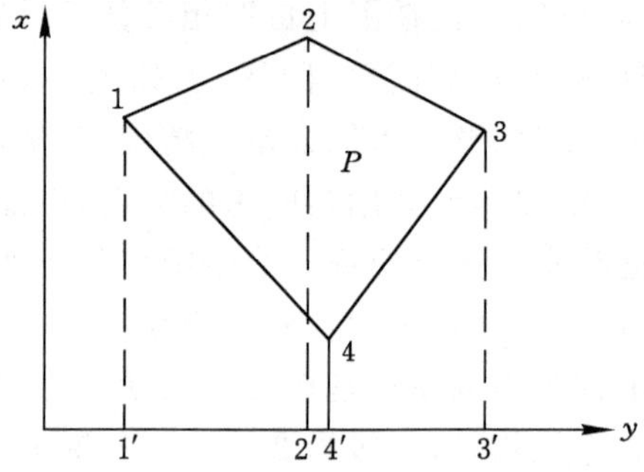

图 9-17　解析法计算面积原理

展开整理得：

$$P=[x_1(y_2-y_4)+x_2(y_3-y_1)+x_3(y_4-y_2)+x_4(y_1-y_3)]/2$$

同理可得：

$$P=[y_1(x_2-x_4)+y_2(x_3-x_1)+y_3(x_4-x_2)+y_4(x_1-x_3)]/2 \quad (9\text{-}9)$$

对于由 n 个点组成的 n 条边的多边形，求算面积的公式为：

$$P=\sum_{i=1}^{n}x_i(y_{i+1}-y_{i-1})/2$$

或

$$P=\sum_{i=1}^{n}y_i(x_{i+1}-x_{i-1})/2 \quad (9\text{-}10)$$

使用公式时应注意，当点号编号顺序是逆时针，计算符号与以上两式相反。另外，当下标号为零时应以图形的最大号取代，下标号为 $n+1$ 时应以 1 取代。

（五）场地平整中地形图的应用

在各项工程建设中，除考虑合理的平面布局外，还应结合原有地形，对地形进行必要的改造，使改造后的地形适合于修建各类建筑，满足交通运输和埋设各类管线的要求。对各项土建工程，在开工之前，首先必须进行工程量大小的预计，其中主要是利用地形图进行填、挖土石方量的概算，比较不同的方案，从中选出既经济又合理的最佳方案。

进行填、挖土石方量概算的方法有方格网法、等高线法和断面法。方格网法适用于大面积的土石方估算情况；当场地地面起伏较大，且仅计算挖方时，可采用等高线法；在道路和管线建设（或坡地的平整）中，沿中线（或挖、填边线）至两侧一定范围内线状地形的土石方计算常用断面法。

下面主要介绍方格网法，对等高线法和断面法只作简要的介绍。

1. 方格网法

1）整理成某一高程的水平面

当地面坡度较小并顾及已有建筑和拟建建筑物或构筑物的布置情况及特点，将地面整理成某一高程的水平面。水平面的高程可以事先指定，也可以自行拟定。

（1）预先指定水平面的高程

如图 9-18 所示，假定要求将原地形整理成高程为 53 m 的水平面，按下述方法计算填、挖土石方量。

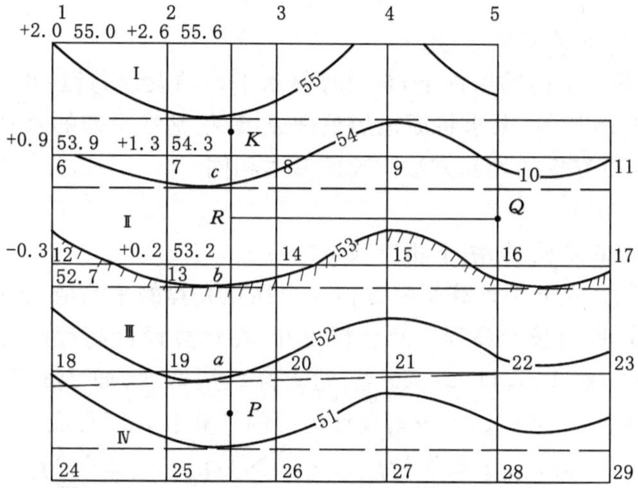

图 9-18　土石方计算图

① 确定填、挖边界线。根据设计高程 $H_{设}$，在图 9-18 上绘出高程为 $H_{设}$ 的一条同高程线，在此线上所有的点既不填又不挖，如图 9-18 中的 53 m 等高线即为填、挖边界线，亦称零等高线。

② 绘制方格网。方格的边长取决于地形的复杂程度和土石方量估算的精度要求，一般取 10 m、20 m 或 50 m，根据地形图的比例尺，在图上绘出方格网，并进行编号。为了计算方便，在同一范围内，方格的边长一般取值相同，但在特殊地形处，也可采用不同的边长。

③ 求各方格网点的高程。根据图上等高线和其他地形点的高程，采用目估内插法求出各方格网点的地面高程 $H_{地}$，并标注于相应顶点的右上方，如图 9-18 所示。

④ 计算各方格网点的填、挖高度。将各方格网点的地面高程减去设计高程，即得各网点的填、挖高度（$h=H_{地}-H_{设}$），并注于相应顶点的左上方，正号表示挖，负号表示填。

⑤ 计算各方格的填、挖土石方量。当整个方格都是填方（或挖方）时，如图 9-18 中的方格Ⅰ，土石方量可用下式计算：

$$V_{挖(或填)}=\frac{1}{4}(h_1+h_2+h_3+h_4)\cdot A_{挖(或填)} \tag{9-11}$$

式中，$h_1 \sim h_4$ 为某一方格 4 个角点挖（或填）的高度，m；$A_{挖(或填)}$ 为对应方格的实地面积，m^2。

当某一方格既有挖方又有填方时，如图 9-18 中的方格Ⅱ应分别计算挖、填土石方量的大小：

$$V_{挖(或填)}=\frac{1}{n}(\sum_{i=1}^{n-2}h_i+0+0)\cdot A_{挖(或填)} \tag{9-12}$$

式中，n 为挖(或填)部分对应的多边形边数；h_i 顶点挖(或填)的高度，m；$A_{挖(或填)}$ 为对应多边形的实地面积(m^2)。

⑥ 计算总的填、挖土石方量：

$$\begin{cases}V_{挖总}=\sum V_{挖}\\ V_{填总}=\sum V_{填}\end{cases} \tag{9-13}$$

(2) 自行拟定水平面的高程

在保持填、挖方基本平衡的条件下，自行计算水平面的设计高程，并分别计算填、挖土石方量的大小。如图 9-18 所示，要求将原地形整理成填、挖基本平衡的水平面(高程并不一定为 53 m)，其填、挖土石方量的计算方法与前面基本相同。

① 绘制方格网。

② 确定各方格网的高程，标注于相应顶点的右上方。

③ 确定设计高程。先分别计算每一方格 4 个顶点高程的平均值，再把各方格的平均高程加起来除以方格数，即得设计高程。经分析可知，在计算设计高程时，方格网外围角点高程用一次，如图 9-18 中的 1、5、11、24、29 点；边点高程用两次，如 2、3、4、6…拐点高程用三次，如 10；中点高程用 4 次，如 7、8、9…则设计高程的计算公式可写成：

$$H_{设}=\frac{\sum H_{角}\times 1+\sum H_{边}\times 2+\sum H_{拐}\times 3+\sum H_{中}\times 4}{4n} \tag{9-14}$$

式中，n 为方格的个数；$\sum H_{角}$、$\sum H_{边}$、$\sum H_{拐}$、$\sum H_{中}$ 为各角点、边点、拐点和中点的高程之和，m。

④ 确定填、挖边界线。根据计算的设计高程 $H_{设}$，在图上标出填、挖边界线(零等高线)。

⑤ 计算各方格网点的填、挖高度，标注于相应顶点的左上方。

⑥ 计算各方格的填、挖方量的大小和总的填、挖土石方量，方法同前。

填、挖土石方量的计算也可按式(9-15)分别进行：

$$\left.\begin{array}{ll}\text{角点} & V_{填(或挖)}=\sum h_{填(或挖)}\times\frac{1}{4}\text{方格面积}\\ \text{边点} & V_{填(或挖)}=\sum h_{填(或挖)}\times\frac{2}{4}\text{方格面积}\\ \text{拐点} & V_{填(或挖)}=\sum h_{填(或挖)}\times\frac{3}{4}\text{方格面积}\\ \text{中点} & V_{填(或挖)}=\sum h_{填(或挖)}\times\frac{4}{4}\text{方格面积}\end{array}\right\} \tag{9-15}$$

最后分别计算总的填方量和总的挖方量，计算的结果填、挖土石方量应基本相等。

2) 整理成一定坡度的倾斜面

当地面坡度较大时，可结合原地形并根据设计要求，按填、挖土石方量基本平衡的原则，将原地形整理成某一坡度的倾斜面。但有时要求设计的倾斜面必须包含某些固定的点位，如城市规划中已修筑的主、次道路中线点，永久性大型建筑物或构筑物的外墙地坪高程点等，此时应将这些固定点作为设计倾斜面的控制高程点，然后再根据控制高程点的高程，确定设计等高线的平距和方向。

(1) 整理成规定坡度的倾斜面

如图 9-18 所示，若最大设计坡度为 i_0，最大坡度方向为正南北方向，坡底线设计高 H_0，欲估算土石方量的大小，具体步骤如下：

① 绘制方格网。方格的一边应与最大坡度方向一致，另一边应垂直于最大坡度方向。

② 确定各方格网点的地面高程。

③ 计算各方格网点的设计高程：

$$H_{设}=H_0+i_0\cdot D \tag{9-16}$$

式中，D 为方格网点至坡底线的垂直距离，m。

由式(9-16)可得，同一行上各方格网点的设计高程相同，如图 9-18 中的 24、25、26…同一列上各相邻方格网点间的高差相同，如 2 与 7、7 与 13、13 与 19 等。

④ 计算各方格网点的填、挖高度。

⑤ 计算各方格填、挖方量的大小和总的填、挖土石方量。

(2) 整理成通过特定点的倾斜面

如图 9-18 所示，若 K、P、Q 为 3 个控制高程点，其地面高程分别为 54.7 m、51.4 m、53.6 m，欲将原地形改造成通过 K、P、Q 三点的倾斜面。

① 确定倾斜面的坡度。根据 P、K 两点的高程计算 P、K 间的平均坡度：

$$i_{PK}=\frac{h_{PK}}{D_{PK}}$$

② 确定设计等高线方向。首先在 PK 直线上内插出高程为 H_Q 的 R 点，然后过等高线与 PK 直线的交点 a、b、c…作平行于 RQ 的直线，即为设计等高线方向。

③ 绘制方格网。方格网的方向应与 PK 的方向一致。

④ 确定各方格网点的地面高程。

⑤ 确定各方格网点的设计高程，根据设计等高线用内插法求得。

⑥ 计算各方格网点的填、挖高度。

⑦ 计算各方格填、挖方量的大小和总的填、挖土石方量。

2. 等高线法

当场地地面起伏较大，且仅计算挖方时，可采用等高线法。这种方法是从场地设计高程的等高线开始，算出各等高线所包围的面积，分别将相邻两条等高线所围面积的平均值乘以等高距，就是该两条等高线平面间的土石方量，再求和即得总的挖方量。

如图 9-19 所示，地形图等高距为 2 m，要求平整场地后的设计高程为 55 m。先在图中内插设计高程 55 m 的等高线（图 9-19 中虚线），再分别求出 55 m、56 m、58 m、60 m、62 m 五条等高线所围成的面积 A_{55}、A_{56}、A_{58}、A_{60}、A_{62}，即可算出每层土石方量为：

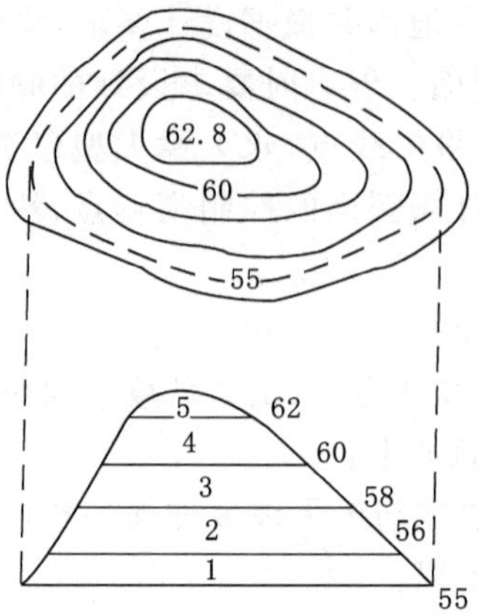

图 9-19　等高线法计算土石方量

$$\begin{cases} V_1 = \dfrac{1}{2}(A_{55} + A_{56}) \times 1 \\ V_2 = \dfrac{1}{2}(A_{56} + A_{58}) \times 2 \\ \qquad \cdots\cdots \\ V_5 = \dfrac{1}{3}A_{62} \times 0.8 \end{cases}$$

V_5 是 62 m 等高线以上山头顶部的土石方量。总挖方量为：

$$\sum V_{挖} = V_1 + V_2 + V_3 + V_4 + V_5$$

3. 断面法

在道路和管线建设（或坡地的平整）中，沿中线（或挖、填边线）至两侧一定范围内线状地形的土石方计算常用此法。这种方法是在施工场地范围内，利用地形图以一定间距绘出断面图，分别求出各断面由设计高程线与断面曲线（地面高程线）围成的填方面积和挖方面积，然后计算每相邻断面间的填（挖）方量，分别求和即为总填（挖）方量。

如图 9-20 所示，若地形图比例尺为 1∶1 000，矩形范围欲修建一段道路，其设计高程为 47 m。为了获得土石方量，先在地形图上绘出相互平行、间隔为 d（一般实地距离为20～40 m）的断面方向线，如 1-1、2-2…5-5；按一定比例尺绘出各断面图（纵、横轴比例尺应一致，常用的比例尺为 1∶100 或 1∶200），并将设计高程线展绘在断面图上（见图 9-21 中 1-1、2-2 断面）；然后在断面图上分别求出各断面设计高程线与断面图所包围的填土面积 $A_{填i}$ 和挖土面积 $A_{挖i}$（i 表示断面编号），最后计算两断面间土石方量。例如，1-1 和 2-2 两断面间的土石方量为：

$$V_{填(1-2)} = \frac{1}{2}(A_{填1} + A_{填2}) \cdot d$$

$$V_{挖(1-2)} = \frac{1}{2}(A_{挖1} + A_{挖2}) \cdot d$$

同法，依次计算出每两相邻断面间的土石方量，最后将填方量和挖方量分别累加，即得总的土石方量。

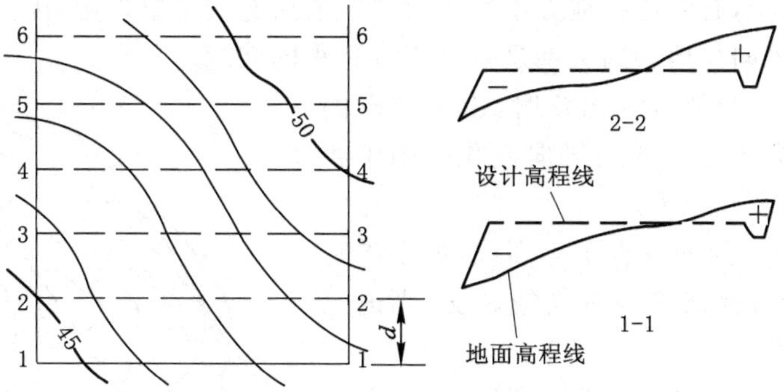

图 9-20　断面法计算土石方量

上述三种土石方估算方法各有特点，应根据场地地形条件和工程要求选择合适的方法。当实际工程土石方估算精度要求较高时，往往要到现场实测方格网图(方格点高程)、断面图或地形图。

随着计算机的普及使用，土石方量的计算可采用计算机编程完成，也可利用现有的专业软件，根据实地测定的地面点坐标和设计高程，快速、准确地计算指定范围内的填、挖土石方量，并给出填挖边界线。

三、规划设计时的用地分析

在对城市进行规划设计时，首先要按城市各项建设对地形的要求并结合实地的地形进行分析，以便充分合理地利用和改造原有地形。规划设计所用的地形图，根据城市用地范围的大小，在总体规划阶段，常选用 1∶1 万或 1∶5 000 比例尺的地形图；在详细规划阶段，为了满足房屋建筑和各项市政工程初步设计的需要，常选用 1∶2 000、1∶1 000 或 1∶500 比例尺的地形图。规划设计的用地分析，主要需考虑以下几个方面的问题。

（一）地面坡度

在地形图上进行用地分析时，首先要将用地的区域划分为各种不同坡度的地段，具体划分时，是根据图上等高线平距的大小来划分的，并用不同的颜色或不同的符号来表示不同坡度的地段。城市建设中，有些项目对地面的坡度有严格的要求，表 9-1 列出了城市各项建设的适用坡度。

表 9-1　城市各项建设的适用坡度

建筑项目	适用坡度	建设项目	适用坡度
工业水平运输	0.5%～2%	铁路站场	0%～0.25%
居住建筑	0.3%～10%	对外主要公路	0.4%～3%
主要公路	0.3%～6%	机场用地	0.5%～1%
次要公路	0.3%～8%	绿化区	任意坡度

（二）建筑通风

山区或丘陵地带的建筑通风，除了受季风的影响外，还受建筑用地因地貌及温差而产生的局部地方风的影响，有时这种地方小气候对建筑通风起着主要作用，因此在山区或丘陵地带作规划设计时，风向与地形的关系是一个不容忽视的问题。

如图 9-21 所示，当风吹向山丘时，由于地形的影响，在山丘周围会产生不同的风向变化。图中将整个山丘分成了以下 6 个风区：

① 迎风坡区——风向垂直于等高线，如果将建筑物布置成平行于等高线或与等高线斜交，则通风最好。

② 顺风坡区——风向平行于等高线，为了争取良好的通风，宜将建筑物布置成垂直或斜交于等高线。

③ 背风坡区——风吹不到的地方，可布置一些通风要求不高或不需通风的建筑。

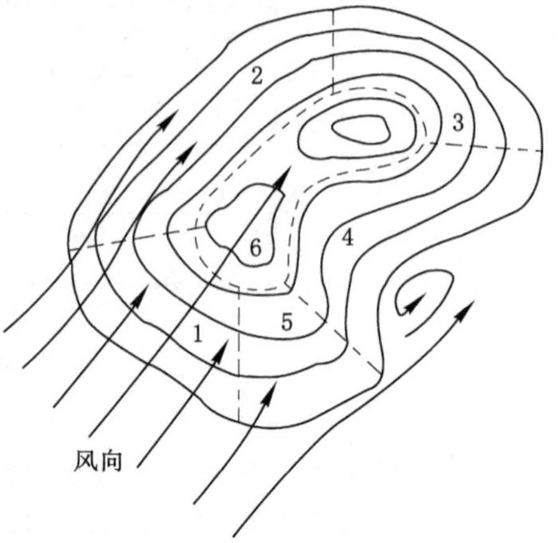

图 9-21 风区划分

④ 涡风区——风向呈旋涡状的地方，亦只宜布置一些通风要求不高的建筑。

⑤ 高压风区——迎风区与涡风区相遇的地方。该地区不宜布置高层建筑，以免背面涡风区产生更大的涡流。

⑥ 越山风区——山顶部分，无论风向朝何方，山顶部分都会有风掠过，因此宜建亭阁。

（三）建筑日照

山区或丘陵地带建筑日照的间距受其坡向影响比较明显。我国处于北半球，一年四季太阳都处于南天空，如图 9-22(a)所示，在南坡（向阳坡），当建筑物平行于等高线布置时，如果其地面坡度越大，则日照间距 D 就可越小，因此，可以在坡度较大的向阳坡增加建筑密度或布置高层建筑，以充分利用建筑用地。反之，在北坡（背阳坡）布置建筑物时，如图 9-22(b)所示，如果其坡度越大，则所需日照间距 D 也越大，因此在北坡用地布置建筑很不经济，但可规划一些绿化、运动、停车等公共设施场地。

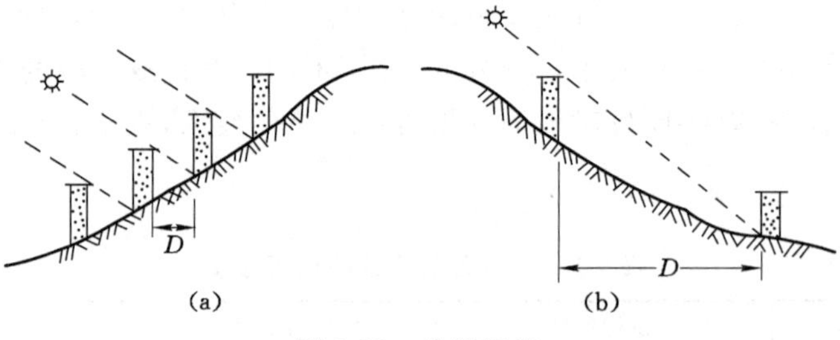

图 9-22 建筑日照

（四）交通及工程量

上述进行用地分析时，除要考虑建筑通风和建筑日照等因素外，还要考虑建筑的交通是否便利，填挖工作量是否较小等问题，尤其在山区进行建筑群体布置时，既要适应地形变化争取绝大部分的建筑有良好的朝向，提高日照、通风的效果外，又要使施工时的填挖工作量较小，居民的交通方便。例如，图 9-23(a)所示的设计方案，将建筑群体布置成规则的行列式，显然既未很好地考虑地形和气候条件，同时也存在施工的工程量较大、用地不经济等缺点。如果按图 9-23(b)所示的结合地形自由式或点式的布置方案，在建筑面积与图9-23(a)相同的情况下，由于改进了平面布置，既减少了挖方工程量，又增加了房屋间距，交通也便利，同时也提高了日照、通风等效果。

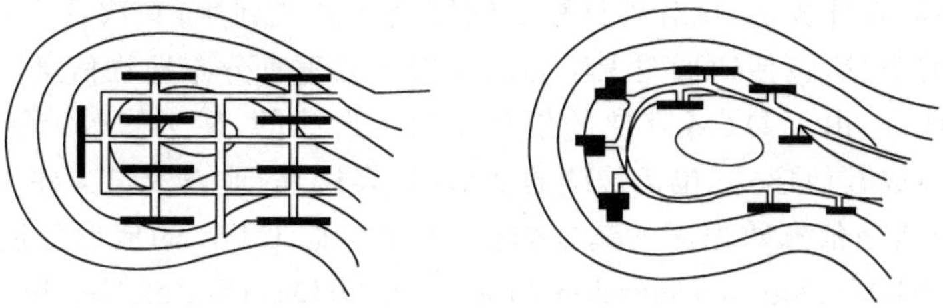

(a)　　　　(b)

图 9-23　建筑群体布置

对于服务性建筑的布置，还要结合地形考虑服务半径的大小，使服务区内的居民均感方便。一般顺等高线方向交通便利，其服务半径可以大一些。而垂直于等高线的方向，则坡道或阶梯较多，需要上下，交通不便，其服务半径则应小一些。另外，服务性建筑的布置，不仅要考虑服务半径，还要考虑服务高差。如图 9-24 所示，宜将服务性建筑设在高差中心处，以减小上下坡的高度。

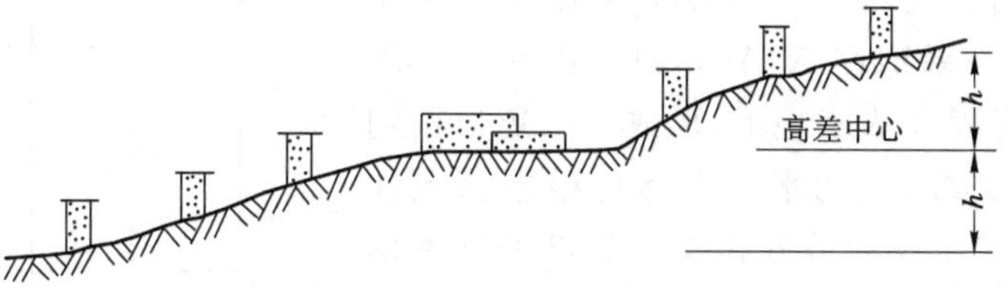

图 9-24　服务区选择

（五）特殊地段

特殊地段指的是冲沟、坎地、沼泽地等地质条件不太好的地段。这样的地段是否可作为建设用地，必须做进一步调查，即结合地质勘探资料进行分析来确定其性质和用途。因此，对于地貌较复杂或具有特殊要求的地区，在进行用地分析时，一般除了绘制地形分析图外，还要根据该地区的地质、气候等自然条件进行综合分析，以便经济合理地选择城市用地和规划城市功能区。

第三节　数字地面模型的建立和应用

一、数字地面模型的建立

（一）数字地面模型的概念

数字地面模型 DTM 是地形表面形态等多种信息的一个数字表示。严格地说，DTM 是定义在某一区域 D 上的 m 维向量有限序列：

数字高程模型的建立与应用

$$\{\mathbf{V}_i, i=1,2,\cdots,n\}$$

其向量 $\boldsymbol{V}_i=(V_{i1},V_{i2},\cdots,V_{in})$ 的分量为地形$(X_i,Y_i,Z_i)[(X_i,Y_i)\in D]$、资源、环境、土地利用、人口分布等多种信息的定量或定性描述。

与传统的地图比较，DTM 作为地表信息的一种数字表达形式有着无可比拟的优越性。首先，它可以直接输入计算机，供各种计算机辅助设计系统利用；其次，DTM 可运用多层数据结构存储丰富的信息，包括地形图无法容纳与表达的垂直分布地物信息，以适应国民经济各方面的需求。此外，由于 DTM 存储的信息是数字形式的，便于修改、更新、复制及管理，也可以方便地转换成其他形式（包括传统的地形图、表格）的地表资料文件及产品。

DTM 是一个地理信息数据库的基本内核，若只考虑 DTM 的地形分量，我们通常称其为数字高程模型 DEM（Digital Elevation Model）或 DHM（Digital Height Model），其定义如下：

数字高程模型 DEM 是表示区域 D 上地形的三维向量有限序列$\{\boldsymbol{V}_i=(X_i,Y_i,Z_i),i=1,2,\cdots,n\}$，其中$(X_i,Y_i)\in D$ 是平面坐标，Z_i 是(X_i,Y_i)对应的高程。当该序列中各向量的平面点位是规则格网排列时，则其平面坐标(X_i,Y_i)可省略，此时 DEM 就简化为一维向量序列(Z_i)，这也是 DEM 或 DHM 名称的缘由。在实际应用中，许多人习惯将 DEM 称为 DTM，实质上它们是不完全相同的。

DEM 有多种表示形式，主要包括规则矩形格网与不规则三角网等。为了减少数据的存储量及便于使用管理，可利用一系列在 X、Y 方向上都是等间隔排列的地形点的高程 Z 表示地形，形成一个矩形格网 DEM。其任意一个点 P_{ij} 的平面坐标可根据该点在 DEM 中的行列号 i、j 及存放在该文件头部的基本信息推算出来。这些基本信息应包括 DEM 起始点（一般为左下角）坐标(X_0,Y_0)。栅格网在 x 方向与 y 方向的间隔 DX、DY 及 DEM 的行列数 N_X、N_Y 等。点 P_{ij} 的平面坐标(X_i,Y_i)为（图 9-25）：

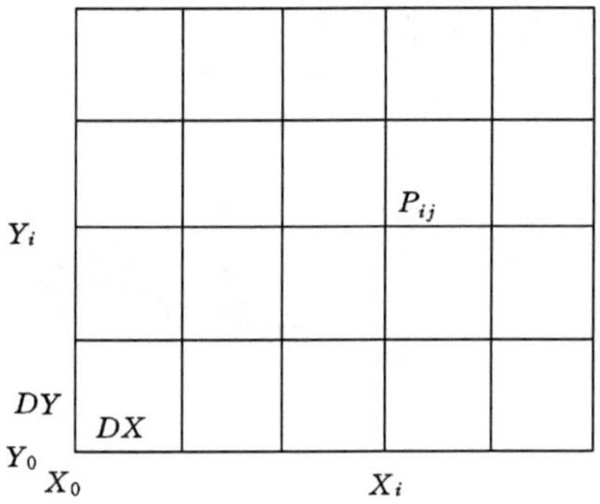

图 9-25　矩形格网 DEM

$$\begin{cases}X_i=X_0+i*DX & (i=1,2,\cdots,N_X-1)\\ Y_i=Y_0+j*DY & (i=1,2,\cdots,N_Y-1)\end{cases}$$

在这种情况下，除了基本信息外，DEM 就变成一组规则存放的高程值，在计算机高级语言中它就是一个二维数组或数学上的一个二维矩阵$\{Z_{ij}\}$。

由于矩形格网 DEM 存储量最小（还可进行压缩存储），非常适于使用且容易管理，因而是目前运用最广泛的一种形式。但其缺点是有时不能准确表示地形的结构与细部，因此基于 DEM 描绘的等高线不能准确地表示地貌。为克服其缺点，可采用附加地形特征数据，如地形特征点、山脊线、山谷线、断裂线等，从而构成完整的 DEM。若将按地形特征采集的点按一定规则连接成覆盖整个区域且互不重叠的许多三角形，可构成一个不规则三角网 TIN 表示的 DEM，通常称为三角网 DEM 或 TIN。TIN 能较好地顾及地貌特征点、线，表示复杂地形表面比矩形格网（Grid）精确。其缺点是数据量较大，数据结构较复杂，因而使用与管理也较复杂。近年来许多人对 TIN 的快速构成、压缩存储及应用做了不少研究，取得了一些成果。为了充分利用上述两种形式 DEM 的优点，德国 Ebner 教授等提出了 Grid－TIN 混合形式的 DEM（图 9-26），即一般地区使用矩形网数据结构（还可以根据地形采用不同密度的格网)，沿地形特征则附加三角网数据结构。

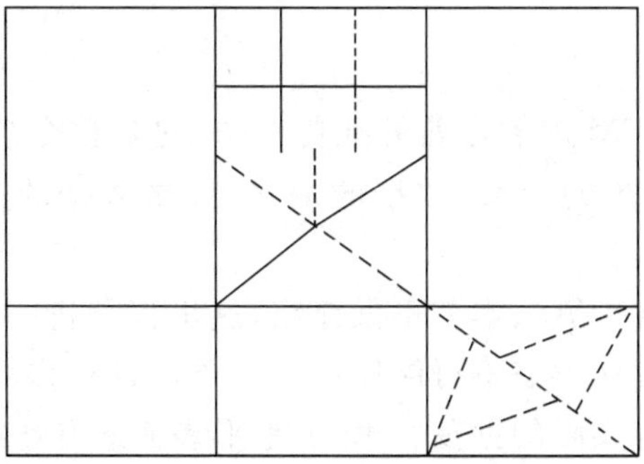

图 9-26　Grid—TIN 混合形式的 DEM

（二）数字高程模型的数据获取及预处理

为了建立 DEM，必须量测一些点的三维坐标，这就是 DEM 数据采集或 DEM 数据获取。被量测三维坐标的这些点称为数据点或参考点。

1. DEM 数据点采集方法

(1) 地面测量

利用自动记录的全站仪在野外实测。这种速测经纬仪一般都有微处理器，它可以自动记录与显示有关数据，还能进行多种测站上的计算工作。其记录的数据可以通过串行通信等方式，输入其他计算机进行处理。

(2) 现有地图数字化

这是利用数字化仪对已有地图上的信息(如等高线、地形线等)进行数字化的方法。常用的数字化仪有手扶跟踪数字化仪与扫描数字化仪。

① 手扶跟踪数字化仪——将地图平放在数字化仪的台面上，用一个带有十字丝的鼠标，手扶跟踪等高线或其他地形地物符号，按等时间间隔或等距离间隔的数据流模式记录平面坐标，或由人工按键控制平面坐标的记录，高程则需由人工按键输入。其优点是所获取的向量形式的数据在计算机中比较容易处理；缺点是速度慢、人工劳动强度大。

② 扫描数字化仪——利用平台式扫描仪或滚筒式扫描仪或阵列对地图扫描，获取的是栅格数据，即一组阵列式排列的灰度数据(也就是数字影像)。其优点是速度快又便于自动化，但获取的数据量很大且处理复杂，将栅格数据转换成矢量数据还有许多问题需要研究，要实现完全自动化还需要做很多工作。目前可采用半自动化跟踪的方法，即采用交互式处理，能够由计算机自动跟踪的部分由其自动完成，错误或计算机无法处理的部分由人工进行干预，这样既可以减轻人工劳动强度，又能使处理软件简单易实现。

(3) 空间传感器

利用 GNSS 等进行数据采集。GNSS 能够全天候、全时间、连续地提供精确的三维位置、三维速度及时间信息，具有实时性的导航、定位和授时功能。

GNSS RTK、CORS 是目前实时、准确地确定待测点位置的最佳方式。

(4) 数字摄影测量方法

这是 DEM 数据点采集最常用的一种方法。利用附有自动记录装置(接口)的立体测图仪或立体坐标仪、解析测图仪及数字摄影测量系统，进行人工、半自动或全自动的量测来获取数据。

2. DEM 数据预处理

DEM 数据预处理是 DEM 内插之前的准备工作，它是整个数据处理的一部分，一般包括数据格式的转换、坐标系统的变换、数据的编辑、栅格数据的矢量化转换及数据分块等内容。

数字高程模型内插的各种算法本节不做介绍，这里仅分析一下数字高程模型内插的特点。首先整个地球表面的起伏形态不可能用一个简单的低次多项式来拟合，而高次多项式的解不稳定且会产生不符合实际的振荡。第二，地形表面既有连续光滑的特性，又可能有由于自然力或人为的原因产生地形的不连续。第三，由于计算机内存的限制，不可能同时对很大的范围来内插数字地面模型。综合上述三个特点，一般总是将测区或图幅划分成较小的计算单元，采用局部函数内插方法，并在内插中兼顾一般数据点和地形特征点、线，并且根据数据点采集的不同方法采取相应的内插方法。

（三）DEM 的存储管理

经内插得到的 DEM 数据（或直接采集的格网 DEM 数据）需以一定结构与格式存储起来，以利于各种应用。其方式可以是以图幅为单位的文件存储或建立地形数据库。当 DEM 的数据量较大时，必须考虑其数据的压缩存储问题。而 DEM 数据可能有各种来源，随着时间变化，局部地形必然会发生变化，因而也应考虑 DEM 拼接、更新的管理工作。

1. DEM 数据文件的存储

将 DEM 数据以图幅为单位建立文件存储，通常其文件头存放有关的基础信息，包括起点平面坐标、格网间隔、区域范围、图幅编号，原始资料有关信息，数据采集仪器、手段与方式，DEM 建立方法、日期与更新日期，精度指标以及数据记录格式等。

文件头之后就是 DEM 数据的主体——各格网点的高程。每个小范围的 DEM，其数据量不大，可直接存储，每一记录为一点高程或一行高程数据，使用与管理十分方便。对于较大范围的 DEM，其数据量较大，则必须考虑数据的压缩存储，此时其数据结构与格式随所采用的数据压缩方法各不相同。

除了格网点高程数据，文件中还应存储该地区的地形特征线、点的数据，它们可以以向量方式存储，其优点是存储量小，缺点是有些情况下不便使用。也可以以栅格方式存储，即存储所有的特征线与格网边的交点坐标，这种方式需要较大的存储空间，但使用较方便。

2. 地形数据库

世界上已有一些国家建立了全国范围的地形数据库。美国国防制图局已把全美国的 1∶250 000比例尺地图进行了数字化，并提交给美国地质测量管理局，供用户使用。加拿大、澳大利亚、英国等国家也都相继进行了类似的工作。

大范围的 DEM 数据库数据量大，因而较好的方法是将整个范围划分成若干地区，每一地区建立一个子库，然后将这些地区合并成一个高一层次的大区域构成整个范围的数据库。每个子库还可进一步划分直至以图幅为单位，以便为后继应用提供一个好的接口。

地形数据库除了存储高程数据外，也应该存储原始资料、数据采集、DEM 数据处理与提供给用户的有关信息。

3. DEM 数据压缩

数据压缩的方法很多，在 DEM 数据压缩中常用的方法有整型量存储、差分映射及压缩编码等。

（四）DEM 模型之间的相互转换

在实际应用中，DEM 模型之间可以相互转换。大部分 DEM 数据都是规则格网 DEM，但由于规则格网的数据量大而不便存储，也可能由于某些分析计算需要使用 TIN 模型的 DEM，如进行通视分析。此时需要将格网 DEM 转成 TIN 模型的 DEM。反之，如果已有 TIN 模型的 DEM 数据，为满足某种应用的需要，也需要转成规则格网的 DEM。

二、数字地面模型的应用

DEM 作为数字摄影测量和数字测图的重要产品，如今已经应用于诸多领域，如工程建设、地图测绘、气象、水文、水利设施分析、农业、林业、国土资源、军事和生态环境评价等。这里主要介绍在 DEM 应用程序中需要的一些有用算法。

（一）地形剖面的面积计算和体积计算

从 DEM 可以很方便地获得所需要的任一方向上的地形剖面图，它是以一定间隔 ΔT_{ik} 处的断面点的地面高度 Z_i 来表示的（图 9-27）。剖面面积用下式计算：

$$F=\frac{Z_1+Z_2}{2}\Delta T_{12}+\frac{Z_2+Z_3}{2}\Delta T_{23}+\cdots+\frac{Z_{n-1}+Z_n}{2}\Delta T_{n-1,n} \tag{9-17}$$

面积计算的精度由下式获得：

$$\sigma_F^2=\left(\frac{\Delta T_{12}^2}{4}+\frac{(\Delta T_{12}+\Delta T_{23})^2}{4}+\frac{(\Delta T_{23}+\Delta T_{34})^2}{4}+\cdots+\frac{\Delta T_{n-1,n}^2}{4}\right)\sigma_Z^2 \tag{9-18}$$

若点距 ΔT_{ik} 相等（等于 ΔP），且剖面的 Z_i 为断裂线，则：

$$\sigma_F=\sqrt{\left(n-\frac{3}{2}\right)}\Delta P\cdot\sigma_Z\quad（n\ 为断面点数） \tag{9-19}$$

高程中误差 σ_Z 表示通过内插后获得的断面点高程精度。

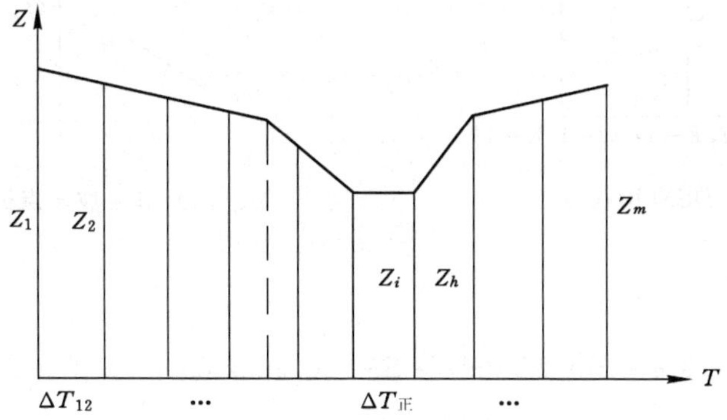

图 9-27　由 DEM 获得的地形剖面

对于相互平行、间距为 ΔS_{ik} 的 m 个断面，其体积可类似上述计算，由下式求出：

$$V=\frac{F_1+F_2}{2}\Delta S_{12}+\frac{F_2+F_3}{2}\Delta S_{23}+\cdots+\frac{F_{m-1}+F_m}{2}\Delta S_{m-1,m} \tag{9-20}$$

所计算体积的精度为：

$$\sigma_V^2=\frac{\Delta S_{12}^2}{4}\sigma_{F_1}^2+\frac{(\Delta S_{12}+\Delta S_{23})^2}{4}\sigma_{F_2}^2+\cdots+\frac{\Delta S_{m-1,m}^2}{4}\sigma_{F_m}^2 \tag{9-21}$$

当断面间隔 ΔS_{ik} 相等（等于 Δq），断面内点距 ΔT_{ik} 相等（等于 ΔP）时，计算体积的精度为：

$$\sigma_V=\sqrt{(n-\frac{3}{2})(m-\frac{3}{2})\Delta P\cdot\Delta q}\cdot\sigma_Z \tag{9-22}$$

（二）数字坡度模型及地面坡度分类

地面坡度指的是地表相对于水平面的倾斜程度，用其最大坡度和最大坡度方向表示，该信息对于线路勘测、国土自然资源的调查、土地类别划分、国土规划和整治及农林业很有参考价值，它们可以直接由数字高程模型（DEM）获得。如果对每个 DEM 格网点计算其地面坡度（大小与方向），便可获得一个数字坡度模型（DSM），由此模型出发可类似绘制等高线的方法绘制等坡度线图，或直接绘出表示各点坡度大小及方向的示坡线图。数字坡度模型与土地边界图相交，便可求出限定区域内各类坡度的面积划分。

1. 计算地面坡度的方法

这里介绍二次曲面法。假定以待求坡度的某格网点（I,K）为原点（图 9-28），其地表为二次曲面，即：

$$Z=AX^2+BY^2+CXY+DX+EY+F \tag{9-23}$$

或用极坐标表示为（图 9-29）：

$$Z=A\cos^2\alpha\cdot S^2+B\sin^2\alpha\cdot S^2+C\sin\alpha\cos\alpha\cdot S^2+D\cos\alpha\cdot S+E\sin\alpha\cdot S+F \tag{9-24}$$

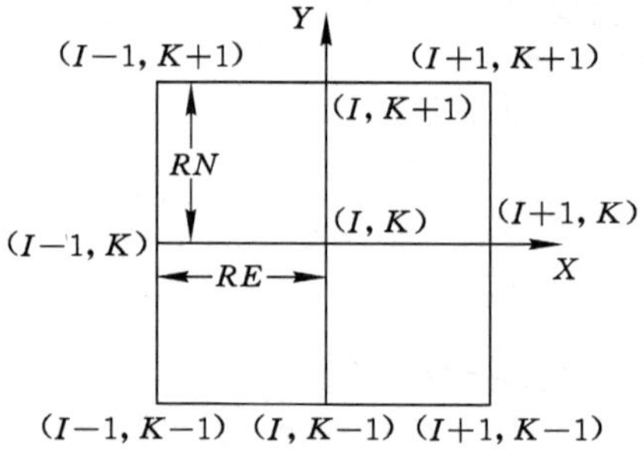

图 9-28　DEM 网格点

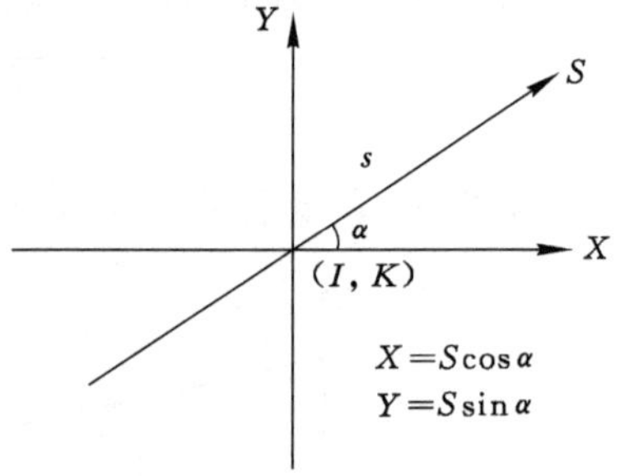

图 9-29　坡面点极坐标表示

对上式求导，得：

$$Z'=\frac{\mathrm{d}Z}{\mathrm{d}S}=2A\cos^2\alpha\cdot S+2B\sin^2\alpha\cdot S+2C\sin\alpha\cos\alpha\cdot S+D\cos\alpha+E\sin\alpha \tag{9-25}$$

于是在点（I,K）处的导数为：

$$G(I,K)\mid_{S=0}=Z'_{S=0}=D\cos\alpha+E\sin\alpha$$

表示在方向 α 上的坡度。显然，当：

$$\frac{\mathrm{d}G(I,K)}{\mathrm{d}\alpha}=-D\sin\alpha+E\cos\alpha=0$$

时，$G(I,K)$有最大值，所以点(I,K)处的最大坡度和坡度方向表示为：

$$\begin{cases} G(I,K)=D\cos\alpha+E\sin\alpha \\ \alpha=\arctan(E/D) \end{cases} \tag{9-26}$$

由图 9-29 中几个格网点计算可得：

$$\begin{cases} D=\dfrac{Z_{I+1,K-1}+Z_{I+1,K}+Z_{I+1,K+1}-Z_{I-1,K-1}-Z_{I-1,K}-Z_{I-1,K+1}}{6\cdot RE} \\ E=\dfrac{Z_{I-1,K+1}+Z_{I,K+1}+Z_{I+1,K+1}-Z_{I-1,K-1}-Z_{I,K-1}-Z_{I+1,K-1}}{6\cdot RN} \end{cases} \tag{9-27}$$

也可以仅由图 9-29 中点(I,K)及其上、下、左、右五个点的高程求出 D 和 E 值：

$$\begin{cases} D=\dfrac{Z_{I+1,K}-Z_{I-1,K}}{2\cdot RE} \\ E=\dfrac{Z_{I,K+1}-Z_{I,K-1}}{2\cdot RN} \end{cases} \tag{9-28}$$

计算坡度还可以由点(I,K)与邻近格网点或格网中心点组成的斜面坡度进行矢量叠加相应平均而获得，这里不一一介绍。

2. 限定区域面积的坡度分类

计算限定范围内地面的坡度分类，可以统计落在该范围内数字坡度模型点数，并按其坡度进行分类(见图 9-30)，这是一种简便的方法。此时关键是要判断哪些格网点落在该限定范围内，这里介绍一种简单的判别方法。

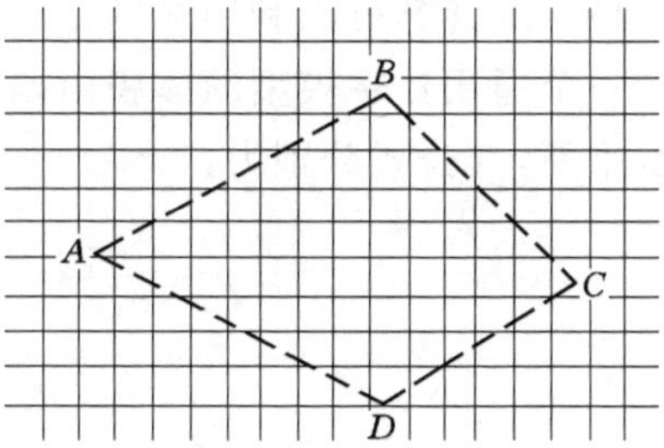

图 9-30　按地面坡度分类示意图

从形成边界的数据文件中取出边界点 A、B、C、D 的 X 坐标，按正、反时针顺序形成下列两个排列顺序：

$$[X_A,X_B,X_C,X_D,X_A]\text{(正顺序)}$$
$$[X_A,X_D,X_C,X_B,X_A]\text{(反顺序)}$$

并规定：凡相邻两个数中左小于右者构成一个左闭右开的小区间，并对应一条边界线。这样，任一格网点均可在正反顺序中按其 X_P 坐标找到一个对应的区间，然后求直线 $X=X_P$ 与正反顺序上两条边界的交点的纵坐标 Y_1、Y_2 并规定：若 $Y_1 \geqslant Y_2$，则赋值 $A_1=1$，否则 $A_1=-1$；对于反顺序则规定：当 $Y_2<Y_P$，赋值 $A_2=1$，否则 $A_2=-1$。于是，$S=A_1+A_2$ 只可能取值$+2,0,-2$。可以证明只要 $S=\pm 2$，则该点(X_P,Y_P)便落在该 $ABCD$ 区域内。

根据落在区域内的格网点数及各点的坡度值便可进行坡度划分，并用每个格网的水平面积和表面面积求和便可获得各坡度类别的占地面积。用这种方法求出的面积的相对精度由下式计算：

$$\sigma=\sqrt{\frac{1-P}{n}} \tag{9-29}$$

其中，n 为属于某一坡度等级的格网点总数；P 为 n 与全范围内所有格网点总数(m)之比；σ 为相对中误差。显然，格网点愈密，这种方法的精度愈高。

(三) 由 DEM 求真实的地表面积

可以逐个格网地求地表面积，然后进行累加，对于那些含有高程注记点和地貌结构线的格网，将它们按特征点、线分解成三角形，由角点坐标（X、Y、Z）可求出通过三角形顶点的斜面积，其总和代表了该格网的地表面积。

对于一般的格网，不必直接求抛物双曲面的表面积，而直接由方形格网4个点高程取平均，获得格网中心点的高程，于是表面积内四个共顶点的等腰三角形曲面积求和便获得地表面积。由空间三点 X、Y、Z 坐标，求过这三点三角形的面积可用下列公式：

$$\left.\begin{aligned} &\text{三边长} && S_i=\sqrt{\Delta X^2+\Delta Y^2+\Delta Z^2} \\ &\text{面积} && S=\sqrt{P(P-S_1)(P-S_2)(P-S_3)} \\ &\text{其中} && P=\frac{S_1+S_2+S_3}{2} \end{aligned}\right\} \tag{9-30}$$

（四）计算地表变化的体积（挖方或填方）

为了能由施工前后的两个DEM求出挖方或填方，可以采用一种最简单的方法，即先将施工前后两个DEM化为建立在同一格网上的DEM；然后由相应格网点高程差代替高程，组成新的数字“高程”模型；最后再计算此数字“高程”模型的体积，实际变化的体积称挖方或填方体积。

体积的计算可以利用式（9-17）及式（9-23）来进行，下面再介绍一种计算体积的方法。

一个通用数字模型的体积由四棱柱体或一些三棱柱体进行累加得到。此外，下表面均为水平面，其公式分别为：

$$V_{\mathrm{Q}}=\frac{Z_1+Z_2+Z_3+Z_4}{4}\cdot f_{\mathrm{Q}} \tag{9-31}$$

$$V_{\mathrm{D}}=\frac{Z_1+Z_2+Z_3}{3}\cdot f_{\mathrm{D}} \tag{9-32}$$

式中，f_{Q} 和 f_{D} 分别表示长（正）方形底面和三角形底面的面积。

对于 X 方向格网线为 n_X、Y 方向格网线为 n_Y 的一个区域，由式（9-20）可知：

$$\begin{aligned} V=(&\frac{1}{4}Z_{1,1}+\frac{1}{2}Z_{1,2}+\cdots+\frac{1}{4}Z_{1,n_X}+ \\ &\frac{1}{2}Z_{2,1}+Z_{2,2}+\cdots+Z_{2,n_X-1}+\frac{1}{2}Z_{2,n_X}+ \\ &\frac{1}{4}Z_{n_Y,1}+\frac{1}{2}Z_{n_Y,2}+\cdots+\frac{1}{2}Z_{n_Y,n_X-1}+\frac{1}{4}Z_{n_Y,n_X})f_{\mathrm{Q}} \end{aligned} \tag{9-33}$$

其体积中误差 σ_V 为：

$$\sigma_V=\pm\sqrt{n_Xn_Y-\frac{3}{2}(n_X+n_Y)+\frac{9}{4}f_{\mathrm{Q}}}\cdot\sigma_Z \tag{9-34}$$

其中，σ_Z 为数字高程模型的高程中误差。

（五）数字地面模型在公路路线优化设计CAD中的应用

在已建立的道路数字地面模型基础上，只需把选定的平面线起讫点、交点的平面坐标及平曲线要素输入CAD系统，计算机便可自动从数模中内插出路线设计所需的地形数据以及为绘制路线平面图所需的地形等高线串状数据，配合路线优化及辅助设计程序就可快速完成路线设计的各项内业工作，并输出各项成果设计文件。数模与航测、路线CAD相结合，将形成覆盖数据采集与处理、路线设计与计算及设计图表输出的设计全过程的路线设计一体化系统，这是公路测设现代化的发展方向。

1. 道路数字地面模型内插纵、横断面地面线

内插纵、横断面地面线是公路数字地面模型的主要目的之一。当路线平面设计完成，生成路线中桩逐桩坐标及切线方位角之后，便可由道路数模内插产生设计所需的纵、横断面地面线数据。

内插的步骤如下：

① 根据中桩点的平面坐标(x,y)确定中桩点所处的格网序号。

② 根据三角网数模排序信息，提取该方格中的所有三角形。

③ 根据“垂线法”，确定中桩点所处三角形。

④ 确定路线中桩处的标高，中桩所处三角形确定之后，由该三角形三顶点所组成的平面内插中桩点的高程。

⑤ 横断面上测点的内插，由切线方位角 α 确定代表横断面的直线，以该直线与三角形边的交点作为测点，求得各测点相对于中桩的平距和高差，得到设计所需的横断面地面线数据。

横断面内插过程如下：

如图 9-31 所示，OB 表示路线右侧横断面线，O 代表中桩，B 表示右侧端点。OB 的直线方程由中桩点坐标(x,y)及该桩沿路线前进方向切线方位角 α 确定。根据 O 点所处的三角形①，得到与 OB 线的交点，确定三角形①号的 a 边；由 a 边的左右三角形关系，确定相邻的三角形②；由②号三角形与 OB 的关系，确定 b 边，从而找到三角形③；依此类推，找到 B 点所处的三角形⑥；从而完成与横断面相交的三角形的检索与提取。各测点的高程，根据各交点在相应边上的位置，由所处边的两顶点进行直线内插而得到，平距则由交点与 O 点的坐标求得。

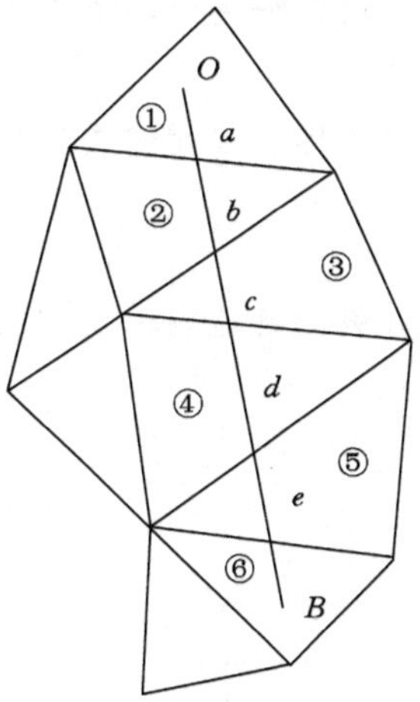

图 9-31 道路断面线生成

2. 利用道路数字地面模型进行路线优化设计

路线优化设计有两种情况：迭代寻优和方案比选。基于多种原因，后者在实际中应用比较多，但前者一直是公路界研究的方向。不管哪种情况，数字地面模型都是为每一个可行方案提供内插纵、横断面地面线数据之用。数模在路线优化设计中的最大功能是可使设计人员在不需作进一步测量的情况下，比较所有可能的平面线形，进行路线平面优化及空间优化，从而找出最佳路线方案。

3. 制作公路全景透视图

通过路线 CAD 系统提供的路线平面逐桩坐标，在数模上插值出路线纵断面地面线、横断面地面线。路线 CAD 系统利用插值出的地面线进行路线纵断面、横断面设计，生成路线纵断面、横断面设计线数据。通过路线 CAD 系统建立路基三维模型（设计曲面模型），通过道路数字地面模型子系统生成地形三维模型（地表曲面模型），设计曲面模型和地表曲面模型在 AutoCAD 2000 中经叠合、消影，生成静态三维全景透视图。然后借助 3DSMAX 做渲染和动画，生成公路动态全景透视图。

第四节 数字地形图空间分析应用

数字地形图空间分析通常是指针对数字高程模型(Digital Elevation Model,DEM)进行地形属性计算和特征提取的数字信息处理技术。它是对 DEM 应用范围的拓展和延伸,除包括 DEM 的基本应用内容,如点高程内插、等高线追踪、地形曲面拟合、剖面计算、面(体)积计算、坡度坡向分析、可视区域分析、流域网络与地形特征等提取外,还包括在土壤、水文、环境、地质灾害等地学领域广泛应用的复合地形属性,如地形湿度指数、水流强度指数及太阳辐射指数等。国内学者将 DEM 地形分析方法分为坡面地形因子提取、特征地形要素提取、地形统计分析以及基于 DEM 的地学模型分析等四个方面。

一、坡面地形因子分析

坡面地形因子是为有效研究与表达地貌形态特征所设定的具有一定意义的参数与指标。各种地貌,都是由不同的坡面组成,地貌的变化实际上可完全导源于坡面的变化。坡面地形因子可以分为坡面姿态因子、坡形因子、坡长因子、坡位因子及坡面复杂度因子等。

1. 坡度

定义为地表单元的法向与 z 轴的夹角,即切平面与水平面的夹角(图 9-32):

$$\text{Slope} = \arccos\left(\frac{\boldsymbol{z}\boldsymbol{n}}{|\boldsymbol{z}||\boldsymbol{n}|}\right) \tag{9-35}$$

在计算出各地表单元的坡度后,可对不同的坡度设定不同的灰度级,可得到坡度图。

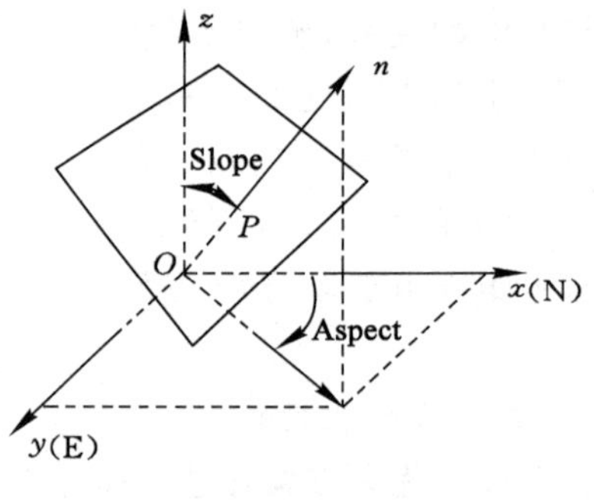

图 9-32　地表单元坡度示意图

当具体进行坡度提取时,常采用简化的差分公式,完整的数学表示为:

$$\text{Slope} = \arctan\sqrt{f_x^2 + f_y^2}$$

式中,f_x是 x 方向高程变化率,f_y是 y 方向高程变化率。

2. 坡向

坡向是地表单元的法向量在水平面上的投影与 x 轴之间的夹角,其数学表达公式为:

$$\text{Aspect} = \arctan\left(\frac{f_y}{f_x}\right) \tag{9-36}$$

在计算出每个地表单元的坡向后,可制作坡向图,通常把坡向分为东、南、西、北、东北、西北、东南、西南 8 类,再加上平地,共 9 类,用不同的色彩显示,即可得到坡向图(图 9-33)。

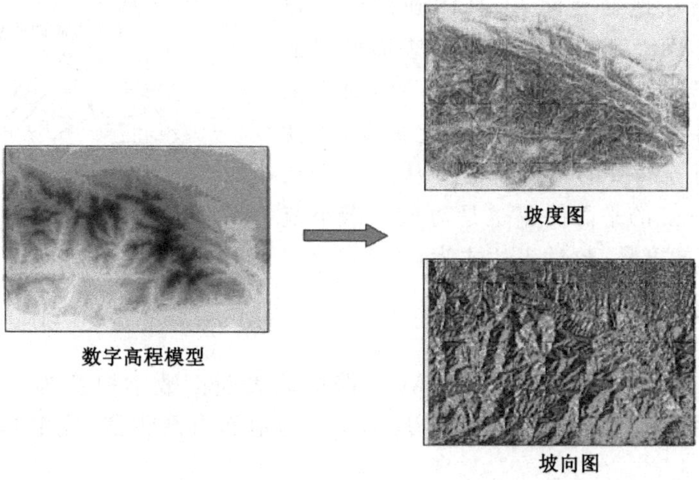

图 9-33　由数字高程模型生成坡度图和坡向图

坡向值的判断见表 9-2 所示。

表 9-2　坡向值的判断

f_x	f_y	$\alpha=\arctan\left(\frac{f_y}{f_x}\right)$	Aspect	坡向示意
=0	>0	/	90°	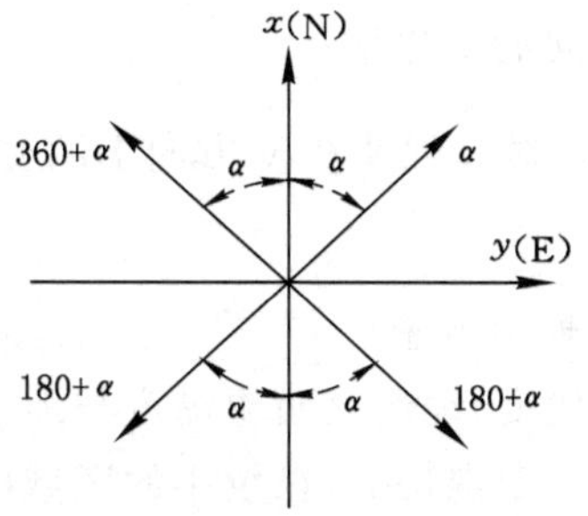
	=0	/	−1	
	<0	/	270°	
>0	>0	0°～90°	α	
	=0	0°	0°	
	<0	−90°～0°	360°+α	
<0	>0	−90°～0	180°+α	
	=0	0°	180°	
	<0	0°～90°	180°+α	

注：上述情况假定所建立的 DEM 数据从南向北获取的，且 x 轴与正北方向重合，否则上述公式求得的坡向值，还应加上 x 轴偏离正北方向的夹角值。

3. 曲率

曲率是对地形表面一点扭曲变化程度的定量化度量因子，地面曲率在垂直和水平两个方向上分量分别称为平面曲率和剖面曲率。地形表面曲率反映了地形结构和形态，同时也影响着土壤有机物含量的分布，在地表过程模拟、水文、土壤等领域有着重要的应用价值和意义。

剖面曲率是对地面坡度沿最大坡降方向地面高程变化率的度量，数学表达式为：

$$K_v=-\frac{p^2r+2pqs+q^2t}{(p^2+q^2)\sqrt{1+p^2+q^2}} \tag{9-37}$$

平面曲率是指在地形表面上，具体到任何一点 P，用过该点的水平面沿水平方向切地形表面所得的曲线在该点的曲率值，如图 9-34 所示。平面曲率描述的是地表曲面沿水平方向的弯曲、变化情况，也就是该点所在的地面等高线的弯曲程度。从另一个角度讲，地形表面上一点的平面曲率也是对该点微小范围内坡向变化程度的度量，数学表达式为：

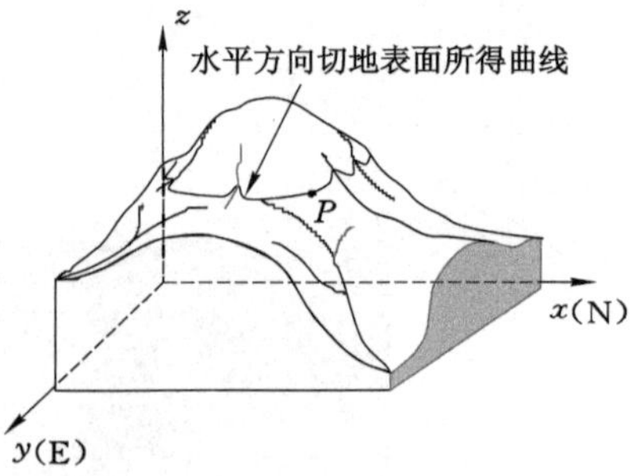

图 9-34　平面曲率示意图

$$K_{\mathrm{h}}=-\frac{q^2 r-2pqs+p^2 t}{(p^2+q^2)\sqrt{1+p^2+q^2}}$$

曲率数学表达式中，利用离散的 DEM 数据把地表曲面数学模拟为一个连续的曲面 $H(x,y)$。x 和 y 为地面点的平面坐标值，$H(x,y)$ 为地面点高程值，式中其他符号所表示的意义为：

$p=\dfrac{\partial H}{\partial x}$，是 x 方向高程变化率；

$q=\dfrac{\partial H}{\partial y}$，是 y 方向高程变化率；

$r=\dfrac{\partial^2 H}{\partial x^2}$，对高程值在 x 方向上的变化率进行同方向求算变化率，即 x 方向高程变化率的变化率；

$s=\dfrac{\partial^2 H}{\partial x \partial y}$，对高程值在 x 方向上的变化率进行 y 方向上求算变化率，即 x 方向高程变化率在 y 方向的变化率；

$t=\dfrac{\partial^2 H}{\partial y^2}$，对高程值在 y 方向上的变化率同方向上求算变化率，即 y 方向高程变化率的变化率。

4. 宏观地形因子

地形起伏度、地形表面粗糙度与地表切割深度等地形因子是描述和反映地形表面较大区域内地形的宏观特征，在较小的区域内并不具备任何地理和应用意义。这些参数对于在宏观尺度上的水土保持、土壤侵蚀特征、地表发育、地貌分类等研究中具有重要的理论意义。基于栅格 DEM 计算宏观地形因子时，关键在于确定分析半径的大小。不同地貌类型、不同分辨率的数据，计算宏观地形因子所取的分析半径大小不同。因此，确定一个合适的分析窗口半径或分析区域，使得求取的宏观因子能够准确反映地面的起伏状况与水土流失特征，是提取算法的核心步骤和决定信息提取效果与有效性的关键。

二、特征地形要素分析

特征地形要素，主要指地形在地表的空间分布特征具有控制作用的点、线或面状要素，包括地形特征点、山脊线、山谷线、沟沿线、水系、流域等方面的内容（表 9-3，图 9-35）。

表 9-3 地形形态特征提取的主要内容

地形特征	点	山顶点、脊线点、交线点(鞍部点,山脚点)、平地点、谷线点、洼地点
	线	山脊线、山谷线
	面	坡面形态
水系特征	点	沟谷节点、沟谷源点、洼点、分水源点、流水出口点
	线	分水线、汇水线、流域边界
	面	内部汇流区、外部汇流区、子流域、流域统计参数
可视性特征	点	点可视
	线	点点可视
	面	可视域

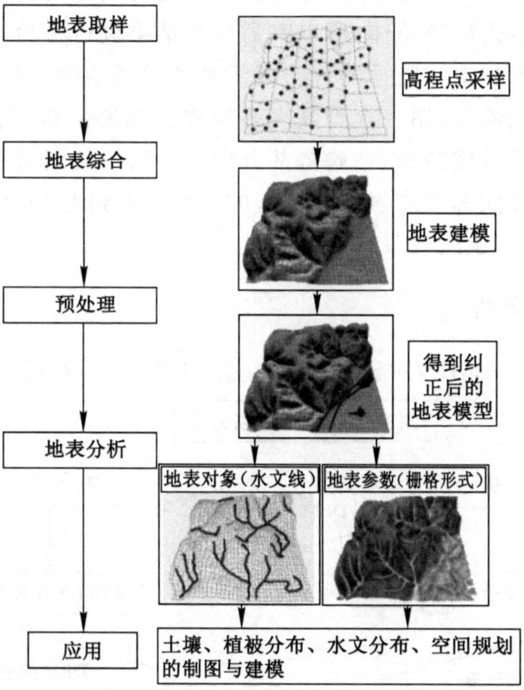

图 9-35 特征地形要素分析

三、DEM 地形统计分析

地形统计分析是指应用统计方法对描述地形特征的各种可量化的因子或参数进行相关、回归、趋势面、聚类等统计分析,找出各因子或参数的变化规律和内在联系,并选择合适的因子或参数建立地学模型,从更深层次探讨地形演化及其空间变异规律。

从地形分析的内容和使用的统计方法来看,可大致分为以下几个部分:

1. 原始 DEM 数据及派生地形因子基本统计特征的分析

在地形分析中通常需要统计一些地形因子的最大值、最小值、极差、中值、总和、平均值、离差、方差、标准差、频数等基本统计量,必要时还需要对这些因子分组,以反映它们的空间分布规律。如统计原始 DEM 的最大值、最小值、极差等可以反映高程的离散程度;平均坡度可反映地表的大致起伏状况；而方差、标准差等不但可以反映地形因子值的离散程度，也是相关、回归等分析必不可少的计算步骤；又如对坡度按一定规则分级，并用坡谱的形式表现出来，能更直观地反映坡度的变化规律，并可在此基础上展开更深层次的地学研究。在分析中还常常需要做分区统计，即对一个大区域按某种规则划分为若干个小区域，然后分别统计这些小区域内的地形因子的特征，从而探讨区域内部的差异性。

2. 地形因子关联特征及空间分布规律的研究

对地形因子分析的主要内容之一就是查明因子之间的相互关系和内在联系，并选定合适的因子建立地学模型，利用这种模型对地形的发展与动态做出数值预测。

相关分析可以研究两个或多个地形因子之间是否存在关系及关系的密切程度，而回归分析主要是研究变量之间是哪种形式的关系，并确定描述这种关系的函数，用以预测、控制等。相关是回归分析的前提，在回归分析之前必须明确变量之间的关系及其密切程度，因为相关和回归都是通过样本去推断总体，所以都需要对结果进行检验。

趋势面分析描述离散的空间数据的分布规律及其发展趋向。趋势面分析把地形要素的数值视为空间坐标的近似函数，用一次到高次多项式或周期函数（傅立叶函数）对要素数值与地理坐标间的关系进行最优拟合，把趋势部分理解为区域性因素所引起的有规律的变化，而把误差部分归纳为局部性因素或误差所引起的变化。通过趋势值与实际观测值的离差的分析，对要素的分布规律作预测或分析。

四、DEM 地学模型分析

DEM 模型分析是以 DEM 为对象的模型构建（图 9-36）。利用 DEM 所具有的高程和位

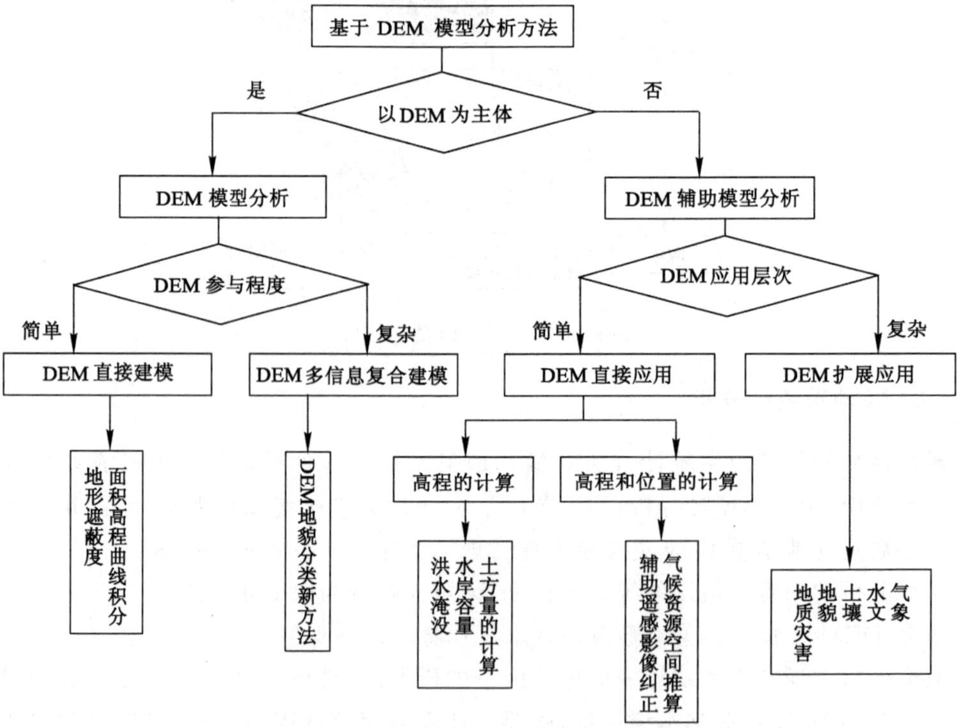

图 9-36　DEM 模型分析方法体系

置信息可直接建模，包括 DEM 工程土方计算、水库库容计算以及洪水淹没分析等，主要利用 DEM 的高程信息进行建模；综合使用 DEM 高程和位置信息进行建模，如利用 DEM 进行的气温、降水及湿度等气候资源模拟；此外，还有些地学模型的完善需依赖于 DEM 数据，如遥感影像的大气校正、辐射校正和地形校正等。DEM 的引入为此类地学模型的完善、模型计算方法的简化以及模拟结果精度的提高带来了新的手段和方法。

复习思考题

1. 数字地形图有哪些基本应用？如何利用等高线确定地面点的高程？
2. 地形图上量算面积的方法有哪些？
3. 土石方计算有哪些方法？在 SouthMap 软件中如何进行？
4. 数字地形图在线路勘察设计中有哪些应用？
5. 数字地面模型有哪些基本应用？
6. 何谓坡度？在地形图上如何确定两点间的坡度？
7. 如何进行规划设计的用地分析？
8. 数字高程模型有哪些基本应用？
9. 何谓剖面曲率？有哪些基本应用？

10. 南水北调中线是一项伟大的世纪工程，一是因为实现了水资源的区域间调动，解决了北方缺水问题；二是该工程实现了水的全程自流，避免了中途建设泵站抬高水面高程的能源消耗。该工程总干渠长 1 277 km，渠首高程为 147.38 m，终点水位高程是 49.5 m，落差 97.88 m，水面坡度极小，为实现全程自流，对总干渠途径地区的高程有严格要求。从地形图上工程选线的角度，分析在南水北调中线工程选线时地形图的重要作用。

第九章课件　　第九章复习思考题答案　　第九章插图

第十章　专题地图测绘

第一节　不动产测量

一、概述

不动产是相对动产而言的，两者都属于“物”的范畴，不动产的特点是不能移动。不动产主要是指海域(含无居民海岛)、土地以及房屋、林木等定着物。而不动产登记，是指不动产登记机构依法将不动产权利归属和其他法定事项记载于不动产登记簿的行为，简单说就是记录不动产权利人合法权利的过程。不动产登记遵循严格管理、稳定连续、方便群众的原则。《不动产登记暂行条例实施细则》规定：房屋等建筑物、构筑物和森林等定着物应当与其所依附的海域、土地一并登记，保持权利主体一致。因此，从不动产与不动产登记的概念看，不动产登记的要素为人、物、权利及原因，即权利主体、权利客体、权属性质及来源。其中，权利主体包括所有权人、使用权人、他项权利人；权利客体包括坐落、四至、用途、使用年期、面积、价格、定着物归属及状态等；权属性质及来源包括权利种类及权利设定、变更、转移、注销等原因。不动产登记的目的在于公示，即通过登记，使潜在的交易当事人能清晰地识别标的物上的权利内容，向社会公示不动产之本身的状态(即标示状态——面积、位置等)与不动产物权的变动情况等(即物权的设立、移转、变更和消灭等)，即确定不动产权利归属，保护合法产权，防范交易风险。

根据《民法典》和《不动产登记暂行条例》等法律规定，我国不动产登记种类分为不动产首次登记、变更登记等。权籍调查是不动产登记的基础。《不动产权籍调查技术方案(试行)》(国土资发[2015]41号)对不动产权籍调查的内容、技术路线、基本方法、调查程序、成果要求和数据库建设等进行了规范。不动产权籍调查一般包括不动产权属调查和不动产测量。前者主要是获取不动产权利的主体、类型、内容、来源、期限和权利变化等权属状况，后者主要是获取不动产的坐落、界址、空间界线、面积和用途等自然状况，主要内容包括核实和调查不动产权属和界址状况、绘制不动产单元草图、填写不动产权籍调查表等。不动产测量工作的主要内容包括控制测量、界址测量、宗地(海)图和分户房产图的测绘、面积计算，以及不动产测量报告的撰写等。

二、不动产测量规范

对土地及其房屋等定着物测量，相关测量技术、方法和精度指标按照《地籍调查规程》(GB/T 42547—2023)和《房产测量规范》(GB/T 17986.1—2000、GB/T 17986.2—2000)执行。

对农村土地(耕地等)承包经营权确权登记颁证进行的测量工作,相关测量技术、方法和精度指标按照《农村土地承包经营权调查规程》(NY/T 2537—2014)执行。

对于海域及其房屋等定着物测量,其测量技术、方法和精度指标按照《海籍调查规范》(HY/T 124—2009)执行。

三、控制测量

不动产控制测量分为平面控制和高程控制。测量成果采用 2000 国家大地坐标系和 1985 国家高程基准。

(一) 平面控制

不动产测量平面控制网点基本精度要求为最弱点相对于起算点的点位中误差不得超过 ±0.05 m。对于房屋等定着物测量,如房产测量,为了保护权属主合法权益,以及为产权登记、产权转移和产权纠纷等提供精准资料,并考虑到现有测绘技术手段,房产平面控制测量精度要求末级相邻基本控制点的相对点位中误差不超过 ±0.025 m。不动产平面控制网可采用 GNSS 静态测量、GNSS RTK 或导线测量等形式进行布设,具体施测方法请参照相关测量规范。利用已有控制点成果应进行检查和分析,并满足相关限差规定。

(二) 高程控制

不动产测量中,一般不测高程,如《房产测量规范》(GB/T 17986.1—2000、GB/T 17986.2—2000)、《农村土地承包经营权调查规程》(NY/T 2537—2014)和《海籍调查规范》(HY/T 124—2009)对高程测量没有进行特别说明,而《地籍调查规程》(GB/T 42547—2023)也仅规定原则上首级高程控制网点只测设四等或等外水准点的高程。但在某些情况下,不动产相关管理部门会根据本地实际情况,在地形变化起伏较大地区适当注记高程点或绘制等高线,此时应进行高程控制测量。高程控制网点可采用水准测量、三角高程测量或 GNSS 测量等方法施测,具体施测方法可参照相关测量规范。

四、界址测量

界址包括界址线、界址点和界标,其中界址点是土地权属界址线的转折点。界址测量的核心是界址点坐标的确定。不动产界址测量应统筹考虑基础条件、工作需求、经济可行性和技术可能性,在确保不动产权益安全的前提下,依据不动产的类型、位置和不动产单元的构成方式,因地制宜,审慎科学地选择符合本地区实际的不动产测量方法,确保不动产单元的界址清楚、面积准确。

(一) 界址点测量方法

界址点的测量方法包括解析法和图解法。界址点测量应依不同的界址点精度要求选择不同的界址点测量方法。

解析法是指采用全站仪、GNSS 接收机或钢尺等测量仪器工具,通过全野外测量技术获取界址点坐标和界址边长的方法。具体可根据界址点的观测环境选用极坐标法、距离交会法、角度交会法、直角坐标法(正交法)、截距法(内外分点法)和 GNSS RTK 方法等。

图解法是指采用标示界址、绘制宗地草图、说明界址点位和说明权属界线走向等方式描述实地界址点的位置,在采用全野外数字测绘法、数字摄影测量法、数字编绘法测制的地籍图上获取界址点坐标和界址边长的方法。对城镇、村庄、独立工矿等区域的建设用地,宜采用解析法测量界址点坐标并计算土地面积，实地丈量房屋边长并采用几何要素法计算房屋面积。对于宅基地或分散、独立的建设用地，可采用解析法测量界址点坐标并计算土地面积；也可采用图解法测量界址点坐标，此时，宜实地丈量界址边长和房屋边长并采用几何要素法计算土地面积和房屋面积。对于海域（含无居民海岛）和耕地、林地、园地、草地、水域、滩涂等用地，以及集体所有的土地，既可选择解析法也可选择图解法测量界址点坐标并计算土地（海域）的面积，如果其上存在房屋等定着物，则宜采用实地丈量其边长并采用几何要素法计算房屋面积。

（二）界址点的精度

除《森林资源规划设计调查技术规程》（GB/T 26424—2010）对界址点精度没有提出具体要求外，《地籍调查规程》（GB/T 42547—2023）、《房产测量规范》（GB/T 17986.1—2000）、《农村土地承包经营权调查规程》（NY/T 2537—2014）和《海籍调查规范》（HY/T 124—2009）均对界址点精度依不同测量方法进行了明确界定，且依行业有所不同。如海籍测量中，位于人工海岸、构筑物及其他固定标志物上的宗海界址点或标志点，其测量误差不超过±0.1 m，其他宗海界址点或标志点测量误差视所测海域离岸距离分别不超过±1 m（离岸 20 km 以内）、±3 m（离岸 20～50 km 以内）和±5 m（离岸 50 km 以外），而在地籍调查、房产测绘和农村土地承包经营权调查界址测量中，解析界址点精度依不同等级取值在±0.02～±0.15 m 之间。其中，房产测量解析界址点精度在上述界址测量相应等级中要求最高，如一级界址点相对于邻近控制点的点位误差或间距超过 50 m 的相邻一级界址点的间距误差为±0.02 m，而农村土地承包经营权调查界址测量精度要求相对较低，如三级界址点精度要求仅为±0.15 m。

《不动产权籍调查技术方案（试行）》（国土资发[2015]41 号）对于界址点精度没有做强制规定，仅要求如果技术标准之间的精度要求不一致时，宜以精度要求高的规定为准，具体的测量方法和程序按照各行业现行技术标准执行。

五、宗地图、宗海图和房产分户图的编制

不动产权籍图包括地籍图、海籍图及不动产单元图等。地籍图、海籍图的内容包括行政区划要素、地（海）籍要素、地形要素、数学要素和图廓要素，一般采用标准分幅，也可根据实际情况采用自由分幅形式，如地籍岛图等。不动产单元图主要包括宗地图、宗海图和房产分户图（房产平面图）等，其在编制上应按照《地籍调查规程》（GB/T 42547—2023）执行，对于其中未规定的内容或表示方法，依不同的比例尺，分别按照《国家基本比例尺地图图式》（GB/T 20257.1—2017、GB/T 20257.2—2017、GB/T 20257.3—2017、GB/T 20257.4—2017）执行。

（一）宗地图的编制

宗地图是以宗地为单位在地籍图的基础上编绘而成，是描述宗地位置、界址点、线和相邻宗地关系的实地记录，是土地证书和宗地档案的附图。宗地则是指被权属界线封闭的地块。

在地籍测绘工作的后期阶段，对界址点坐标应进行检核，确认无误后，结合其他已准确收集的完整地籍资料，可依据一定的比例尺编绘宗地图，比例尺和幅面应根据宗地的大小和形状确定，比例尺分母以整百数为宜。在不动产管理的日常工作中，如果发生土地权属变

化、新增建设用地项目等情况，也会实地测量宗地图，并及时对分幅地籍图进行补充更新。宗地图主要内容和表示方法包括(图 10-1)：

① 宗地号、所在图幅号、宗地面积、地类号等，可不表示权利人的姓名或名称。

② 以幢为单位的房屋要素，包括房屋的幢号、建筑结构、总层数等；其中幢号可用(1)(2)(3)…表示，也可用(0001)(0002)(0003)…表示，幢号标注在房屋轮廓线内的左下角。

③ 本宗地界址点、界址点号、界址线、界址边长、门牌号码，其中门牌号码标注在宗地门牌号码的挂贴处。

④ 用加粗黑线表示建筑物区分所有权专有部分所在房屋的轮廓线。如果宗地内的建筑物，不存在区分所有权专有部分，则不表示。

⑤ 宗地内的地类界线、房屋、构(建)筑物及宗地外紧靠界址点、界址线的定着物、邻宗地的宗地号及相邻宗地间的界址分隔线。

⑥ 房屋的挑廊、阳台、架空通廊等以栏杆外围投影为准，用虚线表示。

⑦ 相邻宗地权利人名称、道路、街巷名称。

⑧ 指北方向、比例尺、界址点测量方法、制图者、制图日期、审核者、审核日期等。

⑨ 地籍调查成果中的宗地图上表示测绘单位的名称并加盖印章，不动产权证书附的宗地图上表示不动产登记机构的名称并加盖印章。

（二）宗海图的编制

宗海图是指记载宗海位置、界址点、界址线及其与相邻宗海位置关系的各类图件的总称。以已有海籍图为工作底图测绘宗海内部及其周围变化的不动产权籍空间要素和地物地貌要素，并编制宗海图。宗海图包括宗海位置图和宗海界址图。当宗海位置图无法清晰反映各宗海间相对位置关系时，应增加反映同一用海项目内多宗宗海之间平面布置、位置关系的宗海平面布置图。

无居民海岛开发利用图包括用岛范围图、建筑物和设施布置图。用岛范围图表示无居民海岛在海区中的位置及用岛范围在无居民海岛上的位置；建筑物和设施布置图表示用岛范围内建筑物和设施的分布。

1. 宗海位置图

宗海位置图用于反映宗海的地理位置，测制内容必须包括：

① 地理底图，反映毗邻陆域与海域要素的地理底图(岸线、地名、等深线、明显标志物等)，选择地形图、海图等的栅格图像作为底图时，应对底图做适当的淡化处理。

② 本宗海范围或位置；以箭头指引，突出标示一个或一个以上界址点的坐标。

③ 图名、坐标系、比例尺(比例尺以能清晰反映宗海地理位置为宜)、投影与参数、绘制日期、测量单位(加盖测量资质单位印章)，以及测量人、绘图人、审核人的签名等。

④ 图廓及经纬度标记。

2. 宗海界址图

宗海界址图用于反映宗海的形状及界址点分布，测制内容必须包括：

① 毗邻陆域与海域要素(海岸线、地名、明显标志物等)，用海方案或已有用海设施、构筑物。

② 本宗海及各内部单元的图斑、界址线、界址点及其编号，界址点编号以逆时针为序。

③ 相邻宗海图斑、界址线、界址点及项目名称(含业主姓名或单位名称)。

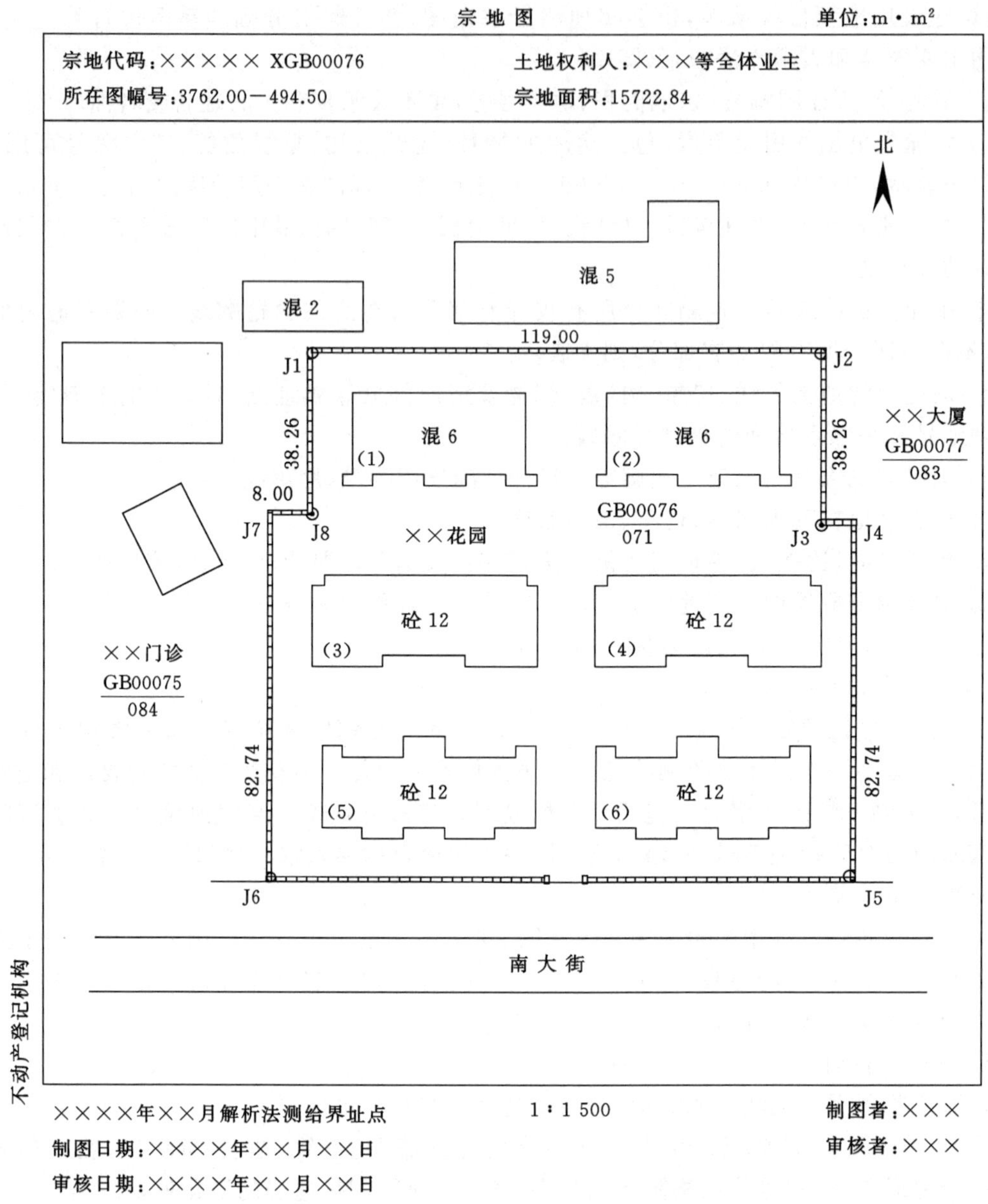

图 10-1 宗地图示例

④ 图廓及经纬度标记。

⑤ 界址点编号及坐标列表。界址点个数较多，列表空间不足时，可加附页列表填写剩余界址点编号及坐标，并加注承接说明，在附页上签署测量人、绘图人和审核人的姓名，注明测量单位（加盖测量资质单位印章）。

⑥ 宗海内部单元、界址线与面积列表。宗海内部单元按具体用途填写，并与“宗海及内部单元记录表”中的内部单元名称一致。表格行数应根据宗海内部单元的实际个数确定。

⑦ 图名、坐标系、比例尺（比例尺可设定为 1：5 000 或更大，以能清晰反映宗海的形状及界址点分布为宜）、投影参数、指北针、绘制日期、测量单位（加盖测量资质单位印章），以及

测量人、绘图人、审核人的签名。

此外，宗海图中还应包含以下相关内容及要求：

① 对于填海造地和构筑物用海方式，应根据设定的图例，以对应的颜色或填充方式表示其图斑。

② 对于海底管线及跨海桥梁、道路等长宽尺度相差悬殊的用海类型，可根据实际情况，采用局部不等比例方式移位绘制，以清楚反映界址点分布为宜。

③ 对于比较复杂或所占海域跨度较大的用海类型，为同时反映宗海的形状以及界址点分布情况，宗海界址图可采用分幅绘制，其中一幅用于反映宗海的整体分布情况，各组成部分可采用局部放大的方式分幅绘制。

（三）房产图的编制

房产图是房产产权、产籍管理的重要资料。按房产管理的需要可分为房产分幅平面图、房产分丘平面图和房屋分户平面图。房产分幅图是全面反映房屋及其用地的位置和权属等状况的基本图，也是测绘分丘图和分户图的基础资料。分丘图是分幅图的局部图，是绘制房屋产权证附图的基本图。分户图是在分丘图基础上绘制的细部图，以一户产权人为单位，表示房屋权属范围的细部图，以明确异产毗连房屋的权利界线供核发房屋所有权证的附图使用。

1. 房产分幅图绘制

分幅图的测绘范围包括城市、县城、建制镇的建成区和建成区以外的工矿企事业等单位及其毗连居民点。分幅图采用 50 cm×50 cm 正方形分幅。建筑物密集区的分幅图一般采用 1∶500 比例尺，其他区域的分幅图可以采用 1∶1 000 比例尺。分幅图的图纸采用厚度为 0.07～0.1 mm，经定型处理、变形率小于 0.02％的聚酯薄膜。分幅图的颜色一般采用单色，表示的基本内容包括：分幅图应表示控制点、行政境界、丘界、房屋、房屋附属设施和房屋围护物，以及与房地产有关的地籍地形要素和注记（图 10-2）。

2. 房产分丘图

房产分丘图是房产分幅图的局部明细图，根据核发房屋所有权证和土地使用权证的需要，以门牌、户院、产别及其所占用土地的范围分丘绘制而成，每丘单独一张。它作为权属依据的产权图，也即绘制房屋产权证附图的基本图，具有法律上的效力，是保护房地产产权人合法权益的凭证。分丘图的幅面可在 787 mm×1 092 mm 的 1/32～1/4 之间选用。分丘图的比例尺，根据丘面积的大小，可在 1∶100～1∶1 000 之间选用。分丘图的图纸一般采用聚酯薄膜，也可选用其他材料。

分丘图上除表示分幅图的内容外，还应表示房屋权界线、界址点点号、窑洞使用范围，挑廊、阳台、建成年份、用地面积、建筑面积、墙体归属和四至关系等各项房地产要素（图 10-3）。

3. 房产分户图的绘制

房产分户图是在房产分丘图基础上绘制的细部图，以一户产权人为单位，表示房屋权属范围的细部图，以明确异产毗连房屋的权利界线供核发房屋所有权证的附图使用。房产分户图可根据房屋的大小设计分户图的比例尺，比例尺分母以整百数为宜。分户图的幅面规格，宜采用 32 开或 16 开两种尺寸。分户图的方位应使房屋的主要边线与轮廓线平行，按房屋的朝向横放或竖放，分户图的方向应尽可能与分幅地籍图一致，如果不一致，需在适当位置加绘指北方向。分户图上房屋的丘号、幢号应与分丘图上的编号一致。房产分户图的主

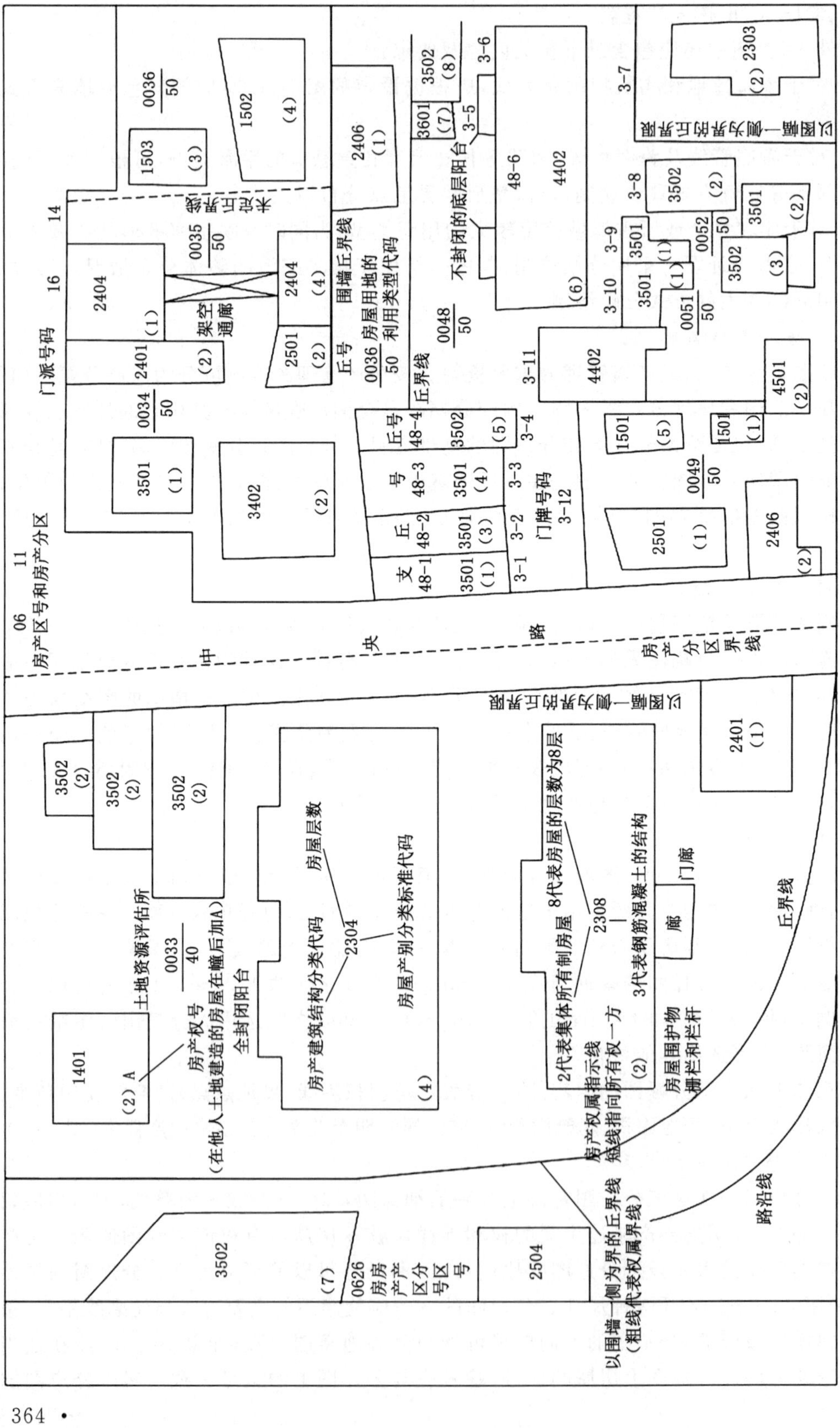

图10-2 房产分幅图示例

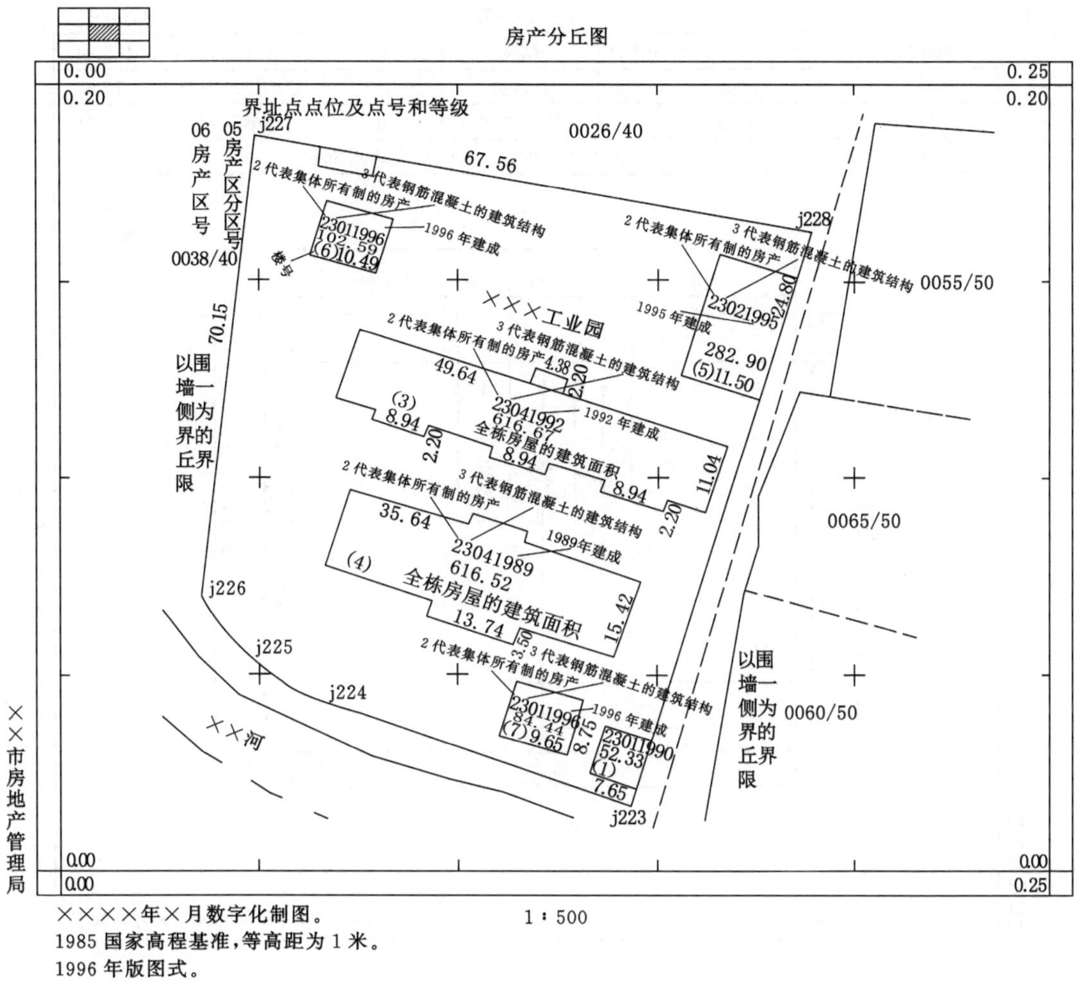

图 10-3　房产分丘图示例

要内容包括(图 10-4)：

① 宗地代码、幢号、户号、坐落、房屋结构、所在层次、总层数、专有建筑面积、分摊建筑面积、建筑面积。

② 房屋轮廓线、房屋边长、分户专有房屋权属界线、比例尺、指北针等。

③ 电梯、楼梯等共有部分应标注“电梯共有”“楼梯共有”等字样。

④ 不动产登记机构、绘制日期。

六、面积计算

(一) 宗地或宗海面积计算

根据实际情况可采用解析法或图解法计算宗地或宗海的面积。解析法是根据实地测量的数据，按照公式计算而求得面积值；图解法是在产籍图上，利用图解法获取的界址点坐标或界址点间距计算面积或者使用不同的测量工具或仪器量算出面积值。两种面积计算方法的区别是界址点坐标或界址点间距的获取方式不同，应基于不动产类型、保障不动产权利人

房产分户图　　　　单位：mm²

宗地代码	×××××××××GB00084	结构	混合	专有建筑面积	173.04
幢号	F003	总层数	05	分摊建筑面积	25.8
户号	0051	所在层次	5	建筑面积	198.84
坐落	××市××小区××幢××单元 501				

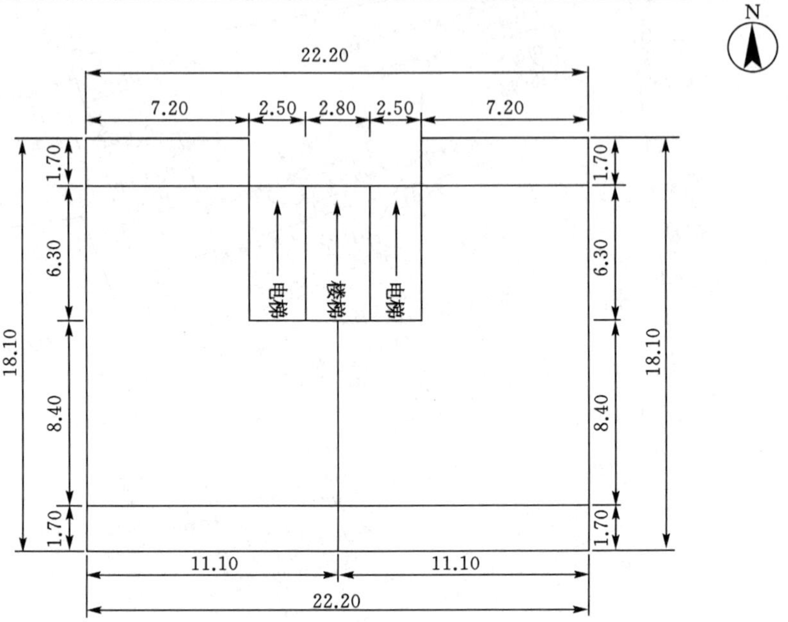

不动产登记机构

绘制日期：××××年×月××日

1∶150

图 10-4　房产分户图示例

切身利益、不动产管理的需要等条件做出合适的选择。在界址点坐标或界址点间距获取的基础上，面积具体计算方法主要有几何要素法、坐标法、求积仪法等。

1. 几何要素法

所谓几何要素法是指将多边形地块划分成若干简单的几何图形，如三角形、梯形、四边形、矩形等，在实地或图上测量边长和角度，以计算出各简单几何图形的面积，再计算出多边形地块总面积的方法。

(1) 三角形

如图 10-5 所示，有

$$P=\frac{1}{2}ch_C=\frac{1}{2}bc\sin A=\sqrt{p(p-a)(p-b)(p-c)} \tag{10-1}$$

式中，$p=(a+b+c)/2$。

(2) 四边形

如图 10-6 所示，有：

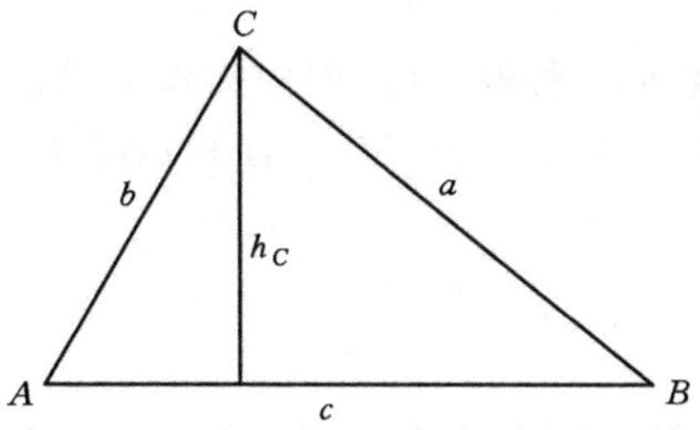

图 10-5　三角形面积

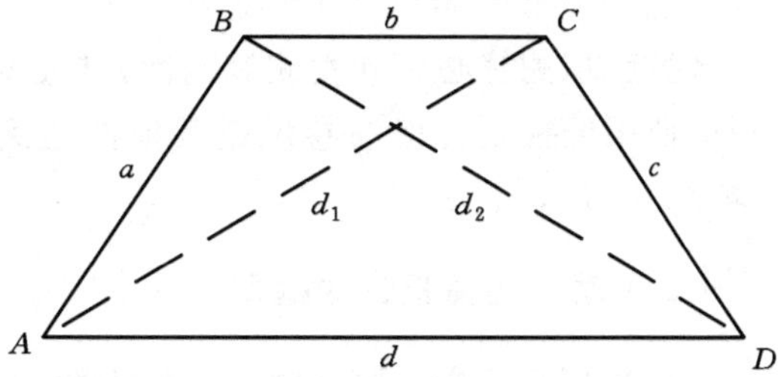

图 10-6　四边形面积

$$P=(a\times d\times \sin A+b\times c\times \sin C)/2+(a\times \mathrm{b}\times \sin B+c\times d\times \sin D)/2 \tag{10-2}$$

如果四边形为矩形，由于丈量时存在误差，则 $P=(a+c)(b+d)/4$。

2. 坐标法

坐标法的原理与计算公式，已在前面章节做了介绍，此处不再赘述。

3. 求积仪法

求积仪是一种以地图为对象测算土地面积的仪器，最早使用的是机械求积仪，由于科技的进步，近几年来研制出多种数字式求积仪，如数字求积仪、光电求积仪等。

（1）数字求积仪

数字化仪是近代出现的较为先进量测面积的仪器。数字化仪量算面积是将量算图形进行数字化，利用解析法计算图形面积的公式，由计算机按编制的程序进行面积计算。这是目前图解法量测面积较先进和较准确的方法。

（2）光电求积仪

光电求积仪是利用光学、电学以及机械传动三结合的精密量测仪器，利用光电对地图上要量测的地块图形进行扫描，并通过转换处理，通过分割求和，变成脉冲信号，从而计算出地块的面积。光电求积仪主要有光电面积量测仪与密度分割仪两种，具有速度快、精度高（当然低于解析法）等优点，但仪器价格昂贵。

（二）房屋面积测算

房屋面积测算包括房屋建筑面积、共有建筑面积、产权面积、使用面积等测算。面积测算系指水平面积测算。

1. 房屋的建筑面积

房屋建筑面积系指房屋外墙（柱）勒脚以上各层的外围水平投影面积，包括阳台、挑廊、地下室、室外楼梯等，且具备上盖，结构牢固，层高 2.20 m 以上（含 2.20 m）的永久性建筑。

2. 房屋的使用面积

房屋使用面积系指房屋户内全部可供使用的空间面积，按房屋的内墙面水平投影计算。

3. 房屋的产权面积

房屋产权面积系指产权主依法拥有房屋所有权的房屋建筑面积。房屋产权面积由直辖市、市、县房地产行政主管部门登记确权认定。

4. 房屋的共有建筑面积

房屋共有建设面积系指各产权主共同占有或共同使用的建筑面积。

5. 面积测算的要求

各类面积测算必须独立测算两次，其较差应在规定的限差以内，取中数作为最后结果。量距应使用经检定合格的卷尺或其他能达到相应精度的仪器和工具。面积以平方米为单位，取至 0.01 m^2。

七、不动产测量报告的撰写

不动产测量报告主要反映技术标准执行、技术方法、程序、测量成果、成果质量和主要问题的处理等情况，是长期保存的重要技术档案。不动产测量报告目录编写、报告内容及其要求如下：

（一）报告内容

1. 概述

（1）任务来源

主要阐述委托任务的单位、时间、请求测量的文件等。

（2）不动产简况

主要阐述不动产的位置、权属性质和类型、权属的历史及其沿革、原有调查测量登记等情况。

（3）测量内容

主要阐述本次需要测量的具体工作，如控制点、界址点、面积、放样、地物地貌等。

（4）测量工具

说明本次测量所使用的 GNSS 接收机、全站仪、钢尺等测量仪器的型号和规格及其检定情况。

2. 测量技术依据

列出本次测量所依据的技术标准，包括国家、行业、地方等标准。

3. 控制测量

① 控制点坐标来源、坐标系统和高程系统；

② 控制检查；

③ 控制测量。

具体指明控制坐标是从哪个单位来的，坐标系统名称等。说明控制检查和控制测量的方法和操作步骤。

4. 界址测量

① 界址检查；

② 界址放样；

③ 界址测量。

说明界址检查、界址放样、界址测量的方法和操作步骤。

5. 其他要素测量

① 地物测量；

② 地貌测量；

③ 其他测量。

说明地物、地貌和其他要素测量的方法和操作步骤。

6. 图件的编制

① 宗地图编制；

② 宗海图编制；

③ 房产分户图编制。

说明宗地图、宗海图和房产分户图的编制方法和程序。

7. 房屋面积测算

说明房屋面积测算的方法和操作步骤。

8. 质量评价

主要阐述测量成果的质量状况和可用性。

9. 成果目录

① 控制点检查表；

② 界址点检查表；

③ 界址点成果表；

④ 房屋面积测算表；

⑤ 宗地图、宗海图、房产分户图等；

⑥ 现场照片等影像成果。

10. 成果附件

（二）基本要求

不动产测量报告编写其他要求包括：不动产测量报告技术报告由承担生产任务的项目负责人编写。单位的技术负责人或法定代表人对报告的客观性、完整性等进行审核并签字，并对编写质量负责；内容要真实、完整。文字要简明扼要，公式、数据和图表应准确，名词、术语、符号、代号和计量单位等应与有关法规、标准一致；上述报告体例中的一级标题不能省略。根据具体的测量内容，如果二级标题所指的内容没有做，则填写“无”；报告中的内容可以增加和细化，但不能减少。

八、不动产数据库建设

（一）基本要求

作为不动产管理的核心组成部分，不动产数据库致力于地籍信息的全面记录和管理，其中地籍数据库起到关键作用，存储和维护地籍相关的权属、界址、图件等关键数据。参照地籍数据库相关技术标准，开展地籍数据库建设与管理。基本要求如下：

① 依托地籍总调查、日常地籍调查等成果，衔接土地、房屋、海域（含无居民海岛）、土地承包经营权、林木等各类不动产登记数据，建立地籍数据库并实时更新，实现地籍调查数据与登记数据的关联管理。

② 通过定期更新调查、日常地籍调查和不动产登记等工作，建立地籍调查成果更新机制，保持地籍调查数据的现势性。

③ 建立健全地籍调查成果共享应用机制，依法依规为相关部门和社会公众提供数据服务。

（二）数据库内容

地籍数据库包括地籍区、地籍子区、权属、利用、基础地理等数据，其中：

① 权属数据主要包括不动产的权属、位置、界址、面积、用途等。

② 利用数据主要包括行政区(含行政村)内图斑的权属、地类、面积、界线等。

③ 基础地理数据主要包括数学基础、控制点、境界、交通、水系、居民地、地貌、注记等。

（三）数据库的建设、更新与维护

地籍数据库建设、更新与维护的主要工作内容包括：准备工作、材料预处理、数据库结构设计、数据采集和编辑处理、数据库建设、质量控制、成果输出、文字报告编写、检查验收、成果归档、数据库更新与应用、数据库运行与维护等：

① 准备工作：制定建库方案、优选建库软件、搭建硬件环境、培训建库人员、熟悉地籍调查成果和不动产登记档案、了解成果质检报告和验收结论等。

② 材料预处理：检查建库材料的完整性、检查权属调查材料的合理性和逻辑一致性、检查坐标系和投影系统、进行必要的坐标变换和投影转换、检查纸质地籍图图面内容、接边和电子地籍图的分层、属性标记等。

③ 数据库结构设计：根据地籍数据库标准设计地籍数据库结构。

④ 数据采集和编辑处理：图形数据采集和属性数据采集、建立图形数据的拓扑关系、建立图形与属性逻辑关系、图形编辑和属性编辑、拓扑错误的处理、属性数据的检校、图形与属性逻辑一致性的检校等。

⑤ 数据库建设：按照地籍数据库文件命名规则、空间数据分层要求和属性数据库结构，建立空间数据库和属性数据库，形成标准的数据交换文件、数据字典和元数据文件。

⑥ 质量控制：填写建库图历表、遵守建库工艺流程、落实质量保证措施和自检、互检、质检。

⑦ 成果输出：地籍图输出、宗地图输出、界址点成果表输出、面积统计汇总成果数据输出、地籍调查表和不动产单元表输出、扫描影像文档成果输出、专题图和专题统计汇总成果的输出等。

⑧ 文字报告编写：编写地籍数据库建设自检报告、工作报告和技术报告。

⑨ 检查验收：检查库体结构和内容的完整性、图形分层的正确性、层间和层内图形拓扑关系的正确性、属性内容的正确性、图形和属性的逻辑一致性、数据字典和元数据描述的正确性等，出具验收报告等。

⑩ 成果归档：数据库建设成果的整理、立卷、编目、归档等。

⑪ 数据库更新与应用：按照地籍数据库更新的要求，利用日常地籍调查等工作所产生的变更数据对已有数据库成果进行更新，保持地籍数据库成果的现势性，满足地籍调查成果为政府机关企事业单位和社会公众服务的需要。

⑫ 数据库运行与维护：地籍数据库运行所必需的网络环境、系统软硬件环境、应用系统环境等的管理、优化、升级、更新与维护，保障地籍数据库的正常运行。

第二节　管线图测绘

一、概述

地下管线是城市基础设施的重要组成部分。城市地下管线包括电力、电信、给水、下水、燃气、特种管线等，是城市赖以运行和发展的基础，其空间地理位置及属性是城市规划建设管理的重要信息。

城市的发展历史悠久，地下管线工程也经历了一个逐步发展的过程。自1861年在上海埋下第一条煤气管道，首开我国的城市地下管线记载后，发展至今，尤其是改革开放以来地下管线种类越来越多，埋于地下的各种管线密如蛛网。由于种种原因，我国许多城市地下管线资料残缺不全，有的资料精度不高或与现状不符，以致影响地下管线规划建设的科学性和在工程建设过程中挖断、挖穿地下管线的事故时有发生，造成重大经济损失和不良社会影响。随着城市建设不断推进，地下管线敷设越来越多，城市建设中地上和地下矛盾越来越突出。因此，开展城市地下管线普查、建档与动态管理具有重要意义。

我国地下管线探测技术，在20世纪80年代后有了很大发展，先后引进了英国RADIO DETECTION公司的RD－400系列，美国METROTECH公司的810/850地下管线探测仪，美国CHARLES MACHINE公司的Subsite 70/65系列等。与此同时，国内也先后成功地研制了各种类型的管线仪，推动了我国地下管线探测技术的发展。2017年住房和城乡建设部正式颁布了《城市地下管线探测技术规程》，作为行业标准，用于指导和规范地下管线探测工作。

地下管线的种类，包括给水管、排水管、燃气管、电力电缆和路灯电缆、电讯电缆、供热管线、人防通道等。城市地下管线普查是加强城市地下空间管理和城市规划、建设和管理的一项重要基础工作。地下管线探测包括地下管线探查和地下管线测绘两个基本内容。地下管线探查是通过现场调查和用不同的探测方法探寻各种管线的埋设位置和深度，并在地面上设立测量点，即管线点。地下管线测绘是对已查明的地下管线位置即管线点的平面位置和高程进行测量，并编绘地下管线图，也包括对新建管线的施工测量和竣工测量。

二、地下管线探查的任务和内容

地下管线探查是在现场查明地下管线的敷设状况及在地面上的投影位置和埋深，并在地面设置管线点标志。也即应查明管线类别、材质、规格、载体特征、电缆根数、孔数及附属设施等，绘制探查草图并在地面上设置管线点标志。

管线点宜设置在管线的特征点在地面的投影位置上，管线特征点包括交叉点、分支点、转折点、变材点、变坡点、变径点、起讫点、上（下）杆以及管线上的附属设施中心点等。在没有特征点的管线段上，宜按相应比例尺设置管线点，管线点在地形图上的间距应小于或等于15 cm；当管线弯曲时，管线点的设置应以能反映管线弯曲特征为原则。为了区分，管线点需进行编号，在同一测区应是唯一的。一般宜由管线代号和管线点序号组成，管线代号可用汉语拼音字母标记，管线点序号用阿拉伯数字标记。

地下管线探测任务可分为城市地下管线普查、厂区或住宅小区管线探测、施工场地管线探测和专用管线探测四类。各类探测的要求和范围应符合规定，管线探查项目和调查内容如表10-1和表10-2所示。

地下管线探测的基本程序包括接受任务（委托）、搜集资料现场、踏勘、仪器检验和方法试验、编写技术设计书、实地调查、仪器探查建立测量控制、地下管线点测量与数据处理、地下管线图编绘、编写技术总结报告和成果验收。

表 10-1 管线探查项目

管线种类	地面建(构)筑物	管线点		量注项目	测注高程位置
		特征点	附属物		
给水	水源、净化池、泵站、水塔、水池、取水构筑物	转折点、弯头、三通、四通、变径、直线点、变材	阀门、消防栓、检修井、水表、阀门井、排污、排气	管径、材质	管顶及地面高程
排水	化粪池、泵站、暗沟、地面出口、出口闸	起、终点井、进出水口、交叉口井、转折点(井)、三通、四通、多通点、直线点、倒洪	各种检修井、排水装置	管径(断面尺寸)、流向、埋深、材质	管底、方沟底及地面高程
电力	变电室、配电房、高压线杆、地沟	转折点、分支、多分支、上杆、下杆、直线点	变压器、塔、各种检修井、接线箱	断面尺寸、材质(保护材质)、电缆根数、电压	直埋缆顶、管(块)顶、沟底及地面高程
通信	控制室、差转台、发射塔、放大器、槽道	转折点、分支、电力沟、多分支、上杆、下杆、直线点	接线箱、各种检修井、电话亭	断面尺寸、材质(保护材质)	管顶及地面高程
燃气	煤气站、调压阀、储气柜、地沟	转折点、三通、四通、变径、直线点	排气装置、阀门、各种检修门	管径(断面尺寸)、材质	管顶及地面高程
工业管道	锅炉房、动力站、冷却塔、支架	转折点、三通、四通、直线点	排液、排污装置、各种检修井、阀门	管径、材质、载体名称	管顶及地面高程
热力	锅炉房、热力站	转折点、三通、四通、直线点	各种检修井、阀门	管径、材质	管顶、架空管底及地面高程
人防					

注:① 部队、铁路、民航及其他专业管线测注项目参照本表规定执行,注明权属单位及用途。

② 电力、通信测注的平面位置为管沟(道)几何中心位置。

③ 管线埋深:直埋电缆和管块应量测外顶埋深,电力、通信沟道量测沟底埋深,给水、煤气和工业等有压力的管道量测外顶埋深,排水管沟、地下沟道和自流管道应量测内底埋深,并注明管沟几何尺寸。

表 10-2　地下管线实地调查项目

管线类型		埋深		断面		电缆根数	材质	保护材质	构筑物	附属物	传输物体			埋设年代	权属单位	总孔数	已用孔数	道路名称	埋设方式
		管顶	管底	管径	宽×高						压力	流向	电压						
给水		△		△			△		△	△				△	△			△	△
排水	管道		△	△			△		△	△		△		△	△			△	△
	方沟		△		△		△		△	△		△		△	△			△	△
煤气		△		△			△		△	△	△			△	△			△	△
电力	直埋	△				△	△		△	△			△	△	△			△	△
	沟道		△		△		△		△	△			△	△	△	△	△	△	△
	管块	△			△	△							△	△	△	△	△	△	△
	组管	△			△			△					△	△	△	△	△	△	△
	管埋	△		△				△					△	△	△			△	△
通信	直埋	△				△	△		△	△				△	△			△	△
	管块	△			△			△	△	△				△	△	△	△	△	△
	组管	△			△			△						△	△	△	△	△	△
	管埋	△		△				△						△	△			△	△
热力	直埋	△		△			△		△	△		△		△	△			△	△
	沟道		△		△		△		△	△		△		△	△			△	△
工业管道		△		△			△		△	△	△			△	△			△	△
人防																			

注：表中“△”为调查项目。

具体探测任务一般由专业探测单位的上级主管部门以任务形式下达，或由用户单位以委托方式进行，但都应签订合同书明确责任。合同书的内容包括任务编号、工程名称、测区位置和范围、作业内容和技术要求、工作期限和应提交的成果工程造价和付款方式、有关责任和奖罚规定等。

城市地下管线普查采用的平面坐标和高程系统需与当地城市平面坐标和高程系统相一致，当厂区或住宅小区地下管线探测和施工场地管线探测采用非当地城市统一坐标系统时要和所在区域城市坐标系统建立换算关系。

城市地下管线探测采用的地形图比例尺也应与城市基本地形图比例尺一致，施工场地管线探测地形图比例尺可按实际情况而定。

三、地下管线探查

（一）地下管线探查方法

地下管线探查是在现场查明地下管线的敷设状况及在地面上的投影位置和埋深，并在地面设置管线点标志。采用的方法包括明显管线点的实地调查、隐蔽管线点的物探和开挖调查。三种方法往往是相互结合进行。

1. 明显管线点的实地调查

明显管线点的探查采取实地调查的方法，也就是对露出地面的地下管线及其附属设施作详细调查、测量和记录，填写“管线点情况表”。

实地调查要查清管线的权属单位、性质、规格、附属设施名称，测量管线点的平面位置、高程、埋深和偏距。管线的埋深一般分为内底埋深（管道内径最低点至地面的垂直距离）和外顶埋深（管道外径或直埋电缆最高点至地面的垂直距离）。从管线附属设施的中心点至管线中心线垂足点的水平距离称为偏距。

2. 隐蔽管线点的物探调查法

对于埋设于地下的隐蔽管线使用专用管线仪等物探仪器在地面进行搜索、追踪、定位和定深。管线物探方法应根据任务要求、探查对象和地球物理条件，选择不同的方法。

3. 开挖调查法

开挖调查法的应用主要是通过开挖地面将埋设于地下的管线暴露出来，直接测量其平面位置、高程和埋深，并调查管线属性，一般是在探测情况太复杂，用其他方法无法查明或为验证时才采用。

（二）地下管线物理探查方法简介

1. 电磁法

电磁法是探测金属管线及带有金属骨架管线的有效方法。其利用天然电磁场或人工电磁场对管线进行激发，在地下管线中产生电流，管线周围形成电磁场，然后采用仪器测量其分布特征，确定管线的空间位置。该方法为工程的首选方法，常用的仪器有日本富士的PL960、雷迪公司的LD6000系列和雷迪公司的LD500地下管线探测仪器。根据管线的敷设状况，选择使用被动源的工频法、甚低频法，主动源的直接法、夹钳法、电偶极感应法、磁偶极感应法等。

2. 示踪法

将能发射电磁信号的示踪探头或导线送入非金属管道内，在地面用接收机接收探头或导线发出的电磁信号，从而确定地下非金属管线的走向和埋深。该方法可用于有出入口的非金属管道和人防工程，也可用作探测非金属排水管沟。

3. 电磁波法

电磁波法主要用于探测非金属管线和复杂地段的管线及疑难点。常用方法为地质雷达探查方法，即电磁波在地下介质传播过程中遇到与周围介质电性不同的管线界面时，产生反射被接收天线记录下来，显示在屏幕上形成雷达记录。当天线沿测线方向逐点移动探查时，各道记录按测点顺序排列在一起，形成一张探查雷达图像，通过分析雷达剖面图像中各反射波强度、波形特征及到达时间，可推断地下管线的分布状况。该方法探测精度高，不受管线材质限制，主要是用于对非金属管线的探测，另外用于解决复杂地段的管线探测和对疑难点进行确认。

（三）地下管线探测的精度要求和质量检验

按照《城市地下管线探测技术规程》（2017年），对城市地下管线探测的精度要求如表10-3所示。

表 10-3　城市地下管线探测的精度要求

类别	平面位置限差	埋深限差
地下管线隐蔽管线点的探查精度	$\pm 0.10h$	$\pm 0.15h$
地下管线点的测量精度	±5 cm	±3 cm
地下管线图测绘精度	图上±0.5 mm	

注：h 为地下管线的中心埋深，以厘米为单位。

四、地下管线探测作业方法

(一) 探查前的技术准备

探查前的技术准备工作：资料搜集、现场踏勘、方法试验、仪器一致性检验、编制技术设计书和项目作业计划。

1. 资料收集

地下管线现场探测前应全面搜集和整理测区范围内已有的地下管线资料和有关测绘资料，一般包括下列内容：

① 已有的各种地下管线图。

② 各种管线的设计图、施工图、竣工图及技术说明资料。

③ 相应比例尺的地形图。

④ 测区及其邻近测量控制点的坐标和高程。

2. 现场踏勘

现场踏勘应在搜集整理和分析已有资料的基础上进行，踏勘工作包括：核查搜集的资料，评价资料的可信度和可利用程度；察看测区的地物、地貌、交通和地下管线分布出露情况、地球物理条件及各种可能的干扰因素；核查测区内测量控制点的位置及保存状况。

3. 方法试验

① 在地下管线普查工作开展前应进行方法试验，其目的是确定城市地下管线普查所采用的物探方法、所选用仪器的有效性、精度和有关参数，为技术设计书的编制提供技术依据。

② 方法试验内容包括：电磁工作参数的选择试验，如信号激发方式的选择、工作频率的选择、收发距的选择、定位和定深方法的选择等；电磁波法波速的测定；非金属管线探测方法试验；新技术推广前所做的方法试验。

4. 探测仪一致性检验

① 所有地下管线探测仪在投入使用前应进行一致性检验，校验要选择在已知的管线上进行，将结果记录在探测仪一致性校验表中。

② 现场校验结束后应对校验结果进行评定，在校验结果全部满足以下条件时，探测仪可投入生产应用。

定位误差 δ_{ts}：$\leqslant \pm 0.10\ h$；定深误差 δ_{th}：$\leqslant \pm 0.15\ h$。

注：① h 为地下管线的中心埋深，以厘米计；② $h<100$ cm 时，以 $h=100$ cm 代入计算。

③ 对分批投入生产使用的探测仪，每投入一批(台)时，均要进行一致性校验。

④ 一致性校验结束后，应编制“探测仪一致性校验报告”。

5. 编制技术设计书

地下管线探测技术设计书基本内容包括：

① 普查工作的目的、任务、范围；
② 普查工作的人员组织和设备情况；
③ 测区环境分析：包括交通条件、气候条件和地下管线概况；
④ 测区地形和测量控制资料分析；
⑤ 地下管线探查：包括探查方法分析、工作方法和技术要求；
⑥ 地下管线测量：包括控制测量、管线点测量；
⑦ 地下各类管线数据采集与处理方法；
⑧ 地下管线图编绘与成果表编制；
⑨ 地下管线普查质量管理；
⑩ 工作难点及对策；
⑪ 成果资料提供。

6. 编写项目作业计划书

地下管线探测项目作业计划书的内容包括：
① 确定完成每项活动的主要负责人和协作人员；
② 确定完成每项活动的工期、计划开始时间和计划结束时间；
③ 确定完成每项活动所必需的资源；
④ 评估影响作业计划完成的风险因素及应对措施。

作业单位在普查工作开展前上报技术设计书和作业计划书，经监理单位审查后呈交管线办批准。

（二）作业原则与注意事项

地下管线探测应遵循从已知到未知，从简单到复杂的原则，优先选用有效、快速、轻便的探测方法，复杂条件下宜采用综合方法。而由地球物理特征可知，发射低频电磁波在导电性能良好的金属管线上传播远，对周围管线感应弱，消耗能量小。发射高频电磁波在导电性能良好的金属管线上传播近，对周围管线感应强，消耗能量大。地下管线探查的物探方法应根据任务要求、探查对象和地球物理条件，选择不同的方法。

地下管线探查前，应在探查区或邻近的已知管线上进行方法试验，确定技术和仪器设备的有效性和有关参数。不同类型的地下管线、不同地球物理条件的地区，应分别进行方法试验。

明显管线点的位置在实地可见，不须采用仪器探测，深度可开井量测。对明显管线点上所出露的地下管线及其附属设施应作详细调查和记录。对隐蔽地下管线的探测，根据不同的材质，不同的地球物理条件，采用不同的方法进行探测，对导电性能较好的金属管线采用直接法、夹钳法及电磁感应法探测。非金属管线的探测应采用电磁波法或地震波法，另外可采用地质雷达解决复杂地段的管线探测和对疑难点进行确认。个别地方还可采用机械的开挖探测方法，以验证其他方法的精确度和准确度。

由于市区各种电信、电力电缆、无线电台等形成一个较复杂的电磁波干扰区，而且各种金属管线相互影响，在其周围存在不同频率不同强度电磁场，为了克服种种干扰，保证质量，需要根据采用的仪器分类探测。

（三）仪器选择

城市地下管线普查工程需采用电磁波频率范围宽、性能稳定、分辨率高的仪器进行探测。常用的仪器装备有日本富士的 PL960、英国雷迪公司出品的 LD6000、RD8000、LD500 等管线探测仪器以及美国 SIR2000、瑞典 MALA X3M 地质雷达等。各种仪器的探测功能各有所长，功能互补，在作业时根据实际情况选择使用。

1. 地下管线探测仪

(1) PL960 管线探测仪

PL960 地下管线探测仪是日本富士地探潜心研发的集三种主动频率探测及自然波法探测技术于一体的探测各种金属管道的埋设位置、方向及深度的新型仪器(图 10-7)。

PL960 地下管线探测仪使用了三种探测效率最高的频率，即 27 kHz、83 kHz 和 334 kHz 来定位和寻找金属管线设备，而且发射机感应时可发射 27 kHz 和 83 kHz 两种频率，接收机自动选择接收频率，达到对管线最佳测位效果，对于探测由不同管径组合而成的管路时尤为重要。

(2) LD6000 管线探测仪

LD6000 地下管线探测仪是由雷迪公司于 2006 年推出的基于互联网功能的地下管线探测仪(图 10-8)。雷迪采用最先进的数字信号技术和工艺，改进接收机的谐振电路和信号处理单元，使 LD6000 接收机的信号响应更为灵敏也更为稳定。另外，采用防水、防震、防尘设计，充分考虑了野外环境的各种应用条件，适用范围更广。

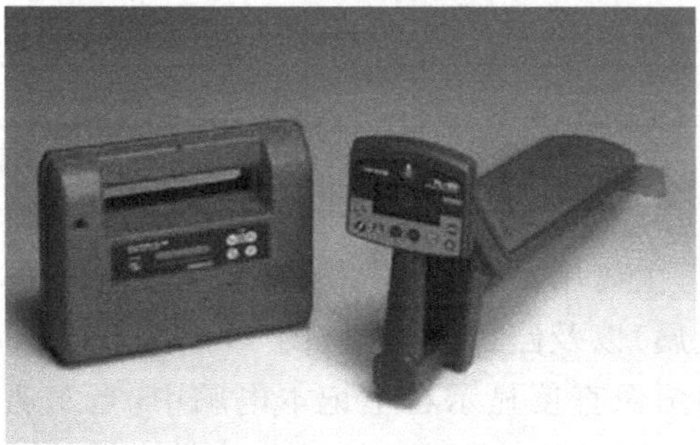

图 10-7　PL960 地下管线探测仪

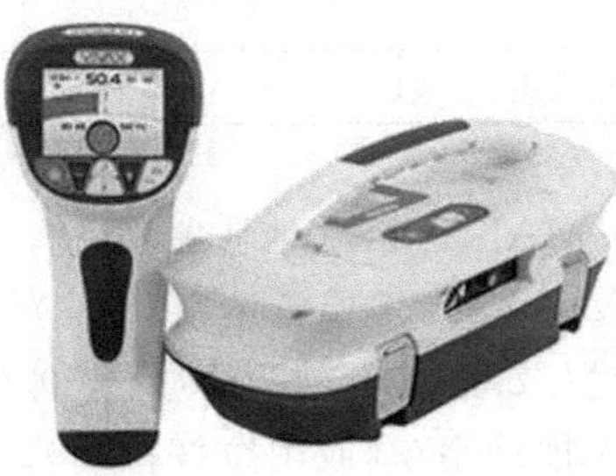

图 10-8　LD6000 地下管线探测仪

(3) LD500 数字管线仪

LD500 数字管线仪是雷迪公司集多年成功经验为中国客户量身定制的一款专业管线探测仪(图 10-9)，采用先进的三水平线圈技术和全数字电路技术，抗干扰能力和定位测深性能都得到极大提高，适用于各种复杂条件的管线探测。

2. 地质雷达

地质雷达主要有美国 GSSI 公司的 SIR2000 型探地雷达和瑞典 MALA 公司的 RAMAC/GPR 型地质雷达。

(1) SIR2000 探地雷达

SIR2000 探地雷达如图 10-10 所示，主机全密封，防尘、防潮，为全天候野外工作装备。主机重仅 6 kg，能适应多种野外工作环境。同时配备有 900 MHz、400 MHz、100 MHz 和 100 MHz 加强型单体屏蔽天线，35 Mhz 低频天线，其技术参数如表 10-4 所列，能适应从环境、地质、水文到工程、市政及混凝土建筑结构的多种应用领域。

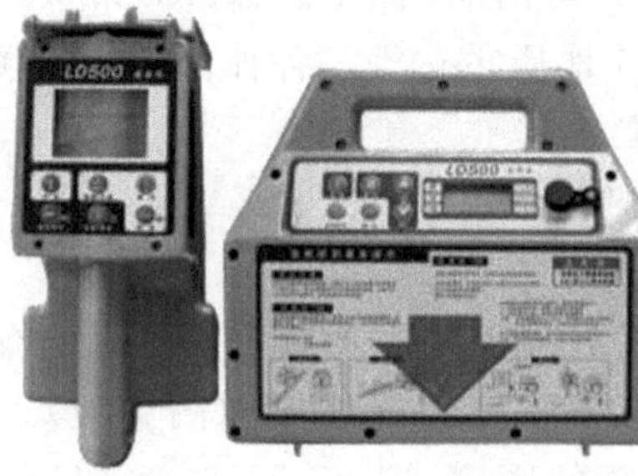

图 10-9　LD500 数字管线仪

图 10-10　SIR2000 探地雷达

表 10-4　SIR2000 探地雷达技术参数

天线种类	主频	脉宽/ns	可达深度/m	参考深度/m
单体屏蔽天线	900 MHz	1	0.5～1	0.7
	400 MHz	2.5	1.0～5	3
	100 MHz	10	4～25	8
	100 MHz 加强型	10	5～30	10
低频天线	35 MHz		10～50	30

(2) MALA X3M 地质雷达

MALAX3M 地质雷达由瑞典 Mala 公司推出，主要用来对金属及非金属管线进行定位(地面位置及埋深)，寻找孤立埋藏体(金属及非金属)以及路面分层等(图 10-11)。工作时，只需一人推动小车(或用拉杆拉动)即可。探测的图像直接显示在笔记本电脑中，当发现地下有管线或其他异常体时，只需反方向推小推车，电脑屏幕的图像中会有一光标显示地面位置；当光线与管线位置重合时，仪器正下方即为管线所在位置，因此现场定位极为方便。亦可在室内对探测的图像进行处理、分析及打印。

图 10-11　MALAX3M 地质雷达

五、地下管线测量

地下管线测量工作包括控制测量、地下管线点联测，其图式、符号、注记按《国家基本比例尺地图图式 第1部分：1∶500　1∶1 000　1∶2 000 地形图图式》(GB/T 20257.1—2017)绘制，管线符号按《城市地下管线探测技术规程》执行。

进行地下管线测量前，管线管理部门需要提供城市高等级控制点资料，施测单位使用前需检测其质量。测量前还需要收集标有管线点、管线走向、位置、连接关系和属性的大比例尺探查草图。

（一）地下管线控制测量

地下管线控制测量应在城市高等级控制网的基础上布设，城市高等级控制点密度不足时应按现行《城市测量规范》的要求进行加密。平面控制测量可采用电磁波测距图根导线、GNSS控制测量等方法施测。高程控制测量可采用水准测量、电磁波三角高程测量等方法完成。

（二）地下管线点平面位置和高程测量

地下管线点平面位置测绘采用极坐标法、导线串联法、GNSS－RTK法等方法，按照国家规范执行。下面分别对极坐标法、导线串联法进行简单介绍。

1. 极坐标法

管线所在测区平面控制点数量充分且分布满足要求时，可直接在已知点上测定管线点坐标，如图10-12所示，其中 T_1、T_2、T_3 为地下管线导线点，X_1～X_6 为管线点。极坐标法是管线点位测量的主要方法之一。

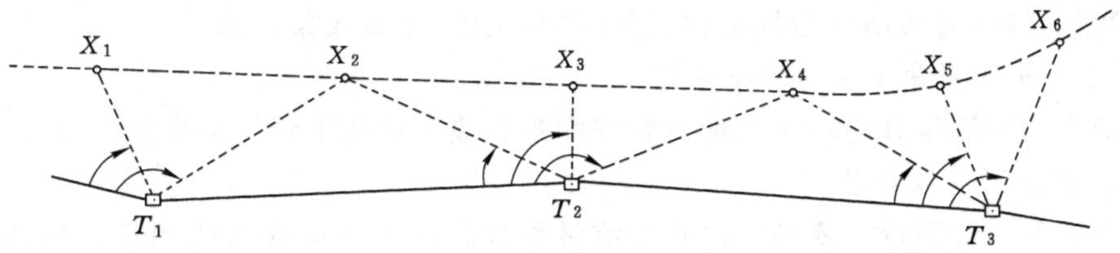

图10-12　地下管线点平面位置测量极坐标法示意图

2. 导线串联法

导线串联法通常用于图根控制点稀少或需要重新增设图根控制点的情况下，是将管线特征点全部或部分纳入地下管线导线中，并在施测导线的同时将未纳入的管线特征点用极坐标法或交会法测定其坐标。用导线串联法的导线起闭于不低于城市三级导线的高级平面控制点上，如图10-13所示。图中 A、B、C、D 为高等级控制点，T_1～T_4 为附合于高等级控制点上的串联导线点，X_2、X_3、X_4 为串联导线上的管线特征点，X_1 为用交会法测定的管线特征点，X_5、X_6 为用极坐标法测定的管线特征点。

当前城市测绘中GNSS－RTK及CORS技术应用十分广泛，在条件允许(如地表开阔、卫星信号适宜)的条件下可以适当运用。对于受条件限制的区域，亦可以采用支导线法，但支点不应超过3个，保证测量精度。

地下管线点的高程测量采用水准测量或三角高程测量方法，也可采用RTK直接测量。

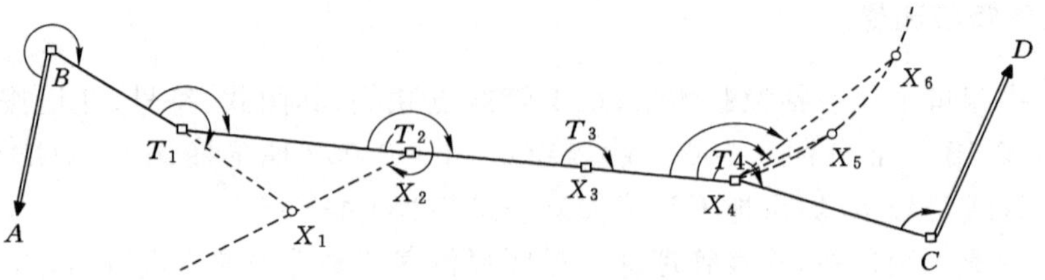

图 10-13　管线测量导线串联法示意图

（三）地下管线数字测绘

采用数字测绘方法进行地下管线探测是市场发展的现实需求，其方法是通过收集已有测绘资料，同时将管线调查与外业测绘等手段采集的数据输入计算机，经数据处理、图形处理，编辑生成综合或单项地下管线带状图或分幅图和各种成果表。关键是外业管线探测的数字化测量与内业成图及表格生成，需要数字化管线测量管理系统。

外业工作通过采用数字化测绘方法采集管线测点的坐标和高程，经检查完整正确的测量数据生成管线测量数据文件，将管线调查结果输入电子手簿或计算机生成管线调查数据文件。

管线成图软件需要具有生成管线数据文件、管线图形文件、管线成果表文件和管线统计表文件，并绘制地下管线带状图和分幅图、输出管线成果表与统计表等功能，所绘制的地下管线图应符合国家和地方现行的图式符号标准。

地下管线数字测绘提交成果包括成果说明文件、管线元数据文件、管线探查数据文件、管线测量数据文件、管线属性数据文件、管线图形文件、管线成果表册。

（四）地下管网测量应注意的技术问题

城市地下管网测量分为竣工前地下管线测量和竣工后地下管线测量两大类。

1. 竣工前地下管线测量

竣工前地下管线测量主要是通过直接测量管线特征点来完成管线测量工作，测量工作往往是与工程施工同时进行，管线分布杂乱，没有预见性，同时由于在施工现场进行测量，控制点不易保存。要求及时将所测的点位展绘于设计图，比较是否一致，防止出错。有的工程地下管线埋深达七八米，如果漏测、测错，覆土后将无法补救，即使用物探方法也很难准确地测出，所以要求测量后要及时复验，确保测量正确，无丢漏。另外需要依据设计图，将已测管线展绘、编号，防止错误。

2. 竣工后地下管网测量

竣工后管线特征点全部埋在地下，需要用工程测量和探测相结合的方法将特征点的数据测定出来。首先要尽可能地收集地下管线已有资料，同时对地下管线区域进行调研也是必要的。

对于竣工后地下管线测量，首先可以采用一般工程测量的方法，比如采用全站仪、GNSS、水准仪等布设测量控制网，然后测定管线特征点。但当采用常规的测量方法不能确定其位置时，则需要采用物理探测方法，但受管线材料、埋深以及相邻管线感应电磁信号等的影响，探测深度与实际深度会有很大的差异，正确地选择探测方法是提高探测质量的有效手段。对于重叠较多的电力管线可采用感应法进行探测，对于上下重叠管道宜用电磁法对其定位，并且在管线分叉处定深，推算出重叠处管道的深度，对于燃气管道等应采用感应法或被动源法进行探测，以保证安全。

3. 地下管网测量的数据形式

地下管线测量为地下管网信息系统的建立提供数据，主要包括两类：一类是图形数据，指描述管线各种特征点的数据，比如管线埋深、管径、水平位置以及三通、弯头、变径、窨井、阀门等数据；另一类是属性数据，比如描述管道的类型、制作材料、权属、敷设时间等。

地下管线探查和测量时对管线的属性数据必须一一调查或量测，计入相应表格或电子手簿，在地下管线数字化成图时需要输入系统。

六、地下管线图的编绘

地下管线图的编绘应在地下管线数据处理工作完成并经检查合格的基础上，采用计算机编绘或手工编绘成图。当前一般采用计算机编绘，具体工作一般包括比例尺的选定、数字化地形图和管线图的导入、注记、编辑成果输出等。

地下管线图分为专业管线图、综合管线图（图 10-14）和管线横断面图（图 10-15）。其中专业管线图上除了管线周围地形外只包括单一专业（一条或几条）管线，综合管线图则包括该地段内所有各种专业管线。综合地下管线图、专业地下管线图要求以彩色绘制，断面图则以单色绘制。

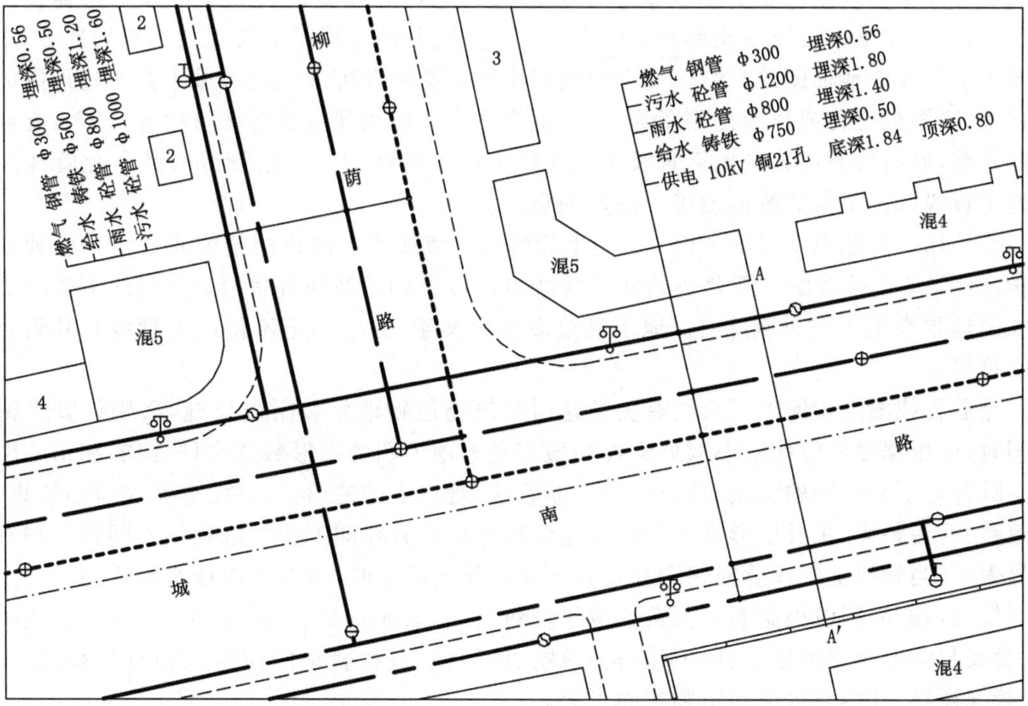

图 10-14　综合地下管线图

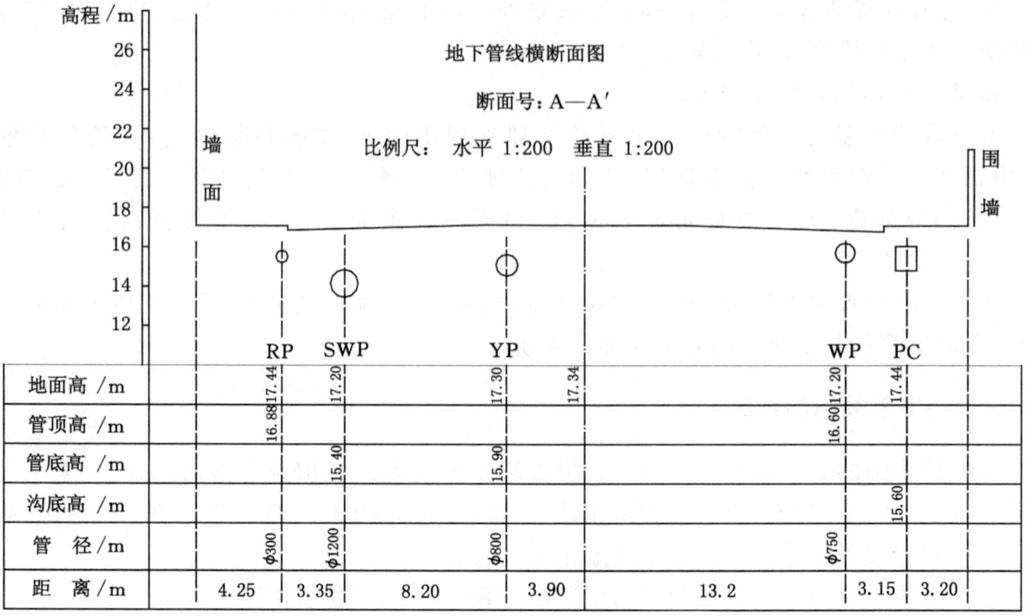

图 10-15　地下管线横断面图

专业管线图及综合管线图的比例尺、图幅规格及分幅应与城市基本地形图一致，数字化管线图的数据格式应与数字化地形图的数据格式一致，并以城市大比例尺数字化地形图为基础，加测属于地下管线专业部分的内容，以及修测、补测地形图上与现状不符的部分，来完成城市地下管线地形图的测绘。数字化地形图的数据来源可采用现有城市基本地形图的数字化图、底图数字化或数字化测图等方法，地形底图在使用前应进行质量检查。若没有或者精度不够，则需要专门施测包括管线两侧地物的地下管线图。展绘管线或数字化管线应采用地下管线探测采集的数据或竣工测量的数据。

另外还需注意以下几个方面：① 地下管线图上管线点位测定的精度要高于一般地物点的精度；② 地下管线图上需要表达除了管线点位以外的管线属性信息；③ 与地下管线关系不大的地物在图上可以删除；④ 地下管线图各种文字、数字注记不得压盖管线及其附属设施的符号。

专业管线图上应绘出与管线有关的建(构)筑物地物地貌和附属设施，采用计算机编绘成图时，应根据专业管线图形数据文件与城市基本地形图的图形数据文件叠加、编辑成图。

综合地下管线图的编绘应包括：各专业管线、管线上的建(构)筑物、地面建(构)筑物、铁路道路、河流桥梁、主要地形特征。各专业管线在综合管线图上应按规程用不同符号和着色符号表示，当管线上下重叠或相距较近且不能按比例绘制时，应在图内做必要说明。

管线横断面图应根据断面测量的成果资料编绘，表示内容包括：地面地形变化、地面高程、管线与断面相交的地上、地下建(构)筑物、路边线、各种管线的位置及相对关系、管线高程、管线规格、管线点水平间距和断面号等。

横断面图比例尺的选定，应按图上不作取舍和移位能清楚表示上述内容为原则，图上应标注比例尺，其编号应采用城市基本地形图图幅号加罗马文顺序号表示。绘制时特别要求：各种管线应以 2.5 mm 为直径的空心圆表示，直埋电力、电信电缆以 1 mm 的实心圆表示，小于 1 m×1 m(不含 1 m×1 m)管沟、方沟以 3 mm×3 mm 的正方形表示，大于 1 m×1 m(含 1 m×1 m)管沟、方沟按实际比例表示。各种建(构)筑物、地物、地貌按实际比例绘制。

地下管线测绘成图提交前，还需在建立的管线资料数据库基础上，用专用成图软件生成管线图草图由作业组对管线的分布和相互关系再次进行核实检查，对发现的问题或疑问应到现场确认后加以修正，同时更新管线数据库。管线草图检查修改无误后，生成管线正式图。

管线综合图由于管线密集，各种管线的性质及注记说明以扯旗顺序注记于图面空白处，有关内容、格式按规范执行。各种专业管线图是根据有关要求注记管线材质、管径或断面尺寸等，各类管线的注记颜色与综合图中的颜色一致。断面图是根据物探实地确定的断面位置和断面上各种管线点的点位及属性特征，生成断面图，断面图比例尺均选择整数。局部放大图是在综合地下管线图上确定管线复杂密集部位，根据图面复杂情况确定比例尺放大生成，放大图比例尺均选择整数。

各种管线编辑修改完成后，按要求打印输出彩色白纸图(包括放大图、各类管线专业图)及单色断面图。实际管线线位与邻近地上建(构)筑物、道路中心线及相邻管线的间距中误差不得大于图上±0.5 mm。

七、管线点成果表编制

地下管线成果表的编制应以绘图数据文件、地下管线调查记录、地下管线的探测成果为依据进行，其管线点号应与图上点号一致。

编制成果表时，对各种检修井只标注井中心点坐标，但对井内各个方向的管线情况均应按要求填写清楚，并在连接关系栏以邻近管线点号说明方向。

成果表应以图幅为单位，按管线类型分装成册(不装订)。成果表分装成册后应在封面标注图号、主要街道名称。

八、地下管线信息管理系统

随着“数字地球”“数字城市”“数字社区”以及“数字家庭”等概念的提出，许多城市和地区掀起了建设“数字城市”的热潮。城市信息化建设的快速发展对城市规划、建设管理与服务提出了新的“四高”要求，即高起点的规划、高标准的建设、高效率的管理和高质量的服务。同时也给城市发展带来了严峻的挑战，在城市管理、规划设计、市政建设、住宅产业、土地监测管理、环境监测评价、地质灾难防治、小城镇规划与建设以及城市化与城市可持续发展战略研究制定等众多方面，都将会出现许多亟待解决的问题。其中，尤为突出的是城市地下管线的管理问题。通过建立管线信息管理系统，实现对管线数据的动态管理，不但可以提高管线管理的效率，而且可以通过数据共享，满足不同部门对管线数据的需要，为建设“数字城市”做出贡献。因此，采用城市地下管线信息系统技术，具有重要的意义和作用。

城市地下管线信息化工作，依赖于计算机数据库和管理软件的开发利用。地下管线信息管理系统是地下管线普查的重要组成部分，在地下管线普查时应建立地下管线信息管理系统。地下管线信息管理系统一般应力求功能实用、信息规范、运行稳定、信息现势性好、技术先进，建立信息管理系统的同时还应建立系统数据实时更新和动态管理的机制，具备完善的安全保密管理措施。

管网数据处理系统软件的基本功能通常包括地形图库管理、管线数据输入与编辑、管线数据检查、管线信息查询统计、管线信息分析、管线维护更新、输出等。

传统的管线信息管理系统大多是基于二维的，用二维空间关系表示管线有很大的局限性。由于各种管线在地下的分布纵横交错，平面图无法充分表示，尤其是城市地下管线，各种管线沿街道铺设在地下的不同深度，二维图形无法充分表现管线之间的空间关系，有些管线上下起伏，与地面垂直的一段管线在平面图上只能用一个点和文字说明来表示，没有直观的视觉效果，人们越来越多地要求从真三维空间来管理管线数据。

随着三维可视化技术的研究深入和推广应用，发展现代化的三维城市地下管网信息系统成为当前市场的新需求。三维地下管线是在二维地下管线基础上的升华，将所获得的二维地下管线基础信息进行深度加工和制作，在三维空间上进行数据呈现，三维技术模拟真实管线的方式使其成为一个有用的工具。

第三节　水下地形测绘

一、概述

水下地形测绘的目的是通过水深测量方法获取水体覆盖下的水底地形图，为航运交通、港口码头建设、海洋渔业捕捞、水产养殖、水利设施建设、路桥建设、海洋资源开发、海底管道电缆铺设、国防军事、海洋划界等提供基础数据和图件。测绘工作内容包括建立平面和高程控制测量基础，进行水位观测，确定平均水面、深度基准面和计算水深测量时的水位改正，进行水深测量、助航标志的测量、航行障碍物的调查探测、水文和地质测定，进行水岸地形测量等。

陆地地形特征点的高程可直接测定，而水下地形点的高程是由水面高程减去相应水深间接求取的，从而水下地形点高程测量由水位测量和水深测量两部分组成。

水深测量经历了测绳重锤测量（点测量）、单频单波束测深（点测量）、双频单波束测深（点测量）、多波束测深（面测量）、机载激光测深（面测量）等几个发展阶段。水深测量的精度主要由测点的测深精度和定位精度决定，其精度必须满足相应的国家标准、行业标准或特定测量项目的精度要求。国际上权威和通行的测深精度标准是国际海道测量组织（International Hydrographic Organization，IHO）制定的国际海道测量标准。在我国，水深测量的国家标准主要是《海道测量规范》《海洋工程地形测量规范》，行业标准有《水运工程测量规范》等，这些技术标准对平面和高程控制测量的精度要求与陆地测量的要求基本相同，对测深精度的规定一般与 IHO 的要求一致。

测线布设是水下地形测量技术设计的主要内容之一，测线布设主要考虑测线间距和测线方向。关于测线间距，对于单波束测深仪原则上主测线图上测线间距为 1 cm，平坦水底可放宽至 2 cm；而对于多波束测深仪，应根据系统的测幅宽深比等技术性能，结合测区水下地形的大致分布情况设计，以达到全覆盖测量之目的。关于测线布设方向，单波束测量的主测线应垂直等深线方向布设，而多波束测深仪的主测线应大致平行于等深线方向。对航道或河道测量，当使用多波束测深仪测量时，应根据河道和航道的宽窄、水流缓急等情况，在实地沿航道和河道中心线平行布设一定数量的测深线。但采用单波束测深仪时，主测线方向应垂直于等深线总方向或航道轴线。若有河口拦门沙，最好布设网格状测线。对于内河航道测量，测深线应垂直于河流流向、航道中心线或岸线方向；弯曲河段可设为扇形。沿航道中心线及其两侧应适当布设几条检查线。对岛礁测量时，在岛礁周围应布设螺旋形测深线。

水下地形测量时，测量船需沿着预先设计的测线行驶，并且按照规定的时间或距离获取水深值和该水深值的平面位置。在 20 世纪 90 年代以前，有多种定位方法用于水下地形测量，如断面索量距法、六分仪、交会法、极坐标法、微波测距系统和无线电定位系统等。目前，GNSS 成为水下地形测量最主要的定位手段(图 10-16)。

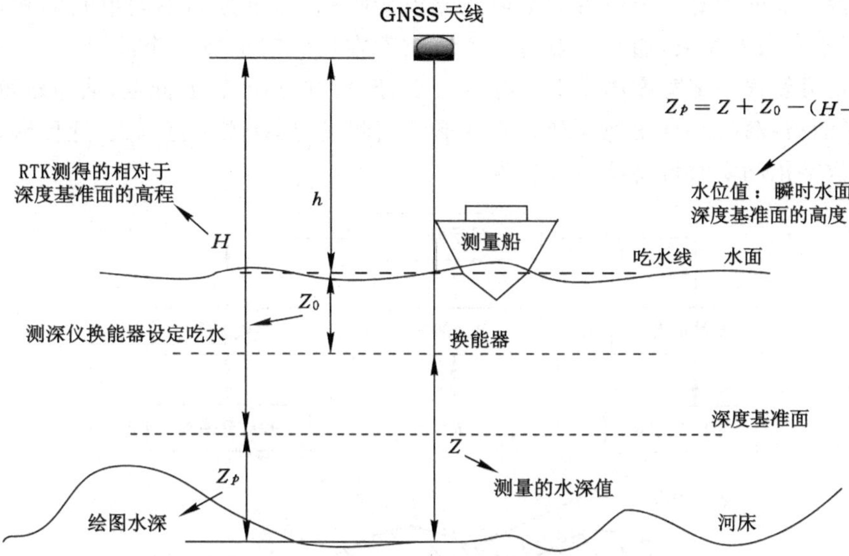

图 10-16　水下地形测量示意图

除少数对定位精度要求较低的情况外，大部分水深测量项目必须采用 GNSS 差分定位的方式才能满足定位精度的要求。根据不同的精度要求和覆盖区域范围，目前主要有 DGNSS 定位(差分 GNSS)、RBN－DGNSS(无线电指向标—差分 GNSS)和 WADGNSS(广域差分 GNSS)三种差分 GNSS 定位方式被用于水下地形测量。利用 GNSS－RTK 定位技术可实现无水位观测的水下地形测量。

水深测量(简称测深)是水下地形测量最主要的内容。根据使用的测量工具，测深方法主要分为人工测量和测深声呐测量。在水下地形测量中，最早的测深工具是测深杆和测深锤。尽管现在的测深设备主要是测深声呐，但在在水草密集的区域或者极浅滩涂等声呐设备无法工作的地方，这些原始的测深工具仍然在发挥作用。在 19 世纪 20 年代，人类就能够测量声音在水中的传播速度，直到一个世纪后才研制出了第一台回声测深仪，逐渐结束了人类用测深锤和测深杆测量水深的历史。目前，回声测深仪(也称测深声呐)用途最广，是国内外进行水深测量的最基本的仪器。随着电子工业的发展与集成电路技术的应用，测深技术不断得到改进，测深仪从模拟信号处理发展到数字信号处理，极大地提高了水深测量的精度和效率。此外，机载激光雷达测深仪(Airborne Lidar Bathymeter)自 20 世纪 60 年代末期开始用于水质透明度好的水域，测深深度可达 60 m。

二、多波束水下地形数据采集系统

(一) 概述

传统单波束测深仪只能测量船正下方的水深,为获得令人满意的水下地形,通常设置一些平行的测线。但即使布设很密的测线仍不能保证对水下的全覆盖,测线之间的水下地形,特别是一些孤立的特征地形很容易被漏测。

多波束测深系统是从单波束测深系统发展起来,能一次给出与航线相垂直的平面内的几十个甚至上百个深度。其原理都是测量声波在水中的传播时间,如图 10-17 所示。在多波束系统中,换能器配置有一个或者多个换能器单元阵列,通过控制不同单元的相位,形成多个具有不同指向角的波束,通常只发射一个波束而在接收时形成多个波束。它能够精确地、快速地测定沿航线一定宽度内水下目标的大小、形状、最高点和最低点,从而较可靠地描绘出水下地形的精细特征,真正地实现海底地形的面测量,具有测量范围大、速度快、精度和效率高、记录数字化和实时自动绘图等优点。

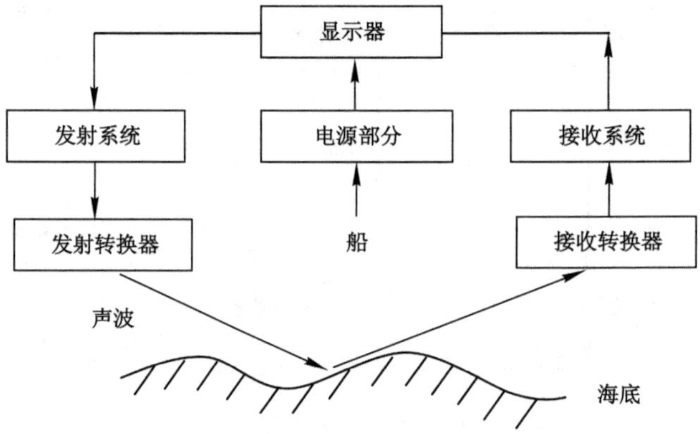

图 10-17 回声测深仪组成示意图

多波束测深仪,也称为多波束测深声呐系统(Multibeam Echo Sounding Sonar),能以条带测量方式,对测量区域进行全覆盖、高精度地测量,克服了单波束测深仪线状测量的缺点。

由美国通用仪器公司 1976 年生产的 SeaBeam 多波束系统,被认为是世界上第一套成熟的产品,主要用于深海测量。到 20 世纪 90 年代初,许多厂家开始推出高精度、高分辨率和宽覆盖的浅水型多波束系统,结合高精度的实时差分 GNSS 定位技术,使多波束勘测技术开始应用于各种江河、湖泊、近岸工程和大陆架测量。

(二) 多波束测深系统的原理与组成

多波束系统是由多个子系统组成的综合系统。对于不同的多波束系统,虽然单元组成不同,但大体上可将系统分为多波束声学系统(MBES)、多波束数据采集系统(MCS)、数据处理系统和外围辅助传感器。其中,换能器为多波束的声学系统,负责波束的发射和接收;多波束数据采集系统完成波束的形成和将接收到的声波信号转换为数字信号,并反算其测量距离或记录其往返程时间;外围设备主要包括定位传感器(如 GNSS)、姿态传感器(如姿态仪)、声速剖面仪(CDT)和电罗经,负责测量船瞬时位置、姿态、航向的测定以及海水中声速传播特性的测定；数据处理系统以工作站为代表，综合声波测量、定位、船姿、声速剖面和潮位等信息，计算波束脚印的坐标和深度，并绘制海底平面或三维图，用于海底的勘察和调查。多波束测深原理和系统组成如图 10-18 所示。

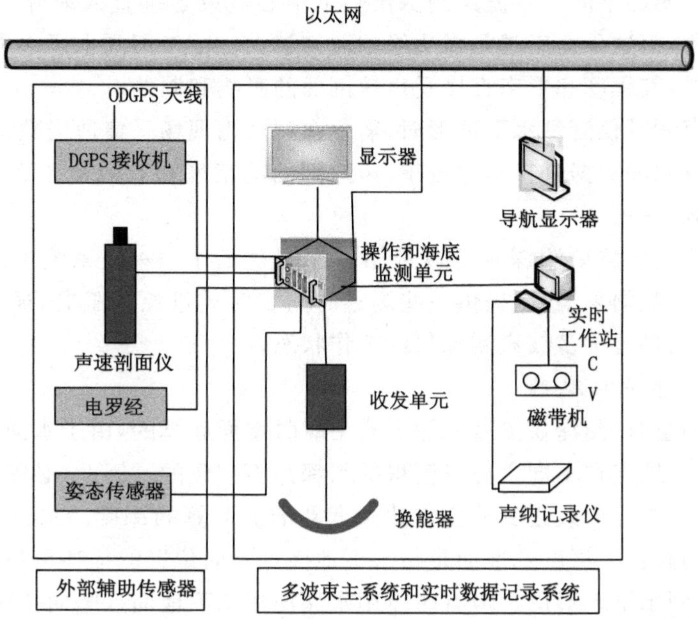

图 10-18　典型多波束测深系统基本组成

系统声信号的发射和接收由两个方向互相垂直的激发阵和水听器阵组成。激发阵平行船轴向排列，垂直船轴对称向两侧正下方发射 1.5°(沿船轴向)×12°(垂直船轴向)的脉冲声波。

水听器阵接收来自海底照射面的回波，各声线在介质中的路径构成一个向下发散、向上收敛于换能器中心的辐射状扇形区。各声线海底投影点的空间位置可表示为测点水深和距换能器垂直中心轴的水平距离。

测点的水深：

$$d=\frac{1}{2}vt\cos\theta$$

测点距换能器垂直中心轴的水平距离：

$$x=\frac{1}{2}vt\sin\theta$$

其中，θ 为波束到达角；t 为系统声信号传播的时间；v 为声信号传播速度。

由于多波束换能器通常不能与测量船姿态的运动传感器、测量船方位的电罗经，以及用于定位的 GNSS 天线安装在同一个位置，因此，需要准确地测量它们之间的相对位置，并归算到船坐标系中。多波束的换能器安装要求发射波束指向与船龙骨平行，而接收波束应与船龙骨垂直，且中央波束应垂直于水平面。安装与测量工作尽可能在码头或船坞里借助全站仪、水准仪等仪器完成。即使安装过程十分严格，安装误差是不可避免的，尤其是在临时性的小船上安装。因此，必须在正式测量开始前，对多波束系统进行横摇校准、纵倾和时间延迟校准、船艏方位校准等校准测量。

海水是一种非均匀流体，其内各层的盐度、温度和压力是不同的，声波在不同水体中的传播速度和路径也明显不同。多波束测深仪除了中心波束是垂直入射外，其余波束均具有一定的波束入射角，而这种角度越是靠边缘的波束越大。由于不同水层中声速的差异，导致波束传播路径弯曲，其程度和形态直接受声速剖面的影响和制约。

在使用多波束测深仪测量水下地形时，需要在测区内现场采集适当数量的声速剖面，对多波束系统的测量水深数据进行实时校正，声速剖面的精度和有效性是影响多波束测深精度的主要误差来源之一。

经安装校准后的多波束测深仪可以开始水深测量工作。一般系统生产厂商都提供软件，用于多波束外业数据采集，以提供一些测量时的实时质量控制工具，通过用多个窗口的图形、图像和数字信息显示多波束测深仪的工作状态。

（三）水位改正和水位观测

在进行水深测量时，测深仪测得的深度是由瞬时水面起算的，由于水面受水位或潮位的影响不断变化，同一地点在不同水位时测得的水深是不一致的。因此，必须对测得的水深作水位改正，即将测量水深值改正到从规定的深度基准面起算的深度。水位是指水面相对于某一高程基准面的高程。深度基准面是指水下地面点竖向位置的描述可使用与陆地同样的高程系统，由此得到水下地形图。但有时需用水深描述水下地面点竖向位置，则得到用等深线表示的水深图或海图。水深计算的起算面称为深度基准面。测深与高程系统的联系可通过水位观测实现，一般在水深测量的同时进行水位观测。在水位观测时，可根据测区的特点和测量目的选择深度基准面。水深、高程、深度基准面之间存在以下关系，若水下某地面点的高程为 H_A，深度基准面位置的高程为 H_0，则该点处的水深值 S_A 为：$S_A = H_0 - H_A$。

水深探测的最大影响因素是海洋潮汐的影响，消除原始测深数据中的潮汐因素的方法就是在一定基准控制下对测深数据逐时逐点进行水位改正。水位改正是将测得的瞬时深度转化为一定基准上的较为稳定数据，其目的是尽可能消除测深数据中的海洋潮汐影响，将测深数据转化为以当地深度基准面为基准的水深数据。

水位观测过程中采用以“点”带“面”的水位改正方法，其方法主要有单站水位改正法、线性内插法、水位分带法、时差法和参数法等。

（四）单波束测深数据处理

在数据处理开始前，需要对外业资料进行检查，主要检查测区范围是否合适，记录是否完整，外业要做的相应校准和各项改正，如深度比对、吃水改正、声速改正等，是否已按照相关要求进行等。另外，水位改正对于水下地形测量的测深精度有着极大的影响，必须根据测区的位置和测量时间整理相应的水位资料。要保证水位能够满足规范要求的精度，注意测区的范围，验潮点能否满足测区的需要，设立多个验潮站的要进行水位分带改正，以保证水深的精度。

1. 定位数据处理

定位数据处理的主要依据是航迹图。根据作业范围以及航迹状态，将外业资料对照航迹图进行全面的检查，把卫星状态不好、定位误差大、明显偏离测区的点删除。

2. 水深数据处理

先根据点号，将数据文件中的记录按记录点号、坐标和原始水深，与模拟记录纸（图 10-19）进行对照检查，对不匹配的点进行认真核实，对个别点之间的特殊水深值量取内插值；然后利用测得的水位值进行水位改正，作水深图。

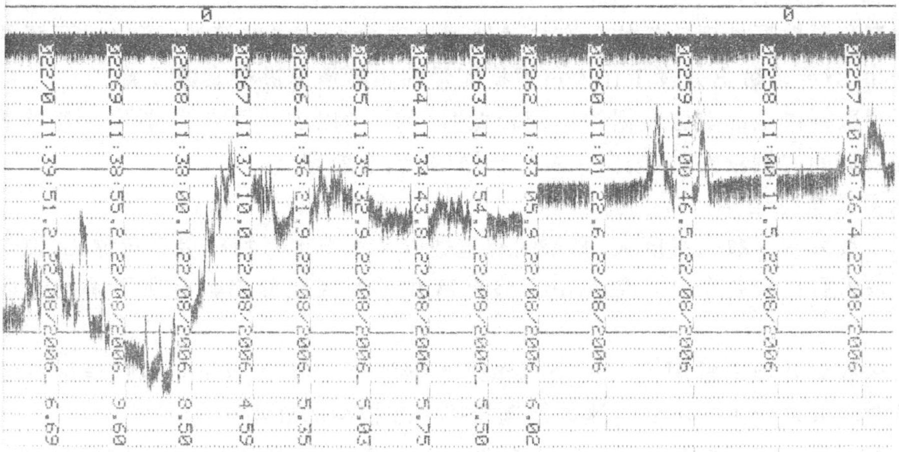

图 10-19　水深模拟记录

对水深图（图 10-20）上的交叉点进行比对，如果水深差超过技术标准要求，需要查找原因并进行改正。在没有交叉点的位置，从图上直观地检查是否有异常水深值，这种异常水深值一般是指与周围水深相差太大的水深值，需要检查记录纸，判定其为真实地形还是错误水深。

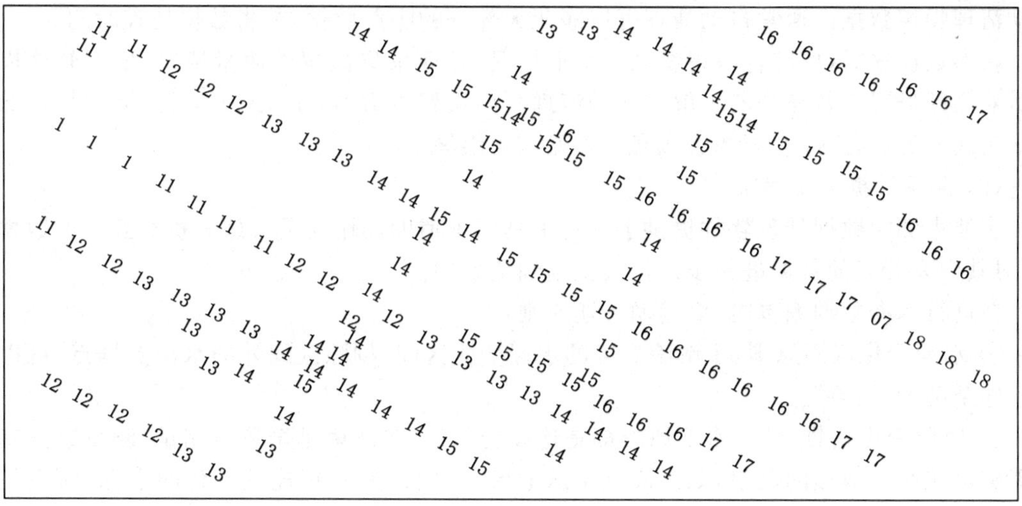

图 10-20　水深图

（五）多波束测量数据处理

多波束测深数据量与单波束测深相比非常庞大，需要专业的数据处理工作站和数据处理软件进行处理。其过程较复杂，对操作者的要求较高。

多波束数据处理的具体内容包括：

1. 数据预处理

水深数据编辑与清理前需要进行必要改正，包括水位改正、吃水改正、声速改正、横摇、纵摇及时间延迟改正等。

2. 定位数据编辑与处理

多波束测深数据处理软件均具有自动处理导航数据的成熟算法，可以对可疑的导航数据进行剔除，只要求数据处理工作人员根据测量的实际情况进行参数设置。

当可疑数据占全部定位数据的比例较低时(如 5%以内)，可予以剔除。若异常数据占全部定位数据的比例较大时，则应认真分析原因，慎重处理。

3. 水深数据处理

由于多波束测深数据密度大、测幅间有重叠以及水下地形特征复杂等原因，测深数据的处理工作量大且比较复杂。一般应由经验丰富并对测区地形趋势有所了解的专业人员来完成。

在测深数据处理中常用到的一个概念是数据清理(data cleaning)，它是指测量或数据处理人员对多波束产生的水底检测数据选择接受或拒绝的处理过程。

多波束测量的水底检测必须由计算机来完成。由于各种原因可能会导致多种误差、界外值和失败的检测，操作者需要检查这些水底检测并做出判定。

水深数据处理的主要任务是利用自动清理和人机交互的方式清理错误水深，剔除虚假信息，保留真实信息，主要剔除一些不可能的孤立点、跃点和噪声点。

(1) 测深数据自动清理

多波束数据处理软件具有一套自动清理数据的算法，可通过设定参数的方式利用软件自动清理噪声数据。通常自动清理可以净化大部分的噪声数据，节省数据处理时间。

在参数设置时，要综合考虑测区的地形情况、外业采集数据的质量情况，要求软件操作人员对测区概况有较充分的了解。自动清理主要设置参数有：① 削减边缘波束；② 水深范围限制；③ 残差范围；④ 标准差阈值；⑤ 噪声阈值等。

(2) 测深数据人工编辑

多波束测深数据处理软件提供了一些工具用于辅助操作人员实施人机交互式的数据编辑，对其中有疑问的数据进一步进行人工精细化处理。

在进行水深数据编辑时，要遵循下述原则：

① 水深变化区间原则：了解编辑区的水深变化区间，剔除区间外的水深数据点，可以剔除一些杂乱的“飞点”。

② 地形变化趋势原则：水下地形都是连续变化的，多波束是全覆盖测量，测量数据基本上能够反映水下地形的全貌，如果确有特殊地形，也应该是一片连续变化的水深，而不是少数几个数据或孤立点。因此，根据地形趋势变化，可以判断噪声和真实信息。

③ 相邻测幅对比原则：当对单条线编辑时，很难确定被编辑的数据是否为噪声时，可以考虑将其与相邻测线放在一起，通过了解地形全貌，分析地形趋势来区分噪声和真实地形数据。

④ 中央波束标准原则：多波束测深系统采集的数据中央波束区域数据质量好，边缘区域相对较差。在平坦区域这种质量差异表现尤为明显。在这种情况下，可以考虑在不影响

覆盖的条件下尽量多删除边缘数据点，改善数据质量，同时注意实时引入足够的声速剖面以提高边缘数据的质量。

⑤ 与测深记录相结合原则：对一些数据确实无法判别为真实地形还是噪声数据时，有必要和外业数据采集人员沟通或者查阅外业数据采集记录。鉴于此，在外业数据采集时，要求采集人员实时观察地形变化并记录下特殊情况。

三、水下地图的绘制

水深测量的成果图主要包含水深地形图、彩色立体图、影像图等，可根据项目需要来绘制。

利用单波束测深数据成图，一般是水深地形图，图上主要包含坐标网格、水深值、等深线、图名、图例以及成图参数说明。对多波束测深数据进行网格化处理，生成 DTM，是从海量数据中提取地形特征点的有效方法。经过网格化生成 DTM 后，可以生成多种形式的成果图，如水下地形图、彩色立体图、影像图等。由于多波束对海底进行无遗漏的测量，这些图对海底特征的表达细致、精确而直观，对工程应用有很大的价值。

水下地形图的表现形式一般可分为二维等深线图和三维海底地形立体图。采用水下地形测量软件，按时间或距离间隔同步获取 GNSS 接收机和测深仪数据，将测量成果以不同的方式加到数据库中或转化为 AutoCAD 文件，可绘制各种比例尺的水下地形图（图 10-21）。海底地形立体图是指海底地形立体透视图。绘制水下地形立体图，通常采用透视变换原理的连续断面法来绘制（图 10-22）。

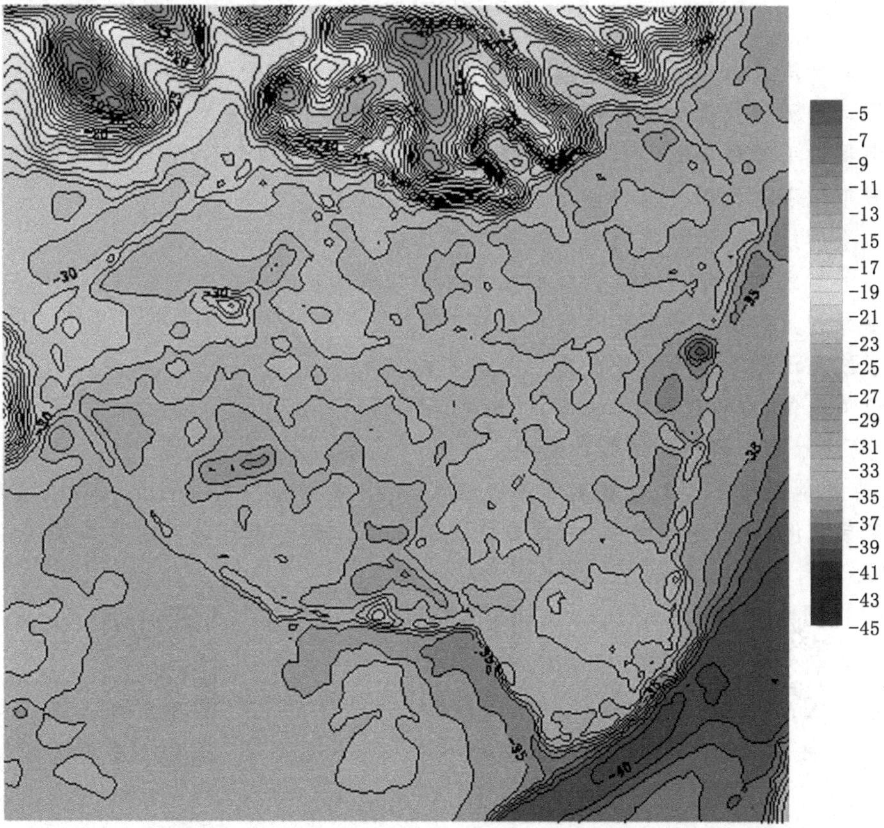

图 10-21　分层设色的水下地形图（多波束数据）

图 10-22　多波束测深仪测量的某湖水下古城

复习思考题

1. 不动产测量工作的主要内容是什么？不动产测绘成果包括哪几种图？

2. 不动产测量报告包括哪些内容？

3. 何谓地下管线探测？其目的是什么？

4. 城市地下管线探查的任务是什么？有哪些方法？

5. 地下管线的属性数据有哪些？如何测定地下管线特征点？

6. 地下管线图分哪两种？测绘时注意的事项有哪些？

7. 水深测量的国家标准和行业标准有哪些？

8. 多波束测深系统的校准测量包括哪些内容？

9. 何谓水位、水位观测、水位改正、深度基准面？

10. 简述水下地形测绘的技术进展。

11. 专题地图服务于国计民生的不同领域，突出表示与主题相关的一种或几种要素，使地图内容专题化、表达形式各异、用途专门化的地图。试述专题地图的类型及其在各自领域中的作用。

第十章课件　　第十章复习思考题答案　　第十章插图

参考文献

[1] 艾自兴,龙毅.计算机地图制图[M].武汉:武汉大学出版社,2005.

[2] 不动产登记暂行条例实施细则:国土资源部令第 63 号.[EB/OL].(2016-01-01)[2023-12-01].https://www.gov.cn/gongbao/content/2016/content_5067926.htm.

[3] 程效军,鲍峰,顾孝烈.测量学[M].5 版.上海:同济大学出版社,2016.

[4] 付梅臣,张建军,谢苗苗.不动产登记原理与方法[M].北京:地质出版社,2017.

[5] 高井祥,肖本林,付培义,等.数字测图原理与方法[M].3 版.徐州:中国矿业大学出版社,2015.

[6] 郭际明,史俊波,孔祥元,等.大地测量学基础[M].3 版.武汉:武汉大学出版社,2021.

[7] 郭亮,何华贵,杨卫军,等.三维实景技术的发展与应用[M].北京:科学出版社,2019.

[8] 国家测绘地理信息局.国家基本比例尺地图图式 第 1 部分:1∶500 1∶1000 1∶2000 地形图图式:GB/T 20257.1—2017[S].北京:中国标准出版社,2017.

[9] 国家测绘地理信息局.国家基本比例尺地形图分幅和编号:GB/T 13989—2012[S].北京:中国标准出版社,2012.

[10] 国家测绘地理信息局.数字航空摄影测量 测图规范 第 1 部分:1∶500 1∶1000 1∶2000 数字高程模型 数字正射影像图 数字线划图:CH/T 3007.1—2011[S].北京:测绘出版社,2012.

[11] 国家测绘局.1∶500 1∶1000 1∶2000 地形图航空摄影测量数字化测图规范:GB/T 15967—2008[S].北京:中国标准出版社,2008.

[12] 国家测绘局.测绘技术设计规定:CH/T 1004—2005[S].北京:中国标准出版社,2006.

[13] 国家测绘局.房产测量规范 第 1 单元:房产测量规定:GB/T 17986.1—2000[S].北京:中国标准出版社,2000.

[14] 国家测绘局.国家三、四等水准测量规范:GB/T 12898—2009[S].北京:中国标准出版社,2009.

[15] 国家测绘局.国家一、二等水准测量规范:GB/T 12897—2006[S].北京:中国标准出版社,2006.

[16] 国家测绘局.全球定位系统(GPS)测量规范:GB/T 18314—2009[S].北京:中国标准出版社,2009.

[17] 国家测绘局.数字测绘成果质量检查与验收:GB/T 18316—2008[S].北京:中国标准出版社,2008.

[18] 国家测绘局.数字测绘成果质量要求:GB/T 17941—2008[S].北京:中国标准出版社,2008.

[19] 国家测绘局.无人机航摄系统技术要求:CH/Z 3002—2010[S].北京:测绘出版

社,2010.
[20] 国家质量技术监督局.国家三角测量规范:GB/T 17942—2000[S].北京:中国标准出版社,2004.
[21] 国土资源部关于做好不动产权籍调查工作的通知:国土资发〔2015〕41 号[EB/OL].(2015-05-04)[2023-12-01]. https://www.mnr.gov.cn/gk/tzgg/201505/t20150504_1991473.html.
[22] 蒋辉,潘庆林,刘三枝.数字化测图技术及应用[M].北京:国防工业出版社,2006.
[23] 孔祥元,郭际明.控制测量学:上册、下册[M].4 版.武汉:武汉大学出版社,2015.
[24] 李德仁,王树根.摄影测量与遥感概论[M].3 版.北京:测绘出版社,2021.
[25] 李海英,毕天平,邵永东.地籍管理与地籍测量[M].北京:中国农业大学出版社,2019.
[26] 李青岳,陈永奇.工程测量学[M].3 版.北京:测绘出版社,2008.
[27] 李玉宝,曹智翔,余代俊,等.大比例尺数字化测图技术[M].4 版.成都:西南交通大学出版社,2019.
[28] 李章树,刘蒙蒙,赵立.工程测量学[M].北京:化学工业出版社,2019.
[29] 刘权.房地产测量[M].2 版.武汉:武汉大学出版社,2021.
[30] 宁津生.测绘学概论[M].3 版.武汉:武汉大学出版社,2016.
[31] 潘云鹤.计算机图形学:原理、方法及应用[M].2 版.北京:高等教育出版社,2003.
[32] 潘正风,程效军,成枢,等.数字测图原理与方法[M].2 版.武汉:武汉大学出版社,2009.
[33] 秦永元.惯性导航[M].3 版.北京:科学出版社,2020.
[34] 速云中,凌培田.无人机测绘技术[M].武汉:武汉大学出版社,2022.
[35] 孙家抦.遥感原理与应用[M].3 版.武汉:武汉大学出版社,2013.
[36] 谭詹.无人机大比例尺地形图三维采集操作教程:活页式[M].成都:西南交通大学出版社,2023.
[37] 汤国安,李发源,刘学军.数字高程模型教程[M].3 版.北京:科学出版社,2016.
[38] 汤国安.地理信息系统教程[M].2 版.北京:高等教育出版社,2019.
[39] 万刚,余旭初,布树辉,等.无人机测绘技术及应用[M].北京:测绘出版社,2015.
[40] 王坚.测量实训教程与习题集[M].徐州:中国矿业大学出版社,2011.
[41] 王坚.卫星定位原理与应用[M].2 版.北京:测绘出版社,2023.
[42] 王宗云.不动产登记原理与方法研究[M].长春:吉林科学技术出版社,2022.
[43] 肖付民,刘雁春,暴景阳,等.海道测量学概论[M].2 版.北京:测绘出版社,2016.
[44] 谢宏全,韩友美,陆波,等.激光雷达测绘技术与应用[M].武汉:武汉大学出版社,2018.
[45] 徐绍铨,张华海,杨志强,等.GPS 测量原理及应用[M].4 版.武汉:武汉大学出版社,2017.
[46] 徐彦田,程鹏飞,秘金钟,等.GNSS 网络 RTK 技术原理与工程应用[M].北京:国防工业出版社,2021.
[47] 杨德麟.大比例尺数字测图的原理 方法与应用[M].北京:清华大学出版社,1998.
[48] 余学祥,董斌,吕伟才,等.GNSS 导航定位原理与应用[M].徐州:中国矿业大学出版

社,2020.

[49] 余学祥,王坚,刘绍堂.GPS测量与数据处理[M].徐州:中国矿业大学出版社,2013.

[50] 余学祥,徐绍铨,吕伟才.GPS变形监测数据处理自动化:似单差法的理论与方法[M].徐州:中国矿业大学出版社,2004.

[51] 詹长根,唐祥云,刘丽.地籍测量学[M].3版.武汉:武汉大学出版社,2011.

[52] 张正禄.工程测量学[M].3版.武汉:武汉大学出版社,2020.

[53] 赵龙.惯性导航原理与系统应用设计[M].北京:北京航空航天大学出版社,2020.

[54] 中国测绘学会.2018-2019测绘科学技术学科发展报告[M].北京:中国科学技术出版社,2020.

[55] 中国测绘学会.中国测绘学科发展蓝皮书:2012-2013卷[M].北京:测绘出版社,2013.

[56] 中华人民共和国测绘法[EB/OL].(2017-04-27)[2023-12-01]. http://www.npc.gov.cn/zgrdw/npc/xinwen/2017-04/27/content_2020927.htm.

[57] 中华人民共和国国家海洋局.海籍调查规范:HY/T 124—2009[S].北京:中国标准出版社,2009.

[58] 中华人民共和国国土资源部.地籍调查规程:TD/T 1001—2012[S].北京:中国标准出版社,2012.

[59] 中华人民共和国民法典[EB/OL].(2020-06-01)[2023-12-01]. https://www.gov.cn/xinwen/2020-06/01/content_5516649.htm.

[60] 中华人民共和国住房和城乡建设部.工程测量标准:GB 50026—2020[S].北京:中国计划出版社,2021.

[61] 中华人民共和国住房和城乡建设部.建筑变形测量规程:JGJ 8—2016[S].北京:中国建筑工业出版社,2016.

[62] 中华人民共和国自然资源部.数字航天摄影测量 测图规范:GB/T 40527—2021[S].北京:中国标准出版社,2021.

[63] 朱鸿禧,马鄂吉,杨忠秀,等.测量学[M].徐州:中国矿业大学出版社,1995.